U0295979

能源与环境出版工程

（第二期）

总主编　翁史烈

"十三五"国家重点图书出版规划项目

首批国家级一流本科课程配套教材

上海市文教结合"高校服务国家重大战略出版工程"资助项目

能源材料
原理与应用

Energy Materials:
Principles and Applications

上官文峰　江治　屠恒勇　沈水云　编著

上海交通大学出版社

SHANGHAI JIAO TONG UNIVERSITY PRESS

内容提要

本书介绍了能源材料的基础与应用,主要涉及能源转换材料与储能材料。主要内容包括能源材料化学基础、能源材料表征技术、化石能源催化转化材料、光化学转换材料、光电及电光转换材料、热电材料及压电材料、储能材料、燃料电池材料等。本书内容丰富,涵盖面广,不仅介绍了各种能源材料的作用原理与技术应用,而且也涉及当前相关能源材料领域的关键技术和热点问题。

本书适合高等院校的能源材料以及相关学科的本科生和研究生的教学使用,也可供从事新材料、新能源、化工、环境等相关领域的科研人员和工程技术人员参考使用。

图书在版编目(CIP)数据

能源材料:原理与应用/上官文峰等编著. —上海:上海交通大学出版社,2017
(2021 重印)
能源与环境出版工程
ISBN 978 - 7 - 313 - 17251 - 8

Ⅰ.①能… Ⅱ.①上… Ⅲ.①能源-材料-研究 Ⅳ.①TK01

中国版本图书馆 CIP 数据核字(2017)第 121165 号

能源材料——原理与应用

编　　著	上官文峰　江　治　屠恒勇　沈水云			
出版发行	上海交通大学出版社	地　　址	上海市番禺路 951 号
邮政编码	200030	电　　话	021 - 64071208
印　　制	苏州市越洋印刷有限公司	经　　销	全国新华书店
开　　本	710mm×1000mm　1/16	印　　张	28.75
字　　数	537 千字		
版　　次	2017 年 9 月第 1 版	印　　次	2021 年 2 月第 3 次印刷
书　　号	ISBN 978 - 7 - 313 - 17251 - 8		
定　　价	88.00 元		

能源与环境出版工程
丛书学术指导委员会

能源与环境出版工程
丛书编委会

总　　序

　　能源是经济社会发展的基础,同时也是影响经济社会发展的主要因素。为了满足经济社会发展的需要,进入 21 世纪以来,短短十年间(2002—2012 年),全世界一次能源总消费从 96 亿吨油当量增加到 125 亿吨油当量,能源资源供需矛盾和生态环境恶化问题日益突显。

　　在此期间,改革开放政策的实施极大地解放了我国的社会生产力,我国国内生产总值从 10 万亿元人民币猛增到 52 万亿元人民币,一跃成为仅次于美国的世界第二大经济体,经济社会发展取得了举世瞩目的成绩!

　　为了支持经济社会的高速发展,我国能源生产和消费也有惊人的进步和变化,此期间全世界一次能源的消费增量 28.8 亿吨油当量竟有 57.7% 发生在中国! 经济发展面临着能源供应和环境保护的双重巨大压力。

　　目前,为了人类社会的可持续发展,世界能源发展已进入新一轮战略调整期,发达国家和新兴国家纷纷制定能源发展战略。战略重点在于:提高化石能源开采和利用率;大力开发可再生能源;最大限度地减少有害物质和温室气体排放,从而实现能源生产和消费的高效、低碳、清洁发展。对高速发展中的我国而言,能源问题的求解直接关系到现代化建设进程,能源已成为中国可持续发展的关键! 因此,我们更有必要以加快转变能源发展方式为主线,以增强自主创新能力为着力点,规划能源新技术的研发和应用。

　　在国家重视和政策激励之下,我国能源领域的新概念、新技术、新成果不断涌现;上海交通大学出版社出版的江泽民学长著作《中国能源问题研究》(2008 年)更是从战略的高度为我国指出了能源可持续的健康发展之路。为了"对接国家能源可持续发展战略,构建适应世界能源科学技术发展趋势的能源科研交流平台",我们策划、组织编写了这套"能源与环境出版工

程"丛书,其目的在于:

一是系统总结几十年来机械动力中能源利用和环境保护的新技术新成果;

二是引进、翻译一些关于"能源与环境"研究领域前沿的书籍,为我国能源与环境领域的技术攻关提供智力参考;

三是优化能源与环境专业教材,为高水平技术人员的培养提供一套系统、全面的教科书或教学参考书,满足人才培养对教材的迫切需求;

四是构建一个适应世界能源科学技术发展趋势的能源科研交流平台。

该学术丛书以能源和环境的关系为主线,重点围绕机械过程中的能源转换和利用过程以及这些过程中产生的环境污染治理问题,主要涵盖能源与动力、生物质能、燃料电池、太阳能、风能、智能电网、能源材料、大气污染与气候变化等专业方向,汇集能源与环境领域的关键性技术和成果,注重理论与实践的结合,注重经典性与前瞻性的结合。图书分为译著、专著、教材和工具书等几个模块,其内容包括能源与环境领域内专家们最先进的理论方法和技术成果,也包括能源与环境工程一线的理论和实践。如钟芳源等撰写的《燃气轮机设计》是经典性与前瞻性相统一的工程力作;黄震等撰写的《机动车可吸入颗粒物排放与城市大气污染》和王如竹等撰写的《绿色建筑能源系统》是依托国家重大科研项目的新成果新技术。

为确保这套"能源与环境"丛书具有高品质和重大的社会价值,出版社邀请了杜祥琬院士、黄震教授、王如竹教授等专家,组建了学术指导委员会和编委会,并召开了多次编撰研讨会,商谈丛书框架,精选书目,落实作者。

该学术丛书在策划之初,就受到了国际科技出版集团 Springer 和国际学术出版集团 John Wiley & Sons 的关注,与我们签订了合作出版框架协议。经过严格的同行评审,Springer 首批购买了《低铂燃料电池技术》(*Low Platinum Fuel Cell Technologies*),《生物质水热氧化法生产高附加值化工产品》(*Hydrothermal Conversion of Biomass into Chemicals*)和《燃煤烟气汞排放控制》(*Coal Fired Flue Gas Mercury Emission Controls*)三本书的英文版权,John Wiley & Sons 购买了《除湿剂超声波再生技术》(*Ultrasonic Technology for Desiccant Regeneration*)的英文版权。这些著作的成功输出体现了图书较高的学术水平和良好的品质。

　　希望这套书的出版能够有益于能源与环境领域里人才的培养,有益于能源与环境领域的技术创新,为我国能源与环境的科研成果提供一个展示的平台,引领国内外前沿学术交流和创新并推动平台的国际化发展!

2013 年 8 月

前　言

　　能源是支撑当今人类文明和保障社会发展的最重要的物质基础,随着能源和环境问题的日益恶化,传统能源结构已经难以满足人类社会的发展要求。世界经济的现代化和全球化建立在化石能源的基础上,然而这一有限的资源不仅终将面临枯竭,而且化石能源的燃烧所造成的环境污染使得人类将面临发展和生存危机。

　　解决未来能源问题的关键之一是开发可持续发展的新能源。新能源的开发、转换和储运应具有高效性、环保性和安全性,而这些过程和目标的实现离不开能源材料的发展及其新技术的突破。

　　能源材料是能源与材料学科的一个新的交叉分支和重要研究方向。广义上,凡是与能源工业和能源技术相关的材料都可称为能源材料。在大力提倡可持续发展和新能源开发的今天,能源材料往往指那些正在发展的、可以支持建立新能源系统,满足各种新能源技术要求的材料,即通常所说的"新能源材料"。本书主要论述能源材料中当前研究和技术开发最为活跃的能源转换材料和储能材料的相关内容。

　　本书分9章,在概述能源材料化学基础和表征技术基础上,着重介绍了化石能源催化转化材料、光化学转换材料、光电及电光转换材料、热电材料与压电材料、储能(电池和储氢)材料、燃料电池材料等新能源材料。本书既阐述了各种能源材料的作用原理与技术应用,也涉及当前新能源材料领域的关键技术和热点问题。

　　本书由上官文峰(第一、五、六章)、江治(第二、三、四、七章)、屠恒勇(第九章)和沈水云(第八章)共同编著,上官文峰负责统稿。博士生房文健、刘军营、韦之栋等参加了本书的部分撰写和资料整理工作。在编辑出版过程中,上海交通大学出版社杨迎春等给予了大力支持与帮助,在此谨表谢意。

　　能源材料是随着能源问题凸显而迅速发展的一个交叉学科,具有基础性宽、前沿性强的特点。限于编者水平,书中存在的不足,恳请读者批评和指正。

目　　录

第1章 绪 论

　　能源和材料是人类赖以生存和发展的重要物质基础,也是人类社会经济发展水平的重要标志。从人类的发展历史可以清楚地看到,每一次新能源和新材料的发现、制备和利用都体现了人类支配自然能力的提高,带来了新的产业革命和经济飞跃,从而极大地推动了社会进步。能源与材料又是相互联系和相互促进的,每次能源开发、利用都需要新的材料,而每次材料革命,又给能源发展带来新的机遇。从钻木取火到光伏发电,人类文明史也是一部能源技术不断进步、新的能源材料不断出现、人类使用能源方式不断改变的历史。

1.1 能源与人类文明

　　人类在生存发展过程中,通过各种手段和技术不断地对能源进行开发、转换和利用,以提高人类自身的生存能力和生活质量。在人类历史上,对能源的认识和开发利用大体上经历了柴草时期、煤炭时期、石油时期、核时期和洁净能源(新能源)时期。人类最早对能源的利用,可以追溯到火的发现和利用。

1.1.1 火——人类能源利用的开端

　　火是人类文明的源头。地球上原始人类出现以来,一段非常漫长的时期,人类完全靠采集野生果实、植物,捕获野生动物、鱼类,依赖自然界太阳的光热能维持生存和繁衍。火的发现和利用是人类有意识地利用能源的开始,也是人类文化的起源[1]。

　　在古希腊,有普罗米修斯背着天神宙斯,把火从天上偷走带给人间的神话故事。在中国则有燧人氏钻木取火的传说,这在《韩非子·五蠹》等先秦古籍中已有记载。传说当时就在商丘山林中居住的燧人氏,经常捕食野兽,当击打野兽的石块与山石相碰时往往产生火花[2]。燧人氏从这里受到启发,以石击石,用产生的火花引燃火绒。图1-1是位于商丘古城城郊的燧皇陵。

　　有了火,人类才有了烹调,有了寒冬岁月的取暖,有了夜晚昏暗的照明,形成了

图 1-1 位于商丘古城城郊的燧皇陵

"刀耕火种"原始农业的主要技术。火促使人类从石器时代进入铜器时代和铁器时代。在火的光辉照耀下,人类迈开了大发展的步伐。

在人类对火的利用中,木材是主要燃料。薪柴用来做饭、取暖、照明,也用来烧制工具。随着文明发展、生活水平提高及人口增多,木材出现了供不应求的局面。欧洲曾是世界工业最发达的地区,早在16世纪文艺复兴时期,由于农业、手工业、商业、远航贸易的发展增加了木材的砍伐量,引起了对森林的滥垦乱伐。16世纪后期,在英国乃至整个欧洲,作为主要热能来源的木材奇缺,供不应求,价格暴涨。另一方面,大面积森林被砍伐,破坏了自然环境和生态平衡,引起社会各方面不满。凡此种种曾使欧洲文明一度出现了停滞局面。

16世纪发生于欧洲的"木材危机"迫使人们用煤代替木材作为主要能源。煤炭这种新兴矿物质燃料能源的开采使用,引起社会生产力、生产技术、生产结构的一系列变革。17世纪到18世纪煤炭作为新能源被大规模开发、利用,使得生产力进入到大机器时代。18世纪60年代从英国开始的工业革命,促使世界能源结构发生第一次转变,即从薪柴时代转向煤炭时代。

蒸汽机作为动力机械,迅速推广到化学、冶金、采掘、机器制造等工业部门。由于大机器生产的飞速发展是以巨大的能源消耗为前提的,因此,作为当时主体能源的煤炭工业就得到了更大规模的发展。被誉为"黑色的金子"的煤炭工业彻底改变了国家的面貌,并以前所未有的速度推动了历史发展。由于蒸汽机应用具有普遍适应性,因而强有力地推动了当时所有工业部门的发展。从此,发动机、传动机、工作机就组成了工业生产的系列,使得人类生产技术发生了一次重大飞跃。

从工业革命发生到 20 世纪,煤炭一直保持着人类主要能源的地位。从 19 世纪 70 年代开始,随着石油、天然气的开采、加工和提炼技术的发展,煤炭作为世界能源主体的地位开始动摇。适逢其时,内燃机的发明和应用使工业化的能源需求逐渐转向了比煤炭更优越的石油。

由于石油热量高,比煤炭洁净,使用方便,转换效率高,特别是价格低廉,因此从 20 世纪 50 年代开始,世界能源开始迎来了以石油天然气为主的时代。各主要资本主义国家纷纷把燃煤电厂改为燃油电厂,用廉价石油取代高价煤炭,并从这个改造中获取了经济效益。在这段时期,电动机、内燃机、汽轮机的发明使用,进一步推动了机器大工业的发展。各主要资本主义国家依靠廉价石油,实现了经济发展的"黄金时代",也使得这些国家从工业化迈入现代化行列。

化石能源的有限性以及日益发展的新技术为新能源的开发利用提供了条件。当经济技术等方面条件成熟后,新能源的开发就有大规模的突破,被人类广泛利用,为国民经济的主要生产部门,如工业、农业、交通运输业提供能源供应。新能源是经济实现低碳发展目标的主要力量。同时,新能源产业的崛起引起电力、IT、汽车、新材料、建筑、通信行业等多个产业的大变革和深度裂变并催生一系列新兴产业。

1.1.2 能源的分类

能源是自然界中能为人类提供某种形式能量的物质资源。随着能源技术的发展和进步,"能源"的概念和内涵也变得越来越丰富。

能源有多种分类方法[3],按形成方式可分为一次能源(如煤炭、石油、天然气、太阳能等)和二次能源(如电、煤气、氢气等);根据能源在使用中所产生的污染程度可分为清洁能源(又称绿色能源,如太阳能、氢能、风能等)和非清洁能源;按循环方式又可分为可再生能源(如太阳能、水能、地热能等)和不可再生能源(如化石能);按使用或研究的成熟程度又可分为常规能源和新能源。

所谓新能源,又称非常规能源,一般是指传统能源之外的各种能源形式,指刚开始开发利用或正在积极研究、有待推广的能源,如太阳能、地热能、风能、海洋能、生物质能、核能、氢能等。

太阳能是巨大、干净和廉价的可再生能源。太阳能利用主要集中在以下几个方面:太阳能发电,太阳能取暖和空调,太阳能生物转换等。相信在不远的将来,太阳能会被广泛地应用于各个领域。

地热能是来自地球深处的可再生能源。人类很早以前就开始利用地热能,例如利用温泉沐浴、医疗,利用地下热水取暖、建造农作物温室、水产养殖及烘干谷物等。全国地热可开采资源量为每年 68 亿立方米,所含地热量为 973 万亿千焦耳。

在当今人们的环保意识日渐增强和能源日趋紧缺的情况下,对地热资源的合理开发利用已愈来愈受到人们的青睐。

风能是空气流动所产生的动能,是太阳能的一种转化形式。到达地球的太阳能中虽然只有大约 2‰转化为风能,但其总量仍是十分可观的。全球的风能约为 1 300 亿千瓦,比地球上可开发利用的水能总量还要大 10 倍。

海洋能指依附在海水中的可再生能源,海洋通过各种物理过程接收、储存和散发能量,这些能量以潮汐、波浪、温度差、盐度梯度、海流等形式存在于海洋之中。全世界海洋能的理论可再生量为 760 亿千瓦,相当于人类目前需求电能的总和。

生物质能是指利用大气、水、土地等通过光合作用而产生的各种有机体中蕴含的能量。一切有生命的可以生长的有机物质通称为生物质,它包括植物、动物和微生物。地球每年经光合作用产生的物质有 1 730 亿吨,其中蕴含的能量相当于全世界能源消耗总量的 10~20 倍。

核能是通过核反应从原子核中释放的能量。核能可通过三种核反应之一释放:①核裂变,较重的原子核分裂释放结合能;②核聚变,较轻的原子核聚合在一起释放结合能;③核衰变,原子核自发衰变过程中释放能量。地球上可供开发的核燃料资源,可提供的能量是矿石燃料的十多万倍。

氢能是未来最理想的二次能源,它是通过氢气和氧气反应所产生的能量。氢能的主要优点有:①燃烧热值高,燃烧同等质量的氢产生的热量,约为汽油的 3 倍,酒精的 3.9 倍,焦炭的 4.5 倍;②燃烧的产物是水,是世界上最干净的能源;③资源丰富,氢气可以由水制取,而水是地球上最为丰富的资源。

能源发展的历史表明,能源开发利用的每一次飞跃,都引起了生产技术的变革,大大推动了生产力的发展,对人类的物质文明有着巨大的影响。

1.2 能源与环境

自工业革命以来,特别是自 20 世纪中叶开始的第三次技术革命以来,科学技术使生产力达到了前所未有的水平。与此同时,人类赖以生存的自然环境也在不同程度上受到破坏。能源开发和消费过程中所造成的环境污染和对人体的健康危害,已成为可持续发展中必须面对和解决的重要问题之一。

1.2.1 能源利用与环境污染

能源是国民经济发展的重要物质基础。同时,人类对化石能源的开发和利用已经对我们赖以生存的地球大气圈、水圈和生物圈产生了多种影响,甚至危及我们自身的生存环境。化石能源利用对环境的影响主要表现在以下几个方面。

（1）生态环境破坏。尤其是煤炭开采造成地表塌陷、良田荒芜、生态恶化。煤炭的洗选等加工过程不仅占用大量土地,而且产生大量废水,对农作物、鱼类、应用水源等造成危害。

（2）臭氧层破坏。化石能源燃烧产生的 NO_x 是造成臭氧层破坏的主要原因之一。臭氧层破坏导致地面紫外辐射强度增大,皮肤癌患者数量增加。

（3）酸雨的产生。以煤炭为主的化石能源的燃烧所产生的 SO_2 和 NO_x 是产生酸雨的主要原因。酸雨会以不同的方式危害水生生态系统和陆生生态系统,影响人体健康,造成环境中各类材料和建筑物等的腐蚀,危害性很大。

（4）大气颗粒物污染。大气颗粒物中的 $PM_{2.5}$ 是造成大气雾霾和对人体健康威胁最大的一类污染物。

（5）温室效应。温室效应使全球气温上升,导致冰川消退、海平面上升、沙漠荒化,威胁人类生存。

中国作为最大的发展中国家,环境污染有发展中国家的共性,也有其自身的特点,主要有以下原因:

（1）粗放式发展模式。在过去较长的一段时间,我国依靠增加生产要素量的投入来扩大生产规模,实现经济增长的特征比较明显。以这种方式实现经济增长,消耗较高,成本较高,产品质量难以提高,经济效益较低。

（2）产业转型带来的环境问题。从第一产业向第二产业转移,所有国家在这个阶段都曾有过高污染发生,比如工业革命带来的工业烟雾笼罩了伦敦等英国的许多城市。

（3）我国以煤炭为主的一次能源,造成了大量的二氧化硫排放,酸雨面积已占国土面积的 30%,流经城市的河段有 70% 受到不同程度的污染。

（4）我国城市化进程引发人类历史上最大的移民潮,城市生态无法及时满足数亿人口短时间涌入的需求。

（5）国际污染转移到我国。我国成为世界工厂和工地,工业产品消耗资源最多,制造业带来的污染严重。

以化石能源为主的粗放式能源开发和利用对大气污染尤为明显。大气污染物的存在状态可以是多样的,如气态污染物、气溶胶和颗粒物等。若按形成过程分类则可分为一次污染物和二次污染物。一次污染物是指直接从污染源排放的污染物质,二次污染物则是由一次污染物经过化学反应或光化学反应形成的与一次污染物的物理化学性质完全不同的新的污染物,其毒性可能比一次污染物更强。

造成大气污染的原因有自然因素(如森林火灾、火山爆发等)和人为因素(如工业废气、生活燃煤、汽车尾气等),并且以后者为主要因素。通常所说的大气污染源是指由人类活动向大气输送污染物的发生源,可以概括为以下几个主要方面。

(1) 煤、石油、天然气等燃料的燃烧过程是向大气输送污染物的重要发生源。煤炭是我国的主要燃料,煤炭的主要成分是碳,并含氢、氧、氮、硫及金属化合物。燃料燃烧时除产生大量烟尘外,还会形成一氧化碳、二氧化碳、二氧化硫、氮氧化物、有机化合物及烟尘等物质。

(2) 石化企业生产过程中排放硫化氢、二氧化碳、二氧化硫、氮氧化物;有色金属冶炼工业排放二氧化硫、氮氧化物及含重金属元素的烟尘;磷肥厂排放氟化物;酸碱盐化工业排放二氧化硫、氮氧化物、氯化氢及各种酸性气体;钢铁工业在炼铁、炼钢、炼焦过程中排出粉尘、硫氧化物、氰化物、一氧化碳、硫化氢、酚、苯类、烃类等。污染物组成与工业企业性质密切相关。

(3) 汽车、船舶、飞机等交通运输工具排放的尾气也是造成大气污染的主要来源。内燃机燃烧排放的废气中含有一氧化碳、氮氧化物、碳氢化合物、含氧有机化合物、硫氧化物和铅的化合物等,其中柴油机还排放颗粒物,是大气中 $PM_{2.5}$ 的主要来源之一。

(4) 农业活动排放的污染物。田间施用农药时,一部分农药会以粉尘等颗粒物形式逸散到大气中,残留在作物体上或黏附在作物表面的仍可挥发到大气中。进入大气的农药可以被悬浮的颗粒物吸收,并随气流向各地输送,造成大气农药污染。此外,秸秆焚烧等造成对大气的污染,近年来也备受关注。

根据我国环保部全国环境统计公报(见表1-1)[4],2015 年全国废气中二氧化硫排放量为 1 859.1 万吨。其中,工业二氧化硫排放量为 1 556.7 万吨、城镇生活二氧化硫排放量为 296.9 万吨。全国废气中氮氧化物排放量为 1 851.9 万吨。其中,工业氮氧化物排放量为 1 180.9 万吨、城镇生活氮氧化物排放量为 65.1 万吨、机动车氮氧化物排放量为 585.9 万吨。全国废气中烟(粉)尘排放量为 1 538.0 万吨。其中,工业烟(粉)尘排放量为 1 232.6 万吨、城镇生活烟尘排放量为 249.7 万吨、机动车烟(粉)尘排放量为 55.5 万吨。

与 2014 年相比,二氧化硫排放量下降了 5.84%、氮氧化物排放量下降了 10.88%,烟(粉)尘排放量下降了 11.65%。近年来一些区域大气雾霾的频频出现,其主因被认为是大气中含有过高的 $PM_{2.5}$ 和 PM_{10}。

表 1-1　2011—2015 年废气及其污染物排放量　　　（单位：万吨）

污染物	年份	工业排放量	城镇生活排放量	机动车排放量	集中式排放量	总排放量
SO₂	2011	2 017.2	200.4	/	0.3	2 217.9
	2012	1 911.7	205.7	/	0.3	2 117.6
	2013	1 835.19	208.54	/	0.19	2 043.92
	2014	1 740.4	233.9	/	0.2	1 974.4
	2015	1 556.7	296.9	/	0.2	1 859.1
NO$_x$	2011	1 729.7	36.6	637.6	0.3	2 404.3
	2012	1 658.1	39.3	640.0	0.4	2 337.8
	2013	1 545.61	40.75	640.55	0.44	2 227.36
	2014	1 404.8	45.1	627.8	0.3	2 078.0
	2015	1 180.9	65.1	585.9	0.3	1 851.9
烟(粉)尘	2011	1 100.9	114.8	62.9	0.2	1 278.8
	2012	1 029.3	142.7	62.1	0.2	1 234.3
	2013	1 094.62	123.9	59.42	0.19	1 278.14
	2014	1 456.1	227.1	57.4	0.2	1 740.8
	2015	1 232.6	249.7	55.5	0.1	1 538.0

　　SO_2 主要来自含硫燃料的燃烧，尤其是使用高硫煤和重油为燃料的发电厂和工业锅炉排放的烟气和生活燃煤排放的烟气。我国煤炭产量居世界第一位，且多为高硫煤。煤燃烧所排放的 SO_2 占全国 SO_2 总排放量的 87%，SO_2 的年排放量达到 2 000 万吨以上。SO_2 对自然生态环境、人类健康、工业生产、建筑物及材料等均会造成不同程度的危害。空气中的 SO_2 浓度高于 0.5 ppm 时即对人类健康产生潜在的影响，1~3 ppm 时人会感到明显刺激，长期吸入低浓度 SO_2 将引起或加重人的呼吸道疾病。值得注意的是，大气中的 SO_2 与水汽烟尘等结合形成的硫酸烟雾及硫酸盐等气溶胶微粒，会侵入人体肺的深部组织，所造成的危害远比气态 SO_2 大得多。SO_2 形成的酸雨对资源生态系统、农业生态系统、森林生态系统以及建筑物和材料等都会造成危害。

　　NO$_x$ 主要包括 N_2O、NO、N_2O_3、NO_2、N_2O_5 5 种氮的氧化物，其中污染大气的主要是 NO 和 NO_2，主要来自燃料的高温燃烧产物，如火力发电厂等固定源和机动车等移动源。NO$_x$ 是造成酸雨、光化学烟雾的重要前驱体，并会在空气中形成微细颗粒物,导致对公众健康和生态环境产生巨大危害。

大气中的烟尘和颗粒物对人体健康的危害越来越被人们所关注。大气颗粒物指的是分散在大气中的固态或液态颗粒状物质,根据其粒径大小,又可分为空气动力学当量直径小于或等于 $100~\mu m$ 的总悬浮颗粒物(TSP)和空气动力学当量直径小于或等于 $10~\mu m$ 的可吸入颗粒物(PM_{10})。空气动力学当量直径小于等于 $2.5~\mu m$ 的颗粒物称为细颗粒物或 $PM_{2.5}$。$PM_{2.5}$ 能较长时间悬浮于空气中,其在空气中含量浓度越高,就代表空气污染越严重。与大气中较大颗粒物相比,$PM_{2.5}$ 粒径小、面积大,活性强,易附带有毒、有害物质(如重金属、微生物等),且在大气中的停留时间长、输送距离远,因而对人体健康和大气环境质量的影响更大。

颗粒物的成分很复杂,主要取决于其来源,主要有自然源和人为源两种,但危害较大的是后者。人为源包括固定源和流动源。固定源包括各种燃料燃烧源,如发电、冶金、石油、化学、纺织印染等各种工业过程,供热、烹调过程中燃煤与燃气或燃油排放的烟尘。流动源主要是各类交通工具在运行过程中使用燃料时向大气中排放的尾气。

1.2.2 能源利用与温室效应

温室效应(greenhouse effect)是大气保温效应的俗称。大气能使太阳短波辐射到达地面,但地表受热后向外放出的大量长波热辐射线却被大气吸收,这样就使地表与低层大气温度升高,因其作用类似于栽培农作物的温室,故名温室效应。大气层中主要的温室气体是二氧化碳(CO_2),此外还有甲烷(CH_4)、一氧化二氮(N_2O)、氯氟碳化合物(chlorofluorocarbons,CFCs)及臭氧(O_3)等。

自工业革命以来,人类向大气中排入的二氧化碳等吸热性强的温室气体逐年增加(见图 1-2),大气的温室效应也随之增强(见图 1-3)[4],带来了全球气候变暖等一系列严重问题,引起了全世界的关注。随着人口的急剧增加,工业的迅速发展,排入大气中的二氧化碳相应增多;又由于森林被大量砍伐,大气中应被森林吸收的二氧化碳没有被吸收,进一步导致二氧化碳增加,温室效应也不断增强。

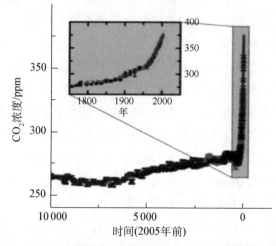

图 1-2 近万年以来(大图)和自 1750 年以来(插图)大气中 CO_2 浓度的变化

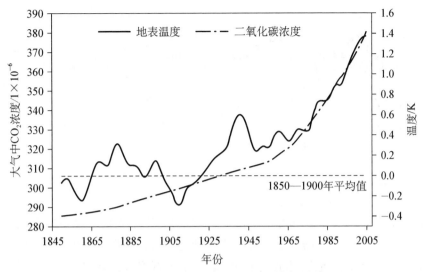

图 1 - 3 地表面温度与大气中二氧化碳浓度的关系

海洋也有着与森林一样的作用,能从大气中吸收二氧化碳,同时释放氧气。海洋仿佛是一个巨大的二氧化碳沉淀池,已经储存了大量的碳。资料显示,在 2000—2010 年间人类活动所排放的 CO_2 气体中,33% 被海洋吸收,21% 储藏在生物圈内,另外的 46% 留在了大气中[5]。值得注意的是,海洋吸收 CO_2 的能力正在衰减,其原因可能是由于持续上升的 CO_2 排放量造成了海水酸性增强,导致了海水对碳的吸收率的下降。

科学家预测,今后大气中二氧化碳每增加 1 倍,全球平均气温将上升 1.5～4.5℃,而两极地区的气温升幅要比平均值高 3 倍左右。气温升高,将导致某些地区雨量增加,某些地区出现干旱,飓风力量增强、出现频率也将提高,自然灾害加剧。更令人担忧的是,由于气温升高,将使两极地区冰川融化,海平面升高,许多沿海城市、岛屿或低洼地区将面临海水上涨的威胁,甚至被海水吞没。因此,温室效应和全球气候变暖已经引起了世界各国的普遍关注,国际社会目前正在推进制订气候变化公约,减少二氧化碳的排放已经成为大势所趋。

2015 年 12 月达成的《巴黎协定》具有重要里程碑意义。协定指出,各方将加强对气候变化威胁的全球应对,把全球平均气温较工业化前水平升高控制在 2℃以内,并为把升温控制在 1.5℃以内而努力。全球将尽快实现温室气体排放达到峰值,21 世纪下半叶实现温室气体零排放。根据协定,各方将以"自主贡献"的方式参与全球应对气候变化行动。发达国家将继续带头减排,并加强对发展中国家的资金、技术和能力建设支持,帮助后者减缓和适应气候变化。

我国是一个最大的发展中国家,也是一个能源消费大国(见图 1 - 4)[6]。过去

图1-4　近年来我国GDP、能源生产和消费增长率

几十年来,能源需求量激增,尽管最近几年在"新常态"经济下,需求增速总体呈下降趋势,2014年与能源相关的碳排放量已达到86亿吨,居全球首位[7]。

面对日益严峻的资源和环境挑战,我国政府制定了向低碳经济转型的发展目标,加速减少温室气体排放,应对气候变化问题,并以协调一致的方式向低碳能源发展转型。具体做法是发展清洁能源,增加非化石能源消耗,逐步增加天然气消费,减少二氧化碳排放,建设低碳、清洁、安全和高效的现代能源系统,建设生态文明。我国确定的新的气候和环境战略发展目标之一是2030年左右达到二氧化碳排放峰值,并争取尽早实现。对PM_{10}和$PM_{2.5}$的治理目标也将在《大气污染防治行动计划》2017年目标基础上加大力度,力争到2030年京津冀、长三角和珠三角三大重点区域达到优良水平。

由于能源的过度开发与消费的累积效应,产生了制约经济发展和影响人类生存的环境污染问题。如何在可持续发展中开发和利用能源是当前的重要课题。工业革命时期,英国伦敦工厂里烟囱林立,煤烟蔽日,曾经被认为是社会进步的标志。当时这座著名大都市的天空整天灰蒙蒙的,也被戏称为"雾都"。煤烟带来一系列的生态环境问题,给全民的健康带来严重危害。如何看待煤烟,又该如何治理空气污染,英国社会的各利益阶层为此展开过漫长的博弈。最近彼得·索尔谢姆著的《发明污染:工业革命以来的煤、烟与文化》一书[8],讲述了英国工业革命时期及其之后对待煤烟的认识变化、空气污染治理的刚性策略,值得我国在当前应对生态环境污染过程中参考借鉴。

1.3　能源与材料

1.3.1　何谓能源材料

能源是人类赖以生活和生产的重要资源,材料是人类进化的重要里程碑。100万年以前,原始人以石头作为工具,称旧石器时代。1万年以前,人类对石器进行加工,使之成为器皿和精致的工具,从而进入新石器时代。新石器时代后期,出现了利用黏土烧制的陶器。人类在寻找石器过程中认识了矿石,并在烧陶生产中发展了冶铜术,开创了冶金技术。公元前5000年,人类进入青铜器时代。公元前1200年,人类开始使用铸铁,从而进入了铁器时代。随着技术的进步,又发展了钢的制造。18世纪,钢铁工业的发展,成为产业革命的重要内容和物质基础。19世纪中叶,现代平炉和转炉炼钢技术的出现,使人类真正进入了钢铁时代。与此同时,铜、铅、锌也得到大量应用,铝、镁、钛等金属相继问世并得到应用。直到20世纪中叶,金属材料在材料工业中一直占着主导地位。20世纪中叶以后,科学技术迅猛发展,人工合成高分子材料问世,并得到广泛应用。陶瓷材料也产生了一个飞跃,出现了从传统陶瓷向先进陶瓷的转变,许多新型功能陶瓷形成了产业,满足了电力、电子技术和航天技术的发展和需要。

现代材料科学技术的发展,促进了金属、非金属无机材料和高分子材料之间的密切联系,从而出现了一个新的材料领域——复合材料。作为高性能的结构材料和功能材料,复合材料不仅用于航空航天领域,而且在现代民用工业、能源技术和信息技术方面不断扩大应用。

材料除了具有重要性和普遍性以外,还具有多样性。由于材料多种多样,分类方法也有多种多样。从物理化学属性来分,可分为金属材料、无机非金属材料、有机高分子材料和不同类型材料所组成的复合材料;从使用性能来分,可分为结构材料与功能材料两类;从具体用途来分,又分为建筑材料、电子材料、航空航天材料、能源材料、生物材料等。

能源材料是一门新兴学科。然而,作为与能源利用相关的材料利用,可以追溯到人们最早对能源的利用——发明"火"的时代。篝火石头起着防风隔热作用,可以认为是最原始的保温材料。从旧石器时代的"三石火塘"到"土灶",反映了人类在保温节能材料利用方面的进步。到了东汉时期(公元25—220年),已能用黏土质耐火材料做烧瓷器的窑材和匣钵。20世纪初,耐火材料向高纯、高致密和耐超高温方向发展,同时发展了完全不需烧成、能耗小的不定形耐高温耐火材料和高耐火纤维。

能源材料是能源与材料学科的一个新分支,也是当今能源与材料交叉学科中的重要研究方向。能源材料至今尚未有一个很明确的定义,广义地说,凡是能源工业及能源技术所需的材料都可称为能源材料。但在当今可持续发展的新能源领域时代,能源材料往往指那些正在发展的、可能支持建立新能源系统、满足各种新能源及节能技术特殊要求的材料。

能源材料还没有一个统一的分类方法。按照应用目的可分为能源转换材料(如太阳能材料、风能材料、生物质能转换材料、化学能转换材料等)、储能材料(储氢材料、相变材料、储热材料、电池材料等)、节能材料(隔热保温材料、建筑节能材料等)等;按照材料功能可分为[9]电能材料(太阳能电池材料、LED材料、有机EL、

TEF 材料、电子纸等)、化学能材料(光解水材料、燃料电池材料、二次电池材料等)、热能材料(超临界石灰火力发电材料、核发电材料等)、电磁能材料(超导材料、永久磁性材料等)。

1.3.2 能源材料的研究内容

可以说,世界经济的现代化和全球化得益于化石能源,并建立在化石能源的基础上。然而,这一经济的资源将面临枯竭,而且化石能源的燃烧所造成的环境污染使得人类将面临发展和生存危机。我们别无选择,必须利用可再生能源,走可持续发展之路。21 世纪是新能源迎来快速发展的时代。新能源的发展一方面依靠和利用新的原理(如光伏效应、聚变核反应等)来发展新的能源系统,同时还必须依靠新材料的开发和应用,才能使新的系统得以实现,并进一步提高效率、降低成本。

太阳能作为一种清洁环保的自然可再生能源,有着巨大的开发应用潜力。太阳能的利用主要有光热转换、光电转换和光化学转换三种形式。

太阳能光热转换是利用太阳辐射的热能,除发展较成熟的太阳能热水器外,还有太阳房、太阳灶、太阳能温室、太阳能干燥系统、太阳能土壤消毒杀菌技术等。太阳能热利用在研究与实施太阳能与建筑一体化方面将有很好的发展前景。

利用半导体材料光伏效应的光电转换技术是目前太阳能的主要发展途径之一。世界各国制定了一系列优惠政策和光伏工程计划,为太阳能电池产业创造了巨大的市场空间,使其进入了高发展时期,多年来保持在 30% 以上的高增长速度,2015 年全球太阳能电池产量已高达 60 GW,近年也开始出现产能过剩问题,不过太阳能电池产业前景仍然乐观[10]。随着科学工作者的不懈努力,光电转换效率不断提高、制造成本大幅降低,太阳能电池产业也正逐步成为稳定发展的新型绿色产业。

由于受到昼夜、季节和地理纬度等自然条件的限制以及晴、阴、云、雨等天气随机因素的影响,造成了太阳辐射既是间断的,又是极不稳定的,这给太阳能的大规模应用带来了困难。解决这一问题的途径是寻求科学有效的太阳能转换和储存方式,其中光化学制氢技术备受关注。

氢能是一种可储存的清洁化学能,燃烧热值高,燃烧同等质量的氢产生的热量约为汽油的 3 倍,酒精的 3.9 倍,焦炭的 4.5 倍。燃烧的产物是水,是世界上最干净的能源。氢在地球上主要以化合态的形式出现,主要存在于水中。氢气可以由水制取,而水是地球上最为丰富的资源。从水中获得氢能,作为能源使用后又回到了水的形态($H_2 + \frac{1}{2} O_2 \Longrightarrow H_2O$),演绎了自然物质循环利用、持续发展的经典过程(见图 1-5)[11]。

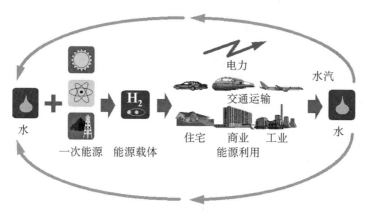

图 1－5 氢能的制取和利用

水是一种非常稳定的化合物,从水中获取氢气,必然需要外加能量。水制氢的常见方法有水电解制氢、热化学制氢等。

水电解制氢是一种传统制氢方法。该技术具有产品纯度高和操作简便的特点,但其生产工艺的电能消耗高,每立方米的氢气电耗为 4.5～5.5 kW·h,能量转化效率为 75%～85%。一般在水电解制氢的生产费用中,电费占制氢总生产成本的 80% 左右,因此,该工艺通常情况下难有竞争力。

利用太阳能光伏发电再电解水制氢,可以实现将不连续稳定的太阳能转换为可储存的清洁化学能。若按当前 20% 的光伏电池转换效率和 80% 的电解水效率来计算,则太阳能的总转换效率可达到 16%。该技术的应用性挑战来自系统的投资大、成本高,可靠性和运行管理等方面的不足[12]。

热化学制氢是直接加热水,使其达到一定温度以上从而分解为氢气和氧气的过程。这种方法的主要问题是:①高温下氢气和氧气的分离难;②高温太阳能反应器的材料问题。温度越高,水的分解效率越高,温度约为 4 700 K 时,水分解反应的吉布斯函数接近于零。如果在水中加入催化剂,使水的分解过程按多步进行,就可以大大降低加热的温度。由于催化剂可以反复使用,因此这种制氢方法又叫热化学循环法。目前,科学家们已研究出 100 多种利用热化学循环制氢的方法,所采用的催化剂为卤族元素、某些金属及其化合物、碳和一氧化碳等。热化学循环法可在低于 1 000 K 的温度下制氢,制氢效率可达 50%。

利用太阳能聚光器收集太阳能直接加热水的热化学循环法被认为是很有发展前景的制氢方法,需要进一步研究的是催化剂对环境的影响、新的耐腐蚀材料研制以及氧和重水等副产品的综合利用等问题。

以上两种太阳能到氢能的转换都经过了多个步骤。利用光化学转换(如光解水制氢)可以实现从太阳能到氢能的一步转换。通过光催化剂粉末或电极吸收太阳能产生光生载流子,继而将水分解成氢气和氧气($H_2O \Longrightarrow H_2 + \frac{1}{2}O_2$)[13]。光解水制氢为将太阳能直接转换为清洁、可存储的化学能提供了可能途径,因此也被认为是化学领域的"圣杯"。光催化技术在环境净化的某些方面已步入应用化阶段,然而,作为以太阳能转换为目的的光解水技术应用仍然任重道远。目前的主要研究集中在光解水的机理和催化材料设计和制备方面,如拓宽可见光利用、提高转换效率、无牺牲剂下的高效分解纯水、长效性和稳定性等。

新材料的研究和开发已经成为氢能利用领域的热点。氢能的储运技术仍然有待于发展,氢的安全、高效储存与运输还未能完全实现工业化应用。典型的储氢材料金属化合物已在镍、金属氢化物电池中得到应用,但将它作为储氢材料应用于移动式燃料电池,还存在氢密度低、易中毒和价格高等问题。近年来发现和研究的碳纳米管、多孔聚合物、金属骨架有机化合物(MOFs)等新型储氢材料具有潜在的应用价值,但是其稳定性和储氢机理等方面还有待进一步研究[14]。

以氢作为燃料搭载的燃料电池车(FCV)可以实现完全零排放,是未来交通工具发展的重要方向。燃料电池是一种不燃烧燃料而直接以电化学反应方式将燃料的化学能转变为电能的高效发电装置。与传统的导电体切割磁力线的回转机械发电原理也完全不同,这种电化学反应属于一种没有物体运动就获得电力的静态发电方式。因此,燃料电池具有效率高、噪声低、无污染物排出等优点,这确保了FCV成为真正意义上的高效、清洁汽车。

燃料电池的种类有很多种,目前应用在汽车领域的多数为质子交换膜燃料电池。由于20世纪90年代质子交换膜燃料电池在技术上获得了突破,"奔驰"于1994年生产了第一代燃料电池汽车Necar1,此后众多汽车厂家纷纷投入了燃料电池汽车的研发工作。在2014年的洛杉矶车展上大众集团发布了三款燃料电池汽车。2014年12月丰田Mirai在日本正式上市。

按照所用电解质与/或燃料的不同,最常用的燃料电池类型包括:碱性燃料电池(AFC)、质子交换膜燃料电池(PEMFC)、直接甲醇燃料电池(PEMFC)、磷酸燃料电池(PAFC)、熔融碳酸盐燃料电池(MCFC)、固体氧化物燃料电池(SOFC)等。燃料电池技术正在快速发展中,未来的主要研究将集中在发展电解质薄膜和电极材料的制备新技术、降低贵金属催化剂铂的用量、新型关键材料的设计和制备以及多相复杂界面等方面。

相比燃料电池车,应用较早的电动车正在如火如荼地推进产业化。资料显示[15],2016年我国新能源汽车生产51.7万辆,销售50.7万辆,比上年分别增长36.8%和53%。其中,纯电动汽车产销分别完成41.7万辆和40.9万辆,比上年分别增长63.9%和65.1%;插电式混合动力汽车产销分别完成9.9万辆和9.8万辆,比上年分别增长 15.7% 和 17.1%。未来几年是中国新能源汽车发展的战略机遇期,《节能与新能源汽车产业发展规划(2012—2020 年)》明确指出,到 2020 年,纯电动汽车和插电式混合动力汽车生产能力达 200 万辆、累计产销量超过 500 万辆,燃料电池汽车、车用氢能源产业与国际同步发展。

在现已研发的动力电池中,锂离子电池作为公认的理想储能元件,得到了更高的关注。正极材料、负极材料、电池隔膜、电解液等是锂离子电池最重要的材料,锂离子电池隔膜由于投资风险大、技术门槛高,一直未能实现国内大规模生产,成为制约我国锂离子电池行业发展的瓶颈,特别是在对安全性、一致性要求更高的动力锂离子电池领域,更是我国从锂电池生产大国到锂电池生产强国必须逾越的壁垒。

催化剂是通过改变反应物的活化能来实现改变化学反应速率、而其自身在反应前后的量和质均不发生变化的材料。从合成氨的工业催化到汽车尾气净化的环境催化,催化材料发挥着无可替代的作用[16]。在倡导低碳经济和绿色发展的今天,催化在碳基能源转化利用等方面的应用可以期待。从热催化到光催化的发展,能源催化材料已成为能源材料中新的重要分支。

1.3.3 能源材料的研究方法

能源材料,既有"材料"属性,又有"能源"属性。作为材料科学与工程的重要组成部分,能源材料学科的主要研究内容是材料的组成与结构、制备与工艺、微观机理与宏观性能之间的关系;作为能源学科的组成部分,研究其材料在能源转换和储运中的能源效率、安全性、避免环境污染以及在整个能源转换和利用中的生命周期评估等。具体有以下几个主要方面:

(1) 针对能源转换和利用、能源储存和运输中的需要,研究和开发能源材料的新配方、新结构和新工艺,提出新机理,发展新理论。例如,近年来出现的有机金属卤化物半导体钙钛矿型太阳能电池材料、纳米储氢材料及其作用机理研究,寻求较为廉价的材料以代替或部分取代铂等贵金属作为催化剂的用量以降低成本,如何通过半导体材料的电子结构来预测和设计新型高效光解水制氢催化剂等。

(2) 研究材料的化学组成、晶体结构、电子结构和表面结构,揭示其结构-效应关系(构效关系),提高能量的利用效率和转换效率。例如,研究不同催化剂和电解质以提高燃料电池的转换效率,研究不同的半导体材料以及结构(异质结、量子阱)以提高太阳能电池的效率、寿命和耐辐射性,如何消除太阳能电池的"热斑"效应以提高电池的使用寿命,如何通过结构调变以改善非晶硅材料的光致衰减效应等。

(3) 研究适应能源材料规模生产工艺的制备方法。在实验室,材料组成与结构的优化是研究的重点。进入工程化阶段,材料的制作与加工工艺以及设备就成为关键因素。因此,需要研究和开发针对某能源材料专用的工艺及设备以满足工业化生产,包括大批量中的成品率、可靠性、质量参数一致性,以及低成本、低排放等。

(4)重视能源材料的环境协调性设计和制备,在研究、设计、制备材料以及使用和废弃材料产品时,应在材料及其产品的整个寿命周期中评价环境协调性和绿色发展。从材料的生产—使用—废弃的整个过程中尽可能地减少能源与资源的消耗和污染排放,降低环境负荷。另外,从材料的组成、结构设计、降低杂质、表面改性等途径延长材料的使用寿命,加强研究废弃材料的回收和利用方法,节约资源。

(5)能源材料的安全性和可靠性研究。这是能源材料实现大规模应用不可忽视的重要课题。例如,锂离子电池具有优良的性能,但由于锂离子电池在应用中因出现短路造成的烧伤事件以及金属锂因性质活泼而易着火燃烧,从而影响了应用推广。随着碳素体等作为负极载体的锂离子电池技术进步能避免上述问题,现已成为迅速发展的锂离子二次电池。

总之,能源材料的研发和应用以提高效能、降低成本、节约资源、减少污染和环境协调为目的。能源材料学科将为今后我国以效率、和谐、持续为目标的经济增长和社会发展方式发挥重要作用。

问题思考

1. 作为最大的发展中国家,如何实现我国能源与经济的可持续发展?

2. 简述我国的能源资源及结构。结合我国的能源特点,谈谈我国如何实现能源的高效清洁利用?

3. 在新能源发展战略中,如何理解和发挥"材料先行"的意义和作用?

4. 如何评价能源材料的可持续发展?

参 考 文 献

[1] 王革华. 新能源——人类的必然选择[M]. 北京:化学工业出版社,2010.

[2] 河南省人民政府网:http://www.henan.gov.cn/zwgk/system/2015/06/05/010557129.shtml.

[3] 陈军,陶占良. 能源化学[M]. 北京:化学工业出版社,2014.

[4] 全国环境统计公报(2011—2015年),中华人民共和国环境保护部网站 http://zls.mep.gov.cn/hjtj/qghjtjgb/

[5] DAVID S G, DAVID C. Fundamentals of Materials for Energy and Environmental Sustainability [M]. Cambridge:Cambridge University Press,2012.

［6］ 朱轩彤. 中国参与全球能源治理之路,国际能源总署中文网站 http://www. iea. org/
chinese/index. html

［7］ 中国能源统计年鉴. 国家统计局网站 http://www. stats. gov. cn/tjsj/ndsj/

［8］ ［美］彼得·索尔谢姆. 发明污染:工业革命以来的煤、烟与文化［M］. 启蒙编译所,译.
上海:上海社会科学院出版社,2016.

［9］ 物質·材料研究機構監修. 環境·エネルギー材料ハンドブック［M］. 株式会社オー
ム社,2011.

［10］ 朱继平. 新能源材料技术［M］. 北京:化学工业出版社,2014.

［11］ 国际氢能网站 http://www. iahe. org/

［12］ YILMAZ F,TOLGABALTA M,REŞAT SELBAŞ. A review of solar based
hydrogen production methods［J］. Renewable and Sustainable Energy Reviews,2016,
56:171 - 178.

［13］ ［日］藤岛昭. 光催化创造未来——环境和能源的绿色革命［M］. 上官文峰,译. 上海:上
海交通大学出版社,2015.

［14］ QIWEN L,MARK P,DREW A S,et al. Hydrogen storage materials for mobile and
stationary applications:current state of the art［J］. ChemSusChem,2015,8:
2789 - 2825.

［15］ 中国汽车工业协会统计信息网. http://www. auto-stats. org. cn/

［16］ 贺泓,李俊华,何洪,等. 环境催化——原理及应用［M］. 北京:科学出版社,2008.

第 2 章　能源材料化学基础

理解和掌握能源材料的基础知识（包括晶体结构及缺陷、材料制备等）对于研究能源材料的构效关系以及开发高效、稳定的能源材料具有重要意义。例如，晶体结构类型、晶体中杂质原子的存在以及晶格的某些缺陷，对半导体的导电性能有着极大的影响。催化剂中的晶体结构、晶粒的大小以及微粒间的键型等都会影响其性能。本章将对晶体结构的基础知识和材料制备方法分别做介绍。

2.1　晶体结构

晶体（crystals）是指原子或离子或分子在三维空间有规律地周期性排列的、具有整齐外形的、以多面体出现的固体物质[1, 2]。晶体理论几乎是现代材料的理论基础，因此对于现代能源材料的讨论离不开晶体学的基础理论。晶体都具有固定的熔点，另外晶体的某些物理性质有方向性，例如石墨晶体的电导率，在与石墨层平行方向上的电导率数值比垂直层方向的数值大 10^4 倍。晶体的这种性质，称为晶体的各向异性。晶体通常是由离子、原子或分子构成的，例如氯化钠晶体是由钠离子和氯离子构成的，金刚石是碳原子构成的晶体，CO_2 在低温时的结晶是由 CO_2 分子构成的晶体。所以晶体大致可以分成离子晶体、原子晶体和分子晶体三种类型，它们的结合依靠的是离子、原子、分子之间的相互作用力。但是从内部结构上看，不管哪一类晶体，组成晶体的微粒（即离子、原子或分子）在空间的排列都是有规律的，呈周期重复的排列。晶体的这种结构有序性在现代材料学中是用晶体的点阵理论来描述的。

2.1.1　晶体的点阵理论

晶体中的微粒在空间有规律地重复排列可以用晶体的点阵理论来描述，本节将介绍点阵和晶胞的基础知识。

2.1.1.1　点阵的概念

晶体内部的原子、分子、离子在空间按规律周期性排列，这是晶体结构最基本的特征,一个周期性结构可分解为两个要素,一是周期性重复的内容,即结构基元;二是重复周期的大小与方向。将晶体结构中每一个结构基元用一个点表示,通过这些点在空间排列的规律以了解晶体周期结构的重复方式,从晶体结构中抽象出来的无数个点,形成一个点阵,点阵中每个点称为点阵点。点阵是一组无限的点,连接其中任意两点的向量进行平移,当向量的一端落在任意一点阵点上时,另一端也必然落在点阵点上[1—4]。

因此点阵的点是指抽去了具体离子、原子或分子内容后的阵点,是被周期重复的最小单位,这样的最小单位称为结构基元。这个点可以是每个结构基元中某个原子的中心或某个键的中心,或其他任何指定的点,但每个结构基元中点的位置是相同的。阵是指这些阵点在空间排列成了立体格子,体现着阵点在空间排列的周期性。因此凡是晶体物质均具有点阵结构。判断空间无数个点是否构成点阵的方法是连接其中任意两点可得到一个向量,将该向量的一端放在任意一个点上,向量的另一端必须落在另一个点上,那么这组无限的点构成点阵。点阵结构可分为直线点阵结构、平面点阵结构和空间点阵结构[5]。

1) 直线点阵

分布在同一直线上的点阵称为直线点阵。直线点阵是无限的、等距离的点阵,如下图所示。

$$\cdots \xrightarrow{\ a\ } \cdots$$

在直线点阵中,连接相邻两个点阵点的向量,称为直线点阵的素向量(素是最简单的意思),用 $\underline{a}$ 表示(晶体学中往往用字母加下画线代表向量)。素向量 $\underline{a}$ 的长度 a 称为直线点阵的点阵参数。以任何一个阵点为原点,所有点阵点都落在下式所表示的向量的端点上。

$$\underline{T}_m = m\underline{a}\,(m = 0, \pm 1, \pm 2, \cdots)$$

上式称为平移群。这是因为这些向量的集合满足群的定义,构成了一个群,群的乘法规则是向量加法。按照任何一个向量移动阵点,点阵能与原来位置完全重合。平移群是点阵的代数形式。

2) 平面点阵

平面点阵是阵点分布在同一平面上的点阵,平面点阵也是无限的。选择任意一个阵点作为原点,连接两个最相邻的阵点作为素向量 $\underline{a}$,再在其他某个方向上找到最相邻的一个点,作素向量 $\underline{b}$。素向量 $\underline{b}$ 的选择有无数种方式,如图 2 - 1 所示的 $\underline{b}_1$ 和 $\underline{b}_2$ 均可作为素向量。素向量 $\underline{a}$ 和 $\underline{b}$ 的长度 a、b 以及两者的夹角 $\gamma(=\underline{a}\wedge\underline{b})$ 称为平面点阵的点阵参数。

平面点阵的平移群可表示为 $T_{m,n} = m_a + n_b (m, n = 0, \pm 1, \pm 2, \cdots)$。

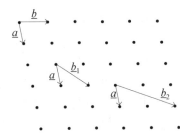

根据所选择的素向量,将各点阵点连上线,平面点阵划分为一个个并置堆砌的平行四边形,平面点阵形成由线连成的格子,称为平面格子。其中的每个平行四边形称为一个单位。所谓并置堆砌,是指平行四边形之间没有空隙,每个顶点被相邻的 4 个平行四边形共用。由于素向量的选择方

图 2-1 平面点阵中的素向量

式有无数种,因此,平面格子也有无数种,图 2-2 为对同一平面点阵画出的两种平面格子。

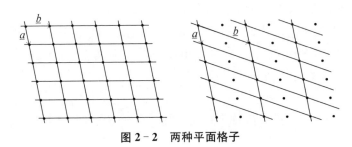

图 2-2 两种平面格子

相应的单位分别为如图 2-3 所示的平行四边形。

图 2-3 平行四边形单位

平行四边形单位顶点上的阵点,对每个单位的平均贡献为 1/4;内部的阵点,对每个单位的贡献为 1。因此,如图 2-3 左侧所示的单位只含有一个阵点,这种单位称为素单位;右侧所示的单位含有 2 个阵点,这种含有 2 个或 2 个以上阵点的单位称为复单位。为方便研究,常采用正当单位,即在考虑对称性尽量高的前提下,选取含点阵点尽量少的单位。这要求:①素向量之间的夹角最好是 90°,其次是 60°,再次是其他角度;②选用的素向量尽量短。对于平面格子,正当单位只有 4 种形状(5 种形式):正方形、矩形、带心矩形、棱形和平行四边形(见图 2-4)。

3) 空间点阵

不处在同一平面上,而是分布在三维空间的点阵称为空间点阵。选择任一点阵点为原点,分别和邻近的 3 个点阵点相连,构成 3 个素向量 a、b、c,这 3 个素向量要求互相不平行。3 个素向量的长度 a、b、c 以及彼此间的夹角 $\alpha (= b \wedge c)$、

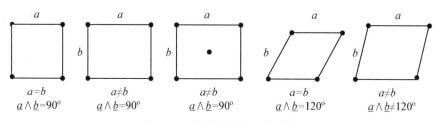

$a=b$　　　　$a\neq b$　　　　$a\neq b$　　　　$a=b$　　　　$a\neq b$

$\underline{a}\wedge\underline{b}=90°$　$\underline{a}\wedge\underline{b}=90°$　$\underline{a}\wedge\underline{b}=90°$　$\underline{a}\wedge\underline{b}=120°$　$\underline{a}\wedge\underline{b}\neq120°$

图 2-4　正当单位的 5 种形式

$\beta(=\underline{a}\wedge\underline{c})$、$\gamma(=\underline{a}\wedge\underline{b})$ 称为空间点阵的点阵参数。空间点阵的平移群可表示为

$$\underline{T}_{m,n,p}=m_{\underline{a}}+n_{\underline{b}}+p_{\underline{c}}(m,n,p=0,\pm1,\pm2,\cdots)$$

按照选择的素向量,将点阵点连上线,把空间点阵划分成并置堆砌的平行六面体(这时,每个顶点被 8 个平行六面体共有),如图 2-5 所示。空间点阵形成的由线连成的格子称为晶格。划分出的每个平行六面体为一个单位。平行六面体单位顶点上的点阵点,对每个单位的平均贡献为 1/8;面上的点阵点对每个单位的贡献为 1/2,内部的点阵点,对每个单位的贡献为 1。

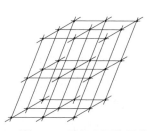

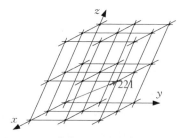

图 2-5　平行六面体晶格　　图 2-6　指标为 221 的点阵点

对空间点阵,选择素向量$\underline{a}$、$\underline{b}$、$\underline{c}$,以任一点阵点为原点,定义坐标轴 x、y、z 的方向分别和$\underline{a}$、$\underline{b}$、$\underline{c}$平行,可以在该坐标系中标记各个点阵点、直线点阵、平面点阵的指标。

其中点阵点指标 uvw 是指从原点向某一点阵点作矢量$\underline{r}$,并将矢量用素向量表示为 $\underline{r}=u_{\underline{a}}+v_{\underline{b}}+w_{\underline{c}}$,$uvw$ 称为该点阵点的指标。点阵点指标可以为任意整数。图 2-6 标出了指标为 221 的点阵点。

直线点阵指标(或晶棱指标)是指一组相互平行的直线点阵用直线点阵指标$[uvw]$进行标记,其中 u、v、w 是三个互质的整数,它们的取向与矢量 $u_{\underline{a}}+v_{\underline{b}}+w_{\underline{c}}$ 相同。晶体外形上晶棱的记号与和它平行的直线点阵相同。

空间点阵可以划分为一组相互平行、间距相等的平面点阵。平面点阵指标(或晶面指标、密勒指标)$(h^{*}k^{*}l^{*})$的定义如下:设一组平面点阵和三个坐标轴相交,其中一个平面在三个轴上的截距分别为 ra、sb、tc，r、s、t 称为截数。有时平面会与某个轴平行，这时在该轴上的截距为无穷大，为了避免这种情况，对截数取倒数 $1/r$，$1/s$，$1/t$，这些倒数称为倒易截数。把倒易截数进一步化作互质的整数 h^*，k^*，l^*，即

$$1/r : 1/s : 1/t = h^* : k^* : l^*$$

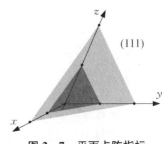

图 2-7　平面点阵指标

$(h^* k^* l^*)$ 称为平面点阵指标，如图 2-7 所示。它表示一组相互平行的平面点阵。晶体外形上的晶面用和它平行的一组平面点阵的指标进行标记。

2.1.1.2　晶胞的概念

根据素向量，可以将空间点阵划分为晶格，用晶格切割实际晶体，得到一个个并置堆砌的平行六面体，这些平行六面体不再是抽象的几何体，而是包括了晶体的具体组成物质，称为晶胞。晶胞是晶体结构中的基本重复单位。

晶胞的形状一定是平行六面体。晶胞在结构上是构成晶体的基础，在化学成分上晶胞内各个原子的个数比与晶体的化学式相一致。一个晶胞中包含一个结构基元，为素晶胞；包含两个以上结构基元即为"复晶胞"，分别与点阵中素单位与复单位相对应。

晶胞不等同于结构基元，它不一定是最小的重复单位，只有素晶胞才是最小的重复单位。如果按照正当单位划分晶格，相应的，切割晶体得到的晶胞称为正当晶胞。正当晶胞可能是素晶胞，也可能是复晶胞。通常所说的晶胞是指正当晶胞。晶胞一定是平行六面体，不能为六方柱或其他形状，否则不满足并置堆砌的要求。在晶胞中各结点上的内容必须相同。例如：铝是面心立方结构，其晶胞中的 6 个面心和 8 个顶点都是铝原子（或铝离子），而 NaCl 晶体也是面心立方结构，则 6 个面心和 8 个顶点都必须是 Na^+ 离子，或都必须是 Cl^- 离子。晶胞有两个基本要素[1, 2, 6]，即晶胞参数与坐标参数。

（1）晶胞参数：晶胞的大小和形状。晶胞参数和点阵参数一致，由 a，b，c，α，β，γ 规定，即平行六面体的边长和各边之间的夹角，如图 2-8 所示。

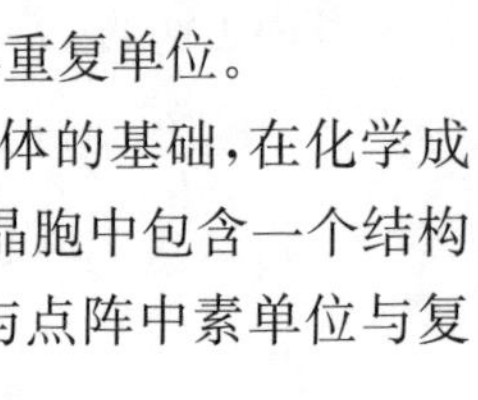

（2）坐标参数：晶胞内部各个原子的坐标位置。若从原点指向原子的向量可表示为 $\underline{r} = x\underline{a} + y\underline{b} + z\underline{c}$，则原子的坐标参数为 (x, y, z)。

图 2-8　晶胞参数

【例】CsCl 晶胞。8 个顶点上只贡献一个原子，内部一个原子，因此晶胞中含有两个原子，如图 2-9 所示。

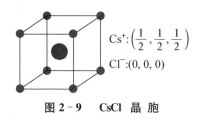

$$Cs^+ : \left(\frac{1}{2}, \frac{1}{2}, \frac{1}{2}\right)$$
$$Cl^- : (0, 0, 0)$$

图 2 - 9 CsCl 晶胞

中心 Cs^+ 的坐标参数为 $\left(\frac{1}{2}, \frac{1}{2}, \frac{1}{2}\right)$。

2.1.2 晶体的对称性

对称操作是能使一个客体复原的操作,是在不改变物体中任何两点之间的距离,即客体不发生扭曲、压缩、变形等情况下,在空间进行变换,变换前后物体的位置在物理上无法区分。实现对称操作所依赖的点、线、面等几何元素称为对称元素。对称元素和对称操作总是互相依存、密切联系的。

晶体的对称性可分为宏观对称性和微观对称性两类。如果把晶体作为连续、均匀、并具有有限的理想外形的研究对象,这种宏观观察中所表现的对称性为宏观对称性。在对称操作的时候,有限晶体的质量中心必须保持不动,否则操作前后在物理上不可以分辨,这种操作为点操作。因此,晶体在宏观观察中表现出来的对称元素一定要以质量中心为公共点,在进行对称操作时公共点保持不动,这种点对称操作构成的群称为点群。晶体结构具有空间点阵式的周期结构,如果将晶体看做不连续、不均匀、无限多结构基元的周期性排列,所表现出来的对称性为微观对称性。这种情况下,通过平移等操作也可以使晶体结构复原,在平移对称操作下,所有点在空间发生移动,这种点阵结构的空间对称操作构成的群称为空间群。晶体结构中的对称操作可以分为两类,一类是可以具体实现的,称为实操作:如旋转、平移、螺旋旋转;另一类是在想象中才能实现的,称为虚操作:如反映、反演、滑移反映、旋转反演。

2.1.2.1 宏观对称性

在讨论晶体的宏观对称性时,所有对称操作都必须保证有一点不动,所有对称元素通过公共点,满足这一条件的对称元素有四类:旋转轴、反映面、对称中心、反轴。这四类宏观对称元素中只有 8 个是独立的[2]。群属于数学范畴,是群元素 A、B、C、…的集合。晶体学点群是指晶体的点对称操作的集合,将晶体中可能存在的各种宏观对称元素按照一切可能性组合起来,共有 32 种形式,与之相对应的 32 个对称操作群称为晶体学点群。如果考虑到空间对称性操作等因素,各种晶体的实际对称性没有能够高于 7 种全对称点阵点群的[2],这 7 种点阵点群就是将 32 个晶体学点群分类成 7 个晶系的对称性基础。因此晶体的 32 个点群可分为 7 类,称为 7 个晶系,每个晶系包含着若干个点群,属于同一晶系的点群有一些共同的对称元素,称为特征对称元素。对于每一晶系,国际记号中 3 个位序的方向都有不同规定[7]。

根据不同的晶胞参数可将晶体分成 7 种晶系。

(1) 立方(Cubic)　$a = b = c$, $\alpha = \beta = \gamma = 90°$,即晶胞参数为 a。

(2) 四方(Tetragonal)　$a = b \neq c$, $\alpha = \beta = \gamma = 90°$,即晶胞参数为 a、c。

(3) 正交(Orthorhombic)　$a \neq b \neq c$, $\alpha = \beta = \gamma = 90°$,即晶胞参数为 a、b、c。

(4) 三方(Trigonal)　$a = b = c$, $\alpha = \beta = \gamma \neq 90°$,即晶胞参数为 a、b、c、α。

(5) 六方(Hexagonal)　$a = b \neq c$, $\alpha = \beta = 90°$, $\gamma = 120°$,即晶胞参数为 a、c。

(6) 单斜(Monoclinic)　$a \neq b \neq c$, $\alpha = \beta = 90°$, $\gamma \neq 90°$,即晶胞参数为 a、b、c、γ。

(7) 三斜(Triclinic)　$a \neq b \neq c$, $\alpha \neq \beta \neq \gamma \neq 90°$,即晶胞参数为 a、b、c、α、β、γ。

7 个晶系共有 7 种(正当)晶胞形状,晶体的正当晶胞和空间点阵的正当单位互相对应,因此,正当单位的形状也有 7 种:立方、六方、四方、三方、正交、单斜、三斜。从 7 种形状的几何体出发,每个顶点上放置一个点阵点,得到素(正当)单位(一个平行六面体摊到一点,即为素单位),给出简单(P)的点阵形式。在这些素单位中再加入点阵点,得到复(正当)单位(一个平行六面体摊到两个以上点的称为复单位),这个过程称为点阵有心化。点阵有心化必须遵循三个原则。

(1) 由于点阵点周围环境相同,这要求加入的点阵点只能位于体心、面心、底心位置,给出体心(I)、面心(F)、底心(C)的点阵形式。

(2) 不破坏晶系的特征对称元素。

(3) 能给出新的正当单位。

遵循点阵有心化的原则,只有 14 种正当单位,称为 14 种空间点阵形式(或称布拉维 Bravais 格子)。其中,立方晶系的点阵有简单(P)、体心(I)、面心(F)三种形式,四方点阵有简单(P)和体心(I)两种形式,正交点阵有简单(P)、底心(C)、体心(I)、面心(F)四种形式,单斜点阵有简单(P)和底心(C)两种形式,六方、三方和三斜都不带心,只有一种点阵形式。六方点阵的记号为 H,三方点阵的记号为 R。因此所有空间点阵的正当单位共有 7 种形状,又因各种形状的平行六面体中所摊到的点不同,可分为 14 种形式,即有 14 种空间点阵形式,也称为 14 种布拉维格子。

图 2-10 为 14 种空间点阵形式。

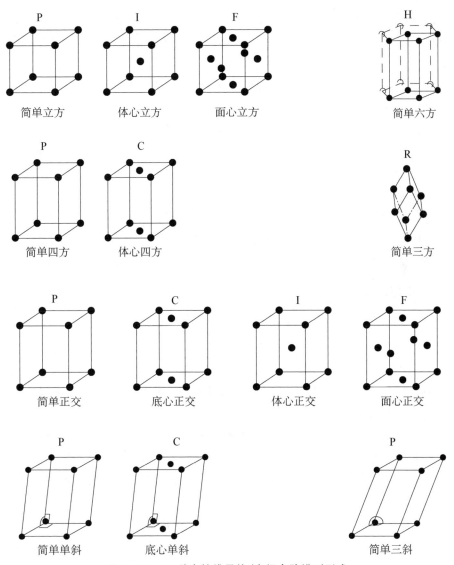

图 2 - 10　14 种布拉维晶格/空间点阵排列形式

2.1.2.2　微观对称性

在讨论晶体的微观对称性时,考虑的是晶体的空间点阵结构。空间点阵是无限大的图形,除了点操作外,平移等空间操作也可以使结构复原。因此,晶体的微观对称元素不仅包含前面提到的微观对称元素,还增加了点阵、螺旋轴和滑移面。晶体的对称性既要满足晶胞中结构基元的对称性,即晶体学点群的对称性,又要满足空间点阵格子的对称性,即平移群的对称性。因此所谓晶体学空间群就是要使某个三维空间的客体(晶体)变换成它自己的几何对称操作(平移、点对称操作以及这两者的复合)的集合。点阵结构的空间对称操作构成了空间群。根据晶体中的宏观对称元素,可将晶体分别归属于 32 个点群。在此基础上,将宏观对称元素用微观对称元素代替,再将这些对称元素与点阵对应的平移操作结合,从每个点群可推引出若干个空间群,共 230 个空间群。综合上述,晶体按照其对称性可依次归属为:3 个晶族→7 个晶系(包括 14 种空间点阵形式)→32 个点群→230 个空间群。自从瑞士晶体学家 Paul Niggli 首先指出了空间群理论在 X 射线衍射测定晶体中的应用以后[8],晶体学家总是先测定晶体的空间群,再在空间群有关规律的指导下初步推测并最终测定该晶体的结构,因此空间群理论成为晶体结构测定的基础之一。

但是需要注意的是,两种晶体结构具有同一结构类型并不一定预示着结构中具有相似的成键。根据晶体内部质点间作用力的不同,晶体可分为金属晶体、离子晶体、原子晶体和分子晶体。

2.1.3 金属晶体

在金属晶体中,自由电子不专属于某个金属离子而为整个金属晶体所共有。这些自由电子与全部金属离子相互作用,从而形成某种结合,这种作用称为金属键。金属键具有如下特性,即当金属原子形成晶体对时,电子(尤其是价电子)由原子能级进入晶体能级(能带)形成高度离域化的 N 中心键,使体系能量降低,形成一种强烈的吸引作用[2, 5]。

金属键的理论模型有电子海绵模型和金属的分子轨道模型(即能带理论)。其中能带理论把金属晶体看成一个大分子,这个分子由晶体中所有原子组合而成。N 个金属原子组成金属后,N 个原子中的每一种原子轨道相互组合发展成相应的 N 个分子轨道,这 N 个分子轨道就形成一个能带。

以金属锂为例。1 个锂原子有 1s 和 2s 2 个轨道,2 个锂原子有 2 个 1s,2 个 2s 轨道。按照分子轨道理论的概念,2 个原子相互作用时原子轨道要重叠,同时形成成键分子轨道和反键分子轨道,这样由原来的原子能量状态变成分子能量状态。晶体中包含原子数愈多,分子状态也就愈多[9, 10]。

如果有两个锂原子,根据分子轨道理论,2 个锂原子的 2s 原子轨道进行线性组合,给出两个分子轨道,其中一个成键分子轨道被两个价电子占据;另一个为空的反键分子轨道。若有 N 个锂原子,其 $2N$ 个原子轨道则可形成 $2N$ 个分子轨道,分子轨道如此之多,分子轨道之间的能级差很小,实际上这些能级很难分清,可以看成连成一片成为能带。能带可看做延伸到整个晶体中的分子轨道。锂原子的电子构型是 $1s^2 2s^1$,每个原子有 3 个电子,价电子数是 1。N 个锂原子有 $3N$ 个电子,这些电子如何填充到能带中去,与在原子和分子中的情况相似,要符合能量最低原理和 Pauli 原理。由 s,p,d 和 f 原子轨道分别重叠产生的能带中,最多容纳的电子数目分别为:s 带 $2N$ 个,p 带 $6N$ 个,d 带 $10N$ 个,f 带 $14N$ 个。由于每个锂原子只能提供 1 个价电子,故其 2s 能带为半充满。由充满电子的原子轨道所形成的较低能带叫做满带,由充满电子的原子轨道所形成的较高能量的能带叫做导带。例如金属锂中(见图 2 - 11),1s 能带是满带,而 2s 能带是导带。在这两种能带之间还隔开一段能量,正如电子不能进入 1s 与 2s 能级之间一样,电子也不能进入 1s 能带和 2s 能带之间的能量空隙,这段能量空隙叫做禁带。金属的导电性就是靠导带中的电子来体现的。锂原子 2p 轨道上没有电子,因此金属晶体的 2p 能带为全空,称为空带。锂原子的 2s 和 2p 轨道的能级差不大,晶体中的 2s 能带和 2p 能带发生部分重叠,重叠部分称为叠带。叠带也有满带、导带、空带之分。价带则是填有价电子的能带。

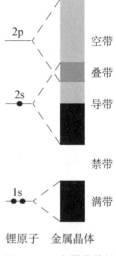

图 2 - 11　金属晶体结构的能带模型

　　根据能带结构中禁带宽度和能带中电子填充状况,可把物质分为导体、绝缘体和半导体。一般金属导体的导带为充满,绝缘体的禁带很宽,其能量间隔超过 4.8×10^{-19} J,而半导体的禁带宽度较小,能量间隔为 1.6×10^{-20} J(0.1 eV) $\sim 4.8 \times 10^{-19}$ J(3 eV)。

　　能带理论是这样说明金属导电性的:当在金属两端接上导线并通电时,在外加电场的作用下,电子将获得能量从负端流向正端,即朝着与电场相反方向流动。在满带内部的电子无法跃迁,电子往往不能由满带越过禁带进入导带。只有导带没有被电子占满,能量较高的部分还空着,导带内的电子获得能量后可以跃入其空缺部分,这样的电子在导体中担负着导电的作用。这些电子显然不定域于某两个原子之间,而是活动在整个晶体范围内,成为非定域状态。因此,金属的导电性取决于它的结构特征——具有导带。绝缘体不能导电,它的结构特征是只有满带和空带,且禁带宽度大,一般电场条件下,难以将满带电子激发到空带,即不能形成导带而导电。半导体的能带特征也是只有满带和空带,但禁带宽度较窄,在外电场作用下,部分电子跃入空带,空带有了电子变成了导带,原来的满带缺少了电子,或者说产生了空穴,也形成导带能导电,一般称此为空穴导电。在外加电场作用下,导带中的电子可从外加电场的负端向正端运动,而满带中的空穴则可接受靠近负端的电子,同时在该电子原来所在的位置留下新的空穴,相邻电子再向该空穴移动又形成新的空穴。因此半导体中的导电性是导带中的电子传递(电子导电)和满带中的空穴传递(空穴导电)所构成的混合导电性。

金属键没有饱和性和方向性。因此金属一般具有良好的导电性和导热性,不透明有光泽,具有良好的延展性和可塑性。一般金属的熔点、沸点随着金属键强度的增加而升高。金属在形成晶体时,倾向于构成极为紧密的结构,使得每个原子都有尽可能多的相邻原子(金属晶体一般都具有高配位数和紧密堆积结构),这样电子能级可以得到尽可能多的重叠,从而形成金属键,因此金属晶体中,每个微粒倾向于吸引尽可能多的其他微粒,形成配位数高、堆积密度大的结构,称为密堆积结构。密堆积结构的空间利用率高,体系的势能低,结构稳定。

2.1.4 离子晶体

1) 基本特性[3, 5]

当正负离子结合在一起形成化合物时,正负离子之间由静电力作用结合在一起,这种化学键称为离子键,此类化合物称为离子化合物。它一般由电负性较小的金属元素与电负性较大的非金属元素生成。离子的电荷越高,离子间距离越小,则离子键越强。

以离子键结合的化合物倾向于形成晶体,离子晶体中正负离子的电子云具有球对称性,离子晶体可看做不等径圆球的密堆积,在空间允许的情况下,正离子尽量多地与负离子接触,负离子同样尽量多地与正离子接触,以使体系的能量尽可能降低。在这种堆积方式中,一般是大球(通常为负离子)按一定方式堆积,小球(通常为正离子)填充在大球堆积形成的空隙中。

离子键没有饱和性和方向性。无方向性是指由于正负离子的电荷分布是球形对称的,离子可以在空间的任何方向与带有相反电荷的离子相互吸引。无饱和性是指每个离子可吸引尽可能多的带有异号电荷的离子。一个离子周边所排列的相反电荷离子的数目主要与正负离子的半径有关。离子晶体通常具有较高的配位数,具有较大的硬度和高熔点。离子晶体易溶于极性溶剂中,熔融后能导电。

2) 几种典型的离子晶体结构

离子晶体的堆积方式和金属晶体类似,由于离子键没有方向性和饱和性,所以离子在晶体中常常趋向于采取紧密方式堆积。以下为几种典型的离子晶体,其他常见的离子晶体结构有的和这些典型结构相同,有的则是这些典型结构的变形。其中,NaCl型,CsCl型和ZnS型都属于AB型离子晶体,即只含有一种正离子和一种负离子且电荷数相同。

CsCl晶体的结构基元由1个CsCl组成,从中可抽出简单立方的点阵。CsCl晶胞中含有1个CsCl,即1个结构基元。配位数为8:8,如图2-12所示。

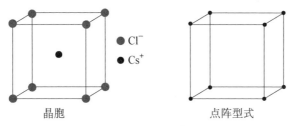

图 2-12　CsCl 晶体结构

NaCl 晶体属于面心立方晶系,其结构基元由 1 个 NaCl 组成,从中可抽出面心立方的点阵。在 NaCl 晶胞(Na^+ 和 Cl^- 可互相替换)中,含有 4 个 NaCl,即 4 个结构基元。从点阵结构也可看出,一个正当单位含有 4 个点阵点。每个离子周围有 6 个异号离子,配位数为 6∶6,如图 2-13 所示。

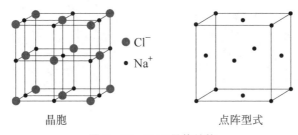

图 2-13　NaCl 晶体结构

立方 ZnS 晶体的结构基元由 1 个 ZnS 组成,从中可抽出面心立方的点阵。正负离子的结合方式与金刚石中碳原子类似。晶胞中含有 4 个 ZnS,即 4 个结构基元,配位数为 4∶4,如图 2-14 所示。

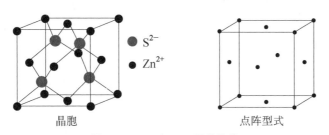

图 2-14　立方 ZnS 晶体结构

六方 ZnS 型结构基元由 2 个 ZnS 组成,从中可抽出简单六方的点阵。晶胞中含有 2 个 ZnS,即 1 个结构基元。配位数为 4∶4,如图 2-15 所示。

离子晶体的种类很多,除了上述的 AB 型离子晶体外,还有 AB_2 型,ABX_3 型等。例如 CaF_2 晶体属于 AB_2 型,结构基元由 1 个 CaF_2 组成,从中可抽出立方面心的点

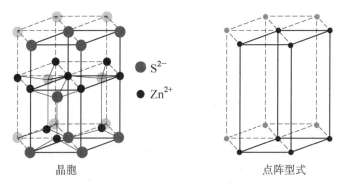

图 2-15　六方 ZnS 晶体结构

阵。晶胞中含有 4 个 CaF_2，即 4 个结构基元。配位数为 8∶4，如图 2-16 所示。

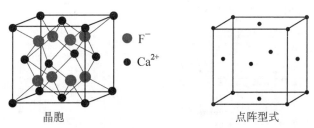

图 2-16　CaF_2 晶体结构

金红石（TiO_2）型结构基元由 2 个 TiO_2 组成，从中可抽出简单四方的点阵。晶胞中含有 2 个 TiO_2，即 1 个结构基元。配位数为 6∶3，如图 2-17 所示。

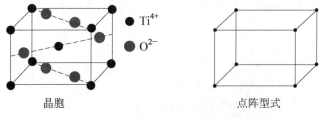

图 2-17　金红石 TiO_2 晶体结构

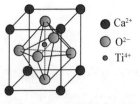

图 2-18　钙钛矿晶体结构

钙钛矿（$CaTiO_3$）则是许多 ABX_3 型固体结构的代表，它是立方结构；每个 A 原子周围有 12 个 X 原子，而每个 B 原子周围有 6 个 X 原子。AB 两种离子的电荷总数必须等于 6，如图 2-18 所示。

3）离子半径

离子半径是指正负离子在晶体中的接触半径，即以相邻正负离子中心之间的距离作为正负离子半径之和。虽然电子在原子核外的分布是连续的,并无明确的界限,但由实验表明,离子可以被近似地看做具有一定半径的弹性球。两个互相接触的球形离子的半径之和等于两个核间的平衡距离。利用 X 射线等方法可以很精确地测定正负离子间的平衡距离,而怎样把平衡距离划分为两个离子半径则有不同的方法,具体可参考其他书籍。

离子半径的大小一般有如下变化的趋势:

(1) 周期表中同族元素的离子半径随原子序数的增加而增大。

(2) 对于同一周期元素,核外电子数相同的正离子,随着正电荷数的增加,离子半径明显减小。

(3) 对于同一种元素不同价态的离子,电子数越多,离子半径越大。

(4) 对于核外电子数相同的负离子对,随着负电价增加,半径略有增加,但增加值不大。

(5) 镧系元素三价正离子的半径从 La^{3+} 到 Lu^{3+} 依次下降,此为镧系元素收缩效应所引起。

另外,离子晶体中一般是负离子形成密堆积,正离子填充在负离子形成的空隙中,负离子不同的堆积方式形成不同的空隙,正负离子半径比不同可产生不同的接触情况,为了使体系能量尽量降低,要求正负离子尽量接触,所以正负离子半径比就决定了正离子填充什么样的空隙,也就决定了离子晶体的结构。

2.1.5　其他类型晶体

本节将介绍除金属晶体和离子晶体之外的其他晶体类型,这当中包括共价键晶体,混合键型晶体,分子型晶体和氢键型晶体[5, 11]。

1) 共价键晶体

两个或多个原子共用它们的外层电子,在理想状态下达到电子饱和的状态,由此组成的比较稳定和坚固的化学键称为共价键。通常,可以认为当两元素电负性差值远大于 1.7 时,为离子键;当电负性差值远小于 1.7 时,为共价键,共价键也可以称为原子键;如果两元素电负性差值在 1.7 附近,则它们的成键具有离子键和共价键的双重特性。而共价型原子晶体则是所有原子以共价键相结合形成的晶体。

共价晶体具有如下特点:

(1) 共价键有方向性和饱和性,原子的配位数由键的数目决定,一般配位数较低,键的方向性决定了晶体结构的空间构型。

(2) 由于共价键的结合力比离子键大,所以共价型原子晶体都有较大的硬度和高的熔点,其导电性和导热性较差。

金刚石是一种典型的共价型原子晶体，属于 A4 型密堆积，如图 2－19 所示。其中每个碳原子与另四个碳原子以共价键相结合，配位数为 4，从中可抽出面心立方晶胞。硅、锗、锡的单质，以及 SiC 和 SiO_2 都属于共价型晶体。

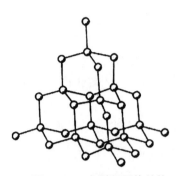 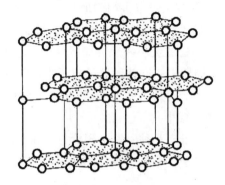

图 2－19　金刚石晶体结构　　　　图 2－20　石墨晶体结构

2）混合键型晶体

混合键型晶体是内部结构含有两种以上键型的晶体。石墨是一种典型的混合键型晶体，如图 2－20 所示。每个碳以 sp^2 杂化与其他碳形成平面大分子（大共轭分子），由多层平面大分子排列起来就构成了石墨。在每一层内，碳与碳以共价键结合，键长为 1.42 Å，而层与层之间靠范德华力相结合，比化学键弱得多，层相距为 3.4 Å。由于存在离域的 π 电子，导致石墨具有一些金属的性质，如良好的导电性、导热性，具有金属光泽等。由于石墨层与层之间结合力较弱，层间容易滑动，所以石墨是一种很好的润滑剂。属于这类晶体的还有：CaI_2，CdI_2，MgI_2，$Ca(OH)_2$ 等。

3）分子型晶体

分子间作用力有三种情况。①极性分子之间的相互作用：由于极性分子有偶极矩，极性分子之间存在着分子偶极矩之间的相互作用，这种极性分子之间的相互作用力称为静电力。②极性分子与非极性分子之间的相互作用：当极性分子和非极性分子放在一起时，在运动过程中非极性分子受到极性分子的诱导而产生诱导偶极矩，这种极性分子的偶极矩和非极性分子的诱导偶极矩之间的相互作用力称为诱导力（也称德拜力）。③非极性分子之间的相互作用力：虽然非极性分子本身偶极矩为零，但在运动过程中，分子上电子云分布的密度并不是始终均匀的，电子云是电子在空间出现的概率密度的统计平均概念，就每两个瞬间而言，由于非极性分子电子云密度分布不均匀，就产生了瞬间偶极矩而相互作用，这种相互作用力称为色散力。

分子型晶体是依靠分子之间的相互作用力结合起来的晶体，点阵结构的每个点上是具体的分子。由于这种作用力比较弱,所以分子型晶体结合力较小,体现为它们的熔点低、硬度小。绝大部分的有机化合物晶体和惰性气体元素的晶体都属于分子型晶体。CO_2,H_2,Cl_2,SO_2,HCl,N_2 等也都是分子型晶体。由于范德华力没有方向性和饱和性,所以一般这种晶体中都尽可能采用密堆积方式。例如氦晶体属 A3 型密堆积,氖、氩晶体属 A1 型密堆积,有些接近球形的分子晶体也采用密堆积方式,如 H_2 晶体属 A3 型密堆积,Cl_2 晶体是 A1 型密堆积。CO_2 晶体是一种典型的分子晶体,从这种晶体可抽出立方面心晶胞,每个晶胞含 4 个 CO_2 分子。但需要说明的是,虽然堆积中要尽量使空隙减少,但堆积不像原子那样紧密,所以多数分子型晶体对称性较低。这就是为什么一般有机化合物晶体对称性不高的原因。由于分子之间作用力较弱,因此分子晶体一般沸点都较低,上述分子晶体一般仅在低温下存在。图 2-21 给出了 CO_2 的晶体结构。

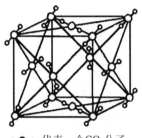

○●○ 代表一个 CO_2 分子

图 2-21　CO_2（干冰）晶体结构

4）氢键型晶体

当氢原子与电负性大、半径小的原子 X 形成共价键后,共用电子对偏向 X 原子,氢原子几乎变成了裸核。裸核的体积很小,又没有内层电子,不被其他原子的电子所排斥,还能与另一个电负性大、半径小的原子 Y 中的孤对电子产生静电吸引作用,形成一种弱的键,称为氢键。氢键有方向性和饱和性,X 和 Y 都是 F,O,N,Cl 或 C 等电负性较大的原子。通常在晶体中分子间趋向尽可能多地生成氢键以降低能量。

氢键可以分为分子间氢键和分子内氢键两种类型。一个分子的 X—H 键与另一个分子中的 Y 原子形成的氢键称为分子间氢键;一个分子的 X—H 键与同一个分子内的 Y 原子形成的氢键称为分子内氢键。

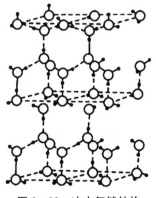

图 2-22　冰中氢键结构

冰是一种典型的氢键型晶体,属于六方晶系,如图 2-22 所示。在冰中每个氧原子周围有 4 个氢原子,2 个氢原子近一些,以共价键相连,2 个氢原子较远,以氢键相连。氢的配位数为 4。为了形成稳定的四面体型结构,水分子中原有的键角（105°）也稍有扩张,使各键之间都接近四面体角（109°28′）,这种结构是比较疏松的,因此冰的密度比水小。当冰融化成水时,部分氢键遭到破坏,但仍有一部分水分子以氢键结合成一些小分子集团,这些小分子集团可以堆集得比较紧密,故而冰融化成水时体积减小,当温度很高时分子热运动加剧,分子间距离增大,体积增大,密度减小,只有在 4℃时水的密度最大。

2.2 晶体缺陷

在讨论晶体结构时,是将晶体看成无限大,并且构成晶体的每个粒子(原子、分子或离子)都在自己应有的位置上。这样的理想结构中,每个结点上都有相应的粒子,没有空着的结点,也没有多余的粒子,非常规则地呈周期性排列。实际晶体是这样的吗?测试表明,与理想晶体相比,实际晶体或多或少地存在着缺陷,这些缺陷的存在自然会对晶体的性质产生或大或小的影响。晶体缺陷即晶格的不完整性,是指晶体中任何对完整周期性结构的偏离。晶体缺陷不仅会影响晶体的物理和化学性质,而且还会影响发生在晶体中的过程,如扩散、烧结、化学反应等。晶体的结构缺陷也影响着材料的性能,对材料在能源领域的应用具有重要的价值。晶体的缺陷可以分为结构缺陷(即没有杂质的、具有理想化学配比的晶体中的缺陷,如空位、填隙原子、位错)与化学缺陷(即由于掺入杂质或同位素,或者化学配比偏离理想情况的化合物晶体中的缺陷,如杂质、色心等)两大类。按照缺陷的几何形状和涉及的范围来分类,晶体的缺陷可以分为点缺陷、线缺陷、面缺陷等。

2.2.1 点缺陷

在无机非金属材料中最基本和最重要的是点缺陷[3, 11]。研究晶体的缺陷,就是要讨论缺陷的产生、缺陷类型、浓度大小及对各种性质的影响。20 世纪 60 年代,F. A. Kröger 和 H. J. Vink 建立了比较完整的缺陷研究理论——缺陷化学理论,主要用于研究晶体内的点缺陷。点缺陷是一种热力学可逆缺陷,即它在晶体中的浓度是热力学参数(温度、压力等)的函数,因此可以用化学热力学的方法来研究晶体中点缺陷的平衡问题,这就是缺陷化学的理论基础。点缺陷理论的适用范围有一定限度,当缺陷浓度超过某一临界值(大约为 0.1%)时,由于缺陷的相互作用,会导致广泛缺陷(缺陷簇等)的生成,甚至会形成超结构和分离的中间相。但大多数情况下,对许多无机晶体,即使在高温下点缺陷的浓度也不会超过上述极限。

缺陷化学的基本假设是将晶体看做稀溶液,将缺陷看成溶质,用热力学的方法研究各种缺陷在一定条件下的平衡;也就是将缺陷看做一种化学物质,缺陷的产生过程可以看成是一种化学反应过程,可用化学反应平衡的质量作用定律来处理。

点缺陷是在格点附近一个或几个晶格常量范围内的一种晶格缺陷,如空位、填隙原子、杂质等,由于空位和填隙原子与温度有直接的关系,或者说与原子的热振动有关,因此称它们为热缺陷,主要是原子缺陷和电子缺陷,其中原子缺陷可以分为三种类型[12]。

（1）空位（vacancy）：在有序的理想晶体中应该被原子占据的格点，现在却空着。用 vacancy 单词的第一个字母 v 表示空位。

（2）填隙原子（interstitial atom）：在理想晶体中原子不应占有的那些位置叫做填隙（或间隙）位置，处于填隙位置上的原子称填隙（或间隙）原子。填隙（或间隙）位置用 i 表示。

（3）取代原子（subsitution atom）：一种晶体格点上占据的是另一种原子。如 AB 化合物晶体中，A 原子占据了 B 格点的位置，或 B 原子占据了 A 格点位置（也称错位原子）；或外来原子（杂质原子）占据在 A 格点或 B 格点上。

晶体中产生以上各种原子缺陷的基本过程有以下三种。

1）热缺陷过程

当晶体的温度高于绝对零度时，由于晶格内原子热振动，原子的能量是涨落的，总会有一部分原子获得足够的能量离开平衡位置，造成原子缺陷，这种缺陷称为热缺陷。显然，温度越高，能离开平衡位置的原子数也越多。

晶体中常见的热缺陷有两种基本形式：弗伦克尔（Frenkel）缺陷和肖特基（Schottky）缺陷。

为简便起见，我们考虑一个二元化合物 MX 所对应的晶体结构。在此晶体结构中，M 的位置数和 X 的位置数之比为 1∶1，并且该化合物晶体是电中性的。在讨论缺陷形成时，必须注意：①由于晶体结构的特性，在缺陷形成的过程中，必须保持位置比不变，否则晶体的构造就被破坏了；②晶体始终是保持电中性的。

在晶格热振动时，当晶格中的一些能量足够大的原子离开平衡位置后，移到间隙位置形成填隙原子时，在原来的格点位置处产生一个空位，填隙原子和空位成对出现，这种缺陷称为 Frenkel 缺陷。如图 2-23 所示。

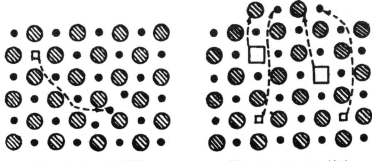

图 2-23　Frenkel 缺陷　　　　　图 2-24　Schottky 缺陷

Frenkel 缺陷的特点是：①间隙原子和空位成对出现；②缺陷产生前后，晶体体积不变[13]。

当晶体中的原子脱离格点位置后不在晶体内部形成填隙原子,而是占据晶体表面的一个正常位置,并在原来的格点位置产生一个空位,这种缺陷称为 Schottky 缺陷,如图 2-24 所示。

Schottky 缺陷的特点是:①空位成对出现;②晶体的体积增加。例如 NaCl 晶体中,产生一个 Na^+ 空位时,同时要产生一个 Cl^- 空位[14]。

这两种缺陷的产生都是由于原子的热运动,所以缺陷浓度与温度有关。构成填隙原子的缺陷时,必须使原子挤入晶格的间隙位置,所需的能量要比造成空位的能量大些,所以对于大多数情形,特别是在温度不太高时,Schottky 缺陷存在的可能性大于 Frenkel 缺陷。

2)杂质缺陷过程

晶体的杂质缺陷浓度仅取决于加入到晶体中的杂质含量,而与温度无关,这是杂质缺陷形成(非本征缺陷)与热缺陷形成(本征缺陷)的重要区别。杂质原子进入晶体后,因与原有的原子性质不同,故它不仅破坏了原有晶体的规则排列,而且在杂质原子周围的周期势场引起改变,因此形成一种缺陷。点缺陷杂质原子无论入晶格间隙的位置或取代主晶格原子,都必须在晶格中随机分布,不形成特定的结构。杂质原子在主晶格中的分布类似溶质在溶剂中的分散,因此被称为固溶体。根据杂质原子在晶体中的位置可分为间隙杂质原子及置换(或称取代)杂质原子两种。在材料制备中,有控制地在晶体中引入杂质原子,若杂质原子取代基质原子而占据格点位置,则成为置换型杂质。当外来的杂质原子比晶体本身的原子小时,这些比较小的外来原子很可能存在于间隙位置,称它们为间隙式杂质。间隙式杂质的引入往往使晶体的晶格常量增大。杂质原子在晶体中的溶解度主要受杂质原子与被取代原子之间性质差别控制,当然也受温度的影响,但受温度的影响要比热缺陷小。若杂质原子进入后破坏了晶体的电中性,则会同时产生补偿缺陷以满足晶体电中性的要求。这种补偿缺陷可能是带有效电荷的原子缺陷,也可能是电子缺陷。

3)非化学计量过程

无机化学中有很多化学计量的化合物,如 NaCl、KCl、$CaCO_3$ 等。一个化学计量的晶体是怎样的呢?晶体的组成与其位置比正好相符的就是化学计量晶体;反之,晶体的组成与其位置比不符(即有偏离)的晶体就是非化学计量晶体,如 TiO_2 晶体中 Ti 格点数与 O 格点数之比为 1:2,且晶体中 Ti 原子数与 O 原子数之比也是 1:2,则符合化学计量关系。而对 $TiO_{1.998}$ 来说,其化学组成 Ti:O = 1:1.998,$TiO_{1.998}$ 的结构仍为 TiO_2 结构,格点数之比仍为 1:2,所以,$TiO_{1.998}$ 是非化学计量晶体。一般来说,在原子或离子晶体化合物中,可以不遵守化合物的整数比或化学计量关系的准则,即同一种物质的组成可以在一定范围内变动。相应的结构称为非化学计量结构缺陷,也称为非化学计量化合物。非化学计量结构缺陷中存在的多价态元素保持了化合物的电价平衡。

非化学计量晶体的化学组成会明显地随周围气氛的性质和压力大小的变化而变化,但当周围条件变化很大后,这种晶体结构就会随之瓦解,而成为另一种晶体结构。非化学计量的结果往往使晶体产生原子缺陷的同时产生电子缺陷,从而使晶体的物理性质发生巨大变化,如 TiO_2 是绝缘体,但 $TiO_{1.998}$ 却具有半导体性质。

电子缺陷包括晶体中的准自由电子(简称电子)和空穴。电子缺陷可以通过本征过程(晶体价带中的电子跃迁到导带中去)或原子缺陷的电离过程产生。在无机晶体中原子按一定晶体结构周期性地排列在格点位置上,晶体中每一个电子都在带正电的原子核及其他电子所形成的周期势场中运动,电子不再束缚于某一特定原子,而是整个晶体共有的,特别是价电子的共有化是很显著的。按照固体能带理论,晶体中所有电子的能量处在不同的能带中,能带中每个能级可以容纳两个自旋相反的电子。相邻两个能带之间的一些能量值,电子是不允许的,因此相邻两个能带间的能量范围称为"禁带"。对于无机晶体,由于低能级到高能级,能带中都占满了电子,这些能带称为"满带"。能带最高的满带是由价电子能级构成的,叫做"价带"。价带上面的能带没有电子,称为"空带"。当晶体处于绝对零度时,满带中没有空能级(空的电子态),空带中也没有电子。这对应于晶体电子的有序状态。当温度升高时,价带中一些热运动能量高的电子有可能越过禁带跃迁到上面的空带中。这就偏离了电子的有序态,因此称其为电子缺陷:空带中的电子叫做自由电子,而价带中空出来的电子能级(电子态)则叫做空穴。具有自由电子的空带又叫导带。通过电子从价带跃迁到导带产生电子缺陷的过程称为本征过程。电子缺陷也可以通过原子缺陷的电离而产生。原子缺陷(包括空位、填隙原子和杂质原子、错位原子)处的电子态不同于无缺陷处的电子态,原子缺陷的电子能级往往会落在价带和导带之间的禁带中。若原子缺陷能级上有电子可以跃迁到导带从而产生自由电子,则这种原子缺陷称为施主,施主给出电子的过程就是施主电离过程;若原子缺陷有空的能级,可以容纳从价带跃迁上来的电子,则此原子缺陷称为受主,受主接受从价带跃迁过来的电子,同时在价带中产生空穴的过程就是受主电离过程。

2.2.2　线缺陷

线缺陷是指晶体中二维尺度方向很小但在第三维尺度方向上较大的一种缺陷。位错(dislocation)是理想空间点阵中存在的一种最典型的线缺陷。位错概念于 1934 年由 Taylor、Orowen、Polanyi 等同时独立提出,当时是用来解释材料的实际强度为何比理论预测的强度低得多的原因。例如,铁的理论剪切模量为 3 300 MPa,但单晶体铁的实际强度仅为 1~10 MPa,晶面间的滑移用相当小的剪切力就能移动,理论值与实际值相差巨大。因而,人们就猜测晶体中存在着一种像位错那样的线缺陷。到了 20 世纪 50 年代,随着透射电子显微镜(transmission electron microscope,TEM)的研制成功和应用,从实验中就能观察到实际存在的位错形貌。当晶体的一部分相对于另一部分发生局部滑移时,已滑移部分与未移部分的交界线形成了分界线,即位错,用 TEM 就可观察到。位错有两种基本类型:刃形位错和螺形位错[12]。

1) 刃形位错

设有一简单的立方晶体,在面内剪应力作用下,其上半部分相对于下半部分沿着 ABCD 面局部滑移了一个原子间距,如图 2-25 所示,上半部分出现了多余的半排原子面 EFGH,似有半个原子面切入晶体的特征,故称为刃形位错。刃形位错是晶体局部滑移的结果。由于位错线附近晶格畸变,位错线附近产生了畸变的弹性应力场。

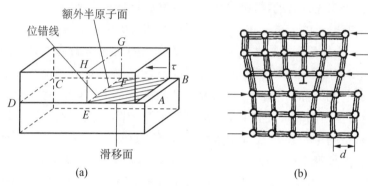

图 2-25 刃 形 位 错

2) 螺形位错

螺形位错是指在位错线附近的过渡区,原子排列出现面外脱离理想状态;而过渡区外原子仍规则排列。由于过渡区原子位置的错动有螺旋形特征,因而得名,如图 2-26 所示。螺形位错的产生是因面外力作用所致。

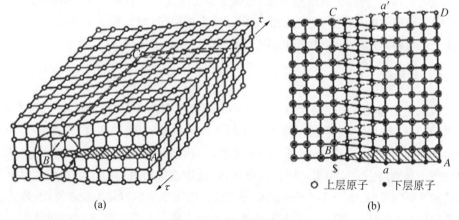

图 2-26 螺 形 位 错

位错一般是由晶体凝固时原子的意外排列、晶体中其他缺陷引起的内应力作用和材料塑性变形时位错之间发生相互作用而产生的。实际晶体中，位错常常是混合型的，即同时包含刃形位错和螺形位错，这是因为外加载荷不仅是一种简单的拉力或简单的剪力。而且，当外加载荷达到一定值时，晶体内的位错还会发生两种运动方式：滑移(sliding)和攀移(climbing)。刃形位错虽然是由剪切力引起的，但它在滑移过程中还会发生攀移，即刃形位错的半原子面发生向上或向下移动，位错线也跟着向上或向下运动。向上移动的叫正攀移，向下移动的叫负攀移。攀移是通过原子扩散实现的，而滑移没有原子的扩散。但螺形位错只有滑移运动，没有攀移运动。位错的形貌和大小，可用 TEM 直接观测到。金属位错特征的变形主要是通过滑移实现的，而陶瓷和高分子虽然比较脆，也有少量的位错存在。位错对于理解金属的一些力学变形行为特别有用。它可以解释材料的各种性能和行为，特别是变形(deformation)、损伤(damage)和断裂(fracture)机制，相应的学科分别为弹塑性力学、损伤力学和断裂力学。此外，位错对晶体的扩散、相变等过程也有较大的影响。

2.2.3　面缺陷和体缺陷

面缺陷是指晶体中一维尺度很小而其他二维尺度很大的缺陷。晶体的面缺陷包括晶体的外表面和内界面两类，其中内界面包括晶界、亚晶界、孪晶界、堆垛层错和相界等。一般而言，晶界处原子处于较高的能量状态，对晶体性能及其反应过程有重要的影响。例如，材料的塑性变形与断裂、固体材料的相变、材料的物理性质、晶核的形成、化学反应过程以及力学性能等均和表界面的状态有关。其中，晶体外表面(outer surface of crystal)上的原子与晶体内部的原子相比，其配位数较少，表面原子偏离正常位置产生了晶格畸变，导致其能量升高。将这种单位表面面积升高的能量称为表面能(J/m^2)，亦可用单位长度上表面张力表示(N/m)。

晶界(grain boundary)是在多晶体中(多晶体由许多晶粒组成，每个晶粒是一个晶体)晶体结构相同但位向不同的晶粒之间组成的界面[15, 16]。每个晶粒内的原子排列总体上是规整的，但存在位向差极小的亚结构，其晶界称为亚晶界。当相邻晶粒的位向差小于 $100°$ 时，称为小角度晶界；位向差大于 $100°$ 时，称为大角度晶界。亚晶界属于小角度晶界。晶粒的位向差不同，则其晶界的结构和性质也不同。

相界(phase boundary)则是在多相组织中具有不同晶体结构的两相间的分界面[16]。相界的结构有三类，即共格界面(coherent interface)、半共格界面和非共格界面。共格界面是指界面上的原子同时位于两相晶格的结点上，为两种晶格所共有。界面上原子的排列规律同时符合两相内的原子排列规律，在相界上，两相原子匹配得很好，几乎没有畸变。显然，这种相界的能量最低，但这种相界很少见到。

通常,两相的晶体结构会有所差异。由于两相的原子间距存在差异,相界上必然导致弹性畸变,原子间距大的一侧受到压应力,原子间距小的另一侧受到拉应力。原子排列相差越大、弹性畸变越大,相界的能量就越高。非共格界面(non-coherent interface)是指当相界的畸变能高至不能维持共格关系时,则共格关系破坏,变成非共格相。半共格界面(semi-coherent interface)则是介于共格与非共格之间的界面,界面上的两相原子部分地保持对应关系,特征是在相界面上每隔一定距离就存在一个刃形位错。总之,非共格界面的界面能最高,半共格的次之,共格界面的能量最低。孪晶(孪晶是指相邻两个晶粒中的原子沿一个公共晶面(孪晶面)构成镜面对称的位向关系)间的界面称为孪晶界(twin boundary)。孪晶是由孪生产生的。所谓孪生是指晶体的一部分沿一定晶面和晶向相对于另一部分所发生的切变。

一般而言,晶界具有如下特性。

(1)当晶体中存在能降低界面能的异类原子时,由于界面能的存在,这些原子将向晶界偏聚,这种现象称内吸附。

(2)晶界上原子具有较高的能量,且存在较多的晶体缺陷,使原子的扩散速度比晶粒内部快得多。

(3)常温下,大角度晶界对位错运动起阻碍作用,故金属材料的晶粒越细,单位体积晶界面积越多,其强度、硬度越高。

(4)晶界比晶内更易氧化和优先腐蚀。

(5)由于晶界具有较高能量且原子排列紊乱,故固态相变时优先在母相晶界上形核。如果在任意方向上缺陷的尺寸可以与晶体或晶粒的线度相比时,这种缺陷称为体缺陷,如空洞、孔洞、气泡、杂质、亚结构、沉淀相等。这些缺陷和基质晶体已不属于同一物相,是异相缺陷。

2.3 材料合成基础

人类历史上,从工业革命到新能源汽车,能源产业的领域取得的进展往往都与能源材料合成化学的进步密不可分[17—20]。一方面,能源产业方面的巨大需求,成为推动材料合成化学与相邻学科发展的最主要动力之一;另一方面,合成化学不断进步,带来了新的物种,为材料在能源产业中新的应用提供了机会,也为研究结构、性能(或功能)与反应以及它们之间的关系,揭示新规律与原理提供了基础。由于本书所涉及的主要是无机固体能源材料,因此本节将聚焦于无机固体材料的合成。无机固体能源材料的合成可以分为三类:粉体材料、薄膜材料和块体材料。

一般而言,能源材料的合成化学主要涉及如下基础科学问题[19, 20]:

（1）无机合成化学与反应规律问题。

（2）无机合成中的实验技术和方法问题。

（3）无机合成中的结构鉴定和表征问题。

由于无机材料和化合物的合成对组成和结构有严格的要求，因而结构的鉴定和表征在无机合成中具有指导作用。这就需要读者能够掌握结构鉴定与表征的近代检测方法。这部分内容将在本书的下一章做介绍。本章将重点介绍无机固体反应合成粉体材料，同时也将介绍其他各种形态材料的制备方法和原理。

固体无机化合物的合成方法很多，人们一方面运用已经提出的传统方法合成新材料，另一方面也在寻求新的合成方法以改善老办法中所存在的难以克服的缺点。纳米技术的出现则进一步推动了材料合成化学的进步。由于纳米材料合成技术和传统材料合成技术存在很多共同特点，某些方法是建立在其他方法基础上的。因此在本节中，将介绍纳米材料重要的合成与制备方法，也将穿插介绍一些传统合成方法。

2.3.1　粉体材料的制备

制备纳米粉体材料的常用方法可以总结为两大类，即物理法（包括粉碎法和构筑法两种方法）与化学法（包括气相反应法和液相反应法等）[21]。

物理法相对比较简单，其中粉碎法是物理法中最简单的粉体制备方法，它是指块体物料粒子由大变小过程的总称，它包括"破碎"和"粉磨"。前者是由大料块变成小料块的过程，后者是由小料块变成粉末的过程。粉碎过程就是在粉碎力的作用下固体物料或粒子发生形变进而破裂的过程。当粉碎力足够大时，力的作用又很迅猛，物料块或粒子之间瞬间产生的引力大大超过了物料的机械强度，因而物料发生了破碎。物料的基本粉碎方式是压碎、剪碎、冲击粉碎和磨碎。常借助的外力有机械力、流能力、化学能、声能、热能等。粉碎主要有湿法粉碎和干法粉碎两种。一般的粉碎作用力都是几种力的组合，如球磨机和振动磨是磨碎和冲击粉碎的组合；雷蒙磨是压碎、剪碎和磨碎的组合；气流磨是冲击、磨碎与剪碎的组合，等等。物料被粉碎时常常会导致物质结构及表面物理化学性质发生变化，包括粒子结构变化，粒子表面的物理化学性质变化，受反复应力使局部发生化学反应，导致物料中化学组成发生变化等。目前几种典型的粉碎技术包括球磨、振动磨、胶体磨、气流磨等技术。需要特别强调的是如上所述，在粉碎中，材料表面或体相也有可能发生化学反应，因此物理方法与化学方法并没有严格的界限。

物理法中的另一大类即所谓构筑法。构筑法是由原子或分子的集合体人工合成超微粒子的方法。物理构筑法主要考虑两个方面，一方面即如何使块体材料通过物理的方法，包括蒸发、离子溅射、溶剂分散等将原子分子化；另一方面即考虑如何使得原子分子凝聚为纳米颗粒,一般采用在惰性气体或不活泼气体中凝聚、冷冻干燥等方法。例如,物理气相沉积法是利用电弧、高频电场或等离子体等高温热源将原料加热气化,然后快速冷却使之凝结成超细颗粒。所得粒子的大小与分布取决于加热器温度、惰性气体的种类及压力等条件,收集粒子应防止聚集。

化学法主要是"Bottom up",即自下而上的方法,即通过适当的化学反应(化学反应中物质之间的原子必然进行组排,这种过程决定物质的存在状态),包括液相、气相和固相反应,从分子、原子出发制备纳米颗粒物质。其中,气相反应法可获得纯度高、粒度分布窄、分散性好的超细颗粒。但是气相反应法的缺点是价格较昂贵。下面将介绍化学法中的几种常见粉体材料制备方法。

2.3.1.1 固相化学反应法

固相化学反应是指有固体物质直接参与的反应,它既包括经典的固—固反应,也包括固—气反应和固—液反应。根据固相化学反应发生的温度将固相化学反应分为三类:即反应温度低于100℃的低热固相反应、反应温度介于100~600℃的中热固相反应以及反应温度高于600℃的高热固相反应。图2-27是一种典型的高温固相反应用的高温电阻丝箱式炉。

固相法通常具有以下特点:

(1)固相反应一般包括三个步骤,即扩散传质、相界面反应以及晶核形成与增长。

(2)一般需要在高温下进行。

(3)整个固相反应速度由最慢的速度所控制。

图2-27 电阻丝箱式炉

固相反应法制备的粉体颗粒成本低、制备工艺简单、不使用溶剂,具有高选择性、高产率等特点,因此是人们制备新型固体材料的主要手段之一。传统的高温固相反应目前仍然是最经济、最常用的固体合成方法,该过程不但要求反应本身必须是热力学上自发的反应,而且要求在设定的反应温度下,反应具有一定的速率,反应能够实际发生。因此该方法存在能耗大、效率低、粉体不够细、易混入杂质、不能合成介稳态化合物等缺点[19, 22]。

低温固相法是使用低热固相化学反应合成材料的方法,是近年来发展起来的重要的合成材料的手段,与高温固相法只能合成热力学稳定的化合物不同,低温固相法更适合合成低热条件下稳定的介稳态化合物和动力学稳定的化合物[23]。低温固相合成法的操作容易、设备简单,通常只需要通过混合、研磨和超声洗涤、离心分离等几个简单步骤就可以一步获得纳米材料或纳米材料前驱体。反应中增加、减少一些试剂或是略微改变反应条件即可获得不同结果,其对无机纳米材料形貌的影响尤为突出,这为制备各种不同形态和大小的无机纳米材料提供了广阔的前景。

2.3.1.2　沉淀法

沉淀法是通过化学反应使原料的有效成分沉淀,然后经过过滤、洗涤、干燥、加热分解而得到纳米粒子,操作简单方便。沉淀法通常是在溶液状态下将不同化学成分的物质混合,在混合溶液中加入适当的沉淀剂制备纳米粒子的前驱体沉淀物,再将此沉淀物进行干燥或煅烧,从而制得相应的纳米粒子。存在于溶液中的离子A^+和B^-,当它们的离子浓度积超过其溶度积$[A^+] \cdot [B^-]$时,A^+和B^-之间就开始结合,进而形成晶核,通过成核成长过程形成沉淀物。沉淀物的粒径大小取决于核形成与核成长的相对速度。即核形成速度低于核成长,那么生成的颗粒数就少,单个颗粒的粒径就变大。沉淀法主要分为:直接沉淀法、共沉淀法、均匀沉淀法、水解沉淀法、化合物沉淀法等[24, 25]。其中,共沉淀法是在含有多种阳离子的溶液中加入沉淀剂后,所有离子完全沉淀的方法。根据沉淀的类型可分为单相共沉淀和混合共沉淀。例如,在钡(Ba)、钛(Ti)的硝酸盐溶液中加入草酸沉淀剂后,形成了草酸氧钛钡沉淀。经高温分解,可制得$BaTiO_3$的纳米粒子。又例如将Y_2O_3用盐酸溶解得到YCl_3,然后将$ZrOCl_2 \cdot 8H_2O$和YCl_3配成一定浓度的混合溶液,在其中加入NH_4OH后便有$Zr(OH)_4$和$Y(OH)_3$的沉淀形成,经洗涤、脱水、煅烧可制得$ZrO_2(Y_2O_3)$的纳米粒子。

均匀沉淀法则是不外加沉淀剂,而是使沉淀剂在溶液内缓慢生成,消除了沉淀剂的局部不均匀性。例如,将尿素水溶液加热到70℃左右,就会发生如下水解反应:$(NH_2)_2CO + 3H_2O \longrightarrow 2NH_4OH + CO_2$(该反应在内部生成了沉淀剂$NH_4OH$)[26]。

水解沉淀法则是基于金属盐在水中的水解沉淀过程。众所周知,有很多化合物可用水解生成沉淀,用来制备纳米粒子。反应的产物一般是氢氧化物或水合物。因为原料是金属盐和水,所以很容易得到高纯度的纳米粒子。常用的原料有:氯化物、硫酸盐、硝酸盐、氨盐等无机盐以及金属醇盐,据此可将水解沉淀法分为无机盐水解法和金属醇盐水解法。例如对钛盐溶液的水解可以使其沉淀,合成球状的单分散形态的二氧化钛纳米粒子。

2.3.1.3　水热法与溶剂热法

水热与溶剂热合成是指在一定温度(100~1 000℃)和压强(1~100 MPa)条件下利用溶液中物质化学反应所进行的合成。水热与溶剂热合成和固相合成研究的差别在于"反应性"不同。这种"反应性"不同主要反映在反应机理上,固相反应的机理主要以界面扩散为特点,而水热与溶剂热反应主要以液相反应为特点。不同的反应机理可能导致不同的产物结构,这样也为反应过程的调控提供了机会。

由于在水热与溶剂热条件下反应物反应性能的改变、活性的提高,水热与溶剂热合成方法有可能代替固相反应以及难以进行的合成反应,并产生一系列新的合成方法。同时,由于在水热与溶剂热条件下中间态、介稳态以及特殊物相易于生成,因此能合成与开发一系列特种介稳结构、特种凝聚态的新合成产物。水热与溶剂热的低温、等压、溶液条件,有利于生长极少缺陷、取向好、完美的晶体,且合成产物结晶度高并易于控制产物晶体的粒度。在一些掺杂反应中,由于易于调节水热与溶剂热条件下的环境气氛,因而有利于低价态、中间价态与特殊价态化合物的生成,并能均匀地进行掺杂。

综上可知,水热反应通常在特制的密闭反应器(高压釜)中,采用水溶液作为反应体系,通过对反应体系加热加压(或自生蒸汽压),创造一个相对高温、高压的反应环境。相对于其他粉体制备方法,水热法制备的粉体具有晶粒发育完整、粒度小且分布均匀、颗粒团聚轻、易得到合适的化学剂量和晶形等优点。通过水热与溶剂热反应可以制得固相反应无法制得的物相或物种,或者使反应在相对温和的溶剂热条件下进行[27—29]。而溶剂热法由于是在有机溶剂中进行合成,溶剂种类繁多,性质差异很大,为合成提供了更多的选择机会。

水热与溶剂热反应的基本类型可总结如下[30—33]。

1)氧化反应

金属和高温高压的纯水、水溶液、有机溶剂得到新氧化物、配合物、金属有机化合物的反应。例如:

$$Cr + H_2O \longrightarrow Cr_2O_3 + H_2$$

2)沉淀反应

水热与溶剂热条件下生成沉淀得到新化合物的反应。例如:

$$KF + MnCl_2 \longrightarrow KMnF_3 + Cl_2$$

3)合成反应

通过数种组分在水热或溶剂热条件下直接化合或经中间态发生化合反应,利用此类反应可合成多种多晶或单晶材料。例如:

$$Nd_2O_3 + H_3PO_4 \longrightarrow NdP_5O_{14} + H_2$$

4)分解反应

在水热与溶剂热条件下分解化合物得到结晶的反应。例如:

$$ZrSiO_4 + NaOH \longrightarrow ZrO_2 + Na_2SiO_3 + H_2$$

5）晶化反应

在水热与溶剂热条件下，使溶胶、凝胶（sol，gel）等非晶态物质晶化的反应。例如：

硅酸铝盐凝胶→沸石

6）脱水反应

在一定温度与压力下物质脱水结晶的反应。例如：

$$Mg(OH)_2 + SiO_2 \xrightarrow[8 \sim 23 \text{ MPa}]{350 \sim 370 \text{℃}} Mg_6SiO_4O_{10}(OH)_8$$

7）水解反应

在水热与溶剂热的高温高压条件下，水的电离度增加，促使金属离子水解趋势增加，导致大量初产物增加，形成过饱和溶液，随即发生均相成核过程，因此可以制备单一分散度的超细粉磨。例如：醇盐的水解。

在无机材料的水热法制备中，可以通过控制配料、填充度、温度、压力、水热处理时间、溶液 pH 值、分散剂和加料方式等影响水热合成的结果。水热温度、压力以及反应时间主要影响水热反应中晶体的生长，其中水热温度和压力的影响主要表现在[27]：填充度一定时，反应温度越高，晶体生长速率越大；在相同的反应温度下，填充度越大，体系压力越高，晶体生长速率越大；在一定的反应温度（指溶解区温度）和填充度下，ΔT 越大，反应速率越大；在一定的反应温度下，晶体生长速率与填充度成正比。一般情况下，水热处理时间越长则晶体生长越大。但是需要注意的是，温度与时间对于晶体生长特性的影响均存在边际效应。溶液 pH 值、分散剂和加料方式等对于不同水热反应的影响具有各自的特点。因此可以通过控制上述因素来控制反应环境的条件，进而制备符合不同要求的产品。另外，还需要注意的是，上述反应为高压试验系统，尤其要注意安全，为了安全起见，反应釜的填满度一般控制在 $60\% \sim 80\%$，以防止事故发生。

高压容器是进行高温高压水热实验的基本设备。研究的内容和水平在很大程度上取决于高压设备的性能和效果。在高压容器的材料选择上，要求机械强度大、耐高温、耐腐蚀和易加工。在高压容器的设计上，要求结构简单，便于开装和清洗、密封严密、安全可靠。一般实验室规模制备的水热反应釜按密封方式可以分为①自紧式高压釜；②外紧式高压釜。按密封的机械结构分为①法兰盘式；②内螺塞式；③大螺帽式；④杠杆压机式。图 2-28 为一种典型的实验室合成用水热反应釜。

水热法给化学合成带来了新的研究机会。但是水热法还有一定的缺点和局限性：例如反应周期长，反应过程中不能进行直接观察，只能从晶体的形态变化和表面结构上获得晶体生长的信息；高温高压步骤对生产设备的挑战性等影响阻碍了

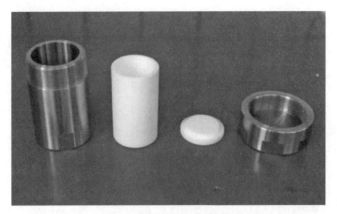

图 2-28 水热反应釜

水热法在工业化生产中的应用;目前水热法一般还只限于制备无机氧化物粉体,制备非氧化物还很少。

溶剂热合成化学是在水热法的基础上扩展起来的。在溶剂热条件下,溶剂的物理化学性质如密度、介电常数、黏度、分散作用等相互影响,且与通常条件下相差很大,因此它不但使反应物的溶解、分散过程及化学反应活性大为增强,使反应能够在较低的温度下发生;而且由于体系化学环境的特殊性,可能形成以前在常规条件下无法得到的亚稳相。与其他传统制备路线相比,溶剂热合成的显著特点在于:反应在有机溶剂中进行,能够有效地抑制产物的氧化,防止空气中氧的污染,这对于高纯物质的制备是非常重要的[30]。

溶剂热合成技术的上述特点使得溶剂热法在氮化物、磷化物、砷化物、硒化物、碲化物和碳化物等非氧化物纳米材料的制备以及一维纳米材料的制备方面具备了自己独特的优势[33]。

2.3.1.4 溶胶-凝胶法

胶体溶液是热力学不稳定但动力学稳定的体系。如果在胶体溶液中加入电解质或两种带相反电荷的胶体溶液相互作用,这种动力学上的稳定性立即被破坏,胶体溶液就会聚沉而成为凝胶。这种制备无机化合物的方法称为溶胶-凝胶法。

溶胶-凝胶法中的溶胶(sol)是指具有液体特征的胶体体系,一般是指在液体介质中分散了 1～100 nm 胶体粒子(基本单元)。而胶体(colloid)是指一种分散相粒径很小的分散体系,分散相粒子的重力可以忽略,粒子之间的相互作用主要是短程作用力。因此溶胶首先不是物质而是一种"状态",溶胶与溶液具有一定的相似之处,即溶质+溶剂→溶液,而分散相+分散介质→溶胶(分散系)。根据分散相对分散介质的亲、疏倾向,将溶胶分成两类,一类是亲液溶胶,这个体系中分散相和分散介质之间有很好的亲和能力,没有明显的相界面,而且是热力学稳定体系;

另一类是憎液溶胶,这个体系中分散相与分散介质之间亲和力较弱,分散相有明显的相界面,且属于热力学不稳定体系。凝胶(gel)则是具有固体特征的胶体体系,一般是被分散的物质形成连续的网状骨架,且骨架空隙中充有液体或气体。凝胶一般具有如下特点:即凝胶中分散相的含量很低,一般为 $1\%\sim3\%$。按分散相介质不同可分为水凝胶、醇凝胶和气凝胶。因此溶胶是由孤立的细小粒子或大分子组成的,是分散在溶液中的胶体体系。而凝胶则是一种由细小粒子聚集而成三维网状结构的具有固态特征的胶态体系,凝胶中一般均渗有连续的分散相介质。

溶胶凝胶法的基本原理是[34]:将金属醇盐或无机盐经水解直接形成溶胶或经解凝形成溶胶,然后是溶质聚合凝胶化,再将凝胶干燥、焙烧去除有机成分,最后得到无机材料。由于溶胶-凝胶法一般利用金属醇盐的水解或聚合反应制备氧化物或金属非氧化物的均匀溶胶,再浓缩成透明凝胶,使各组分分布达到分子水平,使得在较低温度下获得均匀度高、纯度高、种类多的功能材料成为可能。由于溶胶-凝胶体系具有高度的化学均匀性,自 20 世纪 70 年代以来,相关领域的研究引起了材料科学家的极大兴趣和重视,发展很快[35, 36]。该法优点是粒径小、纯度高、反应过程易控、均匀度高、烧结温度低,缺点是原料价格高、有机溶剂有毒、处理时间较长等。现将该方法中的几个重要步骤总结如下。

1) 溶剂化

$$M(H_2O)_n^{z+} \Leftrightarrow M(H_2O)_{n-1}(OH)^{(Z-1)+} + H^+$$

2) 水解反应

即金属或半金属醇盐前驱体的水解反应形成羟基化的产物和相应的醇。

$$M(OR)_n + xH_2O \longrightarrow M(OH)_x(OR)_{n-x} + xROH$$

$$M(OR)_n + xH_2O \longrightarrow M(OH)_n + nROH$$

3) 缩聚反应

水解和缩合反应不断地进行,最终导致 MO_x 网络的形成,即形成了凝胶。凝胶化实现胶凝作用途径有两个:一是化学法,控制溶胶中的电解质浓度;二是物理法,迫使胶粒间相互靠近,克服斥力,实现胶凝化。随着水解和缩合过程的进行,溶剂不断蒸发和水被不断消耗,胶粒浓度随之增大,溶液被浓缩以及悬浮体系的稳定性遭到破坏,从而发生胶凝化。

4) 陈化过程

一般陈化过程包含四个步骤:缩合、胶体脱水收缩、粗糙化和相转变。陈化的最终结果使凝胶的强度增大,且陈化的时间越长,网络的强度就越大。

5) 干燥

在凝胶化的最后阶段,水和有机溶剂不断蒸发,固态基质的体积逐渐缩小。当内部液体在超临界状态下蒸发时,终产物为气凝胶。在溶胶-凝胶法的干燥过程中为防止合成材料发生破碎,人们通常采取如下几种措施,包括控制干燥过程在极其缓慢的速度下进行;引入硅胶核来增大平均孔的尺寸;采用冷冻干燥或超临界干燥的方法;在溶胶-凝胶前驱体中加入可控制干燥过程的化学添加物、表面活性剂等来防止制备材料的破碎。此外,添加阳离子表面活性剂如季铵盐化合物(如十六烷基吡啶基溴化物)也可以防止凝胶化过程以及反复干-湿循环过程中单片的破裂。溶胶-凝胶过程终止于干凝胶或气凝胶态,干凝胶和气凝胶成透明或半透明状,具有大的比表面积和小的孔尺寸。

影响上述溶胶-凝胶过程的实验参数均能影响到最终合成材料的特性,以合成 SiO_2 为例[37],在高 pH 值下,水解和缩合步骤的速率加快,SiO_2 粒子的溶解程度加剧,粒子去质子化的表面电荷增多,使团聚和凝胶化过程推延,可制得高孔隙率、大孔径及高比表面积的产物。在极低的 pH 值下(pH<2),SiO_2 粒子的溶解可以忽略,水解和缩合过程因酸的催化而加速,因粒子带正电荷的质子化表面而受阻。聚合过程类似于有机物的聚合过程,制得的产物致密且比表面积小[38]。水与金属醇盐的比例也会改变水解速度。以水与硅酯类的比值为例,水与硅酯类的比值 $R>4$ 时,能加速硅酯键的水解,易形成分子量大的网状聚合物,聚合物的孔隙度和比表面积较大。当比值 $R<4$ 时,聚合反应将由缩合反应的速率来控制,硅酯键水解不充分,易形成分子量小、链状结构、网孔较小的聚合物,同时残留大量的有机物于结构中。为使溶胶澄清透明、放置稳定和具有良好的性能,一般采取水和硅酯类的比值 $R\leqslant 4$,这样可防止干燥过程较长产生较大的收缩张力。其他过程参数如添加剂等也会影响到最终产物,如胺、氨、氟离子等的加入可以加快水解和缩合反应过程从而改变其比表面积。表面活性剂的加入可以降低表面张力,稳定更小的胶粒,从而提高产物的比表面积。升高温度有利于提高溶胶的稳定性以及增大干凝胶的孔隙密度和比表面积等。

2.3.1.5 微波法

传统的无机固体物质制备方法中有的需要高温或高压;有的难以得到均匀的产物;有的制备装置过于复杂、昂贵,反应条件苛刻,反应周期太长。微波辐射法不同于传统的借助热量辐射、传导加热方法,因此具有独特的优势[39]。

微波通常指波长为 1 m~1 mm 范围内的电磁波,其相应的频率范围是 300 MHz~3 000 GHz。其电磁波范围位于红外辐射和无线电波之间。国际无线电通信协会(CCIP)规定家用或工业用微波加热设备的微波频率是 2 450 MHz(波长为 12.2 cm)和 915 MHz(波长为 32.8 cm)。家用微波炉使用的频率都是 2 450 MHz。

915 MHz的频率主要用于工业加热。

微波加热的原理就是利用微波电磁场的作用使极性分子从原来的热运动状态转向依照电磁场的方向交变而排列取向,在此过程中交变电磁场能转化为介质内的热能,从而使介质温度出现宏观上的升高。

实验表明极性分子溶剂吸收微波能而被快速加热,而非极性分子溶剂几乎不吸收微波能,升温很小。水、醇类、氨酸类等极性溶剂都在微波作用下被迅速加热,有些已达到沸腾,而非极性溶剂几乎不升温。有些固体物质能强烈吸收微波能而迅速被加热升温,而有些物质几乎不吸收微波能,升温幅度很小。

微波加热大体上可认为是介电加热效应。当微波进入样品时,样品的耗散因子决定了样品吸收能量的速率。可透射微波的材料(如玻璃、陶瓷、聚四氟乙烯等)或是非极性介质由于微波可完全透过,故材料不吸收微波能而发热很少或不发热,这是由于这些材料的分子较大,在交变微波场中不能旋转所致。金属材料可反射微波,其吸收的微波能为零。

由于微波能可直接穿透样品,里外同时加热,不需传热过程,瞬时可达一定温度。微波加热的热能利用率很高(能达 $50\% \sim 70\%$),可大大节约能量,而且调节微波的输出功率,可使样品的加热情况立即无惰性地改变,便于进行自动控制和连续操作。由于微波加热在很短时间内就能将能量转移给样品,使样品本身发热,而微波设备本身不辐射能量,因此可避免环境高温,改善工作环境。此外,微波除了热效应外,还有非热效应,可以有选择地进行加热。上述两种作用能同时影响化学反应的进行。如图 2-29 所示,微波反应器的结构一般都比较简单,同时根据需求可以采用不同的微波反应器,甚至可以用家用微波炉改造,因此具有非常大的便利性。

图 2-29　微波反应器

由于微波不同于传统加热的原理使其具有加热速度快、加热均匀、节能高效、便于控制、无污染、选择性加热等特点。因此微波法在微波辅助加热法、微波辅助液相合成(包括微波辅助水热法、微波辅助离子液体法、微波辅助溶胶-凝胶法、微波辅助化学沉淀法、微波辅助液相还原法)、微波固相合成法三个方面均有较好的应用。

以微波辅助液相还原法为例。液相还原法是通过液相的氧化还原反应来制备纳米微粒,一般是在常温常压(或温度稍高,不高于 100℃)状态下或者水热条件下,金属盐溶液在介质的保护下被还原剂直接还原,其中多元醇法是建立在液相还原法基础上的,利用有机醇来制备金属纳米粉的方法。微波辅助液相还原法则是一种将微波法与液相还原法相结合的制备金属纳米材料的方法,Blosi 等利用微波辅助多元醇法制备了铜纳米颗粒[40]。研究者认为微波法为反应提供了快速、均匀的加热,加速了金属前驱物的还原和金属簇的形核,有望在大型连续性工业生产中得到应用。

再以沸石分子的合成为例进一步说明微波辅助液相还原法的优点。沸石分子筛是具有特定孔道结构的微孔材料,由于它们结构与性能上的特点,已被广泛地应用在催化、吸附及离子交换等领域。一般的合成方法是水热晶化法。此法耗能多,条件要求苛刻,周期相对比较长,釜垢浪费严重,而微波辐射晶化法是 1988 年才发展起来的新的合成技术。此法具有条件温和、能耗低、反应速率快、粒度均一且小的特点。Xu[40]等人即用微波法成功合成 NaA 沸石,和传统方法相比较,微波法合成 NaA 沸石,合成时间较短,沸石粒径小,粒径分布集中,纯度较高。

综上所述,从产品形态角度考虑,微波法制备的纳米粉体具有晶粒细小、粒径均匀、晶型发育完整、无团聚等优点;从产品性能角度考虑,微波法合成的具有催化性的产品具有经多次使用后还存在较高催化活性的优点;从能量角度考虑,微波法具有缩短反应周期、节省能量、效率较高的优点;从环境相容性考虑,微波法具有清洁、绿色无污染的优点。因此微波法具有广阔的应用前景,如何研制出性能完善、专业生产无机纳米材料的大型微波设备,将微波法从实验室拓展到大规模的工业化生产是目前突破微波法应用瓶颈亟待解决的问题。

2.3.2　薄膜材料的制备

薄膜是指采用一定方法,使处于某种状态的一种或几种物质(原材料)的基团以物理或化学方式附着于衬底材料表面,在衬底材料表面形成的一层新物质。简而言之,薄膜是由离子、原子或分子的沉积过程形成的二维材料。薄膜材料往往具有特殊的材料性能或性能组合。现代科学技术的发展,特别是微电子技术的发展,使得过去需要众多材料组合才能实现的功能,现在仅仅需要少数几个器件或一块集成电路板就可以完成。薄膜技术正是实现器件和系统微型化的最有效的技术手段。薄膜技术作为材料制备的有效手段,可以将各种不同材料灵活地复合在一起,构成具有优异特性的复合材料体系,发挥每种材料各自的优势,避免单一材料的局限性。薄膜材料学在科学技术以及国民经济的各个领域发挥着越来越大的作用。

薄膜在现代能源技术中占据非常重要的地位。它们可用做能源材料的关键器件,或者作为材料的保护膜层等。以半导体纳米复合薄膜为例,硅系纳米镶嵌复合薄膜,由于纳米粒子的引入,基于量子尺寸效应产生光学能隙宽化、可见光光致发光、共振隧道效应、非线性光学等独特的光电性能,加之与集成电路相兼容的制备技术,使这一硅系纳米复合薄膜在光电器件、太阳能电池、传感器、新型建材等领域有广泛的应用前景,因而日益成为关注焦点。

薄膜的功能与其生长过程密切相关,一般来说薄膜的生长过程分为以下三种类型。

1) 核生长型

这种类型的生长一般在衬底晶格和沉积膜晶格不相匹配时出现,大部分薄膜的形成过程属于这种类型。在该过程中到达衬底上的沉积原子首先凝聚成核,后续的沉积原子不断聚集在核附近,使核在三维方向上不断长大而最终形成薄膜。核生长型薄膜生长分四个阶段。①成核:在此期间形成许多小的晶核,按统计规律分布在基片表面上;②晶核长大并形成较大的岛:这些岛常具有小晶体的形状,岛与岛之间聚接形成含有空沟道的网络;③沟道被填充:在薄膜的生长过程中,当晶核一旦形成并达到一定尺寸之后,另外再撞击的离子不会形成新的晶核,而是依附在已有的晶核上或已经形成的岛上;④分离的晶核或岛逐渐长大,彼此结合便形成薄膜。

2) 层生长型

这种类型的生长中沉积原子在衬底的表面以单原子层的形式均匀地覆盖一层,然后再在三维方向上生长第二层、第三层……一般在衬底原子与沉积原子之间的键能接近于沉积原子相互之间键能的情况下(共格),薄膜以这种生长方式生长。以这种方式形成的薄膜,一般是单晶膜,并且和衬底有确定的取向关系。例如在金衬底上生长铅单晶膜、在 PbS 衬底上生长 PbSe 单晶膜等。

3) 层核生长型

这种类型的生长中生长机制介于核生长型和层生长型的中间状态。当衬底原子与沉积原子之间的键能大于沉积原子相互之间键能的情况下(准共格),薄膜多以这种生长方式生长。在半导体表面形成金属膜时常呈现这种方式的生长。例如在锗表面上沉积镉,在硅表面上沉积铋、银等都属于这种类型。

薄膜的制备方法是多种多样的。薄膜材料的制备方法也很多,从学科上分,可以分为物理方法和化学方法两大类。从具体方式上分,可分为干式、湿式和喷涂式三种方法,而每种方法又可分成多种方法。在这一节中,我们就介绍一些薄膜材料的制备方法。

2.3.2.1 物理气相沉积

物理气相沉积(physical vapor deposition,PVD)是指利用某种物理过程,如物质的热蒸发或受到离子轰击时物质表面原子的溅射现象,实现物质原子从源物质到薄膜的可控转移的过程。物理气相沉积的主要方法包括蒸发沉积(蒸镀)、溅射沉积(溅射)和离子镀等。物理沉积法的特点是该过程一般均需要使用固态的或熔融态物质作为沉积过程的源物质;源物质经过物理过程而进入气相;过程需要相对较低的气体压力环境;区别于化学沉积的是,PVD过程在气相中及沉底表面并不发生化学反应[41]。

这种方法通常用于沉积薄膜和涂层,沉积膜层的厚度可从 10^{-1} 纳米级到毫米级变化。这是一类应用极为广泛的成膜技术,从装饰涂料到各种功能薄膜,涉及化工、核工业、微电子以及相关工业工程。

1) 真空蒸镀

真空镀膜法是物理气相沉积法中的一种方法,在真空技术已取得很大发展的今天,真空蒸镀是薄膜制造中用得最多最普遍的方法。真空蒸镀是指将待成膜的物质置于真空中进行蒸发或升华,使之在工件或基片表面析出的过程。这种方法的主要优点在于其操作方法和沉积参数的控制简单,可以制得高纯薄膜。

真空蒸镀的装置主要包括真空系统、蒸发系统、基片撑架、挡板和监控系统。如图 2-30 所示,在反应室的下部有一个由电阻加热的料舟,常用高熔点的金属如钼、钽等制成,原料置于料舟之中,衬底置于反应室上部。蒸发沉积时利用真空泵将反应室抽成真空($<10^{-4}$ Pa),然后加热镀料,使其原子或分子从表面逸出,形成蒸气流,入射到基片表面,凝结形成固态薄膜,具有较高的沉积速率、相对较高的真

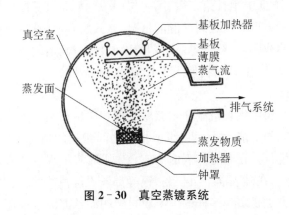

图 2-30 真空蒸镀系统

空度,以及由此导致的较高的薄膜纯度等优点。要实现蒸发法镀膜,需要有三个最基本条件:

(1) 加热,使镀料蒸发。

(2) 处于真空环境,以便于气相镀料向基片运输。

(3) 采用温度较低的基片,以便于气体镀料凝结成膜。

2) 离子镀

该过程是指镀料原子沉积与离子轰击的同时进行物理气相沉积的技术。其原理及特点是:工件为阴极,蒸发源为阳极,进入辉光放电空间的靶材原子离化后,在工件表面沉积成膜,沉积过程中离子对工件表面、膜层和界面以及对膜层本身都发生轰击作用,离子能量决定于阴极上所加的电压。

3) 溅射法沉积

溅射沉积就是通过高能粒子,通常是利用直流或高频电场使惰性气体发生电离,产生辉光放电等离子体,电离产生的正离子和电子高速轰击靶材,使靶材上的原子或分子溅射出来,然后沉积到基板上形成薄膜。目前溅射沉积技术中最常用的是离子束溅射沉积,这主要原因是离子束在电场作用下更容易获得较大的动能。此外,为了增加成膜速度常在靶面与基体之间施加电磁场,即采用所谓的磁控溅射技术以提高气体分子的电离速度与薄膜生长速度。美国 G. Potter 和德国慕尼黑工业大学 Koch 研究组都采用这种方法制备纳米晶半导体镶嵌在介质膜内的纳米复合薄膜。Baru 等人利用硅和 SiO_2 组合靶进行射频磁控溅射获得 Si/SiO_2 纳米镶嵌复合薄膜发光材料[42]。

溅射法镀制薄膜原则上可溅射任何物质,可以方便地制备各种纳米发光材料,是应用较广的物理沉积纳米复合薄膜的方法。溅射是指荷能粒子(如正离子)轰击靶材,使靶材表面原子或原子团逸出的现象。逸出的原子在工件表面形成与靶材表面成分相同的薄膜。这种制备薄膜的方法称为溅射成膜。溅射和蒸发成膜的相同之处在于,它们都是在真空中进行。但是蒸发制膜是将材料加热汽化,溅射制膜是用离子轰击靶材,将其原子打出。相比之下,溅射的条件较蒸发要复杂些,沉积参数的控制也要难一些,因此应用不如蒸发技术普遍。但是,溅射技术也有比蒸发技术优越的地方,例如不存在膜材的分馏,不需加热至高温就能沉积耐热合金膜,可以通过向真空系统中添加所需的反应气体来制备掺杂膜或氧化物膜,还可制备超高纯的薄膜等。另外,由于沉积原子的能量较高,因此薄膜的组织更致密、附着力也可以得到显著改善;制备合金薄膜时,其成分的控制性能好;溅射的靶材可以是极难熔的材料,因此溅射法可以方便地用于高熔点物质的溅射和薄膜的制备中;可利用反应溅射技术,从金属元素靶材制备化合物薄膜;由于被沉积的原子均携带有一定的能量,因而有助于改善薄膜对于复杂形状表面的覆盖能量,降低薄膜表面的粗糙度;在沉积多元合金薄膜时化学成分容易控制、沉积层对沉底的附着力较好。

2.3.2.2 化学气相沉积技术

化学气相沉积(chemical vapor deposition,CVD)是通过气相或者在基板表面上的化学反应,在基板表面沉积转变为固体材料的一种化学过程。采用CVD法制备薄膜是近年来半导体、大规模集成电路中应用比较成功的一种方法,可以用于生长硅、砷化镓材料、金属薄膜、表面绝缘层和硬化层。图2-31即是一套小型实验室规模的CVD系统。其薄膜形成的基本过程包括气体扩散、反应气体在衬底表面的吸附、表面反应、成核和生长以及气体解吸、扩散挥发等步骤。CVD内的输运性质(包括热、质量及动量输运)、气流的性质(包括运动速度、压力分布、气体加热、激活方式等)、基板种类、表面状态、温度分布状态等都影响薄膜的组成、结构、形态与性能。利用该方法可以制备氧化物、氟化物、碳化物等纳米复合薄膜。化学气相沉积方法和物理气相沉积的主要区别在于,CVD方法一定是伴随着某种化学过程的,它具有设备简单、绕射性好、膜组成控制性好等特点,比较适合于制备陶瓷薄膜。这类方法的实质为利用各种反应,选择适当的温度、气相组成、浓度及压强等参数,可得到不同组分及性质的薄膜,理论上可任意控制薄膜的组成,能够实现以前没有的、全新的结构与组成[43]。CVD方法中常见的反应包括热分解、氢还原、金属还原、基片材料还原、化学输送反应、加水分解等多种类型。

图2-31 实验室CVD系统

近些年来,人们为了降低CVD的反应温度、提高反应物的活性及反应的速率,采用了一些物理方法来改善化学反应的性能。PCVD(plasma chemical vapor deposition，PCVD)是一种新的制膜技术，它是借助等离子体使含有薄膜组成原子的气态物质发生化学反应，而在基板上沉积薄膜的一种方法，特别适合于半导体薄膜和化合物薄膜的合成，被视为第二代薄膜技术。PCVD 技术是通过反应气体放电来制备薄膜的，这就从根本上改变了反应体系的能量供给方式，能够有效地利用非平衡等离子体的反应特征。当反应气体压力为 $10^{-1} \sim 10^2$ Pa 时，电子温度比气体温度约高 $1 \sim 2$ 个数量级，这种热力学非平衡状态为低温制备纳米薄膜提供了条件。由于等离子体中的电子温度高达 10^4 K，有足够的能量通过碰撞过程使气体分子激发、分解和电离，从而大大提高了反应活性，能在较低的温度下获得纳米级的晶粒，且晶粒尺寸也易于控制，所以被广泛用于纳米镶嵌复合膜和多层复合膜的制备，尤其是硅系纳米复合薄膜的制备[44]。PCVD 装置虽然多种多样，但基本结构单元往往大同小异。如果按等离子体发生方法划分，有直流辉光放电、射频放电、微波放电等几种。目前，广泛使用的是射频辉光放电 PCVD 装置，其中又有电感耦合和电容耦合之分。除了 PCVD 之外，还有一些其他的辅助物理手段，并产生了一些新的方法，例如光子辅助 CVD(photo - CVD)、电子回旋共振过程增强 CVD(即 ECR - CVD)[45]、激光增强 CVD(Laser enhanced CVD，LCVD)[46]等技术。

2.3.2.3　化学沉积镀膜法

化学反应沉积镀膜法是指在溶液中利用化学反应或电化学原理在基体材料表面上沉积成膜的一种技术，包括各种化学反应沉积、阳极氧化、电镀等。化学反应沉积镀膜法是一种无电源电镀方法，主要依靠化学反应在基体上沉积薄膜的技术。这种方法的特点是，制膜反应复杂，沉积过程中参数难以控制，膜纯度不高，也易受污染；有时还要求基底耐高温、耐腐蚀等，应用有限；但设备简单、效率高、成本低，也还有一定的应用，特别是在光学膜的制备上，主要包括化学镀、浸镀和溶液水解镀膜法等[47]。

以化学镀为例，这种方法是利用还原剂在所镀物质的溶液中发生化学还原作用，在镀件的固液两相界面上析出并沉积得到镀层的技术，这就要求还原剂的电位必须比沉积金属的电离电位低。例如镀镍或铜，一般以次磷酸盐和甲醛为还原剂，提供电子，发生如下反应：

$$Me^{2+} + 2e^- \text{（来自还原剂）} \longrightarrow Me$$

该反应式中 Me 表示一种金属元素。这种反应只能在具有催化作用的表面上进行，而且一旦沉积开始，沉积出来的金属就必须能继续这种催化作用，这样，沉积过程才能连续进行，镀层才能加厚。所以说，化学镀是一种受控自催化的化学还原过程。这种自催化反应目前已广泛用于镀镍、钴、钯、铂、铜、银、金等金属薄膜以及含上述金属的一些合金(例如含有磷和硼的金属合金等),也用于某些本来不能直接依靠自身催化而沉积的金属元素和非金属元素所形成的合金镀层或形成复合镀层,例如塑料、玻璃、陶瓷等(需事先进行敏化处理)。

置换沉积镀膜又称浸镀,这个过程不需要外部电源,而是在待镀金属盐类的溶液中,靠化学置换的方法,在基体上沉积出该金属。这个反应中金属基体电位比沉积金属的电离电位低,起到还原剂的作用,因此体系中不需要再专门加入还原剂。反应中一般会加入添加剂(或者络合剂),以改善膜层的结合力,例如镀贵金属一般会加入氰化物。

阳极氧化法是另一大类常用的化学反应沉积镀膜法。在阳极氧化法中,一般用阀型金属做阳极,用石墨或金属做阴极,加上合适的直流电压时,会在阳极金属的表面上形成硬而稳定的氧化膜,这个过程称为阳极氧化,此法制膜称为阳极氧化法。阳极氧化膜的组成在厚度上是不均匀的。以铝为例,靠近金属(如铝)一边的为富 Al^{3+} 离子的膜,而靠近电解液一边的则为富氧离子的膜。因此薄膜表现为PIN 的结构,即在电解液一边,存在一个空穴导电型半导体薄膜(P 层),而贴近金属一边,则存在一个电子型半导体薄层(N 层),这两层之间被一个等量比的 Al_2O_3 绝缘层(I 层)分开。于是阳极氧化膜正向施加电压时电流被阻挡,但反向时却能导通,使它具备了整流特性。上述方法一般用于镀介质膜、电解电容器膜、氧化铝纳米阵列膜等。电镀又称阴极沉积法,在上述反应中阳极失去电子(溶解),而阴极得到电子发生沉淀反应,如果采用单盐,即硫酸盐,氯化物等,一般获得的膜层较粗糙,而使用络合盐,如氰化物等,则能获得致密的镀层。上述方法在常温下即可进行,获得的厚度容易控制,设备不太复杂,效率也较高,但是影响因素多,而且只能在金属上镀膜。

化学镀膜最早用于在光学元件表面制备保护膜。随后,1817 年,Fraunhofe 在德国最先用浓硫酸在世界上制备光学薄膜。后来,人们在化学溶液和蒸汽中镀制各种光学薄膜。化学镀是无电沉积镀层,选择合适的化学镀溶液,将被镀工件表面去除油污后直接放入镀液中,根据设定的厚度确定浸镀的时间即可。一般只要有塑料或聚四氟容器,加热方式灵活,备有(如蒸汽、油炉、煤气)烧水装置均可。对比化学镀、电镀以及电刷镀三种方法获得的镀层中,对于大多数金属镀层结合强度及硬度等来说无明显差异,化学镀的优点是:

(1) 工艺简单,适应范围广,不需要电源,不需要制作阳极。

(2) 镀层与基体的结合强度好。

(3) 成品率高,成本低,溶液可循环使用,副反应少。

(4) 无毒,有利于环保。

(5) 投资少,有数百元设备即可,见效快。

但是化学镀不及电镀、电刷镀沉积速度快。前者阳极形状比较灵活,特别适于局部镀和工件修复;后者对阳极材料、形状要求比较高,但可获得厚镀层,适于批量生产。电镀、电刷镀均需电沉积镀层,设备较昂贵,工艺较复杂。同时,对铜、锌、银等进行电镀、电刷镀会不同程度地使用氰化物剧毒品,三废处理比较麻烦,成本高。

2.3.3　块体材料的制备

能源材料的形态在许多情况下需要的是块体材料。块体材料的制备方法,主要是通过"由小变大"的过程来实现的,即利用制备得到的小颗粒(甚至是纳米颗粒)通过压制和注浆等成型方法得到所需形状的块体材料,再经过一定温度烧结而成。烧结工艺不仅是为了获得一定机械和物理性能,而且它也是控制块体材料的致密度、孔结构以及体相结构的必不可少的重要环节。根据材料的不同用途,可制备高致密性的块体材料,或得到大的比表面积、高的孔隙率的块体材料。

2.3.3.1　致密块体材料的制备

致密块体材料要求高密度、低气孔率以及高结晶度等。可以说,精细陶瓷材料是氧化物致密块体材料的典型代表,在此以其制备工艺为例来说明块体材料的制备[48,49]。精细陶瓷是以某些特殊的氧化物、氮化物、硼化物等为基础的一类材料。精细陶瓷的制备一般均经过粉末制备—粉末加工—成型—消除黏结剂—烧结等几个步骤,其中粉末制备是精细陶瓷合成的第一步,实现这一方法会用到上面介绍的各种粉末制备方法,此处不再赘述。在获得粉末后,则需对粉末进行加工和成型,在上述过程中一般需加入两种添加剂,一种是无机添加剂,即所谓烧结添加剂,这些添加剂将有助于烧结并以可控的方式影响陶瓷的性能,一般采用某些天然的矿物如黏土高岭石等。另一种是助成型的添加剂,这种添加剂除水外主要是高度挥发和可燃烧的有机物质,这些物质相当容易除去而不留残渣。

烧结(sintering)则是陶瓷材料工艺过程中最基本和最重要的一环。烧结不但是陶瓷工艺过程的结果(使陶瓷部件得到它最终的形状和尺寸),也是对陶瓷工艺的检验。烧结的目的是使坯体致密化,但最终微观结构的控制也是同等重要的。由烧结所获得的陶瓷显微结构,往往可以反过来判断工艺过程的合理性。烧结极大地影响着诸如强度、韧性和介电性等与微观结构相关的性能。

在陶瓷工艺过程中,烧结过程通常是把粉料压实,在一定温度下进行热处理。一般发生三类主要变化:固相反应和晶型转变;气孔的形状和尺寸的变化,通常是气孔的缩小;晶粒的尺寸和形状的变化,通常是晶粒尺寸增大。

在电子陶瓷工艺上,往往把热处理分为两步,第一步是煅烧(calcination),使固相反应等过程完成,制成烧块,粉碎后作为中间原料;然后利用一种或几种中间原料,再加上氧化物添加剂,将粉料压实,重新进行热处理,即进行所谓烧结,烧结过程一般设计陶瓷粉末颗粒间的反应过程,其实质是扩散过程,从而完成上述的第二类变化。在许多精细陶瓷的制备中,并不需要完成上述的第一个步骤。成型后的粉料压块在完成第二类变化以前是由许多单个晶粒组成的,这些单个晶粒被体积分数为 25%~60% 的气孔所分隔开。气孔率大小与所采用的材料粒度、成型方法、成型压力以及材料性质等有关。为了获得具有高强度、半透明和良好导热性等性质的材料,必须消除气孔。对某些用途而言,可采取增大强度而不降低透气性或气孔率的措施;这些效果可通过烧结时物质传递达到,使气孔仅改变形状而不改变大小,颗粒黏结在一起界面增大,在不提高致密度的情况下增大强度。然而,更常见的是,烧结过程中气孔的形状和大小均发生变化,当烧结继续进行时,气孔在形状上变得更接近球形,并且尺寸变得更小。颗粒的中心距变小,粉末压实体的尺寸变小,密度提高。

第三类变化一般指初次再结晶、晶粒长大和二次再结晶等,它们往往与烧结的传质致密化和强度提高平行发生,一般仍归入烧结的范围讨论。分析烧结过程,可发现它有与其他过程不同的显著特点:第一,一般来说它是在熔化温度(严格来讲是液相线温度)以下发生的固相过程;虽然有时也有液相出现(液相烧结),但总体来说,是固相参与的过程。第二,这个过程有时伴有固相反应,但并不是必不可少的。第三,这个过程是在温度驱动下由于发生颗粒黏附进而产生物质传递来完成的。第四,这个过程的结果是颗粒的黏结和气孔形状的改变(强度提高),但更主要的是气孔尺寸减小和部分消失(密度提高)。最后,这个过程往往伴随着再结晶、晶粒长大和二次再结晶。

这里需要注意的是,煅烧是烧结前的热预处理。煅烧对于进一步的致密化过程有利,所需要的最终物相可能形成不完全,但是继续处于化学梯度状态,可以促进烧结。固相反应一般均与化学反应相联系,并往往伴有相的消失和产生,但固相反应不一定要与烧结相联系,烧结也不一定与化学反应有关,烧结过程仅仅是在表面能驱动下由粉末压实体(生坯)变成致密体。烧结体除气孔排除导致可见的收缩外,晶相的组成并不一定要发生变化,往往仅是显微组织上排列致密和结晶程度更为完善而已,实际生产中往往不可能是纯烧结过程,例如氧化铝烧结时,为促进烧结而人为地加入一些添加剂。少量添加物与杂质的存在,使固态物质绕结时同时伴随固溶、固相反应或出现液相[49]。

2.3.3.2 多孔块体材料的制备

多孔块体材料指的是内部包含大量孔隙、并具有一定形状的固体材料,一般也称为多孔材料。它们由形成孔隙的孔棱或孔壁组成相互连接的网络体,这种孔隙可以用来满足某种使用性能或功能[50,51]。

　　按照孔径大小的不同,多孔材料又可以分为微孔(孔径小于 2 nm)材料、介孔(孔径为 2～50 nm)材料和大孔(孔径大于 50 nm)材料。

　　按照孔之间的联通与否可以分为开口多孔材料和闭口多孔材料。闭口多孔材料具有优良的隔热性能,将其应用于强制对流中可显著提高对流换热的能力,在更多的场合一般用的大多属于开口多孔材料。这些材料中的某些特定的纳米孔道使其在气体吸附、选择性催化、纳米反应器制备、储氢、可充电电池制造和药物输送等领域有广泛应用的空间。多孔材料的多孔性和大比表面积,是催化剂及其载体材料所必需的基本性能。

　　按照不同的孔隙形状和不同的孔隙排列方式,多孔材料又可分为蜂窝体(honeycombs)多孔材料和泡沫体(foams)多孔材料等。蜂窝体多孔材料的孔结构为二维排列,像蜜蜂的六边形巢穴那样堆积排列而成。常用的孔形状有六边形、四边形和三角形等。由于这种二维结构具有气流阻力小等特点,常用于汽车尾气净化催化剂载体以及气体液体的过滤材料等。

　　表征多孔结构的主要参数是:孔隙度、平均孔径、最大孔径、孔径分布、孔形和比表面积。除材质外,材料的多孔结构参数对材料的力学性能和各种使用性能有决定性的影响。由于孔隙是由粉末颗粒堆积、压紧、烧结形成的,因此原料粉末的物理和化学性能,尤其是粉末颗粒的大小、分布和形状,是决定多孔结构性能乃至最终使用性能的主要因素。多孔结构参数和某些使用性能都有多种测定原理和方法(详见本书第三章的 3.1 节)。

　　块体材料的孔结构获得途径主要来自两方面。①通过烧结具有孔道结构的原料制备多孔材料:利用原料中含有孔道的特点(如沸石分子筛等),采用低温烧结或加入添加剂的方法使原有气孔保留下来而形成多孔材料。用这种方法可以很经济地制得孔径非常细小、分布均匀的多孔材料。②通过控制成型和烧结工艺,使颗粒间连接成一定的孔道,从而形成多孔材料。后者主要有如下常用制备方法。

　　固态烧结法:在粉体材料中加入相同组分的微细颗粒,利用微细颗粒易于烧结的特点,在一定的温度下将大颗粒连接起来。由于每粒颗粒仅在几个点上与其他颗粒发生连接,因而形成大量三维贯通孔道。一般而言,主体材料颗粒越大,形成的多孔材料平均孔径就越大;颗粒尺寸分布范围越窄,所得到的多孔体的孔的分布也越均匀。

　　泡沫塑料浸渍法:利用可燃尽的多孔载体(一般为泡沫塑料)吸附粉体料浆,然后在高温下燃尽载体材料而形成孔结构。利用该方法可以获得较大的三维连通孔隙。

　　添加造孔剂方法:利用这些造孔剂在高温下燃尽或挥发而在体相中留下孔隙。利用这种工艺可以制得形状复杂、气孔结构各异的多孔制品。但制品气孔率不能过高(一般低于50%),且气孔分布均匀性差。

蜂窝体多孔材料一般采用挤压成型方法得到。先将原粉体材料中添加黏结剂等混合成泥料,然后进行陈化等提高其可塑性,再通过具有网络结构的模具挤压成型,最后经干燥和烧结而成。

拥有高比表面积的纳米颗粒在老化时有团聚的趋势,在高温焙烧时更会使其颗粒本身的孔结构遭受破坏,比表面积显著下降。自组装纳米结构是合成纳米材料的新途径,它运用纳米晶体颗粒作为结构单元并进行周期性排列,运用胶体化学和湿化学等制备尺寸及形貌可选择、可控的纳米颗粒,再利用自组装将颗粒联结在一起,从而获得所需的多孔材料[52]。

最近研究表明,不同尺寸的多孔性和构型可以赋予材料特殊功能。因此,近年来,作为一种新型的多孔结构材料——多级多孔材料(hierarchically porous materials)的概念被提出,并获得关注[53]。多级多孔材料是指一类孔结构上同时分布有大孔、介孔或/和微孔的多孔材料。以正硅酸甲酯(TMOS)等为原料,借助溶胶-凝胶结合相分离和模板法进行阶层多孔结构的搭建和二氧化硅多孔块体材料的制备,可获得贯通大孔-球形介孔-微孔的阶层多孔结构和相应的多孔块体材料(大孔孔径为 $0.05\sim1.5\ \mu m$,介孔孔径为 $3\sim4\ \mu m$,显气孔率为 66.1%,比表面积为 616 m^2/g)[54]。由于多级多孔材料具有独特的梯度多孔结构,与连续介质材料和单一孔结构材料相比,其拥有的共连续大孔结构对其他物质起到了运输通道的作用,而骨架上拥有的介孔和微孔能提供相当高的比表面积,其尺寸和形状也对其他物质具有一定选择性。因此,阶层多孔材料有望克服目前单一多孔材料存在的物质传输不流畅、分离效率低等诸多问题,在吸附、分离、催化、过滤等重要领域有着更广阔的应用前景,已在多孔材料研究领域受到越来越多的重视。

问题思考

1. 简述点阵和晶胞的区别及其基本类型。

2. 什么是晶体?晶体具有什么特性?

3. 根据晶胞参数的不同可将晶体分成哪几种晶系?有哪几种空间点阵排列形式?

4. 什么是金属的能带理论?用能带理论简述导体、半导体、绝缘体的区别。

5. 金属的密堆积模型有哪几种类型?离子晶体有哪几种典型的晶体结构?

6. 金属键、离子键、共价键、分子型晶体以及氢键型晶体其键类型各有什么特点?

7. 简述晶体的点缺陷和线缺陷的主要类型及其特点。

8. 简述沉淀法制备粉体材料的具体方法及其特点。

9. 水热反应法有什么优点？水热反应中主要有哪几种类型的反应？

10. 简述溶胶凝胶法中的主要反应步骤。

11. 简述薄膜生长过程的三种类型。

12. 利用成型和烧结工艺如何控制块体材料的结晶度、比表面积、孔隙率等显微结构？

参 考 文 献

［1］ 唐有祺. 结晶化学[M]. 北京：高等教育出版社,1957.

［2］ 苏勉曾. 固体化学导论[M]. 北京：北京大学出版社,1986.

［3］ 洪广言. 无机固体化学[M]. 北京：科学出版社,2002.

［4］ 埃文思 R C. 结晶化学导论[M]. 胡玉才,译. 北京：人民教育出版社,1981.

［5］ 潘金生,田民波,全健民. 材料科学基础[M]. 北京：清华大学出版社,2011.

［6］ 袁運開. 自然科學概論[M]. 台中：五南出版社,2005.

［7］ 李奇,陈光巨. 晶体结构与测定[M]. 北京：中国科学技术出版社,2004.

［8］ NIGGLI P. Stereochemie der Kristallverbindungen. XI. Das Formelbild der Rristallverbindungen, insbesondere der Silikate ［J］. Zeitschrift für Kristallographie-Crystalline Materials, 1933,86(1－6)：121－144.

［9］ ROOTHAAN C C J. New developments in molecular orbital theory ［J］. Reviews of modern physics, 1951,23(2)：69.

［10］ POPLE J A, BEVERIDGE D L. Approximate Molecular Orbital Theory ［M］. New York：McGraw-Hill, Inc, 1970.

［11］ 张克立. 固体无机化学[M]. 武汉：武汉大学出版社,2005.

［12］ HIRTH J P, LOTHE J. Theory of Dislocations ［M］. Florida：Krieger Pub Co, 1982.

［13］ NAKAGAWA M, MANSEL W, BÖNING K, et al. Spontaneous recombination volumes of Frenkel defects in neutron-irradiated nonfcc metals ［J］. Physical Review B, 19(2)：742.

［14］ BOSWARVA I, LIDIARD A. The energy of formation of Schottky defects in ionic crystals ［J］. Philosophical Magazine, 1967,16(142)：805－826.

［15］ NICKEL N, JOHNSON N, JACKSON W. Hydrogen passivation of grain boundary defects in polycrystalline silicon thin films ［J］. Applied physics letters, 1993,62(25)：3285－3287.

［16］ ASHBY M. Boundary defects, and atomistic aspects of boundary sliding and diffusional creep ［J］. Surface Science, 1972,31：498－542.

[17] 严东生. 纳米材料的合成与制备[J]. 无机材料学报,1995,10(1)：1-6.

[18] 刘海涛,杨郦,张树军. 无机材料合成[M]. 北京：化学工业出版社,2003.

[19] 徐如人,庞文琴. 无机合成与制备化学[M]. 北京：冶金工业出版社,2001.

[20] 冯守华,徐如人. 无机合成与制备化学研究进展[J]. 化学进展,2000,12(4)：445-457.

[21] 王中林. 纳米相和纳米结构材料——合成手册/Handbook of Nanophase and Nanostructured Materials—Synthesis/21世纪科技前沿丛书[M]. 北京：清华大学出版社,2002.

[22] 曹国忠,王颖. 纳米结构和纳米材料：合成、性能及应用[M]. 董星龙,译. 北京：高等教育出版社,2012.

[23] 周益明,忻新泉. 低热固相合成化学[J]. 无机化学学报,1999,15(3)：273-292.

[24] 徐华蕊,李凤生. 沉淀法制备纳米级粒子的研究——化学原理及影响因素[J]. 化工进展,1996,5：29-31.

[25] 刘珍,梁伟. 纳米材料制备方法及其研究进展[J]. 材料科学与工艺,2000,8(3)：103-108.

[26] 张明月,廖列文. 均匀沉淀法制备纳米氧化物研究进展[J]. 化工装备技术,2002,23(4)：18-20.

[27] 徐如人,庞文琴. 无机合成与制备化学[M]. 北京：科学出版社,2004.

[28] TAM K H, CHEUNG C K, LEUNG Y H, et al. Defects in ZnO nanorods prepared by a hydrothermal method [J]. The Journal of Physical Chemistry B, 2006,110(42)：20865-20871.

[29] ZHANG Q, GAO L. Preparation of oxide nanocrystals with tunable morphologies by the moderate hydrothermal method: insights from rutile TiO2 [J]. Langmuir, 2003, 19(3)：967-971.

[30] WEI G, NAN C-W, DENG Y, et al. Self-organized synthesis of silver chainlike and dendritic nanostructures via a solvothermal method [J]. Chemistry of materials, 2003, 15(23)：4436-4441.

[31] LU J, QI P, PENG Y, et al. Metastable MnS crystallites through solvothermal synthesis [J]. Chemistry of materials, 2001,13(6)：2169-2172.

[32] SCHAEFER M, N THER C, LEHNERT N, et al. Solvothermal syntheses, crystal structures, and thermal properties of new manganese thioantimonates (III): the first example of the thermal transformation of an amine-rich thioantimonate into an amine-poorer thioantimonate [J]. Inorganic chemistry, 2004,43(9)：2914-2921.

[33] 钱逸泰,谢毅,唐凯斌. 非氧化物纳米材料的溶剂热合成[J]. 中国科学院院刊,2001,1：26-28.

[34] KAKIHANA M. Invited review "sol-gel" preparation of high temperature superconducting oxides [J]. Journal of Sol-Gel Science and Technology, 1996,6(1)：

7 - 55.

[35] ROY R. Aids in Hydrothermal Experimentation: II, Methods of Making Mixtures for Both "Dry" and "Wet" Phase Equilibrium Studies [J]. Journal of the American Ceramic Society, 1956,39(4): 145 - 146.

[36] ROY R. Ceramics by the solution-sol-gel route [J]. Science, 1987,238(4834): 1664 - 1669.

[37] KAMIYA K, YOKO T. Synthesis of SiO2 glass fibres from Si (OC2H5) 4 - H2O - C2H5OH - HCl solutions through sol-gel method [J]. Journal of materials science, 1986,21(3): 842 - 848.

[38] TADANAGA K, IWASHITA K, MINAMI T, et al. Coating and water permeation properties of SiO2 thin films prepared by the sol-gel method on nylon-6 substrates [J]. Journal of sol-gel science and technology, 1996,6(1): 107 - 111.

[39] HAYES B L. Microwave Synthesis: Chemistry at the Speed of Light [M]. Matthews, NC, USA: Cem Corporation, 2002.

[40] XU X C, YANG W S, LIU J, et al. Synthesis of NaA zeolite membrane by microwave heating [J]. Separation and Purification Technology, 2001,25(1): 241 - 249.

[41] MATTOX D M. Handbook of Physical Vapor Deposition (PVD) Processing [M]. New York: William Andrew, 2010.

[42] CLAASSEN W, BLOEM J. The Nucleation of CVD Silicon on SiO_2 and Si_3N_4 Substrates I. The System at High Temperatures [J]. Journal of the Electrochemical Society, 1980,127(1): 194 - 202.

[43] PIERSON H O. Handbook of Chemical Vapor Deposition: Principles, Technology and Applications [M]. New York: William Andrew, 1999.

[44] PAI P, CHAO S, TAKAGI Y, et al. Infrared spectroscopic study of SiO_x films produced by plasma enhanced chemical vapor deposition [J]. Journal of Vacuum Science & Technology A, 1986,4(3): 689 - 694.

[45] HSU C M, LIN C H, CHANG H L, et al. Growth of the large area horizontally-aligned carbon nanotubes by ECR-CVD [J]. Thin solid films, 2002,420: 225 - 229.

[46] KWOK K, CHIU W K. Growth of carbon nanotubes by open-air laser-induced chemical vapor deposition [J]. Carbon, 2005,43(2): 437 - 446.

[47] SMITH D. Thin-Film Deposition: Principles and Practice [M]. McGraw Hill Professional, 1995.

[48] 高濂. 纳米陶瓷[M]. 北京:化学工业出版社,2002.

[49] 曲远方. 现代陶瓷材料及技术[M]. 上海:华东理工大学出版社,2008.

[50] 吉布森. 多孔固体结构与性能[M]. 北京:清华大学出版社,2003.

[51] 刘培生,陈国峰. 多孔固体材料[M]. 北京:化学工业出版社,2014.

[52] 张晔,楚珑晟,左孔成. 纤维对硅酸盐基多孔材料吸声性能的影响[J]. 材料导报,2010,24(S):372-374.

[53] SU B L,SANCHEZ C,YANG X Y. Hierarchically Structured Porous Materials:From Nanoscience to Catalysis,Separation,Optics,Energy,and Life Science [M]. New Jersey:Wiley,2012.

[54] 郭兴忠,丁力,于欢,等. SiO₂阶层多孔结构搭建及块体材料制备机理[J]. 物理化学学报,2016,32(7):1727-1733.

第3章　能源材料表征技术

能源材料的结构主要指材料本体及表面的化学组成、物相结构、活性表面、晶粒大小、分散度、价态、酸碱性、氧化还原性以及各个组分的分布及能量分布等。能源材料表征的主要方法可以分为三个方面：材料的宏观物性表征、材料表面表征和体相表征[1—2]。本章将从这三个方面系统介绍各种物理、化学手段在能源材料结构表征方面的应用。由于显微技术在表征方面能给出多种结构信息，因此在本章最后部分将单独介绍。

3.1　宏观物性表征技术

宏观物性即组成材料的各粒子或粒子聚集体的大小、形状与孔隙结构所构成的特点，以及与此有关的传递特性及机械强度等。宏观物性对降低装运过程中的损耗，满足各类反应器操作中流体力学因素的要求十分重要，且直接影响相关反应的动力学过程，因此测定材料的宏观物性具有重要的意义。宏观物性表征主要包括：材料的比表面积及其测定，孔结构及其测定，机械强度测定以及颗粒分析等。

3.1.1　比表面积测定

单位重量材料所具有的表面积称为比表面积，其中具有活性的表面积称活性比表面积，也称有效比表面积。对于能源材料来说，尽管材料的活性、选择性以及稳定性等主要取决于材料的化学结构，但在很大程度上也受到材料的某些物理性质如材料的表面积的影响。一般认为，在能源转换的反应中，尤其是在很多催化反应过程中，材料表面积越大，其所含有的活性中心越多，材料的活性也越高。因此测定和表征材料的比表面积对研究材料的活性与结构的关系具有很高的指导价值。材料的比表面积对于其他重要的能源材料，如电化学材料等的表征也有重要的意义，因此材料的比表面积是重要的结构参数。材料的比表面积可以分为总比表面积和活性比表面积，总比表面积可用物理吸附的方法测定，比表面积的测定依赖于吸附过程。而活性比表面积则可采用化学吸附的方法测定，包括利用 H_2，

O_2，CO，N_2O 等气体，采用吸附滴定等方法。本节将介绍总比表面积的测定。

当一定量的气体或蒸汽与洁净的固体接触时，一部分气体被固体捕获，若气体体积恒定，则压力下降，若压力恒定，则气体体积减小。从气相中消失的气体分子或进入固体内部，或附着于固体表面，前者称为吸收(absorption)，后者称为吸附(adsorption)。吸附和吸收统称为吸着(sorption)。多孔固体因毛细凝聚(capillary condensation)而引起的吸着作用也作为吸附作用看待。能有效地从气相中吸附某些组分的固体物质称为吸附剂(adsorbent)。在气相中可被吸附的物质称为吸附物(adsorptive)，已被吸附的物质称为吸附质(adsorbate)。

固气表面上存在物理吸附和化学吸附两类吸附现象。二者之间的本质区别是气体分子与固体表面之间作用力的性质不同。物理吸附(physisorption)由范德华力(van der Waals 力)，包括偶极－偶极(Keesome)相互作用、偶极－诱导偶极(Debye)相互作用和色散(London)相互作用等物理力引起，它的性质类似于蒸汽的凝聚和气体的液化。化学吸附(chemisorption)涉及化学成键，吸附质分子与吸附剂之间有电子的交换、转移或共有。物理吸附提供了测定能源材料比表面积、平均孔径及孔径分布的方法。物理吸附是化学吸附全过程的一个重要步骤，化学吸附现象一定会以物理吸附过程为先导。

比表面积测定方法很多，各有优缺点。常用吸附法有化学吸附法及物理吸附法。前者是通过吸附质对多组分固体能源材料采用选择性吸附来测定其各组分的比表面积；后者是通过吸附质进行非选择性吸附来测定比表面积。吸附量是一个热力学量，是表示吸附现象最重要的数据。吸附量常用单位质量吸附剂吸附的量(质量、体积、物质的量等)表示。

在测定吸附量过程中发现，吸附剂吸附一种气体吸附质时，其吸附量(α)是温度和压力的函数，即 $\alpha = f(T, p)$，当 $T = $ 常数，$\alpha = f(p)$ 时形成的曲线称为吸附等温线。

由于吸附剂表面性质、孔分布及吸附质与吸附剂相互作用的不同，因而实际的吸附实验数据非常复杂。S. Brunauer、L. S. Deming、W. E. Deming 和 E. Teller 在总结大量实验结果的基础上，将复杂多样的实际等温线归纳为 5 种类型(BDDT分类)。这一分类也是目前 IUPAC 吸附等温线分类的基础，在上述基础上又增加了一种阶梯状等温线，如图 3－1 所示。吸附等温线低的相对压力段的形状反映吸附质与表面相互作用的强弱；中、高相对压力段反映固体表面有孔或无孔以及孔径分布和孔体积大小等。

例如 I 型等温线在较低的相对压力下吸附量迅速上升，达到一定相对压力后吸附出现饱和值，似 Langmuir 型吸附等温线。只有在非孔性或者大孔吸附剂上，该饱和值相当于在吸附剂表面上形成单分子层吸附，但这种情况很少见。大多数

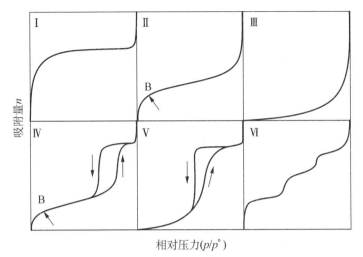

图 3-1　吸附等温线的几种类型

情况下,Ⅰ型等温线往往反映的是微孔吸附剂(分子筛、微孔活性炭)上的微孔填充现象,饱和吸附值等于微孔的填充体积。可逆的化学吸附也应该是这种吸附等温线。Ⅱ型等温线反映非孔性或者大孔吸附剂上典型的物理吸附过程,这是 BET 公式最常说明的对象。由于吸附质与表面存在较强的相互作用,在较低的相对压力下吸附量迅速上升,曲线上凸。等温线拐点通常出现在单层吸附附近,随相对压力的继续增加,多层吸附逐步形成,达到饱和蒸汽压时,吸附层无穷多,导致试验难以准确地测定极限平衡吸附值。Ⅳ型等温线与Ⅱ型等温线类似,但曲线后一段再次凸起,且中间段可能出现吸附回滞环,其对应的是多孔吸附剂出现毛细凝聚的体系。在中等的相对压力下,由于毛细凝聚的发生,Ⅳ型等温线较Ⅱ型等温线上升得更快。中孔毛细凝聚填满后,如果吸附剂还有大孔径的孔或者吸附质分子相互作用强,可能继续吸附形成多分子层,吸附等温线继续上升。但在大多数情况下毛细凝聚结束后,出现一吸附终止平台,并不发生进一步的多分子层吸附。

一般来说,材料总表面积的测定目前所采用的方法基本上均为低温物理吸附法,而其中的 BET 法是目前材料表面积测定的标准方法。BET 法是基于Brunauer, Emmett, Teller 提出的 BET 模型开展测试的,在 BET 测定过程中,可得到以下结果。

(1)首先根据实验求出吸附等温线(p-V 数据)。

测定时所用的流动气体是一种吸附质和一种惰性气体的混合物,最适合的是以 N_2 做吸附质,惰性气体 He 做载气,以一定比例的 N_2 与 He 混合物通过样品,其流出部分用热导池及记录仪检知。当样品放入液氮中时,样品对混合气中的 N_2发生物理吸附,而 He 则不会吸附,这时会有一个对应的吸附峰。如果将液氮移去,N_2 就又从样品上脱附出来,因此会出现一个与吸附峰方向相反的脱附峰。按照色谱定量方法,在混合气中注入一定体积的纯 N_2 进行校正,就可计算得到在此 N_2 分压下样品的吸附量。改变 N_2 与 He 的组成就可以测出几个不同的 N_2 分压下的吸附量,从而获得吸附等温线图。

(2) 在相对压力(p/p_0)为 $0.05 \sim 0.35$ 范围内,以 $\dfrac{1}{V}\dfrac{p}{(p_0-p)}$ 为纵坐标,以 p/p_0 为横坐标作图,得到 BET 方程的直线图像。

(3) 利用 BET 方程可表示在吸附物正常沸点附近的吸附等温线为

$$\frac{p}{V(p_0-p)} = \frac{1}{V_m C} + \frac{C-1}{V_m C} \cdot \frac{p}{p_0}$$

式中,V 为平衡吸附量(单位为 ml(标准态)或 mg);V_m 为形成单分子层时的吸附量;p 为平衡压力(mmHg);p_0 为实验温度下,吸附质饱和蒸汽压;C 为给定物系、给定温度下的常数。求得 V_m 为

$$V_m = \frac{1}{\text{斜率} + \text{截距}}$$

(4) 求出单分子层中吸附质的分子数为

$$N_m = \frac{V_m}{22.4 \times 10^3} \times N_0 \quad (V_m \text{ 为体积})$$

N_0 为阿伏伽德罗常数(6.02×10^{23})。

(5) 表面积为 $S = N_m \times A$,A 为吸附质分子的截面积(Å^2)。

比表面积为 $S_g = \dfrac{N_m \times A \times 10^{-20}}{G}$ (m^2/g),G 为材料试样重量(g)。如用氮做吸附质,则其分子截面积为 $16.2(\text{Å}^2)$。

通常情况下,BET 公式只适用于处理相对压力(p/p_0)为 $0.05 \sim 0.35$ 的吸附数据。这是因为 BET 理论的多层物理吸附模型限制所致。当相对压力小于 0.05 时,不能形成多层物理吸附,甚至连单分子物理吸附层也远未建立,表面的不均匀性就显得突出;而当相对压力大于 0.35 时,毛细凝聚现象的出现又破坏了多层物理吸附。

BET 法测定的是材料的总表面积。但是在实际应用中,尤其是在催化过程中,材料的表面通常只有其中的一部分具有活性,这部分称为活性表面。活性表面的面积测定通常采用"选择化学吸附"法。如负载型金属材料,其上暴露的金属表面是催化活性的,以氢、一氧化碳为吸附质进行选择化学吸附,即可测定活性金属表面积,因为氢、一氧化碳只与材料上的金属发生化学吸附作用,而载体对这类气

体的吸附可以忽略不计。同样,用碱性气体的选择化学吸附可测定材料上酸性中心所具有的表面积。

H_2 吸附法是常见的化学吸附法,该方法的关键在于使材料表面吸附的氢原子达到饱和,由于形成 H_2 饱和吸附的条件比较苛刻,H_2 的程序升温脱附不能在常压反应器中进行,因此限制了该法的应用,而且不同的吸附压力和吸附时间下得到的饱和吸附量不同,从而影响了测量的准确性。化学吸附法除了最常用的 H_2 吸附法外,常见的吸附法还有 CO 吸附法、O_2 吸附法、N_2O 吸附法等。CO 吸附法、O_2 吸附法、N_2O 吸附法用于表面积测试,一般情况下不如 H_2 吸附法效果好,得到的结果也没有 H_2 吸附法令人满意,因为这些气体生成单层和化学吸附的化学计量比都不容易控制。但是,这些方法在某些特殊情况下具有很大的应用价值。如 N_2O 吸附法是测定负载型铜和银材料中金属表面积的优选方法。表面氢氧滴定也是一种选择吸附测定活性表面积的方法。先让材料吸附氧,然后再吸附氢,吸附的氢与氧反应生成水。由消耗的氢按比例推出吸附的氧的量。从氧的量算出吸附中心数,由此数乘上吸附中心的截面积,即得活性表面积。当然做这种计算的先决条件是先吸附的氧只与活性中心发生吸附作用。该法常用于铂负载材料或双金属材料表面积的测定。

3.1.2　孔结构测定

能源材料的孔结构不仅直接影响反应速率,对能源材料在特定反应中的选择性、寿命和机械强度也有很大影响。对于能源的催化过程来说,当化学反应在动力学区进行时,材料的活性和选择性与孔结构无关,但当反应分子由颗粒外部向内表面扩散或反应产物逆向扩散受到阻碍时,材料的活性和选择性就与孔结构有关。因此孔结构是另外一个重要的宏观物性参数。

固体催化剂内部对于催化反应有意义的是那些反应物、产物分子可以进出的开孔(openpore),这些孔即使不是刻意制造的,也是精心选择的。孔结构和孔径分布对催化剂的活性和选择性都有很大的影响。很多情况下,固体催化剂表现出的活性和选择性并不反映其本征特性,而是由与其孔结构有关的扩散控制所决定的。因此,对催化剂的孔结构进行分析和测定也是催化剂研究中必不可少的内容。

材料孔结构的重要参数包括比孔体积、孔隙率、平均孔半径和孔长等,其中比孔体积是指 1 g 材料中颗粒内部细孔的总体积;孔隙率是指材料颗粒内细孔的体积占颗粒总体积的分数。而孔径分布反映的是孔容积随孔径大小变化的关系。材料的孔容积随孔径的变化,取决于组成材料物质的固有性质和材料的制备方法。以多相材料为例,其内表面主要分布在晶粒堆积的孔隙及其晶内孔道(如分子筛)且反应过程中的扩散传质直接取决于孔隙结构,故研究孔大小和孔体积在不同孔径范围内的贡献(孔隙分布)可得到非常重要的孔结构信息。孔径分布测定的办法很多,对于不同孔径分布有不同的测定方法,其中孔隙分布的测定方法中特别适合细孔($r < 10\ nm$)的是气体吸附法,气体的物理吸附应用于直径小于 50 nm 的孔,而压汞法则适合测定孔径为 $3.75\ nm < r < 750\ nm$ 分布的孔隙。对于分子不能进入的封闭孔(closed pore)可用小角 X 射线散射或小角中子散射等方法测定。

气体吸附法测试样品的孔容积和孔径分布可以用中孔 BJH 计算法获得。压汞法是另一种常见的测定孔径分布的方法,特别是对于气体吸附法不能测定的较大孔隙较有效,从而弥补了气体吸附法的不足[3]。

汞压入的孔半径与所受外压力成反比,外压越大,汞能进入的孔半径越小。汞填充孔的顺序是先外部,后内部;先大孔,后中孔,再小孔。测量不同外压下进入孔中汞的量即可知相应孔大小的孔体积。压汞法可测的孔径上、下限分别受最低填充压力(如常压)和最高填充压力限制。目前压汞仪使用压力最大为 $200\sim400$ MPa,因此可测孔半径范围为 $3.75\sim750$ nm。

与物理吸附法相比,压汞法具有速度快、测量范围宽和实验数据解释简单的优点。另一方面,汞很难从多孔固体中全部回收,从这个意义来讲,这个方法是有破坏性的。

从原理上讲,压汞法可以应用于各种固体物质,在实际操作过程中,对于那些结构能被压缩、甚至在高压下完全被破坏的物质要求对它的压缩进行修正或做低压时的分析。另外,某些金属会与汞反应形成汞齐。尽管存在上述各种问题,但由于压汞法测量大孔和中孔分布方便快捷,而且能够弥补氮气吸附法在大孔分析方面的不足,因此它仍然是仅次于物理吸附法的孔结构标准分析手段。有关的标准有 GB/T 21650.1—2008《压汞法和气体吸附法测定固体材料孔径分布和孔隙度第 1 部分:压汞法》,ISO 15901-1:2005 *Pore size distribution and porosity of solid materials bymercury porosimetry and gas adsorption—Part 1:Mercury porosimetry*,ASTM D4284-07 *Standard Test Method for Determining Pore Volume Distribution of Catalysts by MercuryIntrusion Porosimetry* 等。

X 射线小角散射法[4]可以给出均匀一致物质上存在的 $1\sim100$ nm 孔的某些有用信息,但是对于化学组成变化的样品或含有与孔同样大小颗粒的样品,X 射线小角散射法不可能或很难测定孔的大小。X 射线小角散射法是一种特殊技术,能满足其应用的场合很有限。显微镜法(SEM/TEM)以直接观察和测量孔的大小为依据,但是在大多数情况下,由于孔的形状变化不一,在进行有意义的孔大小测量时经常遇到困难,因而很难获得准确的数据,但是可以获得材料形貌和纹理等方面的特征信息。

3.1.3　机械强度测定

对于特定的能源转换过程,能源材料应当具有一定的机械强度以满足其实际应用需求。以工业催化剂为例,工业催化剂应具备一定的机械强度以经受搬运时的滚动磨损、装填时的冲击和自身重力、还原使用时的相变以及压力、温度或负荷波动时产生的各种应力。因此研制和生产机械性能优良的材料,是工业催化剂最基本的规格要求[5]。催化剂的工业应用,至少需要从抗压碎和抗磨损性能两方面作出相对评价。下面主要介绍两类工业催化剂机械强度参数的测试,其他能源材料机械强度的测定也可以其为参考。

1) 压碎强度

均匀施加压力到成型颗粒碎裂为止所承受的最大负荷,称为催化剂抗压碎强度,包括单颗粒压碎强度和堆积压碎强度两类。

其中,单颗粒压碎强度要求测试大小均匀的足够数量的材料颗粒,适用对象为球形、大片柱状和挤条颗粒等形状材料。因此大粒径材料或载体,可以使用单粒测试方法,以平均值表示。测试过程中,将代表性的单颗粒材料以正向(轴向)或侧向(径向),或任意方向(球形颗粒)放置在两平台间,均匀对其施加负载直至颗粒破坏,记录颗粒压碎时的外加负载。具体可参考 ASTM 颁布的材料单粒抗压碎强度测定标准试验方法(ASTM D4179 - 82)。

整体堆积压碎强度(bulk crush strength)参数的出现是由于对于固定床来讲,单颗粒强度并不能直接反映催化剂在床层中整体破碎的情况,因而需要寻求一种接近固定床真实情况的强度测试方法来表征材料的整体强度性能,该法即为整体堆积压碎强度。小粒径材料最好使用堆积强度仪,测定堆积为一定体积的材料样品在顶部受压下碎裂的程度。因为对于细颗粒材料,若干单粒材料的平均抗压碎强度并不重要,有时可能百分之几破碎就会造成材料床层压力降猛增而被迫停车。堆积压碎强度的评价,可提供运转过程中材料床层的机械性质变化,预测单粒压碎强度径向和轴向变动损失[5]。测定方法可以通过活塞向堆积材料施压,也可以恒压载荷[5]。

2) 磨损强度

当固体之间发生摩擦、撞击时,相互接触的表面在一定程度上发生剥蚀。对催化剂而言,人们感兴趣的是固定床装填或卸出时材料颗粒的抗磨损性能,以及在流化床中材料颗粒的抗磨损性能。已经颁布的两个标准试验方法分别适用于固定床用颗粒材料和流化床用粉体(微球)材料的磨损性能测试,即旋转碰撞法和高速空气喷射法。根据材料在实际使用过程中的磨损情况,固定床材料一般采用前一种方法,而流化床材料多采用后一种方法。不管采用哪一种方法,它们都要求测试过程中材料由摩擦造成磨损(获得微球粒子),防止破碎形成细颗粒(获得不规则碎片)。

旋转碰撞法是测试固定床催化剂耐磨性的典型方法。其基本思想是将材料装入旋转容器内(ASTM D4058 - 81),材料在容器旋转过程中上下滚动而被磨损;经过一段时间,取出样品,试验结束后,过 ASTM20 号筛。筛上物质的质量为 m_1,试验样品质量为 m_0,材料的磨损率可由式 $\eta = (m_0 - m_1)/m_0 \times 100\%$ 计算,方法精确度为 $1\% \sim 7\%$。

对于流化床材料,一般采用高速空气喷射法测定其磨损强度。高速空气喷射法的基本原理是,在高速空气流的喷射作用下使材料呈流化态,颗粒间以及与器壁间摩擦产生细粉,小于 20 mm 的细粉生成率即为磨损率,是被测材料在流化环境使用过程中抗颗粒磨损的表征。具体方法可参考 1995 年颁布的空气喷射测试磨损的标准试验方法,ASTM D5757 - 95。

3.1.4 颗粒分析

很多能源材料都是具有发达孔系的颗粒集合体,一般情况是一定的原子(分子)或离子按照晶体结构规则组成含微孔的纳米级晶粒(原级粒子);因制备化学条件和化学组成不同,若干晶粒聚集为大小不一的微米级颗粒,即二次粒子;通过成型工艺制备,若干颗粒又可堆积成球、条、锭片、微球粉体等不同几何外形的颗粒集合体,即粒团(pellet),尺寸则随需要由几十微米到几毫米,特别情况可达百毫米以上。而一般概念上的纳米材料,均是二次粒子纳米化或不存在二次粒子的颗粒集合体。

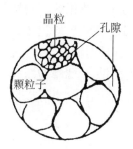

图 3 - 2 材料颗粒集合体

仍以材料为例,实际成型材料的粒团与颗粒等效球半径比大于 10^2,颗粒或二次粒子间堆积形成的介(或大)孔孔隙与晶粒内和晶粒间微孔构成该粒团的孔系结构(见图 3 - 2);晶粒和颗粒间连接方式、接触点键合力以及接触配位数则决定了粒团的抗破碎和磨损性能。由于材料的催化活性中心大多位于微孔的内表面,介(或大)孔主要贡献于反应物流的传递,而表征传递阻力对反应速率影响的有效因子是 Thiele 模数和微孔扩散系数与介(或大)孔扩散系数比的函数[6]。Thiele 模数 Φ 反映了材料颗粒密度、比表面积、成型粒团尺寸与传质扩散的关系[7]:

$$\Phi = R(\rho_p S_g A k / D_s)^{1/2}$$

式中,ρ_p 为颗粒密度(即汞置换法密度,定义为单粒材料质量与其几何体积比);S_g

为比表面积；R 为材料粒团的等效球半径；D_s 为球形材料粒团（颗粒）的总有效扩散系数；k 为材料内表面反应速率。所以，在化学组成与结构确定的情况下，材料的催化性能与运转周期取决于构成材料的颗粒-孔系宏观物性，因此对其进行表征和测定对于开发材料的意义是显见的[8]。

颗粒尺寸（particle size）称为颗粒度，实际材料颗粒是成型的粒团即颗粒集合体，因此狭义材料颗粒度系指成型粒团的尺寸；负载型材料负载的金属或其化合物粒子是晶粒或二次粒子，它们的尺寸符合颗粒度的正常定义。通常测定条件下不再人为分开的二次粒子（颗粒）和粒团（颗粒集合体）的尺寸，泛称颗粒度。单颗粒的颗粒度用粒径表示，又称颗粒直径，均匀球形颗粒的粒径就是球直径，非球不规则颗粒粒径，用各种测量技术测得的"等效球直径"表示。圆柱形等显著长度标度的材料成型粒团，以实际几何特征尺寸标示，一般不简单地使用颗粒度含义。

1）平均粒径及分布

材料原料粉体、实际的微球状材料以及组成的二次粒子等，都是不同粒径的多分散颗粒体系，测量单颗粒粒径没有意义，用统计的方法得到平均粒径和粒径（即粒度）分布是表征这类颗粒体系的必要数据[9]。

表示粒径分布的最简单的方法是直方图，即测量颗粒体系最小至最大粒径范围，划分为若干逐渐增大的粒径分级（粒级），它们与对应尺寸颗粒出现的频率作图，频率内容可表示为颗粒数目、质量、面积或体积，如图 3-3 所示。如果将各粒级再细分为更小的粒级，则随级数增至无限多，级宽趋近于零，于是不再是由两个粒径 d_i 和 d_{i+1} 定义一个粒级，而是由一个"点"的粒径值代表无限小的分级范围，直方图变为颗粒总频率图的一级微商，描绘颗粒数、质量、面积、体积随粒径的变化（见图 3-3 中曲线）。

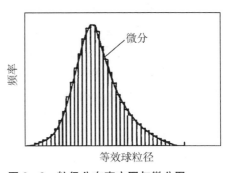

图 3-3　粒径分布直方图与微分图

当测量颗粒数足够多（例如 500 粒或更多）时，可以用统计的数学方程表达粒径分布。已经发现一般化学反应、沉淀、凝聚等过程形成的颗粒和气溶胶，都能较好地符合高斯分布。粒径分布图中，平均粒径和标准偏差是表征一个颗粒分散体系分布状态的最重要特征值。还可用其他数学方程，如对数正态分布表达粒径分布，但常用正态分布。研磨、粉碎、压碎方式得到的颗粒分散体，较符合不对称的非正态分布形式。

2）粒度分析技术

材料不同的粒径范围一般对应于不同的粒度测试技术，测量粒径 1 μm 以上的粒度分析技术,除筛分外,有光学显微镜、重力沉降-扬析法、电敏感计数的 Coulter 电感法、沉降光透法及光衍射法等;粒径 1 μm 以下颗粒,由于测量下限的限制(光学显微镜和重力沉降-扬析法)、衍射效应增强(光衍射法)和自然线宽、噪声背景(光透法)等因素造成误差增大,上述技术或方法不适于测量纳米级颗粒。纳米颗粒和原子团或离子簇又称零维物质,尺寸几十纳米以下,小于磁性物质的磁畴和导体中电子平均自由程,即粒度达到了临界尺寸。纳米级粒度分析是纳米催化研究的基本信息来源,一般要求测量范围为 5~500 nm,适用的方法有小角 X 射线散射(small-angle X-ray scattering, SAXS)、电子显微镜和激光全散射法等。SAXS 分析过程繁琐且误差较大;电子显微镜方法直观且可得粒度分布形貌信息,如与小型图像仪结合,还可给出粒度统计处理的结果。

依据对颗粒的分离能力,可将测量颗粒的技术分为单颗粒计数、颗粒分(粒)级和整体平均结果等三类。图像分析、显微镜是典型单颗粒计数方法,重合效应是难以避免的缺点。分级方法包括筛分、沉降、离心和颗粒色谱等,完全或部分分级与测量方式密切相关。整体平均的粒度分析方法,从收集到的所有测量颗粒产生信号的总和计算粒度分布,即测量结果由解析得到,是被测颗粒整体的平均,因此易于实现自动化和在线分析,但分辨率较低。显见,用于材料工业生产的粒度分析宜选择整体平均的方法;实验室研究,多数情况希望获得单颗粒计数与形貌信息。分级方法的选择,应当结合测量颗粒性质与测量方式考虑。

粒度分析的信息要求,是指给出结果的表达方式,可以是平均粒径、累加频率值、正态分布、分布宽度,也可有对数正态分布、非对称分布宽度、多峰分布的各峰相对量,以及累加频率的不同名义(如颗粒数、体积、面积等)表达。实际应用常常只要求 1~2 项信息,没有必要尽收各种表达方式的数据。材料粒度分析最有用的信息是平均粒径和粒径的颗粒数分布。

不同粒度分析技术的原理不同,例如光散射法的原信息源是散射光强度,要求防止细颗粒中少数大颗粒对信息源的支配,电敏技术则按颗粒体积计数,因此各方法的基准不同,彼此不能简单归一同比。即使同种单一物质样品,从一种基准换算到另一种基准,由于测量分布可能比真实分布加宽,或未计入某些颗粒,或不同技术的粒度范围计量基准不同,尤其在分布端点交换时存在叠合,也会增加计算结果的误差,所以必须强调,数据转换会因基准不同带来明显的误差。

但是不同粒度分析技术均具有一定的局限性,这主要是受其测量原理限制,如光衍射法不能测量小于光源自然线宽的颗粒;沉降法利用 X 射线检测颗粒系统沉降过程中悬浮物透射率的变化[10],该方法既受制于大尺寸端乱流的影响,也受小尺寸端扩散(布朗运动)的限制。测量仪器因制作和操作规程会带来一定限制,如激光衍射仪检测器受粒级对数坐标的限制,造成最终粒级仅为全程一半;沉降法操作规定了对介质密度、黏度和符合雷诺准数的要求。有时测量技术还对测量样品的准备提出限制,如 PCS 测量必须颗粒悬浮;电镜制样要求优良分散。了解测量技术局限性和严格满足其限制要求,对获取正确测量结果非常必要。

3.2　体相表征技术

能源材料体相性质在实际能源转换过程中具有举足轻重的作用,能源材料体相性质的表征大致有以下几类常用表征技术。

(1) 元素分析技术:Inductively coupled plasma atomic emission spectroscopy (ICP – AES)、Atomic Absorption Spectroscopy(AAS)、X-ray Fluorescence(XRF)。

(2) 光谱及衍射技术:X-ray diffraction(XRD)、Infrared Spectroscopy(IR)、Raman、Ultraviolet-visible spectroscopy(UV-vis)、Nuclear Magnetic Resonance spectroscopy(NMR)。

(3) 热分析技术:Thermogravimetric Analysis (TG)、Differential thermal analysis (DTA)、Differential scanning calorimetry (DSC)、Temperature-Programmed Desorption (TPD)、Temperature-programmed Oxidation (TPO)、Temperature-programmed reduction Reduction (TPR)。

下面我们将对各种技术进行概括性的介绍。

3.2.1　元素分析

元素分析技术主要用于定性和定量表征材料体相各元素的组成或材料表面微区元素的组成,这是材料分析表征首先要解决的问题。

通过材料元素组成的定性与定量分析,可得到主要组分(活性组分、助剂、载体等)及杂质(制备和使用过程中由于原料带入的杂质、毒物、污染物及生成的沉积物等)的组成、含量及其在颗粒中的分布。元素组成的定性与定量分析除化学分析如酸碱滴定及络合滴定、电化学分析法外,较常采用的方法还有分光光度法、电感耦合等离子体发射光谱法、原子吸收光谱法、X 荧光分析法等。但是各种方法都有它的适用范围和条件,不同的样品、不同的测试目的所采用的方法也不同,其中分光光度法操作复杂、时间长、试剂用量多。另外,在测试过程中需要引入显色剂配合物,而大多数配合物水溶性差,需要引入适当的表面活性剂增加灵敏度;存在一定程度的干扰因素,需要加入适当的掩蔽剂或与其他分离方法联合使用;目前的方法大多针对特定的样品,而缺乏普遍性。原子吸收光谱法(atomic absorption spectroscopy,AAS)[11]灵敏度高(高达 $10^{-12} \sim 10^{-14}$ g)、选择性好、抗干扰能力强、测定元素范围广、仪器简单、操作方便,但是对某些元素如钠灵敏度不好,而且一次只能测定一个元素。本节将重点介绍电感耦合等离子体发射光谱和 X 射线荧光分析法。

3.2.1.1　电感耦合等离子体发射光谱

电感耦合等离子体发射光谱(ICP‐AES)[12]是一种原子发射光谱,其产生原理是由于原子的外层电子由高能级向低能级跃迁,能量以电磁辐射的形式发射出去,这样就得到发射光谱。一般情况下,原子处于基态,通过电致激发、热致激发或光致激发等激发光源作用,原子获得能量,外层电子从基态跃迁到较高能态变为激发态。约经 10^{-8} s,外层电子就从高能级向较低能级或基态跃迁,多余能量的发射可得到一条光谱线。原子中某一外层电子由基态激发到高能级所需要的能量称为激发电位。原子光谱中每一条谱线的产生各有其相应的激发电位。由激发态向基态跃迁所发射的谱线称为共振线。共振线具有最小的激发电位,因此最容易被激发,为该元素最强的谱线。离子也可能被激发,其外层电子跃迁也发射光谱。由于离子和原子具有不同的能级,所以离子发射的光谱与原子发射的光谱不一样。每一条离子线都有其激发电位。这些离子线的激发电位大小与电离电位高低无关。

在实际工作中,发射光谱是通过物质的蒸发、激发、迁移和射出弧层而得到的。首先,物质在光源中蒸发形成气体,由于运动粒子相互碰撞和激发,使气体中产生大量的分子、原子、离子、电子等粒子,这种电离的气体在宏观上是中性的,称为等离子体。光源具有使试样蒸发、解离、原子化、激发、跃迁产生光辐射的作用。光源对光谱分析的检出限、精密度和准确度都有很大的影响。目前常用的光源有直流电弧、交流电弧、电火花及电感耦合高频等离子体(ICP)。

电感耦合等离子体(inductively coupled plasma, ICP)是由高频电流经感应线圈产生高频电磁场,使工作气体形成等离子体(等离子体是一种在一定程度上被电离的气体,电离度大于 0.1%,其中电子和阳离子的浓度处于平衡状态,宏观上呈电中性的物质),并呈现火焰状放电(等离子体焰炬),达到 10 000 K 的高温,是一个具有良好的蒸发—原子化—激发—电离性能的光谱光源。而且由于这种等离子体焰炬呈环状结构,有利于从等离子体中心通道进样并维持火焰的稳定;较低的载气流速(低于 1 L/min)便可穿透 ICP,使样品在中心通道停留时间达 2～3 ms,可完全蒸发、原子化;ICP 环状结构的中心通道的高温,高于任何火焰或电弧火花的温度,是原子、离子的最佳激发温度,分析物在中心通道内被间接加热,对 ICP 放电性质影响小;ICP 光源自吸现象小,且系无电极放电,无电极沾污。这些特点使 ICP 光源具有优异的分析性能,因此电感耦合等离子体发射光谱(ICP‐AES)的应用最为广泛,具有检出限低、基本干扰少、线性范围宽、精密度好、可同时测定多元素的特点。ICP 光源广泛应用于无机元素的定性、定量分析,尤其对沸石分析中常见的元素(例如硅、铝、磷、钛及许多其他元素)具有较高的灵敏度和精度,相对偏差小于 1%。值得注意的是,ICP 对重金属和磷的敏感度远高于普通的原子吸收光谱,而对于 IA 族元素(包括钠和钾)则不如 AAS。另外,ICP 法需昂贵的仪器和特定的实验设备,相比之下原子吸收光谱法有着更广泛的应用。

ICP - AES 分析方法具有一些优异的分析特性。ICP - AES 法首先是一种发射光谱的分析方法,可以多元素同时测定。即除氦、氖、氩、氪、氙惰性气体外,自然界存在的所有元素,都有用 ICP - AES 法测定的报告。ICP 光源自吸现象小,在大多数情况下,元素浓度与测量信号呈简单的线性,既可测低浓度成分(低于 mg/L),又可同时测高浓度成分(几百或数千 mg/L),是充分发挥 ICP - AES 多元素同时测定能力的一个非常有价值的分析特性,与其他光谱分析方法相比,干扰水平也比较低。同时 ICP 溶液分析方法可以采用标准物质进行校正,具有可溯源性,已经被很多标准物质的定值所采用,被 ISO 列为标准分析方法。不过要注意的是,ICP - AES 法的应用中样品的预处理十分重要和关键。ICP - AES 法可以对固、液、气态样品直接进行分析。进样技术有液体雾化进样、气体直接进样、固体超微粒气溶胶进样。对于液体样品分析的优越性是明显的,对于固体样品的分析,所需样品前处理也很少,只需将样品加以溶解制成一定浓度的溶液即可。通过溶解制成溶液再行分析,不仅可以消除样品结构干扰和非均匀性,同时也有利于标准样品的制备,因此分析速度快。多道仪器可同时测定 30～50 个元素,单道扫描仪器 10 分钟内也可测 15 个以上元素,而且已可实现全谱自动测定。可测定的元素大概比任何类似的分析方法都要多,可以肯定目前还没有一种同时分析方法可以与之相匹敌。

3.2.1.2　X 射线荧光分析

在 X 射线荧光分析[13—16](X-ray fluorescence,XRF)测量过程中,X 射线管产生入射 X 射线(一次 X 射线),激发被测样品。X 射线是伦琴于 1895 年发现的一种电磁辐射,其特性通常用能量(单位:keV)和波长(单位:nm)描述,其波长为 0.01～10 nm。X 射线产生的原理是在真空管内用电加热灯丝(钨丝阴极)产生大量热电子,热电子被高压(万伏)加速撞击到金属钼,铜,铁,铬,铑等材料制成的阳极靶上,电子运动突然停止,电子动能部分转变成 X 射线辐射出来,它包含有高强度的单色 X 射线——特征 X 射线,还有连续的 X 射线。不同元素由于原子结构不同,各电子层的能量不同,所以它们的特征 X 射线波长也就各不相同,这是由特征 X 射线产生原理决定的。原子中的电子都在一个个电子轨道上运行,而每个轨道的能量都是一定的,叫能级。内层轨道能级较低,外层轨道能级较高,高能粒子(激发源可以是电子、质子、α 粒子、λ 射线、X 射线等)与靶材料碰撞时,将靶原子内层电子(如 K,L,M 等层)逐出成为光电子,原子便出现一个空位,此时原子处于激发态,那么较外层电子立即跃迁到能量较低的内层空轨道上,填补空穴位。由于是从高能级跳往低能级,因此会释放出能量,若此时以 X 射线的形式辐射多余能量,便是特征 X 射线。当 K 层电子被逐出后,所有外层电子都可能跳回到 K 层空穴便形成 K 系特征 X 射线。由 L,M,N …层跃迁到 K 层的 X 光分别为 K_α,K_β,K_γ…辐射。同样地,逐出 L 或 M 层电子后将有相应的 L 系或 M 系特征 X 射线: L_α,L_β…;M_α,M_β…。K_α,K_β 辐射的波长 λ 是特征的,它取决于 K,L,M 电子层的能量。

通常人们将 X 光管所产生的 X 射线称为初级 X 射线。以初级 X 射线为激发光源照射试样,激发态试样所释放的能量不为原子内部吸收而以辐射形式发出次级 X 射线,这便是 X 射线荧光。与初级 X 射线类似,X 射线荧光也是原子内产生变化所致的现象,产生的原理也是类似的,即一个稳定的原子结构由原子核及核外电子组成,其核外电子都以各自特有的能量在各自的固定轨道上运行,内层电子(如 K 层)在足够能量的 X 射线照射下脱离原子的束缚,释放出来,电子的逐放会导致该电子壳层出现相应的电子空位。这时处于高能量电子壳层的电子(如 L 层)会跃迁到该低能量电子壳层来填补相应的电子空位。由于不同电子壳层之间存在着能量差距,这些能量上的差以二次 X 射线的形式释放出来,不同的元素所释放出来的二次 X 射线具有特定的能量特性。这个二次 X 射线就是我们所说的 X 射线荧光(XRF)。在上述过程中,受激发的样品中的每一种元素会放射出二次 X 射线(次级 X 射线),并且不同的元素所放射出的二次 X 射线具有特定的能量特性或波长特性。一般来说,特征 X 射线的波长 λ 随元素原子序数 Z 的增加而变短。当然每个元素的特征 X 射线的强度除与激发源的能量和强度有关外,还与这种元素在样品中的含量有关,用下式表示:$I_i = f(C_1,C_2,\cdots,C_i\cdots)$,$I_i$ 是样品中第 i 个元素的特征 X 射线的强度,C_i 是样品中各个元素的含量。反过来,根据各元素的特征 X 射线的强度,也可以获得各元素的含量信息。这就是 X 射线荧光分析的基本原理。

在实际测量过程中,探测系统测量这些放射出来的二次 X 射线的能量及数量。然后,仪器软件将探测系统所收集到的信息转换成样品中各种元素的种类及含量。利用 X 射线荧光原理,理论上可以测量元素周期表中的每一种元素。在实际应用中,有效的元素测量范围为 11 号元素(Na)到 92 号元素(U)。

X 荧光分析法(XRF)可以直接测定含量高的物质,避免对未知试样高倍稀释带来的误差,这一点优于吸收光谱和发射光谱法。X 射线荧光分析法的优点包括:测定用时一般都很短,2~5 分钟就可以测完样品中的全部待测元素;X 射线荧光光谱跟样品的化学结合状态无关,而且跟固体、粉末、液体及晶质、非晶质等物质的状态也基本上没有关系。另外测定过程是非破坏性测定,即在测定中不会引起化学状态的改变,也不会出现试样飞散现象。同一试样可反复多次测量,结果重现性好。另外 X 射线荧光分析是一种物理分析方法,所以对在化学性质上属同一族的元素也能进行分析。元素分析范围通常是 Na 到 U，含量范围为 10ppm～100％，同时其分析精密度高，制样简单，固体、粉末、液体样品等都可以进行分析。其缺点包括：难以做绝对分析，因此定量分析需要标样；对轻元素的灵敏度要低一些；与 ICP 等方法对比，灵敏度偏低，一般只能分析含量大于 0.01％的元素。

  X 荧光分析仪包括波长色散型和能量色散型两种，其中波长色散型（wave dispersive spectrometer）中不同元素发出的特征 X 射线能量和波长各不相同，因此通过对 X 射线的能量或者波长的测量即可知道它是何种元素发出的，进行元素的定性分析。同时样品受激发后发射某一元素的特征 X 射线强度跟这元素在样品中的含量有关，因此测出它的强度就能进行元素的定量分析。目前有两大类 X 荧光分析方法，即 X 射线能量色散谱方法（energy dispersive X-ray spectroscopy，EDS）和 X 射线波长色散谱方法（wavelength dispersive X-ray spectroscopy，WDS），其中波长色散型仪器中使用分光晶体，先将不同波长的 X 射线按不同的衍射角色散，然后用探测器测量 X 射线的强度，这样从测角器的指示便能知道被测 X 射线的波长，从 X 射线的强度测量便能知道发射此种 X 射线的元素含量。为了覆盖全波长范围，需要配备若干多个分光晶体和驱动机构，因此获取 X 射线谱图的时间较长。其基本结构为：激发源、分光系统、探测器和记录分析器。

  能量色散法（energy dispersive spectrometer）仪器是不使用分光晶体，直接测试 X 射线的分布特征的装置。其仪器的基本构成是：激发源、样品、探测器和多道谱及运算处理器。与波长色散法一样，能量系统中最重要的是探测器，它的性能好坏是至关重要的，作为这类探测，它的基本原理就是利用了 X 射线与物质作用会产生光电效应这一特点。图 3-4 是 EDS 获得的谱图，横轴为 X 射线的能量值，纵轴为 X 射线的计数率。

  上述两种方法相比较，EDS 的特长是用很小的探针电流就可以测试，测试速度较快，在比较短的时间内能获得谱图，而 WDS 具有能量分辨率（波长分辨率）高，能够检测痕量元素的特点。扫描电子显微镜（SEM）大多都装有 EDS，而 WDS 一般作为以元素分析为主要目的的电子探针显微分析仪（Electron Probe Microanalyzer，EPMA）的分光器而被使用。

  XRF 分析包括定性和定量两种类型，其中定性分析是根据 X 射线的谱图，能够进行确定电子束照射区域中存在哪些元素的定性分析。分析模式有三种：获取电子束照射区域谱图的点分析，显示感兴趣元素在指定线上如何分布的线分析，以及显示感兴趣元素的二维分布的面分析，面分析有时也称面分布。定量分析是由于特征 X 射线的强度与对应元素的浓度成正比例，因而能够进行定量分析。只要将已知浓度的标准样品的 X 射线强度与未知样品的 X 射线强度进行比较就能够知道未知样品的元素浓度。但是，样品中产生的 X 射线在射入真空前有可能被样

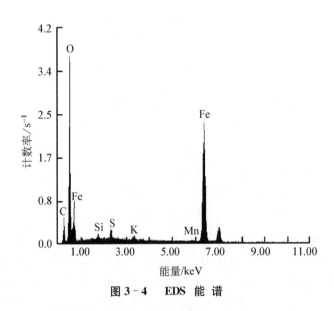

图 3 - 4 EDS 能谱

品吸收或激发其他元素,因此需要对其进行定量校正。现在使用的 EDS 和 WDS 能够简单地进行校正计算,但校正进行的前提必须是 X 射线产生区域中元素的分布相同,样品表面平坦,电子探针垂直入射等。实际上 SEM 的样品很多都没有满足这一前提条件,因此实际上可能会有不小的误差。

3.2.2 谱学技术

谱学技术在材料体相性质的表征中有着广泛的应用,通过谱学技术可以获取材料的结构性质(如骨架结构、结晶度、晶粒大小)和局部性质(如氧化态、配位数、对称性等)。但是目前还没有一种技术能够获取材料的所有性质,因此必须根据所预期获取的信息来选择合适的表征技术。

3.2.2.1 分子光谱

光谱分析是一种根据物质的光谱来鉴别物质及确定它的化学组成、结构或者相对含量的方法。按照分析原理,光谱技术主要分为吸收光谱、发射光谱和散射光谱三种;按照被测位置的形态来分类,光谱技术主要有原子光谱和分子光谱两种。分子光谱技术主要包括红外、拉曼、紫外三大类技术,它们在材料体相性质中的表征都具有很大的应用价值。常用的谱学分析技术多为吸收光谱,其产生的原理是基于分子吸收能量产生的能级跃迁。

在分子中,除了电子相对于原子核的运动外,还有核间相对位移引起的振动和转动。这三种运动能量都是量子化的,并对应一定能级。在每一电子能级上有许多间距较小的振动能级,在每一振动能级上又许多更小的转动能级。若用

$\Delta E_{电子}$、$\Delta E_{振动}$、$\Delta E_{转动}$ 分别表示电子能级、振动能级、转动能级差,即有 $\Delta E_{电子} >$ $\Delta E_{振动} > \Delta E_{转动}$。处在同一电子能级的分子,可能因其振动能量不同而处在不同的振动能级上。当分子处在同一电子能级和同一振动能级时,它的能量还会因转动能量不同,而处在不同的转动能级上。所以分子的总能量可以认为是这三种能量的总和,即 $E_{分子} = E_{电子} + E_{振动} + E_{转动}$。

当用频率为 ν 的电磁波照射分子,而该分子的较高能级与较低能级之差 ΔE 恰好等于该电磁波的能量 $h\nu$ 时,即有 $\Delta E = h\nu$(h 为普朗克常数)。此时,在微观上出现分子由较低的能级跃迁到较高的能级;在宏观上则透射光的强度变小。若用一连续辐射的电磁波照射分子,将照射前后光强度的变化转变为电信号,并记录下来,然后以波长为横坐标,以电信号(吸光度 A)为纵坐标,就可以得到一张光强度变化对波长的关系曲线图——分子吸收光谱图。根据吸收电磁波的范围不同,可将分子吸收光谱分为远红外光谱、红外光谱及紫外、可见光谱三类。分子的转动能级差一般为 $0.005\sim0.05$ eV。产生此能级的跃迁,需吸收波长为 $250\sim25$ μm 的远红外光,因此,形成的光谱称为转动光谱或远红外光谱。分子的振动能级差一般为 $0.05\sim1$ eV,需吸收波长为 $25\sim1.25$ μm 的红外光才能产生跃迁。在分子振动时同时有分子的转动运动。这样,分子振动产生的吸收光谱中,包括转动光谱,故常称为振-转光谱。由于它吸收的能量处于红外光区,故又称红外光谱。电子的跃迁能差为 $1\sim20$ eV,比分子振动能级差要大几十倍,所吸收光的波长为 $12.5\sim$ 0.06 μm,主要在真空紫外到可见光区,对应形成的光谱,称为电子光谱或紫外、可见吸收光谱。

1) 红外光谱

红外光谱法实质上是一种根据分子内部原子间的相对振动和分子转动等信息来确定物质分子结构和鉴别化合物的分析方法。红外光谱属于分子光谱,有红外发射和红外吸收光谱两种,常用的一般为红外吸收光谱。

红外吸收光谱是由分子振动和转动跃迁所引起的,红外吸收发生的条件是当一定频率的红外光照射分子时,如果分子中某个基团的振动频率和它一致,二者就会产生共振,此时光的能量通过分子偶极矩的变化而传递给分子,这个基团就吸收一定频率的红外光,产生振动跃迁。如果用连续改变频率的红外光照射某样品,由于试样对不同频率的红外光吸收程度不同,使通过试样后的红外光在一些波数范围减弱,在另一些波数范围内仍然较强,用仪器记录该试样的红外吸收光谱,进行样品的定性和定量分析。

不同的化学键或官能团吸收频率不同,在红外光谱上处于不同位置,从而可获得分子中含有何种化学键或官能团的信息。图 3-5 是一张典型的红外图谱,通常将红外光谱分为三个区域:近红外区($0.75\sim2.5$ μm)、中红外区($2.5\sim25$ μm)和远红外区(25～300 μm)。一般说来,近红外光谱是由分子的倍频、合频产生的;中红外光谱属于分子的基频振动光谱;由于分子的转动能级差比较小,所吸收的光频率低,波长很长,所以分子的纯转动能谱出现在远红外区。按吸收峰的来源,中红外光谱区可分成 4 000～1 300 cm^{-1}和 1 800(1 300)～600 cm^{-1}两个区域。最有分析价值的基团频率为 4 000～1 300 cm^{-1},这一区域称为基团频率区、官能团区或特征区。这一区域内的峰是由伸缩振动产生的吸收带,比较稀疏,容易辨认,常用于鉴定官能团。在 1 800(1 300)～600 cm^{-1}区域内,除单键的伸缩振动外,还有因变形振动产生的谱带,这种振动与整个分子的结构有关。当分子结构稍有不同时,该区的吸收就有细微的差异,并显示出分子特征,这种情况就像人的指纹一样,因此称为指纹区。指纹区对于指认结构类似的化合物很有帮助,而且可以作为化合物存在某种基团的旁证。

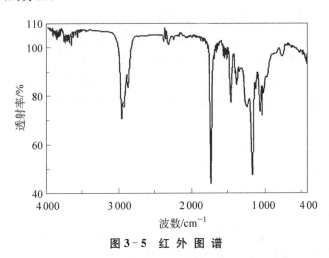

图 3-5 红外图谱

其中特征频率区中的吸收峰基本是由基团的伸缩振动产生的,数目不是很多,但具有很强的特征性,因此在基团鉴定工作上很有价值,主要用于鉴定官能团。这当中包括 4 000～2 500 cm^{-1}的 X—H 伸缩振动区,X 可以是 O、H、C 或 S 等原子。2 500～1 900 cm^{-1}的三键和累积双键区,主要包括 —C≡C—、—C≡N 等三键的伸缩振动,—C=C=C、—C=C=O 等累积双键的不对称性伸缩振动,1 900～1 200 cm^{-1}的双键伸缩振动区。指纹区的情况则不同,该区峰多而复杂,没有强的特征性,主要包括 1 800(1 300)～900 cm^{-1}区域,是 C—O、C—N、C—F、C—P、C—S、P—O、Si—O 等单键的伸缩振动和 C=S、S=O、P=O 等双键的伸缩振动吸收。900～650 cm^{-1}区域的某些吸收峰可用来确认化合物的顺反构型。

红外光谱的主要优点是具有广泛的使用性能,几乎适用于所有的分散金属材料或氧化物材料。从拉曼光谱可以得到与红外光谱同样的结构信息。红外吸收光谱主要用于定性分析分子中的官能团,也可以用于定量分析(较少使用,特别是多组分时定量分析存在困难)。红外光谱对样品的适用性相当广泛,固态、液态或气态样品都能应用,无机、有机、高分子化合物都可检测。常见的,对于未知产物进行分析时,红外能够给出官能团信息,结合质谱,核磁,单晶衍射等其他手段有助于确认产物的结构(应用最广泛);在催化反应中,红外,特别是原位红外有着重要的作用,可以用于确定反应的中间产物,反应过程中催化剂表面物质的吸附反应情况等;通过特定物质的吸附还可以知道材料的性质,比如吡啶吸附红外可以测试材料的酸种类和酸量等,CO 吸附的红外可以根据其出峰的情况判断材料上 CO 的吸附状态,进而知道催化剂中金属原子是否以单原子形式存在等。在具体的定性鉴别时可采用以下两种方法。

(1)已知物对照法,在同样条件下测定样品与对照品的红外光谱,若完全相同,则可判定为同一化合物。

(2)标准光谱对照法,测定样品的红外光谱,与标准光谱对照。要求吸收峰峰位和峰强度一致,可判定为同一化合物。一些重要的红外光谱数据库包括:

NIST Chemistry WebBook:http://webbook.nist.gov/chemistry

日本 NIMC 有机物谱图库:http://sdbs.db.aist.go.jp/sdbs/cgibin/direct_frame_top.cgi

未知成分或新发现的化合物则需要进行光谱解析,判断试样的可能结构,然后再由化学分类索引查找标准谱图对照核实。在对光谱图进行解析之前,应收集样品的有关资料和数据。了解试样的来源、以估计其可能是哪类化合物;测定试样的物理常数,如熔点、沸点、溶解度、折光率等,作为定性分析的旁证;结合其他方法(元素分析、紫外、核磁及质谱)进行综合解析。

红外光谱对于判断化合物具有何种官能团和化合物的类别最有帮助。在这种应用中样品的纯度一般要求 98% 以上。样品的物理化学常数如沸点、熔点、折光率、旋光度等,可以作为光谱解析的旁证。分子式如果可知,将为结构解析提供许多信息。可用分子式计算不饱和度,用于估计分子结构中是否有双键、三键、苯环等。但是红外光谱在表征固体材料结构性质上的应用并不是太多也并不有效,因为材料所采用的载体除了某些化合物如钼酸盐、钒酸盐、分子筛之外,尤其是氧化物载体,在红外区域均存在较宽的谱带而无较为明显的特征谱带,使得谱带解析变得十分困难。很多时候如果需要确定分子结构信息,就要借助其他的分析测试手段,如核磁、质谱、紫外光谱等。

红外光谱还可进行定量分析,该方法是通过对特征吸收谱带强度的测量来求出组分含量的。其理论依据是朗伯-比耳定律。由于红外光谱的谱带较多,选择余地大,所以能方便地对单一组分和多组分进行定量分析。此外,该法不受样品状态的限制,能定量测定气体、液体和固体样品。因此,红外光谱定量分析应用广泛,但因其灵敏度较低,并不适用于微量组分的测定。

2)拉曼光谱

拉曼光谱分析法是基于印度科学家 C. V. 拉曼(Raman)所发现的拉曼散射效应,对与入射光频率不同的散射光谱进行分析以得到分子振动、转动方面信息,并应用于分子结构研究的一种分析方法。拉曼光谱是一种散射光谱,它是基于光和材料的相互作用而产生的。拉曼光谱可以提供样品化学结构、相和形态、结晶度及分子相互作用的详细信息。

一张拉曼谱图通常由一定数量的拉曼峰构成,每个拉曼峰代表了相应的拉曼位移和强度。每个谱峰对应于一种特定的分子键振动,其中既包括单一的化学键,例如 C—C, C=C, N—O, C—H 等,也包括由数个化学键组成的基团的振动,例如苯环的呼吸振动、多聚物长链的振动以及晶格振动等。拉曼光谱通常用于定性测试,在特定条件下也可用于定量研究。通常情况下,拉曼光谱(包括峰位和相对强度)提供了物质独一无二的化学指纹,可以用于识别该物质并区别于其他物质。实际测试的拉曼光谱往往很复杂,通过谱峰归属来判定未知物相对比较复杂,而通过拉曼光谱数据库进行搜索来寻找与之匹配的结果,则可以快速对未知物进行判别。

拉曼散射谱线的波数虽然随入射光的波数而不同,但对同一样品,同一拉曼谱线的位移与入射光的波长无关,只和样品的振动转动能级有关,而不同物质的拉曼位移是不一样的(这也是用拉曼光谱定性分析样品结构的依据)。在以波数为变量的拉曼光谱图上,斯托克斯线和反斯托克斯线对称地分布在瑞利散射线两侧,这是由于在上述两种情况下分别相应于得到或失去了一个振动量子的能量。一般情况下,斯托克斯线比反斯托克斯线的强度大。这是由于 Boltzmann 分布处于振动基态上的粒子数远大于处于振动激发态上的粒子数。

拉曼光谱的优势在于其可分析的范围广,几乎所有包含真实的分子键的物质都可以用于拉曼光谱分析;对样品损害小;方法快速、简单、可重复;还非常适合用于分析含水样品;拉曼光谱谱峰清晰尖锐,更适合定量研究、数据库搜索以及运用差异分析进行定性研究;拉曼光谱还有多种高级用途,并可以和多种表征进行联用,比如原位拉曼技术(实时分析催化剂结构性能之间的关系)、拉曼-原子力显微镜等。但是拉曼光谱在材料体相性质表征方面也存在一些问题。首先,由于荧光干扰很难获取质量较好的谱图,尤其对于某些氧化物来说此问题表现得更为严重;另外,与红外光谱技术相似,拉曼光谱技术在材料体相性质表征方面的应用也仅限于钼、钒、钨、钛化合物以及少量其他物质。但正是由于大多数载体拉曼散射较弱,从而更有利于拉曼光谱技术在材料表面性质上的研究。拉曼光谱技术的劣势在于拉曼效应太弱,曾一度被红外光谱代替,直至 20 世纪 60 年代激光问世。激光具有单色性好、方向性强、亮度高、相干性好等特性,将其引入拉曼光谱,使得拉曼光谱得到了迅速的发展,灵敏度得到大幅度提高。

3) 紫外-可见光谱

紫外光的波长范围为 10～400 nm;波长在 10～200 nm 范围内的称为远紫外光,波长在 200～400 nm 的为近紫外光。而对于紫外可见光谱仪而言,人们一般利用近紫外光和可见光,一般测试范围为 200～800 nm。紫外可见光谱法包括紫外可见分光光度法和紫外可见漫反射法。

不论是紫外可见吸收还是紫外可见漫反射,其产生的根本原因多为电子跃迁。对于无机物而言,产生无机化合物紫外、可见吸收光谱的电子跃迁形式一般分为两大类:电荷迁移跃迁和配位场跃迁。

其中电荷迁移跃迁在无机配合物的中心离子和配位体中,当一个电子由配体的轨道跃迁到与中心离子相关的轨道上时,可产生电荷迁移吸收光谱。不少过渡金属离子与含生色团的试剂反应所生成的配合物以及许多水合无机离子,均可产生电荷迁移跃迁。此外,一些具有 d^{10} 电子结构的过渡元素形成的卤化物及硫化物如 AgBr、HgS 等,也是由于这类跃迁而产生颜色。电荷迁移吸收光谱出现的波长位置,取决于电子给予体和电子接收体相应电子轨道的能量差。

配位场跃迁包括 d—d 跃迁和 f—f 跃迁。元素周期表中第四、五周期的过渡金属元素分别含有 3d 和 4d 轨道,镧系和锕系元素分别含有 4f 和 5f 轨道。在配体的存在下,过渡元素 5 个能量相等的 d 轨道和镧系元素 7 个能量相等的 f 轨道分别分裂成几组能量不等的 d 轨道和 f 轨道。当它们的离子吸收光能后,低能态的 d 电子或 f 电子可以分别跃迁至高能态的 d 或 f 轨道,这两类跃迁分别称为 d—d 跃迁和 f—f 跃迁。由于这两类跃迁必须在配体的配位场作用下才可能发生,因此又称为配位场跃迁。

在紫外和可见光谱区范围内,有机化合物的吸收带主要由 $\sigma \rightarrow \sigma^*$、$\pi \rightarrow \pi^*$、$n \rightarrow \sigma^*$、$n \rightarrow \pi^*$ 及电荷迁移跃迁产生。无机化合物的吸收带主要由电荷迁移和配位场跃迁(即 d—d 跃迁和 f—f 跃迁)产生。由于电子跃迁的类型不同,实现跃迁需要的能量不同,因此吸收光的波长范围也不相同。其中 $\sigma \rightarrow \sigma^*$ 跃迁所需能量最大,$n \rightarrow \pi^*$ 及配位场跃迁所需能量最小,因此,它们的吸收带分别落在远紫外和可见光区。其中 $\pi \rightarrow \pi^*$(电荷迁移)跃迁产生的谱带强度最大,$\sigma \rightarrow \sigma^*$、$n \rightarrow \pi^*$、$n \rightarrow \sigma^*$ 跃迁产生的谱带强度次之,配位跃迁的谱带强度最小。

紫外-可见分光光度法是一种广泛应用的定量分析方法,也是对物质进行定性分析和结构分析的一种手段,同时还可以测定某些化合物的物理化学参数,例如摩尔质量、配合物的配合比和稳定常数以及酸、碱的离解常数等。在无机材料的分析应用方面,UV‐Vis(紫外‐可见光谱)能够观察到过渡金属的 d—d 跃迁以及由于电荷转移(电子从配体转移至金属或从金属转移至配体)而引起的其他跃迁(如钛、锌、铈、锆、钼、锡、稀土元素、碱土金属氧化物以及许多其他过渡金属氧化物),所以其可以直接提供电子结构和第一配位层的相关信息,能够用以测定过渡金属的区域对称性、氧化态、配位体类型、配位数等,是一种探测离子所在位置类型的灵敏手段。但是 UV-Vis 谱图的解析相当困难,特别是在电荷转移跃迁谱带较宽的情况下。在有机化合物的定性分析鉴定及结构分析方面,由于 UV‐Vis 较为简单,光谱信息少,特征性不强,而且不少简单官能团在近紫外及可见光区没有吸收或吸收很弱,因此这种方法的应用有较大的局限性。但是它适用于不饱和有机化合物,尤其是共轭体系的鉴定,以此推断未知物的骨架结构。此外,它可配合红外光谱法、核磁共振波谱法和质谱法等常用的结构分析法进行定量鉴定和结构分析,不失为一种有用的辅助方法。

3.2.2.2　X 射线谱法

在用电子轰击阳极靶而产生 X 射线时,人们发现,有几个强度很高的 X 射线,其能量并没有随加速电子用的高压变化,而且不同元素的靶材,其特殊的 X 射线的能量也不一样,人们把它称为特征 X 射线,它是每种元素所特有的。莫塞莱(Moseley)发现了 X 射线能量与原子序数的关系:$E \propto (z-\sigma)^2$,其中 E 是特征 X 射线能量,Z 是原子序数,σ 是修正因子。这就是著名的莫塞莱定律,它开辟了 X 射线分析在元素分析中的应用。常见 X 射线谱技术可以分为两类,即 X 射线衍射技术和 X 射线吸收技术。

1) X 射线衍射技术[17, 18]

1912 年德国物理学家劳厄(M. von Laue)预测提出:晶体可以作为 X 射线的空间衍射光栅,即当一束 X 射线通过晶体时将发生衍射,衍射波叠加的结果使射线的强度在某些方向上加强,在其他方向上减弱。分析在照相底片上得到的衍射花样,便可确定晶体结构。该预测基于 X 射线的波长和晶体内部原子间的距离($10 \sim 8$ nm)相近的原则。这一预见随即为实验所验证。1913 年英国物理学家布喇格父子(W. H. Bragg, W. L. Bragg)在劳厄发现的基础上,不仅成功地测定了 NaCl、KCl 等的晶体结构,并提出了作为晶体衍射基础的著名公式——布喇格定律:

$$2d\sin\theta = n\lambda$$

式中,λ 为 X 射线的波长,n 为任何正整数,又称衍射级数。

当 X 射线以掠角 θ(入射角的余角)入射到某一点阵平面间距为 d 的原子面上时,在符合上式的条件下,将在反射方向上得到因叠加而加强的衍射线。布喇格定律简洁直观地表达了衍射所必须满足的条件。当 X 射线波长 λ 已知时(选用固定波长的特征 X 射线),采用细粉末或细粒多晶体的线状样品,可从一堆任意取向的晶体中,从每一 θ 角符合布喇格条件的反射面得到反射,测出 θ 后,利用布喇格公式即可确定点阵平面间距、晶胞大小和类型;根据衍射线的强度,还可进一步确定晶胞内原子的排布。这便是 X 射线结构分析中的粉末法或德拜-谢乐(Debye – Scherrer)法的理论基础。

而在测定单晶取向的劳厄法中,所用单晶样品保持固定不变动(即 θ 不变),以辐射束的波长作为变量来保证晶体中一切晶面都满足布喇格条件,故选用连续 X 射线束。如果利用结构已知的晶体,则在测出衍射线的方向 θ 后,便可计算 X 射线的波长,从而判定产生特征 X 射线的元素。这便是 X 射线衍射谱方法。目前 X 射线衍射(包括散射)已经成为研究晶体物质和某些非晶态物质微观结构的有效方法。常见的粉末 X 射线衍射 XRD(X ray diffraction)分析仪多为旋转阳极 X 射线衍射仪,由单色 X 射线源、样品台、测角仪、探测器和 X 射线强度测量系统所组成。

图 3-6 是用两种不同方法制备获得的金红石 TiO_2 样品的 XRD 图。通过 XRD 的表征可以获取以下信息:XRD 物相的鉴定、晶胞参数的确定以及结晶度等。

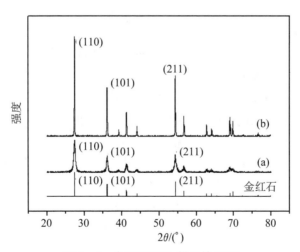

图 3-6　金红石 TiO_2 样品的 XRD

其中物相定性分析的目的是利用 XRD 衍射角位置以及强度,鉴定未知样品由哪些物相组成。它的原理是:由各衍射峰的角度位置所确定的晶面间距以及它们的相对强度是物质的固有特性。每种物质都有其特定的晶体结构和晶胞尺寸,而这些又与衍射角和衍射强度有着对应关系,因此,可以根据衍射数据来鉴别物质结构。通过将未知物相的衍射花样与已知物相的衍射花样相比较,逐一鉴定出样品中的各种物相。目前,可以利用粉末衍射卡片进行直接比对,也可以由计算机数据库直接进行检索。定量分析则根据衍射花样的强度,确定材料中各相的含量。在研究性能和各相含量的关系、检查材料的成分配比及随后的处理规程是否合理等方面都得到广泛应用。

XRD 还可以很方便地提供纳米材料晶粒度的数据。测定的原理基于样品衍射线的宽度和材料晶粒大小有关这一现象。当晶粒小于 100 nm 时,其衍射峰随晶粒尺寸的变大而宽化。当晶粒大于 100 nm 时,宽化效应则不明显。晶粒大小可采用 Scherrer 公式进行计算:

$$D = K\lambda/B_{1/2}\cos\theta$$

式中,D 是沿晶面垂直方向的厚度,也可以认为是晶粒的大小,K 为衍射峰 Scherrel 常数,一般取 0.89,λ 为 X 射线的波长(为 0.154 056 nm),$B_{1/2}$ 为衍射峰的半高宽,单位为弧度,θ 为布拉格衍射角。此外,根据晶粒大小还可以计算晶胞的堆垛层数

$$N = D_{hkl}/d_{hkl}$$

和纳米粉体的比表面积

$$s = 6/\rho D$$

在这里,N 为堆垛层数,D_{hkl} 表示垂直于晶面($h\,k\,l$)的厚度,d_{hkl} 为晶面间距;s 为比表面积,ρ 为纳米材料的晶体密度。

需要注意的是,采用 X 射线衍射法计算晶粒一般采用 4 条低角度($2\theta \leqslant 50°$)X 射线衍射线计算纳米粒子的平均粒径,这是因为高角度($2\theta > 50°$)X 射线衍射线的 $K_{\alpha 1}$ 与 $K_{\alpha 2}$ 双线会分裂开,造成线宽化的假象,这会影响实际线宽化测量值。其次,X 射线衍射法测定的是纳米粒子的晶粒度,当纳米粒子为单晶时,测量的直径即为颗粒粒径;当粒子为多晶时,测量的为平均晶粒大小。所以,此时的粒径测量值可能会小于实际粒径值。当小晶体的尺寸和形状基本一致时,计算结果比较可靠。但一般粉末试样的具体大小都有一定的分布,Scherrer 的微晶尺度计算公式需修正,否则只能是近似结果。另外 X 射线衍射法是非破坏性检测方法,测量的准确度还与样品内部应力大小有关。

除了上述两个常见的应用之外,XRD 分析还可用于精密测定点阵参数,取向分析,晶粒(嵌镶块)大小和微观应力的测定,宏观应力的测定,分析晶体结构不完整性(包括对层错、位错、原子静态或动态地偏离平衡位置,短程有序,原子偏聚等方面的研究),合金相变(包括脱溶、有序无序转变、母相新相的晶体学关系),液态金属和非晶态金属研究(研究非晶态金属和液态金属结构,如测定近程

序参量、配位数等)以及特殊状态下的分析(在高温、低温和瞬时的动态分析)。当然物相定性分析是 XRD 技术在催化研究中的主要用途。但是 XRD 技术必须依赖于晶格长程有序的衍射技术,无法检测非晶以及 50 Å 以下的微晶。而 X 射线吸收技术(其中主要包括 EXAFS 和 XANES)则可以在一定程度上突破上述局限。

2) X 射线吸收光谱(X-ray absorption spectroscopy,XAS)

X 射线吸收光谱及发展 X 射线吸收精细结构光谱(X-ray absorption fine structure,XAFS)是由吸收边两侧的一些小峰和波动构成的,由吸收原子周围的近程结构决定,提供的是小范围内原子簇机构的信息,包括电子结构与几何结构。XAFS 与长程序无关,样品可以是晶体,也可以是非晶,可以用固体、液体甚至气体;它可以是单一的物相,也可以是混合物等,其适用范围特别广大[19—22]。

其原理如下:人们发现 X 射线会穿透物质,但强度要减弱。透射光强度(I)和入射光波长(λ)有关。它们之间的关系用下式表示

$$I(\lambda) = I_0 e^{-\mu x}$$

式中,I_0 为入射光强度,μ 为物质质量吸收系数,x 为透过的样品厚度。

当物质吸收射线后处于激发态,在弛豫回到基态过程中会发出荧光、电子(光电子、俄歇电子及非弹性散射电子)等。它们的强度是与吸收成正比的,故测量它们的强度也能获得吸收光谱。荧光 EXAFS 探测的浓度极限可比透射法低两个量级。俄歇电子的贯穿能力极弱,故测得的电子均发自样品表面,成了研究表面结构极有力的工具。

吸收光谱也不是单调变化的曲线,会在某些位置出现吸收突跃,称为吸收边。量子论解释为:在入射射线光子的能量等于被照射样品某内层电子的电离能 E 时会被大量吸收,使电子电离为光电子,在其两侧吸收系数相差很大,产生突跃吸收边,与吸收边对应的能量为电离阈。对应于原子中不同主量子数的电子的吸收边相距颇远,按主量子数命名为 K,L …吸收边。具有相同主量子数的电子,因其他量子数的不同,能量也有差别,也形成独立的吸收边,但这些吸收边就靠得较近,每一种元素都有其特征的吸收边系,可依此做元素分析。吸收边的位置还与元素的价态有关,氧化价增加,吸收边位置向高能侧移动 2~3 eV。

吸收边附近及其高能延伸段(约 1 000 eV)存在着一些分立的峰或波状起伏,称为精细结构,可将其分成两段:

一为吸收边前到吸收边后约 50 eV 的一段,其中吸收边前到吸收边后约 8 eV 处的一段,特点是分立的峰,为吸收边或边前结构。而从吸收边后约 8 eV 至约 50 eV 的一段,称为近边结构(X-ray absorption near edge structure,XANES)。

XANES 中包含着吸收原子的价态、态密度以及定性的结构信息,它主要通过模拟的方法来解释。

二为约 50 eV 至约 1 000 eV 的一段,称为广延结构(extended X-ray absorption fine structure, EXAFS),特点是连续、缓慢的弱振荡。EXAFS 主要包含着详细的局域原子结构信息,其能够给出吸收原子近邻配位原子的种类、距离、配位数和无序度因子等结构信息,它通常通过拟合的方法分析获得。图 3-7 即是一张 Fe_2O_3 的铁的 K 边 X 射线吸收谱图。

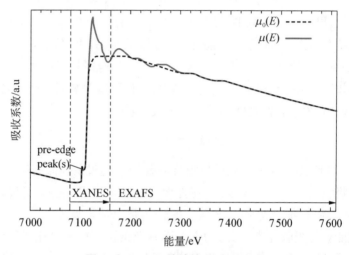

图 3-7 Fe_2O_3 的铁的 K 边 XAS 谱

EXAFS 技术用于能源材料的表征研究主要有以下特点和优点:

(1) EXAFS 现象来源于吸收原子周围最邻近的几个配位壳层作用,取决于短程有序作用,不依赖于晶体结构,可用于非晶态物质的研究,处理 EXAFS 数据能得到吸收原子邻近配位原子的种类,距离、配位数及无序度因子;

(2) X 射线吸收边具有原子特征,可以调节 X 射线的能量,对不同元素的原子周围环境分别进行研究;

(3) 由吸收边位移和近边结构可确定原子化合价态结构和对称性等;

(4) 利用强 X 射线或荧光探测技术可以测量几个 ppm 浓度的样品;

(5) EXAFS 可用于测定固体、液体、气体样品,一般不需要高真空,不损坏样品。

尽管 EXAFS 技术用于催化领域的研究具有其他常规技术所无法比拟的优点,但是 EXAFS 作为一项有广泛用途的结构探测技术也将不可避免地存在一些缺点。其中最大的缺点就是:EXAFS 只能提供平均的结构信息。

3.2.2.3　共振谱

固体材料体相性质表征中常见的共振谱技术主要包括核磁共振技术(NMR)、电子自旋共振技术(EPR)以及穆斯堡尔谱。

其中核磁共振技术(nuclear magnetic resonance，NMR)[23, 24]是磁矩不为零的原子核，在外磁场作用下自旋能级发生塞曼分裂(自旋量子数 I 不为零的核与外磁场 H_0 相互作用，使核能级发生 $2I+1$ 重分裂，此为塞曼分裂)，共振吸收某一定频率的射频辐射的物理过程。核磁共振波谱学是光谱学的一个分支，其共振频率在射频波段，相应的跃迁是核自旋在核塞曼能级上的跃迁。20 世纪后半叶，NMR 技术和仪器发展十分快速，从永磁到超导，从 60 MHz 到 800 MHz 的 NMR 谱仪磁体的磁场差不多每五年提高 1.5 倍，核磁谱图已经从过去的一维谱图(1D)发展到如今的二维(2D)、三维(3D)甚至四维(4D)谱图，这是被 NMR 在有机结构分析和医疗诊断上特有功能所促进的。现在有机化学研究中 NMR 已经成为分析常规测试手段，同样在医疗上 MRI(核磁共振成像仪器)亦成为某些疾病的诊断手段。核磁共振适合于液体、固体。如今的高分辨技术，还将核磁用于半固体及微量样品的研究。在催化研究中，比较常用的有 1H、29Si、27Al、13C、23Na 核磁共振技术，其中 29Si、27Al、23Na 固体 NMR 谱的研究在最近尤为活跃和突出，使固体 NMR 技术成为研究沸石分子筛各个方面的有力工具。不同核的核磁共振在催化研究中具有不同的用途，其中 29Si 和 27Al NMR 主要用于研究沸石分子筛的结构，而其他核的 MAS NMR 用于研究其他种类材料的结构，而且更多地是用来表征材料的表面性质，如 13C CP MAS NMR 可以用于研究材料表面结炭；1H NMR 可以用于研究材料表面酸性；Xe 探针可以用于研究材料的孔结构等。

穆斯堡尔谱效应则是原子核对 γ 射线的无反冲共振吸收现象，目前已广泛地应用于物理学、化学、材料科学、物理冶金学、生物学和医学、地质学、矿物和考古等许多领域，已发展成为一门独立的波谱学—穆斯堡尔谱学。穆斯堡尔谱能极为灵敏地反映共振原子核周围化学环境的变化；并可以获得共振原子核周围化学环境的变化，由它可以获得共振原子的氧化态、自旋态、化学键的性质等有关固体微观结构的信息，穆斯堡尔谱能方便地确定某种固体(含穆斯堡尔核)是否为非晶态；在微晶研究方面，穆斯堡尔谱可以提供磁性微晶的弛豫过程、磁各向异性性能常数、微晶的大小及其分布等方面的信息，而研究固体结构常用的 X 射线衍射技术在此条件下已不敏感；穆斯堡尔谱还可用于固体的相变研究，确定相变温度；对复杂物相可以进行定性或定量的相分析，对未知物相，可作为"指纹"技术进行鉴别。穆斯堡尔谱的设备和测量简单，可同时提供多种物理和化学信息，分辨率高，灵敏度高，抗扰能力强，对试样无破坏，所研究的对象可以是导体、半导体或绝缘体，试样可以是晶态或非晶态的材料，薄膜或固体的表层，也可以是粉末、超细小颗粒，甚至是冷冻的溶液。但是该方法也有较大的局限性,这主要是由于只有有限数量的核有穆斯堡尔效应,且许多还必须在低温下进行,这使它在应用上受到限制。

　　电子自旋共振(electron spin-resonance spectroscopy,ESR)是基于离基态几个波数范围内的一组能级中,未成对电子在磁场作用下发生能级间的跃迁;它观测的对象仅限于具有未成对电子的物质(即顺磁性物质),是目前直接检测和研究含有未成对电子的顺磁性物质的专用分析方法[25, 26]。ESR研究的对象是具有不成对电子的原子、分子或固体,例如自由基、三重态分子、过渡金属离子、稀土离子以及固体中某些局部晶格缺陷(F心、V_k心)等。从ESR波谱仪测出的参数和记录的线型,可以精确地分析这些不成对电子所处的位置及其能态等信息。因此ESR技术是探索物质微观结构和运动状态的重要手段。ESR在材料体相性质中研究的突出应用在于表征材料活性位的结构以及考察表面与体相之间的离子扩散。ESR可以从侧面叙述有关表面酸性、价态、活性位结构以及反应问题,虽然这些性质都可以采用其他的测试方法获取,但是ESR的优点在于其研究的能级跃迁变化仅为红外或紫外光谱所涉及的千分之一,因此对于微小的环境效应常常易于在ESR法中观测到;ESR的环境效应理论虽然复杂但是仍较光谱学中的相应理论易于应用;对于非顺磁性物质的研究,只需加入百万分之一的不影响样品本质的顺磁物种作为探针,就能灵敏地鉴别出这些探针周围的环境,而获取其内部运动情况。但是ESR的主要缺点是ESR谱线受环境的影响较大,"对图识谱"结果不可靠;影响谱线的因素较多;单独使用获取材料的性质有限,常需与其他测试方法联用。

3.2.3　热分析

　　热分析是指在程序温度下,通过测定物质加热或冷却过程中的物理性质(目前主要是重量和能量)的变化来研究物质性质及其变化,或者对物质进行分析鉴别的一种技术。由于它是一种以动态测量为主的方法,所以和静态法相比具有快速、简便和连续等优点,是研究物质性质和状态变化的有力工具。热分析技术包括热重分析(TG)、离析气体检测(EGD)、离析气体分析(EGA)、放射热分析、热离子分析;差热分析(DTA)、差示扫描量热(DSC)、热机械分析(WA)、热声计、热光学计、热电子计、热电磁计等。

　　热分析用于材料体相性质的表征可以获取诸如载体或材料易挥发组分的分解、氧化、还原、固-固、固-气以及液-气的转变、活性物种等信息,还可以用于确定材料组成、确定金属活性组分价态、金属活性组分与载体间的相互作用、活性组分分散阈值及金属分散度测定、活性金属离子的配位状态及分布。此类技术的显著特点是能动态、原位测试,更能反映材料的实际性质;设备简单、操作方便;易与其他技术联用,获取信息多样化;还可根据需要自行设计、能很好满足各种具体测试的不同要求。本节所指的热分析技术包括热重分析和差热分析[27, 28]。

1) 热重分析

热重分析中的待测物质重量值,相应的有 TGA,DTG。TGA 为热失重分析,即在温度不断变化的情况下通过仪器测定其重量的变化。DTG 表示热重的微分,可以用来分析物质在温度不断变化的情况下重量的变化情况。DTG 曲线向下为失重峰——这最为常见,向上为增重峰。

2) 差热分析

差热分析法(differential thermal analysis,DTA)是以某种在一定实验温度下不发生任何化学反应和物理变化的稳定物质(参比物)与等量的未知物在相同环境中等速变温的情况下相比较,未知物的任何化学和物理上的变化,与和它处于同一环境中的标准物的温度相比较,都要出现暂时的增高或降低。降低表现为吸热反应,增高表现为放热反应。

当给予被测物和参比物同等热量时,因二者对热的性质不同,其升温情况必然不同,通过测定二者的温度差达到分析目的。以参比物与样品间温度差为纵坐标,以温度为横坐标所得的曲线,称为 DTA 曲线。

在差热分析中,为反映这种微小的温差变化,用的是温差热电偶,它由两种不同的金属丝制成。通常用镍铬合金或铂铑合金的适当一段,其两端各自与等粗的两段铂丝用电弧分别焊上,即成为温差热电偶。

在差热分析时,将与参比物等量、等粒级的粉末状样品,分放在两个坩埚内,坩埚的底部各与温差热电偶的两个焊接点接触,与两坩埚的等距离等高处,装有测量加热炉温度的测温热电偶,它们各自两端都分别接入记录仪的回路中。在等速升温过程中,温度和时间是线性关系,即升温的速度变化比较稳定,便于准确地确定样品反应变化时的温度。样品在某一升温区没有任何变化,即也不吸热、也不放热,在温差热电偶的两个焊接点上不产生温差,在差热记录图谱上是一条直线,也称基线。如果在某一温度区间样品产生热效应,在温差热电偶的两个焊接点上就产生了温差,从而在温差热电偶两端就产生热电势差,经过信号放大进入记录仪中推动记录装置偏离基线而移动,反应完了又回到基线。吸热和放热效应所产生的热电势的方向是相反的,所以反映在差热曲线图谱上分别在基线的两侧,这个热电势的大小,除了正比于样品的数量外,还与物质本身的性质有关。

许多物质在加热或冷却过程中会发生熔化、凝固、晶型转变、分解、化合、吸附、脱附等物理化学变化。这些变化必将伴随体系焓的改变,因而产生热效应。其表现为该物质与外界环境之间有温度差。选择一种对热稳定的物质作为参比物,将其与样品一起置于可按设定速率升温的电炉中。分别记录参比物的温度以及样品与参比物间的温度差。以温差对温度作图就可以得到一条差热分析曲线,或称差热谱图。

如果参比物和被测物质的热容大致相同,而被测物质又无热效应,两者的温度基本相同,此时测到的是一条平滑的直线,该直线称为基线。一旦被测物质发生变化,因而产生了热效应,在差热分析曲线上就会有峰出现。热效应越大,峰的面积也就越大。在差热分析中通常还规定,峰顶向上的峰为放热峰,它表示被测物质的焓变小于零,其温度将高于参比物。相反,峰顶向下的峰为吸收峰,则表示试样的温度低于参比物。一般来说,物质的脱水、脱气、蒸发、升华、分解、还原、相的转变等表现为吸热,而物质的氧化、聚合、结晶和化学吸附等表现为放热。差热曲线的峰形、出峰位置、峰面积等受被测物质的质量、热传导率、比热、粒度、填充的程度、周围气氛和升温速度等因素的影响。因此,要获得良好的再现性结果,对上述各点必须十分注意。一般而言,升温速度增大,达到峰值的温度向高温方向偏移;峰形变锐,但峰的分辨率降低,两个相邻的峰,其中一个将会把另一个遮盖起来。

除了上述两种较常见的热分析技术之外,由热分析仪与其他仪器的特长和功能相结合,实现联用分析,扩大分析内容,是现代热分析仪发展的一个趋势,为拓展其应用及研究提供了有力的手段。

3.3　表面表征技术

材料表面性质的表征方法一般可以分为两个方面,即分子探针技术以及直接表征技术。

第一类材料表面微观性质表征技术是一类可以在接近原位条件下对材料进行多种表征的技术,通过此类技术可以获得材料的多种性质并可确定它们之间的相关性。此类技术的另外一个优点还在于仪器、设备简单,费用低,所以此类设备在一般催化研究实验室都可装备,使用非常方便。

第二类表征技术均可在不使用任何探针分子的情况下对材料的表面微观性质进行直接观察,其获得的信息大多是来自材料表面几层至十几层的表面原子的信息,所以此类技术所反映的表面性质更具微观性,更能反映材料的表面本质。但是此类表征技术所采用的仪器设备大多非常昂贵,一般实验室难以承受,因此使得这类技术的使用受到了一定的限制。另外,此类技术所获取的材料表面性质均是在材料处于真空或低压条件下获取的,在一定程度上并不能详细、真实地反映材料在操作条件下的性质,因为很多研究的表面材料在真空或低压条件下的性质往往与操作条件的性质相差很远。但是随着原位技术的发展以及设备的完善,此缺点将逐渐被克服,因此可以相信此类技术在日后材料表面微观性质的表征中必将处于重要地位。值得注意的是,目前尽管第二类材料表面微观性质表征技术受到某些条件的限制,从而造成其在材料表征中的难以实现和较少采用,但是 XPS 技术由于对材料表面原子化学环境具有极其敏感性而受到催化研究者的格外青睐。在下文中我们将针对各种技术的主要优缺点以及适用范围做概括性的介绍。

3.3.1　间接表征

吸附技术属于间接表征技术。材料表面性质的吸附技术经常采用的有体积吸附法、重量吸附法以及动态吸附法等,此类技术的共同最大优点在于可以对材料表面性质进行精确定量分析。前两者属于静态吸附技术,而后者则属于动态吸附技术。吸附技术所采用的仪器设备均十分简单而且价格相当便宜,尽管目前在市场上均有成套的装置出售,但是在一般实验室均根据实验现有条件以及所需要获得的信息自行设计和搭建。静态技术在材料定量分析中比动态技术具有更精确的结果。静态体积吸附技术更适用于气体吸附的研究,而静态重量吸附技术对于蒸汽尤其是有机物蒸汽在材料表面上的吸附研究更具优势。但是由于探针分子难以到达吸附平衡以及化学吸附和物理吸附难以区分,因此静态吸附技术在实际操作过程中非常缓慢且要求操作极其细致、精密。吸附量热技术则是属于另外一种吸附技术,它所需的测试装置以及测试方法在很大程度上与上面所介绍的体积吸附法相似。不同之处在于,吸附量热法中的样品池位于量热计中,其可以测量探针分子在材料表面上的吸附体积以及吸附热。因此吸附量热法可以获取吸附剂——探针分子与吸附质——材料之间相互作用的相关信息以及材料表面活性位的非均一性。如通过采用碱性气体作为探针分子可以确定材料表面的酸性位以及酸强度的分布[29]。吸附量热法是当代精确测量吸附热的可靠方法,它能从能量角度来研究气相分子在材料表面上的行为,为探索材料的反应性能及机理提供依据。另外,该技术可以同时获取材料表面活性位能量分布的定量及定性数据。但是吸附量热法实际操作过程缓慢、难以实施。

探针分子吸附光谱技术属于另外一种间接表征法,它是获取材料表面吸附分子的结构以及反应活性相关定性信息的最佳表征手段之一。此类技术所采用的装置以及测试方法在很大程度上与前面所介绍的体积吸附法相似。不同之处在于,探针分子吸附光谱技术中的样品池位于分光光度仪中,因此其可以获取材料表面上探针分子的光谱信息。此类分子探针技术包括红外光谱技术、拉曼光谱技术以及 UV - Vis 光谱技术等。其中 UV - Vis 探针分子技术较少用于材料表面性质的研究。探针分子拉曼光谱技术受载体的影响很小,因此可以在 $1\ 200\ cm^{-1}$ 以下范围内得到表面物种的拉曼光谱。而且红外和拉曼光谱可以互补,结合起来可以更好地研究表面物种的结构。但是,吸附分子的拉曼光谱研究远远不如红外光谱开展得那么普遍,这是由于拉曼光谱的原位研究存在一定的困难,其中荧光干扰和灵敏度较低是最大的问题。下面重点介绍红外光谱技术与程序升温脱附技术。

3.3.1.1 红外光谱

红外光谱技术被广泛用于官能团的鉴定中;吸附物种的研究以及酸性的测定等,其基本原理是基于红外光和分子之间的相互作用,使分子对红外光产生吸收,将物质吸收的强度对频率作图所形成的演变关系,称为红外光谱。红外光谱已经广泛应用于材料表面性质的研究。

通过研究吸附在材料表面的所谓探针分子的红外光谱,如 NO、CO、CO_2、NH_3、C_5H_5N 等,可以提供在材料表面存在的"活性部位"的相关信息。当用红外光谱法进行这类表征时,不是直接测定材料本身的谱图,而是借助所谓的"探针分子",用探针分子吸附物种的红外特征峰位置和强度来获得所需要的信息。用这种方法可以表征材料表面暴露的原子或离子,更深入地揭示表面结构的信息。与其他方法比较,这样的红外研究所获得的信息只限于探针分子(或反应物分子)可以接近或势垒所允许的材料工作表面。这对于表征能源材料是十分重要的。

对于分子探针技术来说,探针分子的选择尤为重要,它直接关系到实验所预期的目标,分子探针红外光谱技术中最常采用的探针分子有:CO、NO、NH_3、C_2H_4、CH_3OH、H_2O 以及吡啶。之所以选择上述探针分子其原因是上述探针分子大多数结构简单,因此谱带解析相对来说比较简单;吸附态分子具有较高的稳定性,且其特征峰的吸收系数较大(灵敏度高)和不被材料本身吸收干扰的优点;$1\,200\sim400\ cm^{-1}$ 范围内的谱带受吸附的影响,而固体材料的骨架振动一般不出现在此范围,因此相互之间不产生干扰或干扰很小。值得注意的是,并不是说只可以采用上述探针分子,理论上可以采用任何化合物,只不过当采用结构比较复杂的探针分子时图谱解析比较困难。

应用红外光谱法表征材料可以考察反应物分子吸附时与材料之间的电子转移,研究材料金属-载体间的相互作用,揭示复合载体间的相互作用,观察材料中多元金属组分间的作用以及测定材料表面酸碱中心。但是尽管探针分子红外光谱技术在材料表征方面具有举足轻重的作用,但是也存在某些缺点,例如红外光谱一般很难得到低波数($200\ cm^{-1}$ 以下)的光谱,而低波数光谱区恰恰可以反映材料结构信息,特别如分子筛的不同结构可在低波数光谱区显示出来;大部分载体(如 γ-Al_2O_3、TiO_2 和 SiO_2 等)在低波数的红外吸收很强,在 $1\,000\ cm^{-1}$ 以下几乎不透过红外光;IR 测试过程中所采用的 $NaCl$、KBr、$CaCl_2$ 容易被水或其他液体溶解,所以 IR 不适用于通过水溶液体系制备材料过程的研究。

3.3.1.2 程序升温脱附

程序升温脱附(TPD)即将已吸附的气体在程序升温下脱附出来的方法,其可以通过采用不同的吸附气体获取材料表面各种不同的性质,如以碱性气体作为吸附质可以获取材料表面酸性质,O_2、H_2、CO、H_2O、乙烯等气体的 TPD 可以测定金属、合金、氧化物、硫化物材料等表面活性中心的性质。在实际操作中材料经预处理将表面吸附气体除去后,用一定的吸附质进行吹扫,再脱去非化学吸附的部分,然后等速升温。当化学吸附物被提供的热能活化,足以克服逸出所需要越过的能垒(脱附活化能)时,就产生脱附。由于吸附质和吸附剂的不同,吸附质与表面不同中心的结合能不同,所以脱附的结果反映了在脱附发生时的温度和表面覆盖度下,脱附过程的动力学行为[29, 30]。

TPD 是一种研究材料表面性质及表面反应特性的有效手段。表面科学研究的一个重要内容是了解吸附物与表面之间成键的本质。吸附在固体表面上的分子脱附的难易,主要取决于这种键的强度。热脱附技术还可从能量角度研究吸附剂表面和吸附质之间的相互作用,从而判断成键作用。TPD 技术可以根据所需要获得的信息而采用不同的脱附气体检测分析技术,当吸附气体在脱附过程中不发生任何变化或反应时,可以采用热导检测器;当吸附气体与材料表面发生反应或采用多种吸附气体时,可以采用红外或质谱检测器,即 TPD - IR 和 TPD - MS 技术。

另外,TPD 技术还具有以下优点:设备简单、费用低、组装搭建方便可行;操作简易;定量解析简单、可靠;可以在原位条件下采用混合气体作为探针分子,研究催化反应机理,即程序升温反应技术(TPSR)。

3.3.2　直接表征

直接表征技术包括俄歇能谱技术(auger electron spectroscopy, AES),低能电子衍射技术(low energy electron diffraction, LEED),二次离子质谱法(secondary ion mass spectrometry, SIMS),离子散射谱技术(ISS)表面扩展 X 射线吸收精细结构(SEXAFS),X 射线光电子能谱法(X-ray photoelectron spectrum, XPS)等技术。

3.3.2.1　X 射线光电子能谱法

X 射线光电子能谱法是最常用的表面能谱,是一种使用电子谱仪测量 X 射线光子辐照时样品表面所发射出的光电子和俄歇电子能量分布的方法,是以软 X 射线($E < 5keV$)照射被测样品,使被测样品中的金属原子核外电子(通常是内层电子)受激发射出结合能小于光子能量的电子(光电子),由此可测定电子的动能,其根据入射光类型可以分为 X 射线电子能谱(XPS)和紫外电子能谱(UPS)。

从历史发展来说,虽然用 X 射线照射固体材料并测量由此引起的电子动能的分布早在 20 世纪初就有报道,但当时可达到的分辨率还不足以观测到光电子能谱上的实际光峰。直到 1958 年，以 Siegbahn 为首的一个瑞典研究小组首次观测到光峰现象，并发现此方法可以用来研究元素的种类及其化学状态，故而取名"化学分析光电子能谱"（electron spectroscopy for chemical analysis，ESCA）。目前 XPS 和 ESCA 已公认为是同义词而不再加以区别。

光电子能谱（XPS）是最常用的表面能谱之一。UPS 技术主要用于提供：清洁表面或有化学吸附物表面的电子结构；参与表面化学键的金属电子和分子轨道的组合等信息以及有关电子激发和电荷转移的信息。由于吸附发生在样品的最表面，因此 UPS 和 AES 技术可以有效地对吸附质在催化表面的吸附行为以及吸附态进行研究（采样深度比 XPS 更浅）。UPS 技术对表面吸附的研究是 UPS 在催化领域中最重要的应用之一。但 XPS 目前是最常用的表面能谱技术[31, 32]。XPS 是一种典型的表面分析手段。其根本原因在于：尽管 X 射线可穿透样品很深，但只有样品近表面一薄层发射出的光电子可逃逸出来。样品的探测深度 d 由电子的逃逸深度 λ（受 X 射线波长和样品状态等因素影响）决定，通常取样深度 $d = 3\lambda$。对于金属而言，λ 为 $0.5 \sim 3 \text{ nm}$；对无机非金属材料，λ 为 $2 \sim 4 \text{ nm}$；对有机物和高分子，λ 为 $4 \sim 10 \text{ nm}$。

XPS 的主要特点是它能在不太高的真空度下进行表面分析研究，这是其他方法都做不到的。当用电子束激发时，如用 AES 法，必须使用超高真空，以防止样品上形成碳的沉积物而掩盖被测表面。X 射线比较柔和的特性使我们有可能在中等真空程度下对表面观察若干小时而不会影响测试结果。此外，化学位移效应也是 XPS 法不同于其他方法的另一特点，即采用直观的化学认识即可解释 XPS 中的化学位移，相比之下，在 AES 中解释起来就困难得多。

1）基本原理

用 X 射线照射固体时，由于光电效应，原子的某一能级的电子被击出物体之外，此电子称为光电子。如果 X 射线光子的能量为 $h\nu$，电子在该能级上的结合能为 E_b，射出固体后的动能为 E_c，则它们之间的关系为

$$h\nu = E_b + E_c + W_s$$

式中，W_s 为功函数，它表示固体中的束缚电子除克服个别原子核对它的吸引外，还必须克服整个晶体对它的吸引才能逸出样品表面，即电子逸出表面所做的功。上式可另表示为

$$E_b = h\nu - E_c - W_s$$

可见，当入射 X 射线能量一定后，若测出功函数和电子的动能，即可求出电子的结合能。仪器材料的功函数是一个定值，约为 4 eV，入射 X 光子能量已知，这

样,如果测出电子的动能 E_c,便可得到固体样品电子的结合能。

由于只有表面处的光电子才能从固体中逸出,因而测得的电子结合能必然反映了表面化学成分的情况。这正是光电子能谱仪的基本测试原理。因此 XPS(X 射线光电子能谱)的原理是用 X 射线去辐射样品,使原子或分子的内层电子或价电子受激发射出来。被光子激发出来的电子称为光电子。光电子的能量可以测量,以光电子的动能为横坐标,相对强度(脉冲/s)为纵坐标可作出光电子能谱图,从而获得试样有关信息。各种原子、分子的轨道电子结合能是一定的。因此,通过对样品产生的光子能量的测定,就可以了解样品中元素的组成。元素所处的化学环境不同,其结合能会有微小的差别,这种由化学环境不同引起的结合能的微小差别叫化学位移,由化学位移的大小可以确定元素所处的状态。例如某元素失去电子成为离子后,其结合能会增加,如果得到电子成为负离子,则结合能会降低。因此,利用化学位移值可以分析元素的化合价和存在形式。

因此从基本原理来说,XPS 是精确测量物质受 X 射线激发产生光电子能量分布的仪器。对于一台 XPS 仪器来说,它具有真空系统、离子枪、进样系统、能量分析器以及探测器等部件。XPS 中的射线源通常采用 AlK_α(1 486.6 eV)和 MgK_α(1 253.8 eV),它们强度高,自然宽度小(分别为 830 meV 和 680 meV)。CrK_α 和 CuK_α 辐射虽然能量更高,但由于其自然宽度大于 2 eV,不能用于高分辨率的观测。为了获得更高的观测精度,还使用了晶体单色器(利用其对固定波长的色散效果),但这将使 X 射线的强度由此降低。

由 X 射线从样品中激发出的光电子,经电子能量分析器,按电子的能量展谱,再进入电子探测器,最后用计算机记录光电子能谱。在光电子能谱仪上测得的是电子的动能,为了求得电子在原子内的结合能,还必须知道功函数 W_s。它不仅与物质的性质有关,还与仪器有关,可以用标准样品对仪器进行标定,求出功函数。

2)具体应用

XPS 用于固体材料分析、材料研究具有相当的优势,其优点在于:样品用量小;不需要进行样品前处理;分析速度快,且是一种高灵敏超微量表面分析技术;分析范围广,可以分析除氢和氦以外的所有元素;可以直接测定来自样品单个能级光电发射电子的能量分布,且直接得到电子能级结构的信息。从能量范围看,如果把红外光谱提供的信息称之为"分子指纹",那么电子能谱提供的信息可称作"原子指纹"。它提供有关化学键方面的信息,即直接测量价层电子及内层电子轨道能级。而相邻元素的同种能级的谱线相隔较远,相互干扰少,元素定性的标识性强。另外,用 XPS 分析有机物可得到其元素组成和化学态,结合应用静态二次离子质谱技术,可以较好地分析有机物的表面结构。当然,从应用角度来说,X 光电子能谱法本质上是一种表面分析方法,提供的是样品表面的元素含量与形态,而不是样品整体的成分。其信息深度为 3～5 nm。如果利用离子作为剥离手段,利用 XPS 作为分析方法,则可以实现对样品的深度分析。

XPS 是当代谱学领域中最活跃的分支之一,虽然只有十几年的历史,但其发展速度很快,在电子工业、化学化工、能源、冶金、生物医学和环境中得到了广泛应用。利用 XPS 技术可以进行材料各组分(如活性组分、辅助材料)的剖析,可以研究活性相的组成与性能的关系,可以进行对反应机理、材料的组成—结构—活性之间的关联等。其中最基本、常见的应用是组分鉴别、价态分析以及半定量分析。XPS 可用于定性分析以及半定量分析,一般从 XPS 图谱的峰位和峰形获得样品表面元素成分、化学态和分子结构等信息,从峰强可获得样品表面元素含量或浓度。图 3-8 和图 3-9 即是两张被污染的 SiO₂ 膜的 XPS 图谱,其中图 3-8 是全谱,图 3-9 是硅的 2p 高分辨谱图。

因此利用 XPS 技术可以开展元素定性分析。各种元素都有它的特征电子结合能,因此在能谱图中就出现特征谱线,可以根据这些谱线在能谱图中的位置来鉴定周期表中除氢和氦以外的所有元素。通过对样品进行全扫描,在一次测定中就可以检出全部或大部分元素。除了可以根据测得的电子结合能确定样品的化学成分外,XPS 的另外一个最重要的应用在于确定元素的化合状态。这主要是由于当元素处于化合物状态时,与纯元素相比,电子的结合能有一些小的变化,称为化学位移,表现在电子能谱曲线上就是谱峰发生少量平移。测量化学位移,可以了解原子的状态和化学键的情况。例如 Al_2O_3 中的 3 价铝与纯铝(0 价)的电子结合能存在大约 3 eV 的化学位移,而氧化铜(CuO)与氧化亚铜(Cu_2O)存在大约 1.6 eV 的化学位移。这样就可以通过化学位移的测量确定元素的化合状态,从而更好地研究表面成分的变化情况。

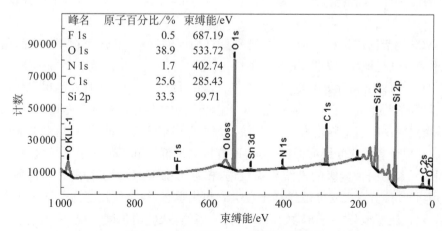

图 3-8　被污染的 SiO₂ 膜的 XPS 图谱

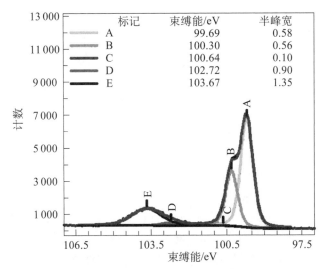

标记	束缚能/eV	半峰宽
A	99.69	0.58
B	100.30	0.56
C	100.64	0.10
D	102.72	0.90
E	103.67	1.35

图 3-9　被污染的 SiO₂ 膜的硅的 2p XPS 高分辨谱

利用 XPS 技术还可以开展元素定量分析。X 射线光电子能谱定量分析的依据是光电子谱线的强度(光电子峰的面积)反映了原子的含量或相对浓度。在实际分析中,采用与标准样品相比较的方法来对元素进行定量分析,其分析精度达 1%～2%。利用 XPS 技术还可以开展元素的固体表面分析。固体表面是指最外层的 1～10 个原子层,其厚度大概是(0.1～1)nm。人们早已认识到在固体表面存在一个与团体内部的组成和性质不同的相。表面研究包括分析表面的元素组成和化学组成、原子价态、表面能态分布,测定表面原子的电子云分布和能级结构等。X 射线光电子能谱是最常用的工具。在表面吸附、催化、金属的氧化和腐蚀、半导体、电极钝化、薄膜材料等方面都有应用。

3.3.2.2　其他直接表征

其他的直接表征技术包括俄歇能谱技术(AES)、低能电子衍射技术(LEED)、二次离子质谱法(SIMS)、离子散射谱技术(ISS)、表面扩展 X 射线吸收精细结构(SEXAFS)等技术。

其中俄歇电子的能量分布与入射电子能量无关,它只反映被激发原子的特征,因此可以从俄歇电子能量测定材料表面的化学组成及分布(包括痕量元素分析)。研究俄歇电子谱随吸附、反应等过程的变化可得到表面吸附与反应过程的动力学;用电子枪溅射将样品一层层剥离,可以分析元素在颗粒中的分布等。做元素分析时,若入射电子能量为 1～5 keV,则可检测氢、氦以外的所有元素,探测深度为 0.5～1.0 nm,可控制 10 层,但是该法对定量分析及对提供化学环境的信息方面不如 XPS。

低能电子衍射技术(LEED)是目前测定固体表面结构的方法之一。根据

LEED 衍射斑点的图样,可以确定表面原子及其覆盖单层的点阵原胞的大小、方向和对称性;从衍射束斑的形状和强度分布,可以了解对应结构在表面上的有序程度;通过各衍射束强度与电子能量的关系,可以进行表面结构三维分析,得到原子在原胞中的具体位置、数量及原子间的链长、链角大小等结构参数。对金属及其吸附单层,已积累了大量 LEED 实验结果,但由于低能电子在原子间有显著的多重散射效应,使衍射束强度的理论处理繁琐、计算工作量庞大,迄今通过三维 LEED 结构分析的体系不多,面临着表面扩展 X 射线吸收精细结构(SEXAFS)和扫描隧道显微镜(STM)等新的表面结构测定方法的竞争。LEED 的主要缺点在于其只能在超高真空条件下用于单晶表面及其有序吸附单层结构的研究,不能用于实际材料表面结构的分析。但是原子、分子在各种晶面上的吸附位置、吸附结构,对于了解有关材料表面的活性中心结构和催化反应机理都是必要的依据。LEED 和其他对表面灵敏的技术如 AES、XPS 等技术联用,研究单晶模型材料上的吸附和反应,能在原子尺度上探索多相催化过程。

二次离子质谱(SIMS)是一种用于分析固体材料表面组分和杂质的分析手段。通过一次离子溅射,SIMS 可以对样品进行质谱分析、深度剖析或成二次离子像。SIMS 具有很高的元素检测灵敏度以及在表面和纵深两个方向上的高空间分辨本领,所以其应用范围也相当广泛,涉及催化、化学、生物学和物理学等基础研究领域及微电子、新材料、矿物研究等实用领域。主要功能为定性分析包括氢在内的全部元素,能给出同位素信息、化合物组分及分子结构,是表面分析技术中最灵敏的一种,对很多成分具有 ppm 甚至 ppb 量级的灵敏度;由于离子易聚热、偏转,其还能进行微区成分成像和深度剖面分析,但由于存在基体效应,一般难以定量分析。SIMS 的主要优点在于其原则上可以完成周期表中几乎所有元素的低浓度半定量分析;可逐层剥离实现各成分的纵向剖析;检测灵敏度极高(最高可优于 ng/g 量级)。但是 SIMS 自身也存在一定的局限性,主要在于:质谱包含的信息丰富,在复杂成分低分辨率分析时识谱困难;定量分析困难;一次离子对样品有一定的损伤;分析绝缘样品必须经过特殊处理;样品组成的不均匀性和样品表面的光滑程度对分析结果影响很大。

离子散射谱技术(ISS)是另外一种表面分析手段,ISS 不但能对表面规整的模型材料,如单晶等进行表征,也能对应用于各种实际工业过程的实用材料进行表征。不但可以定性地描述样品表面的化学组成,也可在许多条件下定量地描述样品的化学组成。如果运用得当,它还能给出一些极其有用的表面结构信息,如吸附位置、吸附构型等。特别是由于 ISS 的单层检测具有高灵敏性,它能给出在很多情况下其他表面分析仪器所无法给出的信息。但是,ISS 通常无法给出表面原子的化学状态信息,在大多数情况下对其结果的定量分析比较困难。尽管如此,

ISS 所要求的装置简单、解析容易,可以方便地与其他表面分析手段对照,值得进一步推广。ISS 对不同元素的灵敏度的变化范围为 3～10 倍,分析时对表面的损伤很小。但定量分析有一定的困难、谱峰较宽、质量分辨本领不高、检测灵敏度为 10^{-3}。

表面扩展 X 射线吸收精细结构(SEXAFS)是近年来发展起来的研究表面结构的另一手段。当吸附在衬底上的原子吸收 X 射线后,从基态发射的光电子可受到周围原子的散射,出射电子波与散射电子波之间有干涉作用,形成有起伏的末态。这个有起伏的末态使 X 射线吸收的概率在吸收边后有振荡现象,振荡的幅度与周期包含了吸附原子的近邻数,及其和周围原子所形成的键长的信息。键长确定的准确度可达 ± 0.03 Å;通过 SEXAFS 可观测金属晶面的氧化、清洁表面的结构、吸附引起表面的重构现象、吸附质在不同晶面上吸附结构的差异。

3.4　显微表征技术

为了了解和研究自然现象,人们开始通常是用肉眼进行观察的。但是,人肉眼的观察能力是有限的,它能分辨的最小距离只能达到 0.2 mm。为了把人的视力范围扩大到微观领域,就必须借助于一种观察仪器,把微观形貌放大几十倍到几十万倍,以适应人眼的分辨能力。我们把这类仪器称为显微镜。借助光学显微镜可以把人的观察范围拓展到 0.2 μm 的细微结构,对于低于 0.2 μm 的结构,称为亚显微结构(submicroscopic structures)或超微结构(ultramicroscopic structures; ultrastructures),要想看清这些结构,就必须选择波长更短的光源(不同光源的波长见表 3-1),以提高显微镜的分辨率。

表 3-1　不同光源的波长

名称	可见光	紫外光	X 射线	α 射线	电子束	
					0.1 kV	10 kV
波长/nm	390～760	13～390	0.05～13	0.005～1	0.123	0.012 2

这时候透射电子显微镜和扫描电子显微镜等就粉墨登场了,目前,电子显微镜技术(electron microscopy)已成为研究材料微观结构的重要手段。常用的有透射电镜(transmission electron microscope,TEM)和扫描电子显微镜(scanning electron microscope,SEM)。与光镜相比,电镜用电子束代替了可见光,用电磁透镜代替了光学透镜并使用荧光屏将肉眼不可见电子束成像。目前常用的各种显微镜类型如表 3-2 所示。关于光学显微镜、扫描电子显微镜和透射电子显微镜的主

要性能比较如表 3-3 所示。

表 3-2　常用显微镜类型

照明源	照射方式	成像信息	名称	缩写符号
可见光	光束在试样上静止方式投射	反射光 透射光 干涉光	金相显微镜 生物显微镜 干涉显微镜	OM
电子束	电子束在试样上以静止方式正投射	透射电子	透射电子显微镜	TEM
	电子束在试样上作光栅状扫描	透射电子 反射型电子	透射扫描电镜 表面扫描电镜	SEM

表 3-3　各类显微镜性能的比较

		OM	SEM	TEM
放大倍数		$1\sim2\,000$	$20\sim200\,000$	$100\sim1\,000\,000$
分辨率	最高	$0.1\,\mu m$	$0.8\,nm$	$0.2\,nm$
焦深		差,例如 $1\,\mu m(\times100)$	高,例如 $100\,\mu m(\times100)$	中等,例如比 SEM 小 10 倍
视场		中	大	小
操作维修		方便、简便	较方便、简单	较复杂
试样制作		金相表面技术	任何表面均可	薄膜或覆膜技术
价格		低	高	高

　　透射式电子显微镜(transmission electron microscope，TEM)是以电子束透过样品经过聚焦与放大后所产生的物像,投射到荧光屏上或照相底片上进行观察。1932 年,德国柏林工科大学高压实验室的 M. Knoll 和 E. Ruska 研制成功了第一台实验室电子显微镜,这就是后来 TEM 的雏形。E. Ruska 在电子光学和设计第一台透射电镜方面的开拓性工作被誉为"20 世纪最重要的发现之一",因而荣获 1986 年诺贝尔物理学奖。TEM 常用于研究纳米材料的结晶情况,观察纳米粒子的形貌、分散情况及测量和评估纳米粒子的粒径,是常用的纳米复合材料微观结构的表征技术之一。

　　扫描电子显微镜则是基于电子探针的入射电子与样品作用时,各处被激发的二次电子数不同,从而形成明暗不同的反差成像。扫描电镜的原理是用一束极细的电子束扫描样品,在样品表面激发出次级电子,次级电子的多少与电子束入射角有关,也就是说与样品的表面特征(形貌结构、原子序数、晶体结构等)有关,次级电子由探测体收集,并在那里被闪烁器转变为光信号,再经光电倍增管和放大器转变为电信号来控制荧光屏上电子束的强度,显示出与电子束同步的扫描图像,图像为立体形象,反映了标本的表面结构。扫描电镜能够以较高的分辨率和很大的景深清晰地显示粗糙样品的表面形貌,是进行试样表面形貌分析的有效工具;与能谱(EDS,WDS)组合,又可以以多种方式给出试样表面微区成分等信息。SEM 的功能包括形貌、结构分析(试样的晶粒、晶界及其相互关系)、断口(确定金属材料的断裂性质)、晶粒度分析(确定试样的晶粒尺寸、晶粒度)以及各种定性定量分析。扫描电镜(scanning electron microscope,SEM)作为商品出现则较晚。早在 1935年,Knoll 在设计透射电镜的同时,就提出了扫描电镜的原理及设计思想。1940 年英国剑桥大学首次试制成功扫描电镜,至 1965 年英国剑桥科学仪器有限公司开始生产商品扫描电镜。

扫描电子显微镜(SEM)与透射电镜的主要区别如表 3－4 所示。

表 3－4　扫描电子显微镜(SEM)与透射电镜(TEM)的主要区别

	TEM	SEM
	薄样品的内部结构	大块样品的表面结构
分辨率	0.1～0.2 nm	3～20 nm
能量	80～200 keV	2～40 keV
成像方式	直接成像	间接成像

3.4.1　透射电子显微镜

透射电子显微镜(transmission electron microscopy,TEM),简称透射电镜,透射电镜的总体工作原理是由电子枪发射出来的电子束,在真空通道中沿着镜体光轴穿越聚光镜,通过聚光镜将之会聚成一束尖细、明亮而又均匀的光斑,照射在样品室内的样品上;透过样品后的电子束携带有样品内部的结构信息,样品内致密处透过的电子量少,稀疏处透过的电子量多;经过物镜的会聚调焦和初级放大后,电子束进入下级的中间透镜和第一、第二投影镜进行综合放大成像,最终被放大了的电子影像将在成像器件(如荧光屏、胶片以及感光耦合组件)上显示出来。

由于电子的德布罗意波长非常短,透射电子显微镜的分辨率比光学显微镜高很多,可以达到 0.1～0.2 nm,放大倍数为几万～百万倍。因此,使用透射电子显微镜可以用于观察样品的精细结构,甚至可以用于观察仅仅一列原子的结构,比光学显微镜所能够观察到的最小的结构小数万倍。

在放大倍数较低的时候,TEM 成像的对比度主要是由于材料不同的厚度和成分导致对电子的吸收不同而造成的。而当放大率倍数较高的时候,复杂的波动作用会造成成像亮度的不同,因此需要专业知识来对所得到的像进行分析。通过使用 TEM 不同的模式,可以通过物质的化学特性、晶体方向、电子结构、样品造成的电子相移以及通常的对电子吸收对样品成像。

3.4.1.1　透射电子显微镜的成像方式与原理

透射电镜的成像方式主要有两种,一种明场像,一种暗场像。明场像为直射电子所成的像,图像清晰。暗场像为散射电子所成的像,图像有畸变,且分辨率低。中心暗场像为入射电子束对试样的倾斜照射得到的暗场像,图像不畸变且分辨率高。成像电子的选择是通过在物镜的背焦面上插入物镜光阑来实现的。

透射电子显微镜的成像原理可分为三种情况。

1) 吸收像

当电子射到质量、密度大的样品时,主要的成像作用是散射作用。样品上质量厚度大的地方对电子的散射角大,通过的电子较少,像的亮度较暗。早期的透射电子显微镜都是基于这种原理。

2) 衍射像

电子束被样品衍射后,样品不同位置的衍射波振幅分布对应于样品中晶体各部分不同的衍射能力,当出现晶体缺陷时,缺陷部分的衍射能力与完整区域不同,从而使衍射波的振幅分布不均匀,反映出晶体缺陷的分布。透射电子显微镜都具有电子衍射功能,而且可以利用试样后面的透镜,选择小至 1 μm 的区域进行衍射观察,称为选区电子衍射,而在试样之后不用任何透镜的情形称高分辨电子衍射。带有扫描装置的透射电子显微镜可以选择小至数千埃甚至数百埃的区域做电子衍射观察,称微区衍射。入射电子束一般聚焦在照相底板上,但也可以聚焦在试样上,此时称会聚束电子衍射。

3) 相位像

当样品薄至 100 Å 以下时,电子可以传过样品,波的振幅变化可以忽略,成像来自相位的变化。在透射电子显微镜中还应注意理解衬度理论,衬度的定义为显微图像中不同区域的明暗差别,分为质厚衬度和衍射衬度两种。

其中质厚衬度是非晶体样品衬度的主要来源,是由样品不同微区中存在的原子序数和厚度的差异形成的。

衍射衬度则是晶体不同部位满足布拉格衍射条件的程度差异而引起的衬度。

3.4.1.2　透射电子显微镜的选区电子衍射

图 3-10 为选区电子衍射的原理图。入射电子束通过样品后,透射束和衍射

束将会集到物镜的背焦面上形成衍射花样,然后各斑点经干涉后重新在像平面上成像。图中上方水平方向的箭头表示样品,物镜像平面处的箭头是样品的一次像。如果在物镜的像平面处加入一个选区光阑,那只有 AB 范围的成像电子能够通过选区光阑,并最终在荧光屏上形成衍射花样。这一部分衍射花样实际上是由样品的 AB 范围提供的。电镜中的电子衍射,其衍射几何与 X 射线完全相同,都遵循布拉格方程所规定的衍射条件和几何关系。衍射方向可以由厄瓦尔德球(反射球)作图求出。

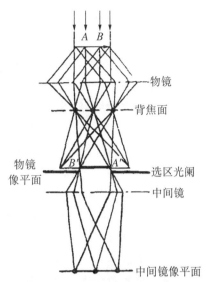

图 3 - 10　选区电子衍射的原理

电子衍射能在同一试样上将形貌观察与结构分析结合起来。电子波长短,单晶的电子衍射花样如晶体的倒易点阵的一个二维截面在底片上放大投影,从底片上的电子衍射花样可以直观地辨认出一些晶体的结构和有关取向关系,使晶体结构的研究比 X 射线简单。物质对电子散射主要是核散射,因此散射强,约为 X 射线的一万倍,曝光时间短。但是电子衍射强度有时几乎与透射束相当,以致两者产生交互作用,使电子衍射花样、特别是强度分析变得复杂,不能像 X 射线那样从测量衍射强度来广泛地测定结构。此外,散射强度高导致电子透射能力有限,要求试样薄,这就使试样制备工作较 X 射线复杂;在精度方面也远比 X 射线低。

1) 布拉格定律

由 X 射线衍射原理得出布拉格方程的一般形式:

$$2d\sin\theta = \lambda$$

$$\sin\theta = \frac{\lambda}{2d} \leqslant 1$$

$$\lambda \leqslant 2d$$

这说明,对于给定的晶体样品,只有当入射波长足够短时,才能产生衍射。而对于电镜的照明源——高能电子束来说,比 X 射线更容易满足。通常的透射电镜的加速电压为 $100\sim200$ kV,即电子波的波长为 $10^{-2}\sim10^{-3}$ nm 数量级,而常见晶体的晶面间距为 $10^{0}\sim10^{-1}$ nm 数量级,于是:

$$\sin\theta = \frac{\lambda}{2d} \approx 10^{-2}$$

$$\theta \approx 10^{2}\,\text{rad} \leqslant 1$$

这表明,电子衍射的衍射角总是非常小,这是它的花样特征之所以区别 X 射线衍射的主要原因。

2) 倒易点阵与爱瓦尔德球图解法

晶体的电子衍射(包括 X 射线单晶衍射)结果得到的是一系列规则排列的斑点。这些斑点虽然与晶体点阵结构有一定对应关系,但又不是晶体某晶面上原子排列的直观影像。人们在长期实验中发现,晶体点阵结构与其电子衍射斑点之间可以通过倒易点阵很好地联系起来。通过倒易点阵可以把晶体的电子衍射斑点直接解释成晶体相应晶面的衍射结果,也可以说,电子衍射斑点就是与晶体相对应的倒易点阵中某一截面上阵点排列的像。倒易点阵是与正点阵相对应的、量纲为长度倒数的一个三维空间(倒易空间)点阵,它的真面目只有从它的性质及其正点阵的关系中才能真正了解。

电子衍射操作是把倒易阵点的图像进行空间转换并在空间中记录下来。用底片记录下来的图像称之为衍射花样。对单晶体而言,衍射花样简单地说就是落在爱瓦尔德球面上所有倒易阵点所构成的图形的投影放大像,K 就是放大倍数。所以,相机常数 K 有时也被称为电子衍射的"放大率"。电子衍射的这个特点,对于衍射花样的分析具有重要的意义。

3.4.1.3 透射电子显微镜仪器结构

透射式电子显微镜(TEM)与投射式光学显微镜的原理很相近,它们的光源、透镜虽不相同,但照明放大和成像的方式却完全一致。图 3-11 为透射电子显微镜的光线部分示意图。一般来说透射电镜通常采用热阴极电子枪来获得电子束作为照明源。热阴极发射的电子,在阳极加速电压的作用下,高速地穿过阳极孔,然后被聚光镜会聚成具有一定直径的束斑照到样品上。这种具有一定能量的电子束与样品发生作用,产生反映样品微区的厚度、平均原子序数、晶体结构或位向差别的多种信息。透过样品的电子束强度取决于这些信息,经过物镜聚焦放大在其平面上形成一幅反映这些信息的透射电子像,经过中间镜和投影镜进一步放大,在荧光屏上得到三级放大的最终电子图像,还可将其记录在电子感光板上。

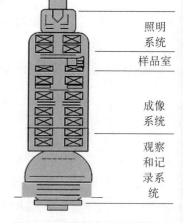

图 3-11 透射电子显微镜电子光学部分

3.4.1.4 透射电子显微镜主要的性能参数

分辨率是 TEM 的最主要性能指标,表征电镜显示亚显微组织、结构细节的能力。透射电镜的分辨率分为点分辨率和线分辨率两种。点分辨率能分辨两点之间的最短距离,线分辨率能分辨两条线之间的最短距离,通过拍摄已知晶体的晶格像测定,又称晶格分辨率。透射电镜线分辨率照片如图 3 - 12 所示[33]。在图 3 - 12(b)中能够看到清晰的晶格条纹。根据晶面间距或者 FFT 图可以确定晶面指数(测量晶面间距后与 PDF 卡片比对)以及电子入射方向(晶带定律)。

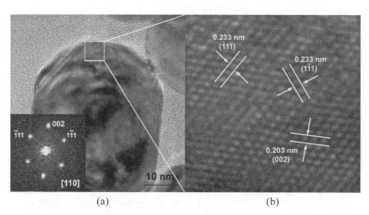

图 3 - 12　透射电镜线分辨率照片

透射电镜的放大倍数则是指电子图像对于所观察试样区的线性放大率。目前高性能 TEM 的放大倍数范围为 80~100 万倍。不仅考虑最高和最低放大倍数,还要考虑是否覆盖低倍到高倍的整个范围。将仪器的最小可分辨距离放大到人眼可分辨距离所需的放大倍数称为有效放大倍数。一般仪器的最大倍数稍大于有效放大倍数。

3.4.1.5　透射电子显微镜应用举例

1) 分析固体颗粒的形状、大小和粒度分布等

凡是粒度在透射电镜观察范围内的粉末颗粒试样,均可用透射电镜对其颗粒形状、大小和粒度分布进行观察。图 3 - 13 为贵金属铂负载于二氧化硅上的透射电子显微镜(TEM)照片,利用这张 TEM 图像可估计负载的固体颗粒的大小。获得适合放大倍数的显微图像后,在图片上面沿垂直的两个方向随机测定一定数量(根据实际的粒径分布情况和所要求的统计精度而定,通常测量数百颗至千颗以上的离子)的离子最大直径,然后把它们分成若干个间隔,画出粒径分布图,即可计算平均粒径和标准偏差。

2) 研究试样中对电子散射能力有差异的各部分微观结构

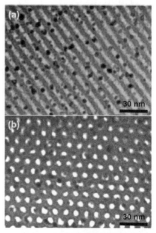

图 3 - 13　贵金属铂负载于二氧化硅上的透射电子显微镜(TEM)照片

由于试样本身各部分的厚度、原子序数等不同,可形成对电子散射能力的差异,从而实现在透射电镜中观察分析其微观结构差异。

3) 电子衍射分析

电子衍射有广泛的用途。应用电子衍射方法可以确定晶体的点阵结构,测定点阵常数,分析晶体取向和研究与结构缺陷有关的各种问题,电子衍射与X射线能谱配合可进行物相分析。选区电子衍射与形貌图像相结合(见图3-12),为微晶的研究提供了特别有利的手段。

3.4.2 扫描电子显微镜

扫描电子显微镜利用细聚焦电子束在样品表面逐点扫描,与样品相互作用产生各种物理信号,这些信号经检测器接收、放大并转换成调制信号,最后在荧光屏上显示出反映样品表面各种特征的图像,这样的电子显微镜就称为扫描电子显微镜(scanning electron microscope,SEM)。扫描电镜所需的加速电压比透射电镜要低得多,一般为1~50 kV,实验时可根据被分析样品的性质适当地选择,最常用的加速电压约为20 kV。扫描电镜的图像放大倍数在一定范围内(几十倍到几十万倍)可以实现连续调整,放大倍数等于荧光屏上显示的图像横向长度与电子束在样品上横向扫描的实际长度之比。扫描电镜的电子光学系统与透射电镜有所不同,其作用仅仅是为了提供扫描电子束,作为使样品产生各种物理信号的激发源。当高能的入射电子轰击物质表面时,被激发的区域将产生二次电子、俄歇电子、特征X射线和连续谱X射线、背散射电子、透射电子,以及在可见、紫外、红外光区域产生的电磁辐射。同时,也可产生电子-空穴对、晶格振动(声子)、电子振荡(等离子体)。原则上讲,利用电子和物质的相互作用,可以获取被测样品本身的各种物理、化学性质的信息,如形貌、组成、晶体结构、电子结构和内部电场或磁场等。扫描电镜最常使用的是二次电子信号和背散射电子信号,二次电子和背散射电子的发射方向都位于样品的上方,所以SEM的探测器也位于样品的上方。前者用于显示表面形貌衬度,后者用于显示原子序数衬度。由于电子枪效率的不断提高,使扫描电子显微镜的样品室附近空间增大,可以装入更多的探测器。因此,目前扫描电子显微镜不只是分析形貌像,它还可以和其他分析仪器组合,使人们能在同一台仪器进行形貌、微区成分和晶体结构等多种微观组织结构信息的同位分析。SEM具有如下特点[34]:

(1) 能直接观察大尺寸试样的原始表面。SEM样品制备简单,样品通常不需要作任何处理即可以直接进行观察,所以不会由于制样原因而产生假象。这对断口的失效分析很重要。对试样的形状没有任何限制,粗糙表面也能观察。

(2) 试样在样品室中可动的自由度非常大。其他方式显微镜的工作距离通常只有 2～3 mm,故实际上只允许试样在两度空间内运动。但在 SEM 上,由于工作距离大、焦深大,样品室的空间也大,样品可以在样品室中做三度空间的平移和旋转,因此,可以从各种角度对样品进行观察。

(3) 焦深大,图像富立体感。SEM 的焦深比 TEM 大 10 倍,比光学显微镜大几百倍。由于焦深大,视野大,故所得扫描电子像富有立体感。对粗糙不平的断口样品观察需要大焦深的 SEM。长工作距离、小物镜光阑、低放大倍率能得到大焦深图像。

(4) 放大倍数的可变范围很宽,且不用经常对焦。SEM 的放大倍数范围很宽,且一次聚焦好后即可从低倍到高倍,或低倍到高倍连续观察,不用重新聚焦。

(5) 在观察厚块试样时,它能得到较高的分辨率和最真实形貌。对厚块试样进行观察,TEM 镜中要采用覆膜方法,而覆膜的分辨率通常只能达 10 nm,且观察的并不是试样本身。因此,用 SEM 观察厚块试样更有利,更能得到真实的试样表面资料。

(6) 因电子照射而发生试样的损伤和污染程度很小。观察时所用的电子探针电流小,电子探针的束斑尺寸小,电子探针的能量也比较小,而且是以光栅状扫描方式照射试样,因此,由于电子照射而发生试样的损伤和污染程度很小。

(7) 能进行动态观察。可以观察相变、断裂等动态的变化过程。

(8) 可以从试样表面形貌获得多方面资料。可以通过信号处理方法,获得多种图像的特殊显示方法,可以从试样的表面形貌获得多方面资料。

扫描电子显微镜的设计思想和工作原理,早在 1935 年便被提出来了。1940年,英国首先制成一台实验室用的扫描电镜,但由于成像的分辨率很差,照相时间太长,所以实用价值不大。经过各国科学工作者的努力,尤其是随着电子工业技术水平的不断发展,特别是由于扫描电镜具有上述特点和功能,所以近数十年来,扫描电镜已广泛地应用在能源、医学等学科领域中,促进了各有关学科的发展。

3.4.2.1　扫描电镜原理

扫描电镜的原理[35—37]是基于电子束与样品表面的相互作用,图 3-14 是电子束照射样品产生的相关信息。当高能电子束轰击样品表面后,入射电子的散射过程是一种随机过程,每次散射后都使其前进方向改变,在非弹性散射情况下,还会损失一部分能量。样品中电子扩散的范围因电子的能量、样品的原子序数、密度而不同,能量越高扩展的范围越大,原子序数以及密度越大扩展的范围越小。这个过程中 99% 以上的入射电子能量将转变成热能,其余约 1% 的入射电子能量,将从样品中激发出各种有用的信息,它们包括:二次电子、背散射电子、透射电子、特征 X射线、俄歇电子等信号并伴有各种信息的产生如热、X 射线、光、二次电子发射等。图 3-15 是从样品中产生的电子能量分布图。相对于能量在 50 eV 以下的二次电

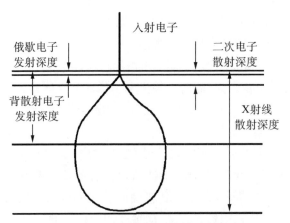

图 3－14　电子束照射样品产生的信息

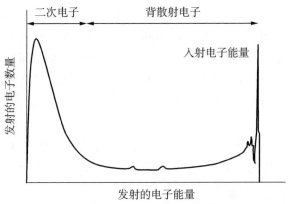

图 3－15　从样品中发射的电子能量分布

子,背散射电子在低于入射电子能量以下的范围有着极广泛的能量分布,其中小的谱峰是俄歇电子。利用这些信号观察、分析样品表面(或浅表面)的装置就是SEM,因此 SEM 不仅是观察形貌的装置,还是具有微区元素分析、状态分析等多种功能的装置。

其中入射电子经过多次弹性和非弹性散射后,部分入射电子所累积的总散射角大于 90°,重新返回表面逸出,这些电子成为背反射电子,也称为反射电子;它来自样品表层几百纳米的深度范围,其能量高于后面会提到的二次电子,携带的样品内部信息比较多,对样品的成分比较敏感,弹性背散射电子能量近似于入射电子能量。背散射电子产额随原子序数的增加而增加,不仅能用做形貌分析,也可用来显示原子序数衬度,定性地用做成分分析。含有重元素区域的图像亮,因此背散射电子像适合观察不同成分的样品;如果样品表面凹凸不平,背散射电子在镜面反射的方向上具有很大的强度,因此也能用来观察表面形貌;当电子射入成分均匀的晶体样品时,背散射电子的强度随晶体的方向而变化,利用这一特性可以作为图像观察晶体取向的差异,即所谓的电子通道衬度。扫描电镜中其他不同信号及产生信息列于表 3 - 5。

表 3 - 5　扫描电镜中不同信号及产生信息

信　号	信　息
1. 二次电子	1. 高分辨率下的表面形貌
	2. 电位衬度
	3. 磁畴显示
2. 透射电子	透射像
3. 背散射电子	1. 低分辨率下的表面形貌
	2. 原子序数衬度
	3. 晶体取向衬度
	4. 通道花样(确定晶体取向)
4. 试样吸收电子	1. 表面形貌
	2. 原子序数衬度
	3. 晶体取向衬度
	4. 通道花样(确定晶体取向)
5. 特征 X 射线	任何部位元素的分析及元素分体图
6. 阴极荧光	表面及透射模式的荧光图像
7. 俄歇电子	轻元素分析及元素分析图

3.4.2.2　扫描电镜中的成像方式与原理

SEM 像衬度的形成主要基于样品微区包括表面形貌、原子序数、化学成分、晶体结构或位向等方面存在差异。入射电子与之相互作用,产生各种特征信号,其强度就存在着差异,反映到显像管荧光屏上的图像就有一定的衬度,主要包括表面形貌衬度和原子序数衬度。

1) 表面形貌衬度

背散射电子也可以作为显示样品表面形貌的物理信号,但是由于背散射电子对表面形貌的变化不是很敏感,图像分辨率没有二次电子图像高,信号强度较低,所以一般不予采用。表面形貌衬度是指利用与样品表面形貌比较敏感的物理信号(特别是二次电子)作为显像管的调制信号所得到的像衬度。表面形貌衬度通常与原子序数没有明确的关系。一般来说,当 $Z > 20$ 时,二次电子产额与原子序数无太大关系,而 $Z < 20$ 时,轻元素或超轻元素才会有较明显的变化,如铸铁中的石墨与基体铁之间亮度差别大,铁发射的二次电子多,因此图像亮一些。二次电子探测器一般安装在与电子入射方向垂直的方向上,现有一平面试样,在入射电子束作用下,将样品逐渐倾斜,则入射电子束与试样表面法线之间的夹角越大,二次电子产生数量就会越大,则表面形貌衬度越强烈。表面形貌衬度主要用于断口分析。常见的断口有解理断口、准解理断口、韧性断口、晶间断裂断口和疲劳断口等。

2) 原子序数衬度

原子序数衬度也称为化学成分衬度,它是利用对样品微区原子序数或者化学成分变化敏感的物理信号作为调制信号得到的一种显示微区化学成分差别的像衬度,这些物理信号主要包括背散射电子、特征 X 射线和吸收电子等。当入射电子能量为 $0 \sim 40 \text{ keV}$ 时,样品背散射系数 η 随原子序数增加而增加,对于 $Z < 40$ 的元素,η 随原子序数变化更明显。例如:当 $Z = 20$ 时,原子序数 Z 增加 1 则 η 增加 5%,由于背散射信号强度 I_b 正比于 η,所以 I_b 随原子序数 Z 增加而增加,样品表面平均原子序数 Z 较高区域产生较强的信号,在背散射图像上显示较亮衬度。可根据背散射电子像亮暗衬度来判断相应区域原子序数 Z 的相对高低,对金属及其合金进行显微组织分析。背散射电子能量高,沿直线运动,进入检测器中的信号强度比二次电子弱得多,为了降低形貌对背散射像的干扰,则试样表面要尽可能光滑,原子序数衬度像的样品只需要抛光不必进行腐蚀,另外收集栅加 -50 V 电压阻止二次电子进入检测器中,以降低形貌像的干扰。

3) 其他信息

高能量电子将原子内部电子(低能级)击出时就会产生 X 射线,高能级的电子就取代了被击出的电子,在高能级向低能级跃迁过程中的能量损失会以 X 射线的形式发出。对于试样中产生的特征 X 射线,有两种展成谱的方法:X 射线能量色散谱方法(energy dispersive X-ray spectroscopy, EDS)和 X 射线波长色散谱方法(wavelength dispersive X-ray spectroscopy, WDS)。EDS 不需用标样,分析速度快,目前最先进的能谱仪分辨率为 $5 \sim 15 \text{ eV}$,WDS 的分辨率更高,但 WDS 的探测效率比较低,需要较长的测量时间。有些扫描电镜中也会配置电子背散射(EBSD)附件,主要做单晶体的物相分析,也可做单晶体的空间位向测定,共格晶界图以及晶粒尺寸分布图等。

3.4.2.3 扫描电子显微镜仪器结构

扫描电子显微镜主要通过背散射以及二次电子等物理信号成像,它由形成电子探针的电子光学系统、装载样品用的样品台、检测二次电子的二次电子检测器、观察图像的显示系统及进行各种操作的操作系统等构成。其中电子光学系统由用于形成电子探针的电子枪、聚光镜、物镜和控制电子探针进行扫描的扫描线圈等构成,电子光学系统(镜筒内部)以及样品周围的空间为真空状态。从 SEM 原理我们可以知道,它与 TEM 的主要区别如下。

(1) 在 SEM 中,电子束并不像 TEM 中一样是静态的:在扫描线圈产生的电磁场作用下,细聚焦电子束在样品表面扫描。

(2) 由于不需要穿过样品,SEM 的加速电压远比 TEM 低;在 SEM 中加速电压一般在 200 V~50 kV 范围内。

(3) 样品不需要复杂的准备过程,制样非常简单。

3.4.2.4　扫描电子显微镜应用举例

从 20 世纪 60 年代第一台实用 SEM 开始到现阶段,扫描电镜无论从分辨率还是功能上都出现了较大进展,现举两例。

1) 场发射扫描电子显微镜

场发射扫描电子显微镜就是采用高亮度场发射电子枪获得高分辨率的二次电子图像,目前场致发射电子枪常见的有两种:冷场致发射式和热场致发射式。采用场发射电子枪需要很高的真空度,在高真空度下由于电子束的散射更小,其分辨率进一步得到提高。同时,采用磁悬浮技术,噪声振动大为降低,灯丝寿命也有增加。可以观察和检测非均相有机材料、无机材料以及微米、纳米材料样品的表面特征,是纳米材料粒径测量和形貌观察的有效仪器,可广泛用于生物学、医学、金属材料、高分子材料等众多领域。

2) 低电压和低真空扫描电子显微镜

SEM 中,低电压是指电子束流加速电压在 1 kV 左右。此时,对未经导电处理的非导体试样其充电效应可以减小,电子对试样的辐照损伤小,且二次电子的信息产额高,成像信息对表面状态更加敏感,边缘效应更加显著。但随着加速电压的降低,物镜的球像差效应增加,使得图像的分辨率不能达到很高,这就是低电压工作模式的局限性。低真空是为了解决不导电试样分析的另一种工作模式。其关键技术是采用了一级压差光栏,实现了两级真空。发射电子束的电子室和使电子束聚焦的镜筒必须置于清洁的高真空状态,而样品室不一定要太高的真空。当聚焦的电子束进入低真空样品室后,与残余的空气分子碰撞并将其电离,这些离子化的带有正电的气体分子在一个附加电场的作用下向充电的样品表面运动,与样品表面充电的电子中和,这样就消除了非导体表面的充电现象,从而实现了对非导体样品自然状态的直接观察。

SEM 在材料科学上有如下应用:对材料的组织形貌包括材料剖面的特征、零件内部的结构及损伤的形貌进行观察和分析,对金属材料零件表面镀层表面的分析,对某种试样的化学成分、晶体结构或位向的分析。扫描电镜观察常见材料样品有断口样品、块状样品和粉末样品,对于断口样品可以就新鲜的断口直接进行扫描电镜的观察,而对于粉末样品则可以直接将粉末撒在导电胶上进行样品的观察。块状样品则需要经过切割、研磨、抛光、腐蚀等步骤进行样品的制备。对于导电材料来说,除要求尺寸不得超过仪器规定的范围外,需用导电胶把它粘贴在铜或铝制的样品座上,即可放到 SEM 中进行观察。对于导电性较差或者绝缘的样品来说,由于在电子束作用下会产生电荷堆积,影响入射电子束斑形状和样品发射的二次电子运动轨迹,使图像质量下降。这类样品一般需要进行喷镀导电层处理。通常使用二次电子发射系数较高的金或碳真空蒸发膜等做导电层。

问题思考

1. 简述 BET 法和压汞法测试比表面积和孔结构的基本原理及其特点。

2. 简述原子发射光谱的基本原理以及 ICP - AES 检测与原子发射光谱的基本关系。

3. 什么是 X 射线荧光分析,波长色散型和能量色散型有什么区别?

4. 红外光谱的基本原理是什么? 在材料表征方面有何应用?

5. XRD 表征是如何对物相定性定量分析的?

6. X 射线吸收谱的原理是什么? 在材料表征方面有何应用?

7. 什么是材料的表面相性质表征? 具体有哪些表征手段?

8. X 射线表面光电子能谱分析的原理是什么?

9. 透射电镜与扫描电镜有什么区别?

参 考 文 献

[1] 王中林,曹茂盛,李金刚. 纳米材料表征[M]. 北京:化学工业出版社,2005.

[2] 徐祖耀,黄本立,鄢国强. 中国材料工程大典(第 26 卷):材料表征与检测技术[J]. 北京:化学工业出版社,2006.

[3] 陈悦,李东旭. 压汞法测定材料孔结构的误差分析[J]. 硅酸盐通报,2006,25(4):198 - 201.

[4] 王辉,曾美琴. X 射线小角散射法测量纳米粉末的粒度分布[J]. 粉末冶金技术,2004,22(1):7 - 11.

[5] BRADLEY S A, PITZER E, KOVES W J. Bulk Crush Testing of Catalysts [M]. Washington: American Chemical Society, 1989.

[6] DOGU T. Diffusion and reaction in catalyst pellets with bidisperse pore size

distribution ［J］. Industrial & engineering chemistry research, 1998, 37 (6): 2158 – 2171.

［7］ WAKAO N, SMITH J. Diffusion and reaction in porous catalysts ［J］. Industrial & Engineering Chemistry Fundamentals, 1964,3(2): 123 – 127.

［8］ 刘希尧. 工业催化剂分析测试表征［M］. 北京: 烃加工出版社,1990.

［9］ ALLEN T. Particle size measurement ［M］. Berlin Heidelberg: Springer, 2013.

［10］ WEBB P A, ORR C, CORPORATION M I. Analytical methods in fine particle technology ［M］. Norcross(USA): Micromeritics Instrument Corporation, 1997.

［11］ GARC A R, B EZ A. Atomic Absorption Spectrometry (AAS) ［J］. Atomic Absorption Spectroscopy, 2012,1: 1 – 13.

［12］ SKUJINS S. Handbook for ICP – AES (Varian-Vista). A short guide to Vista series ICP – AES Operation ［M］. Version 1.0. Switzerland: Varian. Int. AG, Zug, 1998.

［13］ BURKHARD B, BIRGIT K, NORBERT L. Handbook of practical X-ray fluorescence analysis ［M］. Berlin Heidelberg: Springer, 2007.

［14］ BUHRKE V E, JENKINS R, SMITH D K. Practical guide for the preparation of specimens for X-ray fluorescence and X-ray diffraction analysis ［M］. Berlin: Wiley-VCH, 1998.

［15］ VAN GRIEKEN R, MARKOWICZ A. Handbook of X-ray Spectrometry ［M］. Boca Raton, FL (USA): CRC Press, 2001.

［16］ BECKHOFF B, KANNGIE ER B, LANGHOFF N, et al. Handbook of practical X-ray fluorescence analysis ［M］. Berlin Heidelberg: Springer, 2007.

［17］ SURYANARAYANA C, NORTON M G. X-ray diffraction: a practical approach ［M］. New Yorker: Springer Science & Business Media, 2013.

［18］ 张杰. XRD 技术简介与其在薄膜研究中的应用［J］. 跨世纪,2009,17(2): 188 – 189.

［19］ RAVEL B, NEWVILLE M. ATHENA, ARTEMIS, HEPHAESTUS: data analysis for X-ray absorption spectroscopy using IFEFFIT ［J］. Journal of synchrotron radiation, 2005,12(4): 537 – 541.

［20］ NIGGLI P. Stereochemie der Kristallverbindungen. XI. Das Formelbild der Rristallverbindungen, insbesondere der Silikate ［J］. Zeitschrift für Kristallographie-Crystalline Materials, 1933,86(1 – 6): 121 – 144.

［21］ REGAN T, OHLDAG H, STAMM C, et al. Chemical effects at metal/oxide interfaces studied by x-ray-absorption spectroscopy ［J］. Physical Review B, 2001,64 (21): 214422.

［22］ FILIPPONI A, DI CICCO A, NATOLI C R. X-ray-absorption spectroscopy and n-body distribution functions in condensed matter. I. Theory ［J］. Physical Review B, 1995,52(21): 15122.

[23] EMSLEY J W，FEENEY J，SUTCLIFFE L H. High resolution nuclear magnetic resonance spectroscopy[M]. Berlin Heidelberg：Elsevier，2013.

[24] POPLE J A. High-resolution nuclear magnetic resonance [M]. New York：McGraw-Hill，1959.

[25] 赵保路. 电子自旋共振（ESR）技术在生物和医学中的应用[J]. 波谱学杂志，2010，27（1）：51-67.

[26] CHARLES JR P，FARACH H A. Handbook of electron spin resonance [M]. Berlin Heidelberg：Springer，1999.

[27] KISSINGER H E. Reaction kinetics in differential thermal analysis [J]. Analytical chemistry，1957，29（11）：1702-1706.

[28] WENDLANDT W W. Thermal methods of analysis [M]. New York：Wiley-Interscience，1974.

[29] 屠迈，李大塘，沈俭一，等. 微量吸附量热法研究氧化物催化剂的酸碱性质[J]. 高等学校化学学报，1998，19（6）：946-949.

[30] JOHN L F，JAMES A S. Temperature-programmed desorption and reaction：applications to supported catalysts[J]. Catalysis Reviews Science and Engineering，1983，25：141-227.

[31] CHASTAIN J，KING R C，MOULDER J. Handbook of X-ray photoelectron spectroscopy：a reference book of standard spectra for identification and interpretation of XPS data [M]. Eden Prairie，MN：Physical Electronics，1995.

[32] CRIST B V. XPS handbook：elements & native oxides [M]. Mountain View，California(USA)：XPS International，2007.

[33] ANNAN W，QING P，YADONG L. Rod-shaped Au-Pd core-shell nanostructures [J]. Chemistry of Materials，2011，23（13）：3217-3222.

[34] 吴立新，陈方玉. 现代扫描电镜的发展及其在材料科学中的应用[J]. 武钢技术，2005，43（6）：36-40.

[35] LLOYD G E. Atomic number and crystallographic contrast images with the SEM：a review of backscattered electron techniques [J]. Mineralogical Magazine，1987，51（359）：3-19.

[36] EGERTON R F. Physical principles of electron microscopy：an introduction to TEM，SEM，and AEM [M]. Berlin Heidelberg：Springer，2006.

[37] COLLETT B M. Scanning electron microscopy：A review and report of research in wood science [J]. Wood and Fiber Science，2007，2（2）：113-133.

第4章 化石能源催化转化材料

催化技术在国民经济中具有重要作用,它是能源化工的最核心技术之一。催化剂的研发和催化工艺的改进,将带来化石能源工业中生产工艺的改革,降低生产成本,并可能导致新产品和新材料的出现。例如,20世纪以来,化学工业产品的品种以及规模的巨大增长无不借助催化材料以及工艺的突破,这当中就包括20世纪初合成氨的工业化,50年代以后石油化学工业和高分子工业,以及60年代以后环保工业的兴起。

目前,现代化工和石油加工过程约90%是催化过程。催化剂直接或间接贡献了世界GDP的20%~30%,在最大宗的50种化工产品中有30种产品的生产需要催化,而在所有化工产品中这一比例是85%。目前,催化剂的用途可分为三大方面:①化学品制造;②矿物燃料加工;③环境净化。其中过程①和②均涉及了能源转换的过程,包括了和我们目前生活密切相关的石油、化工工业,而过程③从很大比例上也是为了解决能源转换过程带来的环境污染问题,这个过程不仅能消除氮的氧化物、一氧化碳以及硫化物之类的污染物,而且还能改进生产过程的选择性,使之不产生那些不希望的副产品。因此催化是实现高效清洁能源转换的关键技术之一,本章将介绍催化原理,化石能源转换过程中涉及的重要催化过程以及材料。

4.1 催化基本原理

由于能源转换过程均涉及催化,因此在本节将首先对于催化的基本原理做概念性的介绍。"催化作用"作为一个化学概念,是在1836年由瑞典化学家J. J. Berzelius提出来的,他认为具有催化作用的物质具有一种所谓的催化力(catalytische craft),并引入"catalysis"一词,表示阻碍分子间反应的正常力的削弱,以和一般化学反应相区别。1894年,德国化学家W. Ostwald(1853~1932)提出催化剂是一种可以改变一个化学反应速度而又不存在于产物中的物质。这时候人们已经认识到催化剂是解决速度问题的,是属于化学动力学的范畴。现在,"催化"这个词已出现在各种各样的文章中,通常的含义是"促进"。汉字"触媒"曾被用做"催化剂"的同义词。现在日本仍然用"触媒"这一词来表示"催化剂"。催化剂中可能含有多种组分如载体、主催化剂、助催化剂,相关概念可参阅 4.2.2.2 节。下面将从热力学和动力学角度解释催化作用[1—4]。

4.1.1 催化作用的基本特征

在研究一个化学反应体系时,有两个必须考虑的问题:

第一个是这个反应能否进行,若能进行,它能进行到什么程度?即反应会停在什么平衡位置,其平衡组成如何?化学热力学能告诉人们关于这一问题的答案。

第二个问题是热力学上可行的反应进行得快慢如何?也就是说需要多久能达到平衡位置。这个问题及其相关问题属于化学动力学的范围。从经济上考虑,一个化学过程要付诸工业实践,必须既有足够好的平衡产率,又有足够快的反应速度。下面将从这两个角度说明催化作用。

1) 广义的催化剂定义

Ostwald 认为,催化剂是一种可以改变一个化学反应速度,而又不存在于产物中的物质。这个定义过于简单,是狭义上的催化剂。而现在,对于催化剂的概念,是通过对催化剂在化学反应中的作用得出的,是一个广义的催化剂概念。目前认为在化学反应中,催化剂除了可以改变化学反应速度外,催化剂还具有①控制对异构体的选择性;②控制反应的选择性;③控制产物立体规整性的作用。

选择性是催化剂的一项重要性质。例如,在乙烯聚合反应中,如果原料乙烯中含有微量乙炔(例如,10 ppm),那么,所得聚合物中就会含有少量三键,生成有色的杂质聚合物,使产品质量明显下降。除去乙炔的最好方法就是把活性的三键进行选择加氢,但是在一般情况下加氢时,往往会有部分乙烯的双键也被氢化,所以要把三键加氢,而同时又不涉及双键,那就需要用高选择性的催化剂。目前,工业催化剂 Pd/Al$_2$O$_3$ 可以取代常用的铂(Pt)和镍(Ni)催化剂,而且钯的价格仅是铂价格的四分之一,解决了从乙烯中除去杂质乙炔的问题。

因此,广义上的催化剂定义可总结为一句话:自身在化学反应方程中并不出现,却可以控制反应的速度、选择性、产物立体规整性的物质。

2) 催化剂的特点

关于催化剂的定义,主要是根据催化剂的化学本质概括出来的,这对于任何一种催化剂都是真实的。但从催化剂实际应用的角度看,还需强调一下以下一些特点。

(1) 用量少:一般来说,使反应物或底物全部转化成产物所需催化剂量只占反应物的极少部分。

（2）不被反应所改变：一般来说，催化剂本身的质量和化学性质在化学反应前后都没有明显改变。为了达到这点，催化剂在使一个底物分子转化成产物后必须立刻再生或转换，以便再使另一个底物分子转化成产物。

（3）不能影响可逆化学反应的平衡，只能改变到达平衡的速度。化学催化剂通过改变反应机理起着降低活化自由能的作用。换言之，在有催化剂存在的情况下，反应沿着活化能较低的新途径进行。

4.1.2　化学平衡的概念

上节介绍催化作用的基本特征时提到了催化剂作用不能影响可逆化学反应的平衡，那么什么是化学平衡呢？化学平衡状态是指在一定条件下的可逆反应里，正反应和逆反应的速率相等，反应混合物中各组分的浓度保持不变的状态。化学平衡状态中 $V_正 = V_逆$，这时对于同一种物质则其生成速率等于它的消耗速率，对于不同的物质，其速率之比等于方程式中各物质的计量数之比，但必须是不同方向的速率；反应混合物中各组成成分的含量保持不变，即各组成成分的质量、物质的量、分子数、体积（气体）、物质的量浓度均保持不变，各组成成分的质量分数、物质的量分数、气体的体积分数均保持不变；若反应前后的物质都是气体，且总体积不等，则气体的总物质的量、总压强（恒温、恒容）、平均摩尔质量、混合气体的密度（恒温、恒压）均保持不变；同时反应物的转化率、产物的产率保持不变。

1）化学平衡常数

在一定温度下，当一个可逆反应达到化学平衡时，生成物浓度系数之幂的积与反应物浓度系数之幂的积比值是一个常数，这个常数就是该反应的化学平衡常数，用 K 表示。对于反应：$mA(g) + nB(g) \rightleftharpoons pC(g) + qD(g)$，在一定温度下无论反应物的起始浓度如何，反应达平衡状态后，将各物质的物质量浓度代入下式，得到的结果是一个定值，这个常数称作该反应的化学平衡常数，简称平衡常数。

$$K = \frac{c^p(C) \cdot c^q(D)}{c^m(A) \cdot c^n(B)}$$

K 值越大，说明平衡体系中生成物所占的比例越大，它的正反应进行的程度越大，反应物的转化率也越大。因此，平衡常数的大小能够衡量一个化学反应进行的程度，又叫反应的限度。

需要说明的是，在平衡常数的表达式中，物质的浓度必须是平衡浓度（固体、纯液体不表达）。在稀溶液中进行的反应，水的浓度可以看成常数，不表达在平衡常数表达式中,但非水溶液中的反应,如果反应物或生成物中有水,此时水的浓度不能看成常数。如果 $K > 10^5$,可认为反应进行基本完全。而且 K 只与温度有关,与反应物或生成物浓度变化无关,与平衡建立的途径也无关,在使用时应标明温度。温度一定时,K 为定值。

2) 平衡转化率

利用化学平衡常数可预测一定温度和各种起始浓度下反应进行的限度。反应的平衡转化率能表示在一定温度和一定起始浓度下反应进行的限度。其定义是物质在反应中已转化的量与该物质总量的比值,其表达式如下:

$$\text{转化率}\,\alpha = \frac{c(\text{始}) - c(\text{平})}{c(\text{始})} \times 100\%$$

当然,化学平衡是有可能发生移动的,可逆反应中旧的化学平衡的破坏,新化学平衡的建立过程叫化学平衡的移动。化学平衡移动的原因均是由于外界条件发生变化。其移动的方向由 $V_{\text{正}}$ 和 $V_{\text{逆}}$ 的相对大小决定。平衡移动的标志则是各组分浓度与原平衡比较发生改变。如果改变影响平衡的条件之一(如温度、压强以及参加反应的化学物质的浓度),平衡将向着能够减弱这种改变的方向移动,具体来说:

(1)一般情况下增大反应物或减小生成物的浓度,化学平衡向正反应方向移动,减小反应物或增大生成物的浓度化学平衡向逆反应方向移动。

(2)升高温度,会使化学平衡向着吸热反应的方向移动;降低温度,会使化学平衡向着放热反应的方向移动。

(3)对于反应前后气体体积改变的反应,如果增大压强,会使化学平衡向着气体体积缩小的方向移动;减小压强,则会使化学平衡向着气体体积增大的方向移动。但是对于反应前后气体总体积相等的反应,改变压强不能使化学平衡移动。对于只有固体或液体参加的反应,改变压强不能使化学平衡移动。

(4)催化剂只能使正逆反应速率等倍增大,不能使化学平衡移动。

3) 等效平衡

化学平衡的建立与途径无关,即可逆反应无论从反应物方向开始,还是从生成物方向开始,只要条件不变(定温定容、定温定压),都可以达到同一平衡状态,此为等效平衡。具体定义为在一定条件(恒温恒容或恒温恒压)下,只是起始加入情况不同的同一可逆反应达到平衡后,任何相同组分的分数(体积、物质的量)均相等,这样的化学平衡互称为等效平衡。在等效平衡中,若不仅任何相同组分的分数(体积、物质的量)均相同,而且相同组分的物质的量均相同,这类等效平衡又互称为同一平衡。同一平衡是等效平衡的特例。等效平衡具有如下规律。

（1）在定温定容条件下，对于反应前后气体分子数可变的可逆反应，只改变起始时加入物质的物质的量，如通过反应的计量数换算成同一半边物质的物质的量与原平衡的相同，则两平衡等效。

（2）在定温定容条件下，对于反应前后气体分子数不变的反应，只改变起始时加入物质的物质的量，如通过反应的计量数换算成同一半边物质的物质的量之比与原平衡的相同，则两平衡等效。

（3）在定温定压条件下，改变起始时加入物质的物质的量，如通过反应的计量数换算成同一半边物质的物质的量之比与原平衡的相同，则两平衡等效。

4.1.3　催化反应的热力学

催化反应和普通化学反应一样，都是受反应物转化为产物过程中的能量变化控制的，因此要涉及化学热力学、统计学的概念。下面对催化反应热力学作简要介绍。

4.1.3.1　热力学第一定律

热力学第一定律又称为能量守恒与转化定律。其表述为：能量有各种形式，能够从一种形式转化为另一种形式，从一个物体传递给另一个物体，但在转化和传递中，能量的总量保持不变。如果反应开始时体系的总能量是 U_1，终了时增加到 U_2，如果体系从环境接受的能量是热，那么体系还可以膨胀做功，所以体系的能量变化 ΔU 必须同时反映出体系吸收的热（Q）和膨胀所做的功（W）。因此体系能量的这种变化可以表示为

$$\Delta U = U_2 - U_1 = Q - W \tag{4-1}$$

体系能量变化 ΔU 仅和始态及终态有关，和转换过程中所采用的途径无关，是状态函数。大多数化学催化反应都在常压下进行，在这一条件下操作的体系，从环境吸收热量时将伴随体积的增加。在常压 p 下，体积增加所做的功为

$$W = \int p \mathrm{d}V = p\Delta V$$

体系能量变化的表达式为

$$\Delta U = Q_p - p\Delta V \tag{4-2}$$

对在常压下操作的封闭体系，有 $Q_p = \Delta H$，ΔH 是体系热函的增量。因此，对常压下操作的体系，热力学第一定律的表达式为

$$\Delta H = \Delta U + p\Delta V \tag{4-3}$$

4.1.3.2　热力学第二定律

热力学第二定律认为：所有体系都能自发地移向平衡状态，要使平衡状态发

生位移就必须消耗一定的由另外的体系提供的能量。广义地说,第二定律说明在所有过程中,总有一部分能量在进一步过程中不能做功,在大多数情况下,它使体系中分子的随机运动有了增加,或者说体系的混乱度增大是化学反应自发进行的又一种趋势,根据定义:

$$Q' = T\Delta S \tag{4-4}$$

这里 Q' 为失去做功能力的总能量,T 为绝对温度,S 为熵,S 是一定温度下体系随机性或无序性的尺度,熵是一个状态函数。方程(4-4)可以用来度量分子随机运动的速度。第二定律用数字语言可表示为:一个自发过程,体系和环境(孤立体系或绝热体系)的熵的总和必须是增加的,即:

$$\Delta S_{体系} + \Delta S_{环境} > 0 \tag{4-5}$$

这里要注意的是,在给定体系中发生自发反应时,熵也可以同时减小,但是,体系中熵的这种减少可以在很大程度上被环境的熵增加所抵消,如果在体系和环境之间没有能量交换,也就是说,体系是孤立的,那么,体系内发生自发反应时,则总是和体系中熵的增加联系在一起的。从实用的观点讲,熵并不能作为决定过程能否自发发生的判据,并且,它也不容易测定,为了解决这一困难,引出了吉布斯自由能 G 的概念,即:

$$G = H - TS \tag{4-6}$$

这个概念对决定过程能否自发进行相当有用。在恒温条件下,自由能关系方程可表示为

$$\Delta G = \Delta H - T\Delta S \tag{4-7}$$

由此可以看出,ΔG 综合了焓变、熵变和温度对化学反应的影响,反应能否自发进行的依据是:$\Delta G = \Delta H - T\Delta S < 0$,在等温情况下,则实质包含了 ΔH 和 ΔS 两方面的影响,即同时考虑到推动化学反应的两个主要因素。因而用 ΔG 做判据更为全面可靠,由于化学反应通常在恒温恒压下进行,因此 ΔG 可以作为化学反应自发性的最基本判据,在恒温恒压不做体积功情况下,化学反应自发向正方向进行的判据是 $\Delta G < 0$,即任一自发过程都是向着吉布斯自由能减小的方向进行。这是热力学第二定律的另一种表达方式。

在具体过程中,可做如下判断:

$\Delta H < 0, \Delta S > 0$ 该反应一定能自发进行;

$\Delta H > 0, \Delta S < 0$ 该反应一定不能自发进行;

$\Delta H < 0, \Delta S < 0$ 该反应在较低温度下能自发进行;

$\Delta H > 0$，$\Delta S > 0$　该反应在较高温度下能自发进行。

需要注意的是：

（1）反应的自发性只能用于判断反应的方向，不能确定反应是否一定会发生和过程发生的速率。例如金刚石有向石墨转化的倾向，但是能否发生，什么时候发生，多快才能完成，就不是能量判据和熵判据能解决的问题了。

（2）在讨论过程的方向时，指的是没有外界干扰时体系的性质。如果允许外界对体系施加某种作用，就可能出现相反的结果。例如石墨经高温高压还是可以变为金刚石的。

4.1.3.3　Arrhenius 公式

温度可以影响反应速率，这是根据经验常数已知的事实。范霍夫近似规则指出温度每升高 10 K，反应速率增加 2～4 倍，可根据这个规律大略地估计出温度对反应速率的影响。

1889 年，瑞典科学家 S. A. Arrhenius 在研究蔗糖水解的速率与温度的关系时，受 Vant Hoff 类似工作的启发，用速率常数 k 的自然对数对温度的倒数作图，得到一条直线。引入气体常数 R，可将这样的线性关系改写为

$$\ln k = -\frac{E_a}{RT} + \ln A$$

这就是著名的 Arrhenius 公式，它包括两个重要的经验参数 A 和 E_a。这个经验参数通称 Arrhenius 参数。其中参数 A 称为 A 因子（或指前因子），与速率常数 k 有相同单位，它来自 Arrhenius 图上的截距。Arrhenius 把由图上斜率导出的能量因子 E_a 称为"活化热"，后来被科学文献改称为 Arrhenius 活化能。

Arrhenius 公式指出，反应速率常数是以指数形式随温度增加的，表示这一关系的 Arrhenius 公式可表示成：

$$\frac{\mathrm{d}\ln k}{\mathrm{d}t} = \frac{E_a}{RT^2} \tag{4-8}$$

式中，k 是反应的速率常数，E_a 为活化能。积分后，Arrhenius 公式变为

$$\ln k = -\frac{E_a}{RT} + \ln k_0 \tag{4-9}$$

以 $\ln k$ 对绝对温度的倒数作图，也将得到一条直线，其斜率为 $-\dfrac{E_a}{R}$。

4.1.4　化学反应动力学

化学反应动力学是研究化学反应速度的科学。研究动力学的目的是为了推断反

应机理,即查明反应物转化成产物时经历的中间步骤,从而为进一步改进催化剂提供理论基础。

4.1.4.1 中间化合物

关于化学反应在催化剂作用下为什么会加速的问题,第一个可以通过实验验证的化学解释是由法国化学家 P. Sabatier 提出来的。他通过对有机化学中大量催化作用的研究,发现了许多新催化反应和催化剂,认为这不是单纯有无催化剂的问题,而是由于催化剂在这样的过程中参与了反应,反应才被加速的。他指出,这是一种特殊的参与过程,催化剂在这样的过程中,不仅没有消失而且还能重新复原。

现在,不涉及任何具体例子来探讨这种概念。设有这样的反应:

$$A + B \rightleftharpoons AB$$

当平衡处于产物 AB 时,逆反应(化合物的分解)可以略去不计。如果这种合成只能在催化剂存在下才发生,那么反应可以想象由如下分步骤组成:

$$A + K \longrightarrow AK; \quad AK + B \longrightarrow AB + K$$

这里 K 是催化剂。这样,在 K 的作用、参与下,反应才能得到加速。同时可以看到,在合成 AB 中,K 的量并未改变,也就是说,K 没有在反应产物中,同时也没有变化。在这里,中间化合物 AK 不能不稳定,否则 AK 的生成速度就太慢了;也不能太稳定,否则它就不能进一步和 B 生成 AB,从而使 K 再生形成催化循环。

设催化剂 K 能加速 A + B $\longrightarrow$ AB 反应,其机理为

$$A + K \underset{k_2}{\overset{k_1}{\rightleftharpoons}} AK$$

$$AK + B \overset{k_3}{\longrightarrow} AB + K$$

若第一个反应能很快达到平衡,则

$$k_1 C_A C_K = k_2 C_{AK}, \ C_{AK} = k_1/k_2 C_K C_A$$

式中,C 代表浓度。总反应速率为

$$r = k_3 C_{AK} C_B = k_3 \frac{k_1}{k_2} C_B C_K C_A = k C_A C_B$$

式中,k 为表观速率常数,$k = k_3 \dfrac{k_1}{k_2} C_K$。

上述各基元反应的速率常数可以用 Arrhenius 公式表示,即

$$k = \frac{A_1 A_3}{A_2} C_k \exp\left(-\frac{E_1 + E_3 - E_2}{RT}\right)$$

故催化剂的表观活化能 $E_a = E_1 + E_3 - E_2$。能峰示意图如图 4-1 所示。非催化反应要克服一个活化能为 E_0 的较高能峰,而在催化剂的存在下,反应途径的改变,只需要克服两个较小的能峰(E_1 和 E_3)。

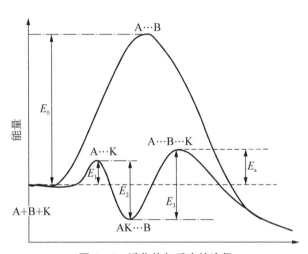

图 4-1　活化能与反应的途径

4.1.4.2　动力学公式的推导

大量实验证明,如果催化剂的浓度保持不变,在相当广的反应物浓度范围内测定起始反应速度,那么对于大多数催化剂都可以得到图 4-2 所示的曲线,由图 4-2可看出,在浓度[S]很低的情况下,图几乎呈直线,即 v 与[S]成正比,反应对反应物来说是一级的。在底物浓度较高时,可以达到一个极限速度 $v_{\max}$,然后反应速度就和底物浓度无关,即反应变成了零级。根据该曲线可以得出催化和表面反应动力学方程,这其中包括 Michaelius-Menten 方程以及 Langmuir-Hinshelwood 方程。前者是以生成酶-底物复合物为基础推导出来的广泛使用于单分子酶催化反应的动力学方程。由于酶的催化反应与常规的能源催化转换过程区别较大,因此在此处不作介绍。但是需要说明的是,酶催化反应具有一些区别于常规催化反应的特点,如:高度的选择性,一种酶常常只能催化一种反应,而对其他反应不具有活性;酶催化反应的催化效率非常高,比一般的无机或有机催化剂高出 $10^8 \sim 10^{12}$ 倍;酶催化反应所需的条件温和,一般在常温下即可进行。例如合成氨工业需高温(770 K)、高压(3×10^6 Pa),且需特殊设备,而某些植物茎中的固氮生物酶,不但能在常温常压下固定空气中的氮,而且能将它还原成氨。因此,如果能将酶催化反应应用于能源转换过程将具有一些独特的优势。但是酶反应的历程一般较复杂,因而速率方程也较复杂,酶反应受 pH 值、温度以及离子强度的影响较大,这影响了其在实际工业过程中的应用。

Langmuir-Hinshelwood 方程是表面反应的动力学方程,在该方程推导过程中假定发生在固体表面上的反应速度取决于催化剂表面上反应物的浓度,而反应物的浓度和表面覆盖度 θ 成正比。对单分子反应可以通过如下步骤完成:

$$A + K \underset{k_{-1}}{\overset{k_{+1}}{\rightleftharpoons}} AK \overset{k_2}{\longrightarrow} BK \underset{k_{-3}}{\overset{k_3}{\rightleftharpoons}} B + K$$

当表面反应为控制步骤时,也就是说速度常数 k_2 很小,即由 AK 变为 BK 的速度比 A 的吸附速度和 B 的脱附速度慢得多,则根据质量作用定律,反应速度为 $v = k_2\theta_A$。

但是以 θ_A 表示的反应物 A 在表面上的浓度是不能测定的,只能采用某种吸附等温线,把反应物 A 的表面浓度用它在气相中的分压 p_A 表示出来。例如,利用 Langmuir 等温线,$\theta_A = \dfrac{K_A p_A}{1 + K_A p_A}$ 代入速度方程得:$v = \dfrac{k_2 K_A p_A}{1 + K_A p_A}$。

如果反应物吸附很弱,即 $K_A p_A \ll 1$,或 p_A 很小时,$1 + K_A p_A \to 1$,此时 $v = -\dfrac{\mathrm{d}p_A}{\mathrm{d}t} = k_2 K_A p_A$,此时表观反应为一级反应。

如果反应物吸附很强,即 $K_A p_A \gg 1$,或 p_A 很大时,$\theta_A = 1$,因而反应表观为零级:$v = -\dfrac{\mathrm{d}p_A}{\mathrm{d}t} = k_2$。

不同类型反应中反应速度 v 与底物浓度[S]的关系绘于图 4-2。

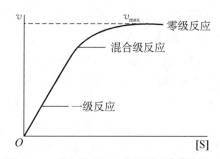

图 4-2 反应速度 v 和底物浓度[S]的关系

由于在推导表面反应动力学方程时,C. N. Hinshelwood 首先引入了 Langmuir 等温式,所以这类动力学表达式也称为 Langmuir-Hinshelwood 方程。这个动力学方程适用于许多表面催化反应。

4.1.4.3　动力学参数及其相互关系

反应级数是反应速度公式中反应物、产物的压力(或浓度)项的指数:$v = k \cdot$

$p_x^{n_x} \cdot p_y^{n_y} \cdot p_z^{n_z}$，反应级数通常用孤立浓度法求得：

$$n_x = \left(\frac{\partial \ln v}{\partial \ln p_x}\right)_{T, p_y, p_z \cdots}$$

而基元反应的 Arrhenius 图中速率常数 k 可从实验获得，也可按反应速率理论计算所得。因此，既可利用测量的数据得到基元反应的活化能，也可按反应速率理论计算的 $k(T)$ 数据得到活化能。通常，由反应速率常数 k 随温度的变化通过 Arrhenius 方程 $k = A_0 e^{-E_a/RT}$ 可以求得反应的真实活化能 E_a：

$$E_a = RT^2\left(\frac{\partial \ln k}{\partial T}\right)_p = \frac{RT^2}{k}\left(\frac{\partial k}{\partial T}\right)_p$$

将此定义扩展，将上式的反应速率常数 k 用速度 v 取代，即可求得表观活化能 E_a'（或称速度活化能、惯用活化能）。

$$E_a' = RT^2\left(\frac{\partial \ln v}{\partial T}\right)_p = \frac{RT^2}{v}\left(\frac{\partial v}{\partial T}\right)_p$$

从活化能的定义看，反应温度升高，速率常数相应增加，这时活化能 E 必为正值。我们称它为正温度效应。绝大多数化学反应呈正温度效应；反之，称为负温度效应，对应于负活化能。实验发现，在极少数情况下，某一很小的温度范围内，温度升高或降低，反应速率常数不变化，这对应于零活化能。

4.2　化石能源转化催化材料

前一节介绍了催化作用的基本原理。实际催化过程的实现离不开催化剂的发展。举例来说，半个多世纪以来，化工原料经历了由煤→石油（天然气）→煤的变化。催化剂在这些转变过程中发挥了巨大的作用，例如在 1940—1950 年代，大宗化工产品的生产线路就是以煤为原料生产电石，电石与水反应生产乙炔，再由乙炔生产下游产品，这时，最引人注意的催化剂是过渡金属 IB（铜）、IIB（汞、锌）的配合物。第二次世界大战后，石油化工获得了迅猛发展。这时，Ⅷ族元素的铂、钯、钴、镍和钛对烯烃、二烯烃的活化起着重要的作用。20 世纪 70 年代初期，由于能源危机的关系，化学工业又转向以煤为原料的碳一化学，这时以 CO、CO_2、CH_4、CH_3OH 及 HCHO 为原料，在如铑、钯催化剂等作用下合成醋酸、醋酐、草酸以及其他液体燃料的工作获得了普遍的关注。因此近百年来，催化学科与能源化工过程有密切结合，促进了相关学科的发展。

本节将介绍能源化工过程的骨干产业——石化工业中几个重要过程中涉及的催化材料。石化工业是石油化学工业的简称，是指以石油和天然气为原料，生产石油产品和石油化工产品的加工工业。石油炼制工业是国民经济的最重要支柱产业之一。它为能源工业(运输、加热)以及石油化工提供主要的原料,目前世界的能源需求中石油就占 46%,因此该转换过程也是一个重要的能源转换过程。石油炼制中生产的重要消耗品如表 4-1 所示,从表中可以看出,每种产品的烃类分子都有合适数目的碳原子来满足其成键要求,并且拥有各自的特征沸程。表中所列出的产品,主要是通过催化过程生产的,全世界每年的催化剂市场中很大部分来自石油炼制[5]。

典型的石油炼制过程的流程示于图 4-3 中。石油是从地下深处开采的一种流动或半流动状的黏稠液体。它由不同的碳氢化合物混合组成,其主要组成成分是烃类,此外石油中还含硫、氧、氮、磷、钒等元素。石油炼油工艺一般是指将原油加工成各种燃料(汽油、煤油、柴油)、润滑油、石蜡、沥青等石油产品或石油化工原料(如正构烷烃、苯、甲苯、二甲苯等)的工艺过程。由图 4-3 可见,石油炼制的主要工艺过程大致可分为五类。

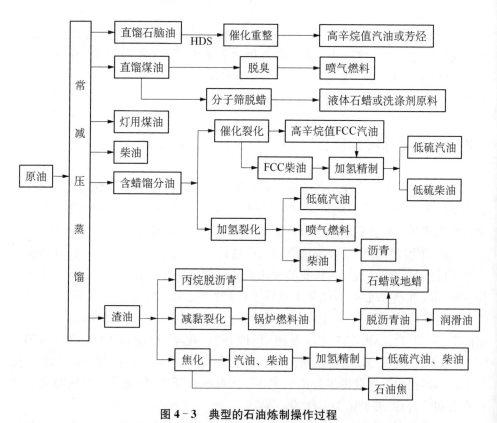

图 4-3 典型的石油炼制操作过程

(1) 分离过程——首先将原油通过电脱盐、常减压蒸馏等过程分离成各种不同沸点的馏分。

（2）转化过程——催化裂化、加氢裂化、渣油加氢处理、延迟焦化、减黏裂化等。

（3）精制和改质过程——加氢精制、催化重整、中压加氢改质等。

（4）炼厂气加工过程——烷基化、醚化、苯与乙烯烃化等。

（5）润滑油生产过程。

石油炼制中涉及催化的重要过程有流态化催化裂化（FCC）、催化重整、加氢处理和异构化。本节将对这些过程作重点介绍，另外还有烷基化、叠合等也都是利用催化剂的加工过程，但它们在规模上都不能和上述过程相比，而且只涉及单个分子的加工，这里不准备一一介绍。

表4-1　一些重要石油炼制产品

名称	主要组成	近似沸点/℃
液化石油气（LPG）	C_4 烃和一些 C_3 烃	低于 0
汽油（petrol）	$C_5 \sim C_9$（富芳烃）	$30 \sim 160$
煤油	$C_{10} \sim C_{15}$（富烷烃）	$150 \sim 270$
柴油	$C_{10} - C_{18}$（富烷烃）	$260 \sim 360$
润滑油	$C_{20} \sim C_{10}$，无芳烃和烷烃	$300 \sim 550$
蜡	$C_{20} \sim C_{40}$（正构烷烃）	> 300

4.2.1　催化裂化

催化裂化（也称催化裂解）是石油炼制过程之一。该过程是在热的作用下（不用催化剂）使重质油发生裂化反应，转变为裂化气（炼厂气的一种）、汽油、柴油的过程。热裂化原料通常为原油蒸馏过程得到的重质馏分油或渣油，或其他石油炼制过程副产的重质油。由于在催化裂化反应条件下，没有足够的氢资源予以分配，因此催化裂化产物中烯烃含量很高，积碳严重，这是此类反应的特征。

催化裂化过程是以减压馏分油、焦化柴油和蜡油等重质馏分油或渣油为原料，在常压和 $450 \sim 510℃$ 条件下，在酸性催化剂作用下，通过裂化反应将原油中高沸点、高分子量的馏分转化为更有价值的汽油、烯烃气体和其他产品[6]。原油中初馏点为 $340℃$ 或更高（常压）、平均分子量为 $200 \sim 600$ 或更高的部分通常称为重瓦斯油或减压瓦斯油（HVGO）。根据所用原料、催化剂和操作条件的不同，催化裂化各产品的产率和组成略有不同。大体上，气体产率为 $10\% \sim 20\%$，汽油产率为

30%～50%,柴油产率不超过 40%,焦炭产率为 5%～7%。流化催化裂化(fluid catalytic cracking, FCC)是目前石油炼制工业中最重要的二次加工过程,也是重油轻质化的核心工艺,是提高原油加工深度、增加轻质油收率的重要手段。石油烃类的裂化最初都是热裂解,1912 年热裂化已被证实具有工业化价值,1920～1940 年,随着高压缩比汽车发动机的发展,高辛烷值汽油用量激增,热裂化过程得到较大发展。第二次世界大战期间及战后,热裂化为催化裂化所取代,现在已几乎全部被催化裂化取代,因为它可以生产更多高辛烷值的汽油,还副产更多的烯烃气体,所以它比热裂解生产更有价值。因此催化裂解是催化应用中规模最大的一项工艺。催化裂化是第一个大规模应用流化床的技术[7],所以现在还依然使用“流态化催化裂解(fluid catalytic cracking, FCC)”这个词。

4.2.1.1　催化裂化的化学过程

石油馏分是由各种单体烃组成的,因此单体烃的反应规律是石油馏分进行反应的依据。例如,石油馏分也进行分解、异构化、氢转移、芳构化等反应,但并不等于各类烃类单独裂化结果的简单相加,它们之间相互影响。

烷烃主要发生分解反应,碳链断裂生成较小的烷烃和烯烃。生成的烷烃又可继续分解成更小的分子。分解发生在最弱的 C—C 键上,烷烃分子中的 C—C 键能随着向分子中间移动而减弱,正构烷烃分解时多从中间的 C—C 键处断裂,异构烷烃的分解则倾向于发生在叔碳原子(直接与三个碳原子相连的碳原子称为叔碳原子)的 β 键位置上。分解反应的速率随着烷烃分子量和分子片构化程度的增加而增大。

烯烃很活泼,反应速率快,在催化裂化中占有很重要的地位。烯烃的主要反应有分解反应、异构化反应、氢转移反应、芳构化反应。氢转移反应是催化裂化特征反应之一,是造成催化裂化汽油饱和度较高及催化剂失活的主要原因。所谓氢转移是指某烃分子上的氢脱下来后立即加到另一烯烃分子上使之饱和的反应。它包括烯烃分子之间、烯烃与环烷、芳烃分子之间的反应,其结果是一方面某些烯烃转化为烷烃,另一方面,给出氢的化合物转化为多烯烃及芳烃或缩合程度更高的分子,直到缩合至焦炭。

环烷烃主要发生分解、氢转移和异构化反应。环烷烃的分解反应一种是断环裂解成烯烃,另一种是带长侧链的环烷烃断侧链。芳香烃的芳核在催化裂化条件下极为稳定,但连接在苯核上的烷基侧链却很容易断裂,断裂的位置主要发生在侧链与苯核相连的 C—C 链上,生成较小的芳烃和烯烃。这种分解反应也称为脱烷基反应。侧链越长,异构程度越大,脱烷基反应越易进行。

综上所述.在催化裂化的条件下,原料中各种烃类进行着错综复杂的反应,不仅有大分子裂化成小分子的分解反应,也有小分子生成大分子的缩合反应(甚至缩合成焦炭）。与此同时，还进行异构化、氢转移、芳构化等反应。在这些反应中，分解反应是最主要的反应，催化裂化正是以此得名。

4.2.1.2　催化裂化催化剂

催化裂化的选择性以及产率依赖于催化剂的发展。催化裂化过程使用的是酸性催化剂。它的发展经历了三个阶段，1936 年开始使用天然黏土催化剂，性能较差。1940 年，使用无定形硅酸铝催化剂包括活性白土和合成无定形硅酸铝催化剂，是一系列含少量水的不同比例的氧化硅（SiO_2）和氧化铝（Al_2O_3）所组成的复杂化合物，这个催化剂的性能较前者有了较大改进，如抗硫性能强，机械性能较好，生产汽油辛烷值较高，但催化剂生焦率较高。1961 年，沸石分子筛在催化裂化过程中的应用成为石油炼制发展史上的一个里程碑，它使得催化裂化工艺发生了质的飞跃[8]。分子筛催化剂的使用大幅度提高了催化活性，获得了巨大的经济效益，是60 年代炼油工业的革命。催化裂化也是最早的分子筛工业应用过程。针对市场需求的变化，在过去五十多年里面，分子筛催化剂也相应产生了一些新的变化。

催化裂化使用的沸石分子筛催化剂与硅铝胶催化剂相比，有四个特点：

（1）活性高；

（2）选择性好，汽油组分中含有饱和烃以及芳烃多，汽油质量好；

（3）单程转化率高，不易产生过裂化，裂化效率高；

（4）抗重金属污染性能好。

从结构上看，分子筛由硅氧、铝氧四面体组成基本的骨架结构，其化学组成可以表示为：$M_{2/n}O \cdot Al_2O_3 \cdot mSiO_2 \cdot pH_2O$，其中 M 代表金属阳离子或有机阳离子，一般的分子筛在晶格中存在着金属阳离子（如 Na^+，K^+，Ca^{2+}，Li^+ 等），以平衡晶体中多余的负电荷。人工合成的分子筛一般是金属 Na^+ 型分子筛。

分子筛是一种具有立方晶格的硅铝酸盐化合物。分子筛具有均匀的微孔结构，它的孔穴直径大小均匀，这些孔穴能把比其直径小的分子吸附到孔腔的内部，并对极性分子和不饱和分子具有优先吸附能力，因而能把极性程度不同、饱和程度不同、分子大小不同及沸点不同的分子分离开来，即具有"筛分"分子的作用，故称分子筛，亦称沸石、分子筛沸石或沸石分子筛。沸石分子筛具有独特的规整晶体结构，每一类沸石都具有一定尺寸、形状的孔道结构，并具有较大比表面积。分子筛具有离子交换性能、均一的分子大小的孔道、酸催化活性，并有良好的热稳定性和水热稳定性，同时晶孔内有强大的库仑场起极化作用。这些特性使它成为性能优异的催化剂，可制成对许多反应有高活性、高选择性的催化剂。分子筛的类型按其晶体结构主要分为：A 型、X 型、Y 型、M（丝光沸石）型和 ZSM-5 型等。下面对催化裂解分子筛催化剂的性质，各种主要组分的功能集中做一介绍。

用于催化裂解的分子筛最常见的是由 $SiO_2 - Al_2O_3$ 组成的 Y 型分子筛[9]，它

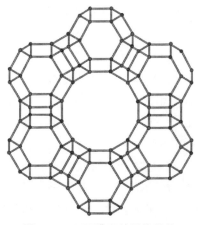

图 4-4　八面沸石的晶体结构

是八面沸石（Faujasite）家族中的一员，其晶体结构如图 4-4 所示。八面沸石分子筛包括 X 型和 Y 型两种，两者的差别在于铝含量的不同。八面沸石的单胞中所含硅、铝原子总数都是 192。X 型和 Y 型沸石的单胞组成分别为 $Na_{86}[Al_{86}Si_{106}O_{384}] \cdot 264H_2O$ 和 $Na_{56}[Al_{136}Si_{136}O_{384}] \cdot 264H_2O$。常用于催化裂解的催化剂产品是钠型（Na-Y），本身并不活泼，因为它缺乏强酸位，活性的催化剂需要通过钠和稀土元素或 NH_4^+ 的交换等手段才能制成。目前已有多种被修饰过的 Y 型分子筛广泛用于裂解反应。

（1）稀土交换-分子筛（ReY）。这种催化剂通过 $NaY + Re^{3+} \longrightarrow ReY$ 交换反应获得，优点是活性高、水热稳定性好、汽油收率高，缺点是焦炭和干气的产率高、汽油 RON（辛烷值）低。

（2）稀土交换氢 Y-分子筛（ReHY）。这种分子筛的稀土含量较 ReY 低，通过如下反应生成：$NaY + Re^{3+} + NH_4^+ \longrightarrow ReNH_4Y \longrightarrow ReHY$，但其稀土含量高于另外一种分子筛稀土交换超稳氢 Y-分子筛（ReUSY），辛烷值比 ReUSY 低，但汽油选择性高。

（3）超稳 Y-分子筛（USY）。这种分子筛通过如下反应生成：$NaY + NH_4^+ \longrightarrow NaHY + H_2O \longrightarrow USY + Na$ 溶液，这种分子筛催化剂的优点是汽油 RON 高、焦炭产率低、热稳定性高。缺点是剂油比高、再生剂碳含量 $< 0.05\%$。

（4）稀土交换超稳氢 Y-分子筛（ReUSY），这种分子筛通过如下反应生成：即 $USY + Re^{3+} \longrightarrow ReUSY$，这种催化剂汽油选择性高，辛烷值也高。

当然每一种分子筛都可进一步通过多种合适的离子交换方法和结构修饰制成所需的产品，这样一来，交换度、钠残有量和 SiO_2/Al_2O_3 比都是显著不同的。

催化裂化（FCC）是最早的分子筛工业应用过程，主要用于生产汽油、柴油、煤油等成品油，同时生产少量的丙烯和乙烯等低碳烯烃。随着社会经济的快速发展，对丙烯和异丁烯的需求量持续增长，多产低碳烯烃的工艺和催化剂成为 FCC 技术发展的热点。催化剂改进的主要方式是在 FCC 催化剂中添加 ZSM-5 分子筛以提高丙烯收率[10]。通过向原有的 Y 型分子筛催化剂中添加具有择形催化作用的 ZSM-5 分子筛，催化裂化过程中在 Y 型分子筛上发生裂化反应的烃类碳正离子扩散到 ZSM-5 分子筛上进一步反应生成低碳烯烃，从而增加低碳烯烃收率[11]。

对 USY 分子筛催化剂的外表面进行改性处理也能够增强其催化活性。

Engelhard 公司通过精确控制合成条件成功合成微小 USY 分子筛晶体,该催化剂可以促进脱烷基反应,同时抑制聚合反应和积碳,提高汽油产量[12]。GraceDavison 和 Exxon Mobil 公司的一系列催化剂中含有活性氧化铝,该系列催化剂通过引入高比表面积氧化铝促进裂化反应从而提高汽油产量并减少积碳[13]。

中石油则开发了 USY 和 ReHY 双分子筛复合和改性的 Orbit - 3000 及 Lanet - 35 催化剂以及以 USY、ReHY 和 ZSM - 5 三种分子筛复合而成的 Comet - 400 催化剂等。催化剂含有的多个分子筛组分在性能上可以互补,使其具有良好的抗重金属污染能力和很强的重油裂解能力[14]。通过采用 ReY 型分子筛异晶导向的方法,将大于 ZSM - 5 分子筛口的 Re^{3+} 引入 ZSM - 5 分子筛中,从而合成一种具有优异水热稳定性的新型分子筛,命名为 ZRP[15]。ZRP 分子筛中含有稀土元素(Re),骨架中含有磷元素,从而增强了其热稳定性和水热稳定性,ZRP - 1 分子筛作为活性组分的催化裂化催化剂,在工业应用中显示出良好的裂化活性和产品选择性[16]。

总体来说固体酸、碱催化剂是用于石油裂解的重要催化剂。从发展历史来看,在使用硅铝胶之前,曾使用过各种酸性白土,以后发展到含稀土的硅铝胶,并在此基础上制成了含镁、钡、锌、铝、硼、锗、钛、锆、磷、钼、钨等氧化物的多种固体酸、碱催化剂。近年来,由于各种分子筛的成功研制,使这方面的研究更加活跃;这类催化剂已成为石油加工、石油化工工业中所用催化剂的一个重要组成部分。

4.2.2　催化重整

辛烷值(octane number)是交通工具所使用的燃料(汽油)抵抗震爆的指标。汽油内有多种碳氢化合物,其中正庚烷在高温和高压下较容易引发自燃,造成震爆现象,减低引擎效率,更可能引致汽缸壁过热甚至活塞损裂。因此正庚烷的辛烷值定为零。而异辛烷其震爆现象很小,其辛烷值定为 100。其他的碳氢化合物也有不同的辛烷值。辛烷值是表示汽化器式发动机燃料的抗爆性能好坏的一项重要指标,列于车用汽油规格的首项。汽油的辛烷值越高,抗爆性能就越好,发动机就可以用更高的压缩比,这样既可提高发动机功率,又可节约燃料,对提高汽油机的燃油经济性能是有重要意义的。汽油辛烷值高低与各类烃含量多少有关。芳烃和异构烯烃最高,异构烷烃和烯烃次之,环烷烃再次之,最低的是正构烷烃。影响汽油辛烷值的主要因素是烯烃含量,尤其是异构烯烃的含量。催化汽油中,烯烃对辛烷值的影响最大。而沸程越低,其中烯烃含量越高,辛烷值也越高。汽油的初馏点越低,其沸程低的组分含量相对增加,因此辛烷值越高。

催化重整是以原油中蒸馏的炼油厂石脑油(又叫化工轻油,是以原油或其他原料加工生产的用于化工原料的轻质油)为原料,在催化剂的作用下,烃类分子重新排列成新分子结构的工艺过程,其中一个重要作用就是可以提高其辛烷值。催化重整过程将低辛烷值的直链烃转为带支链的链烷(异构烷烃)和环烷烃,部分脱氢生成高辛烷值的芳烃。脱氢过程还生产大量的副产物氢气,可供给其他炼油过程,如加氢裂化。副反应是加氢裂化反应,生成低分子量的烃,如甲烷、乙烷、丙烷、丁烷。

因此催化重整反应的主要目的:一是生产高辛烷值汽油组分;二是为化纤、橡胶、塑料和精细化工提供原料(苯、甲苯、二甲苯,简称 BTX 等芳烃),它们具有各种用途,最重要的是作为塑胶的转换原料。除此之外,催化重整过程还生产化工过程所需的溶剂、油品加氢所需高纯度廉价氢气(75%~95%)和民用燃料液化气等副产品。当生产高辛烷值汽油时,进料为宽馏分,馏分沸点范围一般采用 80~180℃。当生产芳烃时,进料为窄馏分,沸点范围一般采用 60~145℃ 或 60~165℃。催化重整汽油是高辛烷值汽油的重要组成部分。需要说明的是,该过程与工业中从天然气、石脑油或其他石油衍生原料中生产氢、氨和甲醇的催化蒸汽重整过程十分不同,不要混淆;也不要将该过程与其他各种使用甲醇或生物质衍生原料生产燃料电池或其他用途的氢的催化重整过程混淆。

由于环保和节能要求,世界范围内对汽油总的要求趋势是高辛烷值和清洁。重整生成油可以直接用于汽油的调和组分。在欧美国家的车用汽油组分中,催化重整汽油占 25%~30%。而我国目前生产的汽油主要仍是以催化裂化为主,催化裂化汽油辛烷值相对较低,硫含量高,烯烃含量高;而品质较高的重整汽油组分占比较少。降低烯烃和硫含量并保持较高的辛烷值是我国炼油厂生产清洁汽油所面临的主要问题,在解决这个矛盾中催化重整将发挥重要作用。

4.2.2.1 催化重整的化学过程

催化重整过程可生产高辛烷值汽油,也可生产芳烃。生产目的不同,装置构成也不同。炼制用的石脑油是由 $C_6 \sim C_{10}$ 或者 $C_7 \sim C_{10}$ 范围内的多种类型的分子所组成,典型的重整产物会有 300 多种不同的化合物。但是催化重整无论是生产高辛烷值汽油还是芳烃,都是通过化学过程实现的,包括一系列芳构化、异构化、裂化和生焦等复杂的平行和顺序反应。

1) 芳构化反应

凡是生成芳烃的反应都可以叫芳构化反应。芳构化反应的特点是:①强吸热,因此,实际生产过程中必须不断补充反应过程中所需的热量;②体积增大,因为都是脱氢反应,这样重整过程可生产高纯度的富产氢气;③可逆,实际过程中可控制操作条件,提高芳烃产率。在重整条件下芳构化反应主要包括六元环脱氢反应、五元环烷烃异构脱氢反应、烷烃环化脱氢反应。

例如:

$$n - C_6 H_{14} \xrightleftharpoons{-H_3} \bighexagon \rightleftharpoons \bighexagon\!\!\!\!\bigcirc + 3H_2$$

对于芳构化反应,无论生产目的是芳烃还是高辛烷值汽油,这些反应都是有利的。尤其是正构烷烃的环化脱氢反应会使辛烷值大幅度提高。这三类反应的反应速率是不同的:六元环烷的脱氢反应进行得很快,在工业条件下能达到化学平衡,是生产芳烃的最重要反应;五元环烷的异构脱氢反应比六元环烷的脱氢反应慢很多,但大部分也能转化为芳烃;烷烃环化脱氢反应的速率较慢,在一般铂重整过程中,烷烃转化为芳烃的转化率很小。铂铼等双金属和多金属催化剂重整的芳烃转化率有很大的提高。

2) 异构化反应

例如:

$$\bigpentagon\!\!-CH_3 \rightleftharpoons \bighexagon$$

在催化重整条件下,各种烃类都能发生异构化反应且是轻度的放热反应。异构化反应有利于五元环烷异构后进一步脱氢生成芳烃,提高芳烃产率。对于烷烃的异构化反应,虽然不能直接生成芳烃,但却能提高汽油辛烷值,并且由于异构烷烃较正构烷烃容易进行脱氢环化反应,因此异构化反应对生产汽油和芳烃都有重要意义。

3) 加氢裂化反应

加氢裂化使大分子烷烃断裂成较轻的烷烃和低分子气体,会减少液体收率,并消耗氢。加氢裂化反应实际上是裂化、加氢、异构化综合进行的反应,也是中等程度的放热反应。由于是按正碳离子反应机理进行反应,因此产品中小于 C_3 的小分子很少。反应结果生成较小的烃分子,而且在催化重整条件下的加氢裂化还包含异构化反应,这些都有利于提高汽油辛烷值,但同时由于生成小于 C_5 的气体烃,汽油产率下降,并且芳烃收率也下降,因此,加氢裂化反应要适当控制。

4) 缩合生焦反应

在重整条件下,烃类还可以发生叠合和缩合等分子增大的反应,最终缩合成焦炭,覆盖在催化剂表面,使其失活。因此,这类反应必须加以控制,工业上采用循环氢保护,一方面使容易缩合的烯烃饱和,另一方面抑制芳烃深度脱氢。

4.2.2.2　催化重整催化剂

目前工业上所用的催化重整催化剂主要是贵金属催化剂,主要有 Pt - Re/Al_2O_3、Pt - Sn/Al_2O_3、Pt - Ir/Al_2O_3 等系列,其活性组分主要是元素周期表中第Ⅷ族的金属元素,如铂、钯、铱、铑等,主要是铂(或铂和作为助催化剂的别种金属)

和由 Al_2O_3 提供酸性位的双功能催化剂。

与催化裂化的催化剂不同,重整催化剂多与负载型金属催化剂有较密切的关系。虽然金属是最先用于生产的催化剂,但目前已只有少数几个工业还在用纯金属网(例如,用于氨氧化的铂网),金属粉(例,用于加氢的 Raney 镍)和金属粒(例如,用于氨合成的焙铁催化剂)。绝大多数工业上所用金属催化剂属于过渡金属负载型催化剂,如用于石油重整催化剂 Pt/Al_2O_3,加氢用的 $Pd(Ni, Pt)$ - Al_2O_3(SiO_2)催化剂等。这种催化剂中金属的负载量可从 1% 或小于 1% 变化到金属布满整个载体表面的程度(~10%)。这样,金属多半能以小微晶(多晶颗粒)的形式,高度地分散在载体的整个孔体系之中。对所用金属重量来说,就能产生较大的活性表面。另外,载体本身有时也可以起催化作用,这样,这类催化剂往往还能起双重功能的作用,所以是生产实际中乐于采用的一种催化剂。

从催化剂发展历史来看,第一个重整过程用的是在氧化铝上担载氧化钼的催化剂,这是在 1939 年由 NewJersey 的标准油(Exxon)、Indiana 的标准油(Amoco)和 M. W. Kellog 的公司共同开发出来的。1949 年,UOP 利用氧化铝上的铂制成了由酸位和金属位组成的双功能催化剂,开发出了一个新过程(铂重整),该过程被迅速用于重整过程[17]。虽然目前有不少含新型助催化剂的商品催化剂,铂依然是现代石脑油重整催化剂的主要活性组分。当然从 20 世纪 40 年代开始,在催化剂中已经引入了一种或几种别的金属成分,包括铼、铱和锡。这样的双金属和多金属催化剂大大改善了稳定性(循环次数)和选择性。现在铂-铼催化剂已成为应用最广泛的一种重整催化剂,因为它有较大的焦炭容限性,因此有更长的循环时间(再生周期之间的时间)。另外还有可能减低操作压力和有利于提高平衡条件下的收率;同时,由于保持了有吸引力的循环时间,还可以节约能量。典型的铂-铼催化剂的循环时间较只有铂的催化剂的情况可以提高 2~4 倍[18, 19]。

催化剂的具体功能可解析如下,由于重整过程有芳构化和异构化两种不同类型的反应。因此,要求重整催化剂具备脱氢和裂化、异构化两种活性功能,即重整催化剂的双功能。

1) 脱氢功能

一些金属元素如铂,提供环烷烃脱氢生成芳烃、烷烃脱氢生成烯烃等脱氢反应功能,也叫金属功能。目前应用最广的是贵金属铂。一般来说,催化剂的活性、稳定性和抗毒物能力随铂含量的增加而增强。但铂是贵金属,其催化剂的成本主要取决于铂含量。随着载体及催化剂制备技术的改进,使得分布在载体上的金属能够更加均匀地分散,重整催化剂的铂含量趋向于降低,一般为 0.1%~0.7%。

2) 酸性功能

由卤素提供的烯烃环化、五元环异构等异构化反应功能,也叫酸性功能。随着卤素含量的增加,催化剂对异构化和加氢裂化等酸性反应的催化活性也增加。在卤素的使用上通常有氟氯型和全氯型两种。氟在催化剂上比较稳定,在操作时不易被水带走,因此氟氯型催化剂的酸性功能受重整原料含水量的影响较小。一般氟氯型新鲜催化剂含氟和氯约为 1%,但氟的加氢裂化性能较强,会使得催化剂的选择性变差。氯在催化剂上不稳定,容易被水带走,这也正好通过注氯和注水控制催化剂酸性,从而达到重整催化剂的双功能合适配合。一般新鲜全氯型催化剂的氯含量为 0.6%~1.5%,实际操作中要求氯稳定在 0.4%~1.0%。

3）助催化剂

助催化剂是指本身不具备催化活性或活性很弱,但其与主催化剂共同存在时,能改善主催化剂的活性、稳定性及选择性的催化剂。近年来重整催化剂的发展主要是引进第二、第三及更多的其他金属作为助催化剂,一方面,减小铂含量以降低催化剂的成本,另一方面,改善铂催化剂的稳定性和选择性,把这种含有多种金属元素的重整催化剂叫双金属或多金属催化剂。目前,双金属和多金属重整催化剂主要有以下三大系列。①铂铼系列:与铂催化剂相比,初活性没有很大改进,但活性、稳定性大大提高,且容碳能力增强(铂铼催化剂容碳量可达 20%,铂催化剂仅为 3%~6%),主要用于固定床重整工艺。②铂铱系列:在铂催化剂中引入铱可以大幅度提高催化剂的脱氢环化能力。铱是活性组分,它的环化能力强,其氢解能力也强,因此在铂铱催化剂中常常加入第三组分作为抑制剂,改善其选择性和稳定性。③铂锡系列,铂锡催化剂的低压稳定性非常好,环化选择性也好,其较多应用于连续重整工艺。

4）载体

一般来说,载体本身并没有催化活性,但是具有较大的比表面积和较好的机械强度,它能使活性组分很好地分散在其表面,从而更有效地发挥其作用,节省活性组分的用量,同时也可提高催化剂的稳定性和机械强度。目前,作为重整催化剂的常用载体有 $\eta\text{-}Al_2O_3$ 和 $\gamma\text{-}Al_2O_3$。$\eta\text{-}Al_2O_3$ 的比表面积大,氯保持能力强,但热稳定性和抗水能力较差,因此目前重整催化剂常用 $\gamma\text{-}Al_2O_3$ 做载体。载体应具备适当的孔结构,孔径过小不利于原料和产物的扩散,易于在微孔口结焦,使内表面不能充分利用而使活性迅速降低。采用双金属或多金属催化剂时,操作压力较低,要求催化剂有较大的容焦能力以保证稳定的活性。因此这类催化剂载体的孔容和孔径要大一些,这一点从催化剂的堆积密度可看出,铂催化剂的堆积密度为 0.65~0.8 g/cm^3,多金属催化剂则为 0.45~0.68 g/cm^3。

4.2.3　加氢处理

催化加氢是在氢气存在下对石油馏分进行催化加工过程的通称,催化加氢技术包括加氢处理和加氢裂化两类。本节中的加氢处理仅指前者,即各种油品在氢气下进行催化改质的总称。加氢处理的目的就是对油品进行脱硫、脱氮、脱氧、烯烃饱和、芳烃饱和以至脱除金属和沥青质等杂质,以达到改善油品的气味、颜色组成和安定性,防止腐蚀,进一步提高油品质量,满足环保对油品的使用要求。加氢处理具有原料油的范围宽,产品灵活性大,液体产品收率高,产品质量高,对环境友好,劳动强度小等优点,因此广泛用于原料预处理和产品精制。

4.2.3.1 加氢处理的化学过程

加氢处理反应包括加氢脱硫反应(HDS),即石油馏分中的硫化物发生氢解反应,生成烃和 H_2S;加氢脱氮反应(HDN),石油馏分中的氮化物在加氢条件下,反应生成烃和 NH_3;加氢脱氧反应(HDO),含氧化合物在加氢反应条件下的分解反应;以及加氢脱金属(HDM)反应,石油馏分中的金属在加氢反应条件下的脱除反应。

4.2.3.2 加氢处理催化剂

作为加氢处理催化剂,必须具有在富含硫条件下正常工作的能力。但是铂、镍和其他加氢活性比较高的金属,只能在不含硫的环境下工作。早期在该类型反应中面临的一个挑战就是寻找一种在高硫含量条件下可以维持加氢活性的催化剂。现在我们知道的答案是采用金属硫化物。对已知金属硫化物的研究发现,其中几种具有加氢脱硫活性,而硫化钼(MoS_2)的效果最好。实际上,现在所有商业化的加氢处理催化剂都是以其为基本活性组分。

目前,加氢处理催化剂活性组分一般是ⅥB族金属氧化物或者硫化物,如 MoO_3、WO_3 等,助催化剂一般为Ⅷ族金属氧化物或硫化物,如 CoO、NiO 等,载体一般选取氧化铝或者无定型硅酸铝。根据加氢处理需要的不同,可以对上述活性组分与助催化剂组分进行组合,形成各种不同配方、不同加工性能的加氢处理催化剂。

MoS_2 是典型的层状结晶,每一层就像一个分子级的夹心面包,其中两层硫作为面包片,一层钼作为花生酱。这些夹心面包结构具有很有趣的物理、化学性能。同时,两层之间可以轻易地滑动,因此 MoS_2 也是优越的固体润滑材料。硫化钼(MoS_2)在结构与化学性质上与 MoS_2 相似,因此也被用于加氢处理催化剂中,特别在要求裂化活性高的加氢处理催化剂中,更是如此。但是,钨的价格比钼昂贵,限制了其作为催化剂的应用。MoS_2 有足够的加氢催化活性,少量镍或钴的加入可以使其催化活性大幅度地提高。但这些助催化剂单独存在时却没有明显的加氢活性。为此,人们提出了多种镍、钴的助剂效应及其作用方式,但至今仍未有公认的机理。

4.2.4　加氢裂化

加氢裂化是在高温、高氢压和催化剂存在条件下,使重质油发生裂化反应,转化成汽油、柴油和航空煤油的过程。该工艺是流化催化裂化(FCC)的一种补充工艺,对芳烃含量较高的重质原油尤其适用。加氢裂化的目的在于将大分子裂化为小分子以提高轻质油收率,同时还除去一些杂质。加氢裂化是在高压氢气气氛下进行的催化裂化反应,因需要消耗大量的氢气,致使该工艺的运转成本昂贵。但是其产品具有低硫、低烯烃、低芳烃等特点,满足清洁、高质量、高产率的加工要求。因此,加氢裂化是最符合甚至超过当今严格的环境规范标准的加工手段。

加氢裂化过程的实质是催化裂化与催化加氢两种反应的有机结合。加氢裂化的主要特点是原料广泛,产品质量优越,轻质油收率较高。加氢裂化可以利用不同原料,采用不同工艺流程和操作条件,根据市场需求生产重整原料(重石脑油)、航空煤油、柴油、乙烯原料(轻石脑油)以及液化石油气等。因此依照其所加工的原料油不同,加氢裂化可分为馏分油加氢裂化、渣油加氢裂化。

4.2.4.1　加氢裂化的化学过程

加氢裂化过程同时发生的重要反应包括氢气在芳烃上的加成反应;氢气在烯烃双键上的加成反应;烷烃和芳烃上烷基侧链的酸催化裂化;烷烃和异构烷烃的酸催化异构化反应;催化剂表面上焦炭的生成;加氢脱除焦炭。

以烷烃和烯烃为例:烷烃与烯烃加氢裂化反应过程中都是生成分子质量相对更小的烷烃,主要发生包括加氢、裂化和异构化反应。其中加氢裂化反应包括 C—C 的断裂反应和生成的不饱和分子碎片的加氢饱和反应或烯烃通过加氢转化为相应的烷烃;异构化反应则包括原料中烷烃分子的异构化和加氢裂化反应生成的烷烃的异构化反应或双键位置的变动和烯烃链的空间形态发生变动。其通式为

$$nC_nH_{2n+2} + H_2 \longrightarrow C_nH_{2n+2} + C_{n-m}H_{2(n-m)+2}$$
$$nC_nH_{2n} + H_2 \longrightarrow C_nH_{2n+2} + C_{n-m}H_{2(n-m)+2}$$

对于芳香烃来说,由于加氢裂化条件苛刻,芳烃除侧链断裂外,还会发生芳香烃的加氢饱和反应,如苯在加氢条件下反应首先生成六元环烷,然后发生前述相同反应。烷基苯加氢裂化反应主要有脱烷基、烷基转移、异构化、环化等反应,使得产品具有多样性。在加氢裂化条件下,多环芳烃的反应非常复杂,它只有在芳香环加氢饱和反应之后才能开环,并进一步发生随后的裂化反应。稠环芳烃每个环的加氢和脱氢都处于平衡状态,其加氢过程逐环进行,并且加氢难度逐环增加。

4.2.4.2　加氢裂化催化剂

加氢裂化采用的是同时具有加氢和裂化两种作用的双功能催化剂。其加氢功

能由金属活性组分所提供,而裂化功能则由具有酸性的无定形硅酸铝或沸石分子筛载体所提供。在催化裂化条件下,多环芳烃首先被吸附在催化剂的表面,随即脱氢缩合成焦炭,使催化剂迅速失活;而加氢裂化过程中多环芳烃可以加氢饱和成单环芳烃,基本上不会生成积碳,因此催化剂的寿命可延长至数年。当然根据不同的原料和产品要求,在实际装置中还需对这两种组分的功能进行适当的选择和匹配。其作用是将进料转化成希望的目的产品,并尽量提高目的产品的收率和质量。目前实际加氢裂化装置所用的催化剂包括:加氢活性组分、裂化剂以及催化剂助剂三个部分。

其中加氢组分的作用是使原料油中的芳烃,尤其是多环芳烃加氢饱和;使烯烃,主要是反应生成的烯烃迅速加氢饱和,防止不饱和分子吸附在催化剂表面上,生成焦状缩合物而降低催化活性。因此,加氢裂化催化剂可以维持长期运转,不像催化裂化催化剂那样需要经常烧焦再生。

加氢活性组分都是由ⅥB族或Ⅷ族的金属组成,通常有铂、钯、镍等金属和钨、钼、镍、钴的混合硫化物,它们对各类反应的活性顺序为:加氢饱和 Pt, Pb > Ni > W - Ni > Mo - Ni > Mo - Co > W - Co。

加氢活性主要取决于金属的种类、含量、化合物状态及在载体表面的分散度等。活性氧化铝是加氢处理催化剂的常用载体。活性组分中铂和钯虽然具有最高的加氢活性,但由于对硫的敏感性很强,仅能在两段加氢裂化过程中,无硫、无氨气氛的第二段反应器中使用。在这种条件下,酸功能也得到最大限度的发挥,因此产品都是以汽油为主。在以中间馏分油为主要产品的一段法加氢裂化催化剂中,普遍采用 Mo - Ni 或 Mo - Co 组合。在以润滑油为主要产品时,则都采用 W - Ni 组合,有利于脱除润滑油中最不希望存在的多环芳烃组分。

加氢裂化催化剂中裂化组分的作用是促进碳-碳链的断裂和异构化反应。常用的裂化组分是无定形硅酸铝和沸石分子筛,通称为固体酸载体。其结构和作用机理与催化裂化催化剂相同。载体还能提供适宜反应与扩散所需的孔结构,担载分散金属均匀的有效表面积和一定的酸性,同时改善催化剂的压碎、耐磨强度与热稳定性;上述性能则主要取决于载体的比表面积、孔体积、孔径分布、表面特性、机械强度及杂质含量等。当然不论是进料中存在的氮化合物,以及反应生成的氨,对加氢裂化催化剂都具有毒性。因为氮化合物,尤其是碱性氮化合物和氨会强烈地吸附在催化剂表面上,使酸性中心被中和,导致催化剂活性损失。因此,加工氮含量高的原料油时,对无定形硅铝载体的加氢裂化催化剂需要将原料预加氢脱氮,并分离出 NH_3 以后再进行加氢裂化反应。但对于含沸石的加氢裂化催化剂,则允许预先加氢脱氮过的原料带着未分离的氨直接与之接触。这是因为沸石虽然对氨也是敏感的,但由于它具有较多的酸性中心,即使有氨存在仍能保持较高的活性。

助剂的作用是调节载体性质及金属组分结构和性质、催化剂的活性、选择性、氢耗和寿命。助剂的加入可使催化剂的反应性能、物化性质等得到明显改善。助剂可有结构助剂、电子助剂、晶格缺陷助剂、扩散助剂、变相助剂、扩孔助剂等,多种多样,当然一种助剂也可以起多种作用,也可以是多种助剂共同起一种作用。目前主要用于加氢裂化催化剂并起重要作用的助剂元素为氟、磷、硼等。以氟为例,氟可取代氧化铝的表面羟基,由于氟的电负性大,相对吸电子能力强,使铝的电子迁移到氟上,铝负电中心对 H 的静电吸引力相对变弱,其束缚力减弱,更容易解离,从而形成更多硼酸,提高催化剂的活性。氟含量较高时,降低催化剂的等电点,减弱多聚 W(Mo) 盐在载体表面的吸附,有利于改善加氢组分在载体上的负载,提高催化剂的加氢活性。磷则可在催化剂表面生成 $AlPO_4$,减少强酸中心数,增加中强酸中心数,从而增强催化剂的抗积碳性能;改善加氢组分在催化剂表面的分散作用,抑制催化剂中镍铝尖晶石的形成,最终提高催化剂的加氢性能。

4.2.5 碳正构烷烃异构化催化剂

异构化是指化合物分子进行结构重排而其组成和分子量不发生变化的反应过程。烃类分子的结构重排主要有烷基的转移、双键的移动和碳链的移动。反应通常在催化剂作用下进行。

低碳正构烷烃是石油产品中的非理想组分,馏分油中正构烷烃的异构化,可以提高汽油的辛烷值和改善含蜡产品的低温性能。对于汽油组分来说,烷烃的异构化程度越高,越有利于提高汽油的辛烷值。20 世纪 80 年代以来,由于环保的要求,汽油质量向无铅、低芳烃、低蒸汽压、高辛烷值和高氧含量方向发展。从而使烷烃的催化异构化生产工艺得到迅速发展。为降低汽车尾气对环境的污染,含铅汽油添加剂被禁止使用,而无铅汽油中的芳烃的含量亦需限制,为此,相应地需要加入液态支链烷烃及醚类、醇类等含氧化合物以保持高辛烷值。工业上具有高辛烷值的支链烷烃主要由直链饱和烷烃异构化及烃烯烷基化反应来生产。例如在直链烷烃的异构化中,正丁烷异构化是一个关键反应,其产物异丁烷可与丁烯烷基化生产具有高辛烷值的异辛烷。另外,异丁烷也是生产异丁烯的原料,而由异丁烯合成的甲基叔丁基醚(MTBE)或乙基叔丁基醚(ETBE)是高性能的汽油添加剂,可用来增加汽油的抗震性及提高燃烧效率。

异构化技术的核心是催化剂。在石油产品的炼制过程中,加氢异构化反应多是在临氢条件下,通过双功能催化剂转化为支链烷烃的过程,同时伴有裂解反应的发生。所谓双功能催化剂,是指既具有加氢-脱氢活性又具有酸性裂化活性的物质。

以丁烷异构为例,最早期的催化剂是 H_2SO_4 和 HF 等,但是虽然其酸强度高,但由于具有强烈的腐蚀性和毒性,容易引起严重的环境污染,因此随着环保和安全意识的日益增强而被废弃。相对于液体酸来讲,固体酸催化剂具有易与产物分离、无腐蚀性、对环境危害小、可重复利用等诸多优点,常用的有三氯化铝-氯化氢、氟化硼-氟化氢等。这类催化剂活性高,所需反应温度低,虽然其活性高,但是却很难操作和维护,腐蚀以及催化剂床堵塞是问题之源,同时需要高操作和维护费用。

随后,铂系催化剂成为工业上使用的正丁烷异构化催化剂。在这类催化剂中,常以分子筛或三氧化二铝为固体酸性载体,负载贵金属铂(之后还有尝试使用钯以及非贵金属钴、镍、钼和钨等作为活性金属组分)。这类催化剂属于双功能催化剂,其中金属组分起加氢和脱氢作用,固体酸起异构化作用。采用这类催化剂时,反应需在氢存在下进行,故也称临氢异构化催化剂,用于气相异构化。烷烃、烯烃、芳烃、环烷烃的异构化也可采用。其优点是结焦少,使用寿命长。对这类反应,在催化剂表面,反应经历了脱氢、烯烃异构化和异烯烃加氢等过程,因此这类催化剂中金属组分的加氢-脱氢活性和分子筛酸性之间的平衡至关重要。

对于分子筛载体来说,分子筛孔道结构决定了异构产物的择形性,分子筛的酸位则是由低钠分子筛获得的。对于氧化铝载体来说,虽然分子筛基的催化剂在异构活性方面已经得到了不断改进,但其操作温度依然高于氯化的氧化铝催化剂($200\sim260℃$相对于$120\sim150℃$)。但在低温下,对异构体的最大生产和改进辛烷值更为有利。丁烷异构较之C_5/C_6异构需要更低的温度,所以氯化的铂-氧化铝更有利于正丁烷异构生产异丁烷。但是总体来说这类催化剂很容易中毒,对水和芳香烃很敏感。此外,在反应过程中需不断加入适量的氯化物助剂,以避免催化剂失活,因此新型催化剂的研究具有重要的意义。

4.3　石油替代技术中的催化材料

现代新型煤制油化工技术是以煤炭为基本原料,经过气化、合成、液化、热解等煤炭利用的技术途径,生产洁净能源和大宗化工产品,如合成气、天然气、柴油、汽油、航空煤油、液化石油气、聚乙烯、聚丙烯、甲醇、二甲醚等。这就改变了传统的煤炭燃烧、电石、炼焦等以高污染、低效率为特点的传统利用方式。对于中国来说,发展煤制油技术是开发石油替代技术的重要一环,具有重要的战略意义。这是由于,虽然以石油为代表的化石燃料是当前人类使用的主要能源,但中国煤炭的储量则较石油更占优势,累计探明保有储量超过1万亿吨,占世界储量的11.6%,其中经济可采储量约占30%。煤炭在全国一次能源生产和消费中的比例一直占70%以上,在未来$30\sim50$年内,仍有可能保持在50%以上。充分利用我国丰富的煤炭资源,大力开发以煤代油技术是缓解我国一次能源结构中原油供应不足的措施之一。

煤炭液化技术是指通过脱碳和加氢,煤炭可以直接或间接转化成液体燃料。煤炭液化有两种不同的技术路线,一种是直接液化,即将煤在氢气和催化剂作用下通过液化生成粗油,再经加氢精制转变为汽油、柴油等石油燃料制品的过程,因液化过程主要采用加氢手段,故又称煤加氢液化法。煤直接液化典型的工艺过程主要包括煤的破碎与干燥、煤浆制备、催化剂制备、氢制取、加氢液化、固液分离、液体产品分馏和精制,液化大规模制备氢气通常采用煤气化或者天然气转化。一般来讲,煤炭直接液化的用煤要求如下。

(1)煤中的灰分要低,一般小于 5%,因此原煤要进行洗选,生产出精煤进行液化。

(2)煤的可磨性要好。

(3)煤中的氢含量越高越好,氧的含量越低越好。

(4)煤中的硫分和氮等杂原子含量越低越好,以降低油品加工提质的费用。

以神华煤加氢液化项目为例,2004 年,神华百万吨级煤直接液化示范工程开始建设,并于 2008 年底顺利投产运行。该技术的工艺主要特点有:采用高活性铁系液化催化剂、循环溶剂预加氢、强制循环悬浮床反应器、减压蒸馏分离沥青和固体等。但是总体来说煤直接液化的操作条件苛刻,对煤种的依赖性强。

另一种煤炭液化技术是间接液化技术。典型的煤炭间接液化工艺包括煤气化(煤气净化、变换和脱碳)、F - T 合成、油品加工等 3 个"串联"过程。其中煤炭气化是煤在气化炉内,在一定温度及压力下与气化剂(如蒸汽/空气或氧气等)发生气化过程,包括煤的热解、气化和燃烧反应等一系列化学反应,将固体煤转化为含有 CO、H_2、CH_4 等可燃气体和 CO_2、N_2 等非可燃气体的过程。F - T 合成则是基于 1923 年德国科学家 Frans Fischer 和 Hans Tropsch 发明的费托合成方法(Fischer-Tropsch Snthesis,简称 F - T 合成或费托合成)[20],F - T 合成技术的核心是将煤、天然气或生物质(主要是纤维素、半纤维素、木质素)等原料加工生成合成气(CO 和 H_2)。费托合成过程中在铁或钴基催化剂表面,合成气经过化学反应可以转化为气态、液态或者固态的直链碳氢化合物,同时还伴随有含氧化合物的生成和水煤气变换(WGS)反应。油品加工过程则是基于 F - T 合成的产品进一步经过油品加氢提质得到柴油、石脑油等产品。煤基费托合成可分为高温费托合成(350℃)和低温费托合成(250℃),高温合成可以生产石脑油、聚烯烃等多种化工品和燃油,低温合成以柴油等燃油为主。费托合成产品可以根据市场需要加以调节,生产高附加值、价格高、市场紧缺的化工产品。相比煤炭直接液化,煤基费托合成工艺用煤取决于煤种与气化工艺的相对适应性,因此具有煤种适应性强的特点。

煤炭间接液化是将煤经化学加工转化成洁净的便于运输和使用的液体燃料、化学品或化工原料的一种先进的洁净煤技术。同时费托合成的反应物(即合成气)

可由煤、天然气或生物质经气化或重整等过程转化而来。费托合成的产物碳氢化合物具有无硫、无氮和无芳烃等特点，因而由费托合成生产的液体燃料（如清洁柴油等）可满足日益苛刻的环保要求。同时费托合成产物还可以是低碳烯烃等现行化工过程的关键原料。因此，费托合成反应是煤、天然气和生物质等非油基资源间接转化为高品位液体燃料和化工原料的一个关键步骤。而且这项技术不仅可以有效地减少大气污染，而且为替代石油资源的开发提供了新的途径，并且所生产的超清洁液态燃料也能够满足人们对环境保护日益苛刻的要求，因而越来越为人们所关注。

煤制甲醇再转制烯烃（methanol to olefins，MTO）是一个重要的新型煤炭 C1 化工工艺，是指以煤气化合成气后转化为甲醇，再通过 MTO 生产低碳烯烃的化工技术。该技术是以煤替代石油原料的不足生产烯烃产品。MTO 技术是一条制取基本有机化工原料的非石油原料路线。目前中国的石化产品中，乙烯、丙烯及其衍生物自给率一直在 50% 上下徘徊，供需矛盾长期存在，市场发展空间巨大，国际油价波动更使得发展替代生产路线的经济拉动力增强。另一方面，中国的甲醇生产能力快速增长，市场出现过剩局面，为以甲醇为中间体的 C1 化工的发展提供可靠的原料来源。这给以煤炭（或天然气）为原料、经由甲醇生产低碳烯烃产业的快速发展带来前所未有的机遇。因此，在煤炭与天然气资源极其丰富、占世界总储量 1/6 的大背景下，中国应开发以煤、天然气为原料经由甲醇制取烯烃的新工艺过程，发展一条不仅能减轻和缓解对石油的需求和依赖，还可为我国一些富煤（气）少油、缺油地区提供一条发展化工产业的现实可行的新途径，从而改变乙烯、丙烯等烯烃基本有机化工原料只能从石油中提炼获取的困窘现状。

我国是一个富煤、缺油、少气的国家，资源禀赋的特点决定了煤炭在我国能源结构中的重要性，在我国一次能源的消费结构中，煤炭占有 70% 左右的份额，同时从长期来看，国际油价上升趋势不可避免。在此情况下，出于国家能源安全与经济利益的双重考虑，寻找符合中国国情的石油补充和替代方案是我国的战略选择。同时开发煤制油和煤制烯烃技术和开展工业化示范，实现煤炭清洁转化利用，对保障我国能源安全具有重要的战略意义。本章将对前述的两个重要的石油替代技术，即费托合成和 MTO 过程中涉及的反应以及催化材料问题做详细叙述。

4.3.1　煤基费托合成

煤炭间接液化（煤基费托合成）首先是将煤通过气化制成原料气，然后经过净化、变换获得合成气，F - T 合成是指由德国化学家 Frans Fischer 和 Hans Tropsch 于 1925 年发明的"Fischer-Tropsch process"合成转换策略。费托合成过程的研究已有 80 余年的历史，但费托合成工业的规模也随着世界原油价格的波动而波动。

如前所述,这项技术最早是 1923 年由德国科学家 Frans Fischer 和 Hans Tropsch 发明的。1936 年,德国采用硅藻土负载的钴基催化剂和常压多段费托合成工艺实现了液体燃料的商业生产。1939—1944 年德国鲁尔等公司、美国石油部等开展了廉价铁系催化剂的研究,并最终使其成为费托合成工业化的催化剂[21]。二战后,廉价石油的供应增长,导致世界各国大都停止了对费托合成的研究,唯有南非例外。南非发展了以铁催化剂为核心的煤合成油技术,Sasol 公司年产液体燃料 520 万吨、化学品 280 万吨,20 世纪 70 年代的石油危机促使世界各国开始重新投入到对费托合成的研究。1976 年,美国 Mobil 公司开发了 ZSM - 5 分子筛作为费托合成烃类改质的催化剂,为以合成气为原料选择性合成窄分子量范围的特定类型烃类产品开辟了新途径[22]。进入 90 年代,石油资源日趋短缺和劣质,而天然气探明的可采储量持续增加,以天然气为原料通过费托技术合成燃料开始受到广泛的关注[23]。同时,生物质作为费托合成的原料来制取液体燃料也进入人们的视野。近年来,随着石油资源的逐渐耗竭以及世界范围内对新能源和资源需求的不断攀升,通过费托合成反应制备液体燃料或高附加值化学品的途径已获得广泛认可。

4.3.1.1　费托合成化学过程

费托合成除了生成烷烃、烯烃和甲烷外,还伴随有机含氧化合物的形成反应、水煤气变换(WGS)以及 CO 歧化反应。费托合成过程中涉及的主要化学反应如下[24]。

烷烃生成主反应:

$$(2n+1)H_2 + nCO \longrightarrow C_nH_{2n+2} + nH_2O$$
$$(n+1)H_2 + 2nCO \longrightarrow C_nH_{2n+2} + nCO_2$$

烯烃生成主反应:

$$(2n)H_2 + nCO \longrightarrow C_nH_{2n} + nH_2O$$
$$(n)H_2 + 2nCO \longrightarrow C_nH_{2n} + nCO_2$$

生成醇、醛等含氧有机化合物的反应:

$$(2n)H_2 + nCO \longrightarrow C_nH_{2n+1}OH + (n-1)H_2O$$
$$(n+1)CO + (2n+1)H_2 \longrightarrow C_nH_{2n+1}CHO + nH_2O$$

水煤气变换反应:

$$CO + H_2O \longrightarrow CO_2 + H_2$$

F - T 反应的主要副反应是甲烷化反应和 CO 歧化反应:

$$2CO \longrightarrow C + CO_2$$

上述反应虽然都有可能发生,但其发生的概率随催化剂和操作条件的不同而变化。传统费托合成的烃类产物主要遵从典型的 ASF(Anderson-Schulz-Flory)分布[25],只有甲烷和重质石蜡有较高的选择性,其余馏分都有选择性极限: C_5 - C_{11} 汽油馏分 45%, C_{12} - C_{20} 柴油馏分 30%。因此费托法只能得到混合烃产物($C_1 \sim C_{200}$不同烷、烯的混合物及含氧化合物等),单一产物的选择性低。费托合成技术的关键问题之一是催化剂选择性的调控,即抑制 CH_4 等副产物的生成,提高某一馏分油的含量。因此,研究开发产物质量分率可以超越 ASF 分布的限制,有选择性地合成目标烃类(液体燃料、重质烃或烯烃等)的催化剂是将来费托合成的重要方向。

试验研究证明,对费托合成最具活性的金属是第Ⅷ族过渡金属,如铁、钴、镍、钌等,其中钌的费托反应活性最高,即使在 150℃ 的低温下仍有较高的活性,且能获得较高的重烃收率,但由于其价格昂贵,目前仅限于基础研究。镍吸附 CO 的能力强,对液态烃有一定的选择性,但镍甲烷化趋势严重,且在高压反应时易形成挥发性的碳基镍而从反应器中流失。因此,费托合成多采用铁、钴催化剂,它们也是最早实现工业化的费托合成催化剂。

4.3.1.2 费托合成催化剂

1) 费托合成铁基催化剂

自 1923 年德国科学家 Fishcer 和 Tropsch 发现在铁催化剂上进行 CO 加氢反应得到液态烃类产物以来,各国研究者对铁基催化剂开展了广泛深入的研究。用于费托合成的铁基催化剂可通过沉淀、浸渍、烧结或熔融氧化物等方法制备。目前研究较多的主要是熔铁型和沉淀型铁基催化剂。熔铁型催化剂比表面积小,催化活性低,一般用于高温费托合成,产物多以低碳烃为主。沉淀型催化剂比表面积大,催化活性高,适用于低温费托合成,产物分布广,C_5^+ 烃类选择性高,用途更为广泛。由于铁基催化剂在还原和费托反应过程中物相变化复杂(不同结构的金属铁、碳化铁及铁氧化物),使得铁物相和费托合成反应活性的关联变得尤为困难。鉴于铁碳化物的复杂性,目前对于费托合成中铁的活性相尚无明确结论。

单一活性组分的铁催化剂有其局限性,所以部分研究转向了双活性组分催化剂,如 Fe-Co, Fe-Zn, Fe-Mn, Fe-Cr 和 Fe-Ni 等[26, 27]。例如研究发现不同组分双金属催化剂显示着截然不同的费托性能。与单金属相比,Fe-Zn 催化剂具有较高的初活性但稳定性略差;Fe-Mn 和 Fe-Cr 催化剂则具有相对低的初活性但稳定性好,这可能是由于双组分催化剂微结构上的差异导致。由此可见,研究双活性金属催化剂是目前提高费托合成低碳烯烃含量的重要方向。

铁基催化剂的助剂效应非常显著,添加助剂对调节铁基催化剂的费托活性和选择性有着至关重要的作用。单纯铁催化剂的活性、选择性及稳定性均不理想,添加助剂可显著改善铁基催化剂的费托合成反应性能。常用的助剂包括电子型助剂和结构型助剂两类。其中电子型助剂能够加强或削弱催化剂与反应物之间的相互作用,主要有碱金属类和过渡金属类。碱金属阳离子对金属铁起电子给体的作用,能够削弱 C—O 键,加强 Fe—C 键,从而促进 CO 的化学吸附,有助于控制催化剂的选择性。助剂钾是最常用的碱金属助剂,由于较强的电子助剂作用,导致其对铁基催化剂的费托反应性能有十分重要的影响[28]。首先,钾助剂的添加可改变铁基催化剂的活性。添加助剂钾可使 C—O 键解离能力提高,促进铁氧化物的还原和碳化,易于形成小尺寸 FeC 活性相物种,从而提高费托反应活性;但 CO 和 H_2 在催化剂表面的竞争吸附使得钾的添加量有一个最佳值,过高的钾含量导致 CO 解离吸附被大大促进,而 H_2 的吸附受到抑制,因此反应活性得不到进一步的提高。其次,钾助剂的添加可改变铁基催化剂的产物分布。少量钾助剂的添加可使产物分布向重质烃方向偏移,同时可提高烯烃的选择性。过渡金属铜是铁基催化剂中最常用的还原性助剂。少量铜助剂的加入能降低催化剂的还原温度,促进铁氧化物的还原和碳化,它与钾一起使用还具有协同作用。然而,有关助剂铜对产物选择性方面影响的研究结果并不一致[29, 30]。过渡金属元素锌和锰也是铁基费托合成催化剂中两种重要的助剂,它们对铁同时存在结构效应和电子效应,能与铁发生强烈的相互作用,甚至形成化合物或固溶体结构。

结构型助剂能提高催化剂中活性相的分散,阻止活性组分的聚集、烧结,同时还可显著提高催化剂的孔隙率和机械强度,从而在一定程度上改善催化剂的费托合成反应性能。常见的结构型助剂主要有 SiO_2,Al_2O_3 等。从费托反应性能考虑,SiO_2 是当前公认的最适合充当铁基催化剂的结构助剂[31, 32]。SiO_2 的添加可改善沉淀 Fe/Cu/K/SiO_2 催化剂的抗磨损性能,且不会牺牲催化剂的活性。SiO_2 还能抑制催化剂的还原和碳化,提高催化剂的运行稳定性,增强烯烃加氢和异构化等二次反应。另一种常用的费托合成催化剂结构助剂是 Al_2O_3,Al_2O_3 的比表面积比 SiO_2 小,但同时具有表面酸中心和碱中心,能促进铁基催化剂中铜、钾助剂的分散,进而提高催化剂的反应活性。还能显著影响铁催化剂的表面碱度、还原性和渗碳行为,通过 Fe - Al_2O_3 相互作用,提高了轻烃的选择性同时减少了重烃的生成[33, 34]。

无论从催化剂对反应条件(操作温度、压力、合成气成分等)的适应性、还是反应产物选择性的控制上来说,铁基催化剂都是一种能够满足不同要求的催化剂。通过调整助剂成分或反应温度,铁基催化剂可以高选择性地合成低碳烯烃、重质烃和含氧有机化合物等。多数研究认为 FeC 是费托合成反应的活性相,然而它易于被副产物水氧化或因积碳而失活。铁基催化剂由于对 WGS 变换反应活性较高,可在较低的 H_2/CO 下进行费托反应,更适用于以煤或生物质制取合成气的费托合成技术；但也因此会在费托合成反应中产生副产品 CO_2，这无形中增加了尾气循环系统的投资和操作费用。

2）费托合成钴(Co)基催化剂

金属钴是钴基催化剂在费托反应中的活性相。相较于铁基催化剂，钴的价格较贵，一般负载于氧化物如 SiO_2，Al_2O_3，TiO_2 或分子筛等载体上。钴基催化剂通常为负载型催化剂，金属钴是费托反应的活性中心，由金属钴原子组成的活性位的数量和大小决定了催化剂的性能。已有的研究发现当金属钴颗粒大于 6 nm（0.1 MPa）或大于 8 nm（3.5 MPa）时，费托合成反应是结构非敏感反应，即 CO 加氢的转化频率（TOF）和 C_5^+ 选择性不随钴粒子尺寸的变化而改变；而当金属钴颗粒从 8 nm 减少到 2.6 nm 时，TOF 则从 $23 \times 10^{-3}\,s^{-1}$ 下降到 $1.4 \times 10^{-3}\,s^{-1}$，同时 C_5^+ 选择性从 85％ 下降到 51％。因此，适合费托反应的最小钴颗粒尺寸范围为6～8 nm[35, 36]。

钴基催化剂载体效应非常明显，不同种类和性质的载体对于钴基催化剂费托反应性能（CO 转化率、产物选择性、寿命等）产生很大的影响。载体的作用归纳起来主要有分散活性金属钴、增加催化剂比表面积并提供合适的孔道结构以及提高催化剂机械强度和热稳定性等。费托合成钴基催化剂常用载体有氧化物、分子筛和碳材料等。

例如以 TiO_2 作载体的催化剂，由于具有高温还原性能好、低温活性高、热稳定性佳和抗中毒性强等特点而备受关注。TiO_2 与钴有较强的相互作用，能使金属-载体界面处形成新活性位，从而使催化剂具有较高的活性和 C_5^+ 碳烃选择性，例如研究发现，在 TiO_2，SiO_2，Al_2O_3，MgO 载体上负载钴催化剂，其中 Co/TiO_2 的费托反应活性最高，其次是 Co/Al_2O_3 和 Co/SiO_2。但 TiO_2 载体比表面积较小，往往需要加入一些助剂以调节催化剂的孔结构[37]。

介孔分子筛载体则是另外一个研究热点。介孔分子筛是指孔径为 2～50 nm、孔分布均匀且具有规整孔道结构的无机多孔材料。以介孔分子筛作为载体的钴催化剂，既具有金属钴的碳链增长能力，又具有分子筛的酸催化特点。介孔分子筛不仅限制钴颗粒在分子筛超笼内的尺寸大小，而且其规整的孔道结构影响反应物和反应中间产物在分子筛孔道内的扩散，其特有的酸性中心一方面能将生成的长链烃裂解成碳数较小的烃，另一方面又能使直链烃发生异构化反应，从而使产物烃偏离 ASF 分布，改变催化剂反应活性及产物选择性。基于以上特点，介孔分子筛作为费托合成催化剂载体的研究越来越多。但是实际研究显示以分子筛为载体的催化剂其性能与无定形 SiO_2 负载的钴催化剂类似，预期的择形效应表现得并不显著。此外，分子筛表面具有丰富的羟基，易与钴形成难还原的硅酸钴物种，从而导致催化剂还原度较低。为规避分子筛表面羟基与钴之间的较强相互作用，Tsubaki

研究组制备了 ZSM－5 分子筛膜包覆的 Co/SiO₂ 类核壳结构的双功能催化剂[38, 39]。在实际反应中,原料气(CO＋H₂)可以渗透通过外层的分子筛膜,到达具有费托合成功能的 Co/SiO₂ 催化中心,生成的烃类产物扩散通过外层的分子筛膜层时在酸性位上发生裂化和异构化反应,从而抑制了高碳数烃类化合物 C_{10}^+ 的形成,提高了短链异构烃的选择性。通过合理设计类核壳结构的双功能催化剂,有可能实现一步费托合成反应高选择性地制取某一特定碳数范围的烃类产品(如汽油馏分或柴油馏分)。

钴基催化剂对助剂的依赖不如铁基催化剂那么强,即使没有助剂亦可取得较好的费托催化性能。但适当地使用助剂可增加钴物种的还原度及分散度,或改善 CO 的吸附,有利于碳链增长。钴基催化剂中助剂的研究主要集中于贵金属、过渡金属氧化物和稀土氧化物。

贵金属助剂主要起以下几个作用:促使钴氧化物的还原,形成双金属粒子或合金,提高钴的分散性,抑制催化剂失活,在金属-助剂界面上产生新的活性位;增强 CO 的吸附解离能力,从而使吸附态 CO 的加氢活性提高等,钴基催化剂具有较高的费托活性和碳链增长能力,产物中含氧化合物很少,在反应过程中稳定、不易积碳和中毒。但在高温下反应时钴基催化剂的甲烷选择性明显升高,因此只能工作于低温条件下。另外,钴基催化剂对 WGS 变换反应不敏感,要求原料气接近计量比(H₂/CO＝2,体积比),更适用于以天然气制取合成气的费托合成技术。

总体来说,铁基催化剂因其储量丰富和价格低廉而受到广泛关注,它具有很多优点,如高选择性地得到低碳烯烃,制备高辛烷值的汽油等。但铁基催化剂对水煤气变换反应具有高活性,反应温度高时催化剂易积碳和中毒,且链增长能力较差,不利于合成长链物,合成中铁可以形成碳化铁和氧化铁,然而真正起催化作用的是碳化铁。铁系催化剂通常在两个温度范围内使用,低于 553 K 时在固定床或浆态床中使用,此时的铁催化剂完全浸没在油相中,高于 593 K 时在流化床中使用,温度将以最大限度地限制蜡的生产为界限。铁基催化剂一般以沉淀铁的形式作为催化剂,而沉淀铁催化剂在实际应用中会碰到两个主要的问题:低的催化剂密度(与产物相近)和低的抗磨损能力,前者会导致催化剂很难在反应体系中分离,而后者则会使催化剂颗粒过细而堵塞分离器。金属钴具有高的 CO 加氢活性和高的 F－T 链增长能力,反应过程中稳定且不易积碳和中毒,产物中含氧化合物极少,水煤气变换反应不敏感等特点,而成为 F－T 合成反应的研究热点,钴基催化剂的活性相是金属相,由钴源经焙烧和还原制得。由金属钴原子组成的活性位决定了催化剂的活性。多年的研究证明,费托合成铁基钴基催化剂性价比较高,并已成功用于南非 Sasol 公司和马来西亚 Shell 公司的工业化装置,钴基催化剂与铁基催化剂相比,水煤气反应活性较低,合成产物以 C_5^+ 长链烃为主,是较有发展潜力的费托催化剂。从已有研究结果来看费托合成催化剂的活性组分以铁、钴、钌为主,其活性高低顺序为 Ru>Co>Fe,链增长概率大小顺序大致为 Ru>Co=Fe[40]。因此现行的费托合成工业过程采用铁基或钴基催化剂,根据操作温度可分为低温(190~250℃)和高温(250~350℃)催化剂,根据反应器的类型又可分为浆态床、固定床和流化床催化剂。钌因价格昂贵,现阶段工业化的可能性很小,但从开发新过程和探索反应机理的角度来说仍具有研究意义[6]。

可以预期,作为非油基能源或资源有效利用中的一个核心步骤,费托合成反应将会引起更广泛的重视。费托合成反应的一个关键问题,是如何通过设计和研制催化剂以达到调控产物选择性的目的。目前的工业过程大多首先从合成气制得蜡状高碳烃,而后经催化裂解的两步法制成液体燃料。如果能将合成气高选择性地一步转化为汽油、柴油或航空煤油等高品位液体燃料,将使费托合成过程更具竞争力。另一方面,由费托合成反应直接制烯烃或芳烃等高附加值化工原料的过程同样具有极高的竞争力。这些方面的研究已取得了一些进展,但还很不成熟。要实现这些挑战性课题的突破,需要催化、化工和纳米材料或其他新材料领域的研究者的共同努力,需要从基础研究的角度深入认识催化剂作用机理和催化反应机理,并在此基础上开展催化材料的合理设计乃至全新反应体系或反应过程的构建。

4.3.2　甲醇制烯烃及其催化剂

甲醇转化制烯烃催化剂经历了介孔沸石分子筛、微孔沸石分子筛和硅磷铝微孔分子筛的发展过程。

甲醇转化到高级烃类过程的发展始于 20 世纪 70 年代 Exxon Mobil 公司研究小组两个偶然的发现。在使用 ZSM-5 催化剂研究甲醇转化为其他含氧化合物及甲醇和异丁烷的烷基化这两个反应中,都收获了意想不到的处于汽油馏分的烃类产物,由此发明了甲醇制汽油(methanol to gasoline, MTG)过程[41]。此后,Exxon Mobil 公司又报道了甲醇在分子筛上转化为烯烃的过程(methanol to olefin, MTO)[42]。这两个过程的相继报道,使得能够以甲醇为原料合成原本以石油为原料的石化产品[43]。1973 年和 1979 年爆发的世界范围的两次能源危机为合成油品和合成其他化学品的技术带来了发展契机。随着 MTG 技术和 MTO 技术的开发,Exxon Mobil 公司结合烯烃转化技术,又发展了以 ZSM-5 分子筛催化的甲醇制汽油和馏分油过程(MOGD)[44]。

ZSM-5 沸石是具有十元环交叉孔道结构的硅铝分子筛,其独特的孔道结构和酸性质在甲醇转化反应中表现出优良的反应活性和稳定性。但是 ZSM-5 分子筛的酸性太强,烯烃的生成选择性较低[45]。通过引入金属杂原子和表面修饰对 ZSM-5 催化剂进行改性,可使其酸性降低,空间结构限制增加,从而可以提高

MTO 反应中的低碳烯烃选择性[46—48]。ZSM - 5 分子筛是一类代表性的 MTO 反应催化剂。这是由于甲醇的化学性质非常活泼,甲醇转化为烯烃的反应包含甲醇转化为二甲醚和甲醇或二甲醚转化为烯烃两个反应,固体酸是有效的催化剂。通常的无定形固体酸如 Al_2O_3 - SiO_2,即可使甲醇转化为二甲醚,但生成低碳烯烃的选择性较低。采用合适的分子筛催化剂可以显著提高低碳烯烃的选择性。同时分子筛催化具有的形状选择性效应及结焦也会对该反应造成影响。这是由于原理上,低碳烯烃生成的高选择性是通过使用具有择形催化作用的酸性分子筛来实现的。对于具有快速反应特征并以烯烃为主要产物的甲醇转化反应,所带来的副作用是催化剂上的积碳。积碳的产生将造成催化剂活性的降低,同时又反过来对产物的选择性产生影响。

自从 20 世纪 70 年代 Exxon Mobil 公司的研究人员意外地发现甲醇能够在 ZSM - 5 分子筛上转化为烃类产品(多为汽油组分)[49],分子筛催化甲醇转化的反应机理就引起了人们的极大兴趣[50]。该反应是从只有一个碳原子的甲醇分子出发得到具有 C—C 键的烃类产物,这在当时是非常出乎人们意料的。为了解释 C—C 是如何从甲醇中产生的,人们提出了 20 多种可能的机理模型[43],如卡宾机理、碳正离子机理、自由基机理、氧鎓叶立德机理等。通常称这些机理为直接机理,即初始产物直接来自甲醇或相关 Cl 物种之间的反应。大多数直接机理的实验证据并不充分,其中 Hunger 等通过固体核磁、紫外吸收等手段对甲氧基直接生成含 C—C 键的物种做了大量研究[51]。迄今,第一个 C—C 键的生成仍然是一个谜,但这似乎并没有影响人们探究甲醇转化反应机理的研究进程。近 20 年来最为重要的进展是一种被称为烃池机理的间接机理的提出,该机理得到大量实验事实的支持[52—54]。

在初期甲醇转化反应机理研究中,人们研究的焦点是第一个 C—C 键究竟是如何生成的。早期的研究已经发现,甲醇与酸性分子筛催化剂接触后,部分甲醇脱水生成二甲醚,并发现催化剂表面产生了大量的甲氧基物种[43]。进一步研究证明,烯烃是甲醇在 ZSM - 5 上转化生成汽油的中间产物,并且发现反应具有自催化的特征,存在反应诱导期[55]。因此,研究人员提出了多种生成初始 C—C 键的直接机理[56]。在此基础上,又提出了其他产物的生成途径,即甲醇通过与最初产生的含有 C—C 键的物种(烯烃)进行串联烷基化反应生成高级烃类,高级烃类再进一步发生裂解、氢转移、环化等反应,从而形成最终的产物分布[57]。

然而,一些研究人员认为甲醇通过直接机理产生 C—C 键是非常困难的[58],初始的含有 C—C 键的物种可能来自反应体系中微量的杂质[54]。进一步的研究发现,向反应体系中加入少量的芳烃(如甲苯)能够大幅提高甲醇在 ZSM - 5 上的转化率,因此称芳烃为反应的"共催化剂"[54]。

在甲醇转化的商业化进程中,1979 年新西兰政府在 Fischer-Tropsch 过程

(SASOL)和 MTG 过程(Exxon Mobil)之间选择了当时尚未商业化的 MTG 过程,利用固定床甲醇制汽油技术,率先建成了全球首个天然气制汽油工厂,1986 年其生产能力达到 60 万吨/年,占新西兰全国汽油需求的 1/3,后因经济原因生产汽油的工厂停产。针对甲醇制烯烃过程,国际上的一些知名石化公司,如 Exxon Mobil、BASF、UOP、Norsk Hydro 等也都投入巨资进行技术开发。除了十元环的 ZSM - 5 分子筛外,其他孔径的沸石分子筛材料也被应用于 MTO 反应研究。大孔沸石(如 Y、X、Beta 和丝光沸石等)的反应产物中低碳烯烃的选择性较低,同时还生成芳烃等副产物[55, 59, 60]。微孔沸石(如 CHA、毛沸石、T 型沸石、ZK - 5、TMA - OFF、ZSM - 34、ZSM - 35 等)在低甲醇转化率条件下主要生成低碳烯烃(乙烯、丙烯和丁烯),而在高转化率下得到的是大量的低碳烷烃。这主要是因为狭窄孔口不但对产物生成具有择形效应,也使得积碳产物更易生成和停留于催化剂孔道或笼中,同时生成小分子烷烃[61, 62]。Exxon Mobil 公司以该公司开发的 ZSM - 5 催化剂为基础,最早研究甲醇转化为低碳烯烃并在德国韦瑟灵(Wesseling)进行 4 000 t/a 甲醇制烯烃的示范试验[56]。

1984 年,美国联合碳化物公司(UCC)开发了新型硅磷铝系列分子筛(SAPO - n,其中,n 代表结构类型)[63]。SAPO 系列分子筛具有从六元环到十二元环的孔道结构,孔径为 0.3~0.8 nm,并且具有中等强度的酸性,可适应不同尺寸分子吸附、扩散和反应的要求。随着 SAPO 分子筛的问世,研究人员开始将这类酸性适中的分子筛用于包括 MTO 在内的多个催化反应[64—66]。

当 SAPO - 34 分子筛被应用于甲醇转化反应后,发现乙烯和丙烯的选择性得到大幅提高。为了研究乙烯、丙烯在 SAPO - 34 上的甲醇转化反应中的作用,Dahl 和 Kolboe 等[52]将乙醇和丙醇(脱水生成相应的乙烯、丙烯)分别与 ^{13}C -甲醇进行共进料反应,他们发现 SAPO - 34 上烯烃的反应活性很低,大部分产物直接来自甲醇。据此,Dahl 和 Kolboe 等提出在 SAPO - 34 上有一个被吸附的烃池,它不停地与甲醇反应,并连续地生成乙烯、丙烯、丁烯等产物。这就是最初的烃池机理模型[52],该模型中的烃池是一个模糊的概念,对它的组成、结构、作用机理等均没有具体的描述。

20 世纪 90 年代环球油品公司(UOP)与挪威海德鲁(Norsk Hydro)公司合作开发了以 SAPO - 34 分子筛为催化剂的 MTO 过程和工艺[67]。

虽然已经有多种不同结构和组成的分子筛被用于 MTO 反应中,但 ZSM - 5 和 SAPO - 34 仍然是性能最好的催化剂。因此,大量机理方面的研究工作也是围绕这两种分子筛上甲醇的转化反应开展的。当不同结构的分子筛应用于甲醇转化反应时,产物的选择性表现出非常大的差异。造成这种差异的一部分原因来自分子筛孔径对产物形状的择形效应,如 ZSM - 5 和 SAPO - 34 的孔口分别为十元环

（～5.6Å）和八元环（～3.8Å），因此，芳烃是 ZSM-5 上甲醇转化反应的产物之一，而 SAPO-34 的产物中没有芳烃。另外，不同的分子筛结构对甲醇转化反应的机理也可能产生影响，从而造成产物选择性的差异。

由于 SAPO-34 分子筛中存在超笼，被限制在纳米笼中的多甲基芳烃是甲醇转化反应的活性中心，因此产物乙烯、丙烯主要通过基于芳烃物种的烃池机理而产生。在 ZSM-5 分子筛上，乙烯、丙烯（及更高级烯烃）的生成机理存在差异：乙烯主要通过基于芳烃物种的烃池机理而产生，而丙烯和高级烯烃主要通过烯烃甲基化以及进一步裂解的途径产生[68]。而在孔径与 ZSM-5 相当但结构不同的一维十元环直孔道的 ZSM-22 分子筛上，甲醇的转化反应表现出不同的现象。高空速下的甲醇转化反应表现出极低的甲醇转化率和产物收率，因此，Song 等[69]认为以芳烃物种为基础的烃池机理反应不能在 ZSM-22 的直孔道中进行。其他研究小组[70—72]在相对较低的空速下研究了 ZSM-22 上的甲醇转化反应，发现在适当的反应温度下，甲醇转化率可以达到 100%。另外，同位素实验研究表明烯烃甲基化—裂解是反应的主要途径[73]。这与 ZSM-22 催化甲醇转化反应的产物中乙烯的选择性较低，丙烯及其以上烯烃的选择性较高且几乎没有芳烃的反应特征相一致。同样为十元环一维直孔道的 ZSM-23 和 EU-1 分子筛上的甲醇转化反应也表现出类似的产物选择性特征[74]。

在孔口为十二元环（～7Å）的 Beta 分子筛上甲醇转化及烯烃的生成机理途径可能存在一定的差异，以多甲基苯为活性中心的烃池机理主要产生乙烯、丙烯，而丁烯及其以上的产物可能源于烯烃的进一步烷基化—裂解反应[75]。

综上所述，甲醇在酸性分子筛上转化生成烯烃的反应是一个极其复杂的催化过程，包含了多个反应步骤并存在多种反应途径。

中科院大连化物所梁娟等发现，以具有 CHA 结构的 SAPO-34 分子筛（见图 4-5）为催化剂的甲醇转化过程可获得极高的低碳烯烃选择性，特别是乙烯和丙烯的选择性可达到 90%，而丁烯及 C_4 以上产物的生成则被极大地抑制[76]。经过近 20 年的工作积累，结合流化床反应工艺的要求，中科院大连化物所实现了 SAPO-34 分子筛合成和 MTO 催化剂成型的工业化生产，在 1995 年和 2006 年分别完成了流化反应工艺的中试和工业性试验，与企业合作发展了成套的工业化技术（工艺名称：DMTO），并成功应用于神华包头年产 60 万吨

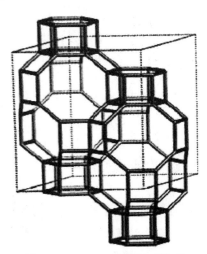

图 4-5　SAPO-34 的空间结构

烯烃的世界首套甲醇制烯烃工业化装置,DMTO 技术成功的基础之一就是性能优异的催化剂的研制和开发[77]。如图 4 - 6 所示,目前投资 170 亿元、采用大连化学物理研究所 DMTO 技术的中国神华集团 180 万吨甲醇制烯烃项目已经于 2010 年建成并运行,经济效益良好。

图 4 - 6 神华包头 DMTO 装置

甲醇制烯烃技术的发展带动了煤化工和天然气化工生产技术的进步,是近年来分子筛工业催化最为成功的案例之一。对比更为成熟的石油化工过程,以合成气或甲醇为平台产品生产石化产品的过程存在着更为广阔的提升空间,其生产效率的改进、产品的拓展都有赖于新的高效分子筛催化材料的发展及其在甲醇转化过程中的成功应用。五十年前发展起来的催化裂化曾给人类社会带来巨大变迁,在石油资源短缺矛盾日益突出的今天,资源可持续利用的迫切要求也再一次为能源材料改变工业结构进而改变人类生活和社会带来了机遇。

问题思考

1. 简述化学反应的热力学特性和动力学特性。
2. 石油炼制过程中有哪些重要的过程?
3. 石油催化裂解过程中主要发生哪些反应? 主要催化剂是什么? 为什么?

4. 石油催化重整的目的是什么？简述催化重整中的重要反应类型。

5. 石油催化重整中催化剂为什么必须同时具备双功能？

6. 石油加氢处理的目的是什么？目前常用的加氢处理催化剂是哪类材料？

7. 加氢裂化与常规的 FCC 裂化有什么不同？列举目前常用的加氢裂化催化剂。

8. 费托合成中主要发生什么类型的反应？列举费托合成中常用的催化剂类型。

9. 甲醇制烯烃技术中主要发生什么类型的反应？列举目前甲醇制烯烃中的常用催化剂类型。

参 考 文 献

[1] ANKUDINOV A, RAVEL B, REHR J, et al. Real-space multiple-scattering calculation and interpretation of X-ray-absorption near-edge structure [J]. Physical Review B, 1998,58(12): 7565.

[2] 黄开辉,万惠霖,蔡启瑞. 催化原理[M].北京：科学出版社,1983.

[3] 刘旦初. 多相催化原理[M].上海：复旦大学出版社,1997.

[4] 黄仲涛,耿建铭.工业催化[M].北京：化学工业出版社,2014.

[5] MAGEE J S, DOLBEAR G. Petroleum catalysis in nontechnical language[M].北京：石油工业出版社,1998.

[6] GARY J H, HANDWERK G E, KAISER M J. Petroleum refining: technology and economics [M]. Florida: CRC press, 2007.

[7] REICHLE A. Fluid catalytic cracking hits 50 year mark on the run [J]. Oil and Gas Journal (United States), 1992,90(20): 41 - 48.

[8] DAVIS M E, RAUL F L. Zeolite and molecular Sieve Synthesis [J]. Chemistry of Materials, 1992,4(4): 756 - 768.

[9] BRECK D W. Crystalline zeolite Y: US, 3130007 [P]. 1964 - 04 - 21.

[10] BUCHANAN J. The chemistry of olefins production by ZSM - 5 addition to catalytic cracking units [J]. Catalysis today, 2000,55(3): 207 - 212.

[11] SUNDARAM T C K, VENNER R. Propylene production from FCC process [C]. AIChE Spring National Meeting: Fundamental Topics in Ethylene Production, Houston, Texas. 1999.

[12] SCHUETTE W L, SCHWEIZER A E. Bifunctionality in Catalytic Cracking Catalysis [M]//OCCELLIE M L, CONNOR P O. Studies in Surface Science and Catalysis. Elsevier. 2001: 263 - 278.

[13] STOCKWELL D M, LIU X, NAGEL P, et al. Distributed Matrix Structures—novel technology for high performance in short contact time FCC [M]//OCCELLIE M L.

Studies in Surface Science and Catalysis, Elsevier, 2004: 257 - 285.

[14] 侯芙生. 加快新催化剂的开发迎接 21 世纪对石化工业的挑战[J]. 炼油设计, 1998, 28 (6): 1 - 6.

[15] SHU X, FU W, HE M, et al. Rare earth-containing high-silica zeolite having penta-sil type structure and process for the same [P]. Patents, ON 1026225C 1993 - 08 - 03.

[16] 闵恩泽. 石化催化技术创新的历史回顾与展望[J]. 世界科技研究与发展, 2002, 24(6): 7 - 13.

[17] HANSEL V. Process of reforming a gasoline with an alumina-platinum-halogen catalyst [P]. US, 2479110A 1949 - 08 - 16.

[18] KLUKSDAHL H E. Reforming a sulfur-free naphtha with a platinum-rhenium catalyst [P]. Patents, US3415737A, 1968 - 12 - 10.

[19] JOYNER R W, SHPIRO E S. Alloying in platinum-based catalysts for gasoline reforming: A general structural proposal [J]. Catalysis Letters, 1991, 9(3 - 4): 239 - 243.

[20] FISCHER F, TROPSCH H. The preparation of synthetic oil mixtures (synthol) from carbon monoxide and hydrogen [J]. Brennstoff-Chem, 1923, 4: 276 - 285.

[21] 应卫勇. 碳一化学工业生产技术[M]. 北京: 化学工业出版社, 2004.

[22] 孙艳平. 费托合成催化剂研究进展[J]. 化学工程与装备, 2010, (8): 149 - 150.

[23] 姚小莉, 刘瑾, 李自强. 天然气制合成油工艺现状及发展前景[J]. 化工时刊, 2008, 22 (12): 61 - 65.

[24] 代小平, 余长春, 沈师孔. 费-托合成制液态烃研究进展[J]. 化学进展, 2000, 12(3): 268 - 281.

[25] ZHANG Q, KANG J, WANG Y. Development of novel catalysts for Fischer-Tropsch synthesis: tuning the product selectivity [J]. ChemCatChem, 2010, 2 (9): 1030 - 1058.

[26] WANG H, YANG Y, XU J, et al. Study of bimetallic interactions and promoter effects of FeZn, FeMn and FeCr Fischer-Tropsch synthesis catalysts [J]. Journal of Molecular Catalysis A: Chemical, 2010, 326(1): 29 - 40.

[27] FEYZI M, MIRZAEI A A. Performance and characterization of iron-nickel catalysts for light olefin production [J]. Journal of Natural Gas Chemistry, 2010, 19(4): 422 - 430.

[28] YANG Y, XIANG H-W, XU Y-Y, et al. Effect of potassium promoter on precipitated iron-manganese catalyst for Fischer-Tropsch synthesis [J]. Applied Catalysis A: General, 2004, 266(2): 181 - 194.

[29] LI S, KRISHNAMOORTHY S, LI A, et al. Promoted iron-based catalysts for the Fischer-Tropsch synthesis: design, synthesis, site densities, and catalytic properties

[J]. Journal of Catalysis, 2002,206(2): 202 - 217.

[30] O'BRIEN R J, XU L, SPICER R L, et al. Activity and selectivity of precipitated iron Fischer-Tropsch catalysts [J]. Catalysis Today, 1997,36(3): 325 - 334.

[31] SUDSAKORN K, GOODWIN J G, JOTHIMURUGESAN K, et al. Preparation of attrition-resistant spray-dried Fe Fischer-Tropsch catalysts using precipitated SiO_2[J]. Industrial & engineering chemistry research, 2001,40(22): 4778 - 4784.

[32] BUKUR D B, LANG X, MUKESH D, et al. Binder/support effects on the activity and selectivity of iron catalysts in the Fischer-Tropsch synthesis [J]. Industrial & engineering chemistry research, 1990,29(8): 1588 - 1599.

[33] JUN K W, ROH H S, KIM K S, et al. Catalytic investigation for Fischer-Tropsch synthesis from bio-mass derived syngas [J]. Applied Catalysis A: General, 2004,259(2): 221 - 226.

[34] WAN H J, WU B S, ZHANG C H, et al. Study on Fe - Al_2O_3 interaction over pre-cipitated iron catalyst for Fischer-Tropsch synthesis [J]. Catalysis Communications, 2007,8(10): 1538 - 1545.

[35] BEZEMER G L, BITTER J H, KUIPERS H P, et al. Cobalt particle size effects in the Fischer-Tropsch reaction studied with carbon nanofiber supported catalysts [J]. Journal of the American Chemical Society, 2006,128(12): 3956 - 3964.

[36] DEN BREEJEN J, RADSTAKE P, BEZEMER G, et al. On the origin of the cobalt particle size effects in Fischer—Tropsch catalysis [J]. Journal of the American Chemical Society, 2009,131(20): 7197 - 7203.

[37] VANNICE M. Hydrogenation of co and carbonyl functional groups [J]. Catalysis today, 1992,12(2): 255 - 267.

[38] HE J, YONEYAMA Y, XU B, et al. Designing a capsule catalyst and its application for direct synthesis of middle isoparaffins [J]. Langmuir, 2005,21(5): 1699 - 1702.

[39] HE J, LIU Z, YONEYAMA Y, et al. Multiple—Functional Capsule Catalysts: A Tailor—Made Confined Reaction Environment for the Direct Synthesis of Middle Isoparaffins from Syngas [J]. Chemistry—A European Journal, 2006,12(32): 8296 - 8304.

[40] SCHULZ H. Short history and present trends of Fischer—Tropsch synthesis [J]. Applied Catalysis A: General, 1999,186(1): 3 - 12.

[41] LOK B, CANNAN T R, MESSINA C. The role of organic molecules in molecular sieve synthesis [J]. Zeolites, 1983,3(4): 282 - 291.

[42] CHANG C D, SILVESTRI A J. The conversion of methanol and other O-compounds to hydrocarbons over zeolite catalysts [J]. Journal of Catalysis, 1977, 47 (2): 249 - 259.

[43] ST CKER M. Methanol-to-hydrocarbons: catalytic materials and their behavior [J]. Microporous and Mesoporous Materials, 1999,29(1): 3 - 48.

[44] MEISEL S. Catalysis Research Bears Fruit [J]. Chemtech, 1988,18(1): 32 - 37.

[45] RAJADHYAKSHA R, ANDERSON J. Activation of ZSM - 5 catalysts [J]. Journal of Catalysis, 1980,63(2): 510 - 514.

[46] DEHERTOG W, FROMENT G. Production of light alkenes from methanol on ZSM - 5 catalysts [J]. Applied catalysis, 1991,71(1): 153 - 165.

[47] KAEDING W W, BUTTER S A. Production of chemicals from methanol: I. Low molecular weight olefins [J]. Journal of Catalysis, 1980,61(1): 155 - 164.

[48] BALKRISHNAN I, RAO B, HEGDE S, et al. Catalytic activity and selectivity in the conversion of methanol to light olefins [J]. Journal of Molecular Catalysis, 1982,17 (2): 261 - 270.

[49] CHANG C D. Hydrocarbons from methanol [J]. Catalysis Reviews Science and Engineering, 1983,25(1): 1 - 118.

[50] CHANG C D. Methanol conversion to light olefins [J]. Catalysis Reviews Science and Engineering, 1984,26(3 - 4): 323 - 345.

[51] WANG W, HUNGER M. Reactivity of surface alkoxy species on acidic zeolite catalysts [J]. Accounts of chemical research, 2008,41(8): 895 - 904.

[52] DAHL I M, KOLBOE S. On the reaction mechanism for hydrocarbon formation from methanol over SAPO-34: I. Isotopic labeling studies of the co-reaction of ethene and methanol [J]. Journal of Catalysis, 1994,149(2): 458 - 464.

[53] DAHL I M, KOLBOE S. On the reaction mechanism for hydrocarbon formation from methanol over SAPO-34: Ⅱ. Isotopic labeling studies of the co-reaction of propene and methanol [J]. Journal of Catalysis, 1996,161(1): 304 - 309.

[54] HAW J F, SONG W, MARCUS D M, et al. The mechanism of methanol to hydrocarbon catalysis [J]. Accounts of chemical research, 2003,36(5): 317 - 326.

[55] MARCHI A, FROMENT G. Catalytic conversion of methanol into light alkenes on mordenite-like zeolites [J]. Applied Catalysis A: General, 1993,94(1): 91 - 106.

[56] CHANG C D, SILVESTRI A. MTG-origin, evolution, operation [J]. Chemtech, 1987,17(10): 624 - 631.

[57] DESSAU R. On the H-ZSM - 5 catalyzed formation of ethylene from methanol or higher olefins [J]. Journal of Catalysis, 1986,99(1): 111 - 116.

[58] LESTHAEGHE D, VAN SPEYBROECK V, MARIN G B, et al. Understanding the Failure of Direct C—C Coupling in the Zeolite - Catalyzed Methanol - to - Olefin Process [J]. Angewandte Chemie, 2006,118(11): 1746 - 1751.

[59] WEITKAMP J, PUPPE L. Catalysis and zeolites: fundamentals and applications

[M]. Philadelphia: Springer Science & Business Media, 2013.

[60] MIKKELSEN Φ, KOLBOE S. The conversion of methanol to hydrocarbons over zeolite H-beta [J]. Microporous and mesoporous materials, 1999,29(1): 173 - 184.

[61] INUI T, MORINAGA N, TAKEGAMI Y. Rapid synthesis of zeolite catalysts for methanol to olefin conversion by the precursor heating method [J]. Applied catalysis, 1983,8(2): 187 - 197.

[62] OCCELLI M L, INNES R A, POLLACK S S, et al. Quaternary ammonium cation effects on the crystallization of offretite—erionite type zeolites: Part 1. Synthesis and catalytic properties [J]. Zeolites, 1987,7(3): 265 - 271.

[63] LOK B M, MESSINA C A, PATTON R L, et al. Silicoaluminophosphate molecular sieves: another new class of microporous crystalline inorganic solids [J]. Journal of the American Chemical Society, 1984,106(20): 6092 - 6093.

[64] CHEN J, WRIGHT P, NATARAJAN S, et al. Understanding the Brønsted acidity of SAPO-5, SAPO-17, SAPO-18 and SAPO-34 and their catalytic performance for methanol conversion to hydrocarbons [J]. Studies in Surface Science and Catalysis, 1994,84: 1731 - 1738.

[65] KLADIS C, BHARGAVA S K, AKOLEKAR D B. Interaction of probe molecules with active sites on cobalt, copper and zinc-exchanged SAPO-18 solid acid catalysts [J]. Journal of Molecular Catalysis A: Chemical, 2003,203(1): 193 - 202.

[66] HOCEVAR S, BATISTA J, KAUCIC V. Acidity and Catalytic Activity of MeAPSO - 44 (Me＝Co, Mn, Cr, Zn, Mg), SAPO-44, AlPO 4-5, and AlPO 4-14 Molecular Sieves in Methanol Dehydration [J]. Journal of Catalysis, 1993,139(2): 351 - 361.

[67] VORA B, MARKER T, BARGER P, et al. Economic route for natural gas conversion to ethylene and propylene [J]. Stud Surf Sci Catal, 1997,107(1): 87 - 91.

[68] SVELLE S, JOENSEN F, NERLOV J, et al. Conversion of methanol into hydrocarbons over zeolite H-ZSM - 5: Ethene formation is mechanistically separated from the formation of higher alkenes [J]. Journal of the American Chemical Society, 2006,128(46): 14770 - 14771.

[69] CUI Z M, LIU Q, SONG W G, et al. Insights into the mechanism of methanol - to - olefin conversion at zeolites with systematically selected framework structures [J]. Angewandte Chemie International Edition, 2006,45(39): 6512 - 6515.

[70] LI J, QI Y, LIU Z, et al. Co-reaction of Ethene and Methylation Agents over SAPO-34 and ZSM-22 [J]. Catalysis Letters, 2008,121(3 - 4): 303 - 310.

[71] LI J, WEI Y, QI Y, et al. Conversion of methanol over H-ZSM-22: The reaction mechanism and deactivation [J]. Catalysis today, 2011,164(1): 288 - 292.

[72] TEKETEL S, SVELLE S, LILLERUD K P, et al. Shape - Selective Conversion of

Methanol to Hydrocarbons Over 10 – Ring Unidirectional – Channel Acidic H – ZSM – 22 [J]. ChemCatChem，2009,1(1)：78 – 81.

[73] LI J，WEI Y，LIU G，et al. Comparative study of MTO conversion over SAPO-34，H-ZSM – 5 and H-ZSM-22：Correlating catalytic performance and reaction mechanism to zeolite topology [J]. Catalysis today，2011,171(1)：221 – 228.

[74] TEKETEL S，SKISTAD W，BENARD S，et al. Shape selectivity in the conversion of methanol to hydrocarbons：the catalytic performance of one-dimensional 10-ring zeolites：ZSM-22，ZSM-23，ZSM-48，and EU-1 [J]. Acs Catalysis，2011,2(1)：26 – 37.

[75] BJ RGEN M，JOENSEN F，LILLERUD K – P，et al. The mechanisms of ethene and propene formation from methanol over high silica H-ZSM – 5 and H-beta [J]. Catalysis today，2009,142(1)：90 – 97.

[76] LIANG J，LI H，ZHAO S，et al. Characteristics and performance of SAPO-34 catalyst for methanol-to-olefin conversion [J]. Applied catalysis，1990,64：31 – 40.

[77] 于吉红,闫文付.纳米孔材料化学：催化及功能化[M].北京：科学出版社,2013.

第5章　光化学转换材料

太阳能是指太阳内部核聚变产生的核能以辐射方式传送到地球上的能量,即太阳光。太阳能具有清洁、能量大和广泛持久存在的优势,是人类应对能源短缺、气候变化与节能减排的重要选择之一。但太阳能不能被直接利用,需要转换为人类可利用的热能、电能或化学能。因此,对太阳能的利用主要有三种类型:①将太阳能转换成热能加以利用,称为太阳能热利用技术;②利用半导体材料制造太阳能电池,将太阳能转换成电能加以利用,称为太阳能光伏发电技术;③利用半导体材料作为催化剂在太阳光照射下分解水或光合成制备清洁燃料(如氢气、甲烷等)的技术,称为太阳能光化学转换技术(光催化技术)。光化学转换主要包括光催化水分解和光催化 CO_2 还原。目前,光化学转换效率较低,还处于研究阶段。本章将针对光化学转换技术介绍光催化制氢和光催化 CO_2 还原的基本原理、相关材料及最新研究进展。

5.1　光催化制氢基本原理

自 1972 年 Fujishima 和 Honda 发现 TiO_2 电极在光照下分解水产生氢气以来[1],光催化技术被广泛应用在能源与环境两大领域,如光解水、光催化 CO_2 还原、空气净化、水处理等[2—9]。不同于光伏发电,光催化是光、催化剂和反应物三者相互协同作用的过程,同时涉及物理(光激发电子-空穴及其迁移)和化学(水、气体等在催化剂表面得失电子发生氧化还原反应)的复杂反应。因此,在光催化反应中光对催化剂和反应物是如何作用的,以及催化剂对反应物是如何作用的等问题成为当前研究的基本内容。

5.1.1　光催化制氢的概念

光催化制氢是指在光照射催化剂表面产生的光生载流子的作用下促使水分解或还原获得氢气的过程。目前,光催化制氢主要有两种方式:一种是将催化剂粉末直接分散在水溶液中,通过光照射溶液产生氢气,如图 5 - 1(a)所示[10],称为非均相光催化制氢(HPC);另一种是将催化剂制成电极浸入水溶液中,在光照和一定的偏压下,两电极分别产生氢气和氧气,如图 5-1(b)所示,称为光电催化制氢(PEC)。第一种方式的优点是装置简单,催化剂与水充分接触;缺点是生成的氢气和氧气混合在一起,且光激发的电子空穴易复合。第二种方式的优点是氢气和氧气分别在两个电极产生,易分离,生成的电子空穴在偏压下也能很快分离,减少复合;缺点是装置复杂,光照面积小等。更为详细的介绍见 5.2 节"光催化制氢反应装置及体系"。

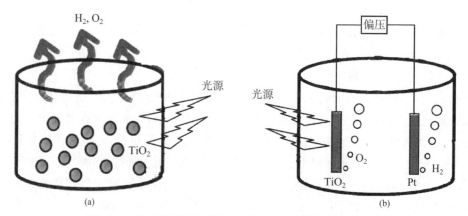

图 5-1　非均相光催化制氢(HPC)和光电催化制氢(PEC)

5.1.2　光催化制氢反应过程

光催化制氢反应的基本过程是:半导体吸收能量等于或大于禁带宽度的光子后,将发生电子由价带向导带的跃迁,从而在价带生成电子空穴,而在导带上生成自由电子。这种光生电子-空穴对具有很强的还原和氧化能力,从而促使水的分解。这是一个较为复杂的反应。为了便于理解,可以简单地将其分为物理过程和化学过程。

5.1.2.1　光催化制氢反应中的物理过程

光催化制氢的前半部分是光与催化剂的作用,主要发生的是物理过程。光催化制氢所用的催化剂一般为半导体材料,当光照射在半导体材料上时,处在价带上的电子便会被激发到导带上,然后被激发的电子和空穴再迁移到催化剂表面,从而使半导体催化剂活化,如图 5-2 所示[10]。这个过程的关键有两步:一是电子被激发出来;二是电子和空穴快速迁移至表面,减少复合。

对于第一步,只要光子的能量大于半导体的禁带宽度就能激发出电子,即 $h\nu > E_g$(h 为普朗克常数,ν 为光子频率,$h\nu$ 为光子能量,E_g 为半导体禁带宽度)。

必须指出的是,并非位于价带的电子能被光激发的半导体都能分解水。除了其禁带宽度要大于水的电解电压理论值 1.23 eV 外,还要满足电化学方面的要求,

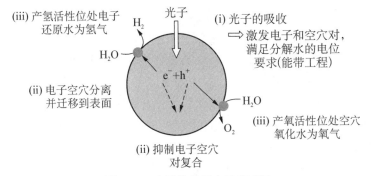

图 5-2 光催化分解水反应过程

即价带和导带的位置必须要分别同 O_2/H_2O 和 H^+/H_2 的电极电位相适宜。具体地说,半导体价带的位置应比 O_2/H_2O 电位更正,而导带的位置应比 H^+/H_2 电位更负。

$$H_2O(l) \longrightarrow H_2(g) + \frac{1}{2}O_2(g) \quad \Delta G^0 = 237 \text{ kJ/mol}$$

$$E_{Ox} > 1.23 \text{ eV} \quad (\text{pH 值} = 0, \text{NHE})$$

$$E_{Red} < 0 \text{ eV} \quad (\text{pH 值} = 0, \text{NHE})$$

因此,只有很少一部分半导体能满足完全分解水的要求,图 5-3 给出了常用的几种半导体的能带结构与水分解电位的对应关系[10]。

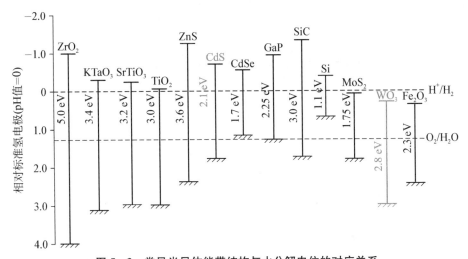

图 5-3 常见半导体能带结构与水分解电位的对应关系

从图 5-3 可知,禁带宽度较宽的半导体很容易满足分解水的电位要求,但它们只能吸收紫外波段的光。因此,为了实现对太阳能的有效利用,寻找满足完全分解水电极电位要求且禁带宽度较窄的半导体成为研究的关键。目前,通过缩小禁带宽度提高光的利用率的途径主要有以下几种:一是非金属元素的掺杂,特别是氮元素的掺杂,其原理是利用氮的 2p 轨道提高价带的位置,缩小半导体的带隙[11];二是寻找一些结构匹配的固溶体来调整带隙宽度[12, 13];三是寻找一些新型的窄带隙半导体材料[14];四是模拟光合作用,用两种不符合完全分解水要求的窄带隙半导体材料构建 Z 型反应[15];五是利用金属间的等离子体共振吸收可见光[16]。

对于物理反应过程中的第二个关键步骤,不同的材料电子空穴复合的概率不一样,即使同一种材料由于结晶度的差别导致体缺陷和表面缺陷等,其电子空穴的复合概率也不一样。要使电子快速迁移至半导体催化剂表面,减少电子与空穴的复合,需要对材料进行改性。目前主要有以下几种方法:一是改变材料的制备工艺,提高材料的结晶度以减少体缺陷,不过对表面缺陷现在有不同的看法,因为表面缺陷可以促进化学反应过程;二是通过改变材料的形貌,获得不同的暴露面,由于不同暴露面的价带和导带电位的差别形成内建电势差,促进电子空穴的迁移[17];三是改变催化剂颗粒的大小,缩短电子迁移到表面的距离,特别是层状结构材料;四是在催化剂表面负载一些共催化剂和助催化剂,从而形成异质结,促进电子的迁移[6]。

当然,不是满足上面两个步骤就能实现光催化分解水。例如,锐钛矿 TiO_2 满足分解水的电位要求,且当以铂为助催化剂时,电子很快迁移至铂表面,但在分解水时只有氢气产生,氧气却检测不到。这是由于锐钛矿的 TiO_2 价带虽然满足 O_2/H_2O 电极电位的要求,但在价带位置上存在很多深能级导致实际价带位置太高,达不到氧化水的要求,如图 5-4 所示[18]。

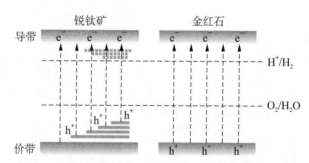

图 5-4　锐钛矿和金红石结构的 TiO_2 价带和导带位置

5.1.2.2　光催化制氢反应中的化学过程

光催化化学过程分为两个步骤:首先是反应物(水)吸附在催化剂表面;然后在光照射下催化剂活化产生电子-空穴对,吸附的水在活化的催化剂表面发生氧化还原反应,此过程为化学反应,如图 5-2。对于不同的光催化制氢反应体系,化学反应的机理也是不一样的。

对于完全分解水,最典型的是四电子转移过程:

$$2H_2O \longrightarrow 2H_2(g) + O_2$$

氢气生成反应:$4e^- + 4H^+ \longrightarrow 2H_2$

氧气生成反应:$2H_2O \longrightarrow O_2 + 4e^- + 4H^+$

首先,2 个水分子在价带位置失去 4 个电子,被氧化为 O_2;同时 H^+ 在导带位置得到 4 个电子被还原成 H_2。这一过程需要 4 个电子同时参与,因此反应发生概率很低。另一种两电子转移的过程:

$$2H_2O \longrightarrow H_2O_2 + H_2$$

氢气生成反应:$2e^- + 2H^+ \longrightarrow H_2$

过氧化氢生成反应:$2H_2O \longrightarrow H_2O_2 + 2e^- + 2H^+$

过氧化氢分解:$H_2O_2 \longrightarrow H_2O + 1/2O_2$,$\Delta G = -106.1 \text{ kJ/mol}(-1.1 \text{ eV})$

此过程首先是水在价带失去 2 个电子被氧化为 H_2O_2,H^+ 在导带得到 2 个电子被还原为 H_2,同时 H_2O_2 被分解为 O_2 和 H_2O,这是放热反应。相对于四电子转移过程,两电子反应过程发生的概率要大得多,但价带的电位需要大于 1.78 eV,且会产生中间产物,浪费一定能量[19]。

当有牺牲剂存在时,如图 5-5 所示[10],对于制氢半反应,一般需要具有还原性牺牲剂(如乙醇,亚硫酸钠等)消耗空穴,催化剂表面的电子还原出水中的氢;对于产氧半反应,一般需要具有氧化性牺牲剂(如 Ag^+,Fe^{3+} 等)消耗电子,催化剂表面的空穴氧化水中的氧。

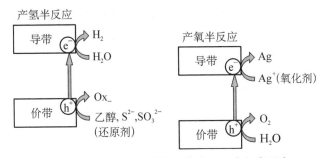

图 5-5　牺牲剂存在时光催化产氢和产氧半反应

目前,光催化制氢化学过程的机理仍然是研究的难点,例如水是如何吸附在催化剂表面上的,水在催化剂表面是如何发生氧化还原反应的,有哪些中间产物等,这些对提高光催化制氢效率是至关重要的。

另外,催化剂本身也会在光催化反应过程中发生化学反应,例如硫化镉光催化剂,光生空穴会优先氧化 CdS 而不是水,在长期的光催化产氢反应中会遭受严重的光腐蚀,最终导致催化剂失效。还有一些助催化剂也会参与到水的氧化还原反应中去,这些将在光催化制氢材料中详细讲述。

5.1.3　光催化制氢评价体系

光催化分解水制氢反应多种多样。反应溶液可分为水溶液和非水溶液,水溶液包含纯水或含牺牲剂分解水,非水溶液如乙醇胺。按反应体系可分为悬浮光催化制氢系统和固定光催化制氢系统。按反应器类别可分为内置式光催化制氢系统和外置式光催化制氢系统。按光源种类可分为汞灯、氙灯和 LED 灯。按反应系统可分为间歇式光催化制氢系统和连续式光催化制氢系统。因此,不同的光催化分解水制氢系统之间需要有个统一的评价体系[20]。目前,光催化分解水制氢主要有三个评价指标:光催化的产氢速率、光催化的表观量子效率、光催化的能源转化率[21]。

光催化产氢速率指在某一波长光照射下,单位时间内单位催化剂质量生成的氢气的物质量,单位为 $\mu mol \cdot h^{-1} \cdot g^{-1}$。实际上光催化产氢速率与催化剂质量不是线性增长的关系,因此实际评价中往往采用的单位是 $\mu mol \cdot h^{-1}$。

光催化的表观量子效率为

$$AQY = \frac{参加反应电子数}{入射光子数} \times 100\% = \frac{生成氢气的分子数 \times 2}{入射光子数} \times 100\%$$

光催化的能源转化率为

$$\eta = \frac{每秒内产生的氢气的热值}{平均辐射能通量}$$

理论计算可得在 AM1.5 光照下,完全分解水时不同表观量子效率对应的能量转换率,如图 5-6 所示[8]。截至 2015 年,完全分解水的光化学转换效率如图 5-7[22]所示。

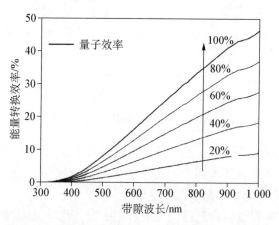

图 5-6　光催化分解水中在 AM1.5 下理论上不同表
观量子效率对应的能量转换率

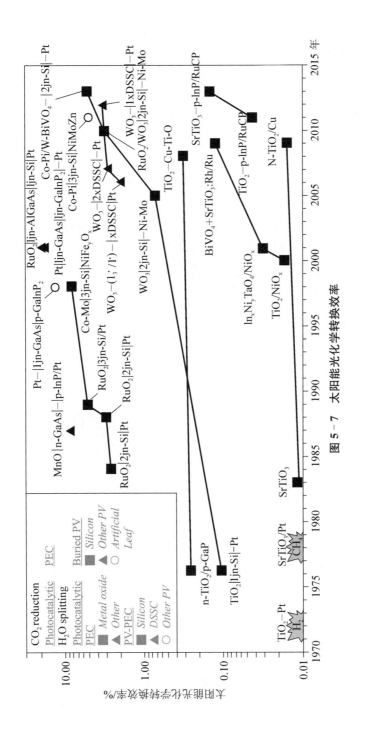

图 5 - 7　太阳能光化学转换效率

5.2　光催化制氢反应装置及体系

作为前沿性的基础研究,光催化制氢主要在实验室条件下进行。因此本节介绍的属于实验研究中通常采用的制氢反应及测试装置。

5.2.1　光催化制氢反应及测试装置

光催化制氢反应及测试装置如图 5-8 所示。实验室反应测试装置中,一般汞灯产生紫外光采用内照式,氙灯产生紫外可见光采用顶照式,而电催化一般用点光源直接照射在电极材料上;在光源处可以放置各种滤光片滤掉一些波段的光或者用 NaNO₂ 溶液滤过 400 nm 以下的光;产生的气体经过冷凝管,在气体循环泵作用下混合均匀,然后由氩气带入色谱中检测生成的氢气和氧气的量;在反应前需要用真空泵将反应器和装置中的空气排除。

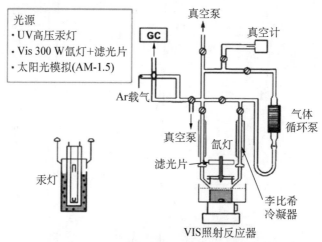

图 5-8　光催化制氢反应及测试装置

下面主要介绍光催化各种反应体系,包括产氢半反应、完全分解水、光电分解水。

5.2.2　光催化制氢半反应

光催化制氢半反应是指在反应体系中加入电子施体(牺牲剂)消耗光生空穴,而光生电子还原水产生氢气,如图 5-5 所示。牺牲剂的作用主要有两个:一是通过消耗空穴抑制了光生电子与空穴的复合,促进氢气产生;二是通过消耗空穴有效防止了光催化剂的光腐蚀。主要的电子施体牺牲剂可分为有机物和无机物两大类。

　　另外,不同的牺牲剂有着不同的吸光特性(见图 5-9),当入射光波长小于牺牲剂吸收边时,牺牲剂本身能与水发生光化学反应生成氢气或氧气。而当牺牲剂与光催化剂共同存在时,牺牲剂与水的光化学反应以及光催化剂与水的光催化反应将同时发生。因此,光催化制氢半反应中要评价两者对产生氢气的贡献[23]。

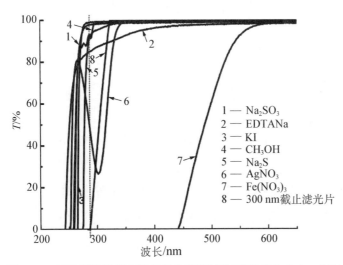

图 5-9　牺牲剂的紫外可见光吸收光谱(牺牲剂浓度为 0.1 mol/L)

5.2.2.1　有机牺牲剂

　　有机物通常具有较强的还原性而很容易被空穴氧化,进而起到消耗空穴的作用,常见的有醇类、EDTA、乳酸等。其中,研究最多的是甲醇。甲醇存在时发生的化学反应可表示为[24]

$$h^+ + H_2O \longrightarrow \cdot OH + H^+$$
$$CH_3OH + \cdot OH \longrightarrow \cdot CH_2OH + H_2O$$
$$\cdot CH_2OH \longrightarrow HCHO + H^+ + e^-$$
$$2H^+ + 2e^- \longrightarrow H_2$$

整个反应为

$$CH_3OH \longrightarrow HCHO + H_2$$

其中,h^+ 表示光生空穴,e^- 表示光生电子。这个过程甲醇被氧化为甲醛,而甲醛会继续被氧化为 CO_2:

$$HCHO + H_2O \longrightarrow HCOOH + H_2$$
$$HCOOH \longrightarrow CO_2 + H_2$$

从整个反应可以看出有机物消耗了光生空穴,最终被氧化为 CO_2,而光生电子将水中的氢还原成氢气[24]。醇类虽然是有效的牺牲剂,被广泛应用在光催化产氢的半反应体系中,但醇类本身就是燃料,用它们作为牺牲剂来产氢,是得不偿失的,没有实际应用价值。有机物中除了醇类还有其他有机废料或可再生生物质等作为电子施体,例如三乙醇胺、葡萄糖和甘油等。因此,可以设计一个多功能的光催化系统,利用有机废弃物作为牺牲剂,这样在光照下,有机物被降解的同时水被还原为氢气。

另外一种途径是利用化石燃料碳氢化合物作为牺牲剂,在光催化作用下产生烃类和氢气,整个反应过程可表示为[25]

$$h^+ + H_2O \longrightarrow \cdot OH + H^+$$

$$H^+ + e^- \longrightarrow 1/2H_2$$

$$RCH_2CH_3 + 2 \cdot OH \longrightarrow RCH_2CH_2OH + H_2O$$

$$RCH_2CH_2OH \longrightarrow RCH_2CHO + H_2$$

$$RCH_2CHO + H_2O \longrightarrow RCH_2COOH + H_2$$

接着 RCH_2COOH 将发生 photo-Kolbe 反应(光催化缩聚):

$$RCH_2COOH \longrightarrow RCH_3 + CO_2$$

所以整个反应为

$$RCH_2CH_3 + 2H_2O \longrightarrow RCH_3 + CO_2 + 3H_2$$

除了利用有机废物和化石燃料作为牺牲剂外,也可以利用生物质如蛋白质、藻类、糖类等来消耗空穴。但这些反应过程是相当复杂的,目前还处于研究阶段。

5.2.2.2 无机牺牲剂

除了有机物外,一些无机离子也可以作为有效的牺牲剂,目前研究较多的有 SO_3^{2-}/S^{2-}[26]、IO_3^-/I^-[27]、Ce^{4+}/Ce^{3+}[28]、Fe^{2+}/Fe^{3+}[29]、Br^-[30]、CN^-[31]等。其中,硫化物和亚硫酸盐是在化学工业中的氢化反应和烟道气脱硫过程中常见的污染副产物。SO_3^{2-}/S^{2-} 可以被光生空穴氧化为 SO_4^{2-} 和 S_n^{2-},因此,S^{2-} 和 SO_3^{2-} 可以独立地作为光催化分解水制氢的牺牲剂,但是如果长时间反应 S^{2-} 会被氧化为黄色的多晶聚合物 S_n^{2-},它会吸收可见光而被还原,这样就抑制了水被还原成氢气。但如果加入 SO_3^{2-} 就会成为 S_n^{2-} 的再生剂,保持溶液无色,该反应可表示为[32]

$$SO_3^{2-} + 2OH^- + 2h^+ \longrightarrow SO_4^{2-} + 2H^+$$

$$2S^{2-} + 2h^+ \longrightarrow 2S_2^{2-}$$

$$S_2^{2-} + SO_3^{2-} \longrightarrow S_2O_3^{2-} + S^{2-}$$

$$S^{2-} + SO_3^{2-} + 2h^+ \longrightarrow S_2O_3^{2-}$$

所以,S^{2-} 和 SO_3^{2-} 混合水溶液是光催化产氢反应中应用最广泛的牺牲剂。在光催化反应中,导带上的光生电子还原水产生氢气,同时价带上的光生空穴氧化 S^{2-} 和 SO_3^{2-},生成 $S_2O_3^{2-}$ 和 SO_4^{2-},这两种生成物对光催化还原反应没有副作用。

当利用 IO^{3-}/I^- 作为牺牲剂时,IO^{3-} 和 I^- 则分别作为氧化和还原的介质来产生氧气和氢气。具体反应过程如下:I^- 能够在产氢过程中与空穴发生反应,从而使得更多的电子能够用来还原 H^+ 而产生 H_2[33]:

$$3I^- + 2h^+ \longrightarrow I_3^-（酸性条件下）$$
$$I^- + 6OH^- + 6h^+ \longrightarrow IO_3^- + 3H_2O（碱性条件下）$$

而 IO^{3-} 则能够在产氧过程中与电子发生反应,从而使得更多的空穴能够用来氧化水而产生 O_2。

$$IO_3^- + 3H_2O + 6e^- \longrightarrow I^- + 6OH^-（碱性条件下）$$

通过在光催化分解水制氢体系中加入牺牲剂,可使光生空穴优先与这些容易氧化的电子给体反应,造成光生空穴不可逆地大量消耗,从而使光生电子在光催化剂表面富集,最终提高光催化剂的分解水制氢活性。从应用的角度讲,光催化分解水制氢体系牺牲剂的选择必须满足经济性和高效性两个特征。也就是说,牺牲剂必须来源广泛、成本低廉、效果显著、环境友好;或者牺牲剂转化产物是有用产品,其价值超过牺牲剂本身。否则,牺牲剂必将在实际应用中受到限制。

5.2.3　光催化完全分解水

多年来,各种类型的光催化剂已被相继开发,但由于受热力学或动力学因素的限制,能同时产氢和产氧的光催化剂却为数不多,大部分的反应体系以电子给体作为牺牲组分实现产氢半反应。虽然仅能进行产氢或产氧半反应的催化材料在研究光催化机理方面具有重要作用,其开发也是必要的,但牺牲试剂的消耗大大增加了产氢的成本。因此,作为光催化制氢的另一体系——光催化完全分解水一直是化学中的"圣杯",寻找完全分解水(特别是可见光下)的高效催化剂一直是研究热点和难点。完全分解水反应需要符合三个要求(见图 5 - 10)[10]:①氢气和氧气量必须为 2∶1;②气体生成量与反应时间成正比;③气体产量足够大。

5.2.3.1　单一体系

目前,单一体系在紫外光下完全分解水的材料主要包括包含 d^0(如 Ti^{4+}、Zr^{4+}、Ta^{5+}、Nb^{5+})和 d^{10}(如 In^{3+}、Ga^{3+}、Ge^{4+})结构的金属氧化物及其含氧酸盐;而能响应可见光的完全分解水的材料(>420 nm)有 GaN:ZnO 等少数固溶体[12, 34]。在光催化制氢体系中,由于完全分解水要求在光催化剂表面同时产生氢

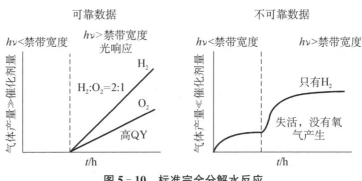

图 5-10　标准完全分解水反应

气和氧气,无论在热力学要求(能带位置)还是动力学因素(分离载流子手段)方面都具有特殊性。在热力学方面,完全分解水光催化剂能带需同时满足导带电位较 H^+/H_2 电位更负,且价带电位较 O_2/H_2O 电位更正;在动力学方面,与产氢半反应不同的是,氧气的生成具有较高的过电势,产氧往往成为控制因素,因此完全分解水时,在修饰催化材料时更多地关注析氧过电势。此外,完全分解水过程中,还需考虑如何抑制产生的氢气和氧气再次反应生成水。因此在单一体系可见光下完全分解水还在探索阶段。

5.2.3.2　两步反应法——Z 型反应

我们知道,自然界中的光合作用是通过光激发过程和一系列氧化还原中间体,来实现由 CO_2 和 H_2O 产生 O_2 和碳氢化物。因此,可以模拟光合作用的 Z 型反应来建立光催化分解水的反应体系,实现可见光下完全分解水。Z 型反应的光解水过程可以采用不同的催化剂,借助两次光激发过程,分别完成光解水产氢和产氧,如图 5-11[15,35,36] 所示。通过两种材料导带和价带的电位匹配,以氧化还原中间

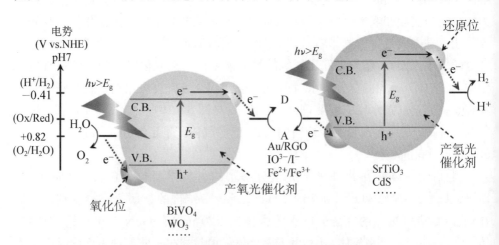

图 5-11　模拟自然界光合作用的 Z 型反应分解水

$h\nu$—光子能量;E_g—半导体带隙

体实现体系的电荷平衡,使光解水过程得以连续进行。由于反应体系中的催化剂只需分别满足各自的光激励过程,为材料设计提供了很大的空间。同时,光解水产氢和产氧过程的分离,可以抑制逆反应的发生,反应过程如下:

$$H_2O + 2H^+ + Red \longrightarrow 2H_2 + Ox$$
$$H_2O + Ox \longrightarrow O_2 + 2H^+ + Red$$

其中,Red/Ox 最常用的是 IO_3^-/I^- 和 Fe^{2+}/Fe^{3+}。除了利用 Red/Ox 来实现 Z 型反应外,还可以利用贵金属来连接两个半导体催化剂,从而实现电子空穴的分离和转移,如图 5-11 所示。WO_3 被激发出的电子转移到金上,与 CdS 激发出来的空穴复合,然后水在 WO_3 表面被氧化为 O_2,而在 CdS 表面被还原为 H_2[36]。文献报道的有关 Z 反应分解水体系见表 5-1[15]。

表 5-1　Z 反应分解水体系总结

催化剂		氧化还原中间体	最大表观量子效率/%
产氢	产氧		
Pt/TiO$_2$（锐钛矿）	TiO$_2$（金红石）	IO_3^-/I^-	1(350 nm)
Pt/SrTiO$_3$：Cr/Ta	PtO$_x$/WO$_3$	IO_3^-/I^-	1(420 nm)
Ru/SrTiO$_3$：Rh	BiVO$_4$	Fe^{3+}/Fe^{2+}	2.1(420 nm)
Ru/SrTiO$_3$：Rh	BiVO$_4$	RGO	1.03(420 nm)
Pt/ZrO$_2$/TaON	PtO$_x$/WO$_3$	IO_3^-/I^-	6.3(420 nm)

相对于单一体系,Z 型体系具有如下优点。

(1) 氧化还原中间体与半导体催化剂的选择是很充足的,可以将产氢和产氧效率高的催化剂组合在一起,特别是产氢和产氧的催化剂只要分别满足 H_2/H_2O 和 O_2/H_2O 电位要求即可,这样一些窄带隙的半导体就可以被用于 Z 型反应中,从而实现可见光下完全分解。

(2) Red/Ox 氧化还原电位位于 H^+/H_2 和 O_2/H_2O 之间,每一步的化学转化能要远比分解水的能量小,因此相对于直接光解水来说要容易得多。

(3) 在 Z 型反应体系中可以使用简单的滤网膜避免两种催化剂的混合,这样可以使产生出来的 H_2 和 O_2 分离。

当然,Z 型反应体系也有很多不足之处。首先,生成相同的量的 H_2 所需的光子数是传统光解水所需光子数的两倍。例如,以 Pt/SrTiO$_3$ 为产氢催化剂,分别以 BiVO$_4$、Bi$_2$MoO$_6$ 和 WO$_3$ 为产氧催化剂的三种 Z 型反应体系在 440 nm 的光照下,量子效率仅为 0.3%、0.2% 和 0.2%[37]。其次,Z 型反应体系本身要比传统光解水反应体系复杂,因此溶液中失活催化剂的再生过程比较困难,另外产生副反应的可能性也会增加。

5.2.4　光电催化分解水

上面介绍的两个光催化制氢体系主要是针对 HPC 系统。光电催化分解水(PEC)体系也有相似之处,例如也可以加入牺牲剂消耗空穴发生产氢半反应等。不同之处是 PEC 将产氢和产氧材料分别制备在两个电极上,并将电极、化学池、导线构成一个回路,通过光照电极将太阳能转化为电能,然后电解水。光电化学池的优点是放氢、放氧可以在不同的电极上进行,减少了电荷在空间的复合概率。其缺点是必须外加电压,从而需要提供额外的能量。最近提出了一种自偏压的概念,即利用半导体价导带位置的区别来驱动光生电子空穴的移动,从而分别在两个电极上分解水[38],如图 5-12 所示。

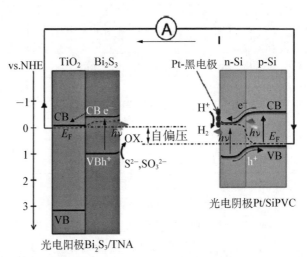

图 5-12　光电催化分解水(PEC)体系

5.3　光催化制氢材料

目前光解水制氢的材料种类繁多,约超过 130 种材料具有分解水的潜力,但是很难发现能响应可见光且能量转换效率较高的材料。这些光解水材料可以分为具有 d^0 和 d^{10} 结构的金属氧化物或其含氧酸盐、金属硫(硒)化物、金属氮化物、金属氮氧物、金属卤氧化物、无金属元素(Metal-free)的材料、MOF 结构材料等。各类材料各有其特点,例如金属氧化物稳定性好,但大多数带隙较宽,只能吸收偏紫外的光,太阳能利用率低;而金属硫化物带隙一般较窄,能吸收可见光,但稳定较差,光照下硫化物会逐渐光溶解。下面将从金属氧化物、金属硫化物、金属氧氮物、Metal-free 材料以及助催化剂材料几个方面进行介绍。

5.3.1　金属氧化物及其含氧酸盐

金属氧化物大部分都是半导体,经过长期的实验发现只有具有 d^0 和 d^{10} 的金属氧化物及其含氧酸盐才具有分解水的能力,如图 5-13[10]所示。因此,下面将从周期表中的 d^0(IVB、VB、VIB)、d^{10}、f^0 五大类来介绍其金属氧化物材料,每大类中选取一到两个典型的体系为代表介绍其物理化学特性、制备方法以及其在光解水中的应用。

图 5-13　光催化分解水催化剂元素组成

5.3.1.1　Ti⁴⁺, Zr⁴⁺

IVB 中主要是 Ti^{4+}, Zr^{4+}。自从 1972 年 Fujishima 和 Honda 发现 TiO_2 单晶电极导致水分解从而产生氢气这一现象以来,TiO_2 一直是光催化剂的典型代表。后来发现钙钛矿型钛酸盐 $ATiO_3$、层状钛酸盐 $A_2O[TiO_2]_n$(A=H, Li, Na, K, Cs; n=2,3,4)也具有很好的光解水效果。另外,由 Zr^{4+} 构成的 ZrO_2、$AZrO_3$ 和 $A_2O[ZrO_2]_n$ 等也被发现可用做光催化材料。下面主要介绍 TiO_2、$ATiO_3$ 以及 $A_2O[TiO_2]_n$。

1) TiO_2

TiO_2 作为光催化剂具有很多优点,可以像食物添加剂一样无害,化学性能也很稳定,更重要的是地球上储藏丰富,可以很廉价地获取。TiO_2 已经被用于环境净化等多个领域[9]。

自然界中 TiO_2 存在三种晶型：锐钛矿、金红石、板钛矿。空间群分别属于 I41/AMD，P42/mnm，Pbca。其中，每个 Ti 与 6 个 O 原子成键，处在 6 个 O 形成的八面体中，具体晶格参数见表 5-2。

表 5-2　TiO_2 晶体结构

形态	相对密度	晶格类型	晶格常数		Ti-O 距离	禁带宽度
			a	c		
锐钛矿	3.84	正方晶系	5.27	9.37	0.195	3.2
金红石	4.22	正方晶系	9.05	5.8	0.199	3
板钛矿	4.13	斜方晶系				

如图 5-14 为实验中通过水热法制备的三种晶型的 TiO_2 纳米颗粒的 SEM 和 TEM 图，每种晶型有不同的形貌和不同的暴露面。由于 Ti 和 O 空间位置分布的区别，三种晶型的 TiO_2 物理化学性质也明显不同[18]。

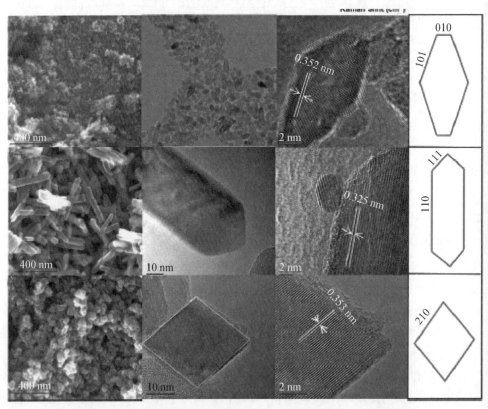

图 5-14　水热法制备的三种晶型 TiO_2 纳米颗粒的 SEM 和 TEM 图

锐钛矿的禁带宽度约为 3.2 eV,金红石约为 3.0 eV。从光催化角度看,锐钛矿的光催化性能要比金红石好,因为锐钛矿的导带更负,光生电子的还原能力强。不过,研究发现商用的 P25,包含锐钛矿和金红石 TiO_2 光催化性能比单独的锐钛矿 TiO_2 好,这是因为锐钛矿 TiO_2 表面负载少量金红石 TiO_2,由于导带电势差,促进了光生电子空穴的分离,从而提高了光催化性能[39],如图 5-15 所示。

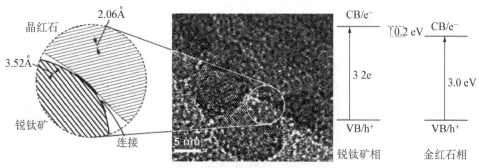

图 5-15 锐钛矿和晶红石 TiO_2 价带和导带位置

目前,TiO_2 常用的制备方法有溶胶-凝胶法、水热法等。

溶胶-凝胶法,又名胶体化学法,是被广泛采用的一种制备纳米二氧化钛的方法。其原理是以钛醇盐或钛的无机盐为原料,经水解和缩聚得溶胶,再进一步缩聚得到凝胶,凝胶经干燥煅烧得到纳米二氧化钛粒子。例如,将钛酸正丁酯加入到无水乙醇中,恒温搅拌保证充分螯合,得到透明的溶液 A,作为 TiO_2 的前驱体。再将酸加入到无水乙醇中作为溶剂 B,并调节 pH 值。然后在剧烈搅拌下,将 TiO_2 的前驱体溶液 A 快速倒入溶液 B 中,并继续搅拌,得到白色凝胶,然后烘干研磨,在不同温度下煅烧,得到 TiO_2 粉末。溶胶凝胶法的优点是粒径小,颗粒均匀纯度高,但是制备原料钛醇盐成本较高。

第二种研究比较多的制备方法是水热法。水热反应过程是指在一定的温度和压力下,在水溶液或蒸汽流体中所进行有关化学反应的总称。该法原理是在高压、水热条件下加速离子反应和促进水解反应。一些在常温下反应速度很慢的热力学反应,在水热条件下可以实现反应快速转化。一般是将钛源与酸混合放入高压釜中加热反应,然后冷却洗涤烘干即可。图 5-14 是通过改变水热的条件制备的锐钛矿、金红石、板钛矿 TiO_2。从图中可以看出水热制备的优点是结晶度高,缺陷少,团聚程度小,制备条件可控;缺点是反应条件苛刻,对反应器的要求高。目前,对 TiO_2 的研究热点主要集中在:对 TiO_2 的改性,增强对可见光的吸收;控制 TiO_2 的形貌,提高光催化性能;研究 TiO_2 的不同暴露面对光催化反应的作用等。

首先,TiO_2 带隙较宽,只能吸收小于 400 nm 的紫外光,约占太阳光能量的

4%,对太阳能的利用率低。其次 TiO₂ 分解水量子效率较低,激发出来的电子空穴对很快复合并释放出热能或光子;并且产生的氢气和氧气又很容易再次反应生成水[40]。另外,Pt/TiO₂ 在分解纯水时只能检测到氢气而不能检测到氧气,在碳酸钠水溶液系统中能完全分解水同时产生氢气和氧气[41]。因此,对 TiO₂ 的研究主要集中在减少禁带宽度,提高对可见光的吸收和对材料的改性,提高其对光生电子的利用率。

提高可见光吸收的主要手段是:通过掺杂金属、非金属和金属非金属共掺杂提高 TiO₂ 本身可见光吸收能力,以及通过染料敏化或负载可见光吸收材料增强其吸收能力。虽然金属掺杂 TiO₂ 能够显著降低带隙能级,实现可见光激发,但也会促进电子-空穴的再结合,进而降低其光催化的活性,对于光解水制氢不可行。2001,Asahi 等人在 SCIENCE 杂志上报道了氮掺杂 TiO₂ 能明显吸收可见光,如图 5-16 所示[11]。随后掺杂的元素涉及所有非惰性元素的非金属元素,包括碳[42]、氢[43]、硫[44]、硼[45]、磷[46]、氟[47]等,这些元素的掺入使 TiO₂ 的吸收边向长波段移动。但通过非金属掺杂引起 TiO₂ 可见光响应的机理一直模糊不清。

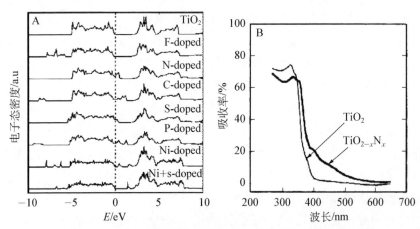

图 5-16 N 掺杂 TiO₂ 紫外可见光吸收谱和非金属掺杂态密度

Asahi 等的理论计算表明:TiO₂ 中掺杂氮后,N 2p 轨道与 O 2p 轨道杂化可改变 TiO₂ 电子能带结构,从而有效地窄化 TiO₂ 的禁带而引起可见光催化活性,如图 5-17 所示[11]。Nakano 等发现 TiO₂ 禁带中出现约 1.18 eV 和约 2.48 eV 能级,约 2.48 eV 能级是由氮掺杂产生的,是与 O 2p 价带杂化后形成的,对可见光活性起决定作用;约 1.18 eV 能级可能是氧空位态的,是有效载流子产生再结合的中心[48]。随着氮掺杂研究的深入,该理论不能解释 N-TiO₂ 在可见光的活性不如紫外光高的问题。Ihara 等采用氮掺杂制备 N-TiO₂,发现氧空位易于在多晶结构的

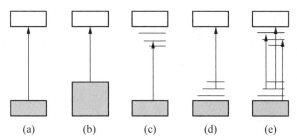

图 5 - 17　非金属元素掺杂导致 TiO₂ 可见光吸收的机理

(a)TiO₂ 能带结构;(b)非金属掺杂后窄化的 TiO₂ 能带结构;
(c)含氧缺陷的 TiO₂ 能带结构;(d)非金属掺杂后 TiO₂ 能带结
构,形成中间能级;(e)同时含氧缺陷和非金属掺杂 TiO₂ 能带
结构

晶界处形成。研究认为,对多晶结构的 N - TiO₂ 的可见光活性起重要作用的是氧空位,而掺杂在氧空位处的氮能阻止氧空位的再氧化[49]。Nakamura 等研究了添加还原剂(SCN⁻、Br⁻ 和 I⁻ 等)对 N - TiO₂ 光化学反应的影响[50],认为禁带窄化或氧空位能级的概念不能解释可见光照射下粉末的氧化性低于紫外光照射下的氧化性,而只能用掺杂的氮物种引起的中间带隙(N 2p)能级来解释,第一次指出 N - TiO₂ 的可见光响应是由于在 TiO₂ 的 O 2p 价带以上形成了局部中间带隙(N 2p)能级。中间带隙能级略高于 O 2p 价带的顶部,可见光照射在中间带隙能级上产生空穴,而紫外光照射在 O 2p 价带产生空穴。由于 O 2p 价带上产生的空穴的反应活性高于 N 2p 能级上产生的空穴的反应活性,氮的掺杂使 TiO₂ 价带以上 O 2p 产生的局部能级 N 2p 是 N - TiO₂ 具有可见光活性的主要原因。氮的掺杂会伴随形成氧空位,这一点也基本达成共识,但氧空位对可见光活性的影响机理还有待进一步研究。

对 TiO₂ 研究的另外一个热点是不同形貌和不同暴露面对光催化性能的影响。2009 年,Yang 等在 *NATURE* 杂志上报道了一种十面体 TiO₂,称其暴露面为(001)和(101)[17],认为这种十面体 TiO₂ 因在制备过程中被引入氟离子而改变了不同晶面的形成能。研究表明,随着氟含量的增加,[001]方向的厚度先增加后减小,而[100]方向的长度逐渐增加,表明随氟含量增加,晶粒形状越来越扁,形成 TiO₂ 纳米片[51],如图 5 - 18 所示,因此(001)晶面所占比例升高。Yang 在此基础上又制备出曲面 TiO₂[52]。这种不同暴露面制备的意义在于不同面的氧化还原性不一样。在 TiO₂ 溶液中加入 H₂PtCl₆ 和 Pb(NO₃)₂,通过光沉积铂和 PbO₂,从而确定 TiO₂ 各晶面的氧化还原位。对于锐钛矿,暴露面(001)表现为氧化性,暴露面(011)表现为还原性;对于金红石,暴露面(011)表现为氧化性,暴露面(110)表现为还原性[53]。

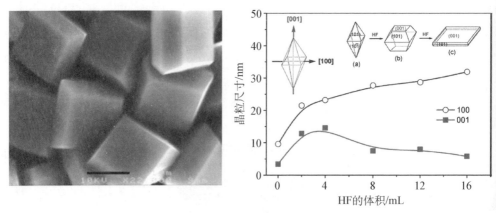

图 5 - 18   十面体 TiO₂

TiO₂ 形貌控制分为 0 维纳米颗粒,1 维纳米纤维和纳米管,2 维的纳米片(单层),3 维纳米微球等,如图 5 - 19 所示。0 维的纳米颗粒的优势是比表面积大,1 维纳米纤维纳米管具有光散射性好,增强光的吸收;2 维的纳米片表面平整,具有较高的表面附着力;3 维纳米材料的优势是载流子迁移较快。

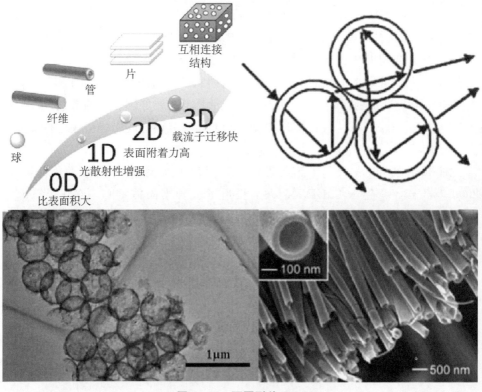

图 5 - 19   不同形貌 TiO₂

2) ATiO₃

除了 TiO₂,钙钛矿型钛酸盐(ATiO₃)也具有光催化性能。典型的钙钛矿型化合物的化学分子式是 ABX₃。A、B 指金属,X 指非金属,它们的化学比是 1∶1∶3,典型的晶胞结构如图 5-20 所示。下面以钛酸锶为例介绍钙钛矿型钛酸盐的结构、物理化学性质、研究热点。钛酸锶的晶格结构属于钙钛矿型,室温下为立方晶系结构。钛酸锶的禁带宽度为 3.2 eV。

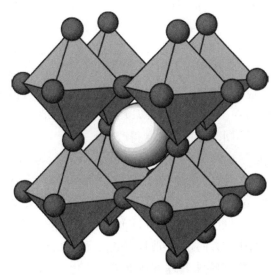

图 5-20　钙钛矿型钛酸盐(ATiO₃)结构

八面体为 TiO₆ 单元;大球为 A 原子;小球为 O 原子

钛酸锶的制备方法主要有:高温固相反应法、水热法、化学共沉淀法和溶胶-凝胶法等。

高温固相法是制备钛酸锶粉体的传统方法,一般是把氧化锶(SrO₂)或碳酸锶(SrCO₃)与二氧化钛(TiO₂)的粉末混合均匀后,压片,高温(1 350～1 650℃)熔融固相反应时间为数小时至数十小时,经过适当热处理即可得到钛酸锶粉体。反应的第一步是形成钛酸锶晶核,进而形成钛酸锶层。这一步相当困难,原因在于 SrO₂、TiO₂ 和 SrTiO₃ 的结构相差太大,要生成 SrTiO₃,必须使大量的化学键断裂和重组,并且原子还要做一定距离的迁移。第二步是 Ti⁴⁺ 和 Sr²⁺ 分别向 SrO₂ 和 TiO₂ 的晶相扩散(要穿过 SrTiO₃ 的晶相),生成 SrTiO₃。这两步要顺利进行,需要很高的能量,这也是该方法要在高温下进行的原因。

水热法也可以用于钛酸锶的制备。该方法一般是把 TiCl₄ 慢慢滴入冷水中,然后边搅拌边按一定比例加入 KOH 溶液,并加入 SrCl₂ 溶液。然后将混合液在聚四氟乙烯反应釜中,于一定温度下反应数小时,最后离心分离出样品,洗涤,干燥。

化学共沉淀法是以 $TiCl_4$ 和 $SrCl_4$ 为原料,把 $H_2C_2O_4$ 作为沉淀剂,通过化学液相共沉淀法制得 $SrTiO_3$。具体方法为:把 $TiCl_4$、$SrCl_2$、$H_2C_2O_4$ 配成一定浓度的溶液,然后进行精制;再将 $TiCl_4$ 和 $SrCl_2$ 按 $Ti/Sr = 1:1.01$(摩尔比)进行混合,制成锶钛混合液;最后将混合液在 $60 \sim 70℃$ 缓慢地加入到过量的草酸溶液中,沉淀离子的浓度大大超过沉淀的平衡浓度积,使各组分尽量按比例地同时沉淀出来,反应 1 小时左右,就得到前驱体——草酸氧钛锶($SrTiO(C_2O_4)_2 \cdot 4H_2O$)沉淀,经过洗涤、干燥、煅烧,便可制得钛酸锶粉体。采用该方法可制得高纯的立方相钛酸锶。

类似 TiO_2 的制备方法,溶胶-凝胶法也可以制备出颗粒粒径小、分布均一的钛酸锶。溶胶-凝胶法制备钛酸锶分为两类:一类是传统的双金属醇盐法,该方法主要是利用金属与醇反应生成醇盐,而后水解、聚合,形成凝胶,但锶醇盐难于获得;故人们又把目光转向另一类半醇盐法,即以钛醇盐和锶的无机盐(醋酸锶和硝酸锶)为原料,在一定体系中水解和聚合,制得凝胶。

$SrTiO_3$ 禁带宽度为 $3.2\ eV$,主要吸收波长小于 $387\ nm$ 的紫外光,使其应用受到限制,但同时它作为典型的钙钛矿型光催化功能材料,具有特殊的晶体结构、热稳定性和化学稳定性,这使得它可以通过大比例的掺杂改性来调节材料的光催化活性而保持自身结构的稳定性。目前,对 $SrTiO_3$ 进行改性拓宽其光响应范围,使其获得可见光响应是主要的研究方向,主要改性方式为元素掺杂和复合半导体;不少研究工作者通过不同实验合成和特殊处理方法促进光生电子-空穴的有效分离,降低电子-空穴复合率来提高 $SrTiO_3$ 的催化活性,取得了显著成果;同时,从量子尺寸效应原理出发,制备 $SrTiO_3$ 纳米结构提高光催化活性也是一个比较活跃的研究方向。

3) 碱金属层状钛酸盐 $A_2O[TiO_2]_n$($A = H$、Li、Na、K、Cs;$n = 2、3、4$)

碱金属层状钛酸盐的基本单元是 TiO_6 八面体,Ti 位于八面体中心,6 个 O 位于八面体顶点。N 个八面体通过共用彼此间的棱边连接成排,相邻两排通过共点连接成"之"字形的线状,相邻的"之"字形线通过共用侧棱铺展成具有褶皱的层板,由于共用侧棱,使两排线状八面体相对滑动约半个八面体单元的距离。层间为阳离子,层间阳离子的正电荷与层板的负电荷平衡。而扭曲的 TiO_6 八面体被认为在光催化活性的产生中起着重要作用。层状钛酸盐催化剂研究前景广阔,主要是因为可以通过过渡金属、碱金属和稀土金属离子的掺杂来减小其禁带宽度,并且还可以抑制光致电子和空穴的再结合。选择掺杂元素的种类要根据催化剂本身化学组成进行。

当 $n = 1 \sim 5$ 时,碱金属层状钛酸盐 $A_2O[TiO_2]n$($A = H$、Li、Na、K、Cs;$n = 2, 3, 4$)多为层状结构;$n = 6 \sim 9$ 时,多为隧道或纤维结构。图 5-21 为纤铁矿型的碱金属层状钛酸盐[54]。

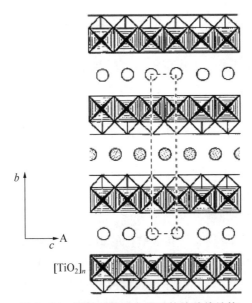

图 5‑21　纤铁矿型碱金属层状钛酸盐结构

层状钛酸盐作为一种极具发展前景的功能材料而备受关注,其制备方法主要包括固相法和水热法两种。固相法是制备层状钛酸盐粉体最常用的方法。该法通过将一定化学计量比的碱金属碳酸盐或硝酸盐与氧化钛粉末经一些物理方法磨细混合均匀后,置于高温下反应得到固体产物。所得产物具有结晶度高、颗粒尺寸大等特点。水热法是将氧化钛或金属钛单质置于高浓度碱溶液中,通过水热釜提供的高温高压条件使其与碱发生反应,得到相应产物。该法得到的产物颗粒尺寸在纳米级别,很好地弥补了固相法的不足。

由于层状钛酸盐的板层与层间碱金属离子以弱的静电力相互作用,因此,在一定条件下,某些客体物质如离子、分子等,可克服层间的作用力可逆地插入钛酸盐的层间空隙,却不破坏其板层结构。另一方面,钛氧八面体构成的主体板层也可进行类似于氧化钛材料的取代掺杂反应,进而实现修饰改性的目的。

目前,对层状钛酸盐的改性主要有离子交换反应、嵌入反应、剥离反应和剥离‑重组装反应4种。

离子交换反应是阳离子或阴离子型层状化合物所特有的反应。层状钛酸盐的板层间存在着带有正电荷的高活性离子,能与外界带相同电荷的离子进行交换,但不改变其层状特征和板层结构。碱金属层状钛酸盐经酸处理后进行质子交换,可得到相应的质子化层状相。质子化后的层状钛酸盐作为路易斯酸可进一步进行酸碱中和反应,这也为其他反应的进行提供了基础。另外,将具有特定电子结构的金属离子交换至钛酸盐层间,可窄化其带隙宽度从而实现对可见光的吸收。其中,

Kudo 等利用离子交换法在室温水溶液中将 Sn^{2+} 插层至钛酸盐层间,成功制备了可见光响应的 Sn^{2+} 插层的钛酸盐化合物[55]。

嵌入反应是将有机大分子或离子嵌入层状化合物层间距扩大,而不改变主体板层和层状结构的过程。将长链有机铵离子嵌入至钛酸盐层间,再经离子交换或金属有机盐的层间原位水解,可得到金属氧化物柱撑的层状钛酸盐复合材料。此外,通过改变有机铵的链长,可实现柱撑复合材料层间距的调控。该方法为多孔半导体材料的制备提供了一种有效途径。利用嵌入反应将有机半导体引入钛酸盐层间,可制备新颖的有机-无机复合光催化材料。

剥离反应是将层状材料通过软化学途径剥离至单分子层结构的过程。层状黏土在水中的无限膨胀过程就是典型的剥离反应。此外,单层的石墨烯材料也是通过层状石墨的剥离分层得到。层状钛酸盐的剥离分层最早由 Sasaki 等人报道[54]。他们发现,将大体积有机分子嵌入至纤铁矿类型的层状钛酸盐层间,水分子的渗透效应使得层间进一步膨胀,到一定距离时,板层间的作用力消失,此时层状钛酸盐以单分子片层的形式存在于水溶液中。研究发现,其他层状钛酸盐,如 $Na_2Ti_3O_7$ 和 $K_2Ti_4O_9$ 等也能剥离得到相应的单分子片层结构[56, 57]。剥离所得单分子片层具有高结晶度、确定的组成和极端的二维各向异性等特点[58]。

剥离-重组装反应是在剥离反应的基础上进行的。由于剥离所得单分子片层表面带有负电荷,因此可与带正电的客体物质进行静电自组装得到新型的纳米多孔复合材料。韩国的 Choy 等最先用该法成功制备氧化钛柱撑的钛酸盐微孔材料[59]。随后,该课题组相继报道了氧化锌、氧化铬、氧化镍、氧化铁、氧化铜等柱撑的层状氧化钛复合光催化材料。

由于钛酸盐板层具有类似氧化钛的结构组成,因此可同样进行金属或非金属离子的掺杂,进而对其修饰改性。Dong 等采用 Mn^{3+} 和 Li^+ 的共掺杂制备了 Mn^{3+} 掺杂量可控的层状钛酸盐材料,进一步剥离得到了 Mn^{3+} 掺杂量可控的钛酸盐纳米片,并以此为基本单元层自组装构建了复合多层膜[60]。此外,Fe^{3+}、Ni^{2+} 和 Co^{2+} 掺杂的层状钛酸盐材料也已成功制备并表现出特殊的光学、磁学性质。Liu 等将层状钛酸盐经氨气热处理制备了均相氮掺杂的层状钛酸盐材料,该材料在可见光下对有机染料具有优异的降解活性[61]。

5.3.1.2 V^{5+},Nb^{5+},Ta^{5+}

1) $BiVO_4$

钒酸铋($BiVO_4$)是具有层状结构的典型三元半导体氧化物,因其具有铁弹性、离子传导性、声光转换等特性而受到关注。自 Kudo 实验室首次报道了 $BiVO_4$ 在可见光下具有分解水的性能[62],人们开始了 $BiVO_4$ 光催化性能的研究。$BiVO_4$ 主要有三种晶型:四方锆石结构(tetragonalzircon,z-t 相)、单斜晶系白钨矿结构

(monoclinicscheelite，m 相)、四方钨矿结构
(tetragonalscheelite，s-t 相)。其中，m -
BiVO₄ 光催化材料因其在可见光条件下具
有良好的光催化性能而倍受青睐，三种晶型
转换关系如图 5 - 22 所示。

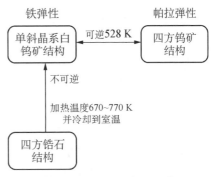

图 5 - 22　BiVO₄ 的相结构转化

在单斜相 BiVO₄ 结构中，4 个氧原子围
绕着 1 个钒原子形成 VO₄ 四面体，6 个氧原
子围绕 1 个铋原子形成 BiO₆ 八面体，VO₄
之间互不接触，而 BiO₆ 之间以边相邻交替，
整体形成层状结构，如图 5 - 23 所示。VO₄
四面体和 BiO₆ 八面体都有一定程度的扭曲，而 BiO₆ 八面体的扭曲则大大增强了
Bi 6s 孤对电子对的影响，VO₄ 四面体的扭曲导致正负电荷的中心不重合，产生了
内部电场，这一效果能促进光生电子-空穴对的分离。而四方相 BiVO₄ 正负电荷
因完全对称反而使其催化活性并不高，这也是单斜 BiVO₄ 具有较高光催化性能的
原因之一。另外，四方相结构 BiVO₄ 借助于电子从 O 2p 轨道跃迁到 V 3d 轨道，
只能吸收紫外光，而单斜相 BiVO₄ 是通过电子从 Bi 6s 和 O 2p 的杂化轨道跃迁到
V 3d 轨道却能充分利用可见光，如图 5 - 23 所示。单斜晶系白钨矿结构 BiVO₄ 禁
带宽度约为 2.4 eV，非常接近于太阳光谱中心，其吸收阈值可延长至 520 nm 左
右，是一种理想的可见光响应光催化材料，成为众多科研工作者研究的热点。

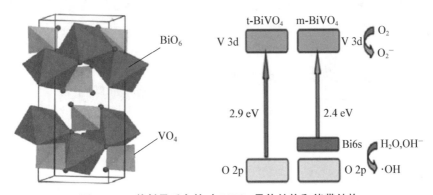

图 5 - 23　单斜晶系白钨矿 BiVO₄ 晶体结构和能带结构

BiVO₄ 制备方法有很多种：高温固相法、煅烧合成法、水热合成法、溶剂热法、火
焰喷雾法、共沉淀法、化学沉积法、有机金属分解法、超声辅助法和溶胶凝胶法等。

高温固相反应法制备 BiVO₄ 材料的煅烧温度一般为 $400 \sim 900$ ℃。对于光催
化剂，固相合成法虽然简单、易操作，但得到的颗粒较大，表面缺陷较多，而且由于
高温焙烧时部分离子挥发造成体相缺陷，因而其光催化活性不高，因此固相法制备

纳米光催化剂的研究相对较少。

水热法制备的多为单斜晶系,反应温度和 pH 值对产物结晶性和形貌的影响较大。图 5-24 为 pH 值=4 时[63],$BiVO_4$ 暴露(110)和(010)两个面的四方结构。还可以通过添加一些形貌控制剂来获得不同的 $BiVO_4$。

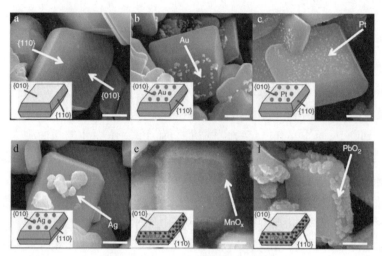

图 5-24 水热法制备 $BiVO_4$ SEM

虽然 $BiVO_4$ 具有很好的光催化性能,但 $BiVO_4$ 的导带位置不够还原 H_2O 生成 H_2。因此,Liu 等利用 YVO_4 与 $BiVO_4$ 固溶来提高导带位置,从而实现了可见光下分解水(>400 nm)[13],如图 5-25 所示。

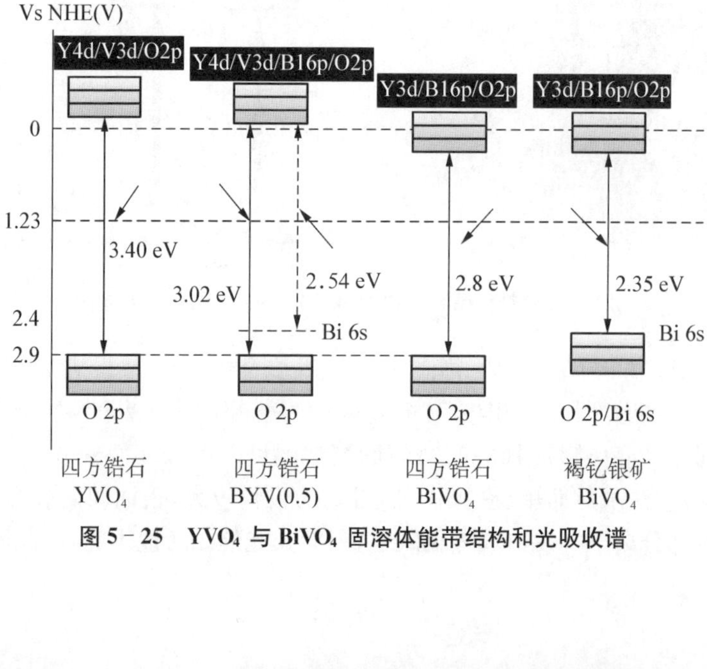

图 5-25 YVO_4 与 $BiVO_4$ 固溶体能带结构和光吸收谱

2）铌酸盐

铌酸盐类似上面所述的钛酸盐，也是一种层状结构的材料，层状化合物较高的光催化活性原因主要有三点：①光生电子空穴选择性地处于不同层间或层间的不同位置，从而达到电子和空穴分离的效果；②层状材料的层板产生的光生电子仅需要迁移到层板表面，使得迁移距离大大缩短，降低了载流子的复合概率；③层状材料的层间往往存在层间水，其更易被光生载流子氧化还原生成氧气和氢气。

Nb_2O_5 的带隙为 3.4 eV 且在紫外 (UV)光下并没有光催化性能或只有很弱的催化活性。除了 Nb_2O_5，其他多元铌系光催化材料也被开发出来。如具有层状结构的 $K_4Nb_6O_{17}$，自 Domen 等报道以来得到了广泛的研究[64]。$K_4Nb_6O_{17}$ 的主体结构由 NbO_6 八面体所组成，具有两种不同的层（层 1 和层 2）交错而成的二维结构，如图 5-26 所示。作为中和电荷平衡而存在于层间的钾离子能较容易地进行离子交换。一般地，在空气中层 1 能较容易地进行水合作用，而层 2 则不能。将镍离子导入 $K_4Nb_6O_{17}$ 的层 1 中，经还原-氧化处理后，得到具有高活性的光催化剂，所获得的 H_2 和 O_2 的比例为 2:1，证明了水的完全分解[65]。对于这种高活性机理，Domen 等作了如下解释。在光的作用下，Ni-O 层中生成的自由电子(e^-)移向位于层 1 中的镍金属超微粒子，从而

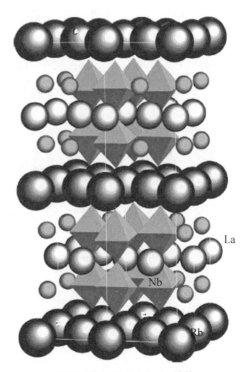

图 5-26　$RbLaNb_2O_7$ 结构

形成氢气。而氧气则在层 2 形成。这样，由于氢氧在不同位置出现，使两者相对分离，抑制了逆反应进程，从而提高了氢的生成率，如图 5-27 所示。

3）钽酸盐

钽基光催化材料是一类高效的 UV 响应光催化材料。相对于铌系光催化剂，其导带位置更负，光生电子还原能力更强，因此常常表现出更优异的光催化性能。单独的 Ta_2O_5 带隙为 4.0 eV，在 UV 辐照下分解纯水时只能产生很少量的氢气而且并没有氧气放出。Kudo 等发现在负载 NiO 或者 RuO_2 后，Ta_2O_5 可以表现出比较优异的完全分解水性能。和 Nb_2O_5 相似，通过构筑介孔结构的 Ta_2O_5 同样有利于其性能的提高，这是由于介孔结构中薄壁可以缩短光生载流子向表面迁移的时

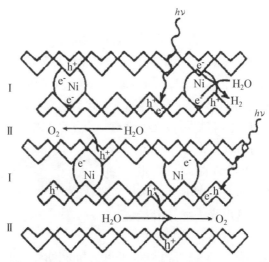

图 5 - 27　在 NiO - $K_4Nb_6O_{17}$ 上的光解水反应机理

间。1998 年,Kato 和 Kudo 利用固相法合成了一系列具有钙钛矿结构的钽酸盐化合物 $ATaO_3$(A = Li、Na、K),该系列化合物在 UV 辐照下具有高效的光分解水的能力。另外研究发现在固相合成的过程中稍过量的碱金属加入有利于光催化性能的提高。对于 $ATaO_3$ 系列催化剂,共角连接的 TaO_6 组成了其网络结构,因而其活性主要取决于 A 位元素对结构的影响。如 Ta - O - Ta 键角会随着 A 位元素的变化而变化,$KTaO_3$ 中 Ta - O - Ta 为 180°,$NaTaO_3$ 中为 163°,$LiTaO_3$ 中为 143°。Wiegel 等[57]报道了 $ATaO_3$ 中晶体结构和电子离域程度之间的关系,随着 Ta - O - Ta 的键角接近 180°,光生载流子(电子、空穴)在晶体中的迁移会变得更顺畅,如图 5 - 28 所示。因此从光生载流子离域程度看,$ATaO_3$ 系列催化剂的

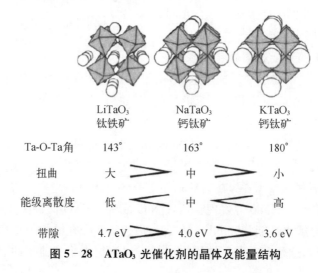

	$LiTaO_3$ 钛铁矿	$NaTaO_3$ 钙钛矿	$KTaO_3$ 钙钛矿
Ta-O-Ta角	143°	163°	180°
扭曲	大	中	小
能级离散度	低	中	高
带隙	4.7 eV	4.0 eV	3.6 eV

图 5 - 28　$ATaO_3$ 光催化剂的晶体及能量结构

催化活性顺序应为 $LiTaO_3 < NaTaO_3 < KTaO_3$。

通过对 $ATaO_3$ 系列催化剂进行 NiO 的负载发现，NiO 修饰后的 $NaTaO_3$ 表现出了最高的催化活性，这是由于 $NaTaO_3$ 的导带位置比 NiO 的更高，$NaTaO_3$ 受光激发生成的光生电子由于导带间的电势差可以迁移到 NiO 的表面，从而促进了光生电子空穴的分离。相比较于 $NaTaO_3$，$KTaO_3$ 的导带位置比 NiO 更低，因此负载 NiO 之后不但不会促进光生电子空穴的分离，反而会覆盖催化剂的表面活性位。因此，对氧化物催化剂进行 NiO、CoO 等负载的时候需要考虑到导带位置的匹配性，相似的现象在 $Sr_2Ta_2O_7$ 和 $Sr_2Nb_2O_7$ 体系中同样存在。2003 年，Kudo 等发现稀土元素 La 的引入可以极大幅度提高 $NaTaO_3$ 的催化活性。利用 La 对负载了 NiO 的 $NaTaO_3$ 进行掺杂得到了表面具有台阶状结构的微米级 $(2\sim3\ \mu m)$ 光催化剂 $NiO(0.2wt\%)/NaTaO_3$：La(2%)，在 270 nm 波长处表观量子产率达到了 56%，产氢产氧速率分别达到 19.8 mmol/h 和 9.7 mmol/h 且具有极高的稳定性，是迄今为止最高效的完全分解水光催化剂，如图 5-29 所示[66]。

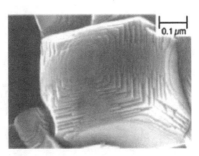

图 5-29　具有台阶状结构的 NiO（0.2wt%）/$NaTaO_3$：La(2%)SEM

这种高效催化性能的原因主要是催化剂尺寸的减小和表面台阶状结构的存在促进了光生载流子的传输及分离，表面台阶的凹陷处以及台阶边缘分布的 NiO 可以分别作为产氧和产氢的活性位，这也为光催化剂的形貌设计提供了新的思路。

2009 年，Kudo 等利用固相法对 $NaTaO_3$ 进行 A 位碱土金属元素（钙、锶、钡）的掺杂，研究发现掺杂了 0.5% 和 1.0% 摩尔比的锶的样品具有最高的催化活性，负载 NiO 后产氢及产氧活性最高可达 13.6 mmol/h 和 6.7 mmol/h。类似地，作者也发现在样品表面存在着大量的纳米台阶结构，虽然掺杂容易作为光生载流子的复合中心，但是对表面形貌调控的积极意义更大。由于钽酸盐在光催化领域的独特优势，一直是科研工作者关注的热点，近些年，研究者的视线不局限于单纯的工艺控制、形貌调控等，开始注重更深入的研究，如晶相的影响、暴露晶面、电子寿命、能带及电子结构、缺陷及表面态等。钽酸盐催化材料虽然具有优异的催化性能，但通常需要负载 NiO、Pt、Au 等助催化剂，制备工艺复杂，成本较高，且通常只能响应紫外光。Zou 等[67] 报道了以 $NiO_x/In_{0.9}Ni_{0.1}TaO_4$ 为催化剂在可见光照射下实现完全分解水。

5.3.1.3　Mo^{5+}，W^{5+}

$Bi_2MO_6(Mo^{5+}$，$W^{5+})$、$BiVO_4$ 与下面将要介绍的 BiOX（X = Cl, Br, I）在光

催化性质上具有一定的类似性,均为铋系多元复合物,均能响应可见光,但导带的位置均不够负,还原能力较弱。

$Bi_2MO_6(Mo^{5+}, W^{5+})$ 是目前研究较多的具备可见光响应的铋系催化剂之一。Bi_2MO_6 属于正交晶系,晶体结构类似于三明治结构,是含有 $(Bi_2O_2)^{2+}$ 层和 WO_4^{2-} 互相交替排列的钙钛矿片层状结构,其基本晶体结构如图 5-30 所示。

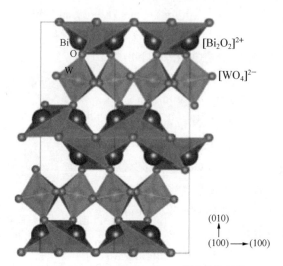

图 5-30　$Bi_2MO_6(Mo^{5+}, W^{5+})$ 晶体结构

$Bi_2MO_6(Mo^{5+}, W^{5+})$ 的导带由 M 5d 电子层构成,价带由 Bi 6s 和 O 2p 杂化轨道构成,能带间距为 $2.7\sim2.8$ eV,具有较好的可见光吸收。1999 年 Kudo 报道了利用固相合成法合成的 $Bi_2MO_6(Mo^{5+}, W^{5+})$,并研究了它们光解水制氢性能[68],如表 5-3 所示。

表 5-3　固相合成法合成的 $Bi_2MO_6(Mo^{5+}, W^{5+})$

催化剂	禁带宽度 /eV	活性/($\mu mol/h$)	
		H_2	O_2
$Bi_2W_2O_9$	3.0	18	281
Bi_2WO_6	2.8	1.6	34
$Bi_{14}W_2O_{27}$	2.8	0	0.7
$Bi_2Ti_2O_7$	2.9	0	0.7
$Bi_4Ti_3O_{12}$	3.1	0.6	3.0
Bi_3TiNbO_9	3.1	33	31

（续表）

催化剂	禁带宽度 /eV	活性/(μmol/h)	
		H_2	O_2
Bi_2MoO_6	3.0	0.01	2.1
$BaBi_4Ti_4O_{15}$	3.3	8.2	3.7

（测试条件：1wt%Pt 助催化剂，H_2 以甲醇为牺牲剂，O_2 以 $AgNO_3$ 为牺牲剂，450 W 汞灯，内照式。）

Bi_2MO_6（Mo^{5+}，W^{5+}）的制备方法常用的有高温固相法、水热法、超声法、微波法等[69]。

Bi_2MO_6（Mo^{5+}，W^{5+}）在光催化制氢中存在的问题是导带位置同样不够还原 H_2O 生成 H_2。因此，Liu 等利用钇掺杂来提高导带位置，从而实现了可见光下分解水（>400 nm）[70]。

5.3.1.4　d^{10} 和 f^0

除了上面所述包含 d^0 结构的金属氧化物或其含氧酸盐具有光催化制氢的能力外，另一具有 d^{10} 电子构型的金属氧化物和其含氧酸盐类也能光催化制氢。d^0 电子结构的过渡金属半导体氧化物一度是光催化剂研究的核心材料。2001 年，Inoue 课题组避开过渡金属元素，把光催化剂的研究推广到 p 区金属氧化物，发现含有 d^{10} 电子构型（In^{3+}、Ga^{3+}、Ge^{4+}、Sn^{4+}）的 p 区金属化合物也具有光分解水的性质[71]。其中，Zn_2GeO_4 和 $ZnGa_2O_4$ 两种材料研究得最多。Zn_2GeO_4 的稳定性好，其结构是由 GeO_4 四面体和 ZnO_4 四面体通过共角相连构成，光学带隙约为 4 eV，负载 RuO_2 助催化剂后具有很好的光分解水、降解有机污染物和光催化 CO_2 还原活性。同样，$ZnGa_2O_4$ 也是一种稳定性很好的光催化剂，光学带隙约为 4.4 eV。

与二元金属氧化物和 d^0 电子构型结构的过渡金属半导体氧化物相比，对 p 区金属氧化物的研究较少。虽然纳米光催化剂的催化性能强烈依赖于纳米结构的几何形状，由于其制备的困难，形貌对 p 区金属氧化物催化活性影响的研究就更是少之甚少。并且，由于带隙较宽只能吸收紫外段的光，在分解水制氢中研究还不多，主要用于 CO_2 还原，将在下文介绍。

另外，f^0 电子结构的 CeO_2 也被证明具有分解水的能力。

5.3.2　金属硫(硒)化物

硫化物光催化材料中 ZnS 和 CdS 是研究最为广泛的体系。硫化物光催化半导体可以看作是将氧化物中的晶格氧替换成硫所得。硫化物半导体的价带顶通常是由 S 3p 轨道构成，由于 S 3p 轨道比 O 2p 更负，因此硫化物一般具有很好的可见光响应性能。CdS 带隙为 2.4 eV，导带电位（−0.87 eV）和价带电位（1.5 eV）位置能够满足完全光分解水的条件,因此成为硫化物体系中备受关注的半导体催化剂之一。但是,在没有进行表面修饰和改性时,光分解水产氢活性并不高,而且由于存在光腐蚀性,在受到长时间光照时会出现光解现象:

$$CdS + 2h^+ \longrightarrow Cd^{2+} + S$$

从而导致其活性下降。

CdS 的催化性质与颗粒尺寸和形貌有密切的关系。不同方法制备的 CdS 具有不同的形貌。一般的制备方法是让镉盐和硫化钠溶液反应,然后进行热处理得到。但是这种沉淀法制得的 CdS 存在着严重的光腐蚀问题。随着研究的深入,提高稳定性和光催化剂活性的一些新的合成方法被提出。另外一些 CdS 纳米结构(如纳米棒、空心纳米棒、纳米线、纳米管、纳米片)也有报道。Yan 等构建的 Pt - PdS/CdS 体系在牺牲剂条件下产氢量子效率高达 93%($>$420 nm)[26]。

ZnS 半导体催化剂具有很好的抗光腐蚀性,其禁带宽度为 3.5 eV,只能响应紫外光,不能作为可见光催化剂。因而科研工作者对其研究主要集中在拓展其光响应范围。Kudo 等通过形成固溶体的方式得到了一系列 ZnS 基可见光响应高效分解水制氢光催化剂,如(AgIn)$_x$Zn$_{2(1-x)}$S$_2$、(CuIn)$_x$Zn$_{2(1-x)}$S$_2$、ZnS - AgInS$_2$ - CuInS$_2$[72],如图 5 - 31 所示。虽然硫化物催化剂一般具有较高的催化活性,但是在分解水制氢过程中需要在反应液中加入较高浓度的 S^{2-}、SO$_3^{2-}$ 作为牺牲剂,同时随着反应进行催化剂活性下降也比较明显。因此,如何解决硫化物催化剂的光稳定性是以后研究的重点和难点。

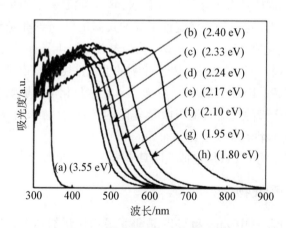

图 5 - 31 (AgIn)$_x$Zn$_{2(1-x)}$S$_2$ 光吸收谱

(a)$x = 0$; (b)$x = 0.17$; (c)$x = 0.22$; (d)$x = 0.29$;
(e)$x = 0.33$; (f)$x = 0.4$; (g)$x = 0.5$; (h)$x = 1$

5.3.3　金属氮化物、氮氧化物及卤氧化物

本节所述的氮化物与氮氧化物与氮掺杂半导体是有一定区别的,氮掺杂是在价带上引入一个杂质能级,从而缩小带隙;而氮化物或氮氧化物是通过 N 2p 和 O 2p 杂化共同形成价带。

5.3.3.1　TaON

金属氧化物半导体光催化材料的价带顶主要由 O 2p 轨道构成。由于 N 2p 轨道位置比 O 2p 更负,且容易和 O 2p 发生杂化,因此通过形成金属氮氧化物和氮化物可以有效地缩小带隙,提高催化剂可见光响应。2001 年,Asahi 等首次将氮引入 TiO_2 晶格中构建了 $TiO_{2-x}N_x$ 催化材料,并发现该材料在可见光区具有很好的光响应及催化活性[11]。类似地,Domen 等对 Ta_2O_5 进行了 NH_3 气流烧结处理并得到了氮掺杂 Ta_2O_5 材料,发现通过简单地调整 NH_3 流速以及处理时间可以得到不同 N/O 比例的氮氧化物。对 Ta_2O_5 进行氮引入得到的系列化合物中,氮氧化物 TaON 及氮化物 Ta_3N_5 具有更优异的催化活性,其能隙宽度分别为 2.4 eV 及 2.1 eV,相对于 Ta_2O_5 的 3.9 eV 都有了明显的缩小[73],如图 5 - 32 所示。另外,TaON 和 Ta_3N_5 的价带位置均比水的氧化电位更正,而导带位置均比水的还原电位更负,因此满足光催化分解水的必要条件。

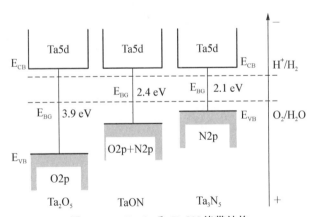

图 5 - 32　Ta_2O_5 和 TaON 能带结构

5.3.3.2　$(Ga_{1-x}Zn_x)(N_{1-x}O_x)$

GaN 和 ZnO 分别是ⅢA - ⅤA 族和ⅡB - ⅥA 族半导体材料,均为纤锌矿结构,禁带宽度均大于 3 eV。Demon 课题组第一次将两者固溶,形成一种可吸收可见光的新材料 $(Ga_{1-x}Zn_x)(N_{1-x}O_x)$,其结构也是纤锌矿[12]。其吸收边与组成 x 相关,如图 5 - 33所示。固溶体中禁带宽度的减小与锌和氧组分的电子行为有关。

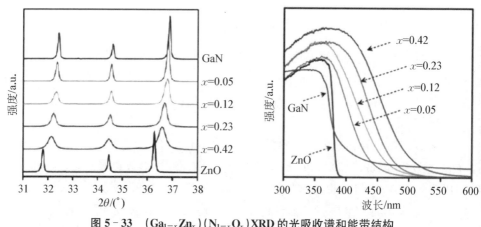

图 5－33　$(Ga_{1-x}Zn_x)(N_{1-x}O_x)$ XRD 的光吸收谱和能带结构

以 CrO_x－RhO_y 为助催化剂时，$(Ga_{1-x}Zn_x)(N_{1-x}O_x)$ 的量子效率达到 2.5%（420～440 nm），如图 5－34 所示。

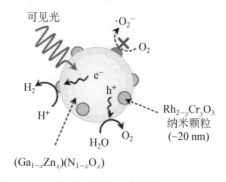

图 5－34　CrO_x－$RhO_y(Ga_{1-x}Zn_x)(N_{1-x}O_x)$ 分解水示意

5.3.3.3　BiOX(X＝Cl，Br，I)

BiOX(X = Cl，Br，I) 的晶体结构为 PbFCl 型。对称性：D4h；空间群：P4 nmm，属于四方晶系。Bi^{3+} 周围的 O^{2-} 和 X^- 成反四方柱配位，Cl^- 层为正方配位，其下一层为正方 O^{2-} 层，Cl^- 层和 O^{2-} 层交错 45°，中间夹心 Bi^{3+} 层。

BiOX 的晶体结构也可以看做沿 c 轴方向，双 X^- 离子层和 Bi_2O_2 层交替排列构成的层状结构，双层排列的 X(X = Cl，Br，I) 原子层之间由 X 原子通过非键力结合，结合力较小，结构疏松，因此这种层状结构非常容易沿[001]方向解离，如图 5－35 所示。卤氧化铋是一种具有高度各向

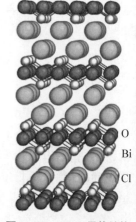

图 5－35　BiOCl 晶体结构

异性的层状结构半导体。采用 DFT 法对卤氧化铋的电子结构和能带进行计算,得出结论:卤氧化铋系列中只有 BiOF 为直接带隙半导体;BiOCl、BiOBr 和 BiOI 为间接跃迁带隙半导体。价带主要为 O 2p 和 X np(对于 F、Cl、Br 和 I,n 分别为 2、3、4 和 5)占据,导带主要是 Bi 6p 轨道的贡献。当光子把 X np 上的电子激发到 Bi 6p 轨道上时,产生一个光生空穴-电子对;同时层状结构的 BiOX(X = Cl, Br, I) 具有足够的空间来极化相应的原子和原子轨道,这一诱导偶极矩能够有效地分离空穴与电子,从而提高光催化性能;又由于 BiOX(X = Cl, Br, I) 属间接跃迁带隙,因此激发电子必须穿过某些 k 层才能到达导带,这就降低了激发电子和空穴再复合的概率。开放式结构和间接跃迁模式的同时存在有利于空穴-电子对的有效分离和电荷转移,这些特征都是 BiOX(X = Cl, Br, I) 具有较高光催化活性的原因。

BiOX 是一种重要的三元结构(ⅤA-ⅥA-ⅦA)半导体材料,因其独特的层状结构、适合的禁带宽、高的化学稳定性和催化活性,对可见光可以很好地响应,成为光催化剂研究的一个新方向。BiOX(X = Cl, Br, I) 晶体由 $[Bi_2O_2]^{2+}$ 穿插在双层卤素原子中构成层状结构,内部弱的范德华力和外部强的键合力,从而产生高度各向异性的电学、磁学和光学性能。此外,$[Bi_2O_2]^{2+}$ 和 X^- 产生的内部静电场促使光生电子-空穴对有效地分离,从而有较高的光催化活性。

BiOX 同其他铋系半导体材料一样,Bi 6p 轨道位置不够高,导致其导带位置不够还原 H_2O 生成 H_2。因此,BiOX 只能作为产氧半反应光催化材料。

5.3.4　Metal-free 材料

最近,Metal-free 聚合物半导体石墨相氮化碳(g—C_3N_4,见图 5 - 36)因其独特的半导体能带结构和优异的化学稳定性,作为一种不含金属组分的可见光光催化剂被引入到光催化领域,用于光解水产氢产氧、光催化有机选择性合成、光催化降

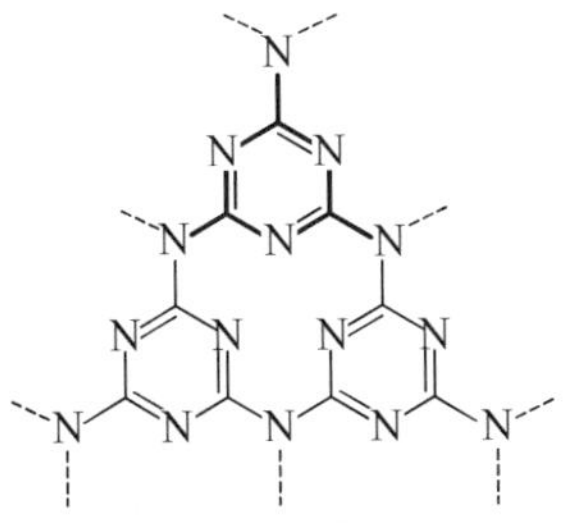

三嗪环 · g-C_3N_4 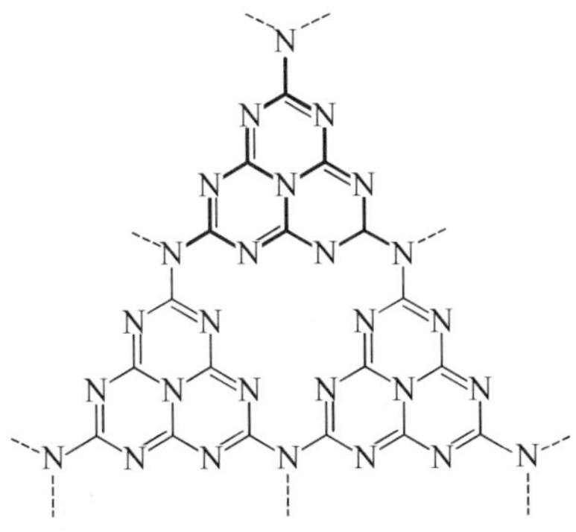　　　　3-s-三嗪环 · g-C_3N_4

图 5 - 36　g—C_3N_4 的化学结构

解有机污染物等,引起人们的广泛关注。因为 g—C_3N_4 不仅廉价、稳定,满足人们对光催化剂的基本要求,而且还具备聚合物半导体的化学组成和能带结构易调控等特点,被认为是光催化研究领域、特别是光催化材料研究领域值得深入探索的研究方向之一。

g—C_3N_4 是一种典型的聚合物半导体,其结构中的 C、N 原子以 sp2 杂化形成高度离域的 π 共轭体系。其中,Npz 轨道组成 g—C_3N_4 的最高占据分子轨道(HOMO),Cpz 轨道组成最低未占据分子轨道(LUMO),它们之间的禁带宽度约 2.7 eV,可以吸收太阳光谱中波长小于 475 nm 的蓝紫光。理论计算和实验研究表明,g—C_3N_4 还具有非常合适的半导体带边位置,其 HOMO 和 LUMO 分别位于 +1.4 V和−1.3 V(vs NHE, pH 值=7),满足光解水产氢、产氧的热力学要求,如图 5-37 所示。此外,与传统的 TiO_2 光催化剂相比,g—C_3N_4 还可以有效活化分子氧,产生超氧自由基用于有机官能团的光催化转化和有机污染物的光催化降解;或抑制具有强氧化能力的羟基自由基的生成,避免有机官能团的过氧化。2009 年,Wang 等报道了 g—C_3N_4 可以作为可见光光催化剂应用于太阳能的光催化转化[14]。

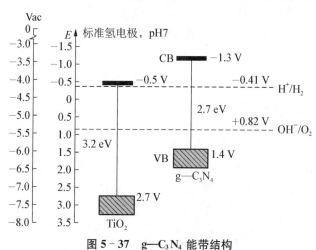

图 5-37 g—C_3N_4 能带结构

利用 g—C_3N_4 完全分解水是一种挑战,研究表明在没有牺牲剂条件下,g—C_3N_4 光催化分解水只观测到 H_2,没有 O_2,且产量逐渐下降。2015 年,Liu 等人利用 C—Dot 负载在 g—C_3N_4 上,从而实现了完全分解水[19],如图 5-38 所示。

5.3.5 共催化剂和助催化剂材料

半导体光催化产氢活性的一个重要决定因素就是光生电子和光生空穴从体相移动到表面的分离效率,因为光生载流子的复合通常意味着将所吸收光能浪费在无用的荧光和散热上,导致光催化活性的降低。现今主要有两个方法:一是在催

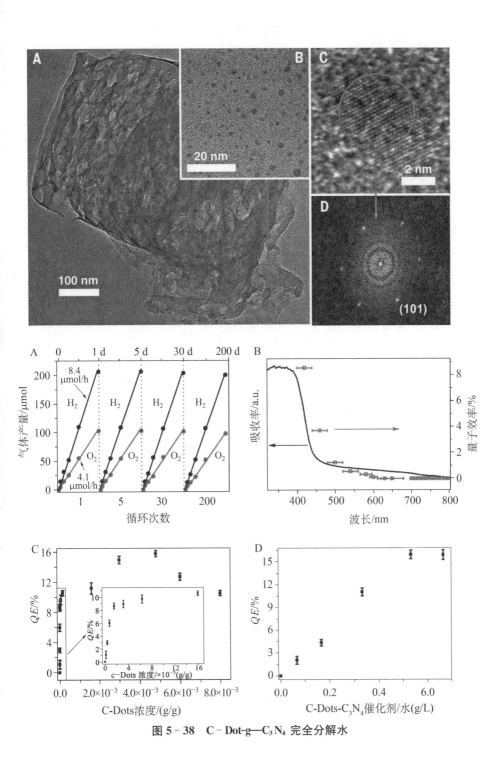

图 5 - 38　C - Dot-g—C₃N₄ 完全分解水

化剂表面负载一些共催化剂(如石墨烯、窄带隙半导体、染料等),利用催化剂与共催化剂间的价带和导带电势的区别促进电子空穴的分离,如图 5-39 所示;二是在催化剂表面负载助催化剂,有效捕获光生电子或光生空穴,同时降低反应活化能或产氢和产氧过电势。研究发现,贵金属(如铂,钯,钌和铑)、过渡金属氧化物(如 NiO、RuO_2)、过渡金属硫化物(如 MoS_2)和过渡金属碳化物(如 WC)均是有效的光催化产氢反应助催化剂。助催化剂对光催化水分解有着以下四个方面的重要影响:①助催化剂能在光催化剂表面上为产氢和产氧提供活性位,降低反应活化能;②助催化剂能促进光催化剂体内光生电子和光生空穴的分离,从而提高光催化活性;③助催化剂能抑制光腐蚀,提高光催化剂稳定性;④助催化剂在生成氢气和氧气的同时,也会导致二者在催化剂表面的复合[74]。因此助催化剂的作用需要综合考虑,并通过试验加以证实。

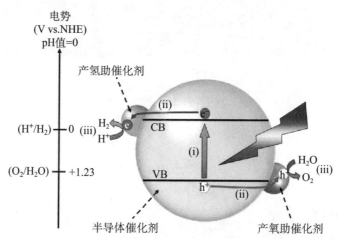

图 5-39　共催化剂和助催化剂诱导光生电子空穴的分离

通常来说,负载助催化剂有利于改善和提高光催化剂的活性,其负载量与活性的关系如图 5-40[74]所示。下面对常用的半导体复合物和助催化剂加以叙述。

5.3.5.1　二元或多元半导体复合物

1) 石墨烯/氧化石墨烯

碳纳米材料(包括碳黑、碳微球、碳纤维、富勒烯、碳纳米管及石墨烯和它们的衍生物等)因具有独特良好的电子传输性能以及各异的形态,一直以来常作为助催化剂或催化剂载体被引入到光电转化和光催化体系中,成为众多复合催化剂的重要组成部分,并在多相催化中受到广泛的关注。很多研究表明,复合材料中半导体与碳纳米管、富勒烯等碳材料两者之间的协同作用增强了材料的光催化性能,从而表现出优于单一半导体材料的光电转化效率和光催化活性。一般认为,碳材料,尤

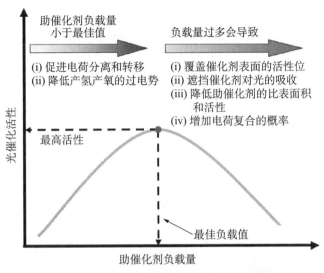

图 5-40　助催化剂负载量与活性的关系

其是碳纳米管的引入对改善复合材料光催化性能的原因有以下几个方面：①碳材料较高的比表面积促进了复合材料中活性组分的分散程度，增加了有效反应活性位；②碳材料较高的电子传输速率及碳材料/半导体界面异质结的形成可以促进光生电子空穴对的分离，提高光催化效率。③碳材料以其较高的比表面积可以提高复合材料对污染物的吸附性能，从而增强污染物的光催化降解效率；④碳材料的掺入可以作为半导体的光敏剂，使复合材料的费米能级向更正的方向偏移，进而增强了材料对可见光的吸收性能，提高了对光能的利用率。

石墨烯是一种新兴的二维碳纳米材料，是构建众多碳材料包括石墨、碳纳米管、碳纳米纤维和类富勒烯材料的母体材料，如图 5-41 所示。石墨烯层层堆叠即形成三维石墨；单层或多层卷曲成卷即形成一维的单壁或多壁碳纳米管；包覆成球即形成零维的富勒烯。由于在制备过程中常会引入缺陷，在实验中实际使用的石墨烯往往带有缺陷，这些缺陷尤以含氧官能团为主。因为石墨烯表面缺陷直接影响其结构和特性，因此利用不同制备方式得到的石墨烯在化学结构和性能上也有很大的不同。

近两年间，有研究者将石墨烯担载于半导体催化剂之上，并对复合物的光催化制氢效果进行了分析。研究发现，石墨烯的负载不仅能提高催化剂的分散程度和比表面积，更能有效提高半导体光生电荷空穴对的分离效率，从而大大促进了复合催化剂的光解水效率[75,76]。在二氧化钛/石墨烯体系中，二氧化钛与石墨烯于界面处形成肖特基势垒。石墨烯的理论功函数为 4.42 eV，锐钛矿型的 CB 位置约为 4.21 eV，带隙为 3.2 eV。由于电子有从较高费米能级流向较低费米能级的趋势，

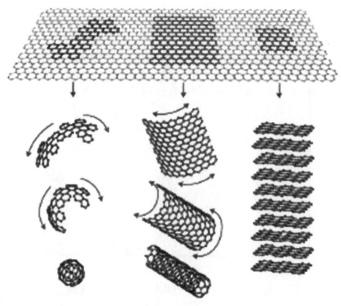

图 5‑41　石墨烯材料

因此在光照情况下,二氧化钛上产生的光生电子将由其导带迅速流入石墨烯,使得光生电子-空穴对得到有效分离,进而使得复合光催化剂载流子的寿命延长。由于载流子寿命的延长促进了具有强氧化能力的自由基的生成,催化剂的光催化效能得以提高,如图 5‑42 所示。

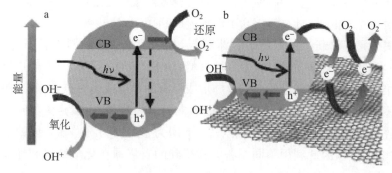

图 5‑42　半导体/石墨烯复合材料中电子在两者之间的传输过程及石墨烯对光生电子空穴对分离的促进作用

2) 染料敏化剂

另外,由于大部分金属氧化物带隙较宽,不能响应可见光,因此常常利用一些窄禁带半导体材料或染料敏化剂,如 CdS、CdSe、FeS_2、RuS_2 等,作为宽带隙半导体催化剂的可见光敏化剂。其中,染料敏化光催化分解水工作原理如图 5‑43 所示。

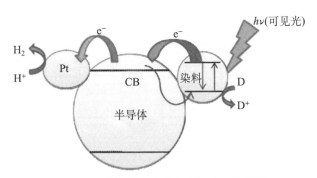

图 5‑43　染料敏化光催化分解水工作原理

半导体表面吸附染料后,在光源的激发照射下,接收了能量的染料分子将会发生跃迁而变成激发态染料。处于激发态的染料分子将会向电势比其稍正(电势均为负值)的半导体导带注入电子而变为氧化态染料(两者电势差越大越利于电子注入),氧化态染料则会在体系中所含牺牲剂的作用下重新变回染料分子,对于没有将电子注入半导体的激发态染料由于处于高能量状态,则会将能量以荧光的形式释放而重新回到基准态。与此同时,被注入半导体导带位置的电子则会到达贵金属铂表面发生水还原析氢反应。在这个过程中,并不是所有的电子都会参与到水分解反应中,有一部分电子会与氧化态染料发生复合反应,当然,这一过程是我们需要尽量避免的。

根据上述染料敏化光催化分解水原理分析,可以看出染料敏化光催化分解水系统避免了普通光催化体系中光生电荷在半导体内部的复合。但是,未注入电子的激发态染料恢复到基态及注入半导体的电子与氧化态染料反应,这两个过程极大地降低了染料敏化体系的效率。综合上面所提及的光催化原理及两大降低效率的过程,可以总结出对于光催化效率的提高可以从下面几个方面实现:①染料分子对太阳光能量的有效捕捉;②电子由激发态染料向半导体导带的有效注入;③氧化态染料与牺牲剂/氧化还原介质反应从而能够得到快速还原;④半导体导带电子迅速到达半导体表面反应活性位置。

染料敏化光催化析氢体系基本由三大部分组成:染料敏化剂、氧化物半导体、电子给体(又称为牺牲剂),同时为了提高产氢效率还会在半导体表面加入助催化剂(某些贵金属)。其中,染料敏化剂作为整个反应体系中太阳光能量的接收者,吸收较多的可见光区太阳光能量,以及有效地将电子转移至半导体导带位置,关系到整个光催化体系最终表现出的产氢效率。理想的染料敏化剂应该是能够尽可能地全部吸收可见光部分的能量,具有宽的光谱吸收响应范围,同时与半导体表面具有稳定的连接基团,不易在反应体系中发生与半导体颗粒的分离。此外,为了保证整个反应体系能够持续工作较长的时间,处于氧化态的染料还需具备较高的电势,从而能够快速地与体系中的电子给体发生反应,被还原为染料分子,继续进行电子的转移工作。由于染料敏化光催化产氢整个反应均是在水溶液中进行的,因此,染料敏化剂还需要在水溶液中具有较高的抗光腐蚀性及热稳定性(随着光照时间增长体系温度会升高)。一般情况下,根据结构的不同可以将常用的染料敏化剂分为两大类:有机染料和无机染料。无机染料主要包括钌系和锇系的卟啉衍生物、金属卟啉、酞菁染料等,而有机染料则主要是指天然有机染料及合成有机染料。

有机染料

有机染料具有价格低、易制备的优点。目前为止咕吨染料、香豆素、部花青染料、卟啉染料都被广泛应用于敏化半导体 TiO_2 制氢体系中,并明显地提高了光的捕捉效率。日本学者在可见光照射下,利用部花青染料敏化的 Pt/TiO_2 为光催化剂,以 I^- 为牺牲剂的乙腈水溶液为反应体系时,明显地提高了 H_2 析出量。北京大学利用制备出的染料 BTS 和 IDS 分别获得了高达 5.1%、4.8% 的光电转换率。

无机染料

与有机染料相比,无机染料在热稳定性及化学稳定性方面更胜一筹。其中,多吡啶钌染料因为自身的高稳定性和优异的氧化还原能力、较长的激发态寿命而被广泛应用。此类染料分子会借由羧酸官能团或磷酸官能团与半导体表面相连接,从而实现电子注入的目的。根据它们与半导体表面连接集团的不同可以将其分为以下几类:羧酸多吡啶钌染料、磷酸多吡啶钌染料以及多核联吡啶钌染料。

5.3.5.2 产氢助催化剂

1) 贵金属

大量研究表明,在半导体表面沉积贵金属不仅有利于光生电子和空穴对的分离,还可以降低还原反应的过电势,从而大大提高半导体光催化活性。从原理上讲,当贵金属沉积到半导体的表面与之紧密接触时,贵金属和半导体表面的电荷需要不断地重新分布,直到两者的费米能级相同为止。一般情况下半导体的功函数比金属的功函数更低,也就是说,在自由状态下,半导体的费米能级比金属的费米能级更高,因此,带负电荷的电子将从半导体转移到贵金属上,而带正电荷的空穴将聚集在半导体上,直到贵金属和半导体的费米能级相同为止,如图 5 - 44 所示。

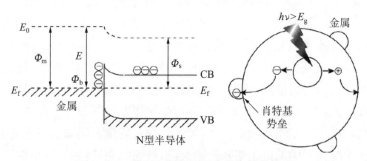

图 5 - 44 金属为助催化剂光生电子的转移

　　该过程将导致在贵金属和半导体接触部位形成的空间电荷层中半导体的能带产生向上的弯曲,从而在金属-半导体界面上产生 Schottky 能垒。Schottky 能垒将成为有效捕获电子的陷阱,进而在很大程度上抑制光生电子与空穴的复合,从而起到增强催化剂光催化活性的作用。同时,由于电子不断地向贵金属聚集,将导致贵金属的费米能级不断地向半导体导带靠近,使得导带的能量变得更负,从而使得其还原电势增大,进而有利于光催化分解水产氢。在此过程中,贵金属上聚集的大量电子也会还原吸附在表面的质子 H^+ 产生氢气 H_2。第 Ⅷ 族的铂(Pt)、金(Au)、银(Ag)、铱(Ir)、钌(Ru)、钯(Pd)、铑(Rh)等都是较为常用的沉积贵金属,其中又以 Pt 与 Au 最为常用。

　　(1) 铂作为助催化剂负载到光催化剂后,因其较低的析氢超电位,有利于氢气的析出。但有时它会引起氢气和氧气发生逆反应生成水,降低光解水的量子效率。负载铂助催化剂通常采用 H_2PtCl_6 浸渍热处理或光沉积的方法等。

　　(2) 单质金作为助催化剂,通常认为在光催化过程不具备活性。但自从发现 nano-Au/TiO_2 从乙醇溶液中以及 nano-Au/$K_2La_2Ti_3O_{10}$ 从水中还原出氢以后,人们开始广泛研究纳米金的催化性能[77]。负载纳米金到 $K_4Nb_6O_{17}$,$Sr_2Nb_2O_7$,$KTaO_3$ 和 $NaTaO_3$:La 的表面上能明显提高光催化水分解的活性,这归因于纳米金的负载提供了产氢的活性位。但负载的金易于失活,这主要是因为金会被氧气氧化而变成氧化物。金作为助催化剂在光催化领域之所以被广泛研究,除了因为其能够有效提高光催化制氢性能外,另一个原因是其与光催化剂之间容易产生表面等离子体共振效应。在可见光照射下,由于金本身的等离子体共振效应被激发产生电子和空穴,光生电子转移至催化剂导带与水反应生成氢气。

　　2) 非贵金属

　　除了上述的一些贵金属,研究发现,镍[78],钴[79],铜[80]等一些廉价的过渡金属及其(氢)氧化物也可以作为产氢助催化剂。目前,主要有 3 种方法将这些金属负载到光催化剂上:原位光沉积、化学还原法、浸渍-煅烧-还原法。

5.3.5.3　析氧助催化剂

　　析氧助催化剂常为贵金属氧化物如 RhO_x,PdO_x,IrO_x,RuO_x 等。IrO_2 提高光催化活性的原因是在催化剂表面提供了产氧活性位[81]。在光沉积的过程中通过硝酸盐的加入可以选择性负载 IrO_2 或单质铱。当溶液中有一定量的硝酸根时,铱以 IrO_2 的形式负载,没有硝酸根时以单质形式负载。负载 IrO_2 的效果要优于单质负载,因为 IrO_2 不会引起氢氧生成水的逆反应,而单质铱和铂都会引起逆反应。IrO_2 提高光催化活性的原因是在催化剂表面提供了产氧活性位。利用光沉积法负载 IrO_2 的效果要优于浸渍法。光沉积负载后 $NaTaO_3$:La 的效果比没有负载时提高 2~3 倍,而浸渍法负载却没有提升效果。

同样,钌单质和氧化物都可以作为助催化剂。通常认为是 RuO_2 能在催化剂表面形成产氧活性位,从而有效分离光生电子和空穴,提升催化剂的活性,但近期的研究表明 RuO_2 可以在 N 型半导体表面形成还原活性位,特别是在有牺牲剂存在的条件下能显著提高产氢活性。对于负载和不负载 RuO_2 的 TiO_2 的光催化分解乙醇的活性,前者的产氢活性是后者的近 30 倍。负载 RuO_2 的效果与前驱物的种类、负载方法等都有密切的关系。

5.3.5.4 析氢和析氧共助催化剂

钌和铂共负载。Liu 等研究 $Y_2Ta_2O_5N_2$ 光催化分解水时,比较了单独负载钌、铂和共负载二者的效果。共负载的效果要远远优于单独负载的效果。同时单独负载钌的效果要优于单独负载铂的效果[82]。

铑和铬共负载。Maeda 等研究 $(Ga_{1-x}Zn_x)(N_{1-x}O_x)$ 固溶体光催化剂时发现共负载铑和铬时有非常好的光催化效果,能在波长大于 420 nm 的可见光区域内完全分解水生成氢气和氧气,其量子效率可达 2.5%,但单独负载铑和铬却没有如此效果,这是因为铑和铬形成 $Rh_xCr_{1-x}O_3$ 的固溶体,从而提高了光生电子和空穴的分离效率[83],如图 5-34 所示。

5.4 光催化 CO_2 还原

人类日益增长的能源消耗导致 CO_2 排放的持续增加,这种具有温室效应的气体将会加剧全球变暖,触发各种自然灾害。现今全世界都在致力于寻找去除大气中 CO_2 的途径。

5.4.1 削减 CO_2 的主要方法

目前,降低大气中 CO_2 浓度的方法主要有以下几种。

(1) CO_2 捕获与存储技术,包括 CO_2 气体的捕集、运输和埋存三个系统。如捕捉空气中的 CO_2 并将其深埋地下形成稳定的碳酸盐或被一些功能性材料吸收;但该技术需要消耗额外的能源,同时存在安全性和破坏生态的危险,如图 5-45 (a)[84]所示。

(2) 大规模的植树造林,利用光合作用将 CO_2 转变为有机物。这种方法虽然比较环保,但短期成效很慢,如图 5-45(b)所示。

(3) CO_2 还原技术,即将 CO_2 转换为可用能源。这些技术主要包括:将 CO_2 作为原料,用于尿素、纯碱以及碳酸饮料的生产;通过热化学转化法,将 CO_2 与 H_2O 等溶剂加热反应,转化为有机物加以利用;利用金属电极还原 CO_2 的水或非水溶液生成烃类或醇类化学燃料(电催化技术)。这些技术仍处于实验阶段,而且

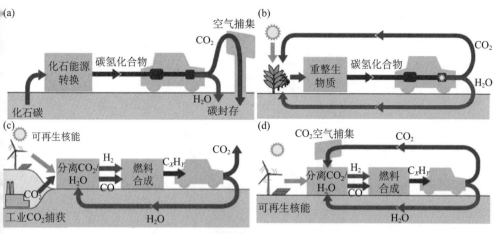

图 5-45　降低大气中 CO_2 浓度的方法

CO_2 是热力学十分稳定的化合物,要使 CO_2 还原需要输入很高的能量,因此需要消耗大量的化石能源,如图 5-45(c)所示。

(4) 人工光合成。1979 年,Inoue 模仿植物的光合作用,第一次将半导体催化剂分散在饱和的 CO_2 水溶液中,在氙灯照射一段时间后,发现溶液中有少量的甲酸、甲醛、甲醇、甲烷形成[85]。因此,可以实现人工模拟植物的光合作用,利用太阳能将大气中的 CO_2 转变为可用的能源,如图 5-45(d)所示。

人工光合作用(即光催化 CO_2 还原)是在光催化剂的作用下,通过太阳光的照射,将 CO_2 和 H_2O 转化为碳氢化合物,以实现碳材料的再循环利用。光催化 CO_2 还原有以下优点:光催化 CO_2 还原反应条件相对较温和;光催化 CO_2 还原利用了太阳能;光催化 CO_2 还原后生成了可被利用的能源如甲烷、甲醇等。

5.4.2　光催化 CO_2 还原基本原理

光催化 CO_2 转换与光催化制氢所涉及的物理反应部分一样,即利用光激发半导体产生电子空穴,然后迁移至催化剂表面。而化学反应部分则不一样,如图 5-46所示[86]。水在催化剂表面消耗空穴被氧化为 O_2,CO_2 得到电子被还原为有机物。

相对于光催化分解水制氢,光催化 CO_2 还原化学反应过程要更为复杂。其反应过程包括两个基本过程:一是 CO_2 和 H_2O 吸附在催化材料表面的活性位,二是 CO_2 和 H_2O 与光生电子空穴发生氧化还原反应。从热动力学方面研究,CO_2 化学势能为 $-394\ kJ/mol$,甲烷化学势能为 $-51\ kJ/mol$,甲醇化学势能为 $-159\ kJ/mol$,还原 CO_2 也是个爬坡吸热反应,对比水的分解化学势 $-286\ kJ/mol$,其反应更难发生,如图 5-47所示[85]。

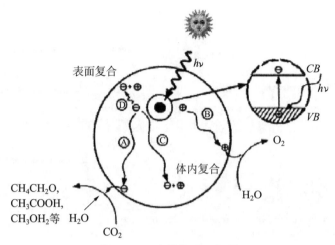

图 5－46　光催化 CO_2 还原

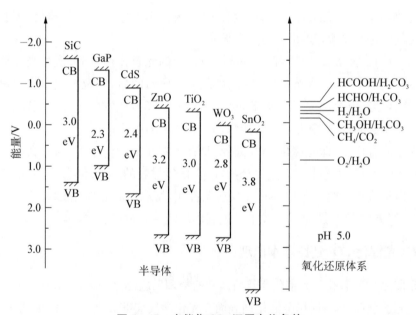

图 5－47　光催化 CO_2 还原电位条件

　　因此,实现光催化 CO_2 还原必须满足:①催化剂具有很好的 CO_2 或 CO_3^{2-} 吸附能力;②导带位置要比 CO_2 的还原电势更负,即光生电子能成功注入吸附在催化剂表面的 CO_2;③价带位置要比氧化水电位更正,才能氧化水为 O_2,即消耗空穴,促进反应;④催化剂本身稳定不参与反应。

　　从 CO_2 还原电子转移吸收的机理方面研究,最直接的过程是 CO_2 吸收一个电子形成 CO_2^-,但是这个过程需要－2.14 eV 能量的电子,因此发生的可能性比较

低,最可能的途径是多电子转移过程,这种多反应步骤首先由 Inoue 提出[85]:

$$2H^+ + 2e^- \longrightarrow H_2 \qquad (-0.41 \text{ eV})$$

$$H_2O \longrightarrow \frac{1}{2}O_2 + 2H^+ + 2e^- \quad (0.82 \text{ eV})$$

$$CO_2 + e^- \longrightarrow CO_2^- \qquad (-1.90 \text{ eV})$$

$$CO_2 + H^+ + 2e^- \longrightarrow HCO_2^- \quad (-0.49 \text{ eV})$$

$$CO_2 + 2H^+ + 2e^- \longrightarrow HCOOH (-0.53 \text{ eV})$$

$$CO_2 + 4H^+ + 4e^- \longrightarrow HCHO + H_2O (-0.48 \text{ eV})$$

$$CO_2 + 6H^+ + 6e^- \longrightarrow CH_3OH + H_2O (-0.38 \text{ eV})$$

$$CO_2 + 8H^+ + 8e^- \longrightarrow CH_4 + 2H_2O (-0.24 \text{ eV})$$

$$CO_2 + 2H^+ + 2e^- \longrightarrow HCOOH$$

$$HCOOH + 2H^+ + 2e^- \longrightarrow HCHO + H_2O$$

$$HCHO + 2H^+ + 2e^- \longrightarrow CH_3OH$$

$$CH_3OH + 2H^+ + 2e^- \longrightarrow CH_4 + 2H_2O$$

为了描述这种复杂的光还原过程,这里呈现了一个简洁反应步骤。以 CH_4 的生成为例:首先,CO_2 加氢形成甲酸过程中,被活化的 CO_2 会获得 H^- 和亲核性的 H^+,这种连续的反应过程导致碳原子上增加了一个 H^-,氧原子上增加了一个 H^+。第二步是甲酸脱氧生成甲醛。这个过程具有相似的机理,一个 H^- 加到碳上,一个 H^+ 俘获甲酸上的 OH 生成水。第三步是甲醛还原成甲醇,这个过程前两步完全不一样,这时 C═O 通过加氢断裂。最后一步同第二步一样,H^+ 俘获甲醇上的 OH 生成水得到 CH_4。因此,光催化还原 CO_2 的催化剂需要较高 Metal-H 反应活性以及克服以下反应困难:①适应多步骤多电子转换;②电子和原子相互耦合转移;③剧烈吸收过程;④不同催化活性位之间相互耦合。这种复杂的过程需要双功能催化剂,分层纳米系统,多种活性位的催化剂。目前,所报道的催化剂的转换效率都很低,且需要牺牲剂。

从上面的分析可知,提高光催化还原 CO_2 的方法与分解水也不尽相同,物理反应方面主要是减少电子空穴的复合,提高光的吸收等;而化学反应部分是寻找更为合适的催化剂和助催化剂提高还原过程。

CO_2 光催化还原反应与光解 H_2O 制 H_2 的另一个显著不同是,这个反应可以得到多种产物,包括我们通常所希望的产物如甲醇、甲烷,但同时也有一氧化碳、甲酸、甲醛、草酸,甚至是碳等。因此,光催化还原 CO_2 的产物要比光解水的产物复杂得多。这种产物选择性的缺乏降低了光催化还原 CO_2 的效率和经济性;另一方面,部分还原产物可以使光催化剂中毒,或者作为半导体中光激发分离的活性电子和空穴的猝灭剂,甚至会使光催化 CO_2 还原的有机产物重新降解生成 CO_2。截至目前,科学家对产物分布上的控制因素了解甚少,也缺少一个如何改性光催化剂以生成单一产物的明确思路。科学家们正通过理论及实验分析各种不同产物的反应途径以及在催化剂上的反应活性位,以便更好地理解光催化还原 CO_2 生成甲醇或甲烷等产物的机理,从而可以更有效地设计光催化剂。

5.4.3 光催化 CO_2 还原反应体系

光催化 CO_2 还原反应体系与光催化制氢反应体系类似,可以分为直接光催化 CO_2 还原和光电催化 CO_2 还原[87],如图 5-48 所示。光催化 CO_2 还原反应体系也可加入牺牲剂消耗空穴,只发生 CO_2 还原半反应;也可以通过构建 Z 型反应,降低催化剂选择要求,达到对可见光的利用等。

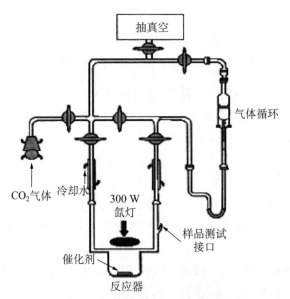

图 5-48 光催化 CO_2 还原装置示意图

但目前光催化 CO_2 还原反应体系主要按反应介质分类,即:光催化 CO_2 还原悬浮体系和光催化 CO_2 还原气相反应体系。光催化 CO_2 还原悬浮体系是指将催化剂分散在水溶液中,然后向溶液中通入 CO_2 进行光催化 CO_2 还原反应;光催化 CO_2 还原气相反应体系是指将水蒸气和 CO_2 气体流过固体催化剂表面,同时用光照射催化剂,混合气体在催化剂表面发生光催化反应。

5.4.3.1 光催化 CO_2 还原悬浮体系

1979 年,Inoue 第一次将半导体催化剂分散在饱和的 CO_2 水溶液中,在氙灯照射一段时间后,发现溶液中有少量的甲酸、甲醛、甲醇、甲烷形成。从此光催化 CO_2

还原悬浮体系一直是研究热点，并且取得了很大进步，但也暴露出很多有争议的问题。

首先，由于化学反应发生在水溶液中，光催化 CO_2 还原过程可能伴随着光催化分解水。从热力学角度分析，光催化分解水的氧化还原电势比光催化 CO_2 还原要低。因此，光催化 CO_2 还原悬浮体系可能伴随着水分解为 H_2。如果未检测到 H_2 产生，表明该悬浮体系中的水不能捕获光生电子发生产氢反应，与 CO_2 还原反应的竞争是不存在的。但是，此前的一些报道中发现在半导体光催化还原过程中也伴随着 H_2 的产生，此时应基于热力学原则考虑两者之间存在的竞争反应，甲酸、甲醛、甲醇、甲烷的形成可能是 CO_2 和 H_2 反应所产生。

另一方面，溶液的 pH 值也是影响光催化 CO_2 还原反应的重要因素。光催化 CO_2 还原悬浮体系基本上是在碱性溶液中进行的。与纯水的悬浮体系相比，碱性溶液能溶解更多的 CO_2，并形成 CO_3^{2-} 和 HCO_3^- 促进 CO_2 的还原。另外，碱性光催化 CO_2 还原悬浮体系能有效地捕获光生空穴产生 O_2，促进光生电子空穴的分离，提高光催化活性。与此相反，在酸性条件下可能导致光催化产氢速率比还原 CO_2 速率快。

另外，在不加牺牲试剂的条件下，一般认为空穴被水消耗所生成的 O_2 可能以多种状态存在，如：溶于水溶液中，或以气态产物挥发，或吸附在催化剂表面上等。上述的存在状态对其定量检测非常不利。此外，当半导体光催化悬浮体系的还原产物主要是甲醇等时，这些产物本身又会消耗空穴，随着光照时间的延长，进而影响其作为产物的积累。因此，对于光催化 CO_2 还原悬浮体系，完善检测方法以及及时分离还原产物就显得尤为重要。

5.4.3.2　光催化还原气相体系

鉴于半导体悬浮体系在光催化还原的应用过程中存在的上述弊端，近些年来半导体光催化还原反应气相体系受到了研究者的青睐。目前，半导体光催化还原反应气相体系主要可分为两种典型的反应系统。即：连续流动床型反应体系和密闭循环型反应体系。

图 5-49 为半导体光催化还原连续流动床型反应装置示意图。其工作原理是先将高纯气体通入装有蒸馏水的瓶子，让一部分水蒸气跟着流动的气体一起进入连续流动型反应器，最后在光照条件下进行气相光催化反应。光催化反应器是由大量的玻璃纤维丝和负载了一层光催化剂膜的玻璃纤维过滤器构成的，玻璃纤维丝的主要作用是维持反应器内水蒸气的饱和蒸汽压。通过控制的流量阀调节反应物比和相应的流量，并能通过自动进样阀进样进行气相色谱在线检测还原产物。该气相反应系统的主要优点有：能实现还原产物的在线检测；能调节反应物的比例；光催化剂薄膜能充分和反应物接触等。上述特点有利于提高光催化还原气相

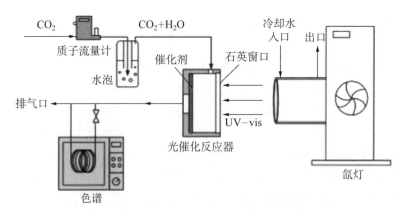

图 5-49　光催化 CO_2 还原连续流动床型反应装置示意图

体系的光催化效率。但是该系统也存在相对较复杂、光催化反应器清洗不便和产物收集困难等问题,有待于进一步优化与改善。

半导体光催化 CO_2 还原密闭循环型气相反应体系如图 5-49 所示。该体系先将催化剂均匀分散在玻璃皿表面,然后将玻璃皿置于反应器后抽真空数次,通入气体至 1 个大气压,滴入一定量的蒸馏水,待和气态达到吸附与解析平衡后光照。经一定时间光照后,取气体产物进行气相色谱检测。该体系较简便,但也存在一些缺点,例如光催化剂与反应物吸附到达平衡需很长时间,生成物不能在线检测,而人为取样可能会造成实验结果误差等。目前,通过对系统加热,升高体系温度和采用负载光催化剂的光纤反应器加快电子传递速度等优化方式也应用于气相光催化还原体系。由此可见,为发展气相光催化还原技术,设计具有合适反应条件的光催化体系也是关键课题之一。

5.4.4　光催化 CO_2 还原材料

一部分光催化制氢材料可以用于光催化 CO_2 还原,特别是导带比较高的材料。然而,光催化 CO_2 还原材料除了需要满足使反应进行的条件,还有一个重要的要求是产物的选择性,这也增加了对光催化 CO_2 还原研究的难度。另外,在构建高效光还原 CO_2 反应体系时,除考虑光催化材料的光吸收范围外,还要考虑光催化材料对 CO_2 的吸附性能、光生电子-空穴分离效率与 CO_2 活化等其他影响因素的综合效应。

5.4.4.1　响应紫外光材料

1) TiO_2

随着对 TiO_2 光催化还原 CO_2 这一过程的认识逐步深入,研究者们将目光更多地集中在 TiO_2 光催化材料上。目前已有多种形式的 TiO_2 光催化材料被应用于

CO_2 的光催化还原,如从常规的单一 TiO_2 材料到金属负载、半导体复合 TiO_2 材料,从块体、颗粒 TiO_2 材料到介孔、纳米 TiO_2 材料都有研究。

自 1979 年日本学者 Inoue 等报道 TiO_2 光催化还原 CO_2 这一现象以来[85],TiO_2 作为光催化剂在光催化还原 CO_2 领域获得了迅速发展,相关研究成果层出不穷。TiO_2 在自然界中存在着金红石型、锐钛矿型及板钛矿型 3 种晶体形态。晶型的差别往往可导致其光催化还原 CO_2 的反应活性不同。Vijayan 等将制备的 TiO_2 纳米管分别在 $200\sim800℃$ 下煅烧以获得不同晶型的样品,并将其用于光催化还原 CO_2[88]。结果表明,相对于其他温度下煅烧的样品,400℃煅烧的样品具有最好的光催化还原 CO_2 活性,其反应产物 CH_4 的产率可达到 $1.484\ \mu mol/g$。这主要是由于 400℃下煅烧 TiO_2 纳米管具有较高的结晶度和比表面积、较多的反应活性位点以及较高的电荷分离效率,从而使其表现出更好的光催化还原 CO_2 性能。

对于同一晶体结构 TiO_2 材料的不同晶面其光催化还原 CO_2 的产物也有所不同。Yamashita 等先后采用锐钛矿 TiO_2 和金红石 TiO_2 单晶做催化剂,考察了光催化还原 CO_2 和 H_2O 的气态混合物的反应过程,产物通过高分辨电子能量损失光谱仪(HREELS)进行测定,发现在 $TiO_2(100)$ 和 $TiO_2(110)$ 表面发生的 CO_2 和 H_2O 的光催化还原反应有所不同[89]:由 TiO_2 晶体的(100)面催化时产物主要有甲烷和甲醇,产率相对较高;而由(110)面催化时产物仅有甲醇,且产率较低。研究者认为晶面的几何结构及其所导致的 Ti/O 原子比不同,引起表面与反应物分子的接触情况不同,最终导致两种单晶表面的催化性能显著不同。此外,表面钛原子能在反应中起半个电子的作用,即为还原位。对 Ti(100) 表面的分析表明,在 CO_2 和 H_2O 混合气氛围中,经紫外辐射,其表面羟基较多,且表面物种中含有 CH_x。以上的结果和讨论使得研究者断言 $TiO_2(100)$ 具有比 $TiO_2(110)$ 更强的光还原性。

2) Zn_2GeO_4 和 $ZnGa_2O_4$

一些三元金属氧化物纳米材料的性能比单质或二元体系稳定,它们所具有的一些与尺寸相关的新颖性能(如铁电、铁磁、巨磁阻、超导等)逐渐引起人们的关注。然而,三元金属氧化物纳米材料的合成方法还比较少,当前研究热点主要是通过调节成分的比例来控制三元氧化物相关物理性能。目前,一些研究机构已相继合成了三元氧化物光催化剂,如钽酸盐、锗酸盐、锆酸盐、钒酸盐和铌酸盐等。由于它们在光催化分解 H_2O 或降解染料中表现出很好的性能,因此也被逐渐应用到 CO_2 转化中。

三元金属氧化物中,锗酸盐是一类结构非常独特的化合物,其骨架结构中锗可分别与 4、5、6 个氧原子结合,构成除了 GeO_4 四面体外,还有 GeO_5 三角双锥、GeO_6 八面体。通过在同一结晶框架内结合不同的多面体单位,可以得到大量的具有多维通道和大孔特征的新结构。锗酸盐化合物这种开放的骨架结构、丰富的结构化学及其表现出的特殊的孔道特征(如超大孔、低骨架密度、手性结构等)日益引起人们的关注,已应用到催化、气体吸附与分离、湿度传感器、非线性光学、化学微反应器等领域。近几年来,这类具有通道、管状结构、有利于载流子分离和电子传递的锗化合物在光催化分解 H_2O 和降解 H_2O 中的有机污染物也备受关注。

Zou 采用溶剂热法,在乙二胺/H_2O 的混合体系中合成出数百微米长、厚度仅为 7 nm(相当于 5 个晶胞厚度)、长/径比高达 10 000 的 Zn_2GeO_4 单晶纳米带[90]。将 Zn_2GeO_4 纳米带、CO_2 和水蒸气组成一个气-固系统,Zn_2GeO_4 纳米带的价带电位为 3.8 eV,比 H_2O/H^+ 的高,而导带电位为 -0.7 eV,比 CO_2/CH_4 的低。这表明光激发的电子和空穴可以与被 Zn_2GeO_4 表面吸收的 CO_2 和 H_2O 反应,生成 CH_4。

如图 5-50 所示,Zn_2GeO_4 纳米带光转化 CO_2 效率明显高于传统固相烧结法制备的样品,且负载 Pt 和 RuO_2 能够进一步提高转化效率。

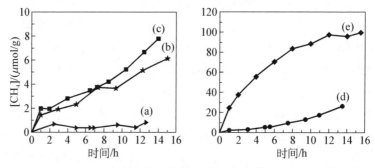

图 5-50　Zn_2GeO_4 纳米带光催化还原 CO_2 生成 CH_4 与时间的关系

(a) 固相法制备 Zn_2GeO_4;(b) Zn_2GeO_4 纳米带;(c) 负载 1% Pt Zn_2GeO_4 纳米带;
(d) 负载 1% RuO_2 Zn_2GeO_4 纳米带;(e) 负载 1% Pt 和 1%RuO_2 Zn_2GeO_4 纳米带

纳米带具有高效光催化效率可作如下解释:①纳米带的生成降低了侧部的维度,其比表面积是固相烧结样品的 37 倍,因而提高了反应面积;②纳米带单晶特性排除了多晶样品存在的晶界,而这些晶界往往是光生电子和空穴的复合中心,从而降低了电子和空穴的复合概率;③超长的纳米带结构为电荷分离提供了足够长的迁移通道,提高了光生电子和空穴的分离效率;④纳米带超薄的几何结构使得载流子可以迅速从内部迁移到催化剂表面参与还原反应。而通过铂与 RuO_2 助催化剂的使用可以进一步提升电子-空穴对的分离。该工作表明低维纳米结构的锗酸盐是一类潜在的、具有高催化活性和高选择性光转化 CO_2 的新型光催化材料。

光催化还原 CO_2 反应包含两个基本过程,即 CO_2 吸附于光催化材料表面和 CO_2 在活性物种作用下反应转化。CO_2 吸附是光还原反应发生与进行的先决条件。众所周知,介孔材料通常具有较大的比表面积和良好的吸附能力,因而有利于

CO_2 在催化材料表面的吸附和提供更多的反应位,从而提高了光还原反应效率。Zou 以介孔 $NaGaO_2$ 胶体为模板,采用离子交换法在室温下成功地合成出 $ZnGa_2O_4$ 介孔光催化材料[91]。

较之于介孔材料的传统制备方法,该方法可以通过控制外界条件使其发生组装形成介孔结构,胶体的介孔结构在平衡相变过程中因晶体结构变化而导致体积变化,因而可以在离子交换反应产物中仍然保持介孔结构,在胶体介孔模板骨架上原位形成纳米颗粒堆积的介孔结构。传统方法制备的 $ZnGa_2O_4$ 介孔材料的带隙是 4.4 eV(相对于 pH 值 $=7$ 时的标准氢电极),需要使用紫外光照射。而新型方法制备的 $ZnGa_2O_4$ 介孔材料的价带电位为 3.13 eV(相对于 pH 值 $=7$ 时的标准氢电极),比 H_2O/O_2 的高;导带电位为 -1.27 eV(相对于 pH 值 $=7$ 时的标准氢电极),比 CO_2/CH_4 的低。这表明光激发的电子和空穴可以与被吸收到 $ZnGa_2O_4$ 中的 CO_2 和 H_2O 反应生成 CH_4。由于介孔结构具有吸附能力强和比表面积大的特点,因此 $ZnGa_2O_4$ 介孔材料的催化能力更高。

5.4.4.2　响应可见光材料

目前,研发新型可见光响应半导体材料领域也取得了良好的进展,尤其是将以前认为是氧化型半导体的多元氧化物通过形貌结构的调控,改变电子和原子结构,应用在光催化还原 CO_2 方面。理论上用于分解水的材料均可用于光催化还原 CO_2。2009 年,单斜相和四方相 $BiVO_4$ 被首次报道在水中光催化选择性还原 CO_2 为 C_2H_5OH,并且单斜相 $BiVO_4$ 在持续通 CO_2 的水溶液中,C_2H_5OH 产量高达 21.6 $\mu mol/h$,其选择性产 C_2H_5OH 可能的原因是在强光照射下,溶液中大量 C1 中间体发生了二聚[92]。最近,Huang 课题组也通过离子交换法合成了中空微球状的 Bi_2WO_6,在未加助催化剂情况下的悬浮体系中也表现出光催化还原 CO_2 为 C_2H_5OH 的性能[93]。另外,g—C_3N_4 也被证明可以在可见光下光催化还原 CO_2 为 CO[94]。

问题思考

1. 光催化制氢体系有哪些? 各自具有什么优缺点?

2. 光催化完全分解水需要满足哪些基本要求,与光催化制氢半反应相比具有哪些优缺点?

3. 利用太阳能光解水制氢的总效率可用如下表达式:$\eta_{总} = \eta_a \eta_s \eta_r$,其中,$\eta_a$ 为光催化剂对太阳光的吸收效率;η_s 为光催化剂中光生电子-空穴对的分离效率;η_r 为光生电子和空穴在光催化剂表面参与还原氧化水的反应效率。请简述 η_a、η_s、η_r 的主要影响因素。

4. 简述 Z 型反应过程及其存在的问题。

5. 工业二氧化钛 P25 是锐钛矿和金红石的杂相，为什么光解水制氢中效率高于单一的锐钛矿或金红石二氧化钛？

6. 金属硫化物作为光催化制氢材料为什么不能用于完全分解水？

7. 提高光催化制氢材料对可见光的吸收有哪些途径？

8. 简述助催化剂铂在光催化制氢中的作用？

9. 产氧助催化剂有哪些？简述其四电子转移过程和两电子转移过程。

10. 光催化 CO_2 还原的反应过程与光解水制氢过程有哪些不同？

11. 用于光催化制氢的材料是否都能用于光催化 CO_2 还原？为什么？

12. 光催化 CO_2 还原产物可能有哪些？如何检测？

参 考 文 献

[1] FUJISHIMA A, HONDA K. Electrochemical photolysis of water at a semiconductor electrode [J]. Nature, 1972,238: 37 - 38.

[2] 上官文峰. 太阳能光解水制氢的研究进展[J]. 无机化学学报,2001,17: 619 - 626.

[3] 邹志刚. 光催化材料与太阳能转换和环境净化[J]. 功能材料信息,2008,4: 17 - 19.

[4] 温福宇,杨金辉,宗旭,等. 太阳能光催化制氢研究进展 [J]. 化学进展,2009,21: 2285.

[5] ZHANG F, Li C. Semiconductor-Based Photocatalytic Water Splitting [M]. Berlin, Germany: Springer International Publishing, 2016.

[6] WANG H, ZHANG L, CHEN Z, et al. Semiconductor heterojunction photocatalysts: design, construction, and photocatalytic performances [J]. Chemical Society reviews, 2014,43: 5234 - 5244.

[7] CHEN X, SHEN S, GUO L, et al. Semiconductor-based photocatalytic hydrogen generation [J]. Chemical reviews, 2010,110: 6503 - 6570.

[8] MAEDA K, DOMEN K. Photocatalytic water splitting: recent progress and future challenges [J]. The Journal of Physical Chemistry Letters, 2010,1: 2655 - 2661.

[9] NAKATA K, FUJISHIMA A. TiO_2 photocatalysis: design and applications [J]. Journal of Photochemistry and Photobiology C: Photochemistry Reviews, 2012,13: 169 - 189.

[10] KUDO A, MISEKI Y. Heterogeneous photocatalyst materials for water splitting [J]. Chemical Society reviews, 2009,38: 253 - 278.

[11] ASAHI R, MORIKAWA T, OHWAKI T, et al. Visible-light photocatalysis in nitrogen-doped titanium oxides [J]. Science, 2001,293: 269 - 271.

[12] MAEDA K, TAKATA T, HARA M, et al. GaN: ZnO solid solution as a

photocatalyst for visible-light-driven overall water splitting [J]. Journal of the American Chemical Society, 2005,127: 8286 – 8287.

[13] LIU H, YUAN J, JIANG Z, et al. Novel photocatalyst of V-based solid solutions for overall water splitting [J]. Journal of Materials Chemistry, 2011,21: 16535.

[14] WANG X, MAEDA K, THOMAS A, et al. A metal-free polymeric photocatalyst for hydrogen production from water under visible light [J]. Nature materials, 2009,8: 76 – 80.

[15] MAEDA K. Z-Scheme water splitting using two different semiconductor photocatalysts [J]. ACS Catalysis, 2013,3: 1486 – 1503.

[16] LINIC S, CHRISTOPHER P, INGRAM D B. Plasmonic-metal nanostructures for efficient conversion of solar to chemical energy [J]. Nature materials, 2011,10: 911 – 921.

[17] YANG H G, SUN C H, QIAO S Z, et al. Anatase TiO_2 single crystals with a large percentage of reactive facets [J]. Nature, 2008,453: 638 – 641.

[18] LI R, WENG Y, ZHOU X, et al. Achieving overall water splitting using titanium dioxide-based photocatalysts of different phases [J]. Energy Environ. Sci. , 2015,8: 2377 – 2382.

[19] LIU J, LIU Y, LIU N, et al. Metal-free efficient photocatalyst for stable visible water splitting via a two-electron pathway [J]. Science, 2015,347: 970 – 974.

[20] 国家质量监督检验检疫总局中国国家标准化管理委员会. GBT 26915—2011 太阳能光催化分解水制氢体子的能量转化效率与量子产率计算[S]. 北京：中国标准出版社,2012.

[21] MAEDA K. Photocatalytic water splitting using semiconductor particles: History and recent developments [J]. Journal of Photochemistry and Photobiology C: Photochemistry Reviews, 2011,12: 237 – 268.

[22] RONGE J, BOSSEREZ T, MARTEL D, et al. Monolithic cells for solar fuels [J]. Chemical Society reviews, 2014,43: 7963 – 7981.

[23] LIU H, YUAN J, SHANGGUAN W. Photochemical reduction and oxidation of water including sacrificial reagents and Pt/TiO_2 Catalyst [J]. Energy & Fuels, 2006, 20: 2289 – 2292.

[24] CHEN T, FENG Z, WU G, et al. Mechanistic studies of photocatalytic reaction of methanol for hydrogen production on Pt/TiO_2 by in situ Fourier transform IR and Time-Resolved IR spectroscopy [J]. Journal of Physical Chemistry C, 2007,111: 8005 – 8014.

[25] HASHIMOTO K, KAWAI T, SAKATA T. Photocatalytic reactions of hydrocarbons and fossil fuels with water. Hydrogen production and oxidation [J]. The Journal of

Physical Chemistry, 1984,88: 4083 - 4088.

[26] YAN H, YANG J, MA G, et al. Visible-light-driven hydrogen production with extremely high quantum efficiency on Pt-PdS/CdS photocatalyst [J]. Journal of Catalysis, 2009,266: 165 - 168.

[27] ABE R, SAYAMA K, ARAKAWA H. Significant influence of solvent on hydrogen production from aqueous I^{3-}/I^- redox solution using dye-sensitized Pt/TiO$_2$ photocatalyst under visible light irradiation [J]. Chemical Physics Letters, 2003,379: 230 - 235.

[28] KOZLOVA E A, KOROBKINA T P, VORONTSOV A V, et al. Enhancement of the O$_2$ or H$_2$ photoproduction rate in a Ce^{3+}/Ce^{4+} - TiO$_2$ system by the TiO$_2$ surface and structure modification [J]. Applied Catalysis A: General, 2009,367: 130 - 137.

[29] SASAKI Y, IWASE A, KATO H, et al. The effect of co-catalyst for Z-scheme photocatalysis systems with an Fe^{3+}/Fe^{2+} electron mediator on overall water splitting under visible light irradiation [J]. Journal of Catalysis, 2008,259: 133 - 137.

[30] FUJIHARA K, OHNO T, MATSUMURA M. Splitting of water by electrochemical combination of two photocatalytic reactions on TiO$_2$ particles [J]. Journal of the Chemical Society, Faraday Transactions, 1998,94: 3705 - 3709.

[31] LEE S G, LEE S, LEE H-I. Photocatalytic production of hydrogen from aqueous solution containing CN-as a hole scavenger [J]. Applied Catalysis A: General, 2001, 207: 173 - 181.

[32] BAO N, SHEN L, TAKATA T, et al. Self-Templated synthesis of nanoporous CdS nanostructures for highly efficient photocatalytic hydrogen production under visible light [J]. Chemistry of Materials, 2008,20: 110 - 117.

[33] LEE K. Photocatalytic water-splitting in alkaline solution using redox mediator. 1: Parameter study [J]. International Journal of Hydrogen Energy, 2004, 29: 1343 - 1347.

[34] MAEDA K, TERAMURA K, LU D, et al. Photocatalyst releasing hydrogen from water [J]. Nature, 2006,440: 295.

[35] SASAKI Y, NEMOTO H, SAITO K, et al. Solar water splitting using powdered photocatalysts driven by Z-schematic interparticle electron transfer without an electron mediator [J]. The Journal of Physical Chemistry C, 2009,113: 17536 - 17542.

[36] TADA H, MITSUI T, KIYONAGA T, et al. All-solid-state Z-scheme in CdS-Au-TiO$_2$ three-component nanojunction system [J]. Nature materials, 2006,5: 782 - 786.

[37] KATO H, HORI M, KONTA R, et al. Construction of Z-scheme type heterogeneous photocatalysis systems for water splitting into H$_2$ and O$_2$ under visible light irradiation [J]. Chemistry Letters, 2004,33: 1348 - 1349.

[38] ZENG Q, BAI J, LI J, et al. Combined nanostructured Bi_2S_3/TNA photoanode and Pt/SiPVC photocathode for efficient self-biasing photoelectrochemical hydrogen and electricity generation [J]. Nano Energy, 2014,9: 152 – 160.

[39] ZHANG J, XU Q, FENG Z, et al. Importance of the relationship between surface phases and photocatalytic activity of TiO_2 [J]. Angewandte Chemie, 2008, 47: 1766 – 1769.

[40] ABE R, SAYAMA K, ARAKAWA H. Significant effect of iodide addition on water splitting into H_2 and O_2 over Pt-loaded TiO_2 photocatalyst: suppression of backward reaction [J]. Chemical Physics Letters, 2003,371: 360 – 364.

[41] SAYAMA K, ARAKAWA H. Effect of carbonate salt addition on the photocatalytic decomposition of liquid water over Pt – TiO_2 catalyst [J]. Journal of the Chemical Society, Faraday Transactions, 1997,93: 1647 – 1654.

[42] KHAN S U, AL-SHAHRY M, INGLER W B. JR. Efficient photochemical water splitting by a chemically modified n-TiO_2[J]. Science, 2002,297: 2243 – 2245.

[43] CHEN X, LIU L, YU P Y, et al. Increasing solar absorption for photocatalysis with black hydrogenated titanium dioxide nanocrystals [J]. Science, 2011,331: 746 – 750.

[44] UMEBAYASHI T, YAMAKI T, ITOH H, et al. Band gap narrowing of titanium dioxide by sulfur doping [J]. Applied Physics Letters, 2002,81: 454.

[45] ZHAO W, MA W, CHEN C, et al. Efficient degradation of toxic organic pollutants with Ni_2O_3/$TiO_{(2-x)}B_x$ under visible irradiation [J]. Journal of the American Chemical Society, 2004,126: 4782 – 4783.

[46] LIN L, LIN W, ZHU Y, et al. Phosphor-doped Titania—a Novel Photocatalyst Active in Visible Light [J]. Chemistry Letters, 2005,34: 284 – 285.

[47] YU J C, YU J, HO W, et al. Effects of F-doping on the photocatalytic activity and microstructures of nanocrystalline TiO_2 Powders [J]. Chemistry of Materials, 2002, 14: 3808 – 3816.

[48] NAKANO Y, MORIKAWA T, OHWAKI T, et al. Deep-level optical spectroscopy investigation of N-doped TiO_2 films [J]. Applied Physics Letters, 2005,86: 132104.

[49] IHARA T. Visible-light-active titanium oxide photocatalyst realized by an oxygen-deficient structure and by nitrogen doping [J]. Applied Catalysis B: Environmental, 2003,42: 403 – 409.

[50] NAKAMURA R, TANAKA T, NAKATO Y. Mechanism for visible light responses in anodic photocurrents at N-doped TiO_2 Film electrodes [J]. The Journal of Physical Chemistry B, 2004,108: 10617 – 10620.

[51] WANG Z, LV K, WANG G, et al. Study on the shape control and photocatalytic activity of high-energy anatase titania [J]. Applied Catalysis B: Environmental, 2010,

100：378 – 385.

[52] YANG S, YANG B X, WU L, et al. Titania single crystals with a curved surface [J]. Nature communications, 2014,5：5355.

[53] OHNO T, SARUKAWA K, MATSUMURA M. Crystal faces of rutile and anatase TiO$_2$ particles and their roles in photocatalytic reactions [J]. New Journal of Chemistry, 2002,26：1167 – 1170.

[54] SASAKI T, WATANABE M, HASHIZUME H, et al. Macromolecule-like aspects for a colloidal suspension of an exfoliated titanate. Pairwise Association of Nanosheets and Dynamic Reassembling Process Initiated from It [J]. Journal of the American Chemical Society, 1996,118：8329 – 8335.

[55] HOSOGI Y, KATO H, KUDO A. Photocatalytic activities of layered titanates and niobates ion-exchanged with Sn^{2+} under visible light irradiation [J]. The Journal of Physical Chemistry C, 2008,112：17678 – 17682.

[56] MIYAMOTO N, KURODA K, OGAWA M. Exfoliation and film preparation of a layered titanate, Na$_2$Ti$_3$O$_7$, and intercalation of pseudoisocyanine dye [J]. Journal of Materials Chemistry, 2004,14：165.

[57] WIEGEL M, EMOND M H J, STOBBE E R, et al. Luminescence of alkali tantalates and niobates [J]. Journal of Physics & Chemistry of Solids, 1994,55：773 – 778.

[58] MA R, SASAKI T. Nanosheets of oxides and hydroxides：Ultimate 2D charge-bearing functional crystallites [J]. Advanced materials, 2010,22：5082 – 5104.

[59] CHOY J-H, LEE H-C, JUNG H, et al. A novel synthetic route to TiO$_2$-pillared layered titanate with enhanced photocatalytic activity [J]. Journal of Materials Chemistry, 2001,11：2232 – 2234.

[60] DONG X, OSADA M, UEDA H, et al. Synthesis of Mn-substituted titania nanosheets and ferromagnetic thin films with controlled doping [J]. Chemistry of Materials, 2009,21：4366 – 4373.

[61] LIU G, WANG L, SUN C, et al. Band-to-band visible-light photon excitation and photoactivity induced by homogeneous nitrogen doping in layered titanates [J]. Chemistry of Materials, 2009,21：1266 – 1274.

[62] TOKUNAGA S, KATO H, KUDO A. Selective preparation of monoclinic and tetragonal BiVO$_4$ with scheelite structure and their photocatalytic properties [J]. Chemistry of Materials, 2001,13：4624 – 4628.

[63] LI R, ZHANG F, WANG D, et al. Spatial separation of photogenerated electrons and holes among {010} and {110} crystal facets of BiVO$_4$[J]. Nature communications, 2013,4：1432.

[64] DOMEN K, KUDO A, SHIBATA M, et al. Novel photocatalysts, ion-exchanged

$K_4Nb_6O_{17}$, with a layer structure [J]. Journal of the Chemical Society, Chemical Communications, 1986,23: 1706 – 1707.

[65] KUDO A, SAYAMA K, TANAKA A, et al. Nickel-loaded $K_4Nb_6O_{17}$ photocatalyst in the decomposition of H_2O into H_2 and O_2: Structure and reaction mechanism [J]. Journal of Catalysis, 1989,120: 337 – 352.

[66] KATO H, ASAKURA K, KUDO A. Highly efficient water splitting into H_2 and O_2 over lanthanum-doped $NaTaO_3$ photocatalysts with high crystallinity and surface nanostructure [J]. Journal of the American Chemical Society, 2003,125: 3082 – 3089.

[67] ZOU Z, YE J, SAYAMA K, et al. Direct splitting of water under visible light irradiation with an oxide semiconductor photocatalyst [J]. Nature, 2001, 414: 625 – 627.

[68] KUDO A, HIJII S. H_2 or O_2 evolution from aqueous solutions on layered oxide photocatalysts consisting of Bi^{3+} with $6s^2$ Configuration and d^0 Transition Metal Ions [J]. Chemistry Letters, 1999,28: 1103 – 1104.

[69] ZHANG L, WANG H, CHEN Z, et al. Bi_2WO_6 micro/nano-structures: Synthesis, modifications and visible-light-driven photocatalytic applications [J]. Applied Catalysis B: Environmental, 2011,106: 1 – 13.

[70] LIU H, YUAN J, SHANGGUAN W, et al. Visible-light-responding $BiYWO_6$ solid solution for stoichiometric photocatalytic water splitting [J]. The Journal of Physical Chemistry C, 2008,112: 8521 – 8523.

[71] INOUE Y. Photocatalytic water splitting by RuO_2-loaded metal oxides and nitrides with d^0- and d^{10}-related electronic configurations [J]. Energy & Environmental Science, 2009,2: 364.

[72] TSUJI I, KATO H, KOBAYASHI H, et al. Photocatalytic H_2 evolution reaction from aqueous solutions over band structure-controlled $(AgIn)_xZn_{2(1-x)}S_2$ solid solution photocatalysts with visible-light response and their surface nanostructures [J]. Journal of the American Chemical Society, 2004,126: 13406 – 13413.

[73] CHUN W-J, ISHIKAWA A, FUJISAWA H, et al. Conduction and valence band positions of Ta_2O_5, TaON, and Ta_3N_5 by UPS and Electrochemical Methods [J]. The Journal of Physical Chemistry B, 2003,107: 1798 – 1803.

[74] RAN J, ZHANG J, YU J, et al. Earth-abundant cocatalysts for semiconductor-based photocatalytic water splitting [J]. Chemical Society Reviews, 2014,43: 7787 – 7812.

[75] GAO H, CHEN W, YUAN J, et al. Controllable O_2^-—oxidization graphene in TiO_2/graphene composite and its effect on photocatalytic hydrogen evolution [J]. International Journal of Hydrogen Energy, 2013,38: 13110 – 13116.

[76] GAO H, SHANGGUAN W, HU G, et al. Preparation and photocatalytic

performance of transparent titania film from monolayer titania quantum dots [J]. Applied Catalysis B: Environmental, 2016,180: 416 – 423.

[77] BAMWENDA G R, TSUBOTA S, NAKAMURA T, et al. Photoassisted hydrogen production from a water-ethanol solution: a comparison of activities of Au-TiO_2 and Pt-TiO_2[J]. Journal of Photochemistry and Photobiology A: Chemistry, 1995,89: 177 – 189.

[78] CHEN X, CHEN W, LIN P, et al. In situ photodeposition of nickel oxides on CdS for highly efficient hydrogen production via visible-light-driven photocatalysis [J]. Catalysis Communications, 2013,36: 104 – 108.

[79] TRAN P D, XI L, BATABYAL S K, WONG L H, et al. Enhancing the photocatalytic efficiency of TiO_2 nanopowders for H_2 production by using non-noble transition metal co-catalysts : PCCP, 2012, 14: 11596 – 11599.

[80] FOO W J, ZHANG C, HO G W. Non-noble metal Cu-loaded TiO_2 for enhanced photocatalytic H_2 production [J]. Nanoscale, 2013,5: 759 – 764.

[81] IWASE A, KATO H, KUDO A. A novel photodeposition method in the presence of nitrate ions for loading of an iridium oxide cocatalyst for water splitting [J]. Chemistry Letters, 2005,34: 946 – 947.

[82] LIU M, YOU W, LEI Z, et al. Water reduction and oxidation on Pt-Ru/$Y_2Ta_2O_5N_2$ catalyst under visible light irradiation [J]. Chemical communications, 2004,19: 2192 – 2193.

[83] MAEDA K, XIONG A, YOSHINAGA T, et al. Photocatalytic overall water splitting promoted by two different cocatalysts for hydrogen and oxygen evolution under visible light [J]. Angewandte Chemie, 2010,49: 4096 – 4099.

[84] GRAVES C, EBBESEN S D, MOGENSEN M, et al. Sustainable hydrocarbon fuels by recycling CO_2 and H_2O with renewable or nuclear energy [J]. Renewable and Sustainable Energy Reviews, 2011,15: 1 – 23.

[85] INOUE T, FUJISHIMA A, KONISHI S, et al. Photoelectrocatalytic reduction of carbon dioxide in aqueous suspensions of semiconductor powders [J]. Nature, 1979, 277: 637 – 638.

[86] LINSEBIGLER A L, LU G, YATES J T. Photocatalysis on TiO_2 Surfaces: principles, mechanisms, and selected results [J]. Chemical reviews, 1995, 95: 735 – 758.

[87] ARAI T, SATO S, KAJINO T, et al. Solar CO_2 reduction using H_2O by a semiconductor/metal-complex hybrid photocatalyst: enhanced efficiency and demonstration of a wireless system using $SrTiO_3$ photoanodes [J]. Energy &

Environmental Science, 2013,6: 1274.

[88] VIJAYAN B, DIMITRIJEVIC N M, RAJH T, et al. Effect of calcination temperature on the photocatalytic reduction and oxidation processes of hydrothermally synthesized titania nanotubes [J]. The Journal of Physical Chemistry C, 2010,114: 12994 – 13002.

[89] YAMASHITA H, KAMADA N, HE H, et al. Reduction of CO_2 with H_2O on TiO_2 (100) and TiO_2 (110) single crystals under UV-irradiation [J]. Chemistry Letters, 1994,5: 855 – 858.

[90] LIU Q, ZHOU Y, KOU J, et al. High-yield synthesis of ultralong and ultrathin Zn_2GeO_4 nanoribbons toward improved photocatalytic reduction of CO_2 into renewable hydrocarbon fuel [J]. Journal of the American Chemical Society, 2010, 132: 14385 – 14387.

[91] YAN S C, OUYANG S X, GAO J, et al. A room-temperature reactive-template route to mesoporous $ZnGa_2O_4$ with improved photocatalytic activity in reduction of CO_2 [J]. Angewandte Chemie, 2010,49: 6400 – 6404.

[92] LIU Y, HUANG B, DAI Y, et al. Selective ethanol formation from photocatalytic reduction of carbon dioxide in water with $BiVO_4$ photocatalyst [J]. Catalysis Communications, 2009,11: 210 – 213.

[93] ZHOU Y, TIAN Z, ZHAO Z, et al. High-yield synthesis of ultrathin and uniform Bi_2WO_6 square nanoplates benefitting from photocatalytic reduction of CO_2 into renewable hydrocarbon fuel under visible light [J]. ACS applied materials & interfaces, 2011,3: 3594 – 3601.

[94] DONG G, ZHANG L. Porous structure dependent photoreactivity of graphitic carbon nitride under visible light [J]. J. Mater. Chem., 2012,22: 1160 – 1166.

第6章 光电及电光转换材料

光电转换和电光转换是目前能源利用中最常见的形式之一,目前最主要的应用是太阳能发电和半导体照明。太阳能的利用方式主要有光热转换、光电转换太阳能电池以及光化学转换等方式,其中光电转换是目前太阳能利用中最活跃的一种方式。太阳能电池是将太阳照射的光能直接转化为电能的一种器件。白炽灯的发明使得人类第一次实现了电能向光能的转换。半导体照明是一种基于半导体发光二极管(LED)的固态照明,是人类照明史上继白炽灯、荧光灯之后的又一次飞跃。太阳能电池具有清洁、环保和可再生性等特点,半导体照明具有高效、节能、寿命长、易维护、可靠性高等优点,这种光和电的转换技术在 21 世纪获得了前所未有的发展机遇。

6.1 半导体材料与太阳能电池原理

太阳电池发电是基于太阳光与半导体材料的作用而形成的光伏效应。为了理解其工作原理,首先需要了解半导体材料的性质及光伏效应的规律。

6.1.1 半导体材料性质

导体、绝缘体和半导体是根据物体导电能力(电阻率)的不同来划分的。半导体的导电性能是由其原子结构决定的,不同的原子结构也导致了其具有不同的性质。导体一般为低价元素,它们的最外层电子极易挣脱原子核的束缚成为自由电子,在外电场的作用下产生定向移动,形成电流。高价元素(如惰性气体)或高分子物质(如橡胶),它们的最外层电子受原子核束缚力很强,成为绝缘体。像硅(Si)和锗(Ge)这样的四价元素,它们的最外层电子性质介于上述二者之间即为半导体。

1) 硅(Si)和锗(Ge)半导体的结构

现代电子学中,用得最多的半导体是硅和锗,它们的最外层电子都是 4 个,通常称其有 4 个价电子,它们分别与周围另外 4 个硅或锗原子的价电子组成共价键。形成共价键后,每个原子的最外层电子是 8 个,构成稳定结构。这 4 个原子的地位是相同的,所以它们以对称的四面体方式排列,组成了金刚石晶格结构。硅(锗)的结构和晶体点阵结构如图 6-1 所示。由于共价键中的电子同时受两个原子核引力的约束,具有很强的结合力,不但使各自原子在晶体中严格按一定形式排列形成点阵,而且自身没有足够的能量不易脱离公共轨道。

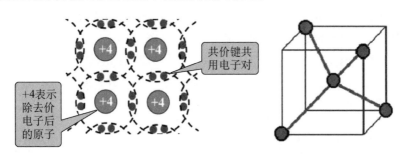

图 6-1　硅(锗)的结构及其晶体点阵结构

(a) 硅(锗)的结构示意;(b) 硅(锗)的晶体点阵结构

2) 本征半导体

将纯净的半导体经过一定的工艺过程制成单晶体,即为本征半导体。晶体中的原子在空间形成排列整齐的点阵,相邻的原子形成共价键。晶体中的共价键具有极强的结合力,因此,在常温下,仅有极少数的价电子由于热运动获得足够的能量,从而挣脱共价键的束缚变成自由电子;同时,在共价键中留下一个空穴。原子因失掉一个价电子而带正电,或者说空穴带正电。在本征半导体中,自由电子与空穴数目相等。典型的本征半导体的电子结构如图 6-2[1]所示。

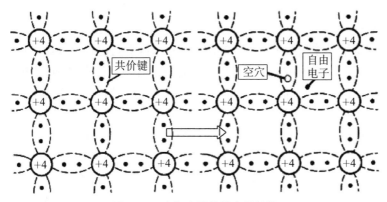

图 6-2　本征半导体的电子结构

3) N 型半导体和 P 型半导体

除了本征半导体以外,通过扩散工艺,在本征半导体中掺入少量杂质元素,便可得到杂质半导体。按掺入的杂质元素不同,可形成 N 型半导体和 P 型半导体;控制掺入杂质元素的浓度,就可控制杂质半导体的导电性能。本征半导体中掺入高价态(如磷)可形成 N 型半导体,如图 6-3(a)所示。由于杂质原子的最外层有 5 个价电子,所以除了与其周围硅原子形成共价键外,还多出一个电子,它不受共价键的束缚,成为自由电子,形成 N 型半导体。由于自由电子的浓度大于空穴的浓度,故称自由电子为多数载流子,空穴为少数载流子,其杂质原子称为施主原子。当本征半导体中掺入低价态(如硼)就形成 P 型半导体,如图 6-3(b)所示。由于杂质原子的最外层有 3 个价电子,所以除了与其周围硅原子形成共价键外,还产生一个电子空穴。由于空穴的浓度大于自由电子的浓度,故称空穴为多数载流子,自由电子为少数载流子,其杂质原子称为受主原子。

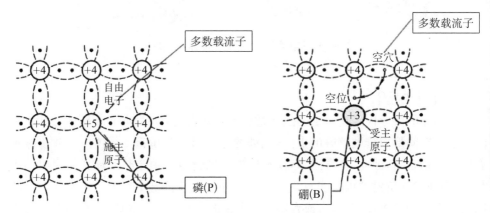

图 6-3 杂质半导体的形成过程
(a) N 型半导体;(b) P 型半导体

4) PN 结

当把 P 型半导体和 N 型半导体制作在一起时,在它们的交界面处形成 PN 结,如图 6-4 所示。在它们的交界面,两种载流子的浓度差很大,形成扩散运动,导致 P 区的空穴向 N 区扩散,而 N 区的自由电子也由于扩散运动向 P 区扩散。扩散到 P 区的自由电子与空穴复合,而扩散到 N 区的空穴与自由电子复合,因此在交界面附近多子的浓度下降,P 区出现负离子区,N 区出现正离子区,且它们是不能移动的,称为空间电荷区(PN 结),从而形成内建电场。在空间电荷区,由于缺少多子,所以也称耗尽层。内电场形成后,一方面内电场会阻碍多数载流子的扩散运动,把 P 区向 N 区扩散的空穴推回 P 区,把 N 区向 P 区扩散的自由电子推回 N 区。另一方面,内电场将推动 P 区少数载流子自由电子向 N 区漂移,推动 N 区少数载流子空穴向 P 区漂移,漂移运动的方向正好与扩散运动的方向相反。最后,扩散的载流子数目和漂移的载流子数目相等而运动方向相反,达到动态平衡。此时在内建电场两边,N 区的电势高,P 区的电势低,这个电势差称作 PN 结势垒,也叫"内建电势差"或"接触电势差"。电子从 N 区流向 P 区,P 区相对于 N 区的电势差为负值,

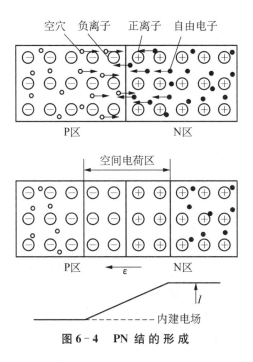

图 6-4　PN 结 的 形 成

所以 P 区中所有电子都具有一个附加电势能,通常将其称作"势垒高度"。势垒高度取决于 N 区和 P 区的掺杂浓度,掺杂浓度越高,势垒高度就越高[2]。

　　当 PN 结加上正向偏压(即 P 区接电源的正极,N 区接负极)时,如图 6-5(a)所示,此时外加电压的方向与内建电场的方向相反,使空间电荷区中的电场减弱。这样就打破了扩散运动和漂移运动的相对平衡,有电子源源不断地从 N 区扩散到 P 区,空穴从 P 区扩散到 N 区,使载流子的扩散运动超过漂移运动。由于 N 区电子和 P 区空穴均是多子,通过 PN 结的电流(即正向电流)很大,PN 结处于导通状态。当 PN 结加上反向偏压(即 N 区接电源的正极,P 区接负极)时,如图 6-5(b)

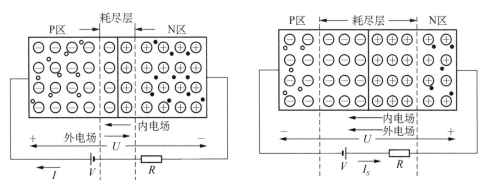

图 6-5　PN 结加正向偏压及反向偏压时电子与空穴的运动

(a) 正向偏压;(b) 反向偏压

所示,此时外加电压的方向与内建电场的方向相同,增强了空间电荷区中的电场,载流子的漂移运动超过扩散运动。这时 N 区中的空穴一旦到达空间电荷区边界,就要被电场推向 P 区;同样,P 区的电子一旦到达空间电荷区边界,也要被电场推向 N 区。它们构成 PN 结的反向电流,方向是由 N 区流向 P 区。由于 N 区中的空穴和 P 区的电子均为少子,故通过 PN 结的反向电流很快饱和,而且很小。电流容易从 P 区流向 N 区,不易从相反的方向通过 PN 结,这就是 PN 结的单向导电性。太阳能电池正是利用了光激发少数载流子通过 PN 结而发电的。

6.1.2 太阳能电池原理及其性能评价

1) 光伏效应及太阳能电池原理

太阳能电池是以光生伏特效应为基础,直接把光能转化成电能的装置。从太阳能电池的结构来说,太阳能电池主要有同质结(PN 结)太阳能电池、异质结太阳能电池、PIN 结构太阳能电池。其中,PN 结电池是最为常见的太阳能电池,基本构造如图 6-6 所示[3]。其工作原理是:当太阳光照射 PN 结时,光在 N 区、空间电荷区和 P 区被吸收,分别产生电子-空穴对,并在 PN 结内建势垒电场的作用下,光生电子从 P 区被驱向 N 型区,光生空穴从 N 区被驱向 P 型区,从而使 N 区有过剩的光生电子,P 区有过剩的光生空穴。于是,就在 PN 结的附近形成了与势垒电场方向相反的光生电场,进而在 PN 结两边产生光生电动势。上述过程通常称为"光生伏特效应"或"光伏效应"。这就是光电效应太阳能电池的基本工作原理,因此太阳能电池又被称为光伏电池。其工作原理可分为三个过程:首先,材料吸收光子后,产生电子-空穴对;然后,电性相反的光生载流子被半导体中 PN 结所产生的内建电场分开;最后,光生载流子被太阳能电池的两极所收集,并在电路中产生电流,从而获得电能。

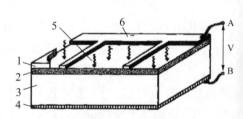

图 6-6 太阳能电池的基本构造

1—无反射涂层;2—上部电极;3—下部电极;4—基板;5—光子;6—金属网

2) 太阳能电池的性能评价

在太阳能电池实际利用中,需要评价太阳能电池的性能。它的性能好坏主要考虑以下几个参数[4-6]。

(1) 短路电流(I_{sc}):为了方便研究,通常用等效电路模拟太阳能电池的工作状态(见图 6-7)。从等效电路中看,理想的太阳能电池就是在一个电源上并联一个整流二极管,且该电路的伏安特性曲线符合肖特基太阳能电池公式:

$$I = I_L - (e^{\frac{qV}{kT}} - 1)I_0 \tag{6-1}$$

式中，I_L 为光生电流；I_0 为反向饱和电流；k 为玻耳兹曼常数；T 为绝对温度；q 为电子电荷量；V 是电池在电极处的电压。其中，I_L 的大小与电池捕获的光子流量以及光的波长有关，其公式如下：

$$I_L = q\int_0^{\infty} \Phi(\lambda)[1 - \rho(\lambda)]IQE(\lambda)\mathrm{d}\lambda \tag{6-2}$$

式中，$\Phi(\lambda)$ 为射入太阳能电池中的波长为 λ 的光子流；$\rho(\lambda)$ 为与波长有关的反射系数；$IQE(\lambda)$ 为太阳能电池的内部量子效率。

当将电路短结时（$V = 0$），所得到的电流为短路电流 I_{sc}。由此可知，短路电流 I_{sc} 等于光生电流 I_L。如图 6-7 虚线部分所示，在实际应用中，太阳能电池中也存在着电阻的串并联，因此它的伏安特性方程为

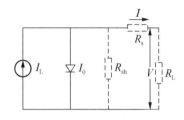

图 6-7　理想太阳能电池的等效电路图（其中虚线部分为实际情况下的等效电路图）

$$I = I_L - I_0(e^{\frac{q(V - IR_s)}{kT}} - 1) - \frac{V - IR_s}{R_s} \tag{6-3}$$

（2）开路电压（V_{oc}）：在开路情况下（$R = \infty$），电路中的电压即为电路的开路电压 V_{oc}。此时，$I = 0$。将 $I = 0$ 代入式（6-1），得到开路电压 V_{oc} 为

$$V_{oc} = \frac{kT}{q}\ln\left(1 + \frac{I_L}{I_0}\right) \tag{6-4}$$

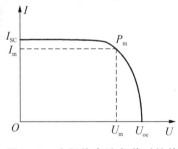

图 6-8　太阳能电池负载时的伏安特性曲线

（3）填充因子（FF）：当太阳能电池接上负载时，它的伏安特性曲线如图 6-8 所示。当电池的电流和电压达到一定值时，可得到最大功率 P_m，此时的电压和电流分别为 V_m 和 I_m。基于研究的需要，我们还需要定义一个表征太阳能电池的重要参数——填充因子（FF），其定义为：最大功率 P_m 与 V_{oc} 和 I_{sc} 的乘积之比：

$$FF = \frac{P_m}{I_{sc}V_{oc}} = \frac{V_m I_m}{I_{sc}V_{oc}} \tag{6-5}$$

由式（6-5）可知，FF 越大输出功率越高。FF 取决于入射光强、材料的禁带宽度、串并联电阻等。

（4）转化效率（η）：作为太阳能电池重要衡量指标——转换效率 η，它决定着电池的成本、质量、材料消耗等许多因素。太阳能电池的转化效率定义为电池的最大输出功率和入射功率之比。再根据公式（6-5），可以写成

$$\eta = \frac{P_{\mathrm{m}}}{P_{\mathrm{in}}} = \frac{FFI_{\mathrm{sc}}V_{\mathrm{oc}}}{P_{\mathrm{in}}} \tag{6-6}$$

它的影响因素主要有材料的禁带宽度、温度、少数载流子的复合寿命、半导体掺杂浓度及其分布、光强以及串联电阻。

（5）光谱响应：太阳能电池的光谱响应是指光电流与入射光波长的关系。光谱响应 $SR(\lambda)$ 的关系式为

$$SR(\lambda) = \frac{J_{\mathrm{L}}(\lambda)}{q\Phi(\lambda)\left[1 - \rho(\lambda)\right]} \tag{6-7}$$

式中，$\Phi(\lambda)$ 为单位时间波长为 λ 的光入射到单位面积的光子数；$\rho(\lambda)$ 为表面反射系数，J_{L} 为光电流，其大小等于 $J_{\mathrm{L|顶层}}$、$J_{\mathrm{L|势垒}}$ 以及 $J_{\mathrm{L|基区}}$ 之和。

6.2 无机类太阳能电池材料

无机类太阳能电池主要可分为以硅材料为基体的太阳能电池和以其他化合物为基体的太阳能电池。以硅材料为基体的太阳能电池主要包括有单晶硅太阳能电池、多晶硅太阳能电池以及非晶硅太阳能电池[7, 8]。其中，单晶硅、多晶硅为晶体，非晶硅为非晶体。因此前两者有时又被合称为晶体硅太阳能电池。以其他化合物为基体的太阳能电池主要包括 CdTe 太阳能电池、CIS/CIGS 太阳能电池、GaAs 太阳能电池、量子点太阳能电池等。

6.2.1 单元硅太阳能电池材料

硅是目前广泛使用的太阳能电池材料，它主要来源于优质的石英砂（硅砂），主要成分是高纯的二氧化硅（含量在 99% 以上）。在我国优质石英砂蕴藏量丰富，很多地方都分布。将硅材料按照纯度划分，可以分为冶金级硅、半导体级硅和太阳能级硅[9]。

冶金级硅：把石英砂放入电弧炉中用碳还原得到硅。其反应式为

$$\mathrm{SiO_2 + C = Si + CO_2} \tag{6-8}$$

这个普通的过程得到的是冶金级硅，已经大量地用于钢铁和其他工业。冶金级硅纯度仅为 98%～99%，所含杂质主要有铁、铝、钙、镁等。它虽然价格便宜，但其杂质太多对于制造的太阳能电池不利。

半导体级硅：为了制造半导体器件，硅原料中杂质数必须小于要求的掺杂数。这就意味着半导体级硅必须是超纯度的，残留的杂质要以十亿分之几来量度。生产这种高质量硅的方法是由冶金级硅与氯气（或者氯化氢）反应得到四氯化硅（或三氯化硅）。反应式为

$$Si + 2Cl_2 \rule[0.5ex]{1.5em}{0.4pt} SiCl_4 \tag{6-9}$$

$$Si + 3HCl \rule[0.5ex]{1.5em}{0.4pt} SiHCl_3 + H_2 \tag{6-10}$$

经过精馏，使得四氯化硅（或三氯化硅）的纯度提高，然后通过氢气还原成多晶硅。反应式为

$$SiCl_4 + 2H_2 \rule[0.5ex]{1.5em}{0.4pt} Si + 4HCl \tag{6-11}$$

$$SiHCl_3 + H_2 \rule[0.5ex]{1.5em}{0.4pt} Si + 3HCl \tag{6-12}$$

太阳能级硅：太阳能级硅纯度稍低，介于冶金级和半导体级之间，太阳能级硅纯度通常为 $99.99\% \sim 99.9999\%$。

6.2.1.1 晶体硅太阳能电池

单晶硅太阳能电池是研究最早、技术最成熟的一类太阳能电池。目前已广泛应用于航空航天领域、光伏电站、道路照明等。世界上主要的太阳能电池片大厂（如德国西门子、日本夏普等）均以生产单晶硅电池为主。截至 2014 年底，国内外已大规模产业化的单晶硅太阳能电池的转换效率为 $19\% \sim 20\%$。虽然单晶硅电池转换效率高、使用年限长，但其制作成本高、制造时间较长[5,9,10]。

单晶硅太阳能电池的材料是高纯度的单晶硅棒，纯度要求达到 99.999%。地面设施的太阳能电池的单晶硅材料指标有所放宽以降低成本。高质量的单晶硅片要求是无位错单晶，少子寿命在 2 μs 以上，少子扩散长度至少为 $100~\mu m$，厚度达到 $200~\mu m$；硅片的含氧量要少于 1×10^{18} 原子/厘米³，碳含量少于 1×10^{17} 原子/厘米³。单晶硅片的电阻率控制在 $0.5 \sim 3~\Omega \cdot cm$，导电类型为 P 型，用硼作掺杂剂。

目前国内外生产单晶硅棒主要采用直拉法和区熔法两种方法。最初制备太阳能电池所用

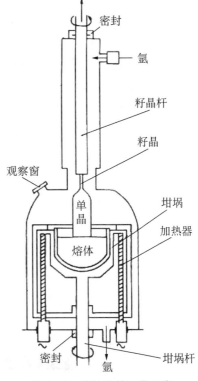

图 6-9 直拉法的工艺示意

的单晶硅是由丘克拉斯基法(直拉法)制备的。图6-9是直拉法的工艺示意。

多晶结构的材料就是将多晶硅置于石英坩埚(石英坩埚外围包裹石墨坩埚)内,在稀有气体的保护下使用感应加热器进行加热熔化。然后,用一根籽晶轴与熔体接触。在保证接触良好的前提下,一边使籽晶和坩埚同时向相反方向旋转,一边缓慢提拉籽晶轴,从而拉出单晶硅轴,然后进行切割即可得到单晶硅片。这种方法得到的单晶硅的晶面与籽晶相同,易于控制,产品直径可达150~250 mm。这种方法的缺点是不论是晶种本身是否存在位错,在晶种置于熔融液中后,位错都会在晶种上产生。由于没有位错的晶体要远比存在位错的稳定,为了得到没有位错的结构,直径大约只有3 mm的晶颈需要以每分钟几个毫米的速度生长。

使用石英坩埚的原因是由于熔融状态的硅几乎可以和任何材料发生反应,所以,坩埚的最好材料是二氧化硅,这样二氧化硅与硅的反应产物一氧化硅,可以很轻易地从系统中挥发出去。尽管如此,使用直拉法后,在硅晶体中,依然存在有每立方厘米10^{17}~10^{18}个填隙氧原子。

为了解决上面问题,产生了一种改进了的晶体生长技术——区熔法(见图6-10)。它是利用高频电磁场感应加热所存在的托浮力,可以采取悬浮区熔方法熔炼和生长单晶硅。使用高频感应线圈加热多晶硅片,使其熔融,然后重新生长为单晶硅。其产品直径可达125 mm。由该方法的工艺示意图可以看到,该法的工艺过程中不需要坩埚,因此所得晶体要比直拉法纯净得多。然而考虑到该方法相比于直拉法的高昂造价,该法目前只使用于实验室或者公司的研发机构,在工业上并无太多利用价值。值得注意的是,现在绝大多数保持着最高光电转换效率的晶体硅(或其他晶体材料)太阳能电池,都是那些使用了区熔法制备的材料的电池。

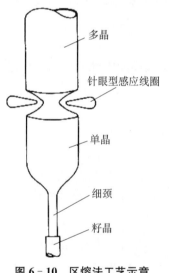

图6-10　区熔法工艺示意

单晶硅电池的基本结构是PN结,如图6-11所示。单晶硅电池一般采用

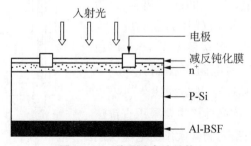

图6-11　单晶硅电池结构

N^+/P 同质结构,即在 P 型硅片上用扩散法做出一层很薄的、经过重掺杂的 N 型层,N 型层上面制作金属栅线,形成正面接触电极。在整个背面制作金属膜,作为欧姆接触电极。为了减少光反射损失,在整个表面覆盖一层减反射膜。

目前工业界晶体硅太阳能电池的制备工艺如下。

(1) 切片:采用多线切割,将硅棒切割成正方形的硅片。

(2) 清洗:用常规的硅片清洗方法清洗,然后用酸(或碱)溶液将硅片表面切割损伤层除去 $30\sim50~\mu m$。

(3) 制备绒面:用碱溶液对硅片进行各向异性腐蚀在硅片表面制备绒面。

(4) 磷扩散:采用涂布源(或液态源,或固态氮化磷片状源)进行扩散,制成 PN^+ 结,结深一般为 $0.3\sim0.5~\mu m$。

(5) 周边刻蚀:扩散时在硅片周边表面形成的扩散层,会使电池上下电极短路,用掩蔽湿法腐蚀或等离子干法腐蚀去除周边扩散层。

(6) 去除背面 PN^+ 结:常用湿法腐蚀或磨片法除去背面 PN^+ 结。

(7) 制作上下电极:用真空蒸镀、化学镀镍或铝浆印刷烧结等工艺,先制作下电极,然后制作上电极。铝浆印刷是大量采用的工艺方法。

(8) 制作减反射膜:为了减少反射损失,要在硅片表面上覆盖一层减反射膜。制作减反射膜的材料有 MgF_2、SiO_2、Al_2O_3、SiO、Si_3N_4、TiO_2、Ta_2O_5 等。工艺方法可用真空镀膜法、离子镀膜法、溅射法、印刷法、PECVD 法或喷涂法等。

(9) 烧结:将电池芯片烧结于镍或铜的底板上。

(10) 测试分档:按规定参数规范、测试分类。

与单晶硅电池相比,多晶硅电池材料制备方法更为简单、耗能少,可连续生产。目前,多晶硅太阳能电池是光伏电池市场主要的产品之一。

目前,太阳能级硅多晶硅的提纯技术主要有改良西门子法、硅烷热分解法和液态床反应法 3 种。其中,由于硅烷的易爆性、区域熔炼的高成本性等原因,改良西门子法成为多晶硅生产的主流技术。采用此方法生产的多晶硅约占多晶硅全球总产量的 85%。下面简单介绍上述几种提纯方法。

改良西门子法就是利用氯气和氢气合成 HCl,HCl 和工业硅粉在合成流化床中,在一定的温度和压力下合成 $SiHCl_3$,经分离提纯后,$SiHCl_3$ 和高纯氢气混合进入多晶硅还原炉,经化学气相沉积反应生产高纯多晶硅。改良西门子法技术成熟,但也存在着设备复杂、耗能高、污染重、成本高、副产物多等问题。目前全球有 80% 左右的高纯多晶硅生产都采用此方法,其主要的工艺流程如图 6-12 所示。

硅烷热分解法是以氟硅酸、钠、铝和氢气为主要原料制取高纯硅烷,然后硅烷热分解生产多晶硅的工艺,其主要流程如图 6-13 所示。

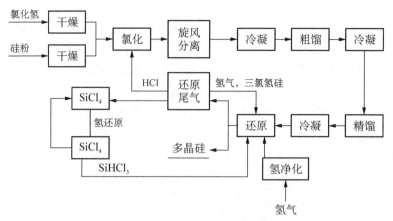

图 6‑12　改良西门子法工艺流程

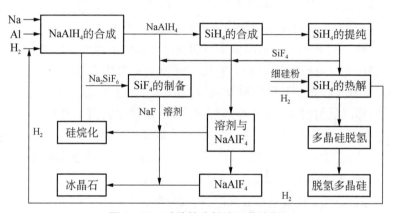

图 6‑13　硅烷热分解法工艺流程

液态床反应法是以四氯化硅、氢气、氯化氢和工业硅为原料在流化床内高温高压下生成三氯氢硅,将氯氢硅再进一步歧化加氢反应生成二氯二氢硅,继而生成硅烷气。制得的硅烷气通入加有小颗粒硅粉的流化床反应炉内进行连续热分解反应,生成粒状多晶硅产品。其主要工艺流程如图 6‑14 所示。

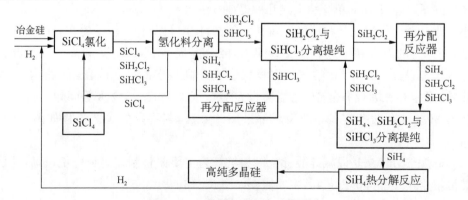

图 6‑14　液态床反应法工艺流程

多晶硅太阳能电池的制作工艺与单晶硅太阳能电池差不多,从制作成本上来讲,比单晶硅太阳能电池便宜一些,材料设备简单、耗能少、总的生产成本低,因此得到了广泛推广与应用。多晶硅太阳能电池板的制备过程如图 6-15 所示。

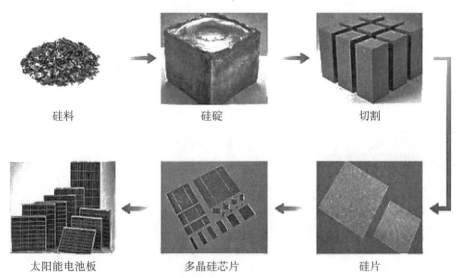

硅料　　　　　　　　硅碇　　　　　　　　切割

太阳能电池板　　　　多晶硅芯片　　　　　　硅片

图 6-15　多晶硅太阳能电池板的制备过程

6.2.1.2　非晶/微晶硅太阳能电池

非晶硅是一种非晶态半导体材料。与晶体硅相比,非晶硅$(\alpha\text{-}Si)$最大的特点是组成原子的短程有序、长程无序性。原子之间的键合十分类似晶体硅,形成共价的无规则网络结构。这种结构使其变成直接带隙半导体,使光吸收简单地依赖于吸收光子的数量、价带的空穴态密度和导带的电子态密度,不受声子的限制,因此其吸收系数要比晶体硅大了一个数量级,仅 $1\sim2~\mu m$ 即可对太阳光光谱进行完全吸收,在薄膜化方面有独特的优势。它的另一个特点是在非晶硅半导体中可以实现连续物性控制。研究发现氢对非晶硅材料的性质起到重要作用。随着加入的氢元素的含量改变,非晶硅材料的带隙、光吸收系数及隙态密度都会有不同程度的改变,同时也发现除了氢元素的引入可以改变材料的带隙外,$\alpha\text{-}Si$ 基材料的带隙也可以通过碳或锗合金进行调节。

非晶硅虽然是一种很好的电池材料,但是还存在一些不足。其光学禁带宽度约为 1.7 eV,使得材料本身对太阳辐射光谱的长波区域不敏感,从而限制了其光电转换效率。光电转换效率会随着光照时间的延长而衰减,即所谓的光致衰退(S-W)效应,使得电池性能很不稳定。

目前,非晶硅太阳能电池的类型有很多,基本的结构形式有肖特基势垒型、异质结型、PIN 型等。其中常采用 PIN 型结构,而不是晶体硅太阳能电池的 PN 结型结构。这是因为轻掺杂的非晶硅费米能级移动小,如果两边都是轻掺杂或者一边是轻掺杂、另一边用重掺杂的材料,则能带弯曲较小,电池的开路电压受到限制;如果直接用重掺杂的 P+ 和 N+ 材料形成 P+ - N+ 结,则由于重掺杂非晶硅材料中缺陷态密度较高,少子寿命低,电池的性能会严重恶化。因此,通常的做法是在两个重掺杂层当中沉积一层未掺杂的非晶硅层作为有源集电区。图 6-16 是单结非晶硅薄膜太阳能电池结构示意。太阳光从玻璃面入射到非晶硅电池上产生光生载流子。其中,非晶硅太阳能电池内光生载流子主要产生于本征非晶硅层(i(α - Si:H))。与晶体硅太阳能电池中载流子主要由于扩散而移动不同,在非晶硅太阳能电池中,光

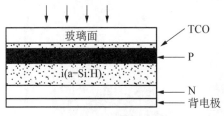

图 6-16　单结非晶硅薄膜太阳能电池结构

生载流子主要依赖太阳能电池内建电场作用做漂移运动。在非晶硅太阳能电池中,顶层 P 型 α - Si 层的厚度很薄,几乎是半透明的,因此可以使入射最大限度地进入本征层,进而在本征层产生自由的光生电子和空穴。在较高的内建电场作用下,光生载流子产生后立即被分离进入 N 层和 P 层[5]。

　　当前,制备氢化非晶硅薄膜的主要方法有物理气相沉积法和化学气相沉积法。而其中物理气相沉积法通常是指溅射法,化学气相沉积法有热丝化学气相沉积法、微波等离子电子回旋共振化学气相沉积法等离子增强化学气相沉积法等。

　　非晶硅薄膜太阳能电池与单晶硅和多晶硅太阳能电池的制作方法完全不同,工艺过程大大简化。下面我们以玻璃衬底为例,PIN 集成型 α - Si 太阳能电池制作工序是:清洗并烘干玻璃衬底→生长 TCO 膜→激光切割 TCO 膜→一次生长 P-I-N 非晶硅膜→激光切割非晶硅膜→蒸发或者溅射 Al 电极→激光切割 Al 电极或者掩膜蒸发 Al 电极。

　　微晶硅(μc - Si)是由晶粒尺寸在几纳米到几十纳米的晶粒镶嵌在氢化非晶硅中构成的[11, 12]。与非晶硅比,微晶硅具有更好的结构有序性,用微晶硅薄膜制备的太阳电池几乎没有衰退效应。另外,微晶硅材料结构的有序性使得载流子迁移率相对较高,也有利于电极对光生电子、空穴对的收集。因此,微晶硅同时具备晶体硅的稳定性、高效性和非晶硅的低温制备特性等低成本优点。微晶硅薄膜具有与晶体类似的微观结构,是间接带隙半导体。而能量接近间接带隙半导体带宽的光子要吸收或者发射声子才能实现本征吸收,产生光生载流子。因此,微晶硅薄膜电池的本征层吸收系数小于非晶硅薄膜电池,在和非晶硅薄膜电池厚度一样的条件下,微晶硅吸收和利用的光要比非晶硅少。因而微晶硅材料在电池上的应用有两个方面:一是作为叠层电池的底电池的吸收层,扩展电池的光谱响应范围,提高稳定性。另一方面是因为微晶材料容易实现高掺杂,可以作为叠层电池的隧穿复

合结,也可作为掺杂层提供与透明电极的良好接触。

微晶硅的制备与 α - Si 的低温生长工艺大体相同,目前主要的生长技术包括热丝化学气相沉积、电子回旋共振化学气相沉积、甚高频等离子体增强化学气相沉积、射频等离子体增强化学气相沉积、高压高功率射频等离子体增强化学气相沉积、微波等离子体增强化学气相沉积等。

由于太阳光具有很宽的光谱,用一种禁带宽度的半导体材料显然不能有效利用所有的太阳光。研究发现利用多结电池可以有效地利用不同能量的光子。Meier 等首次提出非晶硅/微晶硅叠层电池的概念。双结非晶硅/微晶硅叠层电池的结构如图 6 - 17 所示。通过非晶硅作为顶电池来实现对短波长光的吸收利用,微晶硅作为底电池来实现对长波长光的吸收利用,进而实现全电池对太阳光谱大范围的利用。根据电流连续性原则,顶电池和底电池应设计成光生电流相当,以便实现两个子电池的电流匹配,这就要求微晶硅电池具有更大的厚度,同时考虑到沉积时间,一般微晶硅子电池为 $1\sim2~\mu m$;为了抑制光致衰退(S - W)效应,非晶硅子电池的厚度一般为 $0.2\sim0.3~\mu m$。

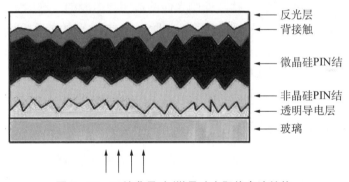

图 6 - 17　双结非晶硅/微晶硅太阳能电池结构

非晶硅/微晶硅太阳能电池具有以下特点:质量轻,弱光性好,短波长光谱响应优于晶体硅太阳能电池;抗辐射性能好,耐高温;制造工艺简单,能耗低;可以实现大面积连续化生产;成本低,可生长于不同衬底上。

为了进一步提高非晶硅/微晶硅太阳能电池的效率,目前对非晶硅/微晶硅太阳能电池的研究主要在于提高光电转换效率和光致稳定性,具体有以下几个方向。

表面减反射技术的改进:光在进入太阳能电池前,在前面的玻璃上下两个界面上入射光由于反射会有一部分损失,在前面玻璃上下两个界面镀上减反射薄膜可以在一定程度上减少光的损失。

陷光技术:在电池上增加陷光结构,增长光在电池中的传播路径,进而提高非晶硅对长波段太阳光的吸收。陷光结构主要由三个部分组成,上表面的 TCO 薄膜、顶电池和底电池中间反射层及背电极反射层。当光通过上表面的 TCO 薄膜时,表面经过特殊处理的 TCO 薄膜对光的散射作用提高了 α‐Si：H 薄膜对短波长光的吸收。由于中间反射层的采用，可使顶层电池适当减薄，这样会在一定程度上抑制 S‐W 效应。当一部分长波长光透过中间层到达背电极时，背电极反射层会将这部分光再反射回来，通过中间反射层配合，这部分长波长的光在硅薄膜中被多次反射，从而增长了长波长光在电池中的传播路径，实现了电池对长波长光的吸收和利用。

优化 i 层：包括提高 i 层质量、减少缺陷的存在和优化 i 层厚度、增大 i 层对光的吸收。太阳能电池是少数载流子工作的器件，少数载流子寿命越长，少子存在的时间就会越久，被收集到的概率就会越大。非晶硅电池的光生载流子主要产生于 i 层，因此若要提高非晶硅电池的少子寿命，就需要保证 i 层的质量，使 i 层中存在的缺陷及复合中心的数量减少，降低少子的复合概率。减少 i 层厚度不仅可以提高内建电势，还可以降低少子的复合概率，提高少子的寿命，但是 i 层太薄，又会影响电池对入射光的吸收，导致电池效率下降。因此，对 i 层进行优化具有重要的意义。另外，由于本征非晶硅存在 S‐W 效应，选择适当的替代本征非晶硅材料也具有重要的意义。

电池串联电阻的优化：包括降低受光面的透明导电膜的串联电阻、透明导电膜与 p 层界面的接触电阻、p 层电阻，以及解决两个子电池之间的界面"隧道结"问题等。

子电池匹配问题的优化：电流匹配是提高叠层电池性能的关键因素之一。为了提高顶电池即非晶硅太阳能电池的稳定性，要尽量减少顶电池的厚度，而为了提高顶电池的电流密度，以及实现同底电池即微晶硅电池的电流匹配，要求顶电池不能太薄。

6.2.2 多元化合物太阳能电池材料

多元化合物太阳能电池可分为 CdTe 太阳能电池、CIS/CIGS 太阳能电池、GaAs 太阳能电池等[13]。

6.2.2.1 CdTe 薄膜太阳能电池

在薄膜光伏材料中，以 CdTe 为基体的薄膜光伏器件，在光伏科技界具有极大的吸引力。CdTe 尽管没有非晶硅薄膜电池历史悠久，但已成为人们公认的高效、稳定、廉价的薄膜光伏器件材料[9, 14—16]。

CdTe 是Ⅱ—Ⅵ族化合物半导体，带隙 1.45 eV，与太阳光谱非常匹配，最适合于光电能量转换，是一种良好的 PV 材料。CdTe 具有闪锌矿结构，其晶格常数 $a=$ 1.647 7×10^{-8} cm。它容易沉积成大面积的薄膜，沉积速率也高，并且具有很高的理论效率（28%），性能很稳定，有适合于大规模生产的优势，发展十分迅速。

CdTe/CdS 薄膜太阳能电池基本结构如图 6‐18 所

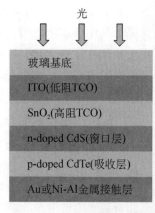

图 6‐18　CdTe 薄膜太阳能
电池结构

示。这种 CdTe 薄膜是使用近空间升华法（CSS）将 CdTe 薄膜沉积在玻璃衬底上制备得到。

CdTe 薄膜太阳能电池具有成本低、转换效率高且性能稳定的优势，一直被光伏界看重，是技术上发展较快的一种薄膜太阳能电池。制备 CdTe 薄膜太阳能电池主要的工艺有 CSS 法、丝网印刷烧结法、真空蒸发法、电沉积法、溅射法等。利用不同制备方法制备的 CdTe，其结构特性也有一定差异。

表 6-1[17] 列出了比较典型的 CdTe/CdS 太阳能电池和组件的性能，同时列出相应的研究机构。所有高效的 CdTe/CdS 太阳能电池都采用上覆盖器件结构。

表 6-1　CdTe/CdS 薄膜太阳能电池的性能

沉积 CdTe 方法	面积/cm²	效率/%	短路电流/(mA/cm²)	开路电压/mV	填充因子 FF	研究组织
CSS	1.05	16.8	26.09	843	0.725	GSF
电沉积	0.02	14.2	23.5	819	0.74	BP Solar
ALE	0.12	14.0	23.8	804	0.72	Mtcrochemistry
喷涂	0.30	12.7	20.21	799	0.645	Pncroo Energy
丝网印刷	0.3	12.5	23.6	870	0.01	KAIST
PVD	0.192	11.0	20.09	780	0.692	IEC

虽然 20 世纪 90 年代 CdTe 薄膜太阳能电池就已实现了大规模商业化生产，但市场发展的速度缓慢，所占的市场份额一直不大。影响 CdTe 薄膜太阳能电池发展的原因是镉（Cd）有剧毒、碲（Te）为稀有元素。由于 CdTe 有剧毒这一致命缺点，直接影响了 CdTe 薄膜材料类太阳能电池的研发价值和应用范围。

6.2.2.2　CIS/CIGS 太阳能电池

$CuInSe_2$（CIS）是一种三元化合物，属于 I—III—VI 族半导体，四方黄铜矿结构，如图 6-19 所示[9, 18—21]。黄铜矿结构的晶胞是由两个闪锌矿晶胞叠加组成的，铜和铟原子交替占据位置相当的晶格格点，并且每个铜原子或铟原子与四周四个硒原子之间成键，形成一个四面体结构，同样每个硒原子与四周的两个铜原子和两个铟原子成键，形成一个以硒为中心的 2Cu-Se-2In 四面体结构。黄铜矿结构 $CuInSe_2$ 这种独特的 Cu-Se 和 In-Se 化学键交替顺序有压缩带隙宽度的电学效应。并且由于 Cu-Se 和 In-Se 化学键离子性和键长的区别（$d_{Cu-Se} = 2.484$ Å，$d_{In-Se} = 2.586$ Å），导致了 2Cu-Se-2In 四面体结构偏离正四面体发生扭曲，即黄铜矿结构的晶格常数 c/a 值不等于 2，约为 2.01（$a = 5.784$ Å，$c = 11.616$ Å）。$CuInSe_2$ 是直接带隙的半导体材料，常温下带隙宽度为 1.04 eV，光吸收系数很大（大于 10^4），

0.5 μm厚的$CuInSe_2$可以吸收90％的太阳能光子,所以薄膜不需很厚,可以降低成本。镓部分替代$CuInSe_2$中的In便形成了$Cu(In,Ga)Se_2$(CIGS),由于镓的原子半径小于铟,随着镓含量的增加,黄铜矿结构的晶格常数变小。通过改变薄膜中元素含量$Ga/(In+Ga)$比值调节带隙,带隙可调节范围为1.0～1.7 eV。$Cu(In,Ga)Se_2$(CIGS)可以看做$CuInSe_2$和$CuGaSe_2$的无限固溶混晶半导体,在室温下具有黄铜矿结构。

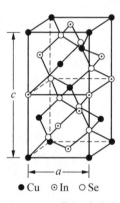

图6-19 黄铜矿结构的$CuInSe_2$

● Cu ⊙ In ○ Se

图6-20 CIGS太阳能电池基本结构

CIGS薄膜太阳能电池是一种以CIGS为吸收层的高效率太阳能电池。图6-20所示的是使用钼背接触层的典型的CIGS电池结构,其结构为:Glass/Mo/CIGS/CdS/ZnO/ZAO/MgF$_2$。其中,在衬底玻璃上的第一层为钼背电极,CIGS为光吸收层,CdS是缓冲层,再往上是窗口层高阻的本征ZnO和低阻的掺铝氧化锌(ZAO),最上面为减反射膜MgF$_2$和Ni-Al电极。而光吸收层CIGS材料的制备及生长质量是电池的关键。

CIGS光吸收层是电池的关键,因此CIGS多晶膜薄膜的制备对于CIGS薄膜太阳能电池来说就显得尤为重要。目前,已经报道的制备方法大致归纳为真空工艺和非真空工艺两类。真空工艺主要有多元共蒸发法、预置层后硒化法、混合溅射法、脉冲激光沉积、分子束外延技术、近空间蒸气运输、化学气相沉积等;而非真空工艺包括电沉积、旋涂涂布、喷涂热解及丝网印刷等方法。虽然CIGS薄膜的制备方法多种多样,但只有多元共蒸发法和预置层后硒化法可制得高效率太阳能电池,这也是目前工业化生产的主要工艺。下面主要介绍上述两种制备方法。

多元共蒸发法是沉积CIGS薄膜使用最广泛和最成功的方法,制备了最高效率的CIGS薄膜电池。典型共蒸发沉积系统结构如图6-21所示。铜、铟、镓和硒是供蒸发源成膜时所需的4种元素。原子吸收谱和电子碰撞散射谱等用来实时监测薄膜成分及蒸发源的蒸发速率等参数，对薄膜生长进行精确控制。多元共蒸发法经过长期发展，形成一步法、两步法、三步法，其工艺流程如图 6‑22 所示。一步法就是在沉积过程中，四蒸发源的流量以及衬底温度保持不变，如图 6‑22(a)所示。这种工艺控制相对简单，适合大面积生产。不足之处是所制备的 CIGS 薄膜晶粒尺寸小，不形成梯度带隙。两步法工艺的衬底温度和蒸发源流量变化曲线如图 6‑22(b)所示。首先在 400～500℃的衬底温度下沉积富铜的 CIS 薄膜。然后

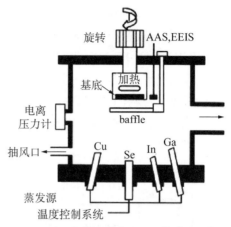

图 6‑21 共蒸发制备 CIGS 薄膜的设备

在 500～550℃的衬底温度(对于 CIGS 薄膜，衬底温度为 550℃)下沉积贫铜的 CIS 薄膜。两步法最终制备的薄膜是贫铜的。与一步法比较，两步法制备得到的薄膜晶粒尺寸更大。三步法工艺过程如图 6‑22(c)所示：第一步在 250～300℃时共蒸发 90％的铟、镓和硒元素形成 $(In_{0.7}Ga_{0.3})_2Se_3$ 预置层；第二步在 550～580℃时蒸发铜、硒，直到薄膜稍微富铜时结束第二步；第三步，保持第二步的衬底温度蒸发剩余 10％的铟、镓、硒，在薄膜表面形成富铟的薄层得到 $CuIn_{0.7}Ga_{0.3}Se_2$ 薄膜。三步法工艺所制备的薄膜表面光滑、晶粒紧凑、尺寸大且存在着镓的双梯度带隙。

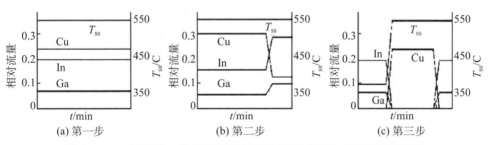

图 6‑22 不同蒸发工艺中蒸发源的蒸发速率和衬底温度随时间的变化

预置层后硒化法是利用溅射沉积工艺在衬底上首先沉积一层铜、铟、镓元素分布合理的薄膜层，然后在含硒气氛下对 CIG 预置层进行后处理，得到满足化学计量比的 CIGS 薄膜。此工艺包括预置层的制备和后硒化两个过程。CIG 预置层的制备一般采用溅射法，因为溅射工艺技术成熟，容易控制原子比，膜的厚度和成分分布均匀，目前已经成为产业化的首选工艺。第二步是后硒化法：硒化过程中，使用的硒源有气态硒化氢(H_2Se)、固态颗粒和二乙基硒((C_2H_5)Se；DESe)三种。

目前使用最多且硒化后的 CIGS 质量最好的硒源是 H_2Se 气体。在此工艺中，

气态 H_2Se 一般用惰性气体氩或氮气稀释后使用,并精确控制流量。硒化过程中,H_2Se 能分解成原子态的硒,其活性大且易于与预置层 CIG 化合反应得到高质量的 CIGS 薄膜。H_2Se 硒化装置比较简单,如图 6-23 所示。此方法制备 CIGS 薄膜对降低成本、提高材料利用率、实现大面积制备等具有一定的优势;然而,由于预制层需要在特制的硒化炉进行硒化处理,不能在不破坏真空的条件下一次完成 CIGS 薄膜,且 H_2Se 有剧毒易挥发、危险性大、成本高、需要高压容器存储,会对环境造成污染。

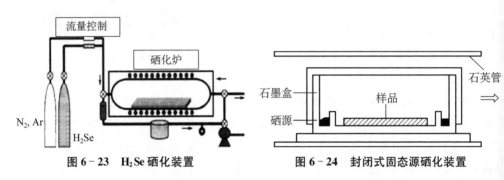

图 6-23　H_2Se 硒化装置　　　　图 6-24　封闭式固态源硒化装置

固态硒源硒化是将硒颗粒作为硒源放入蒸发舟中,用蒸发方法产生硒蒸气对预置层进行硒化。这一方法可避免使用剧毒的 H_2Se 气体,因此操作更加安全,设备也相对简单。将预置层与硒粉放置在一个半密闭的石墨盒中;石墨盒放在管式炉的石英管中。对石墨盒进行加热,使硒气化与 CIG 预置层反应形成 CIGS 薄膜。图 6-24 是封闭式固态源硒化装置。此工艺的优点是无毒、廉价,缺点是硒蒸气压难于控制,硒原子活性差,易于造成铟和镓的损失,从而导致 CIGS 偏离化学计量比。

有机金属硒源($(C_2H_5)Se$:DESe)有望成为剧毒 H_2Se 的替代硒化物,相比于 H_2Se,DESe 以液体的形式存放在常压不锈钢容器中,泄漏的危险更低,但是 DESe 成本较高。与共蒸发法相比,后硒化工艺中,镓的含量及分布不容易控制,很难形成双梯度结构,电池整体效率不高。

图 6-25　2014 年 ZSW 实验室展示的最高效率小面积电池

美国国家可再生能源实验室(NREL)首先制得了转换效率达 16.4% 的 CIGS 电池,并于 2008 年将转换效率提高到 19.9%,此后 NREL 一直保持该型电池的最高效率记录。直到 2014 年,该纪录才被德国 ZSW 实验室刷新为 21.7%(见图 6-25)。

从 CIGS 薄膜太阳能电池所使用的材料来看,制约其进一步发展的两大因素为稀有元素镓、铟的使用以及缓冲层中镉元素对环境的影响。因此目前许多研究除了进一步提高电池效率以及降低生产成本之外，寻找新的材料来替代这些元素成为最近这方面研究的热点。在无镉缓冲层方面，目前有研究采用 ZnS、ZnO 等材料，取得了一些进展。尤其是日本青山大学的 Nakada 小组，采用水浴法制备 ZnS 缓冲层，电池效率达到了 18.6%。此技术在大面积电池上也获得了 12%～14% 的效率。另外，有一些研究集中在采用"干法"(MOCVD 或 ALD 等方法)来制备 ZnSe、In_2S_3 等缓冲层。目前小面积电池获得了 16.4% 的转换效率。这种技术可与制备 CIGS 吸收层的工艺无缝对接，但是设备价格高昂，会增加电池的成本。在稀有金属的替代方面，主要是采用铜锌锡硫材料取代镓、铟等稀有元素作为电池的吸收层。

6.2.2.3　GaAs 太阳能电池

砷化镓(GaAs)是一种典型的Ⅲ—Ⅴ族化合物。Ⅲ—Ⅴ族化合物是继锗和硅材料以后发展起来的半导体材料，最主要的是砷化镓(GaAs)及其 GaAs 基Ⅲ—Ⅴ族化合物。GaAs 的晶格结构与硅相似，属于闪锌矿晶体结构(见图 6-26)；与硅不同的是，镓原子和砷原子交替地占位于沿体对角线位移 1/4(111) 的各个面心立方的格点上[13, 22—24]。

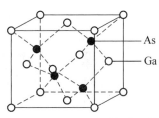

图 6-26　GaAs 闪锌矿晶体结构

与硅材料相比较，GaAs 材料具有以下优点。

GaAs 具有直接带隙能带结构，其带隙宽度 $E_g = 1.42\,eV$(300 K)，处于太阳电池材料所要求的最佳带隙宽度范围。图 6-27 为多种常见太阳电池材料的带隙宽度与其计算效率的依赖关系。这些太阳电池材料包括 GaAs、Si、α-Si、Ge、CdS、Cu_2S 等。可看出，GaAs 电池的预计效率，无论在 AM0 还是在 AM1.5 光谱下，都居于效率曲线的顶峰附近。这就是 GaAs 电池取得高效率的原因之一。

由于 GaAs 材料具有直接带隙结构，因而它的光吸收系数大。GaAs 的光吸收系数，在光子能量超过其带隙宽度后，剧升到 $10^4\,cm^{-1}$ 以上，如图 6-27 所示。

GaAs 具有大的直接辐射复合概率。因为 GaAs 是直接带隙的关系，其光生或电注入的非平衡载流子具有很强的直接辐射复合概率。这一方面为 GaAs 作为光电子技术领域的基础材料奠定了物理基础，另一方面也降低了少子寿命，使得 GaAs 材料具有较高的电子和空穴迁移率。

GaAs 为代表的Ⅲ—Ⅴ族化合物材料可用于制备多结叠层电池。Ⅲ—Ⅴ族化合物材料包含的带隙宽度范围广，如 GaP 的 $E_g = 2.26\,eV$，InAs 的 $E_g = 0.36\,eV$，其间还有多种不同带隙的二元、三元或四元合金材料可供选择，其晶格常数也可在一定范围进行调节。因此采用Ⅲ—Ⅴ族化合物材料可构成带隙匹配、晶格匹配的

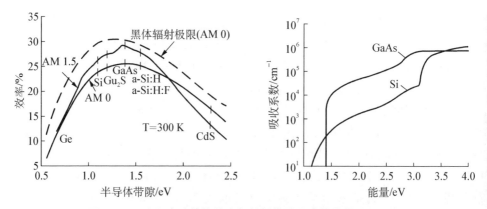

图 6-27 太阳电池转换效率与材料带隙宽度的依赖关系以及 Si 和 GaAs 材料的光吸收系数随光子能量的变化

多结叠层电池,从而大幅度提高太阳电池的转换效率。

GaAs 基系太阳电池具有较强的抗辐射性能。辐照实验结果表明,经过 1 MeV 高能电子辐照,即使其剂量达到 1×10^{15} cm^{-2} 后,GaAs 基系太阳电池的能量转换效率仍能保持原值的 75% 以上;而先进的高效空间硅太阳电池在经受同样辐照时,其转换效率仅保持其原值的 66%。

GaAs 太阳电池的温度系数较小,能在较高的温度下正常工作。太阳电池的效率随温度的升高而下降,这主要是由于电池的开路电压 V_{oc} 随温度升高而下降的缘故;由于 GaAs 材料的带隙比硅材料宽,其 V_{oc} 温度系数较小,所以 GaAs 电池效率的温度系数较小,约为 $-0.23\%/℃$,而硅电池效率的温度系数较大,约为 $-0.48\%/℃$。GaAs 电池效率的高温耐受性较好,因而可工作在更高的温度范围。

制备 GaAs 薄膜太阳能电池的方法有晶体生长法、直接拉制法、气相生长法、液相外延法、分子束外延法、金属有机化学气相沉积法等,目前大多用液相外延法、金属有机化学气相沉积技术以及分子束外延法。

液相外延(LPE)法是以待生长物质为溶质,低焰点金属为溶剂(镓、磷等),在溶液达到饱和的情况下,对其进行降温处理,此时溶质的溶解度降低,从溶液中析出,在衬底上进行外延生长。图 6-28 为液相外延法外延 GaAs 系统的装置图[25]。反应室为石英管,里面放有石墨舟,石墨舟内放有镓源和砷源,下面是衬底。反应时,反应室内先通入运载气排出内部空气,将石英管加热至高温,除去杂质,后开始降温,推动石墨舟,使得溶液与衬底相接触,在衬底上开始外延生长 GaAs 晶体。

LPE 法具有以下优点:设备简单;生长速度快;外延层质量高,晶格完整;晶体

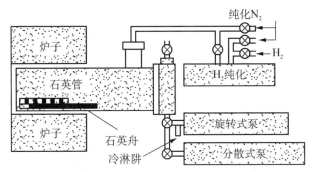

图 6 - 28 LPE 法外延 GaAs 装置

纯度较高,没有使用有毒原料,安全性高。LPE 的缺点主要是难以实现多层复杂结构的生长,外延层的厚度不能精确控制,厚度均匀性差,并且外延片表面形貌不够平整。由于 LPE 技术的以上缺点,近十年来已逐渐被 MOCVD 技术和 MBE 技术所取代。

金属有机化学气相沉积(MOCVD)法,也称为金属有机气相外延(MOVPE)法,是目前研究和生产Ⅲ—Ⅴ族化合物太阳电池的主要技术手段。它的工作原理是真空腔体中用携带气体 H_2 通入三甲基镓(TMGa)、三甲基铝(TMAl)、三甲基铟(TMIn)等金属有机化合物气体和砷烷(AsH_3)、磷烷(PH_3)等氢化物,在适当的温度条件下,这些气体进行多种化学反应,生成 GaAs、GaInP、AlInP 等Ⅲ—Ⅴ族化合物,并在 GaAs 衬底或锗衬底上沉积,实现外延生长。N 型掺杂剂为硅烷(SiH_4)、H_2Se,P 型掺杂采用二乙基锌(DEZn)或 CCl_4。MOCVD 生长系统的结构如图 6 - 29 所示。

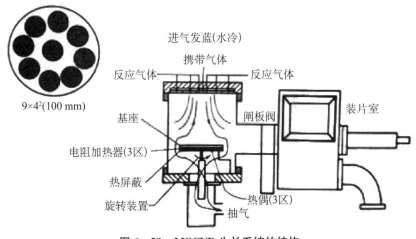

图 6 - 29 MOCVD 生长系统的结构

MOCVD 生长具有以下优点：可以精确地控制外延层组分、组分、厚度、载流子浓度等性质；可以生长极薄的外延层，可达到纳米级别；外延层生长是在单温区内通过热分解方式进行，操作简便，需要调控的参数少，非常适宜于工业大批量生产；通过控制源的输入量就可以调节外延生长速度。

分子束外延(MBE)法是另一种制备先进Ⅲ—Ⅴ族化合物材料的生长技术。MBE 技术的工作原理与真空蒸发镀膜技术原理相似，只是 MBE 技术要求的真空度比真空蒸发镀膜技术要高得多，但其蒸发速率则慢得多。MBE 技术工作原理是在一个超高真空的腔体中($<10^{-10}$ Torr)，用适当的温度分别加热各个原材料，如镓和砷，使其中的分子蒸发出来，这些蒸发出来的分子在它们的平均自由程的范围内到达 GaAs 或锗衬底并进行沉积，生长出 GaAs 外延层。MBE 设备如图 6 - 30 所示。

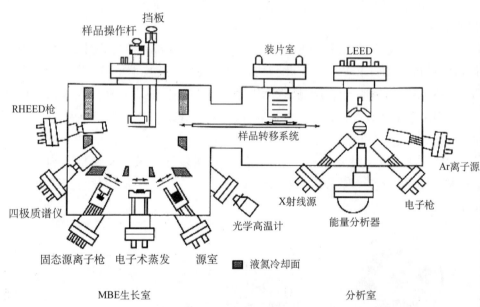

图 6 - 30　MBE 设备

MBE 技术具有以下特点：源区和衬底分别进行加热，生长温度较低，生长产生的热缺陷较少；生长速度缓慢，能够生长超薄的单晶膜，可以对一材料的组分和外延厚度进行原子级的精确控制，可生长多层异质结构；对生长过程进行全程的监控，能够即时地研究生长过程。因此，MBE 技术可以广泛地应用于各类光电器件中有源区的生长，特别是生长超薄异质结和超晶格结构。

GaAs 太阳能电池出现于 1956 年，它的结构也经历了由单结向多结的转变。常见的单结 GaAs 太阳能电池有同质结 p-GaAs/n-GaAs 电池和异质结 GaAs/Ge

电池。

1) $Al_xGa_{1-x}As/GaAs$ 单结太阳电池

GaAs 太阳电池的研究始于 20 世纪 60 年代,人们由 GaAs 材料的优良性质预测 GaAs 太阳电池能获得高的转换效率。但是初期用研制硅太阳电池的扩散法来研制 GaAs 太阳电池并未获得成功。这是因为 GaAs 体单晶材料的质量远比硅体单晶材料质量差,无论是纯度还是完整性都远不如硅单晶材料好。用简单的扩散技术制成的 GaAs 的 P - N 结性能很差,不能满足器件的要求。

直到 1973 年,在 GaAs 表面生长一薄层 $Al_xGa_{1-x}As$ 窗口层后,这一困难才得以克服。当 $x=0.8$ 时,$Al_xGa_{1-x}As$ 是间接带隙材料,E_g 约为 2.1 eV,对光的吸收很弱,大部分光将透过 $Al_xGa_{1-x}As$ 层进入到 GaAs 层中,$Al_xGa_{1-x}As$ 层起到了窗口层的作用。由于 $Al_xGa_{1-x}As/GaAs$ 界面晶格匹配好,界面态的密度低,对光生载流子的复合较少;而且 $Al_xGa_{1-x}As$ 与 GaAs 的能带带阶主要发生在导带边,即 $\Delta E_c \gg \Delta E_v$,如果 $Al_xGa_{1-x}As$ 为 P 型层,那么 ΔE_c 可构成少子(电子)的扩散势垒,从而减小光生电子的反向扩散,降低表面复合。同时 ΔE_v 不高,基本不会妨碍光生空穴向 P 边的输运和收集。采用 $Al_xGa_{1-x}As/GaAs$ 异质界面结构使 LPE-GaAs 电池的效率迅速提高,最高效率超过了 20%。图 6 - 31 是 LPE-$Al_xGa_{1-x}As/GaAs$ 异质结构太阳电池的结构示意图。

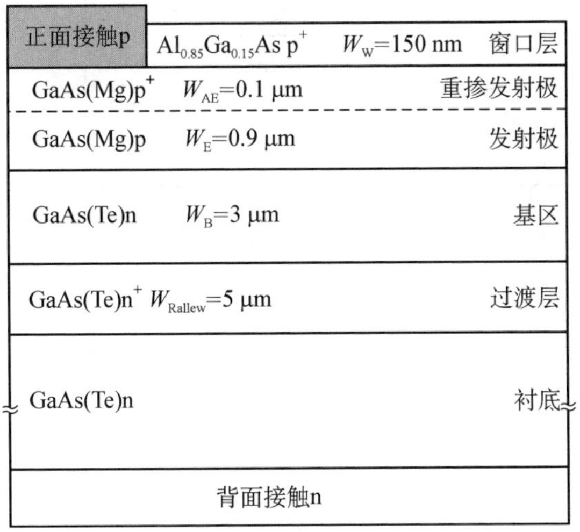

图 6 - 31　LPE-$Al_xGa_{1-x}As/GaAs$ 异质结构太阳电池的结构

2) GaAs/Ge 单结异质衬底太阳电池

由于 GaAs 材料有固有的缺点(价格贵、重量重、易碎),因而人们想寻找一种替代的衬底材料来代替 GaAs 衬底,形成 GaAs 异质结太阳电池,以克服上述缺点。由于硅电池的成功,人们首先想到了用硅代替 GaAs 衬底,试图制备出 GaAs/Si 异质结太阳电池。但是硅与 GaAs 的晶格常数相差较大(约 4%),热膨胀系数相差也近 2 倍,要想在硅衬底上生长出 GaAs 外延层十分困难。

由于在硅上生长 GaAs 存在诸多困难,研究注意力转向了锗衬底。锗的晶格常数(5.658 Å)与 GaAs 的晶格常数(5.653 Å)相近,两者热膨胀系数也较接近,所以易在锗衬底上实现 GaAs 单晶外延生长。锗衬底不仅比 GaAs 衬底便宜,而且机械牢度是 GaAs 的 2 倍,不易破碎,从而提高了电池的成品率。人们采用 MOCVD 技术和 MBE 技术生长出高质量的 GaAs/Ge 异质结,制备出性能优良的 GaAs/Ge 异质结太阳电池。图 6-32 是多晶锗衬底上生长的 p^+/n-GaAs 太阳电池结构。

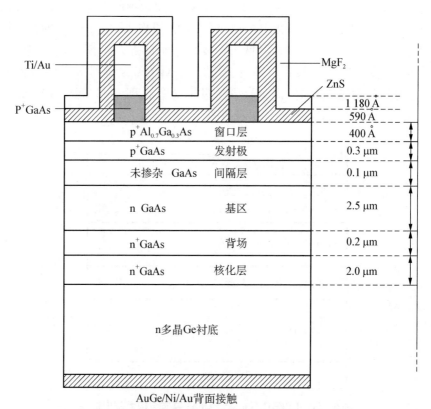

图 6-32 多晶锗衬底上生长的 p^+/n-GaAs 太阳电池结构

单结 GaAs 电池只能吸收特定光谱的太阳光,其转化效率不高。研究发现解决这一问题的途径是寻找能够充分吸收太阳能光谱的太阳能电池结构,其中最有效的方法便是采用叠层电池。这里以三结叠层电池为例来说明叠层电池的工作原理。选取 3 种半导体材料,它们的带隙依次为 E_{g1}、E_{g2} 和 E_{g3},$E_{g1} > E_{g2} > E_{g3}$,将这 3 种材料分别制备出 3 个子电池,然后按 E_g 的顺序,从大到小将这 3 个子电池串叠构成叠层电池。带隙为 E_{g1} 的子电池在最上面(称为顶电池),带隙为 E_{g2} 的子电池在中间(称为中电池),带隙为 E_{g3} 的子电池在最下面(称为底电池)。顶电池吸收和转换太阳光谱中 $h\nu \geqslant E_{g1}$ 部分的光子,中电池吸收和转换太阳光谱中 $E_{g2} \geqslant h\nu \geqslant E_{g2}$ 部分的光子,而底电池吸收和转换太阳光谱中 $E_{g3} \geqslant h\nu \geqslant E_{g2}$ 部分的光子。也就是说,太阳光谱被分成 3 段,分别被 3 个子电池吸收并转换成电能。很显然,这种三结叠层电池对太阳光的吸收和转换比任何一个带隙为 E_{g1} 或 E_{g2} 或 E_{g3} 的单结电池有效得多,因而它可大幅提高太阳电池的转换效率。理论计算表明(AM0 光谱和 1 个太阳常数):双结 GaAs 太阳能电池的极限效率为 30%,三结 GaAs 太阳能电池的极限效率为 38%,四结 GaAs 太阳能电池的极限效率为 41%。下面主要介绍两种典型的 GaAs 基系多结叠层太阳电池。

1) GaInP/GaAs 两结叠层电池

由于宽带隙的 AlGaAs 与 GaAs 晶格匹配,用做窗口层形成的 AlGaAs/GaAs 异质结获得了巨大的成功,在叠层电池研究的初期,人们自然首先开展了 AlGaAs/GaAs 叠层电池的研究。但是,进展并不理想。

$Ga_{0.5}In_{0.5}P$ 是另一种宽带隙的与 GaAs 晶格匹配的宽带隙材料。美国 NERL 的 Olson 等首先注意到了这一点。他们采用 MOCVD 技术在 P 型 GaAs 衬底上生长出小面积的高效 $Ga_{0.5}In_{0.5}P$/GaAs 双结叠层电池,上下电池之间实现了高电导的 GaAs 隧道结连接,其 AM1.5 效率达 27.3%,发现少子扩散长度对生长温度和 V/Ⅲ 比不敏感,但密切依赖于 $Ga_{0.5}In_{0.5}P$/GaAs 的晶格失配度,尤其是其伸张应力,使光电流值明显下降。上电池用 AlInP 层作为窗口层,改善了电池的蓝光响应和短路电流。Olson 等进一步改进了这一结果,主要采取了四项改进措施。第一点采用背场结构。对于 GaAs 底电池,背场为 0.07 μm 薄层 GaInP,P 型掺杂浓度为 $3 \times 10^{17} cm^{-3}$,并指出掺杂浓度降低会影响开路电压。对于 GaInP 顶电池,其背场也采用 0.05 μm 的薄层 $Ga_{0.5}In_{0.5}P$,以保持晶格与 GaAs 匹配。第二点改进是将栅线所占面积从 5% 降为 1.9%,而不影响电池的填充因子。第三点改进是降低窗口层 AlInP 中的氧含量,将磷烷纯化或用乙硅烷取代硒化氢作为掺杂剂。第四点改进是在隧道结生长过程中减少了掺杂记忆效应,用 Se-C 取代 Se-Zn,同时调整降低了砷烷分压。经过上述改进,0.25 cm^2 的 $Ga_{0.5}In_{0.5}P$/GaAs 双结叠层电池(见图 6-33),其 AM1.5 和 AM0 效率分别达到 29.5% 和 25.7%。

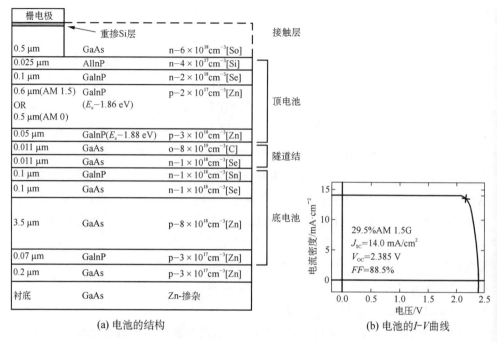

(a) 电池的结构　　　　　　　　　(b) 电池的I-V曲线

图 6‑33　效率为 29.5%的 GaInP/GaAs 叠层电池的结构和光照 I‑V 曲线

2) GaInP/GaAs/Ge 三结叠层电池

Olson 等在 GaInP/GaAs 叠层电池领域的成果吸引了空间科学部门和产业界的注意,这些成果很快被产业化。在产业化进程中,GaAs 衬底被锗衬底取代。锗衬底不仅比 GaAs 衬底便宜,且机械强度也比 GaAs 强,因而锗衬底的厚度可以大大减薄。生产锗衬底的厚度通常为 140 μm。自此,以锗为底电池的 GaInP/GaAs/Ge 三结叠层电池成为Ⅲ—Ⅴ族太阳电池领域研究和应用的主流。

在 GaAs 中引入 1% 的铟后,使其晶格与锗衬底更好地匹配,使得 GaInP/InGaAs/Ge 三结叠层电池 AM 1.5 效率达到 31.5%。利用 GaInP 中镓和铟原子晶格位置的无序,将 GaInP 顶电池带隙提高到 1.89 eV, GaInP/InGaAs/Ge 三结叠层电池 AM 1.5 效率提高到 32%。

自 20 世纪 90 年代以来,以 GaAs 为代表的Ⅲ—Ⅴ族化合物半导体太阳电池就成为光伏太阳电池领域中最活跃、最富成果的电池种类。GaAs 薄膜太阳能电池具有光电转换效率高、GaAs 吸收系数大、耐高温性能好以及抗辐射能力强等特点而受到极大关注。然而同时镓比较稀缺、砷有毒,且制造成本又高,也使其发展受到了限制,不适合于大规模的民用化生产,一般多用于空间飞行器,目前国际上已将 GaAs 太阳能电池作为航天飞行空间主电源,而且 GaAs 组件所占的比重也在逐渐增加。

6.3　有机类太阳能电池材料

有机类太阳能电池貌似很新,但其实它的历史也不短——跟硅基太阳能电池的历史差不多。1954 年贝尔实验室制造出了第一个硅基太阳能电池,它的太阳光电转换效率接近 6%。本节主要介绍新近发展的有机类太阳能电池,主要包括有染料敏化太阳能电池、有机薄膜太阳能电池以及钙钛矿太阳能电池等。

6.3.1　染料敏化太阳能电池材料

1991 年,瑞士洛桑联邦理工学院(EPFL)的 Grätzel 教授领导的研究小组研制出利用联吡啶钌(Ⅱ)配合物染料敏化的 TiO_2 纳米晶多孔薄膜作为光电阳极的化学太阳能电池。在模拟太阳光下,其光电转换效率可达 7.1%~7.9%。这种电池就是染料敏化太阳能电池(DSSC)。自此,染料敏化薄膜太阳能电池引起了人们的广泛关注,并得到了快速发展,目前光电转换效率已达到 14.1%[2, 9, 26]。

6.3.1.1　染料敏化太阳能电池工作原理

与传统的 P‐N 太阳能电池不同,在染料敏化太阳能电池中,光的捕获和电荷的传输是分开进行的。染料敏化太阳能电池的结构主要分为三个部分: 工作电极、电解质、对电极。在透明的导电基底上制备一层多孔 TiO_2 半导体薄膜,然后将染料分子吸附在多孔膜中,这样就构成了工作电极。电解质可以是液态的,也可以是准固态或者固态。对电极一般是镀有一层铂的透明导电玻璃。下面以液体电介质染料敏化 TiO_2 电池为例,说明染料敏化太阳能电池的工作原理,如图 6‐34 所示。具体过程如下。

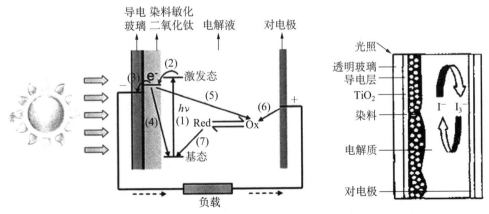

图 6‐34　染料敏化太阳能电池的工作原理及其结构

（1）在入射光的照射下，镶嵌在 TiO_2 表面的染料分子（Dye）吸收光子后，由基态跃迁到激发态（Dye*），并通过配体注入较低能级的 TiO_2 导带上，染料分子自身转化成氧化态的染料正离子（Dye+）。

（2）氧化态的染料分子（Dye+）被电解质中的 I− 还原，而 I− 被氧化为 I_3^-。

（3）进入 TiO_2 导带中的电子经过多孔网络最终进入光阳极，然后通过外电路和负载到达对电极，并被对电极附近电解质中的 I_3^- 吸收，把 I_3^- 还原成 I−，从而完成一个光电化学反应循环。

此外，电解质中的 I_3^- 可能在光阳极上被 TiO_2 导带上的电子还原，使外电路中的电流减小，这类似于硅电池和液结电池中的"暗电流"。

6.3.1.2 染料敏化太阳能电池的结构

染料敏化薄膜太阳能电池主要由导电玻璃、纳米半导体氧化薄膜、敏化材料、电解质和对电极组成的三明治结构，如图 6-34 所示[27—29]。

1）透明导电玻璃

透明导电玻璃是染料敏化太阳能电池 TiO_2 的载体，同时也是光阳极上的电子的传导器和对电极上电子的收集器。导电玻璃是在普通玻璃表面上，使用溅射、化学沉积等方法镀上一层 F：SnO_2（FTO）膜或氧化铟锡（ITO）膜。一般要求方块电阻在 $1.0 \sim 2.0 \ \Omega \cdot cm$，透光率在 85% 以上，它起着传输和收集正、负电极电子的作用。为使电极达到更好的光和电子收集效率，有时需经过特殊处理，如在氧化铟锡膜和玻璃之间扩散一层约 $0.1 \ \mu m$ 厚的 SiO_2，已防止普通玻璃中的 Na+、K+ 等在高温烧结过程中扩散到 SnO_2 膜中。

2）纳米多孔薄膜

纳米多孔薄膜是染料敏化薄膜太阳能电池的核心之一，它不仅是染料分子的吸附载体，同时也是光生电子传输的载体。纳米多孔薄膜一般应具有如下特征：具有大的比表面积和粗糙因子，使其能够吸附大量的染料；纳米颗粒之间的相互连接，构成海绵状的电极结构，使纳米晶之间有很好的电接触，使得载流子在其中能够有效传输，保证大面积薄膜的导电性；电解质中的氧化还原电对能够渗透到纳米半导体薄膜的内部，使氧化态染料分子能够有效再生；纳米多孔薄膜吸附染料的方式保证电子有效注入薄膜导带，使得纳米晶半导体和其吸附的染料分子之间的界间电子转移是快速有效的；对电极施加负偏压，在纳米晶的表面能够形成聚集层。对于本征和低掺杂半导体来说，在正偏压的作用下，不能形成耗尽层。

TiO_2 纳米晶多孔膜是目前应用于染料敏化太阳能电池最主要的半导体材料，它的优点是可广泛获取、价格便宜、无毒、稳定且抗腐蚀性能好。TiO_2 是一种多晶型化合物，主要有板钛矿型、锐钛矿型和金红石型。板钛矿型是不稳定的晶型，在 650℃ 以上会直接转化为金红石型。锐钛矿型在常温下是稳定的，但在高温下向金红石型转化,金红石型是 TiO_2 中最稳定的结晶形态。除此之外,适用于作为光阳极的半导体材料的还有 ZnO、SnO_2、Nd_2O_5、WO_3、Ta_2O_5 和 CdS 等(见表 6 - 2[10]),但是目前基于这些材料的电池效率普遍不高。

表 6 - 2　各种不同半导体构成的光阳极的电池光电性能

半导体电极材料	开路电压 V_{oc}/mV	短路电流密度 J_{sc}/(mA/cm²)	填充因子 FF	单色转换效率 $IPCE$/%	转换效率 (AM 1.5) η/%
TiO_2	740	18.6	0.73	90	10.0
Nd_2O_5	570	1.7	0.55	40	5.0
ZnO	540	4	0.52	—	1.12
SnO_2	340	2.5	0.52	—	0.44

制备 TiO_2 纳米多孔薄膜的方法很多,包括溶胶-凝胶法、水热法、醇盐分解法、等离子喷涂法、丝网印刷法等。

TiO_2 薄膜中存在大量的表面态,表面态能级位于禁带之中,是局域的。这些局域态构成陷阱,束缚了电子在薄膜中的运动,使得电子在薄膜中的传输阻力增大。电子在多孔膜中停留的时间越长,和电解质复合的概率就越大,导致了暗电流增加,从而降低了电池效率。因此降低电荷复合就成为改善光电转换效率的关键。为了提高 DSSC 半导体薄膜中电子的传输效率,需要对薄膜表面进行修饰,常用的方法有表面改性、半导体复合、离子掺杂以及紫外诱导等[30]。

随着纳米技术和材料科学的发展,人们对光阳极半导体薄膜的研究从零维结构(纳米颗粒、纳米团簇)半导体薄膜开始,逐步发展到一维纳米结构(纳米线、纳米棒、纳米管等)、二维纳米结构(纳米带、纳米片等)以及三维纳米结构(介孔、空心球、核壳等)。一维纳米结构,如纳米棒、纳米线或者纳米管对电子的传输具有导向性,与纳米颗粒相比,直接生长在 DSSC 光阳极基上的一维结构半导体材料具有较小的接触电阻和较长的电子寿命,电子扩散吸收是纳米颗粒的几十倍甚至上百倍,是电子传输的优良载体。此外,染料中处于电子激发态的电子注入一维结构半导体薄膜纳米材料的速度也明显高于注入纳米颗粒的速度。Chu 等在导电玻璃上制备了纳米线阵列。Varghese 等用阳极氧化钛的方法制备了纳米 TiO_2 孔阵列。中山大学的 Wu 等用多步水热法原位生长制得了最大长度为 55 μm 的 TiO_2 纳米线,其染料吸附量极高且光电转换效率高达 9.4%。为了充分利用零维和一维纳米结构的优势,中山大学的 Chen 等利用两步法(模板法和水热法)成功制备了红毛丹状(多孔和纳米线混合结构)TiO_2(见图 6 - 35),它的染料负载量可达 140.7 $nmol/cm^2$,

红毛丹状
TiO₂-TiO₂

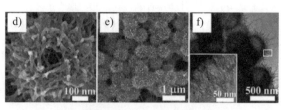

图 6-35　红毛丹状 TiO₂ 的模型图、SEM 以及 TEM 图

光电转换效率达到 9.51%。同样该组也报道了太阳花状的 SnO_2 - TiO_2 和鸟巢状的 Zn_2SnO_4 - TiO_2，光电转换效率分别达到 7.06% 和 6.62%[31]。二维结构纳米具有较高的比表面积，而且其片状结构还具有一定的光散射能力，可以弥补一维结构中光阳极薄膜吸附染料少的缺点以及增强薄膜的散射能力，是理想的光阳极之一。基于纳米片 TiO_2（见图 6-36）和 ZnO（见图 6-37）的光阳极[10]，正是因为纳米片的正向促进作用，光电转化效率达到了 10.1% 和 4.8%。

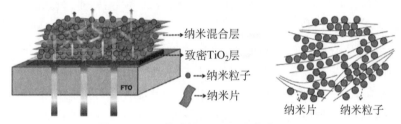

图 6-36　二维结构 TiO₂ 纳米薄膜光阳极

图 6-37　二维结构 ZnO 纳米晶光阳极

此外，人们还研究了三维纳米结构薄膜，如介孔结构、中空结构、核壳结构等，可以有效提升半导体材料的比表面积，提高染料的吸附能力和光散射能力，最终提高光电转换效率。Duan 等利用水热法，通过改变前驱液中十六烷基三甲基溴化铵浓度来控制材料的三维结构尺寸，最大的比表面积达到 141.65 m²/g，制备的 DSSC 器件的最高光电转换效率为 9.33%[32]。Pan 等研制出介孔-空心结构的介孔球壳 TiO_2，其比表面积为 128.6 m²/g[33]。

　　3) 染料敏化剂

染料敏化剂是 DSSC 的核心之一，犹如汽车的发动机，是电池器件的供能中心。它将 TiO_2 的激发光谱拓展到可见光区域。它主要用来吸收太阳光产生激发态电子,并把电子注入纳米薄膜半导体的导带,随后电子传输到电极界面被收集,以驱动整个电池的运行[9, 10]。敏化剂一般需要符合以下几个条件:①与纳米晶(TiO_2)半导体电极表面有良好的结合性能,能快速达到吸附平衡而且不易脱落。这要求其分子中含有能与 TiO_2 结合的官能团,如—COOH、—SO_3H、—PO_2H_3 等;②在可见光区有较强的、尽可能宽的吸收带,可以吸收更多的太阳光子,捕获更多的能量,提高光电转换效率;③染料的氧化态和激发态的稳定性较高,且具有尽可能高的可逆转换能力,即经过上百万次的可逆转换而不会分解;④激发态寿命足够长,且具有很高的电荷传输效率。这将延长电子、空穴分离时间,对电子的注入效率有决定性作用;⑤具有适当的氧化还原电势,以保证染料激发态电子注入 TiO_2 导带中,即敏化染料能级与 TiO_2 能级匹配;⑥染料分子应含有大 π 键,高度共轭且有较强的给电子基团。

目前使用的染料大致可分为多吡啶钌络合物敏化剂、有机类染料等。

多吡啶钌络合物敏化剂:1993 年,Grätzel 小组合成了一系列形如 cis-RuL_2X_2($L=4,4'$-二羧酸-$2,2'$-联吡啶,$X=Cl^-$、Br^-、I^-、CN^-、NCS^-)结构染料的光电性能,并比较了他们对 TiO_2 电极的敏化效果。其中,$X=NCS^-$ 就是首个突破 10% 光电转化率的染料—N_3 染料,它被认为是染料敏化太阳能电池的明星染料。作为光敏化剂,钌的多吡啶配合物的一个重要特征就是可以通过选择具有不同受电子及给电子能力的配合物来逐渐改变基态及激发态的性质。合理设计多吡啶钌络合物的分子结构能够进一步增加染料分子在 $700\sim900$ nm 范围的光吸收。

表 6-3[4] 是文献报道的一些多吡啶钌络合物敏化剂的相关光电特征。

表 6-3　一些多吡啶钌络合物敏化剂的相关光电特征

染料	最大波长 V_{oc}/mV	短路电流密度 J_{sc}/(mA/cm^2)	开路电路 V_{oc}/V	填充因子 FF	转换效率 η/%
C101	547	5.42	0.74	0.83	11.3
N719	540	17.73	0.84	0.74	11.2
C106	550	18.28	0.74	0.77	10.57
C104	553	17.87	0.76	0.77	10.53
N749	605	20.53	0.72	0.70	10.4
IJ-1	536	19.2	0.74	0.72	10.3
Z910	543	17.2	0.77	0.76	10.2
N3	534	18.2	0.72	0.73	10.0

有机染料：紫菜碱和酞菁是重要的有机染料，前者具有模拟光合作用的功能，后者在光化学和医学光照疗法中得到应用。而在卤银成像中广泛应用的感光剂花青、部花青系列染料可能成为未来的研究重点。

4）电解质

电解质在 DSSC 电池中还原染料正离子，同时传输电荷，最终导致电子与空穴的分离。理想的氧化还原电对要满足：在阴极，电子传输速度应该要快，能够尽快与电子发生氧化还原反应，以减少电子在阴极的积累；而在光阳极上，电解质的还原反应要比较慢，降低激发到半导体导带中的光电子与电解质中电子受体的复合速度。电解质按物理状态分为液态电解质、准固态电解质和固态电解质。

液态电解质在常温下为液态，它主要是由 3 个部分组成：有机溶剂、氧化还原电对和添加剂。氧化还原电对一般为 I^{3-}/I^-，有机溶剂主要有腈类或碳酸酯类，添加剂一般为 4-叔丁基吡啶或 N-甲基苯并咪唑。由于液态电解质黏度小，离子扩散快，对 TiO_2 多孔膜的浸润性好和渗透能力强，使得液态 DSSC 电池一直保持着最高的效率[30,34]。

尽管液态电解质取得了较高的光电转换效率，但是使用液体电解质不利于电池的密封，因为有机溶剂易挥发和电解质易泄漏造成电池在长期工作过程中性能的下降和寿命的缩短。为解决这一问题，研究者提出使用室温下的离子液体（RTIIs），它具有一系列的优点，诸如好的热稳定性及宽的电化学窗口、不易燃性、高的离子传导性、很低的蒸汽压、毒性小等。在 DSSC 中用离子液体代替液态电解质有利于提高寿命和稳定性，具有广阔的前景。但离子液体的黏度系数相对较大，影响离子的扩散速率，导致 DSSC 的光电转换效率不高，故改进离子液体的性能，也是今后努力的方向。

考虑到液体电解质的不足，准固态电解质和固态电解质的研究越来越受到重视。一般来讲，准固态电解质是在液体电解质中加入凝胶剂而得到的，可有效地防止电解液的泄漏，延长电池的使用寿命。现在所使用的凝胶剂大概可分为 3 种：低分子的交联剂、聚合物和纳米粒子。准固态电解质还不是单纯的固态电解质，在微观上仍具有液体的特征，具有较高的流动性，也存在着长期稳定性的问题。全固态电解质完全克服了液体电解质和准固态电解质易挥发、寿命短和难封装的缺点。目前对无机 P 型半导体材料、有机空穴传输材料和导电聚合物的研究十分活跃。常用的无机 P 型半导体有 CuI、CuSCN 等。DSSC 中，无机 P 型半导体制备复杂，技术难度大，常用有机空穴材料代替 P 型半导体作为空穴传输层，Grätzel 等首次将 2,2,7,7'-四（N,N-二对甲苯氨基）-9,9'-螺环二芴（spiro-OMeTAD）作为空穴传输材料用于 DSSC 中，低光强下的效率为 0.7%。经过改进后，spiro-OMeTAD 制成的 DSSC 在全日照条件下的转换效率提升到 4% 的水平。Grätzel 等制备了非晶"液态"有机半导体空穴传输材料顺-4-(2-甲氧乙氧基)苯胺(TEMPA),将 $NOBF_4$ 掺杂到这种材料中,组装成电池,得到的效率约为3%(10 mW/cm²)和超过 50%的表观量子效率。这种非晶有机半导体空穴传输材料的发现,是光电有机材料领域的一个亮点。固体电解质代替液体电解质虽然克服了一些问题,但也存在明显的不足,如在半导体氧化物和空穴传输材料的界面处电子的复合速率比较高、传导率低等。

由于离子液体电解质和凝胶电解质表现出较高的光电转换效率,具有比较广阔的应用前景,所以,电解质研制的终极目标是得到高效的全固态电解质。提高固态 DSSC 电池效率的关键就是解决电解质在光阳极多孔膜中的填充问题。因此,发展固态-离子液体复合电解质体系也许是一个更为有效、可行的途径。

5) 对电极

对电极的主要作用是接受外电路来的电子,并将电子转移给 I^{3-}。为了提高电池的光电转换效率,要求对电极要具有高的催化活性、大比表面积、低的面电阻、高的电子传导率和稳定性以及能够将未被染料吸收的太阳光反射回光阳极。目前,DSSC 主要应用具有高催化活性和相对低超电势的铂电极,但铂是贵金属,价格昂贵,对电池成本有一定影响。一方面人们正在努力减少对电极铂的载量,如金、镍、钯、铝等也被用于对电极的研究;另一方面则大力发展来源丰富、价格低廉的铂的替代材料。碳材料资源丰富,价格便宜,热稳定性和化学稳定性好,对 I^{3-}/I^- 电对催化活性高,导电能力强,被看成是一种理想的铂替代物。各种碳材料相继被用于 DSSC 电池中,如活性炭、碳纳米管及阵列、富勒烯、石墨烯等。除了金属和碳材料对电极外,多种导电聚合物也被用做制备 DSSC 电池的对电极,如聚吡咯、聚苯胺、PEDOT 等。而聚吡咯、聚苯胺之类的空穴传输材料还可以与炭黑一起作为对电极复合催化材料。

染料敏化 TiO_2 薄膜太阳能电池最吸引人的特点是原料廉价、制作工艺简单、寿命长、性能相对稳定和衰减少。如何进一步提高其光电转换效率和电池的实用化是目前面临的主要研究问题。今后需对其进行 4 个方面的研究:简易化的电极制备;敏化染料分子的设计合成;固态电解质的选择;对非铂对电极的开发。

6.3.2　其他有机类太阳能电池材料

由有机材料构成核心部分的有机类太阳能电池,主要以具有光敏性质的有机物作为半导体的材料。除了以上介绍的有机染料敏化太阳能电池之外,还有近年来研究比较活跃的有机薄膜太阳能电池以及钙钛矿太阳能电池等。

6.3.2.1　有机薄膜太阳能电池

有机薄膜太阳能电池主要是由有机物材料构成电池核心部分,把 2 层有机半导体薄膜结合在一起而制成。利用有机半导体的光伏效应,通过有机材料吸收光子从而实现光电转换的太阳能电池因具有大面积、易加工、毒性小、成本低的特点,成为近些年的研究热点[17, 35—37]。

由于共轭有机半导体材料的导电机理与无机半导体不同,因此,有机太阳能电池与无机太阳能电池的载流子产生过程也不同。聚合物吸收光子能量产生激子,激子只有离解成自由载流子(电子和空穴)才能产生光电流。一种被广泛接受的观点是,有机薄膜太阳能电池的作用过程由 3 个步骤组成:光激发产生激子;激子在施体、受体(D/A)界面分裂;电子和空穴的漂移以及各自电极的收集。

有机太阳能电池器件结构主要有单层结构的肖特基器件、双层异质结器件、本体异质结器件以及分子 D - A 结器件。下面我们主要从双层异质结器件和本体异质结器件介绍一下有机薄膜太阳能电池的结构及基本原理。

1) 双层异质结器件

在双层光伏器件中,给体和受体有机材料分层排列于两个电极之间,形成平面型 D - A 界面。其中,阳极功函数要与给体 HOMO 能级匹配;阴极功函数要与受体 LUMO 能级匹配,这样有利于电荷收集。图 6 - 38 是双层器件的原理(图中忽略所有由于能级排列而产生的能带弯曲和其他界面效应)。

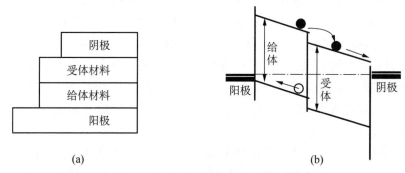

图 6 - 38 双层异质结器件工作原理
(a) 器件结构;(b) 能级示意图

在双层异质结器件中,光子转换成电子有以下几个步骤。①材料吸收光子产生激子:当入射光的能量大于活性物质的能隙(E_g)时,活性物质吸收光子而形成激子;②激子扩散至异质结处;③电荷分离:激子在异质结附近被分成了自由的空穴(在给体上)和自由的电子(在受体上),它们是体系中主要的载流子,具有较长的寿命;④电荷传输以及电荷引出:分离出来的自由电荷,经过传输到达相应的电极进而被收集和引出。

双层异质结器件中电荷分离的驱动力是给体和受体的最低空置轨道(LUMO)

能级差,即给体和受体界面处电子势垒。在界面处,如果势垒较大(大于激子的结合能),激子的解离就较为有利,电子会转移到有较大电子亲和能的材料上。

2) 本体异质结器件

在本体异质结器件中,给体和受体在整个活性层范围内充分混合,D-A界面分布于整个活性层。本体异质结可通过将含有给体和受体材料的混合溶液以旋涂的方式制备,也可通过共同蒸镀的方式获得,还可以通过热处理的方式将真空蒸镀的平面型双层薄膜转换为本体异质结结构。图6-39是本体异质结器件原理(图中忽略所有由于能级排列而产生的能带弯曲和其他界面效应)。本体异质结器件与双层异质结器件相似,都是利用D-A界面效应来转移电荷。它们的主要区别在于:本体异质结中的电荷分离产生于整个活性层,而双层异质结中电荷分离只发生在界面处的空间电荷区域(几个纳米),因此本体异质结器件中激子解离效率较高,激子复合概率降低,缘于有机物激子扩散长度小而导致的能量损失可以减少或避免;由于界面存在于整个活性层,本体异质结器件中载流子向电极传输主要是通过粒子之间的渗滤作用,而双层异质结器件中载流子传输介质是连续空间分布的给体或受体,因此双层异质结器件中载流子传输效率相对地高。而本体异质结器件由于载流子传输特性所限,对材料的形貌、颗粒的大小较为敏感,且填充因子相应地小。

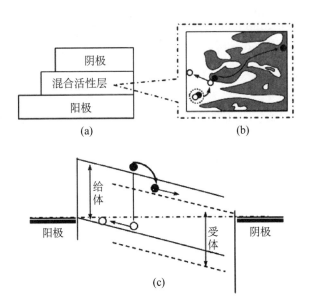

图 6-39　本体异质结器件工作原理

(a) 器件结构;(b) 混合在一起的给体(白色)和受体(黑色)空间
分布示意图;(c) 本体异质结器件能级示意图

有机太阳能电池材料种类繁多,可大体分为 4 类:小分子太阳能电池材料、大分子太阳能电池材料和 D - A 体系材料等。

1) 有机小分子太阳能电池材料

有机小分子太阳能电池材料都具有一定的平面结构,能形成自组装的多晶膜。这种有序排列的分子薄膜使有机太阳能电池的迁移率大大提高。常见的有机小分子太阳能材料有并五苯、酞菁、亚酞菁、卟啉、菁、苝和 C_{60} 等。并五苯是 5 个苯环并列形成的稠环化合物,是制备聚合物薄膜太阳能电池最有前途的备用材料之一。酞菁具有良好的热稳定性及化学稳定性,是典型的 P 型有机半导体,具有离域的平面大 π 键,在 600~800 nm 的光谱区域内有较大吸收。其合成已经工业化,是有机太阳能电池中研究很多的一类材料。卟啉具有良好的光稳定性,同时也是良好的光敏化剂。苝类化合物是典型的 N 型材料,具有大的摩尔吸光系数,较高的电荷传输能力,其吸收范围在 500 nm 左右。双层异质结的概念就是基于四羧基苝衍生物 PV(又称为 PTCBI)和酞菁铜(CuPc)的器件而提出的。亚酞菁(SubPc)具有 14 个 π 电子的大芳环结构,由于中心 B(Ⅲ)的电子云呈四面体构型,因此 B(Ⅲ)不与配体共平面。与受体 C_{60} 配合,SubPc 表现出很强的给体特性,有较好的光伏性能。全氟取代的亚酞菁在可见光区域有与金属酞菁类似的吸收,且能用做受体材料制备异质结太阳能电池,可得到 V_{oc} 为 0.94 V,转换效率为 0.96%。菁易于合成、价格便宜,是良好的光导体并具有良好的溶解性,但稳定性较差。由于 C_{60} 分子中存在的三维高度非定域电子共轭结构,使得它具有良好的电学及非线性光学性能,其电导率为 10^{-4} S/cm,成为异质结电池中使用最多的小分子电子受体材料。当在 C_{60} 球体中央再加入一个六角圆环,可形成 C_{70}。C_{70} 与 C_{60} 一样,都是很好的电子受体,它们既可以与小分子匹配(包括酞菁及其衍生物和噻吩寡聚物等),也可以与共轭聚合物匹配(包括聚噻吩和聚对亚苯基亚乙烯衍生物等),形成电池的活性层。

2) 大分子太阳能电池材料

从 20 世纪 90 年代起,基于有机大分子的太阳能电池得到了迅速的发展。下面主要介绍几类典型的材料。

富勒烯衍生物: C_{60} 是很好的电子受体,但较小的溶解性限制了它在以溶液方式加工的聚合物太阳能器件中的应用。由于 C_{60} 特殊笼形结构及功能,将 C_{60} 作为新型功能基团引入高分子体系,得到具有导电性和光学性质优异的新型功能高分子材料。从原则上讲,C_{60} 可以引入高分子的主链、侧链,形成富勒烯的衍生物。经过改良的 C_{60},PCBM([6,6]-苯基- C_{61} -丁酸甲酯)具有较好的溶解性,被广泛应用于聚合物器件中。富勒烯及其衍生物在可见-近红外区的光吸收很小,以它们为受体材料设计器件时,应选取吸收性能较强的给体材料或以其他的方法提高对太阳光的吸收。

聚对亚苯基亚乙烯及其衍生物：聚对亚苯基亚乙烯(PPV)及其衍生物是近年来广泛研究的一类共轭聚合物材料，通常作为给体。代表性材料是 MEH - PPV，具有较好的溶解性，禁带宽度(2.1 eV)适中。MEH - PPV 的空穴迁移率高，但电子迁移率较低。MEH - PPV 中本征载流子不平衡严重限制了纯聚合物太阳能电池的性能。目前基于 MEH - PPV 材料性能最好的电池是 MEH - PPV 与受体 PCBM 构筑的器件，转换效率约为 2.5%。通常地，基于 PPV 类材料的器件受制备温度、溶剂、给体与受体比例、溶液浓度、热处理等制备参数影响。

聚噻吩及其衍生物：聚噻吩(PTh)及其衍生物是良好的导电聚合物，也是近年来在有机太阳能电池中广泛研究的一类给体材料。PTh 溶解性很差，实验证明，噻吩环的 3 -位取代或 3,4 -位双取代都能改善其溶解性。改善的程度与取代烷基链的长度有关。6C 以上的取代 PTh 在一般极性溶剂中可以完全溶解。随着烷基链的增长，PTh 链间距离增大，从而将载流子限制在主链上，减少了淬灭概率。3 -位取代噻吩比 3,4 -位双取代噻吩具有更好的溶解性，主要是因为双取代噻吩位阻太大，降低了其有效共轭长度，提高了离子化电位。目前光电转换效率最好的有机太阳能器件是由噻吩类给体与富勒烯衍生物受体构成的体系。噻吩类材料可以"头尾相连"形成有序薄膜，从而具有较高的迁移率，有利于载流子的传输。另外，热处理可以改善含噻吩类活性材料的薄膜形貌和增加结晶度等使转换效率提高。溶剂和掺杂都对噻吩薄膜性能有一定的影响。将卟啉作为掺杂剂与聚噻吩衍生物 PTh 共混后与苝衍生物 PV 制成双层膜器件，在 430 nm 处的能量转换效率最高达到了 2.91%。

含氮共轭聚合物：含氮的共轭聚合物也是一类较常见的有机太阳能电池材料，主要包括聚乙烯基咔唑(PVK)、聚吡咯(PPy)和聚苯胺(PAn)。聚乙烯基咔唑(PVK)是经典的高分子空穴传输材料，也是发现最早、研究最充分的具有光电活性的高分子材料。PVK 侧基上带有大的电子共轭体系，可以吸收紫外光，激发出的电子可以通过相邻苯环形成的电荷转移复合物自由迁移。聚吡咯(PPy)具有电导率高，易于制备及掺杂、稳定性好、电化学可逆性强的特点。聚吡咯和聚噻吩一样，既难溶解又难熔化，很难与其他聚合物共混。在 N 原子上引入长链烷基也可以提高 PPy 的溶解性。吡咯环中富含电子，是优良的电子供体。聚苯胺(PAn)是典型的空穴传输材料，具有优良的物理化学性能和独特的掺杂机理，在有机太阳能电池结构中通常作为给体，但其溶解性较差。

聚芴及其衍生物：聚芴及其衍生物由于具有好的稳定性和高的发光效率而引起人们的广泛兴趣。由于聚芴中含有刚性平面结构的联苯，所以往往表现出好的光稳定性和热稳定性。其光电性能的研究也从发光材料拓展到了太阳能电池材料。由于纯粹的聚芴不仅溶解性差，而且是蓝光材料，能隙较宽，和太阳光谱不能很好地匹配,所以对聚芴的研究往往集中在溶解性和能隙的调控上。

D-A体系材料: 混合异质结薄膜是互渗双连续网络结构,微观上是无序的。因此网络结构上存在着大量的缺陷,阻碍了电荷的分离和传输,从而降低了电荷分离和传输效率。后来,研究人员将给体和受体通过共价键连接,可以获得微相分离的互渗双连续网络结构,形成D-A体系材料。此类材料能克服混合异质结薄膜的结构缺陷,应用到器件中有望提高器件效率,是目前有机太阳能电池材料研究的热点之一。

目前制作有机半导体层材料主要采取的方法有真空技术(真空镀膜溅射和分子束外延生长技术)、溶液处理成膜技术(电化学沉积技术、铸膜技术、分子组装技术、印刷技术等)和单晶技术(电化学法、气相法和扩散法)。虽然有机薄膜太阳能电池有着很多优点,但由于处于研发初期,再加上激子结合能大、电子迁移率低,从而导致光电转化效率低且寿命短等缺点。所以以后的研究方向是提高材料的电导率、成膜技术、器件工艺制作水平和开发新的材料等。

6.3.2.2 钙钛矿太阳能电池

有机无机杂化材料 $CH_3NH_3PbX_3$ 是一种成本低廉、易成膜、窄带隙、吸光性能好、载流子迁移率高的双极性半导体材料,基于这类材料制备的薄膜太阳能电池被称为钙钛矿型太阳能电池。近几年来,钙钛矿太阳能电池的研究得到了快速发展,引起了国际上的广泛关注,2013 年被 *Science* 评选为十大科学突破之一。根据美国可再生能源实验室最新公布的电池效率数据,钙钛矿太阳能电池认证的最高效率已高达 22.1%,超越了多晶硅太阳电池的最高光电转换效率 21.3%。

钙钛矿晶体为 ABX_3 结构,一般为立方体或八面体结构。在钙钛矿晶体中,A离子位于立方晶胞的中心,被 12 个 X 离子包围成配位立方八面体,配位数为 12,B离子位于立方晶胞的角顶,被 6 个 X 离子包围成配位八面体,配位数为 6,如图 6-40 所示。其中,A 离子和 X 离子半径相近,共同构成立方密堆积[38]。

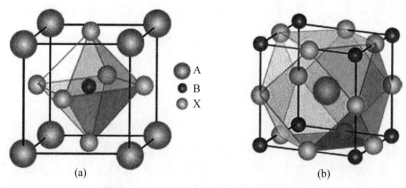

图 6-40　有机/无机杂化钙钛矿的结构

钙钛矿晶体的稳定性以及可能形成的结构主要是由容差因子(t)和八面体因子(μ)所决定。其中，$t = (R_A + R_X)/(R_B + R_X)$，$\mu = R_B/R_X$，$R_A$、$R_B$、$R_X$ 分别指的是 A 原子、B 原子、X 原子的半径。当满足 $0.81 < t < 1.11$ 和 $0.44 < \mu < 0.90$ 时，ABX_3 化合物为钙钛矿结构，其中 $t = 1.0$ 时形成对称性最高的立方晶格；当 t 位于 $0.89 \sim 1.0$ 范围内时，晶格为菱面体(rhombohedral) 结构(三方晶系)；当 $t < 0.96$ 时，对称性转变为正交(orthorhombic) 结构。钙钛矿太阳电池中，A 离子通常指的是有机阳离子，最常用的为 $CH_3NH_3^+$($R_A = 0.18$ nm)，其他诸如 $NH_2CH = NH_2^+$($R_A = 0.23$ nm)、$CH_3CH_2NH_3^+$($R_A = 0.19 \sim 0.22$ nm)也有一定的应用。B 离子指的是金属阳离子，主要有 Pb^{2+}($R_B = 0.119$ nm) 和 Sn^{2+}($R_B = 0.110$ nm)。X 离子为卤族阴离子，即 I^-($R_X = 0.220$ nm)、Cl^-($R_X = 0.181$ nm) 和 Br^-($R_X = 0.196$ nm)。卤化物钙钛矿结构有着许多优异的光学、电学和磁学性能。$CH_3NH_3PbI_3$ 禁带宽度为 1.5 eV，是一种直接带隙半导体，相对于真空能级，导带底为 -3.93 eV，价带顶为 -5.43 eV。而直接带隙的 $CH_3NH_3PbBr_3$ 和 $CH_3NH_3PbCl_3$ 禁带宽度分别为 2.32 eV 和 3.1 eV。有机铅卤化物钙钛矿 $CH_3NH_3PbX_3$(X = Br, I) 具有独特的光学性能，在可见光区有优异的光学吸收系数 $10^4 \sim 10^5$ cm^{-1}，与光阳极 TiO_2 和空穴传输材料的界面能级结构非常匹配。

钙钛矿太阳能电池目前主要有两种器件结构，分别为多孔基底结构和平面结构，如图 6-41 所示[38]。其主要由导电玻璃、电子传输层/空穴阻隔层(TiO_2/ZnO 光阳极)、光吸收层(钙钛矿敏化材料)、空穴传输层(HTM)与工作电极(蒸镀的金属电极或印刷的碳电极)构成。基本光电转换过程如图 6-42 所示[39]，包括：在光照下，能量大于光吸收层禁带宽度的光子将光吸收层中的价带电子激发至导带，并在价带留下空穴；当光吸收层导带能级高于电子传输层/空穴阻隔层的导带能级时，光吸收层的导带电子注入后者的导带；电子进一步输运至阳极和外电路；当光吸收层价带能级低于空穴传输层/电子阻隔层的价带能级时，光吸收层的空穴注入到空穴传输层/电子阻隔层；空穴输运至阴极和外电路。

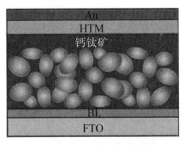 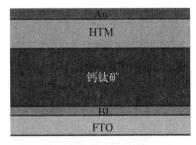

图 6-41　多孔固态钙钛矿太阳能电池和平面太阳能电池的结构

HTM—空穴传输层；BL—致密层(TiO_2)；FTO—掺杂氟的 SnO_2 透明导电玻璃(SnO_2：F)

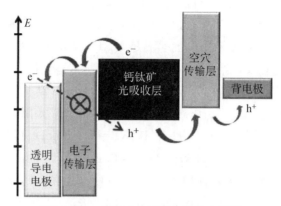

图 6-42　钙钛矿太阳能电池基本原理

除上述光电能量转化过程外,还存在一些能量损失过程。比如在光吸收层中,高能量光激发态中的电子/空穴会快速弛豫至导带底/价带顶;在光吸收层的两侧界面处,存在电荷复合中心,导致不必要的电荷和能量损失。改善这些能量损失问题可以有效提高器件的效率。

目前钙钛矿太阳电池多使用 TiO_2/ZnO 基光阳极,其中光阳极膜又可分为多孔结构、没有电子注入的绝缘支架结构以及平面结构等。多孔结构的光阳极膜又包括致密层与多孔层两部分,致密层的作用是为了阻止 FTO 导电玻璃与空穴传输层的直接接触,而多孔层则可以负载更多的钙钛矿纳米颗粒,从而形成连续的薄膜。在 0.6 μm 厚的多孔 TiO_2(20 nm)薄膜表面旋涂 $CH_3NH_3PbI_3$ 作为光吸收剂,使用 Spiro-MeOTAD 作为固态空穴传输材料的电池转换效率为 9.7%,开路电压达到 0.888 V,填充因子为 0.62。用绝缘多孔 Al_2O_3 支架代替 N 型多孔半导体氧化物,制备了"介观-超结构"太阳电池。与使用多孔 TiO_2 光阳极的电池相比较,此类电池的 Al_2O_3 支架能够避免电池电压迅速下降,并且可以提高电池的开路电压,最高能达到 1.13 V,电池光电转换效率最高为 10.9%,这个结果也表明钙钛矿材料可以作为一种 N 型半导体。此外,纳米多孔结构 ZrO_2 的应用在钙钛矿太阳电池中也能表现出较好的光电性能。将 $CH_3NH_3PbI_3$ 钙钛矿旋涂在 ZrO_2 多孔层上获得了将近 0.9 V 的开路电压,通过三电极电化学阻抗谱研究发现,当加上一个 0.9 V 的偏压后,ZrO_2 多孔层还是没有电荷,然而对于 TiO_2 多孔层体系加上偏压则具有电荷,这表明 $CH_3NH_3PbI_3$ 钙钛矿里的光生载流子没有注入 ZrO_2 中。在多孔 ZrO_2 支架层上制备了光电转换效率达 10.8% 的 $CH_3NH_3PbI_3$ 钙钛矿太阳电池,开路电压接近 1.07 V。在一层致密的 TiO_2 衬底上通过气相共蒸发沉积钙钛矿薄膜制备了平面异质结钙钛矿太阳电池,光电转换效率高达 15.4%。

氧化锌(ZnO)带隙为 3.37 eV,ZnO 和 TiO_2 均为宽禁带半导体材料,二者性能较接近,导带电位相差很小;ZnO 的电子迁移率相比 TiO$_2$ 要大很多(ZnO 的为 115～155 cm^2/(V·s),TiO$_2$ 的为 10～5 cm^2/(V·s)),高电子迁移率有望减小电子在薄膜中的传输时间,从而提高光电转换效率。纳米 ZnO 粉的制备比 TiO$_2$ 简单,并且纳米 ZnO 的形貌丰富,通过简单的低温化学合成法就可以获得多种形貌的纳米 ZnO,并且很容易对纳米 ZnO 进行表面改性。目前 ZnO 基杂化钙钛矿太阳电池的最高效率达 15.7%。

光吸收层是决定太阳电池性能最基本的组成部分。高效率太阳电池要求光吸收层能够充分吸收近紫外-可见光-近红外区的光子来产生光激发态,这是决定能否实现下一步电荷分离的关键过程。钙钛矿材料(比如 CH$_3$NH$_3$PbX$_3$,通常简写为 MAPbX$_3$,X = I, Br) 具有很高的消光系数,作为光吸收层应用于太阳电池的报道始于 2009 年,其中 MAPbI$_3$ 的禁带宽度为 1.55 eV(对应吸收截止波长为 800 nm),可以有效吸收近紫外-可见光-近红外区的太阳光,理论上在标准 AM1.5G 光照下可以产生高达 27 mA/cm^2 的光电流(见图 6-43)[39]。在实际应用中,受界面反射、材料吸收和电荷损失等影响,目前实现的光电流可以达到 22 mA/cm^2。为了进一步扩展钙钛矿材料的光吸收谱以增加对近红外光的利用来产生更高的光电流,近来开发出的新型钛矿型太阳能材料 NH$_2$CHNH$_2$PbI$_3$(FAPbI$_3$) 具有更小的禁带宽度(禁带宽度为 1.48 eV,吸收截止波长为 838 nm) 以及良好的热稳定性和光电转换性能。光吸收层的结晶度和形貌对光电流的产生效率有很大影响。在钙钛矿太阳电池中,结晶度高、均匀性好的钙钛矿光吸收层更有利于光电荷的产生和分离。

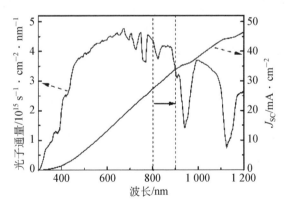

图 6-43　太阳电池理论光电流与光吸收层吸收光谱
截止波长的关系

钙钛矿材料可以采用多种方法进行制备,比较常见的有一步溶液法、两步溶液法、蒸发法以及溶液-气相沉积法等[40]。

HTM 作为空穴传输层,必须满足以下条件:HOMO 能级要高于钙钛矿材料的价带最大值,以便于将空穴从钙钛矿层传输到金属电极;具有较高的电导率,这样可以减小串联电阻及提高 FF;HTM 层和钙钛矿层需紧密接触。在钙钛矿太阳能电池体系中,空穴传输材料的使用能够利于载流子的收集与输运,从而有助于提升太阳电池的填充因子。目前常使用的空穴传输材料有 Spiro-MeOTAD、PTAA、P3HT 和 PEDOT 等。通过使用不同的空穴传输材料,获得了不同的光电转换效率,当使用 Spiro-MeOTAD 作为空穴传输材料时,得到的光电转换效率为 8.4%,短路电流密度 $J_{sc} = 16.7\ mA/cm^2$,电池的填充因子为 58.8%;而当使用 PTAA 作为空穴传输材料时,电池的光电转换效率达 12.0%,短路电流密度 $J_{sc} = 16.5\ mA/cm^2$,填充因子为 72.7%。可见,填充因子的提升有助于提高电池的光电转换效率。图 6-44[40] 为空穴传输材料的结构与能带。使用有机空穴传输材料虽然能使杂化钙钛矿电池获得高的光电转换效率,但是生产制备繁琐,价格昂贵,这就增加了电池的使用成本。因此,无机空穴传输材料的应用受到研究者的关注。用无机全固态 P 型钙钛矿结构材料 $CsSnI_{3-x}F_x$ 作为空穴传输材料,制备的染料敏化太阳电池光电转换效率最高可达到 10.2%。通过改变 F 素的掺入量,可以得到一系列空穴传输材料。$CsSnI_3$ 是直接带隙 P 型半导体材料,禁带宽度为 1.3 eV,在室温下空穴的迁移速率 $\mu_h = 585\ cm^2/(V \cdot s)$。将无机空穴传输材料 CuI 应用到杂化钙钛矿电池中,获得了 6% 的光电转换效率。通过电化学阻抗谱测试发现,CuI 自身的导电性能优于有机空穴传输材料 spiro-OMeTAD,可以得到较高的填充因子,但是载流子在 CuI 的复合率却高于 spiro-OMeTAD,造成电池开路电压明显偏低,从而导致光电效率下降。

此外,将氧化石墨烯作为空穴传输材料制备出高效平面异质结钙钛矿太阳电池,光电转换效率最高达 12.4%,电池开路电压为 1.0 V,填充因子为 0.71。通过分析,当氧化石墨烯薄膜厚度接近 2 nm 时,光致发光淬灭效率为 52.8%;而当薄膜厚度接近 20 nm 时,淬灭效率上升为 98.9%。这表明氧化石墨烯能够有效地从钙钛矿中收集空穴,是一种很好的空穴传输材料。由于杂化钙钛矿本身兼有 P 型和 N 型半导体特性,钙钛矿太阳电池还可不使用空穴传输材料,即无空穴传导层的钙钛矿太阳电池。中科院物理研究所 Shi 等在这方面开展了许多卓有成效的工作[41, 42]。此外,华中科技大学的 Han 等在无空穴传输材料太阳电池的制备上也独有建树,研究组一直致力于实现一种基于全印刷工艺及廉价碳对电极的可印刷介观太阳电池[43—45],将混合阳离子型钙钛矿材料 $(5-AVA)_x(MA)_{1-x}PbI_3$ 应用于无空穴传输材料可印刷介观太阳电池中,如图 6-45[46] 所示。其特点是在单一导电衬底上通过逐层印刷方式涂覆 TiO_2 纳米晶薄膜、ZrO_2 绝缘层、碳对电极层,再填充钙钛矿材料。通过印刷碳对电极的方法来替代之前蒸镀的贵金属金或银,取得了重大突破,获得了光电转换效率达 12.8% 的钙钛矿太阳电池,并且光照条件下能够稳

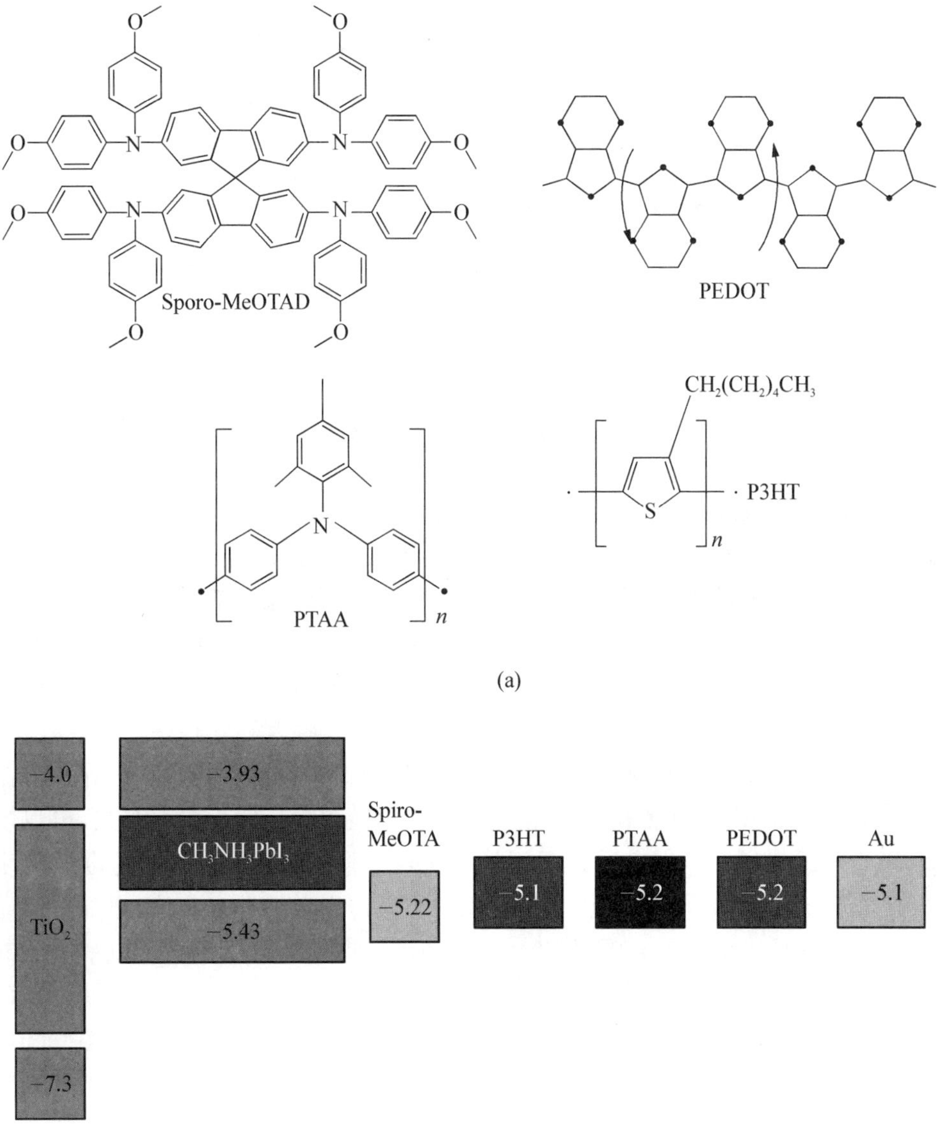

(a)

(b)

图 6-44　空穴传输材料的结构和能级

（a）结构；　（b）能级

定 1 000 h 以上。这一关键技术实现了介观太阳电池低成本和连续生产工艺的完美结合，对生产应用有极大的推动作用[40]。

近年来，石墨烯、氧化石墨烯、石墨炔、单壁碳纳米管等碳纳米材料因其独特的几何结构和电性能而作为新兴起的一类材料被运用到钙钛矿太阳能电池中，并已

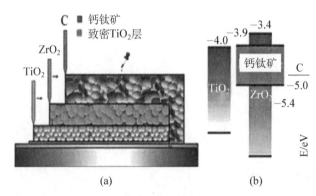

图 6‑45　基于完全可印刷介观太阳电池的三层层状钙钛矿横截面和三层结构的能带

(a) 钙钛矿横截面；(b) 三层结构的能带

成为钙钛矿太阳电池研究的又一亮点。目前，采用新型碳材料作为钙钛矿太阳电池的对电极、电子传输材料或空穴传输材料均有研究报道。碳材料的功函数为5.0 eV 左右，在染料敏化太阳电池和量子点敏化太阳电池中常被用做对电极，因而在钙钛矿太阳电池中，碳材料成为取代金电极的首选材料。通过在导电衬底上逐层印刷涂覆 TiO$_2$、ZrO$_2$ 和碳，然后填充钙钛矿材料，制备的平板异质结钙钛矿电池，实现了 13% 的光电效率且器件具有较好的重复性及稳定性。此外，碳材料具有较高的电荷迁移率和电导率，在钙钛矿太阳电池中起到传输电子的作用。在TiO$_2$ 膜层表面引入苯甲酸取代的富勒烯 C$_{60}$ 自组装单分子膜作为修饰层，电池效率从 8.2% 提高到 10.4%。采用石墨烯/TiO$_2$ 纳米颗粒复合材料作为电子传输层，有效改善了电子的输运性能，使得电池的 J_{sc} 和 FF 均有明显提高，电池效率高达 15.6%，并且能在低于 150℃ 的条件下制备。与此同时，由于目前钙钛矿太阳电池中所用的空穴传输材料（如 spiro-OMeTAD）电导率较低，抑制了其电池光电转换效率的进一步提高。在空穴传输材料中添加高电导率填料。通过在 spiro-OMeTAD 中掺入 MWCNTs，制备分层结构的空穴传输层，有效提高了钙钛矿太阳电池的载流子迁移率和导电性。

钙钛矿太阳电池发展现状良好，但仍有若干关键因素可能制约钙钛矿太阳电池的发展：电池的稳定性问题，钙钛矿太阳电池在大气中效率衰减严重；吸收层中含有可溶性重金属铅，易对环境造成污染；现今钙钛矿应用最广的为旋涂法，但是旋涂法难于沉积大面积、连续的钙钛矿薄膜，故还需对其他方法进行改进，以期能制备高效的大面积钙钛矿太阳电池，便于以后的商业化生产；钙钛矿太阳电池的理论研究还有待增强。

6.4　LED 电光转换材料

发光二极管(light-emitting diode，LED)是一种能将电能转化为光能的半导体电子元件。早期的 LED 只能发出低光度的红光，随着技术的进步，目前已可发出可见光、红外线及紫外线等光，光度也明显提高。其用途也由初时作为指示灯、显示板等，到目前已广泛应用于显示器、电视机采光装饰以及各种照明。

6.4.1　LED 的发光原理

6.4.1.1　半导体的电光转换原理

半导体的电光转换即半导体的电致发光，它是将电能直接转换为光能的一类发光现象。发光二极管(LED)就是利用电致发光原理将电能转化为光能的装置。LED 是一种在适当正向偏压下半导体 PN 结能自发辐射而发光的器件。最简单的是同质 PN 结，但发光效率不高。通常采用双异质结和量子阱结构。图 6-46 是双异质结 LED 能带，在正向偏压下，电子由 N 区注入，空穴由 P 区注入。在结区发生导带到价带或者经由辐射复合中心的复合，发出和能量与能级差相对应的光子(即发光)[1, 17]。

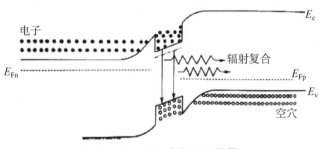

图 6-46　双异质结 LED 能带

LED 的主要参数有发光波长、半高宽、发光功率、正向工作电压、外部量子效率。发光波长和半高宽表征所发光的颜色性质；发光功率表征单位时间内的发光通量；正向工作电压及电流表征输入的电功率；外部量子效率表征电光转换效率。对于白光 LED 而言，还有色度和显色性等参数。

图 6-47 是发光二极管(LED)的构造图，其主要由引线架、阳极杆、有发射碗的阴极杆、楔形支架、LED 芯片、透明环氧树脂封装等组成[47]。1994 年 S. Nakamura等成功研制出高亮度的 InGaN/GaN 双异质结蓝光 LED，其基本结构如图 6-48 所示。

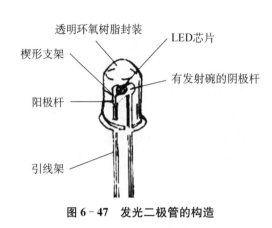

图 6‑47 发光二极管的构造

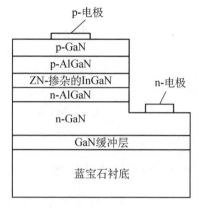

图 6‑48 高亮度的 InGaN/GaN 双异质结蓝光 LED 器件结构

6.4.1.2 LED 半导体发光材料

LED 芯片的核心是半导体发光材料。LED 的发光颜色与所用半导体材料的带隙宽度有关,可根据需要选择不同带隙的半导体作为发光材料[48]。

1) 砷化镓(GaAs)

GaAs 是一种重要的Ⅲ—Ⅴ族化合物半导体,典型的直接跃迁型发光材料。直接跃迁发射的光子能量在 1.42 eV 左右,相应波长在 873 nm(属于近红外波段)附近。

2) 磷化镓(GaP)

GaP 的间接带隙宽度为 2.26 eV,是典型的间接发光材料。在 GaP 中通过掺入杂质(N),产生等电子陷阱,俘获激子,通过激子复合实现发光。GaP 在半导体发光材料中具有较高的发光效率,并且通过掺入不同的发光中心,可以直接输出红、绿、黄灯等多种不同颜色的光。

3) 氮化镓(GaN)

GaN 是一种宽禁带半导体($E_g = 3.4$ eV),自由激子束缚能为 25 meV,具有宽的直接带隙。在大气压下,GaN 一般是六方纤锌矿结构。它的一个原胞中有 4 个原子,原子体积大约为 GaAs 的一半。GaN 是极稳定的化合物,又是坚硬的高熔点材料,熔点约为 1 700℃。Ⅲ 族氮化物半导体 InN、GaN 和 AlN 的能带都是直接跃迁型,在性质上相互接近,它们的三元合金的带隙可以从 1.9 eV 连续变化到 6.2 eV,这相应于覆盖光谱中整个可见光及远紫外光范围。实际上还没有一种其他材料体系能具有如此宽的和连续可调的直接带隙。

作为一种宽禁带半导体材料,GaN 能够激发蓝光的独特物理和光电属性使其成为化合物半导体领域最热的研究领域,近年来在研发和商用器件方面的快速发展更是使得 GaN 基相关产业充满活力。当前,GaN 基的近紫外、蓝光、绿光发光二极管已经产业化,激光器和光探测器的研究也方兴未艾。

4）氧化锌(ZnO)

ZnO 作为一种宽带隙半导体材料,室温禁带宽度为 3.37 eV,自由激子束缚能为 60 meV。ZnO 具有铅锌矿结构, $a = 0.325\,33$ nm, $c = 0.520\,73$ nm, $z = 2$,空间群为 $C46v$ - $P63_{mc}$。ZnO 与 GaN 的晶体结构、晶格常量都很相似,晶格失配度只有 2.2%（沿〈001〉方向）、热膨胀系数差异小,可以解决目前 GaN 生长困难的难题。本征 ZnO 是一种 N 型半导体,必须通过受主掺杂才能实现 P 型转变,但是由于氧化锌中存在较多本征施主缺陷,对受主掺杂产生自补偿作用,并且受主杂质固溶度很低,因此,P 型 ZnO 已成为国际上的研究热点。

5）碳化硅(SiC)

SiC 是宽带隙半导体,室温下带隙从 3C - SiC 的 2.2 eV 到 4H - SiC 的 3.3 eV 再到 6H - SiC 的 3.023 eV。通过对具有相对最小带隙的 3C - SiC(2.14 eV)直至具有最大带隙的 2H - SiC(3.35 eV)的能带结构的研究发现,它们所有的价带-导带跃迁都有声子参与,也就是说这些类型的 SiC 半导体都是间接带隙半导体。SiC 的晶体结构可以分为包括立方(3C),六方(2H, 4H, 6H, …)以及菱方(15R, 21R, …)等 200 多种。它们在能量上很接近,结构上由六角双层的不同堆积形成。最常见的形式是 3C(闪锌矿结构 ZB)。目前器件上用得最多的是 3C - SiC,4H - SiC 和 6H - SiC。SiC 独有的力学、光学、电学和热属性,使它在各种技术领域具有广泛的应用。SiC 是目前发展最为成熟的宽禁带半导体材料,它有效的发光来源于通过杂质能级的间接复合过程。掺入不同的杂质可改变发光波长,其范围覆盖了从红到紫的各种色光。

6.4.1.3　LED 荧光发光材料的发光原理

虽然以上的半导体材料可以单独发出各色光,但是用于照明却需要白光,因此如何使得 LED 实现白光照明则成为研究和开发的重点。实现白光 LED 的途径有很多种,而光转换白光 LED 是当今国内外的主流方案。白光 LED 的关键材料就是高性能的光转换荧光体。目前白光 LED 的获得主要有 3 种方式:第一种是采用发射蓝光的 LED 做激发源,与一种产生黄光发射的荧光体组合。黄光与 LED 未被吸收的剩余蓝光产生光色混合,经透镜作用复合成白光。第二种是采用发射蓝光的 LED 做激发源,与一种能同时发射出绿光和红光的荧光体组合;或者与分别发射红光和绿光的两种荧光体组合,发出的绿光和红光与 LED 未被吸收的剩余蓝光产生色混,经透镜作用复合成白光。第三种是采用发射紫光或紫外光的 LED 做激发源,与一种能同时发射红光、绿光和蓝光并都具有与芯片发射波长相同的激发波长的荧光体组合,或者与分别发射红光、绿光和蓝光的三种荧光体组合,荧光体发出的三色光经透镜作用复合成白光。

荧光发光材料一般是由主体化合物和活性掺杂剂组成[49]，其中主体化合物称为发光材料的基质。在主体化合物中掺入少量甚至微量的具有光学活性的杂质称为激活剂。激活剂对发光性能有着重要的作用，能够影响甚至决定发光的亮度和颜色以及其他性能。有时还需要掺入另一种杂质，用以传递能量，称为发光敏化剂。激活剂和敏化剂在基质中以离子状态存在。它们分别部分地取代基质晶体中原有格位上的离子，形成杂质缺陷，构成发光中心。

1）基质

基质决定了发光中心所处的环境。用于基质的无机化合物主要有：氧化物及复合氧化物（如 Y_2O_3、Gd_2O_3、YAG、$SrTiO_3$ 等）；含氧酸盐（硼酸盐、铝酸盐、镓酸盐、硅酸盐、磷酸盐、钒酸盐、钼酸盐及卤磷酸盐等）；此外，还有稀土卤氧化物、稀土硫氧化物等。在不同的基质中，同一发光中心由于受到的晶体场和电子云膨胀效应不同，表现出不同的发光特性。下面我们从晶体场和电子云膨胀效应两个方面讨论基质对荧光粉发光性能的影响。

在晶体场的影响下，发光中心的激发态能级出现劈裂。晶体场的对称性越低，激发态能级的劈裂程度越高，最低激发态能级所处的位置越低，从而发出的光的波长越长。

电子云膨胀效应指发光中心离子的 d 轨道和周围阴离子配位的外层电子轨道由于极化作用发生部分重叠而形成有一定共价性的离子键时，中心金属离子的电子云相较于自由金属离子的电子云更为扩散而引起的性质变化效应。电子云膨胀效应与离子键的极化性有关。一般而言，金属阳离子与阴离子之间组成的离子键的极化性顺序为：$S^{2-} > N^{3-} > O^{2-} > F^-$。共价性越强，电子云膨胀效应越大。阴离子的离子半径越大或负电荷越多，电子密度越低，使其越容易受到阳离子的极化，受到的电子云膨胀效应越强。电子云膨胀效应的增加，会一定程度地降低激发态 d 能级的位置，从而减小 d → f 能级间的能量差，表现在荧光特性上就是发射光谱的发射峰向长波段移动。

图 6-49 给出了电子云膨胀效应和晶体场对荧光粉发光性能的影响。在电子

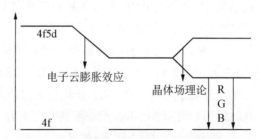

图 6-49　电子云膨胀效应和晶体场对荧光粉发光的影响

云膨胀效应的影响下,降低了发光中心离子的 5d 能级位置;在晶体场的作用下,5d 能级出现劈裂,进一步减小了 5d 与 4f 之间的能量差,从而使发出的光落在了可见光的范围内。

2) 发光中心

镧系元素经常被用做荧光粉的发光中心,多以二价或三价的形式进入基质晶格。其电子层结构为:$1s^2 2s^2 2p^6 3s^2 3p^6 3d^{10} 4s^2 4p^6 4d^{10} 4f^n 5s^2 5p^6 5d^N 6s^2$($n = 1 \sim 10$,$N = 0$ 或 1)。由于其特殊的电子结构,镧系离子具有优异的发光性能。镧系离子中,能量最高的电子一般填充在 4f 轨道上,4f 轨道上的角量子数 $l = 3$,磁量子数 $m = 0$, ± 1, ± 2, ± 3,所以 4f 层具有 7 个 4f 轨道。根据泡利不相容原理,一个轨道上可容纳两个自旋不相同的电子,所以,4f 层可容纳 14 个电子。镧系离子的发光源于未充满的 4f 层内的电子跃迁,从 Ce^{3+} 到 Yb^{3+},它们的 4f 轨道是部分充满的,可以发光。La^{3+} 的 4f 是空轨道,Lu^{3+} 的 4f 轨道是全充满的状态,具有光学惰性,不能发光。镧系离子掺入基质的晶格后,存在 $4f \rightarrow 4f$ 和 $4f^n \rightarrow 4f^{n-1} 5d$ 两种形式的跃迁。4f 轨道处于内层,被外层的 $5s^2$ 和 $5p^6$ 轨道屏蔽,所以,晶体场对 $4f \rightarrow 4f$ 组态内跃迁的影响不大,离子的发光颜色基本不因基质的改变而改变,并且发射光谱多表现为线状。与 4f 轨道不同,5d 轨道裸露在外面,所以 $4f^n \rightarrow 4f^{n-1} 5d$ 这种跃迁形式受晶体场的影响强烈,同种离子在不同的基质中表现出不同的发光颜色,其光谱多表现为宽谱,且一般发光较强。

6.4.1.4　LED 发光材料的性能评价

LED 发光材料的性能主要从四个方面进行评价。

1) 发射光谱

发射光谱可以表征发光材料的发光强度、最强谱峰位置和发射光谱形状,能反映出发光中心的种类及其内部跃迁能级。横坐标表示发射波长,纵坐标为发射强度,常以任意单位的相对强度表示。

2) 激发光谱

激发光谱是用以表征所吸收的能量中对发光材料产生光发射有贡献部分的大小和波长范围。激发光谱横坐标表示激发波长,常以纳米表示。纵坐标表示激发强度,常以任意单位的相对强度表示。

3) 发光效率

发光效率是指发光材料产生的发射能量与激发能量之比,即指激发能量转换为发射能量效率。发光效率可以用能量效率表示,也可用量子效率表示。

能量效率:
$$\eta_E = \frac{E_{em}}{E_{in}} \tag{6-13}$$

式中,E_{em} 为发射能量,E_{in} 为激发能量。

量子转换效率：$\qquad\qquad \eta_Q = \dfrac{Q_{em}}{Q_{in}}$ $\qquad$ (6 - 14)

式中，Q_{em} 为发射的光子数；Q_{in} 为输入光子数。

量子效率可以用测得的能量效率计算：

$$\eta_Q = \frac{\eta_E \displaystyle\int \lambda_{em}(\lambda)\,\mathrm{d}\lambda}{\lambda_{exc} \displaystyle\int p(\lambda)\,\mathrm{d}\lambda}$$ $\qquad$ (6 - 15)

式中，$\lambda_{em}(\lambda)$ 为发射波长；λ_{exc} 为激发波长；$p(\lambda)$ 为激发强度。

4) 发光衰减(荧光寿命)

对于发光材料而言，寿命属于发光的一个瞬时特性。寿命可以表征荧光体发光的衰减时间和发光颜色随时间的改变。荧光寿命测定可以获得有关电子在发射能级的停留时间，可以获得有效的非辐射弛豫过程等信息。

6.4.2　铈(Ⅲ)掺杂钇铝石榴石发光材料

1957 年，Gilleo 与 Geller 合成了 $Y_3Fe_5O_{12}$(YIG)，并发现其具有铁磁性。1964 年，Geusic 等将铝(Al)和镓(Ga)元素取代铁(Fe)的晶格位置，发现 $Y_3Al_5O_{12}$(YAG)具有特殊的激光光学性质，至此人们开始大量研究这一体系。20 世纪 70 年代人们开始把稀土元素作为激活剂引入荧光粉的相关研究工作，发现稀土元素的引入可使荧光粉的发光性能有明显改善。

6.4.2.1　$Y_3Al_5O_{12}$：Ce^{3+} 的结构及发光机理

钇铝石榴石体系荧光粉具有的最大实用价值是以 YAG 作为基质而以 Ce^{3+} 作为激活剂的 $Y_3Al_5O_{12}$：Ce^{3+}(YAG)荧光粉。图 6 - 50 为 YAG 的晶体结构，从图中可以看出铝原子与氧原子所形成的是四配位多面体和六配位多面体。钇铝石榴石($Y_3Al_5O_{12}$)空间群为 Oh(10)- Ia3d，属立方晶系，其晶格常数为 1.200 2 nm，它的分子式又可写成 $L_3B_2(AO_4)_3$。其中，L、B、A 分别代表三种格位。在单位晶胞中有 8 个 YAG 分子，一共有 24 个钇离子，40 个铝离子，96 个氧离子。其中每个钇离子各处于由 8 个氧离子配位的十二面体的 L 格位，16 个铝离子各处于 6 个氧离子配位的八面体的 B 格位。另外，24 个铝离子各处于由 4

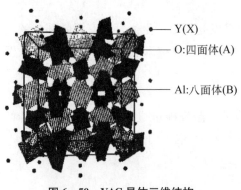

Y(X)

O：四面体(A)

Al：八面体(B)

图 6 - 50　YAG 晶体三维结构

个氧离子配位的四面体的 A 格位。八面体的铝离子形成体心立方结构，四面体的铝离子和十二面体的钇离子处于立方体的面等分线上，八面体和四面体都是变形的，其结构模型如图 6-51 所示。石榴石的晶胞可看成是十二面体、八面体和四面体的连接网[50]。

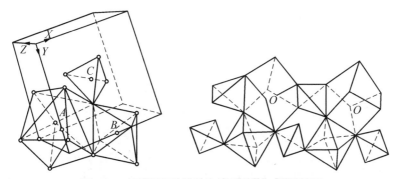

图 6-51　石榴石晶体单胞的八分之一结构模型

　　纯钇铝石榴石晶体的价带与导带间的能隙相当于紫外线的能量，故钇铝石榴石晶体本身无法被可见光激发，即不能吸收可见光，因此纯钇铝石榴石粉体颜色呈白色。

　　稀土元素的电子结构都是 N 壳层的 4f 支壳层没有被电子填满，而 O 壳层的 5s，5p 支壳层都是填满的。铈原子的电子组态如表 6-4[50] 所示，可以看出，其 4f 上有两个电子，当铈原子在晶格中形成三价离子时，Ce 原子将失去 3 个电子，成为三价铈离子 Ce^{3+}，失去的 3 个电子分别是最外壳层的两个 6s 电子和一个 4f 电子。失去一个 4f 电子后，在 4f 能级上只留下一个 4f 电子，这个 4f 电子有两个能态，一个是 $^2F_{7/2}$（量子数：$S=1/2$，$L=3$，$J=7/2$），一个是 $^2F_{5/2}$（量子数：$S=1/2$，$L=3$，$J=5/2$），两个能级的能量差为 $2\,300\ cm^{-1}$（因能量与波数成正比，在谱学中常以波数（差）来表示能量（差）。自由离子 Ce^{3+}，$4f^65d$ 激发态中 5d 电子形成一个 ^2D 能级，由于自旋轨道耦合，^2D 能级劈裂成 $^2D_{3/2}$（位于 $49\,340\ cm^{-1}$）和 $^2D_{5/2}$（位于 $52\,100\ cm^{-1}$）。自由离子 5d 能级重心位于 $51\,230\ cm^{-1}$。5d 轨道在离子的外层，而 4f 态在原子的内层，因此，5d 轨道受晶格的影响比较大，而 4f 态受晶格的影响比较小，5d 轨道受晶格的作用不再是原有的分立能级，而是形成连续的能带，而 4f 态受到外壳层电子层的屏蔽作用，仍然是个分立的能级，如图 6-52 所示。$5d \rightarrow {}^2F_{7/2}$ 和 $5d \rightarrow {}^2F_{5/2}$ 跃迁产生的两个发射带，最强谱峰一般位于紫区和蓝区。但当 5d 在晶体场作用下或受化学键特性影响时，能级位置下降，会使发射延伸到红区。

表6-4　Ce原子和Ce³⁺离子的电子组态

	K	L	M	N	O	P
	1s	2s 2p	3s 3p 3d	4s 4p 4d 4f	5s 5p 5d	6s 6p
Ce	2	2 6	2 6 10	2 6 10 2	2 6 0	2 0
Ce³⁺	2	2 6	6 10	2 6 10 1	2 6 0	

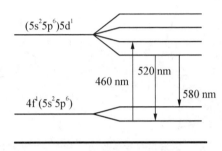

图6-52　铈的能级结构

6.4.2.2　$Y_3Al_5O_{12}$：Ce^{3+}的荧光粉的制备

目前合成 $Y_3Al_5O_{12}$：Ce^{3+}荧光粉仍然以高温固相法为主,同时其他新的合成方法也在不断地应用,如燃烧法、溶胶-凝胶法、共沉淀法、喷雾热解法等。我们主要介绍最常见的几种方法:高温固相法、燃烧法以及溶胶-凝胶法。

目前真正用于工业化生产的方法只有高温固相法,市场上销售的商品粉几乎都是这种方法生产出来的。这种方法通常是将达到要求纯度、粒度的 Y_2O_3,Al_2O_3,CeO_2 粉末按化学计量比加入适量的助熔剂(如 BaF_2、AlF_3、YF_3 等),通过机械研磨使其混合均匀,先在1 000～1 400℃氧化气氛中预烧,然后在1 400～1 630℃弱还原气氛下进行焙烧,通过氧化物之间的固相反应形成 $Y_3Al_5O_{12}$。高温条件下,Al_2O_3 和 Y_2O_3 反应,先依次形成中间相 YAM 和 YAP,最终形成 YAG。烧成后物料在稀盐酸溶液中洗涤,除去剩余助熔剂,干燥,得到高发光效率的 YAG：Ce^{3+} 黄色荧光粉。这种方法的主要优点是工艺过程简单,可用于工业化生产;缺点是煅烧时所需的温度太高,并且保温的时间也较长,烧出来的晶粒较大且大小不一,需要机械研磨来减小粒径,这样荧光粉的发光性能就降低了。

燃烧法是针对高温固相法制备出来的材料存在颗粒大等问题而提出来的一种新的制备方法。其主要过程如下:在各反应物的盐溶液中加入适量的络合剂和燃料,充分搅拌后形成均匀的液相,再在外界加热的条件下使燃料燃烧产生高温,此时反应物就发生了反应得到产物,再经退火和后处理后,最终得到产品。此种方法的优点在于干燥的时间很短,可得到组分均匀的颗粒且颗粒形状成球形,粉体烧结性能好,操作过程简单。缺点在于得到的颗粒很容易出现中空状态,在高温煅烧的过程中会破碎,最终影响到产物的性能。

传统溶胶-凝胶法一般采用易水解的无机盐或金属醇盐,如甲氧基乙醇钇和异丁醇铝溶液为原料,经水解、缩聚等反应过程,由溶胶转化为凝胶。凝胶经烘干、较低温度下预烧、研磨,再经较高温度下热处理,最后得到 YAG 荧光粉。它的工艺过程为:按配方称取一定量原料的金属醇盐或者有机前驱体,并把它溶解在水中,在一定的温度和 pH 值下弄成胶状,再经过后处理获得产品。溶胶-凝胶法的不足在于生产流程过长、产率低,由溶胶转化为干凝胶的过程中,水分包裹在胶体中不易失去;以金属醇盐做原料,成本较高,且醇盐有较大毒性,对人体健康有害,容易对环境造成很大污染;在非氧化气氛下有机配位体中的碳配位体不易除去,残留碳会影响荧光粉的体色和发光亮度;颗粒团聚也比较严重等。

6.4.2.3　YAG：Ce^{3+} 粉体发光性能的影响因素

经过研究发现 YAG：Ce^{3+} 粉体的发射光谱受到焙烧温度与 Ce^{3+} 掺杂浓度等影响,其荧光强度则受到热处理时间和酸、碱处理等影响[51]。

1) 焙烧温度对 YAG：Ce^{3+} 粉体发射光谱的影响

图 6-53 是不同焙烧温度下的 YAG：Ce^{3+} 粉体发射光谱(激发波长为467 nm)。可以发现,焙烧温度对于粉体的荧光强度有着很大的影响。粉体的发射强度随着烧结温度的升高而增强。这是由于颗粒的结晶度随着焙烧温度的升高而增大以及更多的 Ce^{3+} 离子掺入到钇晶格中,从而引起了发光强度的增强。焙烧温度比较低的时候,粉体的晶体结构比较混乱,会形成大量的猝灭中心,从而导致发光强度较弱。随着温度的升高,猝灭中心减少。

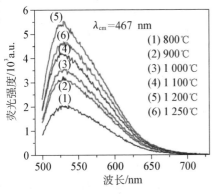

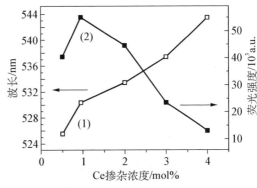

图 6-53　不同焙烧温度对 YAG：Ce^{3+} 粉体发射光谱的影响

图 6-54　不同的 Ce^{3+} 掺杂浓度下 YAG 的发光强度和峰位置

2）Ce^{3+}掺杂浓度对YAG：Ce^{3+}粉体发射光谱的影响

图6-54是不同的Ce^{3+}掺杂浓度下YAG的发光强度和峰位置（激发波长467 nm）。可以发现，YAG：Ce^{3+}粉体发射峰位置随着Ce^{3+}浓度的改变从525 nm转移到了543 nm。已知Ce^{3+}的5d→4f的发射依赖于晶体场的强度和其周围元素情况。这种红移是由于随着Ce^{3+}离子对Y^{3+}替代的增加，造成Ce^{3+}的5d重心下降。

3）热处理时间对YAG：Ce^{3+}粉体荧光强度的影响

将合成的YAG：Ce^{3+}荧光粉在500℃的空气气氛中处理不同时间，并比较荧光粉的相对荧光强度，如图6-55所示。结果表明，在500℃的空气气氛中，荧光粉的发光亮度随热处理时间延长而降低。这是由于YAG：Ce^{3+}荧光粉中Ce^{3+}被空气中的氧气氧化形成Ce^{4+}所致。

4）酸、碱处理对YAG：Ce^{3+}粉体荧光强度的影响

图6-56是YAG：Ce^{3+}粉体分别在1.5 mol/L硝酸和1.5 mol/L氢氧化钠溶液中浸泡不同时间后的荧光强度曲线图。由图可以看出，经硝酸或氢氧化钠处理后，荧光粉的发光强度都有所下降；而且处理时间越长，发光强度下降得越多。其中，经硝酸处理后，荧光粉的发光强度下降得幅度更大。经氢氧化钠处理后，可能导致部分荧光粉被溶解，从而引起荧光强度的降低；而经硝酸长期浸泡后，部分荧光粉可能被溶解，同时Ce^{3+}可能被氧化，所以经过硝酸处理后的荧光粉的荧光强度降低得更多。

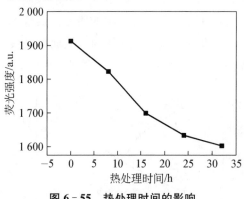

图6-55　热处理时间的影响

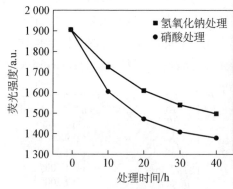

图6-56　硝酸和氢氧化钠处理的影响

6.4.2.4　YAG：Ce^{3+}的研究进展

YAG：Ce^{3+}目前存在着因为斯托克斯位移造成的能量损耗以及使用过程中温度升高引起的材料退化、光谱特性改变等问题，针对以上问题，研究者也提出了很多改善措施，主要有两大类：第一是调整$Y_3Al_5O_{12}$基质组分。通过钆、镥部分取代YAG中的钇来改变激发和发射波长位置，而不改变YAG晶体结构。在

YAG：Ce^{3+}中加入 Pr^{3+}、Sm^{3+}和 Eu^{3+}，以改善白光质量。将锰离子作为激活剂掺入 YAG 中；第二是对 YAG：Ce^{3+}粉体颗粒进行修饰以提高其发光强度。通过溶剂热法合成 YAG：Ce^{3+}粉体，不经过高温处理，得到的 YAG：Ce^{3+}纳米粒子平均粒径为 10 nm。通过聚乙二醇(PEG)对 YAG：Ce^{3+}纳米粒子表面进行修饰，由于纳米粒子表面钝化，使表面空位浓度降低，抑制了 Ce^{3+}的氧化并促进 Ce^{3+}对 Y^{3+}的格位取代，缓解了 Ce^{3+}格位环境空间结构畸变。通过各种合成方法有机结合，控制产物粒度。

6.4.3　硅酸盐发光材料

硅酸盐荧光粉因其较好的化学稳定性和热稳定性，成为近年来人们研究的热点。它不仅可被紫外或近紫外光激发，还可被蓝光激发而发射出不同颜色的光。硅酸盐体系各种化合物数量很多，其中主要是以 Eu^{2+}、Ce^{3+}作为激活剂的荧光粉。其中硅酸盐体系的发光材料主要包括正硅酸盐、镁硅钙石结构化合物以及焦硅酸盐等[52]，图 6-57 是主要硅酸盐体系发光材料的相图。

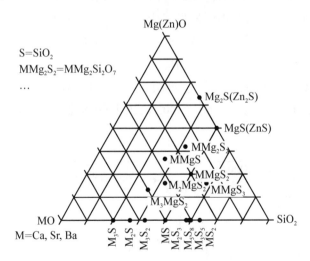

图 6-57　主要硅酸盐体系发光材料的相图(M = Sr, Ca, Ba, Zn)

6.4.3.1　正硅酸盐

正硅酸盐主要包括二元体系的正硅酸盐和含镁的三元体系正硅酸盐。

二元硅酸盐化合物主要有 M$_3$SiO$_5$、M$_2$SiO$_4$、M$_3$Si$_2$O$_7$、MSiO$_3$、M$_2$Si$_3$O$_8$、M$_5$Si$_8$O$_{21}$、M$_3$Si$_5$O$_{13}$、MSi$_2$O$_5$(M = Mg, Ca, Sr, Ba, Zn) 等。

在碱土金属正硅酸盐中，Ba$_2$SiO$_4$ 的结构与 β-K$_2$SO$_4$ 相同，属斜方晶系。而 Sr$_2$SiO$_4$ 有两种晶体结构，低于 85℃ 时为低温型(β-Sr$_2$SiO$_4$)，属于单斜晶系，与

β - Ca_2SiO_4 结构相同；高于 85℃ 时，α' - Sr_2SiO_4 是稳定相，属于斜方晶系，与 Ba_2SiO_4 结构相同。用部分 Ba 取代 Sr 时，在室温下可得到稳定的 α' - Sr_2SiO_4，如 Ba 含量在低至 2.5% 时，只存在 α' - Sr_2SiO_4 相。M_2SiO_4：Eu^{2+} 晶格中存在两种阳离子格位：大尺寸 M（Ⅰ）和小尺寸 M（Ⅱ），其中 M（Ⅰ）格位为 10 氧配位，而 M（Ⅱ）为 9 氧配位。Eu^{2+} 离子在碱土金属正硅酸盐 M_2SiO_4：Eu^{2+}（M = Ca，Sr，Ba）基质晶格中也存在两种格位：占据 M（Ⅰ）格位的 Eu（Ⅰ），其离子键长较长，晶场较弱；占据 M（Ⅱ）格位的 Eu（Ⅱ），其离子键长较短，晶场很强。因此，会形成两个发射带，如图 6 - 58 所示。Eu（Ⅰ）带位于短波区而 Eu（Ⅱ）带位于长波区，这种现象在 Sr_2SiO_4：Eu^{2+} 中特别明显（$\lambda_{em1} = 495$ nm 和 $\lambda_{em2} = 570$ nm 两个发射带）。Ba_2SiO_4：$0.01Eu^{2+}$ 和 Ca_2SiO_4：$0.01Eu^{2+}$ 也有类似情况，只不过室温下两个峰重叠成一个峰（$\lambda_{em} \approx 500$ nm），但在低温下（4.2 K），其发光光谱变成强度基本相等的 505 nm 和 520 nm 两个峰。

Sr_2SiO_4：Eu^{2+} 是较早被报道的正硅酸盐荧光粉，由于基质 Sr_2SiO_4 中 S^{2+} 存在两种晶格格位（九配位的 Sr（Ⅰ）和十配位的 Sr（Ⅱ）），所以，当掺入的 Eu^{2+} 进入不同的晶格位置时产生两个不同的发光中心峰：一个在 460~490 nm，另一个在 560 nm 附近。Sr_2SiO_4：Eu^{2+} 与发射 400 nm 蓝光 GaN 匹配产生白光（见图 6 - 59）。增加 SrO 在基质中的比例得到 Sr_3SiO_5：Eu^{2+}，Sr_3SiO_5：Eu^{2+} 与发射 460 nm 的蓝光 InGaN 匹配产生白光（见图 6 - 59）。用 Ba^{2+} 取代 Sr^{2+}，发射峰向长波方向移动，再与黄粉 Sr_2SiO_4：Eu^{2+} 混合，用 InGaN 蓝光芯片激发，显示出很好的显色性[53，54]。

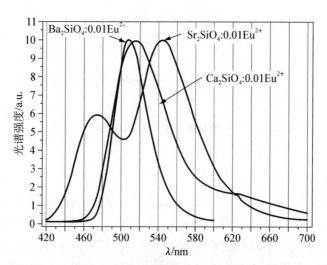

图 6 - 58　Ca_2SiO_4：Eu^{2+}、Sr_2SiO_4：Eu^{2+}、Ba_2SiO_4：Eu^{2+}（$\lambda_{ex} = 370$ nm）的发射光谱

研究发现通过不同碱土金属离子的配合能实现不同的发光颜色。图 6 - 60 给出了同一系列的碱土正硅酸盐 M_2SiO_4：Eu^{2+}（M ＝ Ba，Sr，Ca）中不同碱土金属离子含量对发光材料发射峰位置的影响。由图可知，M 为单一碱土金属 Ca、Sr、Ba 时，对应正硅酸盐的发射峰值分别是 515 nm、575 nm 和 505 nm。研究发现，发射峰的位置随着 Ca、Sr、Ba 的顺序而出现蓝移，M 为两种碱土金属混合时，发射峰值也呈现一定的规律性。这是由于当半径较小的金属离子取代半径较大的金属离子时，键长变短，由于键长跟晶体场强度之间的关系为 Dq 正比于 $1/R$，所以晶体场强变大，Eu^{2+} 离子 5d 态电子的分裂增大，发生红移。

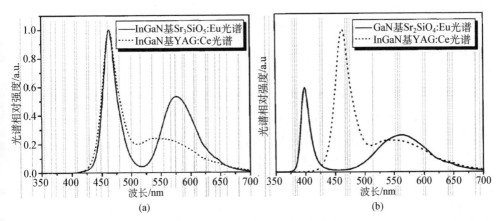

图 6 - 59　Sr_2SiO_4：Eu^{2+} 与发射 400 nm 蓝光 GaN 匹配的光谱（a）及 Sr_3SiO_5：Eu^{2+} 与发射 460 nm 的蓝光 InGaN 匹配的光谱（b）（分别与蓝光 InGaN 匹配的 YAG：Ce^{3+} 光谱对比）

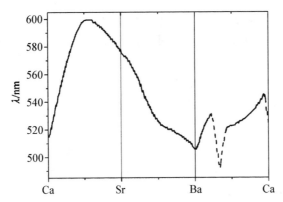

图 6 - 60　碱土正硅酸盐 M_2SiO_4：Eu^{2+}（M ＝ Ba，Sr，Ca）中不同碱土金属离子含量与发光材料发射峰位置的关系

镁硅钙石结构（$M_3MgSi_2O_8$（M ＝ Ca，Sr，Ba））化合物也是一类发光性能优

良的荧光粉基质。当 M = Ca 时,$Ca_3MgSi_2O_8$ 的晶体结构为单斜晶系,结构是由四面体的 $[SiO_4]^{4-}$ 和八面体的 $[MgO_6]^{10-}$ 连接成骨架状。空间群为 $P_{21/a}$,晶胞参数 $a = 13.245$ Å,$b = 5.293$ Å,$c = 9.328$ Å。Ca^{2+} 在结构中占据了三种不等价的格位,分别为 8、9 和 9,Mg 在其中为八面体格位。当 M = Sr,Ba 时为正交晶系,结构为骨架状,其配位数为 10、12 和 10。

研究发现,Eu^{2+} 离子在(Ca,Sr)$_2MgSi_2O_7$、$BaMgSiO_4$、$CaMgSiO_4$、$SrLiSiO_4F$ 等基质材料中存在碱土金属离子链,由于 d 轨道的优先取向,在该链中的 Eu^{2+} 离子呈现长波发射特性。$Ca_2MgSi_2O_7$:Eu^{2+} 和 $Sr_2MgSi_2O_7$:Eu^{2+} 的发射光谱峰值分别为 535 nm 和 470 nm。其激发光谱为一宽带,已经延伸到了蓝绿光区(≤480 nm)。而在(Ca,Sr)$_2MgSi_2O_7$:Eu^{2+} 中,用部分 Sr 取代 Ca 时,晶格常数增加,在该链方向 d 轨道的优先取向效应削弱,使 Eu^{2+} 离子的发射蓝移。

6.4.3.2 焦硅酸盐

焦硅酸盐的晶体结构以黄长石类为主,结构为双岛状,2 个 $[SiO_4]^{4-}$ 通过 1 个氧原子连接成 $[Si_2O_7]^{6-}$,以镁黄长石 $M_2MgSi_2O_7$(M = Sr,Ca)和锌黄长石 $Ca_2ZnSi_2O_7$ 为主,它们的分子式可统一写成(Ca,Sr,Ba)$_2$(Mg,Zn)Si_2O_7。其中镁黄长石比较典型,通过 4 配位的镁和 8 配位的钙/锶连成四方晶系结构,四面体的 $[SiO_4]^{4-}$ 和 $[Si_2O_7]^{6-}$ 连接成层状,钙离子处于层间。

通过高温固相反应法成功合成了 $Ca_2MgSi_2O_7$:Eu^{2+},该荧光粉在蓝光激发下的发射峰为 518 nm,并且通过对不同 Eu^{2+} 掺杂浓度的研究,计算出发生浓度淬灭时的离子间距为 18 Å。利用微波反应法代替高温固相反应法也成功合成了 $Ca_2MgSi_2O_7$:Eu^{2+} 荧光粉,不仅反应时间缩短了 90%,而且通过此方法还能极大地改善颗粒大小和粒径分布。(Ca,Sr,Ba)$_2$(Mg,Zn)Si_2O_7 的发射峰的位置随着 Ca、Sr 和 Ba 含量的变化而变化。采用溶胶-凝胶法制备出了 M_2(Mg,Zn)Si_2O_7:Mn^{2+}(M = Ca,Sr),其中 Sr_2(Mg,Zn)Si_2O_7:Mn^{2+} 和 Ca_2(Mg,Zn)Si_2O_7:Mn^{2+} 能够发射绿光,而 Ba_2(Mg,Zn)Si_2O_7:Mn^{2+} 可在 147 nm 激发下发射红光,254 nm 激发下发射绿光。除了单稀土离子掺杂焦硅酸盐基质以外,采用高温固相法合成了一系列共掺杂的宽激发带材料 $M_2MgSi_2O_7$:Eu^{2+},Dy^{2+}(M = Ca,Sr),该系列的荧光粉激发光谱很宽,能够被 450～480 nm 的蓝光激发而发射出白光,虽然效率不如商用 YAG:Ce^{3+} 荧光粉的高,但是由该荧光粉复合蓝光芯片产生的白光的色温和显色性很好。

6.4.3.3 硅酸盐体系荧光粉的研究进展

近年来,国内外在碱土硅酸盐体系荧光粉的研究中取得了新的进展。采用高温固相反应法合成了 $Ca_2SiO_3Cl_2$:Eu^{2+},由于 Eu^{2+} 占据了两种不同的 Ca^{2+} 的格位形成了两个发光中心,发射峰的位置分别位于 420 nm 和 498 nm,可被近紫外光有效激发。同时,他们还合成了不同 Eu^{2+} 和 Mn^{2+} 共掺杂的荧光粉 $Ca_2SiO_3Cl_2$:xEu^{2+},yMn^{2+}。经研究发现,Eu^{2+} 在 $Ca_2SiO_3Cl_2$ 晶体中同样占据了两种不同的 Ca^{2+} 的格点,形成两个发光中心。而且只有 Eu^{2+} 和 Mn^{2+} 共掺杂 $Ca_2SiO_3Cl_2$ 时才会发光,说明 Eu^{2+} 和 Mn^{2+} 之间存在能量传递,发射峰的位置分别为 425 nm、498 nm 和 578 nm,从而在单一基质中实现了白光发射。也有报道一种硅酸盐单一基质白光荧光粉 $Ba_2SiO_3Cl_2$:Eu^{2+},Mn^{2+},该荧光粉可被紫外和蓝光激发,发射峰的位置分别位于 425 nm、492 nm 和 608 nm,也能实现单一基质的白光输出。此类基质的荧光粉还可以通过改变元素的配比来改变荧光粉的发光性质,如通过改变基质 $Ca_8Mg(SiO_4)_4Cl_2$ 中 Ca^{2+} 和 Mg^{2+} 的比例,合成了一种新的氯硅酸镁钙荧光粉 $Ca_xMg_{9-x}(SiO_4)_4Cl_2$:$Eu^{2+}$($x = 8.0$, 7.5, 7.0, 6.5, 6.0, 6.0 和 4.0),其发光强度大大增加。

6.4.4　氮(氧)化物发光材料

氮(氧)化物荧光粉从晶体结构上讲脱胎于硅酸盐、铝酸盐和硅铝酸盐等传统荧光粉。硅(铝)酸盐的基本结构单元为 $Si(Al)O_4$ 四面体,氧原子可联结一个硅原子或桥联两个硅原子,通过在硅(铝)酸盐晶体结构中引入氮原子,可得到一系列以 $Si(Al)-N(O)_4$ 四面体结构为基本结构单元的氮(氧)化物。其中,氮可以联结两个硅原子,也可以是 3 个硅原子,甚至 4 个硅原子。

氮(氧)化物荧光粉主要有稀土(Eu^{2+},Ce^{3+} 等)掺杂的 $M_2Si_5N_8$($M = Ca$, Sr, Ba)、$MSi_2O_2N_2$($M = Ca$, Sr, Ba)、$SiAlON$、$YSiON$、$MAlSiN_3$($M = Ca$, Sr)、$MYSiN_7$($M = Sr$, Ba)、$LaSiON$ 等体系[55—58]。

1) $M_2Si_5N_8$($M=Ca$, Sr, Ba)荧光粉

$M_2Si_5N_8$($M = Ca$, Sr, Ba) 荧光粉激发光谱从近紫外一直到蓝绿光波段,与近紫外和蓝光 LED 芯片的发射光谱十分匹配,而发射光谱根据取代金属阳离子的不同,可高效发射黄橙红光,如 Eu^{2+} 掺杂 $Ba_2Si_5N_8$ 的荧光性能,在 $Ba_2Si_5N_8$:Eu^{2+} 中激发光谱集中在 380～470 nm,而发射峰随着 Eu^{2+} 的浓度变化从 560 nm 可以一直延伸到 700 nm。Eu^{2+} 掺杂 $M_2Si_5N_8$($M = Ca$, Sr, Ba) 及 Ce^{3+} 掺杂 $M_2Si_5N_8$($M = Ca$, Sr, Ba) 的发光性能已被研究。$M_2Si_5N_8$:Eu^{2+}($M = Ca$, Sr, Ba) 的激发与发射光谱如图 6-61 所示。

2) $MSi_2O_2N_2$:Eu^{2+}($M=Ca$, Sr, Ba)荧光粉

$MSi_2O_2N_2$ 由于阳离子 M($M = Ca$, Sr, Ba) 的不同而结构也有细小的差别导致其表现出不同的光学性能。$MSi_2O_2N_2$($M = Ca$, Sr, Ba) 三者皆为单斜晶系,空间群分别为 $P2_1/c$, $P2_1/m$, $P2/m$。纯相 $CaSi_2O_2N_2$ 与 $SrSi_2O_2N_2$ 具有类似的晶体结构,因此其光谱也比较类似。$CaSi_2O_2N_2$ 发射光谱峰值位于 560 nm 的黄绿色光

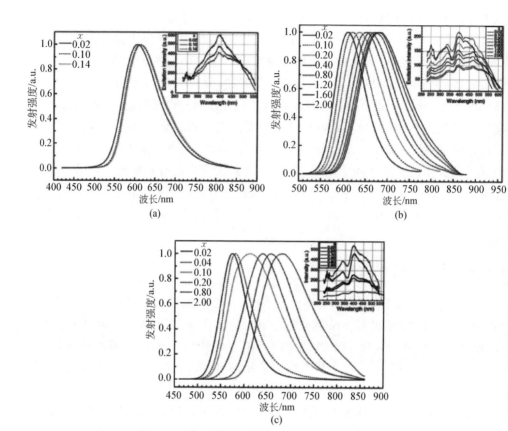

图 6 - 61　M₂Si₅N₈ ∶ Eu²⁺ 的激发与发射光谱

(a) M = Ca；(b) M = Sr；(c) M = Ba

区；$SrSi_2O_2N_2$ 发射光谱峰值位于 530 ～ 570 nm。$BaSi_2O_2N_2$ 发射光谱峰值位于 499 nm 的蓝绿光区，带宽很窄（半高宽约为 35 nm）。$MSi_2O_2N_2$(M = Ca，Sr，Ba) 荧光粉的激发与发射光谱如图 6 - 62 所示[59]。

3) SiAlON 荧光粉

由 α - Si_3N_4 衍生 M - α - SiAlON 类化合物日益成为硅氮氧化物荧光粉研究的主要方向，SiAlON 具有高强度、高分解温度、耐磨性、抗氧化等优异性能，可作为 LED 荧光粉的基质。M - α - SiAlON 的结构通过在 α - Si_3N_4 中用 Al^{3+} 部分取代 Si^{4+}，并且由在[Si，Al] - [O，N] 网状结构掺杂 Li、Ca、Re 等阳离子以稳定结构。在 M - α - SiAlON 中，M 的配位情况如图 6 - 63 所示，M 原子周围有 7 个(N，O) 原子，7 个 N、O 原子具有 3 种不同的 M -(N，O) 距离(X2、X3、X4)。一个极性的三重旋转轴存在于[001] 方向，这也是最短距离的 M -(N，O) 方向。

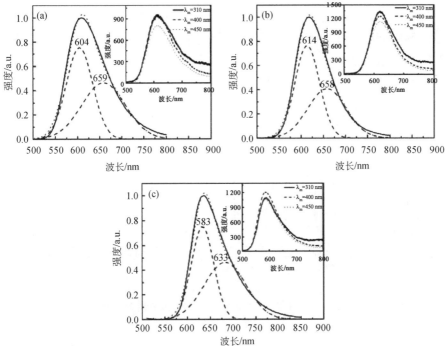

图 6 - 62　MSi₂O₂N₂ 的激发与发射光谱

(a) M = Ca ; (b) M = Sr ; (c) M = Ba

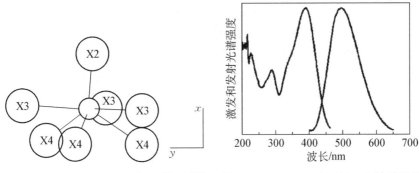

图 6 - 63　M - α - SiAlON 中 M 的 7 配位　图 6 - 64　Ca - α - SiAlON：Ce³⁺ 的激发
结构　　　　　　　　　　与发射光谱

Ce³⁺ 和 Eu²⁺ 一般作为 M - α - SiAlON 荧光粉的激活剂,而金属阳离子通常是 Y³⁺ 或者 Ca²⁺。(Ca,Ce)- α - SiAlON 的激发与发射光谱如图 6 - 64 所示。在 365 nm 激发下,得到峰值为 515～540 nm 的发射峰。由此得知,(Ca,Ce)- α - SiAlON 为黄色粉末,在紫外光照射下发射出明亮的黄绿色光。(Ca,Ce)- α - SiAlON 的黄色是

源于 Ce^{3+} 吸收蓝光($400 \sim 480$ nm),这种吸收使得有效发射荧光成为可能。

$Ca-\alpha-SiAlON$:Eu^{2+},Yb^{2+} 的激发与发射光谱如图 6 - 65 所示。$Ca-\alpha-SiAlON$:Eu^{2+} 吸收光谱延伸到可见光的蓝光区($400 \sim 500$ nm),使得粉末呈现黄色。发射峰很宽,峰值位于 580 nm,是 Eu^{2+} 的 5d $\rightarrow$ 4f 跃迁的典型特征。$Ca-\alpha-SiAlON$:Yb^{2+} 的发射峰值位于 550 nm 左右。

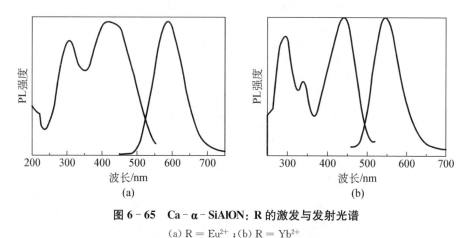

图 6 - 65　$Ca-\alpha-SiAlON$:R 的激发与发射光谱

(a) R = Eu^{2+};(b) R = Yb^{2+}

4) YSiON、LaSiON 荧光粉

YSiON 体系由于 N/O 比例的不同,$SiO_{4-x}N_x$ 四面体组合构成了不同的晶体结构:$Y_5(SiO_4)_3N$(磷灰石结构)、$Y_4Si_2O_7N_2$(枪晶石结构)、$YSiO_2N$(假硅灰石结构)以及 $Y_2Si_3O_3N_4$(黄长石结构)。$Y_5(SiO_4)_3N$:Ce^{3+}、$Y_4Si_2O_7N_2$:Ce^{3+}、$YSiO_2N$:Ce^{3+} 及 $Y_2Si_3O_3N_4$:Ce^{3+} 的激发和发射光谱显示出宽带特点,发射光呈现由紫到黄的变化。

LaSiON 与 YSiON 体系类似,$SiO_{4-x}N_x$ 四面体组合构成了不同的晶体结构:$La_8Si_3O_{12}N$(六方晶系)、$La_4Si_2O_7N_2$(单斜晶系)、$LaSiO_2N$(六方晶系)、$La_3Si_5O_4N_{11}$(正方晶系)。$La_{0.9}Eu_{0.1}Si_3N_{5-x}O_x$ 和 $LaEuSi_2N_3O_2$ 在紫外光激发下,分别出射峰值位于 549 nm 和 650 nm 的黄绿光和红光。

5) $MAlSiN_3$(M = Ca,Sr)、$MYSi_4N_7$(M = Sr,Ba)荧光粉

在 Ca - Al - Si - N 体系中,$CaAlSiN_3$ 基质被成功合成,通过 Eu^{2+} 掺杂获得 $630 \sim 650$ nm 红光发射材料,它的激发光谱从紫外波段一直延伸到 590 nm 位置,两个主要激发峰在 335 nm 和 590 nm 处。它既可以被紫外 LED 激发,也可以被 460 nm 的 LED 激发,而且 $CaAlSiN_3$:Eu^{2+} 荧光粉的热稳定性和温度特性要明显优于 $M_2Si_5N_8$:Eu^{2+} 荧光粉。这种材料具有更长的发射、更好的热稳定性、更高的效率,对于 LED 技术的发展及应用普及具有重要意义。

$MYSi_4N_7$(M = Sr，Ba) 属于六方晶系，空间点群为 $P6_3mc$。Eu^{2+} 和 Ce^{3+} 掺杂的 $MYSi_4N_7$(M = Sr，Ba)，在近紫外激发下可以观察到绿光或蓝光发射。$SSrYSi_4N_7$：Ce^{3+} 激发峰值位于 390 nm 处，发射峰位于 548～570 nm 处，发射黄绿光。而 $BaYSi_4N_7$：Ce^{3+} 能被 338 nm 紫外光有效激发，发射 420 nm 左右的蓝光。

6）氮氧化物荧光粉材料的研究进展

氮（氧）化物荧光粉的制备通常采用高温固相反应法、气体还原氮化法和碳热还原氮化法等方法[56]。

在近些年的研究中，氮氧化物荧光粉材料已经取得了长足的发展。日本国立材料研究所 Xie 等[60] 通过高温固相反应法制备了 $SrSi_5AlO_2N_7$：Eu^{2+} 和 $SrSiAl_2O_3N_2$：Eu^{2+} 蓝光荧光粉，其在 305 nm 紫外光激发下，发射出峰值分别为 488 nm 和 475 nm 的蓝光，该发射同样是由 Eu^{2+} 的 5d→4f 跃迁产生的。Hirosaki 和 Inoue 等[61] 通过高温固相反应法制备了 Eu^{2+} 和 Si 共掺的 AlN：Eu^{2+} 蓝光荧光粉，当掺杂离子 Eu^{2+} 和硅浓度分别小于 0.1% 和 2.2% 时，可以得到较纯的 AlN 相；其在紫外光（280～380 nm）的激发下，发出发射峰在 465 nm 处的蓝光，升高反应温度和增加硅的掺杂量均可提高发光强度，其中硅的引入被认为有助于 Eu^{2+} 离子在 AlN 基质的固溶。Xie 等[62] 发现了 β - SiAlON：Eu^{2+} 绿光荧光体，同样通过高温固相反应法制备出了 M - α - SiAlON：Yb^{2+}(M = Ca，Li，Mg，Y) 绿光荧光粉，该荧光粉在 300 nm 和 445 nm 处产生较强吸收，可被蓝光芯片有效激发，并由 Yb^{2+} 的 $4f^{13}5d → 4f^{14}$ 跃迁产生峰值在 550 nm 处的绿光发射。Eu^{2+} - Mg^{2+} 共掺杂的 γ - AlON 基绿光荧光粉，掺杂有 3%Eu^{2+} 和 10%Mg^{2+} 的荧光粉在 310 nm 激发下，产生峰值在 490 nm 处，波长在 430～620 nm 范围的宽带发射。通过固相反应法制备出 Ca - α - SiAlON：Eu^{2+} 黄光荧光粉，该荧光粉在 300 nm 和 400 nm 处分别存在两个激发峰，其中 300 nm 的激发峰由 α - SiAlON 晶格基质吸收引起，400 nm 的激发峰由 Eu^{2+} 的 $4f^7 → 4f^65d$ 跃迁引起；在蓝光 LED（λ_{ex} = 450 nm）激发下，该荧光粉产生峰值在 590 nm 左右的黄光；并且随着发光中心 Eu^{2+} 浓度的增大，发射峰在 583～603 nm 范围内发生红移[63]。与经典的 YAG：Ce^{3+} 黄光荧光粉相比，Ca - α - SiAlON：Eu^{2+} 黄光荧光粉可产生"暖白光"（色温在 2 500～3 500 K），从而克服 YAG：Ce^{3+} 黄光荧光粉因缺乏红光成分而仅能产生"冷白光"的不足。

为克服高纯氮化物原料成本高昂、没有商业化原料的困难，以传统的氧化物粉体为原料，通过高温固相反应工艺开展了 $Sr_2Si_5N_8$：Eu^{2+} 红光荧光粉制备研究。研究结果表明，通过该工艺可制备出 $Sr_2Si_5N_8$：Eu^{2+} 荧光粉，但产物为 $Sr_2Si_5N_8$：Eu^{2+}（质量分数 64%）和 Sr_2SiO_4：Eu^{2+} 的混合物。由于 Sr_2SiO_4：Eu^{2+} 在蓝光激发下不发光，因此在 450 nm 光激发下，其发射光谱单独表现出 $Sr_2Si_5N_8$：Eu^{2+} 红光荧光粉的特征，与通过高纯氮化物原料制备荧光粉的发射波谱相一致。进一步研究表明,该荧光粉表现出较高的发光强度、较高的量子效率和优异的热猝灭性。

稀土离子掺杂硅氮化物和硅氮氧化物为基质的发光材料,是继 YAG:Ce^{3+} 和硅酸盐发光材料之后出现的最合适应用于白光 LED 的发光材料之一。虽然制备条件要求较苛刻,但其红色发光是目前所有材料中最好的并且其温度特性优良。它已经被证明是一种优越的白光 LED 用发光材料。

问题思考

1. 在实际应用中,应该从哪几个方面来评价太阳能电池的性能?

2. PIN 型结构的非晶硅太阳能电池中,为什么在两个重掺杂层当中沉积一层未掺杂的非晶硅层作为有源集电区?

3. 微晶硅材料相比较非晶硅以及晶体硅有哪些优势?

4. 目前对于提高非晶硅/微晶硅太阳能电池的光电转换效率和光致稳定性具体有哪些措施?

5. 请简述 CdTe 薄膜太阳能电池的优缺点。

6. 请以三结叠层电池为例说明叠层电池的工作原理。

7. 纳米多孔薄膜是染料敏化薄膜太阳能电池的核心之一,它不仅是染料分子的吸附载体,同时也是光生电子传输的载体。纳米多孔薄膜一般应具有哪些特征?

8. 简述有机薄膜太阳能电池的光子转换成电子的步骤(以双层异质结器件为例)。

9. 简述有机薄膜太阳能电池的本体异质结器件与双层异质结器件的区别。

10. 有哪些方式可以实现白光 LED?

11. 为什么同种离子在不同的基质中可以表现出不同的发光颜色?

12. 简述 YAG:Ce^{3+} 荧光粉的发光原理。

13. YAG:Ce^{3+} 荧光粉目前存在哪些问题?针对这些问题,可以采取哪些改善措施?

参 考 文 献

[1] 刘恩科. 半导体物理学(第 7 版)[M]. 北京:电子工业出版社,2008.

[2] 吴其胜. 新能源材料[M]. 上海:华东理工大学出版社,2012.

[3] BUCHER E. Solar cell materials and their basic parameters[J]. Applied Physics A, 1978,17(17):1-26.

[4] AL-ALWANI M A, MOHAMAD A B, LUDIN N A, et al. Dye-sensitised solar

cells：Development，structure，operation principles，electron kinetics，characterisation，synthesis materials and natural photosensitisers[J]. Renewable and Sustainable Energy Reviews，2016，65(0)：183 – 213.

［5］艾德生,高喆. 新能源材料：基础与应用[M]. 北京：化学工业出版社,2010.

［6］雷永泉. 新能源材料——二十一世纪新材料丛书[M]. 天津：天津大学出版社,2000.

［7］GREEN M A. Thin-film solar cells：review of materials，technologies and commercial status[J]. Journal of Materials Science：Materials in Electronics，2007，18(1)：15 – 19.

［8］章诗,王小平,王丽军,等. 薄膜太阳能电池的研究进展[J]. 材料导报,2010,24(9)：126 – 131.

［9］朱继平. 新能源材料技术[M]. 北京：化学工业出版社,2015.

［10］《新能源材料科学与应用技术》编委会. 新能源材料科学与应用技术[M]. 北京：科学出版社,2016.

［11］郭晓旭,朱美芳,刘金龙,等. 高氢稀释制备微晶硅薄膜微结构的研究[J]. 物理学报,1998,47(9)：1542 – 1547.

［12］DZHAFAROV T. Silicon solar cells with nanoporous silicon Layer[J]. Practical Handbook of Photovoltaics，2012，33(4)：209 – 281.

［13］陈军. 能源化学[M]. 北京：化学工业出版社,2014.

［14］ARAMOTO T，KUMAZAWA S，HIGUCHI H，et al. 16.0% efficient thin-film CdS/CdTe solar cells[J]. Japanese Journal of Applied Physics，1997，36(10R)：6304.

［15］KUMAR S G，RAO K S R K. Physics and chemistry of CdTe/CdS thin film heterojunction photovoltaic devices：fundamental and critical aspects[J]. Energy & Environmental Science，2013，7(1)：659 – 665.

［16］ROMEO N，BOSIO A，CANEVARI V，et al. Recent progress on CdTe/CdS thin film solar cells[J]. Solar Energy，2004，77(6)：795 – 801.

［17］许并社. 半导体化合物光电器件制备[M]. 北京：化学工业出版社,2013.

［18］童君. 铜铟镓硒薄膜太阳能电池的研究[D]. 杭州：浙江大学,2014.

［19］王波,刘平,李伟,等. 铜铟镓硒(CIGS)薄膜太阳能电池的研究进展[J]. 材料导报,2011,25(19)：54 – 58.

［20］席辉. 铜铟镓硒(CIGS)薄膜太阳能电池的制备[D]. 沈阳：东北大学,2011.

［21］常启兵,王艳香. 光伏材料学[M]. 北京：化学工业出版社,2014.

［22］周勋,罗木昌,赵红,等. GaAs 基Ⅲ-Ⅴ族多结太阳电池技术研究进展[J]. 半导体光电,2009,30(5)：639 – 646.

［23］邹永刚,李林,刘国军,等. GaAs 太阳能电池的研究进展[J]. 长春理工大学学报(自然科学版),2010,33(1)：44 – 47.

［24］向贤碧,廖显伯. 砷化镓基系Ⅲ-Ⅴ族化合物半导体太阳电池的发展和应用(7)[J]. 太

阳能,2015,(8):18-18.

[25] MADHU SUDAN K, IKUO M, DURGA PARSAD S, et al. Ultrahigh-Purity Undoped GaAs Epitaxial Layers Prepared by Liquid Phase Epitaxy[J]. Japanese Journal of Applied Physics, 2009,48(12R):121102.

[26] O'REGAN B, GRÄTZEL M. A low-cost, high-efficiency solar cell based on dye-sensitized colloidal TiO_2 films[J]. Nature, 1991,353(6346):737-740.

[27] GONG J, LIANG J, SUMATHY K. Review on dye-sensitized solar cells (DSSCs): Fundamental concepts and novel materials[J]. Renewable and Sustainable Energy Reviews, 2012,16(8):5848-5860.

[28] JAFARZADEH M, SIPAUT C S, DAYOU J, et al. Recent progresses in solar cells: Insight into hollow micro/nano-structures[J]. Renewable and Sustainable Energy Reviews, 2016,64(0):543-568.

[29] LUDIN N A, MAHMOUD A A-A, MOHAMAD A B, et al. Review on the development of natural dye photosensitizer for dye-sensitized solar cells[J]. Renewable and Sustainable Energy Reviews, 2014,31(0):386-396.

[30] 孙旭辉,包塔娜,张凌云,等.染料敏化太阳能电池的研究进展[J].化工进展,2012,29(1):47-52.

[31] CHEN H-Y, XU Y-F, KUANG D-B, et al. Recent advances in hierarchical macroporous composite structures for photoelectric conversion [J]. Energy & Environmental Science, 2014,7(12):3887-3901.

[32] DUAN Y, FU N, FANG Y, et al. Synthesis and formation mechanism of mesoporous TiO_2 microspheres for scattering layer in dye-sensitized solar cells[J]. Electrochimica Acta, 2013,113(0):109-116.

[33] PAN J H, WANG X Z, HUANG Q, et al. Large-scale synthesis of urchin-like mesoporous TiO_2 hollow spheres by targeted etching and their photoelectrochemical properties[J]. Advanced Functional Materials, 2014,24(1):95-104.

[34] 徐长志,肖斌,柳清菊,等.染料敏化太阳能电池的研究进展[J].材料导报,2014,28(7):461-468.

[35] CHENG Y J, YANG S H, HSU C S. Synthesis of Conjugated Polymers for Organic Solar Cell Applications[J]. Chemical Reviews, 2009, 109(11):5868-5923.

[36] HELGESEN M, SØNDERGAARD R, KREBS F C. Advanced materials and processes for polymer solar cell devices[J]. Journal of Materials Chemistry, 2009,20(1):36-60.

[37] 张天慧,朴玲钰,赵谡玲,等.有机太阳能电池材料研究新进展[J].有机化学,2011,31(2):260-272.

[38] 姚鑫,丁艳丽,张晓丹,等.钙钛矿太阳电池综述[J].物理学报,2015,64(3):135-142.

［39］ 杨旭东,陈汉,毕恩兵,等.高效率钙钛矿太阳电池发展中的关键问题[J].物理学报,2015,64(3):38404-038404.

［40］ 王艳香,罗俊,郭平春,等.杂化钙钛矿材料在太阳电池中的应用与发展[J].无机材料学报,2015,30(7):673-382.

［41］ SHI J J, WAN D, XU Y Z, et al. Enhanced Performance in Perovskite Organic Lead Iodide Heterojunction Solar Cells with Metal-Insulator-Semiconductor Back Contact [J]. Chinese Physics Letters, 2013,30(12):64-65.

［42］ SHI J, DONG J, LV S, et al. Hole-conductor-free perovskite organic lead iodide heterojunction thin-film solar cells: High efficiency and junction property[J]. Applied Physics Letters, 2014,104(6):063901-063904.

［43］ HAN H, BACH U, CHENG Y B, et al. A design for monolithic all-solid-state dye-sensitized solar cells with a platinized carbon counterelectrode[J]. Applied Physics Letters, 2009,94(10):103102-103103.

［44］ RONG Y, LI X, LIU G, et al. Monolithic quasi-solid-state dye-sensitized solar cells based on graphene-modified mesoscopic carbon-counter electrodes [J]. Journal of Nanophotonics, 2013,7(1):3129-3133.

［45］ RONG Y, KU Z, MEI A, et al. Hole-Conductor-Free Mesoscopic TiO_2/$CH_3NH_3PbI_3$ Heterojunction Solar Cells Based on Anatase Nanosheets and Carbon Counter Electrodes [J]. Journal of Physical Chemistry Letters, 2014, 5 (12): 2160-2164.

［46］ MEI A, LI X, LIU L, et al. A hole-conductor-free, fully printable mesoscopic perovskite solar cell with high stability[J]. Science, 2014,345(6194):295-298.

［47］ 史光国.半导体发光二极管及固体照明[M].北京:科学出版社,2007.

［48］ XIE R J. Nitride phosphors and solid-state lighting [M]. CRC/Taylor & Francis, 2011.

［49］ 李建宇.稀土发光材料及其应用[M].北京:化学工业出版社,2003.

［50］ 肖志国.半导体照明发光材料及应用(第 2 版)[M].北京:化学工业出版社,2014.

［51］ 张乐,张其土,朱金振,等. Citrate sol-gel combustion preparation and photoluminescence properties of YAG:Ce phosphors[J].稀土学报(英文版),2012,30(4):289-296.

［52］ 罗昔贤,曹望和,孙菲,等.硅酸盐基质白光 LED 用宽激发带发光材料研究进展[J].科学通报,2008,53(9):1010-1016.

［53］ PARK J K, CHOI K J, CHANG H K, et al. Optical Properties of Eu^{2+}-Activated Sr_2SiO_4 Phosphor for Light-Emitting Diodes [J]. Electrochemical and Solid-State Letters, 2004,7(5):H15-H17.

［54］ PARK J K, KIM C H, CHOI K J, et al. White Light Emitting Diodes of GaN-Based Sr_2SiO_4:Eu and the Luminescent Properties[C]// White Light Emitting Diodes of

GaN-Based Sr_2SiO_4：Eu and the Luminescent Properties. Materials Science Forum. 953 - 956.

[55] 张梅,何鑫,丁唯嘉,等. 白光 LED 用氮(氧)化合物荧光粉[J]. 化学进展,2010,22 (0203)：376 - 383.

[56] 赵昕冉,傅仁利,宋秀峰,等. 白光 LED 用硅基氮(氧)化物荧光转换材料的研究进展 [J]. 硅酸盐通报,2009,28(5)：965 - 972.

[57] 钟飞,刘学建,黄政仁,等. 氮(氧)化物荧光粉研究进展[J]. 中国稀土学报,2012,30 (6)：650 - 660.

[58] 周天亮,解荣军. 氮(氧)化物荧光粉的研究进展[J]. 功能材料,2014,(5)17： 17001 - 17011.

[59] LI Y, DELSING A, DE WITH G, et al. Luminescence properties of $Eu^{2+}-$ activated alkaline-earth silicon-oxynitride $MSi_2O_{2-\delta}N_{2+2/3\delta}(M = Ca, Sr, Ba)$：a promising class of novel LED conversion phosphors[J]. Chemistry of materials, 2005,17(12)：3242 - 3248.

[60] XIE R-J, HIROSAKI N, SUEHIRO T, et al. A simple, efficient synthetic route to $Sr_2Si_5N_8$：Eu^{2+}-based red phosphors for white light-emitting diodes[J]. Chemistry of materials, 2006,18(23)：5578 - 5583.

[61] INOUE K, HIROSAKI N, XIE R-J, et al. Highly efficient and thermally stable blue-emitting AlN：Eu^{2+} phosphor for ultraviolet white light-emitting diodes[J]. The Journal of Physical Chemistry C, 2009, 113(21)：9392 - 9397.

[62] HIROSAKI N, XIE R-J, KIMOTO K, et al. Characterization and properties of green-emitting b-SiAlON：Eu^{2+} powder phosphors for white light-emitting diodes[J]. Applied Physics Letters, 2005,86(21)：211905.

[63] XIE R-J, HIROSAKI N, SAKUMA K, et al. $Eu^{2+}-$ doped Ca-a-SiAlON：a yellow phosphor for white light-emitting diodes[J]. Applied Physics Letters, 2004,84(26)： 5404 - 5406.

第 7 章 热电材料与压电材料

热电材料是实现热能与电能相互转换的材料。自然界温差和工业废热均可用于热电发电,它能利用自然界存在的非污染能源,具有良好的综合社会效益。因此,在环境污染和能源危机日益严重的今天,进行新型热电材料的研究具有现实意义。

压电材料是受到压力作用时会在两端面间出现电压的晶体材料。利用压电材料的特性可实现机械振动(声波)和交流电的互相转换。因而,压电材料广泛用于传感器元件中,例如地震传感器,力、速度和加速度的测量元件以及电声传感器等。在能源转换利用方面,可以利用压电效应将某些机械的惯性振动能量转化为电能而对蓄电池充电,实现将耗散的惯性振动机械能直接转化为有用的蓄电池的电能。

本章将介绍这两种材料能量转换原理和相关器件的应用及其发展趋势。

7.1 热电材料

热电材料的研究主要起源于 1823 年发现的塞贝克效应和 1834 年发现的珀耳帖效应。上述两个效应的发现奠定了热电材料的理论基础。在此后的 100 多年,热电材料的研究出现了两次高潮,分别是发现热电效应后围绕金属材料进行的研究和 20 世纪 50 年代围绕半导体材料开展的研究,其中金属材料由于其热电转换效率低,相关装置的研究和应用一直进展缓慢。半导体材料的热电转换效应比金属材料有数量级上的增强,也发现了 Bi - Te,Sb - Te 系半导体材料具有良好的热电特性。虽然目前半导体热电材料仍难以满足现实应用过程对热电转换和制冷效率的要求,但是最近二十年,随着人类对可持续发展广泛的关注,对于新环保能源替代材料开发研究日益重视。热电材料的特点包括:①体积小,重量轻,坚固且工作中无噪声;②温度可控制在 $-0.1\sim0.1℃$ 范围内;③不必使用 CFC(CFC 是氯氟烃类物质,会破坏臭氧层),不会造成任何环境污染;④可回收热源并转变成电能(节约能源),使用寿命长,易于控制等令其再次成为能源科学以及材料科学的研究热点。下面介绍热电效应的原理。

7.1.1 热电效应原理

热电材料是一种能源功能材料,其功能是实现将热能和电能相互转换[1—6]。在热电材料两端通入电流之后会产生冷热两端,故可以用来冷却也可以用来保温,而如果同时在两端接触不同温度,则会在内部回路形成电流。热-电转换设备是指通过固体材料的热电转换性能来实现无机械的电制冷或热发电的设备。热电转换设备的实现依赖于热电材料的开发。

导电材料的热效应是指导电材料将电与热实现相互转换的现象,材料中存在电位差时会产生电流,存在温度差时会产生热流。从电子论的观点来看,在金属和半导体中,不论是电流还是热流都与电子的运动有关,故电位差、温度差、电流、热流之间存在着交叉联系,这就构成了热电效应。从 19 世纪初开始,曾经有三位物理学家从不同体系对热电效应进行了定义,并奠定了热电材料的理论基础。

7.1.1.1 塞贝克效应

塞贝克(Seebeck)效应,是德国物理学家 Thomas Seebeck 于 1832 年在实验中发现的,他通过实验观测到,当两种不同的金属组成闭合回路且结点处温度不同时,指南针的指针会发生偏转。于是他认为温差使金属产生了磁场。但是当时塞贝克并没有发现金属回路中的电流,所以他把这个现象叫做"热磁效应"。后来发现,磁针的偏转是由于在不同金属构成的回路中形成了电流,并导致磁场产生所引起的。

因此塞贝克效应即是当两种不同的金属或合金 A、B 联成闭合回路,且两接点处温度不同,则回路中将产生一个电势差 U_{AB},使得有回路电流 I 产生。这个回路电势差的方向与大小直接与材料的性质相关,这种现象称为塞贝克效应,相应的电动势称为热电势,其方向取决于温度梯度的方向。这一效应成为实现将热能直接转换为电能的理论基础。这个电势差可以近似表达为

$$U_{AB} = \alpha_{AB}\Delta T$$

式中,$\alpha_{AB} = \alpha_A - \alpha_B$ 表示接触材料的联合塞贝克系数,也可表示为两种材料的塞贝克系数的差值;T 指温度。塞贝克系数也可表示为

$$\alpha_{AB} = \frac{dU_{AB}}{dT}$$

产生塞贝克效应的机理是由于不同的金属导体(或半导体)具有不同的自由电子密度,当两种不同的金属导体相互接触时,在接触面上的电子就会扩散以消除电子密

度的差异。而电子的扩散速率与接触区的温度成正比,所以只要维持两金属间的温差,就能使电子持续扩散,在两块金属的另两个端点形成稳定的电压。但是具体机理对于半导体和金属仍是不相同的。

1) 金属的塞贝克效应

因为金属的载流子浓度和费米能级的位置基本上都不随温度而变化,所以金属的塞贝克效应必然很小,一般塞贝克系数为 0～10 mV/K。产生金属塞贝克效应的机理较为复杂,可从两个方面来分析:包括电子从热端向冷端的扩散,该扩散是由于热端的电子具有更高的能量和速度所造成的;电子自由程的影响,主要是因为金属中虽然存在许多自由电子,但对导电有贡献的却主要是所谓传导电子。这些电子的平均自由程与遭受散射(声子散射、杂质和缺陷散射)的状况和能态密度随能量的变化情况有关。

如果热端电子的平均自由程是随着电子能量的增加而增大的话,那么热端的电子由于具有较大的能量与较大的平均自由程而向冷端的输运成为主要的过程,从而将产生塞贝克系数为负的塞贝克效应;金属铝、镁、钯、铂等即如此。

相反,如果热端电子的平均自由程是随着电子能量的增加而减小的话,那么热端的电子虽然具有较大的能量,但是它们的平均自由程却很小,因此电子的输运将主要是从冷端向热端的输运,从而将产生塞贝克系数为正的塞贝克效应;金属铜、金、锂等即如此。

2) 半导体塞贝克效应

在半导体中存在着半导体效应,此时产生塞贝克效应的主要原因是热端的载流子往冷端扩散的结果。例如 P 型半导体,由于其热端空穴的浓度较高,则空穴便从高温端向低温端扩散;在开路情况下,就在 P 型半导体的两端形成空间电荷(热端有正电荷,冷端有负电荷),同时在半导体内部出现电场;当扩散作用与电场的漂移作用相互抵消时,即达到稳定状态,在半导体的两端就出现了由于温度梯度所引起的电动势——温差电动势。P 型半导体的温差电动势的方向是高温端指向低温端(塞贝克系数为正);相反,N 型半导体的温差电动势的方向是从低温端指向高温端(塞贝克系数为负)。因此利用温差电动势的方向即可判断半导体的导电类型。

可见,在有温度差的半导体中,即存在电场。因此这时半导体的能带是倾斜的,并且其中的费米能级也是倾斜的;两端费米能级的差就等于温差电动势。

实际上,影响塞贝克效应的因素还有两个:

第一个因素是载流子的能量和速度。因为热端和冷端的载流子能量不同,这实际上就反映了半导体费米能级在两端存在差异,因此这种作用也会对温差电动势造成影响——增强塞贝克效应。

第二个因素是声子。因为热端的声子数多于冷端,则声子也将要从高温端向低温端扩散,并在扩散过程中可与载流子碰撞、把能量传递给载流子,从而加速了载流子的运动——声子牵引,这种作用会增加载流子在冷端的积累,增强塞贝克效应。

半导体的塞贝克效应较显著。一般,半导体的塞贝克系数为数百 mV/K,这要比金属的高得多。

7.1.1.2　珀耳帖效应

1834 年发现的珀耳帖(Peltier)效应为电能转换为热能提供了理论依据。珀耳帖于 1834 年观察到,当电流流经两种不同导体组成的回路时,导体附近的温度将发生改变,此效应称为制冷效应或珀耳帖效应。在实验中即有如下现象:在两种不同材料构成的回路上加上直流电压,通过改变电流的方向,根据两导体接头处出现的结冰和冰融化现象来判断接头处是吸收热量还是放出热量。两导体接头处存在一个接触电场,若施加的电流与接触电场方向相反,外电源则要消耗附加能量,而这些能量将在接头处释放使得接头处变热;若施加的电流与接触电场方向相同,那么接触电场将参与输运电荷。而所需的能量取自接头处的材料,从而使得接头处变冷。

对珀耳帖效应的物理解释是:电荷载体在导体中运动形成电流。由于电荷载体在不同的材料中处于不同的能级,当它从高能级向低能级运动时,便释放出多余的能量;相反,从低能级向高能级运动时,从外界吸收能量。能量在两材料的交界面处以热的形式吸收或放出。

这个热量与电流强度、时间和材料性能存在如下关系:

$$dQ = \prod_{12} I dt$$

式中,$\prod_{12}$ 是接触材料的珀耳帖系数,I 是电流,t 是通电流的时间。

这种电流通过一对不同金属或半导体材料时,接头出现温度下降或上升的现象即被称为珀耳帖效应,可以视为塞贝克效应的反效应。通常将塞贝克效应称为热电第一效应,珀耳帖效应称作热电第二效应,而下面将解释的汤姆孙效应则称作热电第三效应。

7.1.1.3　汤姆孙效应

1851 年,英国科学家汤姆孙(Willam Thomson)基于热力学原理将塞贝克系数和珀耳帖系数联系起来,并通过实验预测了第三种热电效应的存在,即汤姆孙效应。

在温度梯度作用下,均匀导体中将存在一个内电场。当电流流过导体时,若方向与内电场的方向相反,外电源则要克服内电场做功,从而引起放热现象,也即是除焦耳热外还要释放附加的热量。如果电流的方向与内电场的方向相同,那么内电场将对电流做功以输运电荷。若仅由内电场做功,则将消耗导体的热量,从而使得导体变冷。换言之,即电流在温度不均匀的导体中流过时,在导线中除产生焦耳热外,还要产生额外的吸热放热现象,这种热电现象称为汤姆孙效应。电流方向与导线中热流方向一致时产生放热效应,反之产生吸热效应。吸收或放出的热量称为汤姆孙热 Q_T,即

$$Q_T = \beta I t \Delta T$$

式中,β 为汤姆孙系数;I 为电流;t 为通电时间;ΔT 为导线两端温差。

热电效应的三个系数之间有如下关系:

$$\beta = T \frac{\mathrm{d}\alpha}{\mathrm{d}T}; \prod = \alpha T$$

由此可以看出三大热电效应实际上是塞贝克系数表达一个效应的不同形式,汤姆孙效应是珀耳帖效应的一个连续版本。

7.1.1.4　高性能热电材料的研究途径

目前限制热电材料得以大规模应用的问题是其热电转换效率太低。热电材料是实现能和电能直接转换的功能型材料。无论是用于热转换成电还是电转换成热,热电材料中必定有电流通过。为了最大限度地降低电损耗,材料势必具有一个较高的电导率。若要单位温度梯度产生一个较高的电压,这要求材料的塞贝克系数尽可能的增大。材料要维持一定的温差,则要求材料具有较低的热导率。如此,可用一个无量纲热电优值——ZT 值表征,ZT 越大,热电材料的性能越好,ZT 表述如下:

$$ZT = \alpha^2 T \sigma / \kappa$$

式中,α 为塞贝克系数或热电系数,T 为绝对温度,σ 为电导率,κ 为热导率。$\alpha^2 \sigma$ 又称为材料的功率因子,它决定了材料的电学性能。因此,为了有一较高的热电优值 ZT,材料必须有高的塞贝克系数、高的电导率与低的热传导系数。这其实也非常容易理解,即较好的热电材料必须具有较高的塞贝克系数,从而保证有较明显的热电效应,同时应有低的热导率,使能量能保持在接头附近。另外,还要求热阻率较小,使产生的焦耳热量小。影响热电材料的优值 ZT 的 3 个参数即塞贝克系数、热导率、电导率都是温度的函数。同时,优值 ZT 又敏感地依赖于材料种类、组分、掺杂水平和结构。因此每种热电材料都有各自的适宜工作温度范围。

从上述公式中可以看出,提升热电材料 ZT 值的方法一般有两种,一是提高其

功率因子($\alpha^2\sigma$),二是降低其热传导系数(κ)。

塞贝克系数是热电材料最关键的热电特性参数,也是不同热电材料热电性能差异的最主要体现。热电现象最早是在金属材料中发现的。不同的金属材料拥有不同的塞贝克系数,但数值总体偏小。因此,金属材料并不是理想的热电材料。掺杂半导体材料是一种最具潜能的热电材料,其塞贝克系数达到 $100\ \mu\mathrm{V/K}$ 以上。电导率是热电材料的另一个重要特征量。材料的导电性能通常用室温下的电阻率值 $\left(\rho = \dfrac{1}{\sigma}\right)$ 来表征。金属和绝缘体材料的电阻率分别处于 $10^{-6}\ \Omega \cdot \mathrm{m}$ 与 $10^{6}\ \Omega \cdot \mathrm{m}$ 量级。而半导体材料的电阻率介于金属和绝缘体材料的电阻率之间,在充当热电材料时,其最优的范围为 $10^{-3} \sim 10^{-2}\ \Omega\mathrm{m}$。半导体材料电阻率的变化与载流子浓度和载流子的平均自由程的变化有关。

由于上述两个因素均与电子输运性能密切相关,因此定义了功率因子 $\alpha^2\sigma$ 来统一表示热电材料的电学性能。影响功率因子($\alpha^2\sigma$)的物理机制包括散射参数、能态密度、载流子迁移率及费米能级 4 项。前三项一般被认为是材料的本质性质,只能依靠更好更纯的样品来改进,而实验上能实现控制功率因子的物理量则是费米能级,即通过改变掺杂浓度来调整费米能级以达到最大的 $\alpha^2\sigma$ 值。

而固体材料热导率由载热电子、空穴和穿过晶格的声子决定,即热传导系数(κ)包括了晶格热传导系数(κ_l)及电子热传导系数(κ_e),$\kappa = \kappa_l + \kappa_e$。热电材料之热传导大部分是通过晶格来传导的。晶格热传导系数(κ_l)正比于样品定容比热(C_v)、声速及平均自由程 3 个物理量。同样,前两个物理量是材料的本质,无法改变。而平均自由程则随材料中杂质或晶界的多寡而改变。电子热导率与电导率则直接满足 Wiedeemann-Frans 关系,即 $\kappa_e/\sigma = L_0 T$,该式中 L_0 为洛伦兹数,与载流子和声子的耦合有关,提高电导率必将导致电子热导率的增加。一般材料电导率较高,而热导率也较高。纳米结构的块材之特征在于具有纳米层级或具有部分纳米层级的微结构,当晶粒大小减小到纳米尺寸时就会产生新的界面,此界面上的局部原子排列为短程有序,有异于一般均质晶体的长程有序状态或玻璃物质的无序状态,因此材料的性质不再仅仅由晶格上原子间的作用来决定,而必须考虑界面的贡献。从理论上分析,非晶态具有低的导电性能,因此声子玻璃电子晶体(phonon glass electron crystal (PGEC))也就是一种导电如晶体导热如玻璃的材料。晶体结构中存在一种结合力弱的 rattling 原子,对载热声子有强的散射作用导致热导率急剧下降,对导电不会有太大的影响,这种材料同时拥有类似于半导体单晶材料的电学性能和类似于非晶态材料的热学性能。

从热力学角度讲,热电材料的 ZT 值没有上限。但是热电材料的 3 个特性参数彼此相互关联,通过同时优化这 3 个参数来提高 ZT 值并不容易。例如实际上人们对电输运性能的优化通常会影响或改变固体材料晶格的振动模式和声子输运散射机制，随之改变材料的晶格热导率。同时，一个良好的热电材料会具有适中或者较高的载流子浓度，从而存在较强的电子和声子相互作用，因而对其电传输性能优化的同时，必然导致晶格热导率的变化和波动。反之，通过对材料微观结构的调整和优化可以有效地降低晶格热导率，但同时也会对电输运性能产生不可忽略的影响。因此，固体中所有的电和热输运参数紧密联系在一起，几乎很难对其中的一个或几个参数进行独立调控，而这正是一个固体材料很难获得优异热电性能的内在机制与主要原因。

结合传统的固体能带理论可以说明，一个半导体材料要成为优良的热电材料，至少应具备以下 4 个条件：一是接近费米能级的电子能带具有高的晶体对称性，有尽可能多的能谷，有较大的载流子有效质量，从而获得较高的塞贝克值；二是由电负性相近的元素组成化合物，减少载流子输运中的极性散射，从而得到合理大小的迁移率，以保证有效质量和载流子迁移率之积尽可能大；三是禁带宽度在 $10\,k_B T$ 左右（k_B 是玻耳兹曼常数），其中 T 接近使用温度，保证材料的 ZT 在使用温度附近具有最佳值；四是具有较低的晶格热导率，一般重元素组成的材料的热导率都较低。

材料合成技术的进步为解决上述问题提供了新的途径：一是合成新型的块体材料，如声子玻璃电子晶体。这类材料的晶体结构非常复杂，具有较低的晶格热导率。二是通过对材料进行掺杂优化、纳米化、形成固溶体等手段来实现热电优值的提升。总体来说，材料合成方面的进步为这方面的调控提供了更多机会。下面对不同类型的热电材料进行说明。

7.1.2　热电材料研究现状

热电材料的研究起源于 19 世纪。随着节能技术的需求以及遥感和空间探索的兴起，近年来热电材料研究较为活跃。本节除了重点介绍常规的半导体热电材料之外，也将对其他新型热电材料的研究进展作一介绍。

7.1.2.1　半导体型热电材料

金属材料的热电效应非常小，除在测温方面的应用外，其他没有实际的应用价值。直到 20 世纪 50 年代，人们发现小带隙（small band gap）掺杂半导体的热电效应比金属大很多，研制温差电源和热电制冷器已具有现实意义。这类材料以Ⅲ，Ⅳ、Ⅴ族及稀土元素为主。目前，研究较为成熟并且已经应用于热电设备中的材料主要是金属化合物及其固溶体合金如 Bi_2Te_3/Sb_2Te_3、$PbTe$、$SiGe$、$CrSi$ 等，这些材料都可以通过掺杂分别制成 P 型和 N 型材料。通过调整成分、掺杂和改进制备方法可以进一步提高这些材料的 ZT，通过化学气相沉积（CVD）过程得到综合

两维 Sb_2Te_3/Bi_2Te_3 超晶格薄膜的 ZT 高达 2.5。

其中 Bi_2Te_3 属于六方晶系,空间群为 R3m,每个单胞含有 15 个原子,其结构呈现二维层状结构特点,具有很强的各向异性,Bi_2Te_3 基热电材料是在室温下性能最好的热电材料,也是商业化应用最广泛的材料,主要用于制作半导体制冷片,Bi_2Te_3 室温时的 ZT 值为 0.6。Bi_2Te_3 基合金的热电性能可调参数较多,如合金化元素硒、锑的比例,掺杂元素锡、铅、碘和溴等的掺杂量,等等[8,9]。陈立东等最近通过添加少量的电子受体(镉、铜、银)降低了晶格热导率、抑制了固有激发态,提高 Bi_2Te_3 基热电材料热电(TE)品质因数至 1.0~1.4。如图 7-1 所示热电性能峰显著扩展,在 450~574 K 下,平均品质因数上升至 1.0~1.2。基于这些材料的热电产生模型显示热电转换率提高了 6%,与未优化的 Bi_2Te_3 基热电材料相比提高了 30%。该材料有望在工业生产中得到应用,以提高废热的热电转换效率[10]。图 7-2 给出了样品对温度依赖的表征。

α - MgAgSb 是最近出现的一种新型近室温温区热电材料,P 型四方晶体结构 α - MgAgSb,Ni 掺杂 α - MgAgSb 室温 ZT 值达 0.9,峰值较宽且位于 200℃左右,达 1.4。该材料填充了 Bi_2Te_3 材料和中温温区材料之间的温度空白[11],具有代替 Bi_2Te_3 在 300℃ 以下温区进行温差发电的潜力[12]。α - MgAgSb 热电材料超低热

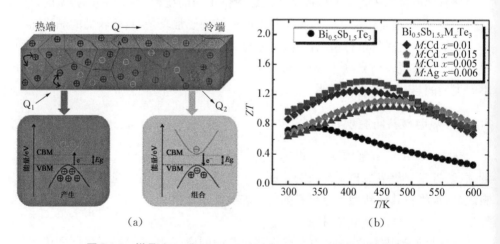

(a)   (b)

图 7-1 样品 $(Bi_{0.5}Sb_{1.5x}M_xTe_3(M = Cd, Cu, Ag))$TE 性能表征

(a) 窄带隙半导体中本征激发的示意图;(b) $Bi_{0.5}Sb_{1.5x}M_xTe_3(M = Cd, Cu, Ag)$ 的 TE 图

导率的微观结构根源被认为是由于占据四面体空隙的镁离子和相邻占据八面体空隙的特定银离子具有迁移与换位特征,其迁移激活能与相应银离子和镁离子导体相类似。球差分辨电镜中可以清晰地发现这种由迁移所引起的连续换位缺陷结构(见图 7-3)[13]。

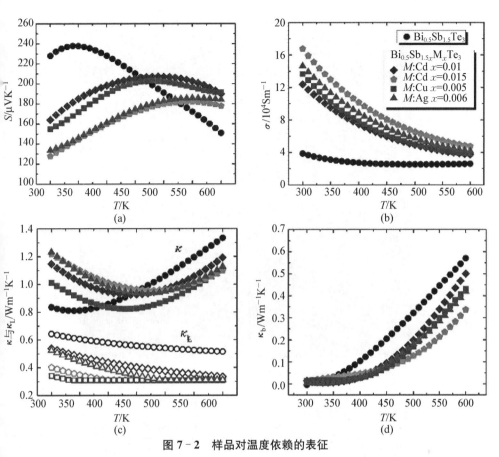

图 7-2　样品对温度依赖的表征

(a) 塞贝克系数对温度的依赖关系；(b) 电导率对温度的依赖关系；(c) 热导率和晶格热导率对温度的依赖关系；(d) 双极型热导率对温度的依赖关系

　　PbTe 是中温热电材料（600～800 K），其禁带宽度约为 0.32 eV，熔点为 923℃，具有 NaCl 型晶体结构，PbTe 的高温稳定性较差，铅易挥发，可造成环境污染，这些缺点制约了该材料的应用[9]。目前，商用材料多为 PbTe 基固溶体，由于固溶体晶格中存在短程无序，从而可以增加对声子的散射，显著降低晶格热导率。PbTe 基纳米复合热电材料是当前的研究热点之一。

　　SiGe 基热电材料是目前研究比较成熟的一类高温热电材料，由于硅和锗都具有很高的热导率，因此它们本身不是好的热电材料，但将硅和锗形成固溶体合金后，其热导率会大大降低，如 $Si_{0.7}Ge_{0.3}$ 在室温下热导率大约为 5 $Wm^{-1}K^{-1}$[14]。SiGe 基材料是目前研究比较成熟的一类高温热电材料，在 1 000 K 时，其 ZT 值接近 1。美国已将其应用于深空探测的放射性同位素温差发电器。当前，该体系主要利用掺杂和纳米化手段试图进一步优化其热电性能。例如，有研究表明，对 SiGe 基材料掺入第 15 族元素，如磷，砷等，可制得 N 型材料；掺入第 13 族元素，如

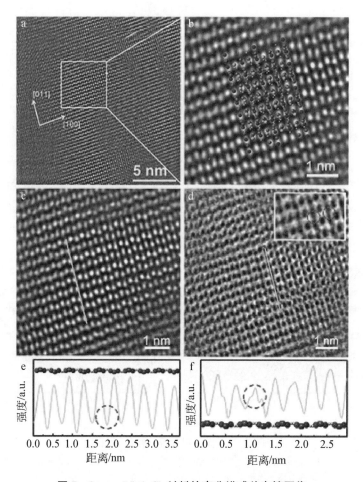

图 7 - 3　α - MgAgSb 材料的高分辨球差电镜图像

（a）显示晶粒内部不同取向区域；（b）显示选定区域原子结构与模型结构吻合良好；（c）、（e）HAADF 图像显示相互换位的点缺陷模式；（d）、（f）ABF 图像显示出清晰的相互换位缺陷

硼等,可制得 P 型材料。在 1 173 K 条件下,N 型纳米 SiGe 材料的 ZT 值可达 1.3,P 型纳米 SiGe 材料的 ZT 值亦可达到 0.95。

　　目前针对不同温区,热电材料主要集中在碲化铋(Bi_2Te_3)、碲化铅(PbTe)以及硅化锗(SiGe)3 种材料,而这 3 种材料存在储量有限、成本较高、污染环境等缺点。最近硒化锡(SnSe)热电材料开始受到关注,SnSe 除了储量丰富和环境友好等优点外,还具有比 PbTe 更低的热导率。研究发现,SnSe 单晶(见图 7 - 4)的载流子迁移率是多晶的 5 倍,可在 b 轴和 c 轴方向上均获得 $ZT > 2$ 的高性能优值[15]。但是 SnSe 在 300～773 K 温度范围内 ZT 值很低,严重限制了其在这一重要温度区间的应用。整体提高 SnSe 的热电优值 ZT 需要提高 SnSe 的导电性和温差电动势,以求获得300～773 K温度范围内较高的电传输性能。研究发现,利用能带结构是调控热电材料的导电性和温差电动势的有效方法。SnSe的电子带结构中多个价带的能量距离很小,如1价带和2价带的距离仅为0.06 eV,1价带和3价带的距离为0.13 eV,1价带和4价带的距离为0.19 eV。当费米能级进入4价带甚至接近5价带和6价带,就可实现多个价带同时参与电传输。通过这一移动费米能级的巧妙方法,不但可以保持相对较高的载流子迁移率,还使得温差电动势提高了5倍,从而使SnSe材料在整个温度区间的热电优值 ZT 得到大幅提升,即在300～773 K温度区间的 ZT 值从0.1～0.9提高到0.7～2.0[16]。如果选取300 K和773 K分别为低温端和高温端,SnSe作为热电器件的P型材料搭配同样性能的N型材料,可以产生16.7%的发电效率。这个结果意味着开发一种同时具备性能优异、储量丰富而且环境友好的热电能源材料已成为可能。

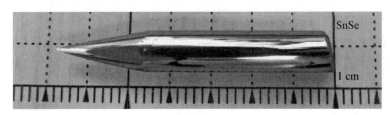

图 7-4　硒化锡单晶

7.1.2.2　其他热电材料

1)　I型笼式化合物材料(Clathrate)

I型笼式化合物材料也是一类重要的热电材料[17]。笼式化合物一般由具有四个键的原子(锗、锡、硅等)构成类富勒烯的笼式框架结构,形成很多空隙,能够进入一些金属原子,而填充原子与周围原子结合较弱,很容易在笼状空隙中振动,对声子产生散射,最终降低热导率。笼式化合物可表示为 $A_xB_yC_{46-y}$,较常见的组成有 A_8C_{46}(A为Na、K、Rb;C为Si、Ge、Sn), $A_8B_8C_{38}$(A为Na、K、Rb;B为Al、Ga、In;C为Si、Ge、Sn)和 $A_8B_{16}C_{30}$(A为Sr、Ba、Ca;B为Al、Ga、In;C为Si、Ge、Sn)。I、II型化合物是最为常见的两类笼式化合物。I型化合物具有立方结构,单位晶胞中具有46个IV族原子。单位晶胞中有两类不同的空位,2个由五边形组成的十二面体间隙和6个十四面体间隙。II型化合物同样具有立方结构,单位晶胞中有136个原子,24个空位,其中16个十四面体间隙和8个十六面体间隙。

在该类化合物中,A类原子的离子性很强。它受骨架原子的键束缚较弱,可以在笼中自由地运动。在热传递过程中,A类原子能不断与骨架原子发生碰撞,使骨架原子的热振动发生散射,从而大大降低了骨架原子的导热性,使得热电性能得到提高。笼式化合物的一个明显特征就是：可以通过控制笼中原子的尺寸、价态和浓度来改变其物理性能。目前,已经有大量有关这类化合物的实验和理论方面的研究,并且取得了很多有意义的成果。

2) 方钴矿(Skutterudite)热电材料

Skutterudide 是 $CoSb_3$ 的矿物名称,名称为方钴矿,是一类通式为 AB_3 的化合物(其中 A 是金属元素,如 Ir、Co、Rh、Fe 等;B 是 V 族元素,如 As、Sb、P 等)。它具有复杂的立方晶体结构,单胞内含有 8 个 AB_3 分子,A 原子形成 8 个立方笼型框架,其中有 6 个立方笼被 4 个 B 原子组成的四元环所占据,其余 2 个立方笼没有原子占据,形成空位[18, 19]。

二元 Skutterudite 化合物是窄带隙半导体,其带隙仅为几百毫电子伏,这类结构材料的 Seebeck 系数可能达到较大数量级 $200\ mV\cdot K^{-1}$,然而热导率也会同时增大,这是由于方钴矿化合物的原子质量较大,空穴迁移率较高,热导率也高,如在室温下,$CoSb_3$ 的导热系数比 Bi_2Te_3 高 7 倍,达到 $10\ Wm^{-1}K^{-1}$。同时此类化合物具有较高的载流子迁移率和中等大小的反赛贝克系数,因此难以获得所希望的 ZT 值。但是此类化合物有个显著的特点,即在晶胞单元中有两个较大的空隙,外来小原子可以插入晶体结构的孔隙,在平衡位置附近振动,从而可以有效地散射热声子,大大降低晶格热导率。

因此对这类化合物,最初的研究集中在 $IrSb_3$,$RhSb_3$ 和 $CoSb_3$ 等二元合金,其中 $CoSb_3$ 的热性能相比较而言最好。尽管二元合金有良好的电性能,但其热电数据受到热导率的限制。目前进一步提高 Skutterudite 材料热电性能的途径有两条：①形成置换型方钴矿；②掺杂形成填充型方钴矿。

置换型方钴矿是指用等原子取代二元方钴矿中的阳离子或阴离子,形成三元固溶体。由于固溶缺陷而产生晶格缺陷会降低热导率,从而可以提高方钴矿的热电优值。三元方钴矿和二元方钴矿是同构的,其阴离子位可以被一对来自第 14 族和第 16 族元素等电子取代,如 $CoGe_{1.5}Se_{1.5}$ 和 $CoSn_{1.5}Se_{1.5}$ 或其阳离子被一对来自第 8 族和第 10 族元素等电子取代。

在第二条途径中,如果在锑组成的笼状空洞中填充原子,这些填充原子可以有效地提高点缺陷散射以及声子共振散射,从而降低材料的热导率。由于稀土原子、过渡元素等重元素在散射声子方面相对于轻原子更有优势,因此一直是填充方钴矿型材料的主要掺杂元素,但最近研究发现,低价态原子(如碱金属、碱土金属等)也能提高方钴矿基材料的热电性能。复合填充型方钴矿材料是指材料中的掺杂原子为 2 种以上不同的原子。多种掺杂原子不仅可以引入不同波长的声子,散射作用可能比单一原子填充更强,从而降低热导率;而且可以调制载流子性质(包括载流子类型、浓度、迁移率等)。

3) Half-Heusler 化合物

Half-Heusler 合金是一种大晶胞的金属间化合物[20]，其通式为 ABX，A 是元素周期表中左边的过渡元素（钛或钒族），B 是元素周期表中右边的过渡元素（铁、钴、镍族），X 是主族元素（镓、锡、锑）[21—23]。

Half-Heusler 化合物具有立方 MgAgAs 型结构，空间群为 F43m。每个晶胞有 4 个分子，A 原子在 4b(1/2，1/2，1/2)位置，B 原子在 4e(1/4，1/4，1/4)位置，X 原子在 4a(0，0，0)位置。其结构可看做四套面心立方格子相互贯穿。A 原子格子和 B 原子格子一起构成 NaCl 型结构，形成 4 个小立方体，若 4 个小立方体的所有空隙中心均被 B 原子填满，则材料的结构为

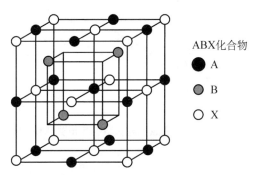

ABX化合物
● A
● B
○ X

图 7 - 5　Half-Heusler 化合物的晶体结构

ABZX，即所谓的 Heusler 结构化合物，如图 7 - 5 所示。但图中小立方体的空隙中心只有一半被 B 原子占据，另一半是空的，因此称之为 Half-Heusler 合金。目前 N 型 Half-Heusler 合金化合物的热电材料 ZT 值远高于 P 型系列的。在高于室温的条件下，Half-Heusler 合金具有半导体性能，禁带宽度为 0.1～0.5 eV，在室温条件下，塞贝克系数很大，导电率也很高。Half-Heusler 合金是一类很有开发潜力的中温热电材料，掺杂的 $(Zr_{0.5}Hf_{0.5})_{0.5}Ti_{0.5}NiSn_{1-y}Sb$ 材料在 700 K 时 ZT 值已达 1.4，是迄今为止 Half-Heusler 体系中的最高 ZT 值。

目前 Half-Heusler 材料研究的主要目标是实现高温热电转换，因其具有组成元素价格适中、热稳定性和机械性能优良等优点，在高温余热废热发电方面有重要应用前景。现有研究结果表明，N 型 ZrNiSn 基半 Heusler 合金热电优值 ZT 在 1 000 K 时可达 1.0 以上，但开发组成热电器件所需的与之相匹配的高效 P 型材料仍然是一个巨大的挑战。能带结构计算发现，Fe(V，Nb)Sb 基半哈斯勒合金的价带存在多简并能谷特征，有高热电优值的潜力。实验证明高含量钛掺杂的 P 型 Fe$(V_{0.6}Nb_{0.4})_{1-x}Ti_xSb$ 固溶体的热电优值 ZT 在 900 K 达到 0.8。提高 Fe(V，Nb)Sb 固溶体中的铌含量可降低价带有效质量，从而提高载流子迁移率并抑制少子激发，目前 P 型 $FeNb_{1-x}Ti_xSb$ 化合物的 ZT 值在 1 100 K 时约可达到 1.1[24]。当然 P 型 FeNbSb 是典型的重带热电材料，与传统轻带热电材料有明显不同的特点：大的态密度有效质量、高的优化载流子浓度以及高的优化掺杂量等（见图 7 - 6）。通过选择重元素铪掺杂，可实现 FeNbSb 电学性能和热导率的解耦及热电性能的协同优化，使得其热电优值显著改善，在 1 200 K 时高达 1.5[25]，这是目前半哈斯勒热电材

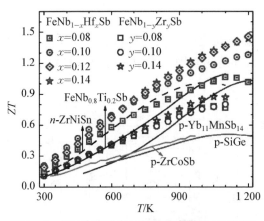

图 7 - 6　多种高温热电材料的热电优值(ZT)对比

料获得的最高值,也显著优于目前已知的其他典型高温热电材料。同时研究还发现,电声散射对该体系的热导率降低也具有显著的作用,这为重带热电材料的开发和性能优化提供了有效思路和途径。

4) 氧化物型热电材料

氧化物型热电材料的特点是可以在氧化气氛里高温下长期工作,大多数无毒性、无环境污染,且制备简单,制样时在空气中可直接烧结,无需抽真空,成本费用低,因而备受人们的关注[26—28]。目前研究发现,层状过渡金属氧化物是一种很有前途的热电材料,其典型代表为 $NaCo_2O_4$ 化合物。$NaCo_2O_4$ 化合物具有层状结构,在合适的温度范围下,$NaCo_2O_4$ 具有较高的热电势、低的电阻率和低的晶格热导率。其中 $NaCo_2O_4$ 单晶在 300 K 时的功率因子为 50 $\mu Wcm^{-1}K^{-2}$,其 ZT 值在 800 K 时大于 1。尽管 $NaCo_2O_4$ 具有良好的热电性能,但温度超过 1 073 K 时,由于钠的挥发限制了该材料的应用,这加速了其他层状结构的过渡金属氧化物作为热电材料的研究。目前钴酸盐氧化物热电材料的研究主要集中在金属离子的掺杂、替代和改变微观结构,是改善其热电性能的有效途径。进行稀土及碱金属掺杂、替代,可望得到更高的 ZT 值,其中 P 型氧化物热电材料的 ZT 值要高于 N 型热电材料。

5) 纳米热电材料

纳米热电材料包括超晶格热电材料、纳米线和纳米管热电材料、纳米复合热电材料[29,30]。纳米热电材料提高热电 ZT 值的原因在于纳米化降低了热电材料的维数,从而①提高了费米能级附近的态密度,提高了塞贝克系数;②由于量子约束、调制掺杂和掺杂效应,提高了载流子的迁移率;③更好地利用多能谷半导体费米面的各向异性;④增加了势阱壁表面声子的边界散射,降低了晶格热导率。这些研究再次带动了全球研究热电材料的热潮。纳米热电材料中超晶格是一种新型结构的半导体化合物,它是由两种极薄的不同材料的半导体单晶薄膜周期性地交替生长而成的多层异质结构,每层薄膜一般含几个至几十个原子层。由于这种特殊结构,半导体超晶格中的电子或空穴能量将出现新的量子化现象,以致产生许多新的物理性质,例如可以将载流子限制在势阱中,从而形成超晶格量子阱,它具有超周期性和量子限制效应,其有效能隙可调。要使超晶格热电材料具有良好的热电性能[27, 31—37]，其势垒层材料应具有以下特性：①同量子阱材料的晶格参数和热膨胀系数有较好匹配；②带隙宽和势垒厚度足够大，以便能够把导电电子限制在势阱中；③不会引起阱材料的载流子迁移率或热电动势率的减少；④有低的晶格热导率。用分子束外延(MBE)或气相沉积法制备超晶格薄膜是提高 ZT 值的有效方法。这类研究是用两种已知性能优异但带隙不同的热电材料形成超晶格量子阱，把载流子限制在势阱中，利用其晶界对热传输过程中的声子的散射作用提高 ZT 值。目前，用于制备纳米超晶格热电材料的技术主要有分子束外延、金属有机化合物气相沉积、磁控溅射、连续离子层吸附与反应、蒸镀工艺法等。纳米线以及纳米管热电材料的研究则是基于量子线可比量子阱维数降低，可进一步提高费米能级附近的态密度，从而提高了塞贝克系数的原理[34, 38, 39]，对低维度结构理论计算表明，纳米线可能比超晶格有更好的热电性能。理论预计纳米线直径小于 1 nm，材料的 ZT 值将超过 10。目前制备一维纳米线的方法主要有气相冷凝、电化学法和高压注入法，沸石、氧化铝模板和多孔聚合物是很好的生长纳米线的模板材料，除了前面提到的几种方法，还有利用硅模工艺制备纳米线的例子。

纳米复合结构热电材料是指在热电材料中掺入纳米尺寸的杂质相，杂质相可为绝缘体、半导体或是金属纳米颗粒，也可以为纳米尺寸的空洞[20, 40—42]。掺入杂质相的方法有很多种，按掺杂途径可分为两种，一种是从材料外部引入；另一种是从材料内部原位析出。一般认为，纳米颗粒或纳米尺寸的空洞可提高 ZT 值的原因在于：杂质相为纳米尺寸，这一尺寸与声子平均自由程相近，而远小于电子(或空穴)的平均自由程。因此，当声子在晶格内运动时，被散射概率增加，热导率降低，而电导率不受明显影响，从而整体上提高了 ZT 值。例如已有实验验证了在热电材料中引入纳米颗粒，可以显著降低热电材料的热导率，提高了热电材料的 ZT 值。

6）准晶材料

准晶材料由于具有非常低的热导率，类似于玻璃，因此在热电材料领域具有相当大的吸引力[43—45]。同时由于它的塞贝克系数较低，热电优值也相对较低，如果能找到合适的方法来明显增大塞贝克系数也可望获得较高的热电优值。准晶材料具有 5 重对称性，这是晶体和非晶体都不允许存在的特性，它的费米表面具有大量的小缺口，可利用温度变化式缺陷破坏这些小缺口，进而改变费米面的形状，从而达到提高塞贝克系数的效果。通过掺杂第四种元素，塞贝克系数也有所改观。另外准晶材料具有不寻常的宽温度带适应性，这种适应性与声子辅助跃迁传导有关，并使塞贝克系数和电导率随温度升高而增大，而热导率则随温度升高而平级增加，结果使温差电优值显著增加。此外，准晶材料还具有一些优良的物理性能，如耐腐蚀、抗氧化、高硬度,较强的热稳定性和很好的发光特性等。准晶材料可望发展成一类很有前途的新型热电材料。

7)功能梯度材料(FGM)[46]

功能梯度热电材料有两种。一种是载流子浓度梯度热电材料;另一种是叠层梯度热电材料。在不同的温度下,热电材料具有不同的最佳载流子浓度值,利用热电材料适用的温度范围,适当控制载流子浓度,使其沿材料连续变化,以保证整体材料在相应的温度区间都有最佳的载流子浓度,这样就能充分利用材料使用环境的热能源,在较宽的温度范围内得到较高的热电性能指数,从而提高材料在其适用温度区域内的转换效率。利用梯度化技术,可以将不同热电材料制备成功能梯度材料(FGM),即把适用于不同温度区域的热电材料通过复合成梯度材料,使单一材料在各自对应的温度区域内都保持最高的热电转换效率,从而充分发挥不同材料的作用,进一步拓宽了热电材料的适用温度区域,可以得到更高的热电转换效率。Okano. K 等人曾做过 SiC - Si 功能梯度材料方面的研究,发现在室温下,梯度化的高密度 SiC 陶瓷的最优值比非梯度化的 SiC 陶瓷最优值高 108 倍[47, 48]。梯度热电材料的每层之间只有真正实现连续过渡,才能消除梯度层之间的界面,对于分段的 FGM,各个单体材料一般通过插入过渡层的方法来避免或减少因结合界面的存在引起的电导率下降及热导率升高等问题,因此发展材料的制备技术是研制梯度热电材料的关键。

7.1.3 热电材料研究展望

热电材料塞贝克效应和珀耳帖效应发现距今已有 100 余年的历史,但是商业化器件能量转换效率一直小于 6%,这主要是由于传统热电材料 ZT 较低。传统热电材料主要集中在 Bi_2Te_3、$PbTe$ 以及 $SiGe$ 等体系上,Bi_2Te_3 是目前唯一商业化的材料,所构造的器件广泛用于冰箱等制冷行业,以及 250℃ 以下废热发电领域。但 Bi_2Te_3 材料本身存在一些显著缺陷,例如机械性能差以及器件工艺中电极材料研发困难,都限制了这类材料的进一步推广。

但是热电材料本身的一些独特优点令其在特定能源转换过程中仍具有极大的优势。对于遥远的太空探测器来说,放射性同位素供热的热电发电器是目前唯一的供电系统。而我们的周边也存在大量被废弃的热能,例如汽车尾气、工厂锅炉排放的气体等。如果能将这些热能善加利用,即可成为再次使用的能源,而热电材料与技术,就是利用温差来发电的关键。由于能利用自然界存在的被废弃的能源,因此具有良好的综合社会效益。利用珀耳帖效应制成的热电制冷机具有机械压缩制冷机难以媲美的优点:尺寸小、质量轻、无任何机械转动部分,工作无噪声,无液态或气态介质,因此不存在污染环境的问题,可实现精确控温,响应速度快,器件使用寿命长,还可为超导材料的使用提供低温环境。另外利用热电材料制备的微型元件用于制备微型电源、微区冷却、光通信激光二极管和红外线传感器的调温系统,大大拓展了热电材料的应用领域。因此,热电材料是一种有着广泛应用前景的材料,在环境污染和能源危机日益严重的今天,进行新型热电材料的研究具有很强的现实意义。

近十年来,材料科学的新进展,如材料制备工艺及分析手段的多样化,计算机模拟在材料科学中的应用,新型先进材料的不断出现,使得设计和制备新型高性能高效率的热电材料的可能性逐渐增大。如图7-7所示,近年来在新型热电材料探索方面,ZT值就不断地获得了突破。随着研究的不断深入,相信热电材料的性能将会进一步提高,也将成为新材料研究领域的一个新的热点。在今后的热电材料研究工作中,研究重点应集中在以下几个方面。

（1）利用传统半导体能带理论和现代量子理论,对具有不同晶体结构的材料进行塞贝克系数、电导率和热导率的计算,以求在更大范围内寻找热电优值ZT更高的新型热电材料。

（2）从理论和实验上研究材料的显微结构、制备工艺等对其热电性能的影响,特别是对超晶格热电材料、纳米热电材料和热电材料薄膜的研究,以进一步提高材料的热电性能。

（3）对已发现的高性能材料进行理论和实验研究,使其达到稳定的高热电性能。

（4）加强器件的制备工艺研究,以实现热电材料的产业化。

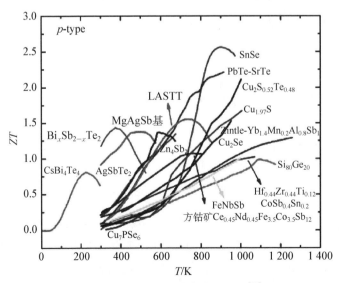

图7-7　热电材料热电优值(ZT)[13]

7.2 压电材料

压电材料是一类具有压电物理特性的电介质,压电效应可以被用于实现电能与机械能的相互转换,因此压电材料常被制成转换元件广泛应用于换能器以及传感器中[43, 49—51]。

7.2.1 压电材料原理

压电效应是 1880 年法国物理学家皮埃尔·居里(Pierre Curie)和雅各布·居里(Jacob Curie)兄弟在实验中发现的,他们发现当某些晶体受到机械力而发生拉伸或压缩时,晶体相对的两个表面会出现等量的异号电荷。科学家把这种现象叫做压电现象。具有压电现象的介质称为压电体。早期压电效应仅止于学术上的研究。压电材料真正获得广泛应用还是在发现压电陶瓷之后。压电器件最早采用的材料是石英晶体,接着是 $BaTiO_3$、$Pb(Zr,Ti)O_3$ 等压电陶瓷以及铌酸锂、钽酸锂和氧化锌等压电晶体。目前压电材料主要研究热点集中在弛豫型单晶、多元体系复合材料以及高居里温度压电材料,细晶粒压电陶瓷,无铅压电陶瓷材料等。

压电效应表现为当某些电介质在一定方向上受到外力的作用而发生变形时,其内部会产生极化现象,同时在它的两个相对表面上出现正负相反的电荷,当作用力的方向改变时,电荷的极性也随之改变,受力所产生的电荷量与外力的大小成正比。当外力去掉后,它又会恢复到不带电的状态,这种现象称为正压电效应,如图 7 - 8所示。

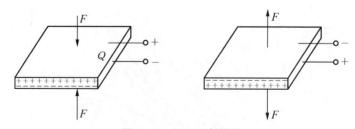

图 7 - 8 (正)压电效应

图 7 - 9 压电效应的可逆性

反之,当对某些物质在极化方向上施加一定电场时,材料将产生机械形变,当外电场撤销时,形变也消失,这叫逆压电效应,也叫电致伸缩。压电效应的可逆性如图 7 - 9 所示。正压电效应是把机械能转换为电能,逆压电效应是把电能转换为机械能。利用这一特性可实现机—电能量的相互转换。

大多数晶体都具有压电效应,而多数晶体的压电效应都十分微弱。材料要产生压电效应,其原子、离子或分子晶体必须具有不对称中心,但是由于材料类型不同,产生压电效应的原因也有差别。下面介绍两类压电材料的压电效应原理。

7.2.1.1　石英晶体的压电效应[43, 52]

石英是硅石的一种,它的化学成分是 SiO_2(二氧化硅),有天然石英晶体和人工石英晶体两种。石英是一种典型的压电单晶体。

石英的压电系数 $d_{11} = 2.31 \times 10^{-12}$ C/N,在几百摄氏度温度范围内,压电系数几乎不随温度而变化,当温度达到 575℃ 时,石英晶体就完全失去了压电性质,这就是它的居里点。石英的熔点为 1 750℃,密度为 2.65×10^3 kg/m³,有很大的机械强度和稳定的机械性质,可以承受的压力为 68～98 MPa。石英晶体单元的形状为六角锥体,如图 7-10 所示。

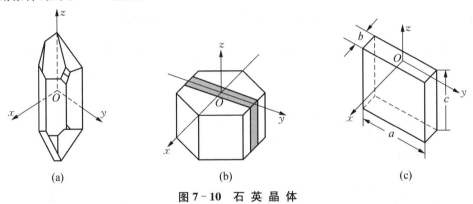

(a)　　　　　(b)　　　　　(c)

图7-10　石英晶体

石英晶体各个方向的特性不同。为了便于研究,人们根据石英晶体的物理特性,在石英晶体内画出 3 种几何对称轴,连接两个锥顶点的一根轴 z 叫光轴,它是晶体的对称轴,光线沿 z 轴通过晶体时,不产生双折射现象,因而以它作为基准轴,也叫中性轴;连接晶体横截面中对角线的 3 条轴中 x 叫电轴,该轴的压电效应最为显著;横截面中与电轴相互垂直的 3 条轴中 y 叫机械轴,在此轴上加电场,产生机械形变最大,故也叫力轴。

若从晶体上沿 y 方向切下一块如图 7-10(c)所示的晶片,当在电轴 x 方向施加作用力时,在与电轴垂直的平面上将产生电荷,其大小为

$$q_x = d_{11} F_x$$

式中,d_{11} 为 x 方向受力时的压电系数,F_x 为作用力。若在同一切片上,沿机械轴 y

方向施加作用力 F_y，则仍在与 x 轴垂直的平面上产生电荷 q_y，其大小为

$$q_y = d_{12}\frac{a}{b}F_y = -d_{11}\frac{a}{b}F_y$$

式中，d_{12} 为 y 轴方向受力的压电系数，因为石英轴对称，故 $d_{12} = -d_{11}$；a、b 为晶体切片长度和厚度。电荷 q_x 和 q_y 的符号由所受力的性质（拉力或压力）决定。q_x 的大小与晶片几何尺寸无关，而 q_y 与晶片几何尺寸有关。图 7-11 为晶体切片在 x 轴和 y 轴方向受拉力和压力的具体情况。

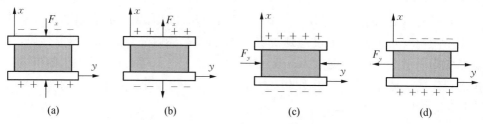

图 7-11　晶体片上电荷极性与受力方向的关系

如果在片状压电晶体材料的两个电极面上加以交流电压，那么石英晶体片将产生机械振动，即晶体片在电极方向有伸长和缩短现象，这种电致伸缩现象即为逆压电效应。

石英晶体的上述特性与其内部分子结构有关。在每个晶体单元中，有 3 个硅离子和六个氧离子，在垂直于 z 轴的 xy 平面上的投影，等效为一个正六边形排

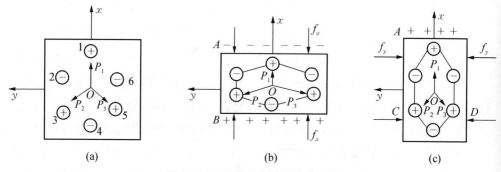

图 7-12　石英晶体压电效应示意

列，如图 7-12 所示。"＋"表示 Si^{4+}，"－"表示 O^{2-}。

当不受外力时，正负六个离子（Si^{4+} 和 O^{2-}）分布在正六边形的 6 个顶点上，形成 3 个 120°夹角的电偶极矩 p_1，p_2，p_3。此时正负电荷重心重合，电偶极矩的矢量和等于零，即

$$p_1 + p_2 + p_3 = 0$$

晶体表面不带电荷,呈电中性。如图 7-12(a)所示。

当受到沿 x 方向的压力作用时,晶体受压缩而产生形变,正负离子相对位置发生改变,此时键角也随之改变,电偶极矩 p_1 减小,p_2、p_3 增大,因此在 x 方向上的电偶极矩不为零,$p_1 + p_2 + p_3 > 0$,在 x 轴正向的晶体表面上出现正电荷,反向表面出现负电荷。电偶极矩在 y,z 轴方向上的分量都为零,因此无电荷出现,如图 7-12(b) 所示。

当受到沿 y 轴方向的压力时,p_1 增大,p_2、p_3 减小,因此在 x 方向上的电偶极矩不为零,$p_1 + p_2 + p_3 < 0$,在 x 轴正向的晶体表面上出现负电荷,反向表面出现正电荷。电偶极矩在 y,z 轴方向上的分量都为零,因此无电荷出现。如图 7-12(c) 所示。

如果受到沿 z 轴方向的作用力,晶体中的硅离子和氧离子沿 z 轴平移,因此电偶极矩矢量和等于零,表面沿 z 轴方向受力时,并无压电效应。

7.2.1.2 压电陶瓷的压电效应原理[43, 52]

压电陶瓷是一种经过极化处理后的人工多晶铁电体。多晶是指它由无数细微的单晶组成,在无外电场作用时,压电陶瓷内的某些区域中正负电荷重心的不重合,形成电偶极矩,它们具有一致的方向,这些区域称之为电畴。而所谓铁电体是指它具有类似铁磁材料磁畴的电畴结构,每个单晶形成单个电畴,这种自发极化的电畴在极化处理之前,晶粒内的电畴按任意方向排列,自发极化的作用相互抵消,陶瓷的极化强度为零,呈电中性,不具有压电特性。因此压电陶瓷与石英单晶产生压电效应有所不同。原始的压电陶瓷呈现各向同性而不具有压电性。为使其具有压电性,就必须在一定温度下做极化处理。如果在压电陶瓷上施加外电场,电畴的方向将发生转动,使之得到极化,当外电场强度达到饱和极化强度时,所有电畴方向将趋于一致。去掉外电场后,电畴的极化方向基本不变,即剩余极化强度很大,这时才具有压电特性,此时,如果受到外界力的作用,电畴的界限将发生移动,方向将发生偏转,引起剩余极化强度的变化,从而在垂直极化方向的平面上引起极化电荷变化。

所谓极化处理,是指在一定温度下,以强直流电场迫使电畴自发极化的方向转到与外加电场方向一致,作规则排列,此时压电陶瓷具有一定的极化强度,再使温度冷却,撤去电场,电畴方向基本保持不变,余下很强的剩余极化电场,从而呈现压电性,即陶瓷片的两端出现束缚电荷,一端为正,另一端为负,如图 7-13 所示。由于束缚电荷的作用,在陶瓷片的极化两端很快吸附一层来自外界的自由电荷,这时束缚电荷与自由电荷数值相等,极性相反,故此陶瓷片对外不呈现极性,如图 7-14所示。

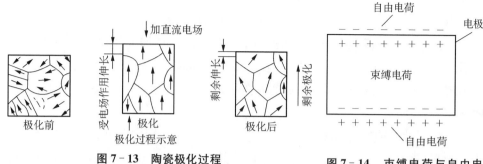

图 7‑13　陶瓷极化过程

图 7‑14　束缚电荷与自由电荷排列

如果在压电陶瓷片上加一个与极化方向平行的外力,陶瓷片产生压缩变形,片内的束缚电荷之间距离变小,电畴发生偏转,极化强度变小,因此吸附在其表面的自由电荷,有一部分被释放而呈现放电现象。当撤销压力时,陶瓷片恢复原状,极化强度增大,因此又吸附一部分自由电荷而出现充电现象。这种因受力而产生的机械效应转变为电效应,机械能转变为电能,就是压电陶瓷的正压电效应。放电电荷的多少与外力成正比例关系:

$$q = d_{33}F$$

式中,d_{33}是压电陶瓷的压电系数,F 为作用力。

压电陶瓷在极化方向上的压电效应最明显。我们把极化方向叫 z 轴,垂直于 z 轴平面上的任何直线都可作为 x 轴(或 y 轴)。

压电陶瓷的压电系数比石英晶体大得多,所以采用压电陶瓷制作的压电式传感器的灵敏度较高,但剩余极化强度和特性受温度影响较大。

7.2.2　压电材料的研究现状

压电材料有压电效应是因为晶格内原子间的特殊排列方式使得材料有应力场与电场耦合的效应。针对不同的应用场合,选用压电材料应考虑以下几个方面的性质[43,52]。

(1) 转换性能:具有较高的耦合系数或较大的压电常数。

(2) 机械性能:因为压电元件是受力元件,所以希望它的机械强度高,机械刚度大,这样才可能获得宽的线性范围和高的固有振动频率。

(3) 电性能:希望具有高的电阻率和大的介电常数,以减弱外部分布电容的影响,并获得好的低频特性。

(4) 温度和湿度稳定性要好:具有较高的居里点,以获得宽的温度范围。

(5) 时间稳定性：压电特性不随时间蜕变。

7.2.2.1　主要压电材料

根据材料的种类，压电材料可以分成压电单晶体、压电多晶体（压电陶瓷）、压电聚合物和压电复合材料四种。

压电单晶体：压电单晶体大多数为铁晶体管。另外还包括石英、硫化镉、氧化锌、氮化铝等晶体。这些铁电晶体包括含氧八面体的铁晶体管，例如钛酸钡晶体、具有铌酸锂结构的铌酸锂、铌酸钽和具有钨青铜结构的铌酸锶钡晶体；含有氢键的铁晶体管，例如磷酸二氢钾、磷酸二氢铵和磷酸氢铅（及磷酸氘铅）晶体；含层状结构的钛酸铋晶体等。目前应用最广泛的有非铁电性的石英压晶体管、铁电型压晶体管铌酸锂和铌酸钽等。

压电多晶体（压电陶瓷）：压电陶瓷的压电性质最早是在钛酸钡上发现的，但是由于纯的钛酸钡陶瓷烧结难度较大，且居里点（120℃左右）、室温附近（5℃左右）有相变发生，即使改变其掺杂特性，其压电性仍然不高。1950 年左右发明的锆钛酸铅（PZT）是迄今为止使用最多的压电陶瓷。

压电聚合物：早在 1940 年，苏联就曾发现木材具有压电性。之后人们又相继在苎麻、丝竹、动物骨骼、皮肤、血管等组织中发现了压电性。1960 年发现了人工合成的高分子聚合物的压电性。1969 年发现电极化后的聚偏二氟乙烯具有较强的压电性。具有较强压电性的材料包括聚偏氟乙烯（PVDF）及其共聚物、聚氟乙烯、聚氯乙烯、聚-γ-甲基-L-谷氨酸酯和尼龙 11、尼龙 9、尼龙 7 和尼龙 5 等。其中 PVDF 分子式为 $(CH_2CF_2)_n$ 形成的链状化合物，$n(>10\ 000)$ 为聚合度；从结构分析得知这种材料中晶相和非晶相的体积各约占 50%，PVDF 有 A、B、C 和 D 四种常见的晶型；铁电相只存在于 B 相中。尼龙 11、尼龙 9、尼龙 7 和尼龙 5 都是由 X-氨基酸与偶数基团 $(-CH_2)_{2n}$ 形成的聚酰胺。其铁电性源于酰胺基团的电偶极矩，自熔体淬火并经拉伸后就发生与膜面垂直的自发极化。其压电常量比 PVDF 低，但压电常量将随温度升高而大幅度增大。

压电复合材料：压电复合材料是由两相或多相材料复合而成的，通常见到的是由压电陶瓷（如 PZT）和聚合物（如聚偏氟乙烯或环氧树脂）组成的两相复合材料。这种材料兼有压电陶瓷和聚合材料的优点，与传统的压电陶瓷或与压电单晶相比，它具有更好的柔顺性和机械加工性能，克服了易碎和不易加工成形的缺点，且密度小，声速低，易与空气、水及生物组织实现声阻抗匹配。与聚合物压电材料相比，它具有较高的压电常数和机电耦合系数，因此灵敏度很高。压电复合材料还具有单相材料所没有的新特性，如压电材料与磁致伸缩材料组成的复合材料具有磁电效应。对于压电复合材料的研究目前还尚未全面化，目前压电材料研究的热点主要集中在弛豫型单晶（如 PMN-PT）、多元体系复合材料（如 PZT-PVDF、

PLN - PMN - PZT、PLN - PMN - PZT）以及高居里温度压电材料（$BiScO_3$ - $PbTiO_3$、$(1-x)LiNbO_{3-x}$(Na, K)(Nb_yTa_{1-y})、$Pb_xBa_{1-x}Nb_2O_3 + TiO_2 + Me^{2+}$）、细晶粒压电陶瓷、无铅压电陶瓷材料。下面介绍一些常见的压电材料。

1) 钛酸钡（$BaTiO_3$）

最早使用的压电陶瓷材料是钛酸钡（$BaTiO_3$），由碳酸钡和二氧化钛按一定比例混合后烧结而成。它的压电系数约为石英的 50 倍，该材料是 20 世纪 40 年代发现的，并于 1947 年制成器件，这对压电材料的发展具有重要的意义。

$BaTiO_3$ 是继罗息盐和磷酸二氢钾之后发现的第三种铁电体，具有介电常数高、机电耦合系数大的优点，成为最早的有实用价值的压电陶瓷。1947 年，美国采用 $BaTiO_3$ 陶瓷制造了留声机用拾音器。相比于罗息盐、石英晶体等压电单晶，$BaTiO_3$ 压电陶瓷具有制备容易、可以制成任意形状和任意极化方向的产品等优点，采用 $BaTiO_3$ 陶瓷制作的压电滤波器、换能器等各种压电器件不断涌现。

钛酸钡陶瓷（$BaTiO_3$）的晶体属于 ABO_3 钙钛矿型结构铁电材料，其中氧形成氧八面体，钛原子位于氧八面体的中心，钡则处于 8 个八面体的间隙。在不同的温区，它具有不同的相结构。钛酸钡是一致性熔融化合物，其熔点为 1 618℃。在此温度以下，1 460℃以上结晶出来的钛酸钡属于非铁电的六方晶系 6/mmm 点群。此时，六方晶系是稳定的。在 1 460～120℃钛酸钡转变为立方钙钛矿型结构。在此结构中 Ti^{4+}（钛离子）居于 O^{2-}（氧离子）构成的氧八面体中央，Ba^{2+}（钡离子）则处于 8 个氧八面体围成的空隙中。此时的钛酸钡晶体结构对称性极高，因此无偶极矩产生，晶体无铁电性，也无压电性。

随着温度下降，晶体的对称性下降。当温度下降到 120℃时，钛酸钡发生顺电-铁电相变。在 120～5℃的温区内，钛酸钡为四方晶系 4 mm 点群，具有显著的铁电性，其自发极化强度沿 c 轴方向，即[001]方向。钛酸钡从立方晶系转变为四方晶系时，结构变化较小。从晶胞来看，只是晶胞沿原立方晶系的一轴（c 轴）拉长，而沿另两轴缩短。

温度下降到 5℃以下，在 5～－90℃温区内，钛酸钡晶体转变成正交晶系 mm2 点群，此时晶体仍具有铁电性，其自发极化强度沿原立方晶胞的面对角线[011]方向。为了方便起见，通常采用单斜晶系的参数来描述正交晶系的单胞。这样处理的好处是使我们很容易地从单胞中看出自发极化的情况。钛酸钡从四方晶系转变为正交晶系，其结构变化也不大。从晶胞来看，相当于原立方晶系的一根面对角线伸长了，另一根面对角线缩短了，c 轴不变。当温度继续下降到－90℃以下时，晶体由正交晶系转变为三斜晶系 3 m 点群，此时晶体仍具有铁电性，其自发极化强度方向与原立方晶胞的体对角线[111]方向平行。钛酸钡从正交晶系转变成三斜晶系，其结构变化也不大。从晶胞来看，相当于原立方晶胞的一根体对角线伸长了，另一根体对角线缩短了。

综上所述,在整个温区($<1\,618℃$),钛酸钡共有 5 种晶体结构,即六方、立方、四方、单斜、三斜,随着温度的降低,晶体的对称性越来越低。在 120℃(即居里点)以上,钛酸钡晶体呈现顺电性,在 120℃ 以下呈现铁电性。

钛酸钡晶体由无数钛酸钡晶胞组成。当立方钛酸钡晶体冷却到居里点 T_c 时,开始产生自发极化,并同时进行立方相向四方相的转变。在发生自发极化的时候,其中一部分相互邻近的晶胞都沿着原来立方晶胞的某个晶轴产生自发极化,而另一部分相互邻近的晶胞可能沿原立方晶胞的另一个晶轴产生自发极化。这样当钛酸钡转变成四方相后,晶体就出现了沿不同方向自发极化的晶胞小单元,我们称之为电畴。也就是说,通过降低温度,晶体从顺电相转变为铁电相时,由于自发极化,引起表面静电相互作用变化,产生电畴结构。

$BaTiO_3$ 具有较好的压电性,它是在锆钛酸铅陶瓷出现前最为广泛使用的压电材料。但因其居里点不高(130℃),而只能在有限的温度范围内工作。另外在常温下其介电性和压电性也不稳定,在第二相变点,当相变时其介电性和压电性有显著的改变。

2) 锆钛酸铅系列压电陶瓷(PZT 系列)

目前使用较多的压电陶瓷材料是锆钛酸铅(PZT 系列),它是钛酸铅($PbTiO_3$)和锆酸铅($PbZrO_3$)组成的 $Pb(ZrTi)O_3$,即锆钛酸铅,现在统称为 PZT 型陶瓷。PZT 的出现使压电陶瓷有了更多的应用,例如压电点火装置和滤波器等。如果把 $BaTiO_3$ 作为单元系压电陶瓷的代表,那么 PZT 可作为二元系压电陶瓷的代表。PZT 压电陶瓷有较高的压电系数和较高的工作温度,由于它性能参数的多样性、振动模式的研究与开发利用以及器件制作技术的进步等因素,促使了它在压电应用领域的发展[53, 54]。

$PbZrO_3$ 和 $PbTiO_3$ 的结构相同,都属于钙钛矿结构,晶胞的 B 位置可以是 Ti^{4+} 也可以是 Zr^{4+},由于 $r(Ti^{4+}) = 0.64A$ 和 $r(Zr^{4+}) = 0.77A$ 相近,且两种离子的化学性质相似,故两者可形成无限固溶体,可表示为 $Pb(Zr_xTi_{1-x})O_3$,简称 PZT 陶瓷。

其中 $PbTiO_3$ 是一种高居里点(490℃)的钙钛矿型结构的铁电体,在居里点以上为立方顺电相,在居里点以下为四方铁电相,室温时四方晶胞的轴比为 $c/a = 1.063$,各向异性比 $BaTiO_3$ 要大。$PbZrO_3$ 在居里点(232℃)以上属立方晶系,在居里点以下却属正交晶系反铁电相。$PbTiO_3$ 和 $PbZrO_3$ 互溶后,其结构和性质都发生显著的变化。

在 $x = 0.52$ 附近,PZT 压电陶瓷的四方相和三方相共存,即处于准同型相界。在此相界附近,由于相变激活能低,只需在较弱电场的诱导下,就能发生晶相结构的转变,经极化处理后可以获得高压电活性和高介电常数。此外,$Pb(Zr_xTi_{1-x})O_3$

固溶体系的居里温度随着组成不同而在 $230 \sim 490℃$ 范围内变动,具有非常强和稳定的压电性能。PZT 压电陶瓷的出现带动了压电材料的快速发展,开辟了压电材料应用的新局面,对压电材料的推广具有重大意义。

对 PZT 的研究主要集中在以下两方面:一是具有准同型相界(MPB)组成的PZT。在 Zr/Ti 比为 $0.48 \sim 0.52$ 的范围存在一条准同型相界(MPB),富锆一侧为三方铁电相、富钛一侧是四方铁电相。在 MPB 附近,两相共存并可相互转化,使电偶极矩有较多的可能取向,极化处理时电偶极矩沿电场排列程度较高,从而具有很高的压电活性。另外,PZT 的性能可通过 Zr/Ti 比调节,也可通过同价元素取代和掺杂进行改性,因此仍是常用的压电陶瓷材料。二是具有高锆组成的 PZT。在Zr/Ti 为 95/5 的高锆区,存在一条铁电(F)-反铁电(AF)相界,该组成的 PZT 具有独特性能和用途。

固相烧结法是 PZT 铁电材料传统的合成方法,铁电陶瓷的性能与烧结工艺及微观结构密切相关,合成压电陶瓷的过程是化学反应进行的过程。这种化学反应不是在熔融状态下进行的,而是在比熔点低的温度下,利用固体晶粒间的扩散来完成的,这种反应称为"固相反应"。预烧过程和烧结过程是关键环节,预烧过程是发生化学反应的过程,即成相过程。烧结过程主要是把预烧成型的粉末在加热到适当温度以后发生体积收缩、密度提高和强度增加。实现烧结过程的机制,则是组成该物质的原子(离子)的扩散运动,该过程主要是样品中气孔的排除和致密度的提高过程,靠离子扩散来进行,所以当温度升高时,扩散系数增大,烧结过程加快,提高烧结温度可有效地促进烧结过程。但温度过高,在熔点附近会出现液相,发生粘连,或由于组成元素的挥发使密度减小,导致性能下降。

3) 锆钛酸铅系列压电陶瓷的改性(PZT 系列)

1961 年,日本科研人员在 PZT 中添加第三成分铌镁酸铅 $Pb(Mg_{1/3}Nb_{2/3})O_3$,研制成第一个三元系压电陶瓷材料(PMN - PZT)[55]。此后,三元系、四元系等多元系压电陶瓷材料的研究和应用十分活跃。三元系压电陶瓷就是在 PZT 二元体系的基础上再添加一种复合钙钛矿型的化合物 $A(B'B'')O_3$ 作为第三组元,其中 A位元素为 Pb^{2+},B' 为较低价阳离子、B'' 为较高价阳离子。复合钙钛矿型化合物因具有弥散相变和频率色散特性而被称为弛豫型铁电体。$PZN(Zn_{1/3}Nb_{2/3})O_3$ 即为一种典型的弛豫铁电体,具有 $140℃$ 高的居里点、高达 22 000 的介电常数和低至$950℃$ 的合成温度[56]。将弛豫型铁电体和 PZT 复合而形成的多元体系是压电陶瓷领域的研究热点。

多元体系相对于 PZT 陶瓷具有很多优点。首先,第三组元的加入能使最低共熔点降低,从而降低压电陶瓷的烧结温度、抑制铅挥发。其次,在多种化合物形成固溶体的过程中,自由能有所降低,故能促进烧结的进行。第三,各种异相物质的存在可抑制局部晶粒的过分长大,较易获得均匀、致密、机械强度较高的压电陶瓷。最后,由于第三相的出现,使可供选择的组成范围更为宽广,在 PZT 中难以获得的高性能参数或难以同时具备的几种性能均可较大程度地得到满足。

压电陶瓷的另一个研究方向是发展环保绿色材料,这主要是随着环境问题的日益严峻,人们开始对研究过的材料生产及使用进行重新审视。目前应用在工业领域的 PTZ 陶瓷中使用的铅(Pb)是有毒的,它可以破坏儿童的神经中枢;体内含铅过多可以导致儿童学习能力下降。除此之外,慢性肌肉或关节疼痛、听觉视觉功能变差、易有过敏性疾病、注意力不集中或过动、精神障碍或退化等症状,都被认为与血液中的铅含量较高有关[57—59]。铅在 PTZ 陶瓷中的污染不仅体现在制成品上,还体现在制造含铅铁电材料的前驱体中大量使用铅的氧化物,由于其在环境中扩散能力强,可能对环境造成更大的污染。因此,发展环境协调性材料(绿色材料)及技术是材料发展的趋势之一。

无铅压电材料体系主要有钛酸钡(BT)、铌酸盐、钛酸铋钠(BNT)以及铋层状结构四大类。其中 BaTiO$_3$ 是历史上最早发现的一种压电陶瓷材料,在 1954 年发现 PZT 材料之前曾被广泛地应用,由于压电活性不高和温度稳定性差,应用发展受到了很大的限制。2009 年,Liu 等设计开发了一种新的无铅压电材料:锆钛酸钡钙(BZT$_{-x}$BCT),其化学式为 Ba(Ti$_{0.8}$Zr$_{0.2}$)O$_3$ -(Ba$_{0.7}$Ca$_{0.3}$)TiO$_3$,该体系的 d_{33} 高达 620 pC/N,超越了一般锆钛酸铅的性能(250~600 pC/N),这是半个世纪以来无铅压电材料的性能首次超越锆钛酸铅[60];2011 年,Xue 等开发了含三相共存点型准同相界无铅压电陶瓷体系 Ba(Sn$_{0.12}$Ti$_{0.88}$)O$_{3-x}$(Ba$_{0.7}$Ca$_{0.3}$)TiO$_3$(BST$_{-x}$BCT),这个体系常温下 d33 可达 596 pC/N[61];2012 年,Zhou 等开发了具有三相点型准同相界的 Ba(Ti$_{0.8}$Hf$_{0.2}$)O$_{3-x}$(Ba$_{0.7}$Ca$_{0.3}$)TiO(BHT$_{-x}$BCT),其室温下 d33 达到 550 pC/N[62]。

KNN 是 KNbO$_3$(KN)和 NaNbO$_3$(NN)的固溶体,当 K/Na $\approx$ 1 时,KNN 固溶体中同时存在 O$_1$ 和 O$_2$ 两种斜方铁电相,形成准同型相界。NaNbO$_3$ 在室温下是反铁电具有钙钛矿结构的斜方结构,适当添加如 KNbO$_3$、LiNbO$_3$ 等可以获得性能较好的铌酸盐系统无铅压电材料。2004 年,日本丰田中央研究院的 Y. Saito 等在 Nature 上报道了研究 Li$^+$、Ta^{5+} 及 Sb^{5+} 等共同取代改性对 Na$_{0.5}$K$_{0.5}$NbO$_3$ 压电性能的影响[63],采用反应模板生长制备出(K$_{0.44}$Na$_{0.52}$Li$_{0.04}$)(Nb$_{0.86}$Ta$_{0.10}$Sb$_{0.04}$)O$_3$ 材料,其优异的性能可以与传统的 PZT-4 材料相媲美,其压电常数 $d_{33} = 416$ pC/N,机电耦合系数 $Kp = 61\%$,介电常数达 1 570,居里温度 $T_c = 253$℃,引起了世界范围围的极大关注,大大促进了无铅压电材料的研究和开发。研究人员进一步通过离子掺杂、调整 K/Na 比以及添加烧结助剂等多种方式来提高 KNN 基陶瓷的压电性能,可以获得压电常数为 130 ~ 365 pC/N 的 KNN 基压电陶瓷[64—67]。

虽然国际及国内在无铅压电陶瓷方面已开展了大量研究并取得了阶段性成果,但在进一步提高无铅压电材料的压电性能方面遭遇到了瓶颈,至今仍未发现一种在压电性能和温度稳定性方面全面达到 PZT 陶瓷、可以真正替代 PZT 陶瓷的无铅压电材料。例如,KNN 基无铅压电陶瓷是一类比较典型的无铅压电陶瓷,但是这类陶瓷的温度稳定性差。研究发现 $CaZrO_3$ 掺杂的(K,Na)NbO_3 无铅压电陶瓷不仅在室温具有较高的压电响应,且其压电应变在很宽的温度范围内(25~150℃)保持了非常优异的稳定性[68],如图 7 - 15 所示。该材料体系出色的温度稳定性来源于电场导致的弥散型相变,即电场作用下多晶型相转变区存在于更宽的温度范围内[69]。因此要获得与铅基压电陶瓷性能相近的无铅体系,还需进行大量深入的基础研究工作。

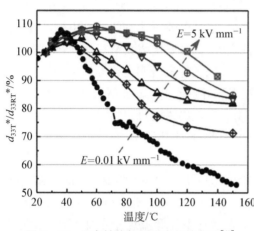

图 7 - 15 压电性能与温度变化的曲线[69]

4) 压电陶瓷-高聚物复合材料

材料科学的发展像许多领域的发展一样,都有一种曲线规律。一种新效应被发现后,在没有认识到它的重要性之前,发展是相当缓慢的。但是一旦人们认识到它的重要性即进入快速发展阶段。这时便开发出许多实际的应用,从而又相应地发现许多新的材料,接着新材料又会带来更多的新应用。然而经过一个时期便又会进入饱和阶段。目前材料科学的不少领域都处于饱和阶段。PZT 压电陶瓷作为很好的换能器材料已有 50 多年的历史,过去十几年中对一些化合物的深入研究表明,改变掺杂元素的方法,不可能大幅度改进和提高材料的性能。于是人们开始用不均质的陶瓷材料和精确控制材料的多相性来改进单相材料。

压电高聚物具有许多无机压电材料所不具备的特点,例如压电陶瓷硬而脆,比较重,难以加工成大面积或形状复杂的薄膜,价格也较贵;而压电高聚物力学性能好,易于加工,价格便宜。其缺点是压电常数比无机压电材料小,熔融温度和软化点也较低。将压电陶瓷与压电聚合物复合成压电复合材料,克服了压电陶瓷材料自身的脆性和压电聚合物材料的温度限制,是智能材料系统与结构中最有前途的压电材料[70,71]。Newnham 提出了连通性概念及 10 种连通模式,即通常两相复合的压电复合材料有 10 种连通方式[72],其中 0 - 3 型压电复合材料是指压电陶瓷粉末(0 维)分散于 3 维连续的聚合物基体(3 维)中形成的复合材料。由于 0 - 3 型压电复合材料缺乏所需的应力集中因素,其中的压电陶瓷相极化比较困难,使复合材料的压电系数相对较小。但由于该类材料与其他类型压电复合材料一样能提高优值、减弱脆性、降低密度,并且无需高温烧结,成形加工缺陷少、能耗低。当选择恰当条件时,能实现无机/高聚物两相间的良好界面结合与过渡,具有可柔性加工性、易于制造的特点。其优异的可柔性加工性能得到了人们的青睐。30 多年来此类材料发展十分迅速,应用范围也从压电传感器、水声器扩展到无损探伤、宽带横波换能器、非均匀振动换能器及智能材料系统等领域。为使压电复合材料具有更精密的空间结构,一系列新的成形工艺,包括脱模法、注模成形法、遗留法、层压法、纤维编织法、共挤出法等应运而生,可获得精细结构。新兴的快速成型工艺为制作几何形状独特的压电高聚物复合材料提供了可能。从不同类别的高分子制备的压电复合材料来看,可以分为 PVDF 基体类、环氧树脂基体类、PVC 基体类、PU 基体类、有机硅聚合物基体类压电复合材料等材料。有兴趣的读者可以进一步阅读相关文献[73]。

5)压电薄膜

传统的压电体材料及其工艺受尺寸的限制,难以适应现代电子器件微型化、小型化、集成化发展方向的要求。随着微机电系统技术的迅速发展,实现电子器件概念上的突破在很大程度上推动了从体材料研究向薄膜材料研究的转变[74—77]。薄膜易于满足对几何尺寸的要求,成本低于昂贵的单晶铁电材料。20 世纪 90 年代初兴起的铁电薄膜发展十分迅速,从而为相应微器件的设计和制作研究创造了条件。目前基于压电薄膜已经开展了微型马达、微加速度计、微麦克风、微位移器、膜状传感器等微型器件的研究。压电薄膜的制备方法主要有溶胶-凝胶法(Sol-Gel)、射频磁控溅射金属有机物化学气相淀积(MOCVD)、脉冲激光沉积(PLD)、分子束外延(MBE)、液态源雾化化学沉积(LSMCD)等,目标是制备择优取向的 PZT 铁电薄膜,以获得最优的薄膜压电性能,满足微型驱动器日益增长的使用要求。

国际上作出较大贡献的有美国明尼苏达的 D. L. Polla 小组、宾夕法尼亚州立大学的 S. Trolier-Mckinstr 小组和瑞士的联邦技术研究院的 P. Muralt 小组等。如 P. Muralt 等人基于 $15\sim100~\mu m$ 厚的硅单晶上用溶胶-凝胶方法沉积出 $1~\mu m$ 厚的 PZT 压电薄膜作定子[78],并采用激光切割的方法加工成了直径为 2.5 mm 的转子,制作了转速可达 200 rad/s 的压电微马达。在生物医疗领域,利用压电微马达驱动,可制备多自由度的手术钳,从而在很小的伤口(如小于 10 mm)内,在内窥镜下进行复杂手术,该微创手术非常有利于病人的康复。此外,还可进行显微操作,如细胞分选、分类及其操作。

作为微机电系统 MEMS 用驱动源的压电薄膜,不仅要求工作电压低、重量轻、体积小、成本低、容易与半导体工艺兼容,而且还需要驱动器单位体积的输出力足够大,传感器的噪声小。研究表明,能胜任的只有微米级厚度的膜及多层膜,因此,近些年来 $1\sim10$ μm 以至更厚的压电薄膜是国内外研究的热点和重要发展方向[78]。压电薄膜的制备技术主要有复合溶胶-凝胶法、水热法、网版印刷法。不同制膜工艺对薄膜的内应力状态有影响,从而改变了薄膜的性质。在衬底表面引入晶种能降低成膜的温度还可获得取向生长晶粒的薄膜。此外,高性能的 PZT 材料是压电薄膜的首选。墨尔本皇家理工大学的 S. Sriram 等人[26]研究制备的 $(Pb_{0.92}Sr_{0.08})(Zr_{0.65}Ti_{0.35})O_3$ 薄膜的压电性能 d_{33} 可达 458—608 pC/N,远远高于 ZnO 压电薄膜,为高性能的器件设计提供了很好的材料基础[79]。

7.2.2.2 压电材料研究展望

目前,压电材料主要是应用在换能器以及其他传感器和驱动器等方面。换能器是将机械振动转变为电信号或在电场驱动下产生机械振动的器件,包括电声换能器,水声换能器和超声换能器等,以及其他传感器和驱动器应用。以声电换能器为例,目前可用它制造各式各样的声电换能器,其操作频谱可由 100 Hz 起涵盖至几个 GHz,依频率的不同而有不同的用途。声呐、反潜、海底通信、电话通信等是低频信号最典型的应用。在几个 MHz 范围,其波长在毫米范围,适合用来做非破坏性的检验材料与医学诊断用材,超声波成像术、全像摄影术、计算机辅助声波断层摄影术等就是针对这些用途而研究的。频率在 VHF、UHF 波段则使用压电性研制表面声波电子组件,如延迟线、各式滤波器、回旋器、相关器等信号处理组件,在通信上与信号处理上具有重要的应用;当频率高至低微波波段,其对应波长在微米范围,用来制作声学显微镜。

由于压电材料具有优异的压电、介电和光电等电学性能,也被广泛地应用于电子、航空航天、生物等高技术领域。近年来,各国都在积极研究和开发新的压电功能陶瓷,研究的重点大都是从传统材料中发掘新效应,开拓新应用;从控制材料组织和结构入手,寻找新的压电材料。特别值得重视的是,随着材料技术和工艺的发展,目前国际上对压电材料的应用研究十分活跃,许多新的压电器件,包括过去认为是难以实现的器材也被研制出来了。随着对材料的组成、制备工艺及结构的不断深入研究,将为压电材料的应用开辟更加广阔的前景。

问题思考

1. 说明热电效应中的塞贝克效应。金属的塞贝克效应与半导体的塞贝克效应有什么区别?

2. 说明热电效应中的珀耳帖效应和汤姆孙效应。

3. 综述材料的热电效应以及其可能的应用。

4. 什么是热电优值? 如何提高热电优值?

5. 针对不同温区,目前的热电材料有哪些类型? 指出其优缺点。

6. 什么是材料的压电效应? 有何应用?

7. 目前较多使用的压电陶瓷材料是哪种材料? 各有什么优缺点?

8. 压电陶瓷中的高聚物复合材料有什么优缺点?

参 考 文 献

[1] 李翔,周园,任秀峰,等. 新型热电材料的研究进展[J]. 电源技术,2012,36(1): 142-145.

[2] 李红星,赵新兵,李伟文. 新型热电材料研究进展[J]. 材料导报,2002,16(6): 20-23.

[3] 徐亚东,徐桂英,葛昌纯. 新型热电材料的研究动态[J]. 材料导报,2007,21(11): 1-3.

[4] 史迅,席丽丽,杨炯,等. 热电材料研究中的基础物理问题[J]. 物理,2011,40(11): 710-718.

[5] 任志锋,刘玮书. 热电材料研究的现状与发展趋势[J]. 西华大学学报(自然科学版),2013,32(3): 1-9.

[6] 张成毅,陈玉标,陈玲. 块体热电材料的研究进展[J]. 物理,2011,40(11): 719-725.

[7] SOOTSMAN J R, CHUNG D Y, KANATZIDIS M G. New and old concepts in thermoelectric materials [J]. Angewandte Chemie International Edition, 2009, 48 (46): 8616-8639.

[8] YAMASHITA O, TOMIYOSHI S, MAKITA K. Bismuth telluride compounds with high thermoelectric figures of merit [J]. Journal of Applied Physics, 2003, 93(1): 368-374.

[9] JIANG J, CHEN L, BAI S, et al. Thermoelectric properties of p-type (Bi 2 Te 3) x (Sb 2 Te 3) 1−x crystals prepared via zone melting [J]. Journal of crystal growth, 2005, 277(1): 258-263.

[10] HAO F, QIU P, TANG Y, et al. High efficiency Bi2Te3-based materials and devices for thermoelectric power generation between 100 and 300℃ [J]. Energy & Environmental Science, 2016, 9: 3120-3127.

[11] ZHAO H, SUI J, TANG Z, et al. High thermoelectric performance of MgAgSb-based materials [J]. Nano Energy, 2014, 7: 97-103.

[12] KRAEMER D, SUI J, MCENANEY K, et al. High thermoelectric conversion efficiency of MgAgSb-based material with hot-pressed contacts [J]. Energy & Environmental Science, 2015, 8(4): 1299-1308.

[13] LI D, ZHAO H, LI S, et al. Atomic Disorders Induced by Silver and Magnesium Ion

Migrations Favor High Thermoelectric Performance in α – MgAgSb – Based Materials [J]. Advanced Functional Materials, 2015,25(41): 6478 – 6488.

[14] WANG X, LEE H, LAN Y, et al. Enhanced thermoelectric figure of merit in nanostructured n-type silicon germanium bulk alloy [J]. Applied Physics Letters, 2008,93(19): 193121.

[15] ZHAO L-D, LO S-H, ZHANG Y, et al. Ultralow thermal conductivity and high thermoelectric figure of merit in SnSe crystals [J]. Nature, 2014, 508 (7496): 373 – 377.

[16] ZHAO L-D, TAN G, HAO S, et al. Ultrahigh power factor and thermoelectric performance in hole-doped single-crystal SnSe [J]. Science, 2016, 351 (6269): 141 – 144.

[17] NOLAS G, COHN J, SLACK G, et al. Semiconducting Ge clathrates: Promising candidates for thermoelectric applications [J]. Applied Physics Letters, 1998,73(2): 178 – 480.

[18] STOBART R, MILNER D. The Potential for therno-electric regeneration of energy in vehicles. [R]. SAE Technical Paper, 2009.

[19] SALES B, MANDRUS D, WILLIAMS R K. Filled skutterudite antimonides: a new class of thermoelectric materials [J]. Science, 1996, 272(5266): 1325.

[20] CAO Y, ZHAO X, ZHU T, et al. Syntheses and thermoelectric properties of Bi2Te3/Sb2Te3 bulk nanocomposites with laminated nanostructure [J]. Applied Physics Letters, 2008,92(14): 143106.

[21] YANG J, LI H, WU T, et al. Evaluation of half – heusler compounds as thermoelectric materials based on the calculated electrical transport properties [J]. Advanced Functional Materials, 2008,18(19): 2880 – 2888.

[22] YU C, ZHU T-J, SHI R-Z, et al. High-performance half-Heusler thermoelectric materials Hf_{1-x} $Zr_x NiSn_{1-y}$ Sby prepared by levitation melting and spark plasma sintering [J]. Acta Materialia, 2009,57(9): 2757 – 2764.

[23] CULP S R, POON S J, HICKMAN N, et al. Effect of substitutions on the thermoelectric figure of merit of half-Heusler phases at 800 C [J]. Applied Physics Letters, 2006,88(4): 1 – 3.

[24] FU C, ZHU T, LIU Y, et al. Band engineering of high performance p-type FeNbSb based half-Heusler thermoelectric materials for figure of merit zT > 1 [J]. Energy & Environmental Science, 2015,8(1): 216 – 220.

[25] FU C, BAI S, LIU Y, et al. Realizing high figure of merit in heavy-band p-type half-Heusler thermoelectric materials [J]. Nature communications, 2015,6: 1 – 7.

[26] TERASAKI I, SASAGO Y, UCHINOKURA K. Large thermoelectric power in

$NaCo_2O_4$ single crystals [J]. Physical Review B, 1997,56(20): R12685.

[27] SNYDER G J, TOBERER E S. Complex thermoelectric materials [J]. Nature materials, 2008,7(2): 105 - 114.

[28] SINGH D J. Electronic structure of $NaCo_2O_4$ [J]. Physical Review B, 2000, 61 (20): 13397.

[29] LEE C-H, YI G-C, ZUEV Y M, et al. Thermoelectric power measurements of wide band gap semiconducting nanowires [J]. Applied Physics Letters, 2009, 94 (2): 022106.

[30] HEREMANS J, THRUSH C. Thermoelectric power of bismuth nanowires [J]. Physical Review B, 1999,59(19): 12579.

[31] CHO S, DIVENERE A, WONG G, et al. Thermoelectric power of MBE grown Bi thin films and Bi/CdTe superlattices on CdTe substrates [J]. Solid state communications, 1997,102(9): 673 - 676.

[32] HARMAN T, TAYLOR P, WALSH M, et al. Quantum dot superlattice thermoelectric materials and devices [J]. science, 2002,297(5590): 2229 - 2232.

[33] B TTNER H, CHEN G, VENKATASUBRAMANIAN R. Aspects of thin-film superlattice thermoelectric materials, devices, and applications [J]. MRS bulletin, 2006,31(03): 211 - 217.

[34] BOUKAI A I, BUNIMOVICH Y, TAHIR-KHELI J, et al. Silicon nanowires as efficient thermoelectric materials [J]. Nature, 2008,451(7175): 168 - 171.

[35] HICKS L, HARMAN T, DRESSELHAUS M. Use of quantum - well superlattices to obtain a high figure of merit from nonconventional thermoelectric materials [J]. Applied Physics Letters, 1993,63(23): 3230 - 3232.

[36] MAHAN G, SALES B, SHARP J. Thermoelectric materials: New approaches to an old problem [J]. Physics Today, 2008,50(3): 42 - 47.

[37] KOGA T, SUN X, CRONIN S, et al. Carrier pocket engineering to design superior thermoelectric materials using GaAs/AlAs superlattices; proceedings of the MRS Proceedings, F, 1998 [C]. Cambridge University Press.

[38] HOCHBAUM A I, CHEN R, DELGADO R D, et al. Enhanced thermoelectric performance of rough silicon nanowires [J]. Nature, 2008,451(7175): 163 - 167.

[39] WANG W, JIA F, HUANG Q, et al. A new type of low power thermoelectric micro-generator fabricated by nanowire array thermoelectric material [J]. Microelectronic Engineering, 2005,77(3): 223 - 229.

[40] DRESSELHAUS M S, CHEN G, TANG M Y, et al. New Directions for Low - Dimensional Thermoelectric Materials [J]. Advanced Materials, 2007, 19 (8): 1043 - 1053.

［41］ ZIDE J，BAHK J-H，SINGH R，et al. High efficiency semimetal/semiconductor nanocomposite thermoelectric materials ［J］. Journal of Applied Physics，2010，108 (12)：123702.

［42］ LI J-F，LIU W-S，ZHAO L-D，et al. High-performance nanostructured thermoelectric materials ［J］. NPG Asia Materials，2010，2(4)：152－158.

［43］ JAFFE B. Piezoelectric ceramics ［M］. Holland：Elsevier，2012.

［44］ TRITT T. Recent Trends in Thermoelectric Materials Research，Part Two ［M］. New York：Academic Press，2000.

［45］ MIN G，ROWE D. A serious limitation to the phonon glass electron crystal (PGEC) approach to improved thermoelectric materials ［J］. Journal of materials science letters，1999，18(16)：1305－1306.

［46］ SHIOTA I，NISHIDA I A. Development of FGM thermoelectric materials in Japan-the state of the art；proceedings of the Thermoelectrics，1997 Proceedings ICT'97 XVI International Conference on，F，1997 ［C］. IEEE.

［47］ OKANO K，TAKAGI Y. Application of SiC－Si functionally gradient material to thermoelectric energy conversion device ［J］. Electrical engineering in Japan，1996，117 (6)：9－17.

［48］ GE C C，WU X F，XU G Y. Functionally graded thermoelectric materials；proceedings of the Key Engineering Materials，F，2007［C］. Trans Tech Publ.

［49］ 肖定全，万征. 环境协调型压电铁电陶瓷 ［J］. 压电与声光，1999，21(5)：363－366.

［50］ 张涛，孙立宁，蔡鹤皋. 压电陶瓷基本特性研究 三［J］. 光学精密工程，1998，6(5)：26－32.

［51］ 赁敦敏，肖定全，朱建国，等. 无铅压电陶瓷研究开发进展［J］. 压电与声光，2003，25 (2)：127－132.

［52］ SUO Z，KUO C-M，BARNETT D，et al. Fracture mechanics for piezoelectric ceramics ［J］. Journal of the Mechanics and Physics of Solids，1992，40(4)：739－765.

［53］ HOOKER M W. Properties of PZT-Based piezoelectric Ceramics between-150 and 250 C ［R］. NASA Technical Reports Serrer，1998.

［54］ TAKAHASHI S，HIROSE S，UCHINO K. Stability of PZT piezoelectric ceramics under vibration level change ［J］. Journal of the American Ceramic Society，1994，77 (9)：2429－2432.

［55］ OUCHI H，NAGANO K，HAYAKAWA S. Piezoelectric Properties of Pb (Mg1/3Nb2/3) O3—PbTiO3—PbZrO3 Solid Solution Ceramics ［J］. Journal of the American Ceramic Society，1965，48(12)：630－635.

［56］ KUWATA J，UCHINO K，NOMURA S. Dielectric and piezoelectric properties of 0. 91 Pb (Zn1/3Nb2/3) O3－0. 09 PbTiO3 single crystals ［J］. Japanese Journal of

Applied Physics, 1982,21(9R): 1298.

[57] TAKENAKA T, NAGATA H. Current status and prospects of lead-free piezoelectric ceramics [J]. Journal of the European Ceramic Society, 2005,25(12): 2693 – 2700.

[58] SHROUT T R, ZHANG S J. Lead-free piezoelectric ceramics: Alternatives for PZT? [J]. Journal of Electroceramics, 2007,19(1): 113 – 126.

[59] TAKENAKA T, MARUYAMA K-I, SAKATA K. (Bi1/2Na1/2) TiO3 – BaTiO3 system for lead – free piezoelectric ceramics [J]. Japanese Journal of Applied Physics, 1991,30(9S): 2236.

[60] LIU W, REN X. Large Piezoelectric Effect in Pb-Free Ceramics [J]. Physical Review Letters, 2009,103(25): 257602.

[61] GAO J, XUE D, WANG Y, et al. Microstructure basis for strong piezoelectricity in Pb-free Ba (Zr0. 2Ti0. 8) O3 – (Ba0. 7Ca0. 3) TiO_3 ceramics [J]. Applied Physics Letters, 2011,99(9): 092901.

[62] ZHOU C, LIU W, XUE D, et al. Triple-point-type morphotropic phase boundary based large piezoelectric Pb-free material—Ba(Ti0. 8Hf0. 2) O3-(Ba0. 7Ca0. 3) TiO3 [J]. Applied Physics Letters, 2012,100(22): 222910.

[63] SAITO Y, TAKAO H, TANI T, et al. Lead-free piezoceramics [J]. Nature, 2004, 432(7013): 84 – 87.

[64] ZHOU J-J, LI J-F, ZHANG X-W. $BiFeO_3$-modified (Li, K, Na)(Nb, Ta)O_3 lead-free piezoelectric ceramics with temperature-stable piezoelectric property and enhanced mechanical strength [J]. Journal of Materials Science, 2012,47(4): 1767 – 1773.

[65] HUAN Y, WANG X, GAO R, et al. Theoretical Prediction and Experimental Validation of Enhancing the Piezoelectric Properties of (K, Na) NbO_3 Modified by Li, Ta, and Sb According to the Linear Combination Rule [J]. Journal of the American Ceramic Society, 2014,97(11): 3524 – 3530.

[66] WANG Z, XIAO D, WU J, et al. New Lead – Free $(1-x)$(K0. 5Na0. 5) NbO3$-x$ (Bi0. 5Na0. 5) ZrO3 Ceramics with High Piezoelectricity [J]. Journal of the American Ceramic Society, 2014,97(3): 688 – 690.

[67] LI H T, ZHANG B P, SHANG P P, et al. Phase Transition and High Piezoelectric Properties of Li0. 058 (Na0. 52+ xK0. 48) 0. 942 NbO3 Lead – Free Ceramics [J]. Journal of the American Ceramic Society, 2011,94(2): 628 – 632.

[68] WANG K, YAO F Z, JO W, et al. Temperature – Insensitive (K, Na) NbO3 – Based Lead – Free Piezoactuator Ceramics [J]. Advanced Functional Materials, 2013, 23 (33): 4079 – 4086.

[69] YAO F Z, WANG K, JO W, et al. Diffused Phase Transition Boosts Thermal Stability of High – Performance Lead – Free Piezoelectrics [J]. Advanced Functional

Materials，2016，26：1217－1224.

[70] SKINNER D，NEWNHAM R，CROSS L. Flexible composite transducers [J]. Materials Research Bulletin，1978，13(6)：599－607.

[71] DAS-GUPTA D，DOUGHTY K. Polymer-ceramic composite materials with high dielectric constants [J]. Thin Solid Films，1988，158(1)：93－105.

[72] NEWNHAM R，SKINNER D，CROSS L. Connectivity and piezoelectric-pyroelectric composites [J]. Materials Research Bulletin，1978，13(5)：525－536.

[73] 陈忠红，刘佳，陈琼，等. 高分子压电复合材料研究进展[J]. 化工新型材料，2016，44(1)：19－21.

[74] RYU J，CHOI J-J，HAHN B-D，et al. Fabrication and ferroelectric properties of highly dense lead-free piezoelectric (K 0.5 Na 0.5) NbO 3 thick films by aerosol deposition [J]. Appl Phys Lett，2007，90(15)：152901.

[75] DAMJANOVIC D. Ferroelectric，dielectric and piezoelectric properties of ferroelectric thin films and ceramics [J]. Reports on Progress in Physics，1998，61(9)：1267.

[76] BAO Z，YAO Y，ZHU J，et al. Study on ferroelectric and dielectric properties of niobium doped Bi 4 Ti 3 O 12 ceramics and thin films prepared by PLD method [J]. Materials Letters，2002，56(5)：861－866.

[77] 于晓，张之圣，刘志刚. LSMCD 技术制备 PLT 铁电薄膜的退火工艺研究[J]. 压电与声光，2004，26(5)：404－407.

[78] MURALT P. Piezoelectrics in micro and nanosystems：solutions for a wide range of applications [J]. Journal of nanoscience and nanotechnology，2008，8 (5)：2560－2567.

[79] 温建强，章力旺. 压电材料的研究新进展[J]. 应用声学，2013，32(05)：413－418.

第8章 储能材料

能量的存储不仅是能源技术的最重要属性,也是能源利用中的重要环节。在能源的开发、转换、运输和利用过程中,能量的供应和需求之间往往存在数量、形态和时间的差异,为了弥补这些差异,有效地利用能源,常常采用储存和释放能量的人为过程和技术手段,这就是储能技术。按照储存状态下能量的形态,可分为机械储能技术、化学储能技术、电池储能技术、风能储存技术和水能储存技术等。作为与能源材料相关的重要内容,本章主要介绍锂离子电池及材料、超级电容器及材料以及储氢材料。

8.1 储能电池的电化学基础

储能电池是指利用电化学反应的可逆性构建可逆充放电电池,应用于可再生能源包括太阳能、风能、潮汐能等的电化学能量存储装置[1]。特别是随着新能源技术和智能电网产业的快速发展,发展储能电池已成为非常重要的研究方向。

8.1.1 储能电池的发展

一般而言,储能电池是由数个电化学电池以串联或并联的方式组成来提供所需要的电压和容量的。每一个电池则是由参与电化学反应的正极和负极以及溶解有电解质的电解液来构成。常见的电池主要包括铅酸电池、镍镉电池、镍氢电池、锌锰电池、锂离子电池、钠硫电池以及全钒液流电池等[2]。

1859 年发明的铅酸电池作为研究较早和应用较广泛的二次电池,主要是由金属铅、铅氧化物以及含有约 37% 硫酸的电解液构成。相应的电化学反应为①负极反应:$Pb + SO_4^{2-} \leftrightarrow PbSO_4 + 2e^-$;②正极反应:$PbO_2 + SO_4^{2-} + 4H^+ + 2e^- \leftrightarrow PbSO_4 + 2H_2O$。铅酸电池具有成本低($300~600/kW \cdot h$)、可靠性高以及效率高($70\% \sim 90\%$)等优势。但是较低的循环次数($500 \sim 1\ 000$ 圈)、较低的能量密度($30 \sim 50$ Wh/kg)以及低温性能差等缺点限制了铅酸电池的使用范围[4]。

1899 年人们发明了镍镉电池(Ni-Cd batteries),相应的电化学反应为

$2Ni(OH) + Cd + 2H_2O \leftrightarrow 2Ni(OH)_2 + Cd(OH)_2$。镍镉电池具有能量密度高($50 \sim 75$ Wh/kg)、稳定性好等优点。镍镉电池的主要缺点是成本相对较高($1 000/kW·h$)、污染程度较高、记忆效应高和循环次数相对较低($2 000 \sim 2 500$圈)。因此,在此基础上又发展了镍氢电池(MH-Ni batteries)。镍氢电池主要采用碱性电解液,以$Ni(OH)_2$为正极,储氢合金为负极,具有比镍镉电池等更高的比能量。镍氢电池作为动力型蓄电池具有更好的优势,目前在电动汽车上的应用研究已经广泛开展。但是,低温时容量减小和高温时充电耐受性差以及成本较高等局限性制约了镍氢电池的发展[5]。

早在20世纪60年代,关于锂离子电池的研究就已经开展。直到1990年,Bell实验室开发出了石墨负极来替代金属锂负极,进一步缓解了锂电池的安全性问题,从而开始了锂离子电池的商业化进程。锂离子电池可以视作锂离子浓差电池,相应的正负极材料为锂离子可逆脱嵌的活性材料,正极一般以钴酸锂、磷酸铁锂、锰酸锂为代表,负极则主要是以石墨为代表的碳基材料。与上述其他电池相比较,锂离子电池具有工作电压高、能量密度大、环境友好、无记忆效应等优点[6]。随着电动汽车与大规模储能技术的快速发展,我们对锂离子电池的功率密度、能量密度以及安全性等技术参数提出了更高的要求,其中锂-硫电池和锂-空气电池由于具有更高的能量密度,被视为下一代有望代替传统锂离子电池而受到广泛的关注和研究。不同二次电池系统的能量存储能力如图8-1所示。

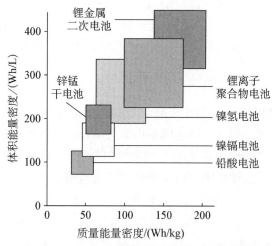

图8-1 不同二次电池系统的能量存储能力[3]

超级电容器技术建立在1879年Helmholtz所提出的双电层理论基础上,利用多孔材料/电解质之间的双电层或在电极界面上发生快速、可逆的氧化还原反应来储存能量。超级电容器具有比功率高、瞬间可以释放大电流、循环寿命长等优点[7]。除此之外,钠硫电池与全钒液流电池则主要应用于大规模储能方面,具有很大的应用潜力,在此不做赘述。在下文中,我们主要选取锂离子电池和超级电容器为例来展开叙述。

8.1.2　储能电池工作原理简介

储能电池(batteries of energy)是一种通过电化学反应来存储及释放能量的电化学装置。一般都包括正极、负极、隔膜及电解液等基本组成部分(见图 8-2)。化学能转变成电能(放电)以及电能转变为化学能(充电)都是通过电池内部两个电极上的氧化还原反应完成的。储能电池的负极材料一般是由电位较负并在电解质中稳定的还原性物质组成,如锌、镉、铅和锂等。正极材料由电位较正并在电解质中稳定的氧化性物质组成,如 MnO_2、PbO_2、NiO 等金属氧化物,O_2 或空气,卤素及其盐类,含氧酸盐等。

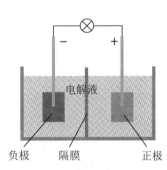

图 8-2　储能电池的基本组成部分

电解质则是具有良好离子导电性的材料,如酸、碱、盐的水溶液,有机溶液、熔融盐或固体电解质等。

当储能电池与外电路断开时,两电极间有电位差即开路电压,但没有电流流过,此时电池中的化学能并不转换为电能;当外电路导通时(放电),由于两电极间存在电势差,电解质中的带电粒子开始向两极移动而产生电流,此时电池中的化学能转换为电能。由于电解质中不存在自由电子,因此,电荷在电解质中的传递由带电离子的迁移来完成,电池内部电荷的移动必然伴随两极活性物质与电解质界面的氧化或还原反应。充电时,电池内部的电荷传递和物质迁移过程的方向恰与放电相反。电极反应必须是可逆的,才能保证反方向传质与电荷传递过程的正常进行。因此,电极反应可逆是构成蓄电池的必要条件。

常见的储能电池主要有铅酸电池、钠硫电池、镍镉电池、镍氢电池、锂离子电池以及全钒液流电池等,下面只简单地介绍铅酸电池、钠硫电池、镍镉电池、镍氢电池及液流电池的工作原理,而锂离子电池和超级电容器的工作原理将会在后面章节进行详细介绍。

8.1.2.1　铅酸电池工作原理

铅酸电池的负极材料为纯铅,正极材料为 PbO_2,电解液为一定浓度的硫酸溶液。硫酸溶液中 H_2SO_4 电离形成 H^+ 和 SO_4^{2-},并参与电极反应,相应的电极反应如下。

负极反应：
$$Pd + SO_4^{2-} \leftrightarrow PdSO_4 + 2e^-$$

正极反应： $PbO_2 + SO_4^{2-} + 4H^+ + 2e^- \leftrightarrow PdSO_4 + 2H_2O$

总反应式： $Pb + 2H_2SO_4 + PbO_2 \leftrightarrow 2PbSO_4 + 2H_2O$

显然电池放电时,由正负极的反应可知正负极都生成了 $PbSO_4$；充电后可还原成初始状态。由于电池存在自放电,如果长期搁置,正负极都会硫酸化,因此要给电池定期充电,保证电池的最佳工作状态[7]。

8.1.2.2 钠硫电池工作原理

钠硫电池的负极材料为钠(Na),正极材料为硫(S),采用固体电解质陶瓷隔膜,一般在较高的温度(300℃)条件下工作,此时正负极都呈熔融状态。电解质只能导离子,对电子绝缘。当外电路导通时,Na^+ 透过电解质隔膜与 S 发生可逆反应,实现能量的释放；充电时则正好相反,完成能量的存储。钠硫电池的正负极反应及总反应方程式如下。

负极反应： $2Na \leftrightarrow 2Na^+ + 2e^-$

正极反应： $2Na^+ + xS + 2e^- \leftrightarrow Na_2S_x$

总反应式： $2Na + xS \leftrightarrow Na_2S_x \quad (3 < x < 5)$

钠硫电池的比容量较高并且不存在自放电,转化效率高,但由于其工作温度较高,一般要有防爆和防腐的安全设置[8]。

8.1.2.3 镍镉电池和镍氢电池的工作原理

镍镉电池的负极材料为金属镉,正极材料为氧化氢氧化镍(NiOOH)与石墨粉的混合物,其中石墨粉不参与反应只起导电作用,电解液通常为 20% 的 NaOH 或 KOH 溶液。镍镉电池的反应如下。

负极反应： $Cd + 2OH^- \leftrightarrow Cd(OH)_2 + 2e^-$

正极反应： $2NiOOH + 2e^- + 2H_2O \leftrightarrow Ni(OH)_2 + 2OH^-$

总反应式： $Cd + 2NiOOH + 2H_2O \leftrightarrow 2Ni(OH)_2 + Cd(OH)_2$

放电过程中,负极材料镉失去两个电子变成 Cd^{2+},然后与电解液中的 OH^- 作用,形成 $Cd(OH)_2$；同时正极材料 NiOOH 中的 Ni^{3+} 得到 1 个电子变成 Ni^{2+},并与水电离出的 2 个 OH^- 结合形成 $Ni(OH)_2$,充电过程则正好相反。镍镉电池能量密度高以及稳定性好,但是镉对环境污染较大[9]。

镍氢电池是基于镍镉电池发展起来的绿色环保的储能电池。镍氢电池只是将原来污染较大的镉负极换成了储氢合金(MH),其他组成并无太大变化。因此工作原理相似,反应式如下。

负极反应： $MH + OH^- \leftrightarrow M + H_2O + e^-$

正极反应：　　　$NiOOH + e^- + H_2O \leftrightarrow Ni(OH)_2 + OH^-$

总反应式：　　　$MH + NiOOH \leftrightarrow Ni(OH)_2 + M$

8.1.2.4　液流电池的工作原理

液流电池是利用正负极电解液分开,各自循环的一种高性能储能电池。其不同于通常使用固体材料电极或气体电极的储能电池,其活性物质是流动的电解质溶液[10]。

以全钒液流电池来说明液流电池的工作原理。钒电池的电能是以化学能的方式存储在不同价态钒离子的硫酸电解液中,负极电解液由 V^{3+} 和 V^{2+} 的离子溶液组成;正极电解液由 V^{5+} 和 V^{4+} 离子溶液组成,隔膜为质子交换膜。电池充电后,正极物质为 V^{5+} 离子溶液,负极物质为 V^{2+} 离子溶液;放电后,正负极物质分别为 V^{4+} 和 V^{3+} 离子溶液,电池内部通过质子(H^+)导电。V^{5+} 和 V^{4+} 离子在酸性溶液中分别以 VO_2^+ 和 VO^{2+} 形式存在。钒电池的正负极反应及电池反应如下。

负极反应：　　　$V^{2+} \leftrightarrow V^{3+} + e^-$

正极反应：　　　$VO_2^+ + 2H^+ + e^- \leftrightarrow VO^{2+} + H_2O$

电池总反应：　　$VO_2^+ + 2H^+ + V^{2+} \leftrightarrow VO^{2+} + H_2O + V^{3+}$

由于正负极活性物质都是流动的电解质溶液,更容易实现规模化蓄电,不过液流电池能量密度较低(< 40 Wh/kg)而且占地面积较大,离大规模应用还有较长的路要走。

8.1.3　储能电池的性能评价

总体来看,评价储能电池的性能参数通常包括：安全性能、比能量、比功率、电池寿命、能量转化效率、库仑效率、循环性能、充放电速度、可持续输出功率、储能成本以及自放电[11]。

(1) 安全性能：电池在使用中,主要安全问题为热分解、电池过充与内部短路。热分解问题是电池在运行过程中,由于温度上升,导致电池正极、负极或者是电解液的分解电池失效甚至引发爆炸。电池过充,将会造成电压迅速上升,进而导致温度升高,造成电极活性材料的不可逆变化以及电解液的分解,导致电池失效甚至会引发爆炸。内部短路一般是由于隔膜过薄、隔膜破损或装配问题等,导致正负极直接连接,电池短路,温度剧烈上升,有发生爆炸的危险[12]。

(2) 比能量：单位质量(或单位体积)能够释放的能量。这是衡量电池容量的重要指标。

(3) 比功率：单位质量(或单位体积)在单位时间内能够释放的能量。这是衡量电池充放电能力的重要指标。

（4）电池寿命：电池寿命包括储存寿命与循环寿命。储存寿命是指电池在没有负荷的条件下，性能衰减到规定指标时的时间；循环寿命是指电池在反复充放电条件下，性能衰减到规定指标时的时间。电池寿命主要用于衡量电池可用时间。

（5）能量转化效率：指的是在一定条件下，电池放出的能量与充入的能量的比值。该指标用于衡量电池的能量利用效率。

（6）库仑效率：也叫充放电效率。指的是在一定条件下，电池放出的电荷量与储存的电荷量的比值。该指标用于衡量电池的能量利用效率。

（7）循环性能：电池在反复充放电循环中，电池比容量或者其他参数的变化特性。该指标用于衡量电池的稳定时间性与循环寿命。

（8）充放电速度：电池在一定充放电条件下，达到某一标准（一般为电量）充电或放电所需的时间。该指标用于衡量电池的充放电性能。

（9）可持续输出功率：电池在一定充放电条件下，能够保持稳定输出的功率大小。该指标用于衡量电池的充放电性能。

（10）储能成本：电池储存单位能量所需要的成本。该指标用于衡量电池的生产成本。

（11）自放电：电池在没有负荷的情况下，在一定条件下放置，由于自身原因导致的电量衰减。

不同储能类型的储能电池综合比较列于表 8-1 中。

表 8-1　储能电池综合比较[12]

储能类型	功率/MW	比能量/$(Wh \cdot kg^{-1})$	效率/%	循环寿命/次	单位成本/$(元/kW \cdot h^{-1})$
铅酸电池	1～12	25～40	60～75	1 000	450～1 500
锂离子电池	1～10	90～190	90～95	4 000	5 400～10 200
钠硫电池	1～15	150～240	80～90	3 000	2 600～3 300
钒液流电池	1～10	30～50	75～85	5 000	4 500～4 980

电池在实际使用中，大多是以电池组串的形式，在单体电池组成电池组串进行工作时，需要在考虑各个电池的工作情况的同时，还需要考虑电池组串的整体工作情况，需要考虑如下运行参数[4]。

（1）电池电压极差：指的是同一电池组串内，在一定的运行条件下，最高的电池电压与最低的电池电压之差。用于评价电池的工作情况，能够反应单体电池的性能衰退。

（2）电池温度极差：指的是同一电池组串内，在一定的运行条件下，最高的电池温度与最低的电池温度之差。用于评价单体电池工作情况,能够反应单体电池的工作情况,同时能为检测单体电池的性能变化提供参考。

(3)电池电压标准差系数:结合正态分布的规律,定量评价电池组串的一致性情况。

(4)SOE 极差:指的是同一储能单元中电池组串最大 SOE 与最小 SOE 之差,能够用于衡量电池组串的能量平衡程度。

(5)电池运行 SOC(荷电状态):全称为 State of Charge,为剩余电量与完全充满电量时的储电量的比值,代表相对剩余电量。该参数能表明电池组的当前工作状态,能够为电池的评价提供参考。

电池组的相关评估指标列于表 8-2 中。

表 8-2 电池组的相关评估指标[13]

评估指标	电池性能	关联程度	评估内容
电池电压极差	单体性能	强关联	反应单体电池的性能衰退
电池电压标准差系数	电池组串一致性	强关联	定量判断电池组串一致性劣化程度
电池温度极差	单体性能	弱关联	辅助分析电池性能变化
SOE 极差	电池组串能量平衡能力	强关联	判断电池组串能量不平衡的程度
功率-SOE 相关度	电池组串能量平衡能力	强关联	判断电池组串能量不平衡的原因
运行充放电效率	电池组串充放电性能	强关联	综合判断电池组串的工作性能

电池在生产与使用性能的评价上,在考虑电池工作的同时,还应该考虑诸多客观实际。例如:电池生产的环境成本,电池的使用条件等。

当下的电池生产,需要参考电池的环境友好指标进一步进行评价,包括无毒、低污染等相关指标。

对于电池使用条件,在选用具体某种材料进行电池制作时,包括匹配合理使用电压电流区间,不能仅仅参考比功率、比能量等参数,还应该考虑使用的合理条件。例如,在制作电池时,尽量避免使用低压放电平台的设计,这会造成电池组串使用过多单电池,进而增加了电池组工作的不稳定性。

随着电池的发展,势必会根据具体情况引入新的参考指标。电池也应遵循合理的指标进行进一步的开发。

8.2 锂离子电池及其材料

电池作为一种能量储存和转化装置,在合理利用各种新型环保能源方面意义重大,而且作为一种化学电源,其具有能量密度大、能量转化效率高、无噪声污染、可随意移动等特点,在日常生活中应用广泛。早在20世纪60年代,就已经开展了关于锂离子电池的研究。90年代,Bell实验室以石墨负极来替代金属锂负极,进一步提升了锂电池的安全性,从而开始了锂离子电池的商业化进程。纵观电池发展可知,电池发展与用电器具要求密切相关,具有高能量密度和高电容的二次电池成为当前新能源研究的一个重要方向,其中尤以锂离子电池备受瞩目。

8.2.1 锂离子电池概述

早在20世纪60年代,人们就已经开展了关于锂离子电池的研究。20世纪80年代后,锂离子电池的研究取得了突破性的进展:1980年,Goodenough课题组制成了$LiCoO_2$正极材料;1981年,贝尔实验室将石墨用于锂离子电池的负极材料中;1983年,Goodenough课题组制成正极材料$LiMn_2O_4$;1989年,Manthiram和Goodenough报道了聚阴离子(如SO_4^{2-})的诱导效应能够改善金属氧化物的工作电压;1990年,Sony公司的商品化锂离子二次电池($C/LiCoO_2$)成为真正意义上的锂离子电池[14],实现了以石墨化碳材料为负极的锂二次电池,其组成为:锂与过渡金属复合氧化物/电解质/石墨化碳材料;1994年,Tarascon和Guyomard制成了基于碳酸乙烯酯和碳酸二甲酯的电解液体系;1997年,Goodenough报道了一种正极材料$LiFePO_4$[15]。至此,锂离子电池已完全成型。

目前锂离子电池的性能与诞生之初相比,有了明显的提高,主要具备以下特点[16]:

(1)电压高。单体电池的工作电压高达3.6～3.7 V(磷酸铁锂的是3.2 V),是Ni-Cd、Ni-MH电池的3倍。

(2)能量密度高。UR 18650型的体积比容量和质量比容量可分别达到620 Wh·L^{-1}和250 Wh·kg^{-1},随着技术的发展,目前还在不断提高。

(3)循环寿命长。一般均可达到500次以上,甚至1 000次以上,磷酸铁锂的可以达到2 000次以上。对于小电流放电的电器,电池的使用期限,将倍增电器的竞争力。

(4)安全性能好。作为锂离子电池前身的锂电池,因金属锂易形成枝晶发生短路,缩减了其应用,但锂离子电池根本不存在这方面的问题。

(5)自放电小。室温下充满电的锂离子电池储存1个月后的自放电率为2%左右,大大低于Ni-Cd的25%～30%,Ni-MH的30%～35%。

（6）可快速充放电。1C 充电 30 分钟，容量可以达到标称容量的 80% 以上，现在以磷酸铁锂做正极的锂离子电池充电 10 分钟可以达到标准容量的 90%。

（7）工作温度范围宽。工作温度为 $-25 \sim 45℃$，随着电解液和正极的改进，期望能扩宽到 $-40 \sim 70℃$。

（8）无公害，无记忆效应。锂离子电池中不含镉、铅、汞等对环境有污染的元素；部分工艺（如烧结式）的 Ni-Cd 电池存在的一大弊病为"记忆效应"，严重束缚了电池的使用。

因此，设计研究高比容量、高倍率性能，循环性能优异的锂离子电池对于发展可持续性的能量传输系统，降低对传统化石燃料的依赖性，创造一个清洁而又安全的能源未来具有重要意义。

8.2.2 锂离子电池的组成及其材料

锂离子电池主要由正极、负极、电解液、隔膜和集流体等几个部分组成。在锂离子电池的研究领域中，新型电解质和高性能电极材料一直是人们重点关注的研究热点。

8.2.2.1 锂离子电池工作原理

锂离子电池是指以两种不同的能够可逆嵌入脱出锂离子的嵌锂化合物作为电池正负极的二次电池体系，锂离子电池以客体粒子可逆嵌入主体晶格的嵌入化学为基础，是物理学、材料学、化学等学科共同研究的结晶。

当电池充电时，部分锂离子从正极脱嵌，进入电解质，随之，等量的锂离子从电解质中嵌入负极；放电过程则刚好相反。充放电的过程中发生氧化还原反应。图 8-3 给出了以石墨为负极，层状 $LiCoO_2$ 为正极的锂离子二次电池的工作原理[17]。

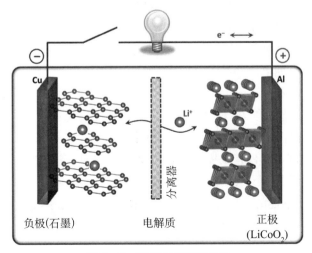

图 8-3 锂离子电池的原理

充电时,Li^+从正极$LiCoO_2$脱出经过电解质嵌入石墨负极,充电结束时,负极处于富锂态,正极处于贫锂态,同时电子作为补偿电荷从外电路到达石墨负极,以保证负极的电荷平衡。放电则相反,Li^+从石墨负极脱出,经过电解质进入$LiCoO_2$正极,放电结束时,正极处于富锂态,负极处于贫锂态。在正常充放电下,锂离子在层状结构的石墨和层状结构的$LiCoO_2$层间来回嵌入与脱出,一般只引起层间距的变化,不破坏晶体结构。所以,从充放电反应的可逆性看,锂离子电池的反应是一种理想的可逆反应,其电极与电池的反应过程如下。

正极反应:$LiCoO_2 \underset{\text{放电}}{\overset{\text{充电}}{\rightleftharpoons}} Li_{1-x}CoO_2 + xLi^+ + xe^-$

负极反应:$nC + xLi^+ + xe^- \underset{\text{放电}}{\overset{\text{充电}}{\rightleftharpoons}} Li_xC_n$

电池反应:$LiCoO_2 + nC \underset{\text{放电}}{\overset{\text{充电}}{\rightleftharpoons}} Li_{1-x}CoO_2 + Li_xC_n$

8.2.2.2 锂离子电池正极材料

二次锂离子电池正极材料应满足以下条件。

(1) 在很大的固液界面上发生锂离子可逆的嵌入/脱嵌反应:可充电池要求化学反应具有良好的可逆性,大的固液界面是保证有高比容量的前提。

(2) 正极材料和电解液有良好的化学稳定性:电池良好的储存寿命要求在充电状态下电解液有良好的热力学稳定性,以保证电解液不被氧化;同时,在放电时嵌入反应的主体材料保持良好的结构。

(3) 与锂反应具有高的电能:对应每个过渡金属原子有多于一个的锂原子反应,单位质量和单位体积的物质中有大的能量储存密度。

(4) 正极材料主体有高的锂离子电导率(σLi^+)和电子电导率(σe^-):材料有高的锂离子电导率和电子电导率可以降低电池的内阻,因而可以降低电池在大电流工作下的电压降以及不可逆容量损失。

(5) 对电子传导和离子传导的界面阻抗低:固液两相界面的阻抗是引起电压-电流极化曲线上早期电压降的主要原因。

(6) 从实用角度而言,嵌入化合物应该便宜,对环境无污染,质量轻等。

(7) 材料的工艺性能好,材料容易制成晶体和无定型小颗粒;大多数能作为正极材料的物质是过渡金属化合物,而且以氧化物为主。目前研究最多的有钴系、镍系、锰系、钒系材料以及具有橄榄石结构的磷酸亚铁锂,许多新型的无机化合物和有机化合物也逐渐受到了人们的关注。

目前,锂离子电池的正极材料主要分为钴系、镍系、锰系、铁系、钒系及硅酸盐正极材料六大类。

1) 钴系正极材料

钴系正极材料以层状的氧化钴锂为代表。氧化钴锂是商品化最早的锂离子电池正极材料,也是目前应用最广泛的正极材料,用于 4 V 电池。对于 Li_xCoO_2,当锂离子的脱嵌量大于 50% 时,正极材料的电化学性能会有退化,这是因为电解质自身的氧化和 $Li_xCoO_2(x < 0.5)$ 结构的不稳定性导致电池极化增加,从而降低了正极的有效容量;当 $x > 0.5$ 时,理论容量为 156 mAh·g^{-1},在此范围内电压表现为 4 V 左右的平台。

层状氧化钴锂的制备方法一般为固相反应,为了克服固相反应的缺点,目前也有很多研究人员采用溶胶-凝胶法、沉降法、冷冻干燥旋转蒸发法、超临界干燥法和喷雾干燥法[18]等方法,这些方法的优点是锂离子和钴离子间的接触充分,基本上实现了原子级水平的反应。

2) 镍系正极材料

镍系正极材料主要以镍酸锂($LiNiO_2$)为代表,$LiNiO_2$ 具有容量高、功率大、价格适中等优点,但也存在合成困难,热稳定性能差等问题,其实用化进程一直较慢。目前,$LiNiO_2$ 主要通过固相反应合成,$LiNiO_2$ 的合成存在两个难点,首先是较难得到化学计量比的 $LiNiO_2$;其次是制得的 $LiNiO_2$ 因锂、镍原子层(即 3a 和 3b)内原子位置的互换而不具备电化学活性;再次,当电池发生过充现象后,过量的锂脱出,使 $LiNiO_2$ 层状结构扭曲转变为单项斜晶系,除循环寿命减少外,还会因生成大量具有很高活性的四价镍氧化物,能与有机电解质发生反应,严重影响电池的安全性能。

3) 锰系正极材料

$LiMn_2O_4$ 突出优点是成本低廉,无污染,工作电压高,但是 $LiMn_2O_4$ 的比容量低,$LiMn_2O_4$ 的理论容量为 148 mAh·g^{-1},实际容量只有 $110\sim130$ mAh·g^{-1},且容量在多次循环的过程中衰减严重。$LiMn_2O_4$ 采用固相法合成时流程较为简单,容易操作。一般以 Li_2CO_3 和电解 MnO_2 为原料,将两者混合,均匀研磨,在 $380\sim840℃$ 下烧结并保温 1 天后,降至室温后取出。也有采用分段灼烧的办法[19],但效果并不理想。固相反应所得的 $LiMn_2O_4$ 正极材料的比容量一般都不太高。液相合成方法较多,有溶胶-凝胶法、乳液-干燥法、Pe-chini 法[20]等。Pe-chini 法采用 $LiNO_3$ 和 $Mn(NO_3)_2$ 再与柠檬酸混合成黏液,发生酯化反应,经真空干燥、氧化焙烧、球磨粉碎等工艺可得到符合要求的产品。

4) 铁系正极材料

近期研究的含多元酸根 $(XO_n)^{n-}$ 的铁化合物,如 $Li_3Fe_2(PO_4)_3$、$Fe_4(P_2O_7)_3$ 和 $LiFePO_4$ 等铁的磷酸盐,它们作为正极材料表现出了较好的放电电压和容量,尤其是橄榄石形结构的 $LiFePO_4$ 还具有较稳定的循环性能。$LiFePO_4$ 的理论容量为 170 mAh·g^{-1},实际容量为 $140\sim160$ mAh·g^{-1}。由于 $LiFePO_4$ 和完全脱锂

状态下的 $FePO_4$ 结构类似,所以其循环性能稳定。

目前,制备 $LiFePO_4$ 粉体的主要合成方法是烧结法和球磨法;此外,还有水热法、溶胶-凝胶法和微波合成法等[21]。$LiFePO_4$ 具有高的能量密度和理论容量,放电电压稳定,循环性能好等特点。目前,$LiFePO_4$ 研究中遇到的主要困难之一是它的室温电导率低,电化学过程受扩散控制,使之在高倍率放电时容量衰减较大。从比容量和电流密度来看,可通过合成 $LiFePO_4$/导电体的复合材料,制备出细小、分散性好的颗粒,或者利用掺杂提高电导率等几个方面对 $LiFePO_4$ 进行改性研究。

5) 钒系正极材料

$Li_3V_2(PO_4)_3$ 是一类高电势的正极材料[22],属于单斜晶系的化合物,人们对它的研究兴趣不仅在于它具有 $197\ mAh \cdot g^{-1}$ 的理论比容量,而且在于它在嵌脱锂过程中的结构变化和相变。在充电过程中,$Li_3V_2(PO_4)_3$ 明显地具有 4 个平台,分别对应 4 种结构变化和相变。Nazar 等分析 $Li_3V_2(PO_4)_3$ 在不同锂含量时的中子衍射和 ^7Li 核磁共振结果,揭示了晶体中钒的电荷排布和锂的位点分布是引起相变的原因。

单斜 $Li_3V_2(PO_4)_3$ 的合成主要有高温固相合成和碳热还原两种方法。菱方 $Li_3V_2(PO_4)_3$ 是由固相反应合成出的菱方 $Na_3V_2(PO_4)_3$ 通过离子交换方法得到[23]。美国 Valence 公司已将类似材料应用于该公司的聚合物电池之中,但放电曲线涉及多个平台,加之钒本身的毒性,可能会制约该类材料的应用。

6) 硅酸盐正极材料

正硅酸盐(Li_2MSiO_4 M = Fe, Co, Mn 等)是一类新兴的聚阴离子型正极材料[24],正硅酸盐材料在形式上可以允许 2 个 Li^+ 的交换,因而具有较高理论比容量,理论上可以达到 $330\ mAh \cdot g^{-1}$。这表明硅酸盐有可能发展成为一种高比容量的锂离子电池正极材料。聚阴离子强的 Si - O 键使得该材料具有优异的安全性能,Li_2MSiO_4 高的理论比容量和优异的安全性能使其在大型锂离子动力蓄电池领域具有较大的潜在应用价值。

合成 Li_2MSiO_4 材料可以采用高温固相反应法、溶胶-凝胶反应法、水热和微波合成法等。由于硅酸盐材料的制备比较困难,特别是具有电化学活性的材料比较难制备,所以直到 2005 年 Nytén 等[25]采用固相法才首次合成了 Li_2FeSiO_4 材料,之后 Li_2MSiO_4 材料才得到较快发展。

虽然 Li_2MSiO_4 材料从理论上讲可以释放出 2 个 Li^+,但由于释放出第二个 Li^+ 的电压较高,所以比容量只有 $150\ mAh \cdot g^{-1}$ 左右。Li_2CoSiO_4 和 Li_2NiSiO_4 第二个 Li^+ 脱出的电压平台在 $5.0\ V$ 左右,目前由于电解液体系的限制还不易实现,并且钴、镍的价格高等问题也限制了这两种材料的商业化,因此对这两种材料研究较少。

8.2.2.3 锂离子电池负极材料

锂离子电池的负极材料要求具备以下条件：

（1）具有层状或隧道结构，以利于锂离子的脱嵌且在锂离子嵌入和脱嵌的过程中，结构上无明显的变化，保证电极具有良好的充放电可逆性和循环寿命。

（2）锂离子能够尽可能多地发生可逆嵌入和脱嵌，保证得到高容量密度。

（3）正负极的电化学位差大，从而可获得高功率电池。

（4）氧化还原电位随锂含量的变化应尽可能少，电池有较平稳的充放电电压。

（5）应有较好的电子电导率和离子电导率，这样可以减少极化并能进行大电流充放电，同时具有较大的 Li^+ 扩散系数，便于快速充放电。

（6）主体材料具有良好的表面结构，与电解质溶剂相容性好，形成良好的 SEI 膜。

（7）资源丰富、价格低廉、安全、无毒、对环境无污染。

现有的负极材料同时满足上述要求几乎做不到，如存在首次充放电效率低、大电流充放电性能差等缺点，因此，研究和开发新的电化学性能更好的负极材料及对已有的负极材料进行改性成为锂离子电池研究领域的热点。

目前，锂离子电池负极材料的研究主要集中在碳材料、硅、锡及其氧化物、过渡金属氧化物、钛酸锂及其他材料。其中，碳材料凭借其电极电位低，循环效率高，循环寿命长和安全性能好等优点，是锂离子电池首选的负极材料。硅、锡及其氧化物作为锂离子电池负极材料时在锂的嵌入和脱出会发生很大的体积变化，会导致电极材料的机械稳定性逐渐降低，从而逐渐粉化失效，因此循环性能很差；而过渡金属氧化物电极材料在充放电过程中会发生化学结构的重组，这种重组会伴随着电极材料结构上的变化，包括体积上的膨胀。更严重的是，由于其充放电过程中反应动力学的差异，会在充放电曲线之间形成很大的电压滞后，这种电压滞后会大大地降低电池能量转换效率[26]。对于钛酸锂而言，虽然其安全性以及稳定性有很大的提高，但是，它的容量很低（理论容量为 $168\ mAh \cdot g^{-1}$），不能满足对高容量锂离子电池的要求。因此，现有的大量研究仍然集中在碳基负极材料的研究，其中既包括传统碳材料的改性，也包括新型碳基材料的开发。

8.2.2.4 锂离子电池电解质

电解质是电池的重要组成部分，在电池的正、负极之间起到传导锂离子的作用，是电池获得高电压、高比能量等优点的保证。电解质分为液体电解质和固体电解质。

液体电解质（电解液）可细分为无闪点的氟代溶剂的电解液和阻燃电解液。

1）无闪点的氟代溶剂电解液

目前锂离子电池电解液使用碳酸酯作为溶剂，其中线型碳酸酯能够提高电池的充放电容量和循环寿命,但是它们的闪点较低,在较低的温度下即会闪燃,而氟代溶剂通常具有较高的闪点甚至无闪点,因此使用氟代溶剂有利于抑制电解液的燃烧。目前研究的氟代溶剂包括氟代酯和氟代醚。

2) 阻燃电解液

阻燃电解液是一种功能电解液,这类电解液的阻燃功能是通过在常规电解液中加入阻燃添加剂获得的。阻燃电解液是目前解决锂离子电池安全性最经济有效的措施,尤其受到产业界的重视。阻燃剂是解决目前锂离子电池电解液易燃问题最有希望的途径之一,它们对电池性能损害较小,抑制电解液燃烧的效果明显,但是氟化物的使用将会大大增加锂离子电池的生产成本,难以被产业界接纳;相对廉价的烷基磷酸酯虽具有一定的阻燃效果,但是严重恶化电池性能;而含氮化合物对电池性能影响不大,但是它们的阻燃效率不高,而且毒性较大;此外,关于电解液燃烧性能的评价缺乏统一的标准,各种测试方法之间的一致性和重复性较差。

优良的锂离子电池有机液体电解质应该满足下述条件[27]:

(1) 锂离子电导率高,在较宽的温度范围内电导率为 $3 \times 10^{-3} \sim 2 \times 10^{-2}\,S/cm$。

(2) 热稳定性好,在较宽的范围内不发生分解反应。

(3) 电化学窗口宽,即在较宽的电压范围内稳定,对于锂离子电池而言,要稳定到 4.5 V。

(4) 化学稳定性高,即与电池体系的电极材料如正极、负极、集电体、隔膜、黏合剂等基本上不发生反应。

(5) 在较宽的温度范围内为液体,一般希望该范围为$-40℃\sim70℃$。

(6) 对离子具有较好的溶剂化性能。

(7) 没有毒性,蒸汽压低,使用安全。

(8) 尽量能促进电极可逆反应的进行。

(9) 对于商品锂离子电池,制备容易、成本低也是一个重要的考虑因素。

固体电解质包括聚合物固体电解质和无机固体电解质。

3) 聚合物固体电解质

聚合物电解质,尤其是凝胶型聚合物电解质的研究取得很大的进展。在凝胶聚合物电解质中,离子导电主要发生在液相增塑剂中,尽管聚合物基体与锂离子之间存在相互作用,但是比较弱,对离子导电的贡献比很小,主要是提供良好的力学性能,目前已经成功用于商品化锂离子电池中。但是凝胶型聚合物电解质其实是干态聚合物电解质和液态电解质妥协的结果,它对电池安全性的改善非常有限。聚合物的种类繁多,因此凝胶聚合物电解质的种类也比较多。按基体来分,主要分为聚醚系、聚丙烯腈系、聚甲基丙烯酸酯系、聚偏氟乙烯系等。

用于锂离子电池的聚合物电解质必须尽可能满足下述条件：

（1）聚合物膜加工性优良。

（2）室温电导率高，低温下锂离子电导率也较高。

（3）高温稳定性好，不易燃烧。

（4）化学稳定性好，不与电极发生反应。

（5）电化学稳定性好，电化学窗口宽。

（6）弯曲性能好，机械强度大。

（7）价格合理等。

4）无机固体电解质

相对于聚合物电解质，无机固体电解质具有更高的安全性，不挥发，不燃烧，更加不会存在漏液问题。此外，无机固体电解质机械强度高，耐热温度明显高于液体电解质和有机聚合物，使电池的工作温度范围扩大；将无机材料制成薄膜，更易于实现锂离子电池小型化，并且这类电池具有超长的储存寿命，能大大拓宽现有锂离子电池的应用领域。用于锂离子电池的无机固体电解质材料，必须尽可能满足下述条件：

（1）离子电导率高，尤其是室温下具有较高的离子电导率，而其电子电导率必须很低，否则很不稳定，会出现漏电。

（2）相结构稳定性好，在使用过程中不能发生相变，对于玻璃态固体电介质，可防止重新发生晶化。

（3）化学稳定性要好，尤其是在充电时要保持良好的化学稳定性，与金属接触时不能发生氧化还原反应。

（4）电化学稳定性好，尤其是电化学窗口宽，例如高于 4.2 V。

5）离子液体

离子液体是在室温及相邻温度下完全由离子组成的有机液体物质，具有电导率高、液态范围宽、不挥发和不燃等特点，将离子液体用于锂离子电池电解液中有望解决锂离子电池的安全问题。

常规的含阻燃添加剂的电解液具有阻燃效果，但是其溶剂仍是易挥发成分，依然存在较高的蒸汽压，对于密封的电池体系来说，仍有一定的安全隐患。而以完全不挥发、不燃烧的室温离子液体为溶剂，将有希望得到理想的高安全性电解液。近些年，关于离子液体应用于锂离子电池的研究已经引起越来越多科研工作者的关注。

8.2.3 锂离子电池的发展前景

自从 1980 年，M. Armand 等人首先提出嵌锂化合物来代替锂电池中的金属锂负极，并首次提出"摇椅电池"的概念之后，日本索尼公司 1985 年、日本三洋电气公司于 1988 年分别开始研究锂离子电池的应用。1991 年,首例用于移动电话的锂离子电池由索尼公司成功推出,从此开启了锂离子电池的时代,带动了锂离子电池在世界范围内的研究和开发。锂离子电池的出现以及其在之后不断的开发和完善带动了一系列相关电子行业的增长,如移动电话、摄像机、笔记本电脑、迷你光碟以及其他小型便携式电子设备。

目前,锂离子电池的发展方向主要包括动力锂离子电池和高性能锂离子电池。其中,动力锂离子电池是指容量大于 3 Ah 的锂离子电池,泛指能够通过放电给车辆、大型器械、设备等驱动的锂离子电池,主要分为高容量和高功率两种类型,高容量电池主要用于电动汽车、医疗器械、矿灯等方面;而高功率电池主要用于混合动力汽车及其他大电流放电设备。高性能锂离子电池是指在很小的储存单元内储存更多电力的高密度能量储存电池,目前,各国争相投入到高性能电池的研究和开发中,德、美、日等国家在高性能电池研究领域竞争激烈,美国西北大学、德国明斯特大学、德国卡尔鲁厄技术研究所以及美国伯克利劳伦斯国家实验室等重点研究机构近年来均在高性能锂离子电池的研究方面取得一定进展。

随着锂离子电池向动力化和高性能化的逐渐迈进,其应用领域不断拓展,不再局限于小型的便携式电子设备,而是向电动汽车、航空航天、能量储存以及军事设备等众多领域发展[28]。锂离子电池在当前的主流应用以及未来的发展趋势介绍如下。

1) 电动汽车

随着社会文明的发展以及人类对于能源环境的危机意识,燃料汽车带来的能源损耗和大气污染等问题逐渐受到人们的重视,对于绿色环保型电动汽车的开发需求日益迫切。许多国家如美国、日本、德国、加拿大、法国以及中国,加入到清洁电动汽车能源的研究行列中,以缓解使用传统化石能源所带来的环境污染和能源危机。

为了促进锂离子电池的研发和试验,美国早在 20 世纪 90 年代成立了先进电池联盟(USABC),主要研究汽车、船舶驱动、工业生产中所使用的动力电池、燃料电池以及超级电容器等,该联盟投资 2.6 亿美元来研究电动汽车用动力电池(主要为锂离子电池),其中 1.18 亿美元用于法国 SAFT 电池公司研发锂离子电池。同时,Quebec 公司投资 0.85 亿美元用于开发锂离子电池和聚合物锂离子电池。日本政府投资 1 亿美元用于电动汽车的研究,在政府的支持下,日本的动力锂离子电池行业发展迅速,早在 1995 年,索尼(SONY)公司研发出了一款锂离子电池电动汽车。其中,电池以 $LiCoO_2$ 为正极材料,电池容量达 100 Ah,可提供的质量能量密度为 110 Wh·kg^{-1},体积能量密度为 250 Wh·L^{-1},每次放电可支持 200 km 的运程(相当于传统铅酸电池的 3 倍),最高时速可达到 120 km·h^{-1},在 12 s 内速度可提升到 80 km·h^{-1};继索尼之后,日本三菱汽车有限公司于 1996 年开发出一款以 $LiMn_2O_4$ 为正极的锂离子电池电动汽车,单次充电运程可达 250 km;之后陆续出现三菱重工、本田汽车、日产汽车以及其他汽车制造商,于 1997 年开启锂离子电池电动汽车的官方销售。此外,日本日立公司、三洋电气公司等均在政府支持下大力发展电动汽车用锂离子电池。中国对于电动汽车用锂离子电池的研究也投入了足够的重视,国家经济贸易委员会已将动力锂离子电池的开发列为战略性国家科技和工业发展项目[29]。

从上述事实不难看出,随着电动汽车在全球范围内的开发和推广,高容量动力锂离子电池的研究备受瞩目,具有广阔的开发和应用前景。

2) 航空航天

在航空航天领域,锂离子电池结合太阳能电池供电,具有容量高、循环寿命长、自放电小、无记忆效应等性能,优于传统的 Cd_2Ni 电池和 Zn_2Ag_2O 电池,此外,其质量轻、尺寸小的特点十分适合于空间探测设备。1991 年美国空军和加拿大国防部获资 3 亿美元研究 50~100 Ah 锂离子电池,20 Ah 和 50 Ah 锂离子电池分别于 1997 年和 1998 年完成。1993 年,劳伦斯利福摩尔国家实验室(Lawrence Livermore National Laboratory, LLNL)对 20 500 型索尼电池进行了较为全面的电池材料和性能测试,以研究其在人造卫星领域的应用。

此外,聚合物锂离子电池被用于航海水下探测设备。研究发现,传统的航海用 $ZnPAg_2O$ 电池成本极高,且其循环性能和储存性能较差,而聚合物锂离子电池的循环寿命是 $ZnPAg_2O$ 电池的 10 倍左右,使其有望替代 $ZnPAg_2O$ 电池应用于航海水下探测系统中。

3) 能量储存

能量储存对于人类社会的工业生产和日常生活是十分重要的,例如对于电力行业来说,电力需求昼夜变化很大,使得用电高峰期电力负荷紧张,低谷期电力过剩,如我国东北电网最大峰谷差已达最大负荷的 37%,华北电网峰谷差更大,达 40%,巨大的用电峰谷差使得电能的储存有很大的实际意义。若能将谷期的电力储存下来,供峰期使用,将会极大地改善峰谷期的电力失衡,解决电力供需矛盾,提高电力利用率,节约资源。另外,在太阳能和风能的利用中,因其受季节和天气等因素的影响,也需要通过能量储存系统来确保其连续工作[30]。

电能的主要储存形式是以化学能的方式储存在蓄电池中。目前,廉价、高效、能大规模储存电能的蓄电池正处于研究阶段,锂离子电池因其具有比能量大、无污染、成本低等系列优点在电能储存方面具有较大的应用潜力。据法国 SAFT 公司报道,其所推出的 G3 型电池(阳极为 $LiNi_{0.75}Co_{0.2}Al_{0.05}O_2$)循环 1 400 天后容量损失极小,是应用于能源储存的理想电池选择。

4）军用设备

电池在现代军事工业中发挥着举足轻重的作用,各种武器以及军用通信设备均需要电池作为动力源,传统的军用电池包括干电池、镉镍电池、锌电池等,锂离子电池因其一系列突出的优点而逐渐应用到军事设备中。目前,锂离子电池在军事上主要用于微型无人侦察机、导航定位仪(GPS)、自动武器、空间能源以及无线通信设备中,其中,聚合物锂离子电池在声呐干扰器、鱼雷等水下军用设备中的应用也正在开发中。

8.3　超级电容器及其材料

电化学电容器也叫超级电容器,是一种介于蓄电池和传统电容器之间的新型储能器件。它利用电极/电解质交界面上的双电层或者电极界面上发生快速、可逆的氧化还原反应来存储能量。因此,超级电容器具有容量大、功率密度高、循环寿命长、充放电效率高等特点。

8.3.1　电化学电容器的简介与分类

电化学电容器是基于德国物理学家 Helmholtz 提出的界面双电层理论。插入电解质溶液中的电极与液面界面两侧会出现符号相反的过剩电荷,从而使相间产生电位差。如果电解液中同时插入两个电极,并在两个电极间施加一个电压(低于电解液的氧化分解电压),那么电解液中的正、负离子就会在电场的作用下向两极迅速移动,这样就在两电极的表面都形成紧密的电荷层,即双电层。利用这一原理将大量的电能存储在物质表面,像电池一样付诸实践的是由 Becker 于 1957 年实现的,并且申请了第一个关于电化学电容器方面的专利,该专利指出将电荷存储在充满水性电解液的多孔碳电极的界面双电层中。随后,美国的标准石油公司(Sohio)开始研究基于高比表面碳材料的双层电容器,由于采用有机电解液具有更高的分解电压,非水体系的超级电容器能提供更高的工作电压,因为可存储的能量与充电电压的平方成正比,因此电压的提高有利于提高容量,1969 年该公司首先实现了碳材料电化学电容器的商业化。Conway 于 1975—1981 年间开发了另一种类型的“准电容”体系。该“准电容”C_ϕ 与依赖于电化学吸附程度的电势有关,这些吸附包括在铂或金上发生的氢或某些金属(铅、铋、铜)单分子层水平的电沉积,可作为电容器存储能量的基础[31]。在另一种形式的体系中,准电容与固体氧化物有关,已经在硫酸溶液中的 RuO_2 膜[32]上开发出超过 1.4 V(实际工作电压为 1.2 V)的体系。这种体系达到了几乎理想的电容行为,具有高度的充放电可逆性和超过 10^5 次的循环寿命。近年来,由于与二次电池混合使用作为电动汽车的动力系统,引起了全世界电化学电容器的研究热潮。

电化学电容器的分类有多种方法,根据存储电能的机理不同可分为双电层电容器(electric double layer capacitor, EDLC)和赝电容器(法拉第电容器, Pseudocapacitor);根据电极材料不同可分为碳电极电容器、金属氧化物电极电容器和导电聚合物电极电容器;根据电解质类型可分为水溶液电解质型和有机电解质型电容器。

双电层电容器(EDLC)采用高比表面的碳材料制作成多孔电极,同时在相对的碳电极之间添加电解质溶液,当在两端施加电压时,两个相对的电极上就分别聚集正负电荷,而电解质中的正负离子将在电场的作用下分别向两个电极移动并聚集,从而形成两个集电层[33]。双电层电容量的大小取决于双电层上分离电荷的数量,由于高比表面积的碳材料的比表面积高达 $1\,000\sim3\,000$ m^2/g,而且多孔电极与电解质的界面距离极小,不到 1 nm,因此这种双电层电容器比传统的物理电容器要大很多,比容量可以达到 280 F/g。

赝电容器(Pseudocapacitor)又叫法拉第电容器,是在电极材料表面或体相的二维或准二维空间上,电活性物质进行欠电位沉积,发生高度可逆的化学吸附/脱附或氧化/还原反应,产生与电极充电电位有关的电容。该类电容的产生机制与双电层电容不同,并伴随电荷传递过程的发生,通常具有更大的比电容。由于反应在整个体相中进行,因而这种体系可实现的最大电容值比较大,如吸附型准电容为 $2\,000\times10^{-6}$ F/cm^2。对氧化还原型电容器而言,可实现的最大容量值则非常大,而碳材料的比容通常被认为是 20×10^{-6} F/cm^2,因而在相同的体积或重量的情况下,赝电容器的容量是双电层电容器容量的 $10\sim100$ 倍。目前赝电容电极材料主要为一些金属氧化物和导电聚合物。

电化学电容器作为一种介于蓄电池和传统电容器之间的新型储能元件,它既具有电容器可以快速充放电的特点,又具有电化学电池的储能机理。因此具有以下特点[34]:

(1)功率密度高。电化学电容器的内阻很小,且在电极/溶液界面和电极材料本体内部均能够实现电荷的快速存储和释放,因此功率密度可以达到数千瓦/千克,是一般蓄电池的 10 倍以上,可以在短时间内放出几百到几千安培的电流,非常适合用于短时间高功率输出的场合。

(2)使用寿命长。电化学电容器的充放电过程中只有离子和电荷的传递,通常不会产生相变对电极材料结构的影响,电化学反应具有良好的可逆性,充放电循环寿命可达 10^5 以上,远远高于蓄电池的充放电循环寿命。

(3)充放电效率高。电化学电容器可以采用大电流充电,能在几分钟甚至几十秒内完成充电过程,而蓄电池通常需要几小时才能完成充电。

（4）使用温度范围宽。电化学电容器可以在$-40\sim70℃$的温度范围内正常使用，相较于一般电池$-20\sim60℃$的温度范围更宽。电化学电容器电极材料的反应速率受温度影响不大，因此容量随温度的衰减非常小。而电池在低温下的衰减幅度可以高达70%。

（5）储存时间长。电化学电容器在充电后贮存过程中，存在自放电，长时间放置电化学电容器的电压会下降，这种发生在电化学电容器内部的离子迁移运动是在电场作用下发生的，但是电极材料在电解质中相对稳定，因此再次充电可以充到原来的电位，对超级电容器的容量性能无影响。

电化学电容器因其优异特性而使其在各个领域得到了广泛应用[35]，如用做存储器、微型计算机、系统主板、汽车视频系统和钟表等的备用电源；用做电动玩具车、照相机、便携式摄像机甚至电脑的主电源；内燃机中启动电力、太阳能电池、铅酸、镍氢以及锂离子二次电池和燃料电池的辅助电源；还可以与太阳能电池、发光二极管结合用做太阳能手表、太阳能灯、路标灯以及交通警示灯的替换电源；还可应用于航空航天等领域。

超级电容器是近年来电动车动力系统开发中的重要领域之一。美国 Maxell 公司所开发的超级电容器已在各种类型电动车上都得到良好应用。本田公司在其开发出的第三代和第四代燃料电池电动车 FCX-V3 和 FCX-V4 中分别使用了自行开发研制的超级电容器来取代二次电池，减少了汽车的重量和体积，使系统效率增加，同时可在刹车时回收能量。测试结果表明，使用超级电容器时燃料效率和加速性能均得到明显提高，启动时间由原来的 10 min 缩短到 10 s。此外，法国 SAFT 公司，澳大利亚 Cap-xx 公司、韩国 NESS 公司等也都在加紧电动车用超级电容器的开发应用。国内北京有色金属研究总院、北京科技大学、北京理工大学、哈尔滨巨容公司、上海奥威公司等也在开展电动车用超级电容器的开发研究工作，国家"十五"计划"863"电动汽车重大专项攻关中已将电动车用超级电容器的开发列入发展计划。

8.3.2 超级电容器的工作原理及组成

超级电容器根据存储电能的机理不同可分为两种电容器：双电层电容器（electric double layer capacitor，EDLC）和赝电容器（法拉第电容器，Pseudocapacitor）。

8.3.2.1 双电层电容器的原理

双电层电容器是通过电极与电解质之间形成的界面双电层来存储能量的器件，当电极与电解液接触时，由于库仑力、分子间力、原子间力的作用，使固液界面出现稳定的、符号相反的双层电荷，称为界面双层。

双电层电容理论最早由 Helmholtz 于 1887 年提出，后经过 Gouy、Chapman 和

Stern 逐步完善形成如今的 GCS 双电层模型[33]，主要观点如下：在电极/溶液界面存在两种相互作用。一种是电极与溶液两相中的剩余电荷的静电作用；另一种是电极和溶液中各种粒子之间的短程作用，如：范德华力和共价键力等。这两种作用使符号相反的电荷力图相互靠近，趋向于紧贴电极表面排列，形成紧密层。可是，由于粒子热运动的作用，电极和溶液两相中的荷电粒子不可能完全紧贴着电极分布，而具有一定的分散性，形成分散层。这样在静电力和粒子热运动的矛盾作用下，电极/溶液界面的双电层将由紧密层和分散层两部分组成。如图 8-4(a) 所示，双电层电极一侧，剩余电荷集中在电极表面；双电层的溶液一侧，剩余电荷的分布有一定的分散性。从电极表面 ($x = 0$) 到紧贴电极表面排列的水化离子的电荷中心 ($x = d$) 范围为紧密层，在这一范围内不存在剩余电荷，即 d 为离子电荷能接近电极表面的最小距离。从溶液中 $x = d$ 处到剩余电荷为零的双电层部分为分散层。

如图 8-4(b) 所示，若假定紧密层内的介电常数为恒定值，则该层内的电位分布是线性变化的，而分散层内的电位分布是非线性变化的。假定溶液深处的电位为零，以 φ_a 表示整个双电层的电位差，以 ψ_1 表示距离电极表面 d 处的平均电位，则分散层电位差为 ψ_1，紧密层电位差为 $\varphi_a - \psi_1$，且可以利用式(8-1)计算双电层电容：

$$\frac{1}{C} = \frac{\mathrm{d}\varphi_a}{\mathrm{d}_q} = \frac{\mathrm{d}(\varphi_a - \psi_1)}{\mathrm{d}_q} + \frac{\mathrm{d}(\psi_1)}{\mathrm{d}_q} = \frac{1}{C_{紧}} + \frac{1}{C_{分散}} \tag{8-1}$$

即双电层的微分电容是由紧密层电容和分散层电容串联组成的，如图 8-4(c) 所示。通常，电极表面的双电层电容为 $20\sim40~\mu\mathrm{F/cm^2}$，如果电极材料具有较大的表面积，将取得较大的双电层电容。

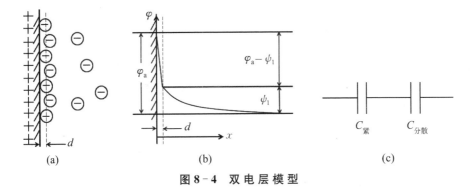

图 8-4 双电层模型

双电层电容器的主要组成部分包括两个多孔电极、隔膜、电解质以及集流体等。充电时相对的多孔电极上分别聚集正负电荷，而电解质溶液中的正负离子将由于电场作用分别聚集到与正负电极相对的界面上,从而形成双集电层,所以整个电容器等效于两个双电层电容的串联,如图 8-5 所示。

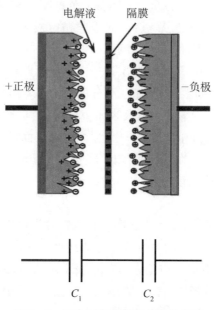

图 8-5 双电层电容器及其等效电路

双电层电容器充放电过程中正、负极发生的反应以及总反应分别为

$$正极: E_s + A^- \underset{放电}{\overset{充电}{\rightleftharpoons}} E_s^+ \; / \! / \; A^- + e^-$$

$$负极: E_s + C^+ + e^- \underset{放电}{\overset{充电}{\rightleftharpoons}} E_s^- \; / \! / \; C^+$$

$$总反应: E_s + E_s + C^+ + A^- \underset{放电}{\overset{充电}{\rightleftharpoons}} E_s^- \; / \! / \; C^+ + E_s^+ \; / \! / \; A^-$$

其中,E_s 表示活性炭电极的表面,$/\!/$表示双电层,C^+ 和 A^- 表示电解液中的正负离子。

对于一个对称的电容器(正负极电极材料相同),由于双电层电容器可等效为两个双电层电容的串联,因此其电容值可表示为

$$\frac{1}{C_{cell}} = \frac{1}{C_1} + \frac{1}{C_2} \tag{8-2}$$

如图 8-5 所示,C_1 和 C_2 分别为两个双电层电容的电容值。单电极的电容计算公式为

$$C = \frac{\varepsilon A}{4\pi d} \tag{8-3}$$

式中，ε 为双电层中的介电常数，A 为电极的表面积，d 是双电层的厚度。双电层的能量及功率密度可通过下式分别计算得到（R 为等效电阻）：

$$E_C = \int U_C \mathrm{d}Q = \frac{1}{2}CU^2 \tag{8-4}$$

$$P_{\max} = \frac{U^2}{4R} \tag{8-5}$$

根据以上两个公式可知：电容器工作电压的增大可以显著地提高功率密度和能量密度。

8.3.2.2 赝电容器的原理

通常的双电层电容由电极电势引起，依赖于以静电方式（即非法拉第方式）存储在电容器电极界面的表面电荷密度。在电容器电极上，聚集的电荷是界面及其近表面区域内导带电子的剩余或缺乏，加上聚集在电极界面处双层的溶液一侧电解质阳离子或阴离子平衡电荷的总和。双电层电容器就是利用这样的两个双电层电容。而赝电容在电极表面的产生，利用了与双电层完全不同的电荷存储机理。赝电容的电荷存储与释放是一个类似于电池充放电的法拉第过程，电荷会穿过双电层，但是由于热力学原因导致的特殊关系而产生了电容，即电极上接收电荷的程度（Δq）和电势变化（$\Delta \varphi$）的导数 $\mathrm{d}(\Delta q)/\mathrm{d}(\Delta \varphi)$ 就相当于电容。通过上述系统得到的电容都称为赝电容或者准电容，以识别与双电层电容器的不同。

赝电容器是在电极材料表面或体相的二维或准二维空间上，电活性物质进行欠电位沉积，发生高度可逆的化学吸附/脱附或氧化/还原反应，产生与电极充电电位有关的电容[36]。因此又可分为吸附赝电容和氧化还原赝电容。

1）吸附赝电容

吸附赝电容是指在二维电化学反应过程中，电化学活性物质单分子层或类单分子层随着电荷的转移，在基体上发生电吸附或电脱附，表现为电容特性。吸附赝电容最经典的例子是氢在铂电极表面的吸附反应：

$$\mathrm{Pt} + \mathrm{H_3O^+} + \mathrm{e^-} \underset{k_{-1}}{\overset{k_1}{\rightleftharpoons}} \mathrm{Pt} \cdot \mathrm{H_{ads}} + \mathrm{H_2O}$$

吸附在电极表面的法拉第电荷与电极电荷存在函数关系，对应有吸附电容。令 θ 为氢在铂电极的覆盖度，那么 $1-\theta$ 为铂电极未吸附氢的部分，φ 为电极电势，$C_{\mathrm{H^+}}$ 为 $\mathrm{H^+}$ 的浓度，则任意电势下的平衡方程式为

$$\frac{\theta}{1-\theta} = \frac{k_1 C_{\mathrm{H^+}}}{k_{-1}} \exp(-\varphi F/RT) \tag{8-6}$$

令 $K = k_1/k_{-1}$，由式(8-6)可以求出氢在铂电极的覆盖度 θ 为

$$\theta = \frac{KC_{H^+}\exp(-\varphi F/RT)}{1 + KC_{H^+}\exp(-\varphi F/RT)} \tag{8-7}$$

$$1 - \theta = \frac{1}{1 + KC_{H^+}\exp(-\varphi F/RT)} \tag{8-8}$$

准电容 C_ϕ 的计算公式为

$$C_\phi = q(\mathrm{d}\theta/\mathrm{d}\varphi) \tag{8-9}$$

式中，q 为吸附在铂电极表面单氢分子层的法拉第电量（$q = 210\ \mu\mathrm{C/cm^2}$），将式(8-7)对 φ 微分后代入式(8-9)得到：

$$C_\phi = \frac{qF}{RT} \times \frac{KC_{H^+}\exp(-\varphi F/RT)}{[1 + KC_{H^+}\exp(-\varphi F/RT)]^2} \tag{8-10}$$

将式(8-7)和式(8-8)同时代入式(8-10)得到：

$$C_\phi = \frac{qF}{RT}\theta(1-\theta) \tag{8-11}$$

显然，当 $\theta = 0.5$ 时，C_ϕ 具有最大值 $qF/(4RT)$。当 θ 较低时，C_ϕ 开始随 $\exp(-\varphi F/RT)$ 增加；当 θ 较高时，$1 - \theta \ll \theta$，C_ϕ 又随 $\exp(-\varphi F/RT)$ 降低。当 $q = 210\ \mu\mathrm{C/cm^2}$ 时，可以得到 C_ϕ 的最大值为 $2\ 200\ \mu\mathrm{C/cm^2}$，这几乎是每平方厘米双电层电容的 100 倍左右。但是由于 H^+ 吸附反应电位范围很窄（0.3～0.4 V），而且铂电极以及其他贵金属的价格非常贵，因而吸附赝电容的实用价值不大。

2）氧化还原赝电容

氧化还原赝电容是指在准二维电化学反应过程中，某些电化学活性物质发生氧化还原反应，形成氧化态或还原态而表现出电容特性。氧化还原赝电容材料主要包括金属氧化物和导电聚合物。

任意的氧化还原反应可表示为

$$O + ne^- \Longleftrightarrow Re \tag{8-12}$$

根据 Nernst 方程：

$$E = E_o + (RT/nF)\ln\frac{[O]}{[Re]} \tag{8-13}$$

又因为：

$$[O] + [Re] = q \tag{8-14}$$

将式(8-14)代入式(8-13)并整理得到：

$$[O/q]/(1 - [O/q]) = \exp(\Delta EF/RT) \qquad (8-15)$$

对式(8-15)微分后整理可得到:

$$C = q[O/q]/E = \frac{qF}{RT} \times \frac{\exp(\Delta EF/RT)}{[1 + \exp(\Delta EF/RT)]^2} \qquad (8-16)$$

这就是氧化还原赝电容的表达式,很明显氧化还原赝电容与吸附赝电容具有相似的表达式。

8.3.3 超级电容器材料研究进展及趋势

在超级电容器的研究中,许多工作都是围绕着开发具有高比能量、高比功率的电极材料进行的,材料的重要性不言而喻。碳材料由于具有成本低、比表面积大、孔隙结构可调以及内阻较小等特点,已广泛应用于双电层电容器;采用过渡金属氧化物、水合物材料和掺杂导电聚合物的法拉第电容器也逐渐得到开发应用。

8.3.3.1 碳材料

碳材料作为已经商业化的超级电容器的电极材料,研究已经非常深入,包括活性炭(activated carbon,AC)、碳纳米管(carbonnanotubes,CNTs)、炭气凝胶(carbon aerogels,CAGs)等。在这些电极材料表面主要发生的是离子的吸附/脱吸附(adsorption/desorption)。它们的共同特点是比表面积大,值得注意的是,碳材料并不是比表面积越大,比电容越大,只有有效表面积占全部碳材料表面积的比重越大,比电容才越大。

1)活性炭

活性炭是 EDLC 使用最多的一种电极材料,它具有原料丰富、价格低廉、成型性好、电化学稳定性高等特点。活性炭的性质直接影响 EDLC 的性能,其中最关键的几个因素是活性炭的比表面积、孔径分布、表面官能团和电导率等。

一般认为活性炭的比表面积越大,其比电容就越高,所以通常可以通过使用大比表面积的活性炭来获得高比电容。但实际情况却复杂得多,大量研究表明,活性炭的比电容与其比表面积并不呈线性关系,影响因素众多[37]。实验表明,清洁石墨表面的双电层比容为 20 $\mu F/cm^2$ 左右,如果用比表面积为 2 860 m^2/g 的活性炭作为电极材料,则其理论质量比容应该为 572 F/g,然而实际测得的质量比容仅为 130 F/g,说明总比表面积中仅有 22.7% 的比表面积对比容有贡献[38]。EDLC 主要靠电解质离子进入活性炭的孔隙形成双电层来存储电荷,由于电解质离子难以进入对比表面积贡献较大的孔径过小的超细微孔,这些微孔对应的表面积就成为无效表面积。所以,除了比表面积外,孔径分布也是一个非常重要的参数,而且不同电解质所要求的最小孔径是不一样的。通过电化学氧化、化学氧化、低温等离子体氧化或添加表面活性剂等方式对碳材料进行处理,可在其表面引入官能团,可以提高电解质对碳材料的润湿性,从而提高碳材料的比表面积利用率[39]。

活性炭的电导率是影响 EDLC 充放电性能的重要因素。首先,由于活性炭微孔孔壁上的碳含量随表面积的增大而减少,所以活性炭的电导率随其表面积的增加而降低;其次,活性炭材料的电导率与活性炭颗粒之间的接触面积密切相关;另外,活性炭颗粒的微孔以及颗粒之间的空隙中浸渍有电解质溶液,所以电解质的电导率、电解质对活性炭的浸润性以及微孔的孔径和孔深等都对电容器的电阻具有重要影响。

总之,活性炭具有原料丰富、价格低廉和比表面积高等特点,是非常具有产业化前景的一种电极材料。比表面积和孔径分布是影响活性炭电化学电容器性能的两个最重要的因素,研制同时具有高比表面积和高中孔含量的活性炭是开发兼具高能量密度和高功率密度电化学电容器的关键。

2) 碳纳米管

碳纳米管(CNTs)由于具有化学稳定性好、比表面积大、导电性好和密度小等优点,是很有前景的超级电容器电极材料。CNTs 的管径一般为几纳米到几十纳米,长度一般为微米量级,由于具有较大的长径比,因此可以将其看做准一维的量子线。形成 CNTs 中碳为 sp 杂化,用三个杂化键成环连在一起,一般形成六元环,还剩一个杂化键,这个杂化键可以接上能发生法拉第反应的官能团(如羟基、羧基等)。因此,CNTs 不仅能形成双电层电容,而且还是能充分利用赝电容储能原理的理想材料。

碳纳米管的比容与其结构有直接关系。江奇[40]等研究了 MWCNT 的结构与其容量之间的关系,结果发现比表面积较大、孔容较大和孔径尽量多的分布在 30~40 nm 区域的 CNTs 会具有更好的电化学容量性能;从外表来看,管径为 30~40 nm,管长越短,石墨化程度越低的容量越大;另外,由于 SWNT 通常成束存在,管腔开口率低,形成双电层的有效表面积低,所以,MWCNT 更适合用做双电层电容器的电极材料。E. Frackowiak 等[41]以钴盐为催化剂,二氧化硅为模板催化裂解乙炔制得比表面积为 400 m^2/g 的 MWCNT,其比容量达 135 F/g,而且在高达 50 Hz 的工作频率下,其比容量下降也不大。这说明 CNTs 的比表面积利用率、功率特性和频率特性都远优于活性炭。

虽然 CNTs 具有诸多优点,但 CNTs 的比表面积较低,而且价格昂贵,批量生产的技术不成熟。而且单独使用 CNTs 做 ECs 的电极材料时,性能还不是很好,如可逆比电容不很高、充放电效率低、自放电现象严重和易团聚等,不能很好地满足实际需要。这些缺点都限制了 CNTs 作为电化学电容器电极材料的使用。

3) 炭气凝胶

炭气凝胶(CAGs)是一种新型轻质纳米多孔无定型碳素材料,是唯一具有导电性的气凝胶,由 R. W. Pekala 等首先制备成功[42]。炭气凝胶具有质轻、比表面积大、中孔发达、导电性良好、电化学性能稳定等特点。其连续的三维网络结构可在纳米尺度控制和剪裁。它的孔隙率高达 80%～98%,典型的孔隙尺寸小于 50 nm,网络胶体颗粒直径为 3～20 nm,比表面积高达 600～1 100 m²/g,是制备高比容量和高比功率 EDLC 的一种理想的电极材料。

CAGs 制备一般可分为 3 个步骤:即形成有机凝胶、超临界干燥和炭化。其中有机凝胶的形成可得到具有三维空间网络状的结构凝胶;超临界干燥可以维持凝胶的织构而把孔隙内的溶剂脱除;炭化使得凝胶织构强化,增加了机械性能,并保持有机凝胶织构。S. T. Mayer 采用炭气凝胶作为 EDLC 电极材料,分别得到40 F/g 的双电极比容和 160 F/g 的单电极比容。C. Schinltt 对经过碳布加强处理的 RF 炭气凝胶薄片组装 EDLC 的测试表明,EDLC 具有良好的循环性能和优于一般活性炭的比容量[43]。Powerstor 公司以炭气凝胶为电极材料,使用有机电解质制得的 EDLC 的电压为 3 V,容量为 7.5 F,比能量和比功率分别为 0.4 Wh/kg和 250 W/kg,而且该产品已实现产业化。

炭气凝胶虽然性能优良,但 CAGs 的制备工艺复杂,制备成本偏高。由于原材料昂贵、制备工艺复杂、生产周期长、规模化生产难度大等原因,导致炭气凝胶产品产量低、成本高。尽管在采用其他方法取代超临界干燥方面,各国研究者做了大量的工作,但各种方法的效果都不如超临界干燥。

8.3.3.2 金属氧化物

金属氧化物超级电容器所用的电极材料主要是一些过渡金属氧化物,如:MnO_2、V_2O_5、RuO_2、IrO_2、NiO、$H_3PMo_{12}O_{40}$、WO_3、PbO_2 和 Co_3O_4 等[44]。金属氧化物作为超级电容器电极材料研究最为成功的是 RuO_2。1971 年,Trasatti 和 Buzzanca 发现 RuO_2 膜的"矩形"循环伏安图类似于碳基超级电容器;1975 年,Conway 等人开始着手 RuO_2 作为电极材料的法拉第准电容器储能原理的研究,之后关于 RuO_2 作为超级电容器电极材料的研究也逐渐深入。

Zheng 等[45]制备的无定形水合 $\alpha - RuO_2 \cdot xH_2O$,以硫酸为电解质,比电容达768 F/g,工作电位 1.4 V(vs. SHE),是目前发现的较为理想的高性能超级电容器材料。Wu 等[46]在 RuO_2 中掺入 MoO_3、TiO_2、VO_x、SnO_2 制备各种复合电极,取得了一定成果。但 RuO_2 属于贵金属,资源稀少以及高昂的价格限制了它的应用。一些廉价金属氧化物如 Co_3O_4、NiO 和 MnO_2 等也具有法拉第赝电容,研究人员希望能从中找到电化学性能优越的电极材料以代替 RuO_2。其中 MnO_2 资源丰富、电化学性良好、环境友好,作为超级电容器活性材料已成为研究热点。刘先明等[47]人将尿素作为水解控制剂,聚乙二醇作为表面活性剂制得前驱体,通过热分解得到纳米结构海胆状的 NiO,然后研究其在不同煅烧温度下的电化学性能,发现在 300℃ 条件下 NiO 比电容达到 290 F/g,循环 500 次后,比电容依然达到217 F/g,显示 NiO 作为超级电容器电极材料的良好性能。

8.3.3.3　导电聚合物

自 1977 年导电聚合物问世以来,人们对它的研究一直非常关注。用导电聚合物作为超级电容器的电极材料是近年来发展起来的,主要是利用其掺杂-去掺杂电荷的能力。依据方式不同,可分为 P 掺杂和 N 掺杂,分别用于描述电化学氧化和还原的结果。导电聚合物借助于电化学氧化和还原反应在电子共轭聚合物链上引入正电荷和负电荷中心,正、负电荷中心的充电程度取决于电极电势。目前仅有限的导电聚合物可以在较高的还原电位下稳定地进行电化学掺杂,如聚乙炔、聚吡咯、聚苯胺、聚噻吩等。现阶段的研究工作主要集中在寻找具有优良掺杂性能的导电聚合物,以及提高聚合物电极的充放电性能、循环寿命和热稳定性等方面。

导电聚合物电极电容器可分为 3 种类型[48]:①对称结构——电容器中两电极为相同的可进行 P 型掺杂的导电聚合物(如聚噻吩);②不对称结构——两电极为不同的可进行 P 型掺杂的聚合物材料(如聚吡咯和聚噻吩);③导电聚合物可以进行 P 型和 N 型掺杂,充电时电容器的一个电极是 N 型掺杂状态而另一个电极是 P 型掺杂状态,放电后都是去掺杂状态,这种导电聚合物电极电容器可提高电容电压到 3 V,而两电极的聚合物分别为 N 型掺杂和 P 型掺杂时,电容器在充放电时能充分利用溶液中的阴阳离子,结果它具有很类似蓄电池的放电特征,因此被认为是最有发展前景的电化学电容器。

8.3.3.4　复合材料

上面提到的碳材料通常由于其良好的导电性和较高的比表面积而得到广泛的研究,事实上碳基电容器只具有较小的电容值,因为碳基材料储能通常以双电层电容机制为主体,赝电容的贡献只有很小的部分。通常就电容的贡献来说,赝电容因为深度的氧化还原反应往往具有比双电层电容更高的贡献,例如一些金属氧化物:RuO_2、Co_3O_4、MnO_2 能通过氧化还原反应产生很高的电容(500~2 000 F/g),但是金属氧化物自身的导电性非常差、材料结构致密,不利于电解液的浸润,这大大降低了其功率密度。因此,为了能够将金属氧化物的高电容特性和碳基材料的高导电性以及大比表面积结合起来,研究人员通过有效的方法将金属氧化物纳米颗粒与碳材料进行复合,大大提高了电极的功率密度和能量密度。

郑华均等[49]人将 CNTs 和不同的过渡金属氧化物复合,作为超级电容器电极材料。一方面,CNTs 和二氧化锰纳米片的复合解决了二氧化锰作为超级电容器电极材料导电性能差,结构致密的缺点,通过交换 CNTs 和二氧化锰纳米片的排列次序得到的电极材料,显示出良好的电化学电容器性能;另一方面 CNTs 和 CoOOH 纳米片通过逐层自组装,当制得 ITO/MWCNT/CoOOH 排列顺序的电极材料时,比电容达到 389 F/g,并且随着层数的增加,比电容也会随之增加。

超级电容器具有容量大、功率密度高、充放电能力强、循环寿命长、可超低温工作等许多优势,在汽车、电力、通信、国防、消费性电子产品等方面有着巨大的市场潜力。高单位质量或体积能量密度,高充放电功率密度将是未来的发展方向。今后超级电容器的研究重点仍然是通过新材料的研究开发,寻找更为理想的电极体系和电极材料,提高电化学电容器的性能,制造出性能好、价格低、易推广的新型电源以满足市场的需求。

8.4 储氢材料

人类的发展与能源紧密联系在一起,能源的消耗随着人类社会经济的发展而不断增加。1766 年,英国化学家卡文迪制备出了氢气,氢能的话题由此首次登上了人类发展的舞台。氢气作为可再生二次能源的载体,在缓解化石能源枯竭、环境问题严峻的今天,有望扮演极其重要的角色。本节着重介绍氢能的储存及其相关材料。

8.4.1 氢能与氢的储存技术

表 8-3 介绍了氢能与其他能源的特点。

表 8-3 氢能与石油、煤炭、天然气、电力、可再生能源的比较[50]

	氢能	石油	煤炭	天然气	可再生能源（如风能等）	核能
能源储量	二次能源,丰富	不足	不足	有限	丰富	有限
用途	供热、供电等	工业、汽车等	供热、供电等	生活、工业等	生活、工业等	发电
产物	H_2O	H_2O、CO、CO_2 等	CO_2、SO_x 等	CO_2、H_2O	无	放射性物质
碳排放/(t-C/TJ)	0	18.66	29.31	13.47	0	0

(续表)

	氢能	石油	煤炭	天然气	可再生能源 (如风能等)	核能
产能/ (kJ/g)	142.9	45.6 (柴油)	30	71~88	不确定	7.9×10^7(铀)
局限性	易爆炸	不可再生	不可再生	资源分布不均	成本高,技术难,选址局限性	辐射危害大,选址困难

在清洁能源系统中使用氢能主要通过三个步骤,首先是利用清洁能源制取氢气,其次是氢气的储存和运输,最后是将氢能用于能量输出装置。其中最重要的一步,便是储氢。

所谓储氢,即氢气的储存,是将制得的氢气以合适的方式储存,以备使用。在需要时利用各类能源转换装置,将氢能转换为目标能量。然而,要想使氢能最终实现产业化应用,储氢装置以及材料必须能够大规模高密度地储存氢气。美国能源部在 2003 年提出了储氢系统目标后,于 2009 年修订了储氢的相关要求[51]。最终意在实现氢气纯度为 99.97%,储氢密度达 70 kg/m³ 的目标。发展低成本、高性能的储氢装置和材料成了发展储氢技术的重中之重。

目前来看,氢气的储存技术主要根据氢气储存的状态划分,分为气态储氢、液化储氢、固态储氢三类储氢方式。

1) 气态储氢

气态储氢通常是指利用高压将氢气压缩在储氢容器中,通过不断增加压力的方法来提高容器中氢气的含量[50]。通常采用的容器为钢瓶,最高耐受气压为 150 个大气压,钢瓶内有效体积为 40 L(以水为标准衡量),可以储存氢气的质量为 0.5 kg。由此可见,在全部充满氢气的条件下,钢瓶内氢气的密度约为 1 wt%。随着科研工作的进行,提高气态储存氢气的技术主要集中在改良储存容器上。这是因为,根据理论计算,压力增加,氢气储存密度增加,当压力达到 2 000 个大气压时,氢气的密度约为 50 kg/m³。

经过技术的不断革新,使得气态储氢可以到达一定的质量储氢密度,但所需压力较高,这将产生一系列安全问题,例如气瓶、换气阀门等。且其应用范围较窄,主要集中于新能源汽车的开发方面。在车载氢气供应系统研究与开发方面,目前比较领先的是美国的 Quantum 公司和加拿大的 Dynetek 公司。Quantum 公司与美国国防部合作,成功开发了移动加氢系统——HyHauler 系列,分为 HyHauler 普通型和改进型。普通型 HyHauler 系统的氢源为异地储氢罐输送至现场,加压至 35 MPa或 70 MPa 存储,进行加注。改进型 HyHauler 系统的最大特点是氢源为自带电解装置电解水制氢,同时改进型具有高压快充技术,完成单辆车的加注时间少于 3 分钟。加拿大 Dynetek 公司也开发并商业化了耐压达 70 MPa、铝合金内胆和树脂碳纤维增强外包层的高压储氢容器,用于与氢能源有关的行业。

2) 液化储氢

顾名思义,液化储氢便是将氢气压缩后,以液体的形式储存到特制的容器或材料中。根据氢的相图,氢气液化的条件为:在标准大气压下,温度降至 21 K 以下。常温常压下,液态氢气的密度约为气态氢气密度的 850 倍,显然,从储氢密度上看,液态氢气具有显著优势。然而,将氢气液化至 21 K 需要消耗氢气本身所具有的燃烧热的 1/3,再加上储存器与室温温度相差 200 度以上,因此,液氢的挥发不可避免。以 80 L 的小型罐为单位,蒸发量可达$(1\sim2)$wt%/d。

此外,除了利用特制金属储氢容器之外,还有利用液态芳香族化合物作为储氢载体,进行催化加氢脱氢,实现氢的储存与释放。这种方法避免了利用特制容器储氢过程中出现的氢气蒸发等问题,实现了氢气高密度、低危险性、稳定的储存,因此近年来受到了广泛的关注。材料由苯、甲苯发展到吲哚、喹啉、咔唑等新型材料,其催化加氢脱氢性能得到了进一步的提高。

从液态氢气的性质上看,它适用于大规模高密度的储存,如果可以降低液化过程中燃烧热的损耗,利用新型容器降低其蒸发,液化储氢的方式是很具有前景的。

3) 固态储氢

固态储氢是指将氢气以吸附或其他方式储存到固体材料中,如碳纳米管、金属氢化物、配位氢化物、多孔聚合物、有机液体氢化物等。在储氢材料中,氢气以分子、原子、离子等形式存在。固态储氢的核心在于固态储氢材料,固态储氢材料可以根据吸附机制和使用方式进行分类。根据氢气的吸附机制可以分为物理吸附和化学吸附,而根据使用方式可以分为可逆储氢和不可逆储氢。无论是哪一种方式,能否作为良好的储氢材料取决于以下几点。

(1) 单位体积内所储存氢气的密度和体积大。

(2) 能够迅速地产氢和放氢,具有良好的动力学特性。

(3) 可循环利用率高,性能稳定,材料经济性可行。

(4) 在整个过程中,每一阶段的产物对环境无污染。

表 8-4 总结了三种不同储氢方式的优点及局限性。

表 8-4　气态储氢、液化储氢和固态储氢的特点[50, 51]

项目＼分类	气态储氢	液化储氢	固态储氢
原理	采用高压压缩,储存于钢瓶	将氢气液化后储存	以吸附或其他方式储存于材料中
储存容器	一代到四代高压钢瓶	特制容器、液态芳香族类化合物	碳纳米管、金属氢化物、配位氢化物、多孔聚合物、有机液体氢化物等
最大储存量（质量储氢密度）	13.36 wt%（QUANTUM公司第四代 70 MPa 容器）	5.5 wt%	16 wt%（AB(NH$_3$BH$_3$))
应用领域	新能源汽车、氢气蓄气站等	新能源汽车、航空航天、冶金、电路制造等	电池、电容器等
局限性	充气危险、通常状态下氢密度低	氢气压缩需要消耗能量,易挥发,费用高	对材料性能要求高,成本高

8.4.2　主要储氢材料

近年来储氢材料发展迅速,从最初的 $SmCo_5$ 磁性材料开始[52],已经逐渐地发展出了金属储氢材料、配位氢化物储氢材料、碳纳米管储氢材料、多孔聚合物储氢材料、有机液体储氢材料和金属骨架有机化合物储氢材料等,引起了广泛关注。

8.4.2.1　金属储氢材料

在金属储氢材料中,氢以金属键形式与金属元素结合。一些金属具有很强的与氢气结合的能力,因此可以在某些特定的条件(如一定温度、压力)下,与氢气结合形成含有金属氢键的金属氢化物,而通过对条件(如温度、压力等)的控制,又可以将这些金属氢化物分解释放出氢气。这样就使得氢气得以储存和释放,此类金属材料称为金属合金。它主要由与氢的结合能为负的金属元素 A 和与氢结合能为正的金属元素 B 构成。随着研究的深入,储氢合金可以分为以下几类,如表 8-5 所示。

AB_5 型合金。这类合金被称为第一代合金,它是由荷兰飞利浦实验室在研究磁性材料 $SmCo_5$ 时,意外发现该合金可以大量地吸收氢气。并随后进一步发展了 $LaNi_5$ 型储氢材料。这类合金的主要特点是 A 通常为稀土元素,而 B 通常为常见金属元素。以此为基础,通过合金元素替代发展了一系列 AB_5 型合金。这类合金的优点在于,室温下即可吸氢和放氢,其理论质量储氢密度约为 1.5 wt%。然而,由于稀土价格昂贵,此类合金因此受到价格成本的约束。

A_2B 型合金。与 AB_5 型合金在同一时期,美国布鲁克海文实验室发现了 Mg_2Ni 储氢合金。与第一代合金不同,其不需要价格昂贵的稀土金属来组成合金,A 和 B 均可由常见且价格低廉的金属组成,在地球上储量丰富。其相对于第一代合金的吸氢量大(约 3.6 wt%)更使其具有广阔的应用前景。

AB 型合金。AB_5 型和 A_2B 型合金的研究发现引发了科学家对于合金储氢材料的兴趣。继而发现了 TiFe、TiCr 等 AB 型存在的合金,这类合金具有储氢量大、成本较低、吸氢放氢过程可在常温常压下进行等特点,其中,TiFe 的储氢量可达 1.8 wt%。然而,AB 型合金同样具有很多局限性,例如使用前需要在高温和真空条件下进行初期活化,且其寿命较短。研究人员经过不断的探索和寻找,发现 Ti-Ni 合金是一种性能较好的储氢合金。

AB_2 型合金。这类合金主要以钛元素和锆元素为 A 元素构成,其特点与 AB 型合金相似,其质量储氢密度可以达到 1.8 wt%~2.4 wt%。随着科学家进一步探索,在 AB_2 型合金的基础上,继续开发了 Ti-Cr-V-Cr-Ni 多相合金。

AB_3 型合金。这类合金在结构上主要由 AB_5 型合金和 AB_2 型合金共同组成。其理论质量储氢密度可以达到 1.8 wt%,相比于 AB_5 型合金有所提高。在室温下可以进行吸氢、放氢过程,在合金领域逐渐代替了传统的 AB_5 型合金,目前已应用到混合动力汽车的混合电池上。

其他类型合金。除了 A_xB_y 型的金属合金储氢材料外,还包括钒基体心立方固溶体合金储氢材料,钯基固溶体储氢材料等,此类材料需要严格的活化过程。

表 8-5 主要储氢合金种类[51, 53]

类别	AB₅	A₂B	AB	AB₂	AB₃
代表物质	SmCo₅、LaNi₅	Mg₂Ni	TiFe、TiNi、TiCr	ZrV₂、TiMn₂	NdCo₃、LaMg₂Ni₉
质量储氢密度/wt%	1.5	3.6	1.8	1.8~2.4	1.8
电化学容量/(mAh/g)	330	750	125	360	400
反应条件	室温	高温	室温	室温	室温
价格成本	高	低	低	低	高

8.4.2.2 配位氢化物储氢材料

配位氢化物是指由第Ⅲ或第Ⅴ的主族元素与氢原子以共价键的形式相结合，再与金属离子以离子键的形式相结合所形成的氢化物[50]。与传统的合金储氢材料相比，配位氢化物储氢材料具有较高的氢含量，释放氢气可以通过热解或水解方式实现。然而，由于热力学和动力学方面的因素，其吸氢放氢的可逆反应一般难以实现。1997年，德国马普学会煤炭研究所发现掺杂少量含钛有机金属物后，成功地使 $NaAlH_4$ 的放氢反应在相对温和的条件下实现了可逆[54]，这一重大突破立即掀起了世界范围内研究的热潮。

按照配位体的种类，一般将配位氢化物储氢材料分为3大类：配位铝氢化物、配位氮氢化物以及配位硼氢化物[53]，如表8-6所示。

表8-6 主要配位氢化物的种类[53, 54]

分类 / 项目	配位铝氢化物（以 $LiAlH_4$ 为例）	配位氮氢化物（以 $LiNH_2$ 为例）	配位硼氢化物（以 $LiBH_4$ 为例）	氨硼烷及其衍生物
代表物质	$LiAlH_4$、$NaAlH_4$、$Mg(AlH_4)_2$、$Ca(AlH_4)_2$	$LiNH_2$、$NaNH_2$、$Mg(NH_2)_2$、$Ca(NH_2)_2$	$LiBH_4$、$NaBH_4$、$Mg(BH_4)_2$、$Ca(BH_4)_2$	NH_3BH_3、$NH_3B_3H_7$、NaB_3H_8
合成方法	碱金属氢化物与卤化物在乙醚中反应：$4LiH + AlCl_3 \longrightarrow LiAlH_4 + 3LiCl$	金属与 NH_3 反应：$Li + NH_3 \longrightarrow LiNH_2 + 1/2H_2$ 金属氢化物与 NH_3 反应：$LiH + NH_3 \longrightarrow LiNH_2 + 2LiH$ 金属氮化物与氢气反应：$Li_3N + 2H_2 \longrightarrow LiNH_2 + 2LiH$	金属氢化物 MH 与 B_2H_6 在乙醚中反应：$LiBH_4 \longrightarrow LiH + B + 3/2H_2$	氨与配位硼氢化物直接反应
晶型	单斜：$LiAlH_4$ 四方：$NaAlH_4$ 菱方：$Mg(AlH_4)_2$ 斜方：$Ca(AlH_4)_2$	四方：$LiNH_2$、$Mg(NH_2)_2$	斜方：$LiBH_4$ 立方：$NaBH_4$ 六方：$Mg(BH_4)_2$	体心四方结构
吸氢放氢性能	放氢：7.9 wt%（理论）吸氢：较为困难，需加少量钛	放氢：10 wt%（理论）吸氢：易进行	放氢：13.9 wt%（理论）吸氢：较为困难	放氢：19.6 wt%，水解放氢，易进行

1) 配位铝氢化物储氢材料

配位铝氢化物一般用 $M(AlH_4)_n$ 表示。其中，n 为金属原子 M 的价态。典型代表有 $LiAlH_4$、$NaAlH_4$、$Mg(AlH_4)_2$、$Ca(AlH_4)_2$ 等。配位铝氢化物通常为白色粉末状固体，具有较高的热稳定性以及强还原性。通常采用碱金属氢化物与卤化物在有机溶剂（如乙醚）中反应制备配位铝氢化物，如公式(8-17)所示。配位氢化物通过多步分解制备氢气，如公式(8-18)～(8-20)(以 $LiAlH_4$ 为例)[55]。然而，其逆反应较难实现，有实验报道，通过向 LiH 和 Al 的甲醚或四氢呋喃反应体系中加入少量的钛，可以得到晶态 $LiAlH_4$[56]。

$$4LiH + AlCl_3 \longrightarrow LiAlH_4 + 3LiCl \qquad (8-17)$$
$$3LiAlH_4 \longrightarrow Li_3AlH_4 + 2Al + 3H_2(5.3\ wt\%) \qquad (8-18)$$
$$Li_3AlH_4 \longrightarrow 3LiH + Al + 3/2H_2(2.65\ wt\%) \qquad (8-19)$$
$$LiH \longrightarrow Li + 1/2H_2(2.65\ wt\%) \qquad (8-20)$$

提高配位铝氢化物的方法主要有两种，一种是与氢化物反应，形成复合材料；另一种是通过纳米结构调制来调节材料粒径的大小。因此，一些复合材料系统如 $LiAlH_4 - MgH_2 - LiBH_4$ 系统在 400℃ 的条件下可以展现出良好的吸氢放氢性能，而通过纳米结构调制，诸如 $NaAlH_4$ 表现出了低温下吸附氢气的良好性能。

2) 配位氮氢化物储氢材料

配位氮氢化物一般用 $M(NH_2)_n$ 表示。其中，n 为金属原子 M 的价态。早在 19 世纪，人们就合成了 $NaNH_2$ 和 KNH_2。又在 20 世纪发现了 Li_3NH_4。配位氮氢化合物的陆续发现，使人们将研究的目光转移到了它们身上。研究发现，其合成方法主要有 3 种：金属与 NH_3 反应；金属氢化物与 NH_3 反应；金属氮化物与氢气反应。如公式(8-21)～(8-23)(以 $LiNH_2$ 为例)[50]：

$$Li + NH_3 \longrightarrow LiNH_2 + 1/2H_2 \qquad (8-21)$$
$$LiH + NH_3 \longrightarrow LiNH_2 + 2LiH \qquad (8-22)$$
$$Li_3N + 2H_2 \longrightarrow LiNH_2 + 2LiH \qquad (8-23)$$

配位氢氮氢化物的吸氢产氢过程如公式(8-24)所示(以 $LiNH_2$ 为例)[57]：

$$LiNH_2 + 2LiH \leftrightarrow Li_2NH + LiH + H_2 \leftrightarrow Li_3N + 2H_2 \qquad (8-24)$$

提高氮氢化合物吸附氢气的能力的途径主要是通过纳米结构调控。这是因为当材料的粒径变小时，离子转移的动力学和热力学能够得到提高。然而，合成纳米结构的氮氢化合物是一件很困难的事情，因此配位氮氢化物的应用受到了限制。

3) 配位硼氢化物储氢材料

配位硼氢化合物易溶于乙醚,一般用 $M(BH_4)_n$ 表示。其中,n 为金属原子 M 的价态。通常采用金属氢化物 MH 与 B_2H_6 在含有乙醚的体系中制备得到,如公式(8-25)所示[58]:

$$MBH_4 \longrightarrow MH + B + 3/2H_2 \tag{8-25}$$

其释放氢气的过程主要依靠分解反应,以 $LiBH_4$ 为例,如公式(8-26)所示。

$$LiBH_4 \longrightarrow LiH + B + 3/2H_2 \tag{8-26}$$

由上述公式可以看出,放氢反应后生成了单质硼,单质硼具有惰性,因此逆向反应很难进行。此外,由于配位硼氢化物吸收/释放氢气的反应条件需要在高温高压下进行,同时,配位硼氢化物储氢材料在此过程中还伴随着形貌的改变,这些无疑对它们的储氢性能是有害的。因此,对硼氢化物的改性成为研究的主要方向。已经报道的方法有离子替代、反应不稳定体系的形成及纳米结构调制等。除此之外,硼氢化物释放氢气的另外一种方式是将其与 NH_3 直接反应,生成含有负氢和正氢的氨硼烷及其衍生物[59],如 NH_3BH_3。氨硼烷类物质释放氢气的途径有两种,分别是氨硼烷中的正氢离子水解以及氨硼烷中正氢和负氢离子在其热解的过程中分子间的重新组合。这解决了配位硼氢化物中体系释放氢气动力学阻力过大、温度偏高的主要问题,具有良好的应用前景。

8.4.2.3 碳纳米管储氢材料

自从 1997 年首次报道了单壁碳纳米管可以储存气体,推算出其储氢容量可达 5 wt%~10 wt%,碳纳米管储氢便引起了科研人员极大的兴趣[60]。碳纳米管具有密度小、比表面积大及多孔道等特点,且其本身具有的范德华力对氢气有很强的可逆吸附,因此成为一种理想的储氢材料。基于碳纳米管吸附氢气的机制,氢气与碳纳米管之间的作用很弱,吸氢需要极低的温度和极高的压力。因此,想要较好的吸附氢气,便需要对碳纳米管进行表面以及内部的相关改性。

从结构上来看,碳纳米管通过管与管之间形成的窄孔道有利于吸附氢气分子。通过改进其表面形貌和晶体结构,以及适当的表面处理,使得氢气分子可以实现有效的吸附。例如,Tylianakis 等利用 4 条碳纳米管通过节点连接成七边形的新奇多孔纳米超级钻石结构,经过实验,当温度低于 77 K 时,氢的储存量可达到 20 wt%,即使在室温条件下也能达到 8 wt%。这在已报道的研究中是最高的[61]。通常,改性处理碳纳米管的方式有酸碱处理、氧化处理以及混合处理。例如,当利用 KOH 活化碳纳米管之后,碳纳米管的储氢量由原来的 2.8 wt% 增加到 3.7 wt%;利用硫酸和双氧水处理碳纳米管后,储氢量得到明显提高[62]。

除此之外,利用金属元素进行碳纳米管的改性,也可以使其对氢气的吸附效果得以提高,这是因为金属原子可以与氢气形成金属氢键,可以牢牢地吸附氢气。

8.4.2.4 多孔聚合物储氢材料

对于氢气的储存而言,高密度、高性能的储氢材料是核心部分。因此,科学家构想了一种由碳、氢、氧、氮等轻质元素构成的新型材料。高分子材料因此应运而生,许多高分子材料仅由碳、氢、氧、氮等轻质元素构成,这与科学家的设想不谋而合。时至今日,也取得了一定的成果。

多孔聚合物在低温下因其物理吸附而具有很好的储氢性能,成为储氢材料研究的热点之一。总体来看,多孔聚合物储氢材料可以分为4类:即共价有机骨架材料(COFs)、PIM 型微孔聚合物(PIMs)、超高交联型聚合物(HCPs)以及共轭微孔聚合物(CMPs)。

1) 共价有机骨架材料(COFs)

共价有机骨架材料,简称 COFs,是由纯粹的有机基团通过强的共价键连接而形成的多孔材料,首次由 Yaghi 等人发现并命名为 COF - 1[63]。COFs 具有大的比表面、低密度等特点,但由于没有金属原子,COFs 对氢气的吸附强度偏弱。就目前 COFs 吸附氢气材料而言,COF - 102 材料的吸附量最大,可达 7.24 wt%,这是目前报道的最高值[64]。

虽然 COFs 的性能优势很明显,但是其合成条件非常苛刻,并且材料中的硼酸酯环结构耐高温性差,不耐酸碱。因此,未来的目标在于开发合成更加稳定、结构可控的 COFs 材料。

2) PIM 型微孔聚合物(PIMs)

PIMs 是一类由有机单体组装而成的具有微孔网状结构的高分子材料,由于有机单体的刚性结构和非线性结构,使得高分子材料由于位阻的原因,形成了 PIM 型微孔高分子结构。Budd 通过单体分子的设计,首次合成了 PIM 型微孔聚合物(PIMs)。随后,新型 PIMs 如雨后春笋般涌现出来。2003 年,Tattershall 等用 4,5 - 二氯苯二胺和环己六酮合成单体,随后单体与 TTSBI 发生缩合反应,形成 PIMs。2007 年,Walton 等发现合成了含三蝶烯单元的 PIM,并将其命名为 trip-PIM。为了进一步提高 PIMs 性能,科学工作者不断对 PIMs 进行改性和引入新的结构,Thomas 制备出芳香聚酰胺和聚酰亚胺 PIM - P4,Fritsch 将吡嗪结构引入 PIM 中,Yamposkii 得到含聚酰亚胺结构的 PIMs。除了引入不同结构的单体对 PIMs 进行改性外,为提高聚合物对气体的捕获能力,科学工作者还将金属加入到了聚合物骨架中[65]。合成 PIMs 材料的高分子链经无规堆积而产生微孔,所以合成的聚合物的孔径分布很宽,在气体吸附中具有广阔的应用前景。

3) 超高交联型聚合物(HCPs)

超高交联型聚合物的形成往往通过两步反应来制得。首先第一步是通过悬浮法制备前驱体,第二步为前驱体在溶液中发生傅克反应,形成超交联网状结构,随后移除材料里的溶剂,孔道结构仍旧可以保存,得到超高交联型聚合物(HCPs)。HCPs是由苏联科学家 Davankov 首次发现的,其合成的 HCPs 比表面积达 2 000 m²/g。比表面积值高使得此类材料在吸附氢气的应用中具有较大潜力。

4)共轭微孔聚合物(CMPs)

共轭微孔聚合物的发现,是由 Cooper 课题组利用钯作为催化剂单体间发生 Sonogashira-Hagihra 偶联反应而得到的[66]。其产物为多孔聚亚乙炔基的芳基化合物(PAE)。它具有比表面积大、稳定性好、热稳定性高以及结构可调控等特点,在储氢材料方面有着广泛的应用。Hasell 等人研究发现,当 CMPs 比表面积最大(1 018 m²/g)时,氢气的吸附量达到了 1.4 wt%[67]。Budd 课题组对比了传统多孔材料有机高聚物孔材料 POPs、金属有机骨架材料 MOFs、活性炭、硅酸盐等以及 CMPs 的氢气吸附性能,结果表明,相比于其他材料,CMPs 对于氢气的吸附性能最佳[68]。

8.4.2.5 有机液体储氢材料

利用有机物如烯烃、芳香烃、炔烃等与氢气进行加氢脱氢的可逆反应而将氢气储存的技术,成为有机液体氢化物储氢技术,而其中所利用的烯烃、炔烃或者芳香烃则被称为有机液体储氢材料。不饱和芳香烃与其相对应的氢化物,例如苯和环己烷,甲苯和甲基环己烷,可以在不破坏碳链结构的前提下,进行脱氢和加氢的反应。此类反应物可以循环使用,为今后发展低成本储氢提供了新的思路以及可能。可用做有机液体储氢材料的有机物通常有环己烷、甲基环己烷、萘烷、四氢化萘、环己基苯等。

然而,此项技术也有其局限性,例如在脱氢过程中可能发生副反应,且脱氢过程需要低压、高温的条件。较为苛刻的反应条件,对催化剂的要求也升高。因此,如何能使脱氢反应在相对温和的条件下进行,以及提高催化剂的活性、稳定性及其寿命便成了提高这一技术的核心所在。

8.4.2.6 金属骨架有机化合物(MOFs)储氢材料

金属有机骨架化合物(MOFs)因为独特的结构、高比表面以及大的孔体积等特点,被认为是一种理想的储氢材料,然而,大部分的 MOFs 储氢过程都在较低温度且高压下(例如 77 K,100 个大气压)完成。表 8-7 总结了部分 MOFs 储氢材料及其储氢条件。

表 8-7 部分 MOFs 材料的储氢性能[53]

MOFs 材料种类	发现者	储氢条件		氢气含量		$\Delta H /$ (kJ/mol)
		温度/K	压力/bar	wt%	kg/m³	
MOF-210	H. Furukawa	77	100	19	47.6	—
MOF-200	H. Furukawa	77	100	18	40	—
PCN-68	D. Yuan	77	100	13	50	6.09
		248	100	2.8	10.6	
PCN-66	D. Yuan	77	100	11	50	6.22
		298	100	2.3	10.5	—
SNU-21S	T. K. Kim and M. P. Suh	77	100	10.6	61.6	6.65
SNU-15'	Y. E. Cheon and M. P. Suh	77	1	0.74	—	15.1
JUC-62	M. Xue	77	100	7.3	60	—
ZIF-68	K. S. Park	77	100	5	59	4.5
Be-BTB	K. Sumida	298	100	2.6	10.9	5.5
MOF-74(Mg)	K. Sumida	77	1	2.2	—	10.3

从表 8-7 中我们可以发现,随着储氢过程中温度的升高,MOFs 材料的储氢能力却大幅度下降。这是因为 H_2 与 MOFs 材料之间以相对较弱的物理吸附的方式进行吸附。因此,想要更好地吸附 H_2,就必须对 MOFs 材料做出一些调控和改性。图 8-6 中[53]列举了几种增加 MOFs 材料吸附氢气能力的方法。

综合近年的研究[54,69],总的来看可以有 3 种途径增加 MOFs 材料对 H_2 的吸附焓。第一,调节材料重量和孔体积,开发暴露金属活性位点的密闭孔材料;第二,通过将 MOFs 材料与复合 H_2 化学吸附剂复合的方式来调节 H_2 的吸附。第三,使用暴露的金属活性位点。这种方式是最引人瞩目的方式,因为这种技术在使吸附焓最大幅度地增加的同时,其他参数的性能并没有发生明显变化。

然而,尽管通过调控和改性 MOFs 材料可以提高其吸附氢气的能力,但是,MOFs 材料吸附 H_2 的过程往往还是在低温下才能呈现出较好效果来。将来,如何能实现在室温下吸附 H_2 则是主要需要攻克的难题。

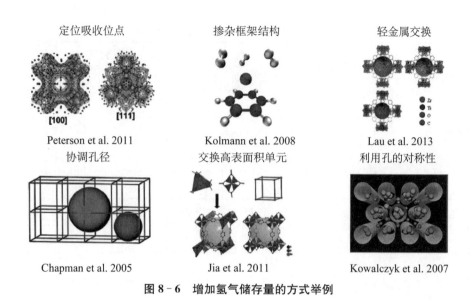

定位吸收位点　　　　掺杂框架结构　　　　轻金属交换

Peterson et al. 2011　　　Kolmann et al. 2008　　　Lau et al. 2013

协调孔径　　　　交换高表面积单元　　　　利用孔的对称性

Chapman et al. 2005　　　Jia et al. 2011　　　Kowalczyk et al. 2007

图 8-6　增加氢气储存量的方式举例

8.4.3　储氢材料的应用

氢能源作为一种理想的清洁能源,在未来的新能源领域中占据着极其重要的地位。储氢材料在氢能的存储、运输以及燃料电池中起着重要作用。

8.4.3.1　氢气的储存及运输

1) 固态储氢

可逆固态储氢是目前应用最为广泛的一种储氢方式,其优点在于克服了以传统高压容器为主的固态储氢方式,使得固态储氢具有单位体积内氢气含量高、安全性能高等特点,因此成为储氢的一大主流材料。其核心材料主要由稀土系 AB_5、钛系 AB 和 AB_2 以及镁系储氢材料装填而成,主要可以分为六类。分别是:简单圆柱形、外置翅片空气换热型、内部换热型、外置换热型、储氢材料/高压混合型、轻质储氢材料型。除此之外,非可逆固态储氢也在实际中生产或应用。它主要由两种系统构成,分别是 $NaBH_4$ 水解制氢储氢系统和铝粉水解制氢储氢系统。表 8-8 介绍了固态储氢材料的应用。

表 8-8　固态储氢材料的应用[70]

项目＼分类	可逆固态储氢				不可逆固态储氢	
	燃料电池电动车	通信基站备用电源	燃料电池潜艇	发电	$NaBH_4$ 水解制氢	铝粉水解制氢
材料	双 AB_5 储氢材料	TiZrMnCrVFe合金	TiFe	MgH_2	$NaBH_4$、H_2O	铝粉

（续表）

分类项目	可逆固态储氢				不可逆固态储氢	
	燃料电池电动车	通信基站备用电源	燃料电池潜艇	发电	NaBH$_4$水解制氢	铝粉水解制氢
成本	材料用量9 kg	材料用量200 kg	材料用量4 200 kg	耗资2 390万欧元	H$_2$O/NaBH$_4$=210	每12 g铝粉可制得氢气100 g
地点	中国台湾	北京有色金属研究院	德国HDW造船厂	法国麦菲能源公司	日本丰田中心研发实验室	美国AlumiFule Power公司
储氢量或产氢速率	45 g	40 m^3	63 kg	>1 000 kg	2 wt%或15 kg/m^3	50 L/min
备注	充电2 min可行驶70 km	单次16 h不间断供电，累计发电量51 kW·h	已出口到韩国、意大利、希腊等国家	解决了可再生能源用电量不稳定的问题	最大供氢速率120 L/min，可满足10 kW燃料电池正常使用	燃料转化率>95%，可为5 kW的燃料电池供氢

2）氢气的回收与分离净化

利用储氢材料对氢气的吸附特性，可以使氢气得到有效回收，重复再循环利用，减少制氢材料的消耗。然而，随着半导体工业、精细化工和光电行业的发展，对氢气的纯度有极高的要求，因此，通常在回收的同时还要进行氢气的分离净化处理。现有的氢气分离净化方法均存在着其局限性，例如钯合金管造价高，分离效率低、催化吸附无法去除氮气杂质等。因此，储氢材料在氢气的回收与分离净化领域成为一种安全高效、材料易得的经济性选择。

氢气的回收通常源自石油化工、冶金等行业，通常含有 H$_2$、N$_2$、甲烷、乙烷、丙烷、CO、CO$_2$ 等气体，将尾气中的氢气进行回收利用是一种资源回收利用的举措。早在1991年，浙江大学便使用了混合稀土 AB$_5$ 型储氢材料对合成氨厂中的尾气进行回收，其回收率可达70%，氢气纯度达99.999%[70]。

氢气的分离与净化方法主要包括物理法和化学法。物理法包括低温吸附法、金属氢化物净化法、变压吸附法等，化学法主要是本菲尔法和催化纯化法。工业上通常采用变压吸附法、膜分离法以及低温精馏法等方法进行氢气的纯化。

3）燃料电池

氢气作为一种清洁新型无污染燃料，在燃料电池上具有广泛的应用以及光明的前景。目前，以氢气为主要燃料的燃料电池主要有：碱性燃料电池（AFC）、高聚物电解质燃料电池(PEMFC)、磷酸燃料电池(PAFC)、熔融碳酸盐燃料电池(MCFC)以及固体氧化物燃料电池(SOFC)[50, 71]。详细内容将在下一章介绍。

问题思考

1. 储能电池中常用的电解质以及各自的特点是什么?

2. 未来的锂空气电池与锂硫电池的优势在哪里? 各自发展的瓶颈在哪些方面?

3. 电池中黏结剂的选取原则有哪些? 黏结剂的种类以及各自具有哪些优势?

4. 商品化的锂离子电池目前存在的最大问题是什么?

5. 我们国家生产的锂离子电池跟韩国日本生产的差距在哪?

6. 锂离子电池负极材料在充放电过程中的体积膨胀解决办法有哪些?

7. 超级电容器与传统静电电容器相比具有哪些优势,并解释其原因?

8. 查阅相关资料,从成本、制造技术、快速充放电以及使用寿命等不同角度对超级电容器和锂离子电池加以比较。

9. 实用性储氢材料需要具备哪些条件?

10. 目前研究的储氢合金材料主要有哪些? 说明金属氢化物的储氢原理。

11. MOF 是一种什么材料? 作为储氢材料它有何特点?

参 考 文 献

[1] MARTIN W. What are batteries, fuel cells, and supercapacitors? [J]. Chemical Review, 2004, 104: 4245 - 4270.

[2] 张文亮,丘明,来小康. 储能技术在电力系统中的应用[J]. 电网技术,2008,32(5): 1 - 9.

[3] DAVID L, THOMAS B R. Handbook of Batteries [M]. The McGraw-Hill Companies, Inc. 2001.

[4] HAISHENG C, THANG N C, WEI Y, et al. Progress in electrical energy storage system: A critical review [J]. Progress in Natural Science, 2009, 19: 291 - 312.

[5] XUE P G, HAN X Y. Multi-electron reaction materials for high energy density batteries [J]. Energy Environ. Sci. , 2010, 3: 174 - 189.

[6] TARASCON J M, ARMAND M. Issues and challenges facing rechargeable lithium batteries [J]. Nature, 2001, 414: 359 - 367.

[7] 杨军,解晶莹,王久林. 化学电源测试原理与技术[M]. 北京:化学工业出版社,2006.

[8] 李建国,焦斌,陈国初. 钠硫电池及其应用[J]. 上海电机学院学报,2011,3(14):

146 - 152.

[9] 唐有根. 镍氢电池[M]. 北京：化学工业出版社, 2007.

[10] RYCHCIK M, SKYLLAS K M. Characteristics of a new all vanadium redox flow battery [J]. Journal of Power Sources, 1988, 22(1)：59 - 67.

[11] 唐致远, 陈玉红, 卢星河, 等. 锂离子电池安全性的研究[J]. 电池, 2006, 36(1)：74 - 76.

[12] 贾蒨路, 刘平, 张文华. 电化学储能技术的进展研究[J]. 电源技术, 2014, 38(10)：1972 - 1974.

[13] 陈豪, 刁嘉, 白恺, 等. 储能锂电池运行状态综合评估指标研究[J]. 中国电力, 2016, 49(5)：149 - 156.

[14] MOSHTEV R V, ZLATLLOVA P, MANEV V, et al, The $LiNiO_2$ solid solution as a cathode material for rechargeable lithium batteries[J]. Journal of Power Sources, 1995, 54(2)：329 - 333.

[15] TARASCON J M, GUYOMARD D. New electrolyte compositions stable over the 0 to 5 V voltage range and compatible with the $Li_{1+x}Mn_2O_4$/carbon Li-ion cells[J]. Solid State Ionics, 1994, 69(3 - 4)：293 - 305.

[16] 吴宇平, 戴晓兵, 马军旗, 等. 锂离子电池-应用于实践[M]. 北京：化学工业出版社, 2011：7 - 8.

[17] GOODENOUGH J B, PARK K-S. The Li-ion rechargeable battery：A Perspective [J]. Journal of the American Chemical Society, 2013, 135：1167 - 1176.

[18] LI Y X, WAN C R, WU Y P, et al. Synthesis and characterization of ultra fine $LiCoO_2$ powders by a spray-drying method [J]. Journal of Power Sources, 2000, 85：294 - 298.

[19] 吴晓梅, 杨清河. 锂离子电池阴极材料尖晶石结构 $Li_{1+x}Mn_{2-x}O_4$ 的研究[J]. 电化学, 1998, 4(4)：365 - 371.

[20] LIU W , FARRINGTON G C, CHAPUT F, et al. Synthesis and electrochemical studies of spinel phase $LiMn_2O_4$ cathode materials prepared by the Pechini process [J]. Journal of Electrochemical Society, 2001, 141(5)：141 - 146.

[21] SHIN H C, CHOB W I, JANG H. Electrochemical properties of carbon-coated $LiFePO_4$ using graphite, carbon black, and acetylene [J]. Electrochimica Acta, 2006, 52(4)：1472 - 1476.

[22] YIN S C, GRONDEY H, NAZAR L F, et al. Charge ordering in lithium vanadium phosphate：electrode materials for lithium ion batteries[J]. Journal of the American Chemical Society, 2003, 125(2)：326 - 327.

[23] GAUBICHER J, WURM C, GOWARD G, et al. Rhombohedral form of $Li_3V_2(PO_4)_3$ as a cathode in Li-ion batteries[J]. Chemistry of Materials, 2000, 12(11)：3240 - 3242.

[24] EAMES C，ARMSTRONG A R，BRUCE P G，et al. Insights into changes in voltage and structure of Li$_2$FeSiO$_4$ polymorphs for lithium-ion batteries [J]. Chemistry of Materials，2012，24：2155 – 2161.

[25] NYTEN A，ABOUIMRANE A，ARMAND M，et al. Electrochemical performance of Li$_2$FeSiO$_4$ as a new Li-battery cathode material [J]. Electrochemistry Communications，2005，7：156 – 160.

[26] CABANA J，MONCONDUIT L，LARCHER D，et al. Beyond intercalation-based Li-ion Batteries：the state of the art and challenges of electrode materials reacting through conversion reactions[J]. Advanced Materials，2010，22：E170 – E192.

[27] 吴宇平,袁翔云,董超,等. 锂离子电池-应用与实践[M]. 北京：化学工业出版社,2004.

[28] SCROSATI B，GARCHE J. Lithium batteries：Status，prospects and future [J]. Journal of Power Sources，2010，195（9）：2419 – 2430.

[29] ELLINGSEN L A-W，GUILLAUME M-B，SINGH B，et al. Life cycle Assessment of a lithium-ion battery vehicle pack [J]. Journal of Industrial Ecology，2013，18（1）：113 – 124.

[30] CHOI N-S，CHEN Z H，FREUNBERGER S A，et al. Challenges facing lithium batteries and electrical double-layer capacitors [J]. Angewandte Chemie-International Edition，2012，51（40）：9994 – 10024.

[31] CONWAY B E ，KOZLOWSKA H A. The electrochemical study of multiple-state adsorption in monolayers[J]. Accounts of Chemical Research，1981，14（2）：49 – 56.

[32] HADZI-JORDANOV S，CONWAY B E ，KOZLOWSKA H A. Surface oxidation and H deposition at ruthenium electrodes：Resolution of component processes in potential-sweep experiments [J]. Journal of Electroanalytical Chemistry and Interfacial Electrochemistry，1975，60（3）：359 – 362.

[33] OHSHIMA H，FURUSAWA K. Electrical phenomena at interfaces：fundamentals，measures and applications[M]. Mew York：CRC Press，1998.

[34] 张治安,邓梅根,胡永达,等. 电化学电容器的特点及应用[J]. 电子元件与材料,2003,22(11)：1 – 5.

[35] YAN X X，PATTERSON D. Novel power management for high performance and cost reduction in an electric vehicle[J]. Renewable Energy，2001，22：177 – 183.

[36] 邓根梅. 电化学电容器电极材料研究[D]. 成都：电子科技大学,2005.

[37] FRACKOWIAK E ，BEGUIN F. Carbon materials for the electrochemical storage of the energy in capacitors[J]. Carbon，2001，39：937 – 950.

[38] WENG T C，TENG H. Characterization of high porosity carbon electrodes derived from mesophase pitch for electric double-layer capaitors [J]. Journal of the Electrochemical Society. ，2001，148（4）：A378 – A373.

[39] NIAN Y R, TENG H. Nitric acid Modification of activated carbon electrodes for improvement of electrochemical capacitor[J]. Journal of the Electrochemical Society, 2002,149(8): A1008 – A1014.

[40] 江奇,刘宝春,瞿美臻,等. 多壁碳纳米管结构与其电化学容量之间关系的研究[J]. 化学学报,2002,60(8): 1539.

[41] FRACKOWIAK E, METENIER K, BERTAGNA V, et al. Supercapacitor electrodes from multiwalled carbon nanotubes[J]. Applied Physics Letters, 2000, 77 (15): 2421 – 2423.

[42] PEKALA R W. Organic aerogels from the polycondensation of resorcinol with formaldehyde[J]. Journal of Materials Science, 1989,24(9): 3221 – 3227.

[43] PEKALA R W, FARMER J C, ALVISO C T, et al. Carbon aerogels for electrochemical applications[J]. Journal of non-crystalline solids, 1998,225: 74 – 80.

[44] 朱修锋,景晓燕. 金属氧化物超级电容器及其应用进展[J]. 功能材料与器件学报, 2002,8(3): 325 – 330.

[45] ZHENG J P, CYGAN P J, JOW T R. Hydrous ruthenium oxide as an electrode material for electrochemical capacitors[J]. Journal of the Electrochemical Society, 1995,142(8): 2699 – 2703.

[46] WU N L, KNO S L, LEE M H. Preparation and optimization of RuO_2 impregnated SnO_2 xerogel supercapacitor[J]. Journal of Power Sources, 2002,104(1): 62 – 65.

[47] LIU X M, ZHANG X G, FU S Y. Preparation of urchinlike NiO nanostructures and their electrochemical capacitive behaviors[J]. Materials Research Bulletin, 2006,41 (3): 620 – 627.

[48] RUDGE A, DAVEY J, RAISTRICK I, et al. Conducting polymers as active materials in electrochemical capacitors[J]. Journal of Power Sources, 1994, 47 (1 – 2): 89 – 107.

[49] ZHENG H J, TANG F Q. MELVIN L,et al. Electrocheemical behavior of carbon - nanotube/cobalt oxyhydroxide nanoflake multilayer films [J]. Journal of Power Sources, 2009,193: 930 – 934

[50] 李星国. 氢与氢能[M]. 北京: 机械工业出版社,2012.

[51] YANG J, SUDIK A, WOLVERTON C, et al. High capacity hydrogen storage materials: attributes for automotive applications and techniques for materials discovery[J]. Chemical Society Reviews, 2010,39(2): 656 – 675.

[52] ZIJLSTRA H, WESTENDORP F F. Influence of hydrogen on the magnetic properties of SmCo5[J]. Solid State Communications, 1969,7(12): 857 – 859.

[53] LAI Q, PASKEVICIUS M, SHEPPARD D A, et al. Hydrogen Storage Materials for Mobile and Stationary Applications: Current State of the Art[J]. ChemSusChem,

2015,8(17)：2789 - 2825.

［54］ BOGDANOVI C B, SCHWICKARDI M. Ti-doped alkali metal aluminium hydrides as potential novel reversible hydrogen storage materials［J］. Journal of Alloys and Compounds, 1997,253：1 - 9.

［55］ ANDREASEN A, VEGGE T, PEDERSEN A S. Dehydrogenation kinetics of as-received and ball-milled LiAlH4［J］. Journal of Solid State Chemistry, 2005,178(12)：3672 - 3678.

［56］ LIU X, LANGMI H. W, BEATTIE S. D, et al. Ti-doped LiAlH4 for hydrogen storage：synthesis, catalyst loading and cycling performance［J］. Journal of the American Chemical Society, 2011,133(39)：15593 - 15597.

［57］ CHEN P, XIONG Z, LUO J, et al. Interaction of hydrogen with metal nitrides and imides［J］. Nature, 2002, 420(6913)：302 - 304.

［58］ ORIMO S, NAKAMORI Y, ELISEO J R, et al. Complex hydrides for hydrogen storage［J］. Chemical Reviews, 2007, 107(10)：4111 - 4132.

［59］ LIU Z, MARDER T B. B-N versus C-C：How similar are they? ［J］. Angewandte Chemie International Edition, 2008, 47(2)：242 - 244.

［60］ JONES A, BEKKEDAHL T. Storage of hydrogen in single-walled carbon nanotubes ［J］. Nature, 1997,386：377.

［61］ TYLIANAKIS E, DIMITRAKAKIS G K, MARTIN-MARTINEZ F J, et al. Designing novel nanoporous architectures of carbon nanotubes for hydrogen storage ［J］. International Journal of Hydrogen Energy, 2014,39(18)：9825 - 9829.

［62］ POIRIER E, CHAHINE R, BENARD P, et al. Storage of hydrogen on single-walled carbon nanotubes and other carbon structures［J］. Applied Physics A, 2004,78(7)：961 - 967.

［63］ COTE A P, BENIN A I, OCKWIG N W, et al. Porous, crystalline, covalent organic frameworks［J］. Science, 2005, 310(5751)：1166 - 1170.

［64］ FURUKAWA H, YAGHI O M. Storage of hydrogen, methane, and carbon dioxide in highly porous covalent organic frameworks for clean energy applications［J］. Journal of the American Chemical Society, 2009,131(25)：8875 - 8883.

［65］ NGHIEM L D, MORNANE P, POTTER I D, et al. Extraction and transport of metal ions and small organic compounds using polymer inclusion membranes (PIMs) ［J］. Journal of Membrane Science, 2006,281(1)：7 - 41.

［66］ JIANG J X, SU F, TREWIN A, et al. Conjugated microporous poly (aryleneethynylene) networks［J］. Angewandte Chemie International Edition, 2007, 46(45)：8574 - 8578.

［67］ HASELL T, WOOD D, CLOWES R, et al. Palladium nanoparticle incorporation in conjugated microporous polymers by supercritical fluid processing[J]. Chemistry of Materials，2009，22(2)：557 – 564.

[68] BUDD M，BUTLER A，SELBIE J，et al. The potential of organic polymer-based hydrogen storage materials[J]. Physical Chemistry Chemical Physics，2007，9(15)：1802 – 1808.

[69] MURRAY L J，DINCĂ M，LONG J R. Hydrogen storage in metal-organic frameworks[J]. Chemical Society Reviews，2009，38(5)：1294 – 1314.

[70] 朱敏.先进储氢材料导论[M].北京：科学出版社，2015.

[71] IWASHINA K，IWASE A，NG Y H，et al. Z-schematic water splitting into H_2 and O_2 using metal sulfide as a hydrogen-evolving photocatalyst and reduced graphene oxide as a solid-state electron mediator[J]. Journal of the American Chemical Society，2015，137(2)：604 – 607.

第9章　燃料电池材料

　　燃料电池是一种将持续供给的燃料和氧化剂中的化学能连续不断地转化成电能的电化学装置[1-4]，最早于 1839 年由英国的 William Grove 爵士所发明。传统的电池作为能量储存器，是将特定的活性物质储存在其中，当活性物质消耗完毕时，电池必须停止使用直到重新补充活性物质才能继续使用。然而，燃料电池本身不储存活性物质，仅仅作为催化转换元件而工作，因此只要不断供给燃料和氧化剂就能持续发电。从工作方式来看，燃料电池接近于汽油发电机或柴油发电机。但是，燃料电池不经过热机过程，不受卡诺循环限制。正是因为燃料电池具有能量转换效率高、环境友好、安静、可靠性高等优点，其技术的研究与开发备受各国政府与公司的青睐，被认为是 21 世纪首选的、洁净的、高效的发电技术。

9.1　燃料电池概述

　　燃料电池是一个复杂的系统，由燃料电池堆、燃料和氧化剂供应系统、水管理系统、热管理系统以及控制系统等几个子系统组成。单体燃料电池是由阴极、阳极和电解质构成，图 9-1 给出了典型的单体氢氧燃料电池的构造。燃料发生氧化反应的电极称为阳极，其反应过程称阳极过程，对外电路按原电池定义为负极。氧化剂发生还原反应的电极称为阴极，其反应过程称阴极过程，对外电路定义为正极。电解质起隔离燃料和氢化剂以及传导离子的作用。在燃料电池工作时，所提供的燃料(如氢气)在阳极发生氧化反应，失去的电子由外电路传输到阴极并做功；氧化剂(如空气)则在阴极获得电子而发生还原反应。所产生的离子

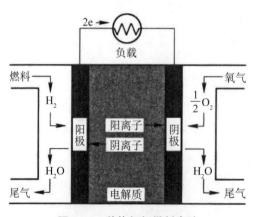

图 9-1　单体氢氧燃料电池

(如质子)从阳极传输到阴极,从而构成总的电的回路。

9.1.1　电化学原理

1) 电池电动势和能斯特(Nernst)方程

不同类型燃料电池的电极反应各有不同,但都是由阴极、阳极、电解质这几个基本单元构成,其工作原理是一致的。燃料气(氢气、甲烷等)在阳极催化剂的作用下发生氧化反应,生成阳离子并给出自由电子;氧化剂(通常为氧气)在阴极催化剂的作用下发生还原反应,得到电子并产生阴离子;阳极产生的阳离子或者阴极产生的阴离子通过质子导电或氧离子导电而电子绝缘的电解质运动到相对应的另外一个电极上,生成反应产物并随未反应完全的反应物一起排到电池外,与此同时,电子通过外电路由阳极运动到阴极,使整个反应过程达到物质的平衡与电荷的平衡,外部用电负载就获得了燃料电池所提供的电能。

由化学热力学可知,电化学反应中吉布斯(Gibbs)自由能(ΔG)的变化是燃料电池在恒温恒压条件下的最大输出功率,即

$$W = \Delta G = -nFE \tag{9-1}$$

式中,n 是参与反应的电子数,F 是法拉第常数(96 487 库仑/摩尔电子),E 是电池的理想电势。Gibbs 自由能变化也可表示如下:

$$\Delta G = \Delta H - T\Delta S \tag{9-2}$$

式中,ΔG 为反应的吉布斯自由能变化量,ΔH 是反应焓变,ΔS 是反应熵变,T 为定温条件下的温度,电池可逆状态下的生成热是 $T\Delta S$。标准条件下 $T = 298.15\text{ K}$。

对于整体的电池反应:

$$\alpha A + \beta B = \gamma C + \delta D \tag{9-3}$$

Gibbs 自由能的变化可以表示为

$$\Delta G = \Delta G_0 + RT\ln\frac{[C]^\gamma[D]^\delta}{[A]^\alpha[B]^\beta} \tag{9-4}$$

ΔG_0 是标准大气压下(1 atm)温度为 298.15 K 时反应的 Gibbs 自由能变化。[A]、[B]分别指反应物 A 和 B 的浓度,而[C]、[D]分别指反应生成物 C 和 D 的浓度。通过式(9-1)和式(9-4)得出 Nernst 公式:

$$E = E_0 + RT\ln\frac{[C]^\gamma[D]^\delta}{[A]^\alpha[B]^\beta} \tag{9-5}$$

式中,E_0 是电池标准电动势,E 是电池电动势(可逆电压)。

对于以氢气为燃料、氧气为氧化剂的电池有如下反应。

阳极：
$$H_2 \longrightarrow 2H^+ + 2e^- \tag{9-6}$$

阴极：
$$2H^+ + 1/2O_2 + 2e^- \longrightarrow H_2O \tag{9-7}$$

总的电池反应：
$$H_2 + 1/2O_2 \longrightarrow H_2O \tag{9-8}$$

利用 Nernst 公式得出电池电动势：

$$E = E_0 + RT/4F\ln(P_{H_2}^2 \cdot P_{O_2}) \tag{9-9}$$

式中，P 指气体分压。

如果生成液态水，H_2/O_2 燃料电池理想的电压是 1.23 V；如果生成气态水，则修正为 1.18 V。1.23 V 和 1.18 V 之间的电压差即代表标准条件下水汽化过程的 Gibbs 自由能变化。图 9-2 显示了 E 和电池温度之间的线性关系。随着电池温度的升高，可逆电压略有下降。

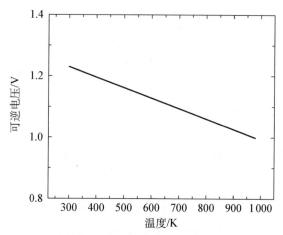

图 9-2　理想 H_2/O_2 燃料电池电压与温度的关系

上述可逆电压是单纯从热力学角度出发计算得到的电池平衡工作电压，只有当电池反应是快速反应或者电流密度很小时电池反应才能处于平衡状态或准平衡状态。在实际使用过程中，当电池中有电流流过时，电极电位会偏离平衡电位，这种现象称作电极极化，实际电位与平衡电位之间的电位差称作过电位。

$$\eta = \Delta\phi - \Delta\phi_{rev} \tag{9-10}$$

电极极化主要来源于 3 个方面：①活化极化；②欧姆极化；③浓差极化。因此电池的过电位主要包括：①活化过电位（η_{act}）；②欧姆过电位（η_{ohm}）；③浓差过电位（η_{con}）。考虑这些过电位，电池的工作电压为

$$V = E_{oc} - \eta_{act} - \eta_{ohm} - \eta_{con} \qquad (9-11)$$

式中，E_{oc}为电池的开路电压。

电池的开路电压为电池处于开路状态即电流为零时的电压。当一个电化学反应没有电流流过时，应该是处于平衡状态，那么其电位应该等于平衡电压，即能斯特电压。但是，燃料电池的开路电压一般都比平衡电压要低。这一方面是因为氧气在电极材料上的交换电流密度非常小，往往小于某些杂质的交换电流密度，所以在电极上建立的电位往往不是氧气还原反应的平衡电位，而是受到杂质反应的影响，建立起了一个杂质与氧气共同的稳定电位，所以与能斯特电位不相同。电极状态、杂质的不可控因素导致的电池开路电压往往会彼此相差很多。另一方面的原因是，电池中存在反应物从阳极到阴极透过电解质的渗透，这样即使外部电路处于开路状态，电池也有内部电流的存在，而使电池处于非平衡状态。活化极化是由缓慢的电极过程动力学引起的，它与电化学反应的速率直接相关。为了降低电化学极化损失，需要开发更好的催化剂。欧姆极化源于电解质对离子的流动阻力和电极对电子的流动阻力，较薄的电解质具有较高的离子导电性，因此有助于降低欧姆电阻。另外，电极催化层、扩散层和双极板的充分接触则能够降低接触电阻，减少欧姆损耗。随着反应物在电极表面被消耗，电极表面和溶液本体之间会出现一个浓度梯度，导致电池的电压损失，即浓差极化。浓差极化主要由反应物向活性位点扩散缓慢引起，因此电流密度较大（反应物消耗快）时，产生较大的浓差极化。

如图9-3所示，当电流密度接近零时，电压接近平衡值（1.0 V），此时活化极化是电池的主要损失。电流密度增加到一定范围，欧姆极化和活化极化占据主导

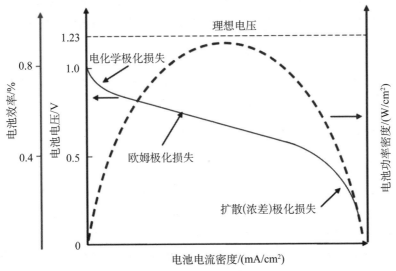

图9-3　质子交换膜燃料电池的电流电压关系

地位。由于扩散限制,电池会表现出一个极限电流密度。当电流增加到接近极限电流密度时,电压的损失主要由浓差极化造成。考虑到实际应用中的功率密度和效率,质子交换膜燃料电池的操作电压一般在 0.7 V 左右。

2) 燃料电池的转化效率

燃料电池发电产生的电能直接来源于燃料的化学能。当一个氢原子和一个氧分子结合时,存储在新形成的水分子里的一些内能被释放出来。根据化学原理,化学反应中的吉布斯能量可以用来对外界做功。在燃料电池中,外功包括沿着外部电路移动电子产生的电能。吉布斯能量决定了在标准的温度和压强条件下从电化学反应中可以利用能量的数量,计算公式如公式(9-2)所示。

对于燃料电池氢氧之间的化学反应,热力学效率的理论最大值 η_{th} 是吉布斯自由能的变化量和标准焓变的比值,即:

$$\eta_{th} = \Delta G / \Delta H \times 100\% \tag{9-12}$$

由于生成的产物是水,可以为液态水或者水蒸气,差别在于水的汽化潜热,被称为水的高热值(HHV)和水的低热值(LHV),所以计算热力学效率时需注明是HHV 还是 LHV。对此,η_{th} 的值为 83.2%(HHV)~94.5%(LHV)。燃料电池只有在可逆状态下才能输出最大电功,即 ΔG。当燃料电池有负载时,实际输出的电功低于理想输出的电功,其实际工作电压(V)低于理论开路电压(E)。将燃料电池实际输出的电功与理想输出的电功之比定义为电化学效率,也称为电压效率,即:

$$\eta_e = V/E \tag{9-13}$$

同时,分析燃料电池效率时,必须把燃料利用率(U_f)考虑在内,即:电池中发生反应的燃料的质量与电池中输入的燃料的质量之比,则燃料电池的发电效率为

$$\eta_p = \eta_{th} \times \eta_e \times U_f \tag{9-14}$$

因此,电池欧姆电阻及极化电阻的降低和燃料的高效利用是提高燃料电池发电效率的重要途径。

9.1.2 燃料电池的主要类型

燃料电池的分类有多种方法,可依据其工作温度、所用燃料的种类和电解质类型进行分类。普遍接受的是依据电解质不同,将燃料电池分为碱性燃料电池(alkaline fuel cell,AFC)、磷酸燃料电池(phosphorous acid fuel cell,PAFC)、质子交换膜燃料电池(proton exchange membrane fuel cell,PEMFC)、熔融碳酸盐燃料电池(molten carbonate fuel cell,MCFC)和固体氧化物燃料电池(solid oxide fuel cell,SOFC)等。

碱性燃料电池(AFC)是最早得到实际应用的一种燃料电池,AFC 采用 35%～50% 的 KOH 作为电解液,浸在多孔石棉膜中或装载在双孔电极碱腔中,两侧分别压上多孔的阴极和阳极构成电池,电催化剂一般使用铂、金等贵金属或镍、钴等过渡金属。电池工作温度一般在 60～220℃,可在常压或加压条件下工作。由于碱性燃料电池的电解质在工作过程中是液态,而反应物为气态,电极通常采用双孔结构,即气体反应物一侧的多孔电极孔径较大,而电解液一侧孔径较小,这样可以通过电解液在细孔中的毛细作用力保持在隔膜区域内,这种结构对电池的操作压力要求较高。电解液通常采用泵在电池和外部之间循环,以清除电解液内的杂质,将电池中生成的产物水排出电池和将电池产生的热量带出。但是,电池中的碱性电解液非常容易和 CO_2 发生化学反应,生成的碳酸盐会堵塞电极的孔隙和电解质的通道,使电池的寿命受到影响。所以,电池的燃料和氧化剂必须经过净化处理,这使得电池不能直接采用空气作为氧化剂,也不能使用重整气体作为燃料,这极大地限制了碱性燃料电池的应用。

磷酸燃料电池(PAFC)采用的电解液是 100% 的磷酸,室温时是固态,相变温度是 42℃,这样方便电极的制备和电堆的组装。磷酸是包含在用 PTFE 黏结成的 SiC 粉末的基质中作为电解质的,基质的厚度一般为 100～200 μm。电解质基质两边分别是附有催化剂的多孔石墨阴极和阳极,各单体之间再用致密的石墨分隔板将相邻的两片阴极板和阳极板隔开,以避免阴极和阳极气体相互渗透混合。PAFC 的工作温度一般在 200℃ 左右,在这样的温度下,需要采用铂作为电催化剂,通常采用具有高比表面积的炭黑作为催化剂载体。PAFC 不受二氧化碳的限制,可以使用空气作为阴极反应气体,燃料可以采用重整气。同时,较高的工作温度使其抗一氧化碳的能力较强,190℃ 工作时,燃料气中 1% 的一氧化碳对电池性能没有明显的影响。和其他燃料电池相比,PAFC 制作成本低,是目前发展得最为成熟的燃料电池,已经实现商品化,目前国际上大功率的实用燃料电池电站均是这种燃料电池。

质子交换膜燃料电池(PEMFC)采用质子交换膜作为电解质,其核心部分称作膜电极组件,包括质子交换膜、阴/阳极催化层、阴/阳极气体扩散层等。目前普遍采用的质子交换膜为全氟磺酸膜,主要使用铂系催化剂,气体扩散层选用碳材料进行制备。与其他液体电解质燃料电池相比,PEMFC 采用固体聚合物作为电解质,避免了液态电解质的操作复杂性,又可以使电解质做得很薄,从而提高电池的能量密度,使其可在室温下快速启动。但由于 PEMFC 工作温度低于水的沸点,生成的水为液态,PEMFC 的水管理比较复杂,液态水太多容易造成气体扩散电极被淹没,水太少又容易引起膜干,两种现象都会导致电池性能的衰减。因此,高温质子交换膜燃料电池是今后发展的一个新方向,这样既可以简化水管理,又可以使 CO

的耐受能力提高到 1% 左右,还可以使电池的废热得到有效利用。

熔融碳酸盐燃料电池(MCFC)使用碱性碳酸盐为电解质,常规选择 Li_2CO_3 - Na_2CO_3 或者 Li_2CO_3 - K_2CO_3 的混合熔盐,其工作温度为 600~700℃,在此温度下碳酸盐呈熔融状态并具有良好的离子传导性,阳极通常采用 Ni-Cr、Ni-Al 合金,阴极则普遍采用 NiO,不需要贵金属作为电催化剂。MCFC 具有效率高(高于40%)、噪声低、无污染、燃料多样化(氢气、煤气、天然气和生物燃料等)、余热利用价值高和电池构造材料价廉等诸多优点。MCFC 的主要挑战为在高温下碳酸盐电解质导致阳极和阴极的腐蚀,加速其组件的分解,从而降低耐久性和电池寿命。

固体氧化物燃料电池(SOFC)采用固体氧化物作为电解质,典型的是钇稳定氧化锆(YSZ),并常规以 Ni/YSZ 多孔陶瓷金属为阳极和掺杂 $LaMnO_3$(LSM)多孔氧化物为阴极。YSZ 需要工作在相对较高的温度,一般在 800~1 000℃ 以保持足够的离子电导率。除了高效、环境友好的特点外,它无材料腐蚀和电解液腐蚀等问题;在高的工作温度下电池排出的高质量余热可以充分利用,使其综合效率可由50% 提高到 70% 以上;它的燃料适用范围广,不仅能用 H_2,还可直接用 CO、天然气(甲烷)、煤气化气、碳氢化合物、NH_3 和 H_2S 等做燃料。由于 SOFC 工作温度较高,带来了一系列材料、密封和结构上的问题,因此在一定程度上制约着 SOFC 的发展,成为其技术突破的关键方面。目前通过采用新材料、新型电池结构和制备技术,将工作温度降低到 400~800℃ 是 SOFC 今后发展的重要方向。

表 9-1 比较了五大类燃料电池各方面的性能,这些燃料电池各自具有优、缺点,有些类型由于缺点比较显著也较难克服,发展处于停滞状态,例如 AFC。近些年主要是 PEMFC 和 SOFC 发展较快,可望数年内取得商业应用,在世界上引起了极大的关注,MCFC 也广泛地应用于大型发电系统,因此本章主要介绍这三类燃料电池。

表 9-1　燃料电池分类及基本性能

燃料电池系统	碱性燃料电池(AFC)	磷酸燃料电池(PAFC)	质子交换膜燃料电池(PEMFC)	熔融碳酸盐燃料电池(MCFC)	固体氧化物燃料电池(SOFC)
燃料	纯氢	氢气	氢气	氢气、天然气、煤气、沼气等	氢气、天然气、煤气、沼气等
氧化剂	纯氧	氧气、空气	氧气、空气	氧气、空气	氧气、空气
常用电解质	KOH	H_3PO_4	全氟磺酸膜	Li_2CO_3 - K_2CO_3	Y_2O_3 - ZrO_2

（续表）

燃料电池系统	碱性燃料电池（AFC）	磷酸燃料电池（PAFC）	质子交换膜燃料电池（PEMFC）	熔融碳酸盐燃料电池（MCFC）	固体氧化物燃料电池（SOFC）
迁移的离子	OH^-	H^+	H^+	CO_3^{2-}	O^{2-}
常用的阳极电催化剂	Ni 或 Pt/C	Pt/C	Pt/C	Ni	$Ni/Y_2O_3 - ZrO_2$
常用的阴极电催化剂	Ag 或 Pt/C	Pt/C	Pt/C、铂黑	NiO	锶掺杂 $LaMnO_3$
连接板材料	镍	石墨	石墨、金属	镍、不锈钢	陶瓷、不锈钢
工作温度	50～220℃	180～200℃	室温～100℃	650～700℃	500～1 000℃
工作压力	<0.5 MPa	<0.8 MPa	<0.5 MPa	<1 MPa	常压
内部重整	否	否	否	是	是

9.1.3 燃料电池的应用

随着全球能量使用的增长,化石燃料等不可再生能源将枯竭,各国政府千方百计地寻求新能源和提高现有资源的利用率,以确保社会的繁荣昌盛与国家的长治久安;随着环境污染问题越来越受到重视,迫切需求新型无污染或零排放的交通运输工具;高能量密度、便携式的移动电源在国防建设和国家安全领域需求迫切。对此,燃料电池技术提供了一种能提高能源利用率、减少废气排放的发电方式,其自身的优越性决定了在广泛领域中的应用前景。

燃料电池用于大型电站和分布式电站,可以显著提高发电效率。从长远来看,有可能对改变现有的能源结构、能源的战略储备和国家安全等具有重要意义。PAFC 的商业目的主要是以天然气、重整富氢气体为燃料的电站和分散电站,为旅馆、公寓、工厂、商店等实现热电联供。目前一系列兆瓦级 PAFC 电站已进行了试运行。MCFC 和 SOFC 属于高温燃料电池,余热利用价值较高,可以用脱硫煤气、天然气和各种碳氢化合物为燃料,在高效、环境友好的分散电站方面具有明显的优势。对于发电能力在 50 kW 左右的小型电站,可用于地面通信、气象台站等;发电能力为 200～500 kW 的中型电站,可用于水面舰船、机车、医院、海岛和边防的热电联供；而发电能力在 1 000 kW 以上的 MCFC 电站，可与热机联合循环发电，进行区域性供电或与市电并网。在 MCFC 方面[5]，美国主要由 FCE（Fuel Cell Energy）公司（以前称 ERC 公司）进行开发，已经实现商业化，从 2001 年开始进入分布式发电电源市场。目前 FCE 公司出售的主打产品为 DFC300 型 250 kWMCFC发电模块，售价 100 万美元左右。图 9 - 4 为 3 种 DFC 系列的 MCFC 发电厂的外貌图。

DFC® 300A

DFC® 1500

DFC® 3000

图 9 - 4　3 种 DFC 系列的 MCFC 发电厂的外貌

就目前的技术状况而言，PEMFC 在交通、运输、低容量分散型电站等方面具有良好的市场前景，如电动车、潜艇的动力电源以及海岛、矿山、医院、商店等使用的移动电源。以氢气为燃料的电动汽车被认为是最有可能实现产业化、替代传统汽车的新型交通工具。托马斯[6]最近的一项研究中就燃料电池和一般储能电池作为汽车动力进行了比较，发现运行里程大于 160 公里（100 英里）时，燃料电池从质量、体积、成本、温室气体减排、加注时间、能源效率（使用天然气和生物质能制氢为燃料）和生命周期都优于一般的锂电池。对此，多国政府和企业竞相实施氢燃料电池汽车研发和示范计划。2014 年 12 月，日本丰田汽车公司推向市场的一款名为 Mirai 的新型氢燃料电池汽车，以其崭新的氢气直接发电驱动技术原理、续航距离长、能源使用效率高以及实现有害气体零排放等格外引人注目，该车各项技术性能指标是目前世界同类电动汽车产品中最先进的[7]。它的车身中后部有两个碳纤维材料制成的储气罐，总共 122.4 L，在正常情况下充满一次氢气只需 3 分钟。按照日本 JC08 测试模式，Mirai 的最大续行里程可达 650 km。

PEMFC 另一个巨大的市场是潜艇动力源[8]。核动力潜艇由于其造价高、退役时核动力设备处理较难等一系列问题不可能大量建造，而常规的柴油机和铅酸电池为动力的潜艇工作时的噪声、发热以及通气管等使得潜艇的隐蔽性与安全性受到严重威胁。因此，开发不依赖空气、可在水下长时间航行、并能完成各种任务的非核动力潜艇已势在必行。德国 209 级潜艇单独采用 PEMFC 供电航行，电池组是由西门子公司生产的 6 个 PEMFC 单元组成，总功率为 210 kW，最高时速可达 6.5 节。用 4.5 节常规速度航行时，燃料电池 AIP 系统除了可以提供 11 kW 的生活和辅机用电外，还可供潜艇一次潜航 278 h 用电，航程 1 250 海里。

　　燃料电池在便携式移动电源领域已经显示了其优越性，加入燃料可以使电子设备工作更长时间，是具有很高能量密度的锂离子电池的数倍[9]。而且，采用加注燃料的方法对电池进行"充电"，方便快捷，不需要经过二次电池所必需的数小时电化学充电过程。近几年，燃料电池在移动设备的应用方面格局已经渐渐明朗，代表了下一代移动电源的发展趋势，其中直接甲醇燃料电池（DMFC）是人们最为关注的用做移动电源的燃料电池技术。德国的 SmartFuel Cell 公司宣称他们生产的小型 DMFC，使用 125 ml 甲醇可使笔记本电脑连续工作 8 小时以上。2003 年 3 月，日本东芝公司发布了一款用于笔记本电脑的 DMFC 样机，它使用 50 ml 的甲醇溶液可以连续工作 5 个小时。

9.2　质子交换膜燃料电池

　　在各种类型的燃料电池中，质子交换膜燃料电池（PEMFC）因其操作温度（约80℃）低，除具有燃料电池的一般特点（如能量转化效率高、环境友好等）之外，同时还具有可在室温快速启动、无电解液流失、水易排出、寿命长、对负载变化响应快、比功率与比能量高等突出特点，被认为是解决能源危机和环境污染的最具前景的方案之一。

9.2.1　质子交换膜燃料电池技术简介

　　PEMFC 以全氟磺酸型固体聚合物为电解质，铂/碳或铂-钌/碳为电催化剂，带有气体流动通道的石墨或表面改性的金属板为双极板。PEMFC 以氢或净化重整气为燃料，空气或纯氧为氧化剂。工作时，PEMFC 中的阳极催化层中的氢气在催化剂作用下发生电极反应，1 个氢分子解离为 2 个氢离子，并释放出 2 个电子，所产生的电子经外电路到达阴极，氢离子则经质子交换膜到达阴极。氧气与氢离子及电子在阴极发生反应生成水，生成的水不稀释电解质，而是通过电极随反应尾气排出。图 9-5 为 PEMFC 的工作原理示意图。

　　PEMFC 中的电池反应如下。

阳极反应：

$$H_2 \longrightarrow 2H^+ + 2e^- \tag{9-15}$$

阴极反应：

$$0.5O_2 + 2H^+ + 2e^- \longrightarrow H_2O \tag{9-16}$$

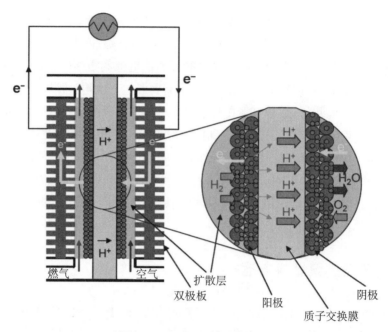

图 9 - 5 PEMFC 的工作原理

总反应：

$$H_2 + 0.5O_2 \longrightarrow H_2O \tag{9-17}$$

PEMFC 电池可逆电压：

$$E = E_0 + \frac{RT}{4F}\ln(P_{H_2}^2 \cdot P_{O_2}) \tag{9-18}$$

式中，P 指气体分压，反应生成液态水，H_2/O_2 燃料电池理想的电压是 1.23 V。

PEMFC 应用广泛，凡是需要能源的地方都可以应用。小功率 PEMFC 可用做便携电源、小型移动电源、备用电源和不间断电源等，以满足野外供电、应急供电、高可靠性或高稳定性供电的需要。便携计算机等便携电子设备用 PEMFC 的功率范围约为数十瓦至数百瓦。军用背负式通信电源用 PEMFC 的功率约为数百瓦。美国 Plug-Power 和 H-Power 公司生产的使用天然气 PEMFC 小型电站已经用做家庭电站、应急电源和不间断电源，其功率为 5 kW。卫星通信车车载 PEMFC 电源的功率一般为数千瓦。

PEMFC 尤其适用于轻型汽车动力和建筑物电源。通过燃料电池和一般储能电池作为汽车动力的比较，当运行里程大于 160 km(100 mi)时，燃料电池从质量、体积、成本、温室气体减排、加注时间、能源效率(使用天然气和生物质能制氢为燃料)和生命周期都优于一般的锂电池。PEMFC 还可以使用甲醇直接作为原料，即直接甲醇燃料电池。直接甲醇燃料电池是便携式电源的首选之一。但是其功率密度低、铂含量高，不适于作为汽车动力电源。同传统内燃机汽车相比，PEMFC 汽车产业化的瓶颈在于其所使用的催化剂的铂含量高，耐久性差[10]。

9.2.2 质子交换膜材料

质子交换膜(proton exchange membrane，PEM)是离子交换膜的一种。由于它在燃料电池中的主要功能是实现质子快速传导，故又叫质子导电膜。PEMFC 工作时，H_2 在阳极催化剂作用下解离为质子(H^+)和电子(e^-)，电子从外电路由阳极向阴极转移，而 H^+ 则通过质子导电膜由阳极转移到阴极。通常情况下，低温质子导电膜中的质子以水合氢离子 $H_3O^+(H_2O)_n$ 的形式在质子交换膜中定向传输，实现质子导电(见图 9-5)。

质子交换膜作为 PEMFC 的核心组件，不仅充当着质子通道，而且还起阻隔阳极燃料和阴极氧化剂的作用，防止燃料(氢气、甲醇等)和氧化剂(氧气)在两个电极间发生互串，质子交换膜性能好坏直接决定着 PEMFC 的性能和使用寿命[11, 12]。根据 PEMFC 的发展和需要，质子交换膜应具有多种性质，具有高的质子传导率，保证在高电流密度下，膜的欧姆电阻小，以提高输出功率密度和电池效率；具有低电子导电率，使得电子都从外电路通过，提高电池效率；气体渗透性低，能够有效阻隔燃料和氧化剂的互串；化学和电化学稳定性好，在燃料电池工作环境下不发生化学降解，以提高电池的工作寿命；热稳定性好，在燃料电池工作环境中，能够具有较好的机械性能，不发生热降解；较好的机械性能和尺寸稳定性，在高湿环境下溶胀率低；较低的价格及环境友好。

目前，最先进的质子交换膜是基于全氟磺酸离子交换聚合物(perfluorinated sulfonic acid ionomers)的质子交换膜，也是目前在 PEMFC 中唯一得到广泛应用的一类质子交换膜，全氟磺酸质子交换膜最具代表性的是由美国杜邦公司 Walther Grot 于 20 世纪 60 年代末开发的 Nafion® 膜。Nafion® 树脂的分子结构式和微观结构模型如图 9-6 所示。全氟磺酸聚合物的结构分为两部分：一部分是疏水的聚四氟乙烯骨架，另一部分是末端带有亲水性离子交换基团(磺酸基团)的支链。全氟磺酸结构中，磺酸根($-SO_3^-$)通过共价键固定在聚合物分子链上，它与 H^+ 结合形成的磺酸基团在质子溶剂(H_2O)中可离解出可自由移动的质子(H^+)。每个 $-SO_3^-$ 侧链周围大概可聚集 20 个水分子，形成含水区域。当这些含水区域相互连通时可形成贯穿质子交换膜的质子传输通道，从而实现质子的快速传导。通常这类质子交换膜在高湿条件下的质子导电率可达到 $0.1\ S \cdot cm^{-1}$ 以上。全氟磺酸树脂中的磺酸基与全氟烷基相连接，氟原子具有强吸引电子性，使磺酸基的酸性显著提高。三氟甲基磺酸(trifluoromethanesulfonic acid，CF_3SO_3H)强度相当于硫酸的 1 000 倍,故被称为超酸(super acid)。这一特性使得全氟磺酸树脂具有较好的质子导电性。另一方面,全氟磺酸树脂分子链骨架采用的是碳氟链,C—F 键的键能较高 $(4.85 \times 10^5 \, \text{J/mol})$,氟原子半径较大$(0.64 \times 10^{-10} \, \text{m})$,能够在 C—C 键附近形成一道保护屏障,因此使得全氟磺酸树脂的四氟乙烯链段部分具有很好的疏水性,也使聚合物膜具有较高的化学稳定性和较强的机械强度。

$$[(CF_2 \!-\! CF_2)n CFCF_2]x$$
$$(O \!-\! CF_2 \!-\! CF)m \!-\! OCF_2CF_2SO_3H$$
$$CF_3$$
$$m = 1 \sim 3, \ n = 6 \sim 7, \ x = 1\,000$$

(a)

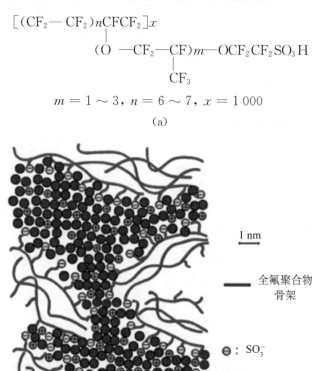

1 nm

—— 全氟聚合物骨架

$\ominus$: SO_3^-

$\oplus$: H^+

: H_2O

(b)

图 9 - 6　Nafion® 树脂的分子结构式和微观结构模型

(a) 分子结构式;(b) 微观结构模型

上述化学结构特点使得全氟磺酸树脂具有机械强度高、化学稳定性好和导电率高的优点。但是全氟磺酸质子交换膜也存在一些缺点,其中包括:温度升高会引起质子传导性变差,高温时膜易发生化学降解;单体合成困难,成本高,价格昂贵;用于甲醇燃料电池时易发生甲醇渗透等。除了美国杜邦公司的 Nafion® 膜以外,还有其他几种类似的质子交换膜,如美国 Dow 公司的 Dow® 系列质子交换膜、日本 Asahi Chemical 公司的 Aciplex 膜和 Asahi Glass 公司的 Flemion 膜等。在这些主要类型中,目前应用最广泛的是杜邦的 Nafion® 系列全氟磺酸质子交换膜。

全氟磺酸膜的最佳工作温度为 70～90℃,超过此温度膜内水含量会急剧降低,同时导电性也迅速下降(因质子导电率严重依赖于膜内的含水量);另外用氢气做燃料时(氢气往往从甲醇或天然气中获得,其中 CO 含量较高),CO 在低温下易毒化阳极催化剂形成 Pt－CO 络合物,使催化剂活性降低,而 CO 在高温下不易吸附在铂上,所以提高电池工作温度可很好地解决毒化问题。因此,高温型质子交换膜的研发受到了人们的普遍关注。全氟磺酸高分子材料具有很高的质子传导能力和比碳氢高分子好的化学和电化学耐久性,采用全氟的磺酸型高分子材料装备高温燃料电池仍然是现阶段质子交换膜材料的首选。通过在全氟磺酸膜内添加亲水性无机氧化物材料以提高膜的玻璃化温度和膜自身保水能力的方法受到了广泛关注。掺杂的无机氧化物还可以增强水从阴极向阳极的回流,而且降低水从阳极向阴极的电渗。如向 Nafion 膜中加入 SiO_2 颗粒制得的 SiO_2/Nafion 复合膜(其中 SiO_2 的含量可达 3%),由于 SiO_2 能较好地保持水分和进入到 Nafion 纳米孔道中的颗粒,使得复合膜对温度的升高不敏感。因此复合膜在 145℃ 还能保持高的质子导电率。另外,复合膜用在直接甲醇燃料电池(DMFC)上也取得了很好的性能。

9.2.3　电催化剂材料

质子交换膜燃料电池(PEMFC)通常以氢气和氧气(或空气)作为反应气体,PEMFC 采用典型的多孔气体扩散电极,气体扩散电极上都含有电催化剂。电催化剂的作用是使电极与电解质界面上的电荷转移反应加速,可视为复相催化的一个分支,其主要特点是:电催化反应速度不仅由电催化剂决定,还与双电层内及电解质的本性有关。由于 PEMFC 采用酸性电解质,因此电催化剂必须满足以下要求:①高催化剂活性。这是对电催化剂最重要和最基本的要求。电催化剂需要减小电化学极化,促进电化学反应的速率,必须具有较高的催化反应活性。②良好的催化选择性。电催化剂必须能够有效地催化特定的反应,提高反应物转化为目的产物的转化率。③化学稳定性高。PEMFC 采用磺酸型质子交换膜做电解质,依靠其中的质子导电传输电荷,催化剂应具有较强的抗酸性氧化能力。而且,PEMFC 一般在一定的温度、湿度、强氧化和强还原条件下工作,电催化剂必须能够耐腐蚀。此外,PEMFC 使用的燃料中常含有痕量的 CO 杂质,会导致电催化剂中毒失效,因此,电催化剂还应具有较强的抗 CO 中毒能力。④优良的电子导电性。由于电催化反应涉及电荷转移,电催化剂必须能够传导电子。如果电催化剂本身电子导电性差,则必须担载到活性炭等导电良好的导体上。此外,电催化剂还应具有比表面积高、生产成本低等特点。PEMFC 电催化剂可分为用于催化燃料氢气氧化的阳极电催化剂和催化氧化剂氧气还原的阴极电催化剂两大类。由于贵金属材料具有极强的原子键、高原子配位数等特殊的原子结构,表现出优异的物理化学性质,比较适用于燃料电池的电极反应。目前的电催化剂主要有铂基、钯基、金基材料等几大类,常使用的是铂基催化剂[13]。

1) 阳极电催化剂材料

氢氧 PEMFC 阳极大多使用负载型 Pt/C 催化剂,氢气在铂催化剂上电氧化的动力学过程是一个非常快的过程,阳极反应中控制步骤一般为扩散步骤。氢气在阳极的电氧化过程主要包括如下单元步骤:氢气在双极板及电极内的扩散;氢气在铂表面发生吸附解离,然后氢原子发生电氧化反应释放出 2 个电子后,转化成 2 个质子(酸性电解质中),电子在导电性炭黑载体、炭纸中的传输,质子在与催化剂紧密接触的质子交换膜中进行传递。PEMFC 可以采用高纯氢做燃料,但由于价格因素和储氢的困难,通过其他碳氢燃料重整得到氢气更具有实际意义。这样得到的氢气中常含有 CO 杂质,即使痕量级的 CO 也会使铂催化剂的活性大大降低。研究发现,采用铂基合金作为催化剂比铂更耐 CO 毒化作用。Pt - Ru 合金催化剂是目前为止研究最为成熟,应用最为广泛的抗 CO 催化剂。它通过铂和钌的协同作用降低 CO 的氧化电势,使电池在 CO 中毒的问题上有明显的改善。与钌相比,锡不吸附 CO,从而也不能被 CO 毒化。但锡的助催化作用效果不同于钌,钌具有明显的助催化作用,而锡的作用可能因加入方式的不同而不同。Pt - Sn 合金结构中锡能引起铂的 d 电子轨道部分填充,并能引起 Pt—Pt 金属键的伸长,这种伸长减弱了 CO 等中间物在催化剂表面的吸附,这与 Pt - Ru 合金催化剂中钌的作用不一致。研究表明,Pt/WO_x 虽然没有 Pt - Ru 合金催化剂活性高,但它们对 H_2/CO 的氧化活性却是毋庸置疑的。钨被认为是一种氧化还原催化剂,它的氧化态可以表达为 WO_{3-x},Pt/WO_x 的催化活性可能是来自 W 的氧化态的快速变化。Pt - WO_3 催化剂的协同作用强烈地依赖于铂在 WO_3 颗粒周围的分散程度和两种元素的原子比。Pt:W 原子比为 3:1 时的催化活性最高;而 Pt:W 原子比为 3:2 时的催化活性最低,并且有较大的欧姆极化,这主要由于过量的 WO_{3-x} 部分覆盖了铂活性位置,减弱了反应物的吸附,降低了催化剂的导电性能[14, 15]。同样,对担载型和非担载型 $Pt_x - Mo_y$ 合金催化剂而言,实验表明,PtMo 催化剂电池在 H_2 与 CO 的混合体系中,性能明显高于 PtRu 催化剂电池。在三元合金催化剂体系方面,PtRuOs 三元合金催化剂能明显地减少 CO 等中间产物参加的表面吸附区域,利用该催化剂得到的单电池比同样条件下的 PtRu 合金催化剂得到的单电池要好很多。

2) 阴极电催化剂材料

PEMFC 阴极的过电位很高,与氢的氧化相比,氧气的还原过程比较困难。理想的催化剂应使分子氧在较高电位下通过四电子过程一步直接还原成水,得到高能量效率。因此,阴极催化剂材料的研究重点是开发出对氧气还原反应(ORR)有高选择性和高催化活性、载铂量低的阴极材料。由于铂族催化剂中的贵金属在强酸性电解质中的高稳定性和高氧还原催化活性,目前无论在基础研究还是应用开发领域,Pt/C 仍是低温燃料电池催化剂的主要活性物质。为了进一步提高催化剂的 ORR 活性,一系列的 Pt-M/C 合金催化剂成为研究热点。Pt-M/C 合金催化剂是以 Pt/C 为基础掺入其他过渡金属,形成二元或多元合金,这类催化剂主要有Pt-Cr/C、Pt-Co/C、Pt-Ni/C、Pt-Ti/C、Pt-W/C、Pt-Fe/C、Pt-La/C 和Pt-Ce/C 等多元合金催化剂。通过电池性能测试表明,合金比纯铂对 ORR 具有更高的催化活性,同时在不同程度上提高了催化剂的活性和寿命,其中在 Pt/C 中引入氧化物对催化剂寿命的延长效果最为突出。尽管合金催化剂的颗粒尺寸比纯铂的要大,并且因此导致了铂表面积的减小,但是合金催化剂的活性还是比纯铂的高得多。这个结果可以用合金催化剂都有面心立方 Pt_3M 的超晶格的存在来解释。在这些超晶格表面,合金元素的含量要比催化剂主体中的含量高得多。

非贵金属催化剂由于其成本低而得到广泛的研究,主要有过渡金属大环化合物催化剂[酞菁(Pc)、四苯基卟啉(TPP)、四甲基苯基卟啉(TMPP)等]、过渡金属氧化物催化剂(氧化镍、尖晶石、二氧化铬等)、过渡金属硫化物催化剂(Chevrel 相的过渡金属硫化物、活性炭吸附的过渡金属硫化物)等。目前这类催化剂的研究还处于初级阶段,其催化活性和长期稳定性还有待提高,但作为一种廉价的电催化剂,能够大幅降低 PEMFC 的生产成本,仍具有较好的发展前景。通过添加其他过渡金属元素组分,改善催化剂的催化活性,减少贵金属用量,降低成本仍是 PEMFC阴极电催化剂的主要发展方向。

9.2.4 双极板材料

一个单电池所产生的电压较低,为了使燃料电池在实际中得到应用,必须把多个单电池通过起导电作用的隔板串联起来组成电堆,此隔板的一侧与 1 个单电池的阳极侧接触,另一侧则与相邻单电池的阴极侧接触,因此把此板叫做双极板(bipolar plate)[1, 2]。双极板作为 PEMFC 电池堆的关键部件其功能主要包括:分隔氧化剂与燃料;使生成的水顺利排出,并确保电池堆的温度分布均匀;分隔电池堆中的每个电池;串联各单电池并收集输送电流。双极板的功能决定了它对材料的要求:与电解质的化学相容性;较低的接触电阻和体电阻,提高电池的输出功率;致密性好,不能透过氢气与氧气;导电、导热性能好;较低的体电阻和接触电阻;耐腐蚀性强;质量轻、强度高、适于批量加工等。目前 PEMFC 的双极板材料主要有 3 种,即石墨材料、金属材料和复合材料。

石墨是较早开发和用以制作双极板的材料。传统双极板主要采用无孔石墨板或碳板,其制备方法主要是使用石墨粉或焦炭加黏结剂,经捏合、模压后炭化、石墨化成为薄板,再通过机械加工得到气体流道(即所谓的"流场")。石墨板具有良好的导电性、导热性和耐腐蚀性,但石墨的脆性造成了加工困难,因此加工费用较高,同时也限制了石墨板厚度的减小。此外,石墨在制造过程中容易产生气孔,使燃料与氧化剂相互渗透,影响电池性能。

与石墨双极板相比,金属双极板具有良好的导电性、导热性、机械加工性、致密性,适合批量生产。铝、钛、镍、不锈钢等都是常用于制造金属双极板的材料,但是金属双极板的进一步应用还必须解决在电池阳极侧的腐蚀和在阴极侧因氧化导致的接触电阻增加的问题。由于 PEMFC 要在酸性高温的环境中工作,如果设计不合理,金属就有可能被腐蚀或溶解,尤其是金属板被溶解后产生的金属离子就会扩散到质子交换膜,增加了被蚀双极板的电阻;同时随着时间的增加,阴极侧金属氧化膜的增厚,造成接触电阻增加,降低了电池的输出功率。为解决这些问题,一方面可以采用新型合金作为双极板的材料,另一方面采用金属的表面改性技术。在金属双极板表面改性一般是沉积金属防护层,这些金属防护层必须抗氧化、耐腐蚀、具有导电性。防护层分为两类:一类是以碳为主体的材料,如石墨、导电性聚合物;另一类是金属及其化合物,如贵金属、金属碳化物、金属氧化物。在主体材料与保护层材料的热膨胀系数相差较大的情况下,可以采用双涂层或多涂层来缓和处理。

复合双极板结合了石墨双极板与金属双极板的优点,价格便宜、制造工艺简单、质量轻、抗腐蚀性好,但也存在如导电效果与机械性能较差的缺点。为了解决这些问题,可以在石墨中加入有机聚合物来降低其脆性,加入纤维来改善其机械性能,加入金属颗粒来增强其导电性。而且碳复合双极板的流场可经压模获得,流场加工的费用比石墨或金属双极板的低。总的来说,复合双极板可以分为碳基复合材料双极板和金属基复合双极板。碳基复合材料双极板一般由聚合物和导电碳材料混合经模压注塑等方法制作成形,有的研究也在其中添加纤维以改善极板的导电性能和材料强度。对于填充料,一般包括炭粉、石墨颗粒、石墨粉、炭黑以及碳纳米管等,这些填料因为自身良好的导电性能大大优化了复合材料的整体性能。金属基复合双极板通常采用金属作为分隔板,边框采用塑料、聚砜、碳酸酯等减轻电池组的质量,边框与金属板之间采用导电胶粘接,以注塑与焙烧法制备的有孔薄碳板或者石墨板作为流场板,从而可实现金属板和石墨板优点的结合。

9.2.5 直接甲醇燃料电池电催化剂材料

直接甲醇燃料电池(direct methanol fuel cell, DMFC)作为新型、清洁、可再生

能源,由于具有结构简单,运行温度和压力要求低,能量密度高(大约 6 000 Wh/kg),能提供比二次电池高 10 倍以上的电量以及不需要重整装置等优点,在汽车和便携式电子设备等领域中拥有广阔的应用前景[1]。目前受到了越来越多的关注,是最有可能实现商业化应用的绿色能源。DMFC 阳极用液态的、可再生的甲醇(MeOH,比能量为 4 384 Wh·L^{-1},6.1 kWh·kg^{-1})作为燃料,阴极和氢氧燃料电池类似,使用氧气作为氧化剂,通过甲醇的电化学氧化和氧气的电化学还原,在外电路中释放出电子,实现化学能至电能的转换。MeOH 相对比较便宜,与氢作为燃料的体系相比,该系统中不需要配置重整装置,或是携带储存量有限的储氢罐,而且甲醇的储存或运输也较为方便,这样就使整个体系更为简单。

DMFC 的工作原理如下。

阳极反应:　　　　　$CH_3OH + H_2O \Longrightarrow CO_2 + 6H^+ + 6e^-$　　　　(9-19)

阴极反应:　　　　　$1.5O_2 + 6H^+ + 6e^- \Longrightarrow 3H_2O$　　　　(9-20)

电池总反应:　　　　$CH_3OH + 1.5O_2 \Longrightarrow CO_2 + 3H_2O$　　　　(9-21)

如果要使 DMFC 发展成为实用的燃料电池技术,需要开发出两种关键材料:电极催化剂和电解质膜,这也是 DMFC 所面临的两个巨大挑战。DMFC 的商业化受到两个条件的限制,其中一个主要原因是甲醇阳极反应的动力学速度比氢气要缓慢很多;另一个原因是甲醇会透过电解质膜,在阴极上发生氧化反应,降低了电池电压和燃料的利用率[2]。电催化剂是解决 DMFC 中催化层 CO 中毒和甲醇渗透问题、提高电池性能的研究重点。阳极需要提高电催化剂活性,减小甲醇活化极化;阴极需要开发电催化氧气还原而对甲醇不敏感的催化剂。电催化剂必须具备的条件:高催化性和稳定性、大的活性比表面积、适当的载体、好的导电性。能量因素、空间因素和表面因素是影响电催化剂活性的主要因素。工作温度、电极制作工艺、催化剂制备方法和载体的选择等因素对电催化效果也有很大的影响[16]。

1) 阳极电催化剂材料

阳极电催化剂材料的研究和开发,主要着眼于两个方面,其一为高性能:包括高活性、可靠性和长寿命;其二为低价格。为提高阳极电催化性能,开发新的电催化剂材料包括贵金属和非贵金属电催化剂[17]。贵金属电催化剂的开发,合金化是主要的研究方向,通过快速的活性筛选,可以在商业化上得到突破。另一个是载体的策略。快速发展的纳米技术,尤其是在碳纳米材料的开发上,可以开发出更多稳定的和高活性的电催化剂载体,纳米颗粒作为载体的电催化剂,是 PEMFC 和 DMFC 最有前景的电催化剂材料。

在酸性介质中,只有一些有限的电极材料,适合于甲醇的电化学氧化。在 PEMFC 中广泛使用的纯铂电催化剂,由于会被甲醇电化学氧化的中间产物 CO 所吸附,占据反应的活性点,导致较低的反应速度。而当存在第二种金属如 PtIr、PtPd、PtRu、PtOs、PtSn、PtW、PtMo 组成的合金时,可产生既具有高活性又能抵抗 CO 中毒的协同效应,可以使甲醇的氧化速度大幅度提高,其性能如图 9-7 所示[18],其中 PtRu 合金电催化剂的阳极极化电位最低,表现出较好的活性和稳定性,是最实用化的 DMFC 电催化剂。

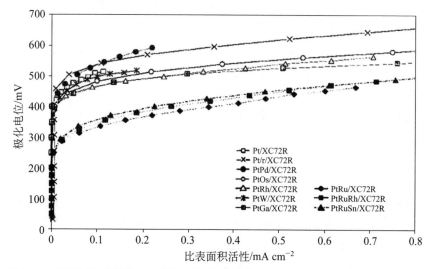

图 9-7 纯铂以及各类铂合金催化剂半电池活性曲线(1MH$_2$SO$_4$/2MCH$_3$OH, 80℃)

为获得均匀分布、高利用率和稳定的纳米金属颗粒,具有载体的电催化剂表现出较高的活性和稳定性。碳粒子由于在酸性和碱性介质中非常稳定、电子导电性高、具有很高的比表面积而成为首选。碳对所负载的电催化剂性能有很大的影响,比如金属粒子的大小、形貌、颗粒分布、合金度、稳定性和分散性。另一方面,碳载体也影响着所制成的电催化剂在燃料电池中所表现出的性能,比如物质的传输、电催化剂的电子导电性、电化学活性面积以及在运行过程中金属纳米粒子的稳定性。为了获得高活性电催化剂,碳载体的性质,包括比表面积、孔径、形貌、表面功能团、电子导电性和抗腐蚀性能等,必须进行优选。

炭黑是最为常用的 DMFC 电催化剂的载体。炭黑的种类有很多,比如乙炔黑、Vulcan XC-72 和 Ketjen Black 等。它们通常通过裂解碳氢化合物得到,比如天然气,或是从石油中提取的油馏分。这些炭黑表现出不同的物理和化学性质,比如比表面积、多孔性、导电性以及表面官能团,在这些因素中,比表面积对所负载的电催化剂制备和性能有重大影响。一般而言,高分散有支撑的电催化剂不可能由低表面积的炭黑(如乙炔黑)得到。高表面积的炭黑(如 Ketjen Black)能够支撑高度分散的电催化剂纳米粒子。然而,Ketjen Black 支撑的电催化剂的欧姆阻抗较大,在电池运行过程中会出现传质的限制。Vulcan XC-72 的比表面积约为 250 m^2/g,也被广泛地用做 DMFC 的阳极电催化剂。碳纳米管(CNT)是最广泛的纳米结构碳材料,在相同试验条件下,CNT 负载得到的 DMFC 电池性能较 Vulcan XC-72 的性能更优。通常性能优异的 DMFC 阳极要求有高效的纳米尺寸的三相反应区域,在该区域内电化学反应发生在包含电子和质子传输的金属纳米粒子表面上,另外也要求有高效的液相反应物(甲醇,水)和气相产物(CO_2)的供应途径。在碳载体中如果有太多的微孔(孔径<2 nm)比如 Vulcan XC-72,由于反应物和产物的质量传递速度非常缓慢,降低了电催化剂的有效利用率,大孔碳(孔径>50 nm)的表面积就会变小,电阻就要增加,而介孔碳材料具有 2~50 nm 可调的孔径尺寸,作为载体材料非常合适,可以有效提高电催化剂的均匀分布和利用率。石墨烯是由碳原子呈六角形排布的只有原子大小厚度的薄层,它提供了很高的电导率,也是具有最快的电子转移能力的材料之一,被广泛地研究开发各种应用,其中也包括作为电催化剂的载体。

2) 阴极电催化剂材料

阴极电催化剂材料的研究和开发着重于研制耐甲醇的氧还原电催化剂,即催化剂只对氧还原有活性而对甲醇氧化无活性[19, 20]。目前主要使用的 DMFC 阴极电催化剂是 Pt/C,其优点是催化氧还原的活性和稳定性都很高,缺点是铂对氧还原和甲醇氧化没有选择性,当其作为氧还原催化剂时也能催化氧化渗透到阴极的甲醇,即铂催化剂的耐甲醇能力弱,并且甲醇氧化的中间产物还会使 Pt/C 中毒,但 Pt/C 仍是目前 DMFC 阴极材料的研究热点之一。铂粒子的粒径对氧还原和耐甲醇氧化的电催化活性有很大的影响。当铂粒子的平均粒径为 2.5~3.5 nm 时,对氧还原的电催化活性最高;在 4 nm 左右时对甲醇氧化的电催化活性最高;当大于或小于 4 nm 时,电催化活性都会降低,所以如果使用粒径在 2 nm 左右的铂催化剂,在一定程度上即能提高它对氧还原的电催化活性又能降低对甲醇氧化的电催化活性。

目前研制的铂基合金电催化剂有二元铂合金和三元铂合金如 Pt-Ti, Pt-Cr, Pt-Fe-Co, Pt-Co-Ga, Pt-Rh-Fe, Ru-Cr-Se 等。通过电催化剂铂和 $Pt_{70}Ni_{30}$ 催化氧还原的性能对比,发现在甲醇存在时,$Pt_{70}Ni_{30}$ 催化氧还原活性并没有降低,说明合金电极有一定的抗甲醇能力。早在 1964 年就有关于过渡金属大环化合物的报道,通常认为 N_4-金属大环化合物对氧还原有很好的电催化性能。此后,在过渡金属大环化合物,特别是过渡金属的卟啉和酞菁化合物对氧还原的电催化活性方面进行了很多的研究。研究发现,过渡金属大环化合物中的金属对氧还原的电催化活性起着决定性的作用,例如在过渡金属的酞菁化合物中,过渡金属对氧还原的电催化活性的影响排序如下:Fe > Co > Ni > Cu ≈ Mn。这类电催化剂在 DMFC 中使用时呈现一个突出的优点,即它们对甲醇氧化几乎没有电催化活性,因此具有很好的耐甲醇特性。虽然一些大环化合物对氧还原的电催化活性已经与铂相当,但由于在大环化合物催化氧还原的过程中会产生不同程度的 H_2O_2,它们具有较高的氧化性,并且随着反应时间的延长而不断聚集,将严重腐蚀大环化合物和载体,破坏电催化剂的结构,因此大环化合物电催化剂的稳定性较差,阻碍了其向实用化方向的进一步发展。此外,大环化合物的内在活性也较铂及其合金催化剂低。

过渡金属簇合物催化剂主要为 $Mo_{6-x}M_xX_8$($X=Se$、Te、SeO、S 等,$M=Os$、Re、Rh、Ru 等)。对该类电催化剂催化氧还原机理的研究表明:①Mo、Ru 及其氧化物对氧还原都没有电催化活性,即簇合物中过渡金属的协同作用决定电催化活性,而非单独的元素起作用。如钌取代钼得到的八面体样品 $Mo_{4.2}Ru_{1.8}Se_8$ 对氧还原的电催化活性大大优于非取代钼的八面体样品 Mo_6Se_8;②该类电催化剂对氧还原具有较高活性的原因之一是簇合物有较多的弱态 d 态电子,如 $Mo_{4.2}Ru_{1.8}Se_8$ 约含 24 个弱态 d 态电子;③簇合物为氧和氧还原中间体提供相邻的键合位置,并且簇内原子间键距起重要作用,如 $Mo_{4.2}Ru_{1.8}Se_8$ 的同一原子簇中原子间最小键距 $d_1=2.710$,有利于氧的键合以及随后在簇内原子间形成桥式结构;④在氧与簇合物间的电子转移过程中,该类簇合物能够改变自身体积和成键距离以有利于氧的四电子还原。过渡金属簇合物催化剂除活性较高、成本较低以外,在甲醇存在时,对氧的还原有很好的选择性,因此是一类有希望的耐甲醇氧还原电催化剂。另外,对于过渡金属氧化物电催化剂如氧化镍、钙钛矿型氧化物、尖晶石型氧化物、二氧化铬、氧化钌烧绿石等而言,这些电催化剂对甲醇氧化呈现惰性,同时对氧还原的电催化活性也不高,因此限制了它们在 DMFC 中的应用。

9.3 熔融碳酸盐燃料电池

熔融碳酸盐燃料电池(molten carbonate fuel cell,MCFC)的概念最早于 20 世纪 40 年代出现,其工作温度为 650～700℃,属于高温燃料电池,被认为是非常有希望实现商品化的燃料电池。

9.3.1 熔融碳酸盐燃料电池技术简介

除具有一般燃料电池的共同优点之外,MCFC 还具有如下的技术特点[21—23]:①其本体发电效率较高(可达 60%(LHV)),并且不需要贵金属做电催化剂,制造成本低;②既可以使用纯氢气做燃料,又可以使用由天然气、甲烷、石油、煤气等转化产生的富氢合成气做燃料,从而大大增加了可使用的燃料范围;对改质型 MCFC

可使用的燃料有多种,这样就可以与煤气厂联合,比较适合我国以煤为主的能源结构;③排出的废热温度高,可以直接驱动燃气轮机/蒸汽轮机进行复合发电,进一步提高系统的发电效率;④中小规模经济性。与几种发电方式比较,当负载指数大于45%时,MCFC发电系统年成本最低。当发电系统为中小规模分散型时,MCFC的经济优越性则更为突出。另外,我国是燃煤大国,燃煤污染十分严重,而MCFC发电是解决这一问题的有效途径,所以MCFC特别适合我国的国情。

MCFC采用碱金属(锂、钠、钾)的碳酸盐作为电解质隔膜,$Ni-Cr/Ni-Al$合金为阳极,NiO为阴极,电池工作温度为$650\sim700℃$。在此温度下电解质呈熔融状态,导电离子为碳酸根离子(CO_3^{2-})。MCFC以氢气为燃料、氧气/空气＋二氧化碳为氧化剂工作时,阴极上氧气和二氧化碳与从外电路输送过来的电子结合,生成CO_3^{2-};阳极上的氢气则与从电解质隔膜迁移过来的CO_3^{2-}发生化学反应,生成二氧化碳和水,同时将电子输送到外电路,MCFC的工作原理如图$9-8$所示[24]。

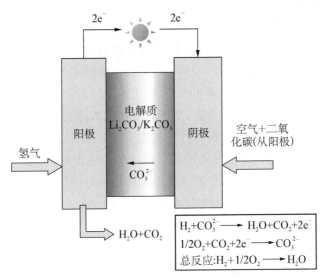

图9-8 熔融碳酸盐燃料电池的工作原理

MCFC中的电池反应如下。

阳极反应:

$$H_2 + CO_3^{2-} \longrightarrow H_2O + CO_2 + 2e^- \tag{9-22}$$

阴极反应:

$$CO_2 + 1/2O_2 + 2e^- \longrightarrow CO_3^{2-} \tag{9-23}$$

总反应:

$$H_2 + 1/2O_2 + CO_2 \longrightarrow H_2O + CO_2 \tag{9-24}$$

通过上述反应产生的电动势可表达为[1, 17]

$$E = E_0 + \frac{RT}{2F}\ln\frac{P_{H_2}P_{O_2}^{1/2}P_{CO_{2c}}}{P_{H_2O}P_{CO_{2a}}} \tag{9-25}$$

式中，$P_{CO_{2c}}$ 和 $P_{CO_{2a}}$ 分别为阴、阳极区的 CO_2 分压。从上述方程式可以看出，MCFC 与其他燃料电池的区别在于反应中须用到二氧化碳，二氧化碳在阴极消耗，在阳极重新生成，可以循环使用。

从 MCFC 的技术特点来看，其特别适合用于大型发电厂，是绿色大型发电厂的首选模式，目前世界各国（尤以美、日、德）都投入巨资开发这一燃料电池技术。目前世界上正在运行的 MCFC 发电厂大多采用天然气（及煤气）作为燃料，美、日等发达国家正在大力研究和开发用煤气作为 MCFC 发电系统的燃料，以取代传统的燃煤火力发电厂。MCFC 发电系统可独立运行，也可与燃气轮机、汽轮机构成联合发电运行，燃料电池不能氧化所有燃料，即不能转换燃料中全部能量，因此单独运行时其效率相对较低。实行燃料电池、燃气轮机和汽轮机联合发电运行，可提高燃料利用率和电厂综合效率（60%～80%），降低电能成本。同时，将含有二氧化碳的燃气轮机尾气作为 MCFC 阴极的氧化剂气体，通过在阳极重新生成而实现浓缩，从而非常有利于二氧化碳的分离，实现二氧化碳减排的目的。作为可再生能源的一种，生物质能的利用已受到国内外的高度重视，将生物质气化与中高温燃料电池结合进行发电是今后可持续发展的高效洁净的电能生产方式之一，一方面可以可持续的方式利用生物质能，将生物质废弃物转化成有用的能源；另一方面则提高能源转化效率，提升 MCFC 技术的环境保护优势[25]。

9.3.2 电解质及其隔膜材料

电解质成分对电池的内阻、气体溶解度、阴极反应动力学、腐蚀和电解质损失率具有重要的影响，因此电解质的选择对于电池性能和寿命而言是至关重要的。八十年代以来，标准的电解质成分是 $Li_2CO_3 - K_2CO_3$（62∶38 mol%），后来逐渐认识到电解质成分为 $Li_2CO_3 - Na_2CO_3$（52∶48 mol%）是更好的选择，特别是在高压工作条件下。然而，基于 Li-Na 电解质的电池性能比基于 Li-K 电解质的电池性能对温度的敏感性更高，并且当工作温度降低到 600℃ 或以下时呈现性能快速下降的趋势。这主要归因于电解质熔体在多孔隔膜中三相界面浸润特征。

电解质隔膜是构成 MCFC 的最关键核心部件，在电池中起着电子绝缘、离子导电、阻气密封作用，其质量优劣直接影响着 MCFC 的电性能。MCFC 的工作温度为 650℃ 左右，在此温度下，碳酸盐呈熔融状态，借助于毛细管力被保持在电解质隔膜中。因此,MCFC 电解质隔膜的性能必须满足:①有较高的机械强度,无裂缝,无大孔;②在工作状态下,隔膜中应充满电解质,并具有良好的保持电解质性能;③具有良好的电子绝缘性能。早期曾采用 MgO、SrTiO₃ 作为 MCFC 的隔膜材料,但 MgO、SrTiO₃ 在高温熔盐中会发生微量的溶解,使隔膜的强度变差。大量研究表明,LiAlO₂ 既有很强的抗高温熔融碳酸盐腐蚀的能力,又有优异的化学稳定性,同时也是一种绝缘的陶瓷材料,因而目前被普遍用于制造 MCFC 电解质隔膜的原料[26]。作为 MCFC 隔膜材料的 LiAlO₂,其物理特性和结构形态(如粒子大小、粗细粒子比例、比表面积等)都会强烈地影响隔膜的强度和保持电解质的能力。LiAlO₂ 有 α、β、γ 3 种晶型[27],分别属于六方、斜方和四方晶系,它们的外形分别为棒状、针状和片状,密度分别为 3.400 g/cm³、2.610 g/cm³、2.615 g/cm³。目前所使用的 LiAlO₂ 具有很强的抗高温溶解性,作为 MCFC 隔膜材料的是 α-LiAlO₂ 和 γ-LiAlO₂ 两种晶相材料,早期主要采用 γ-LiAlO₂,而现阶段则主要是 α-LiAlO₂。

在 MCFC 隔膜中起保持碳酸盐电解质作用的是亲液毛细管,按 Yang-Laplace 公式:

$$p = 2\sigma\cos\theta/r \tag{9-26}$$

式中,p 为毛细管承受的穿透气压;r 为毛细管半径;σ 为电解质表面张力系数,$\sigma((Li_{0.62}K_{0.38})_2CO_3) = 0.198$ N/m;θ 为电解质与隔膜体的接触角,假设完全浸润,则 $\theta = 0°$。

由式(9-26)可知,隔膜孔半径 r 越小,其穿透气压 p 就越大。若要求 MCFC 隔膜可承受阴、阳极压力差为 0.1 MPa,则可计算出隔膜孔半径应该小于等于 3.96 μm。所以,为保证隔膜孔半径不大于 3.96 μm,LiAlO₂ 粉料的粒度应尽量小,必须严格控制。

隔膜孔内浸入的碳酸盐电解质按 Meredith-Tobias 公式起离子传导作用:

$$\rho = \rho_0/(1-\alpha)^2 \tag{9-27}$$

式中,ρ 为隔膜电阻率;ρ_0 为电解质电阻率,$\rho_0((Li_{0.62}K_{0.38})_2CO_3,650℃) = 0.5767$ Ω·cm;α 为隔膜中 LiAlO₂ 所占的体积分数,$(1-\alpha)$ 为隔膜的孔隙率。

由式(9-27)可以看出,隔膜的孔隙率越大,隔膜中浸入的碳酸盐电解质就越多,从而隔膜的电阻率就越小。所以,为了同时满足能够承受较大穿透气压和尽量降低电阻率的要求,隔膜应该有小的孔半径和大的孔隙率,常把孔径和孔隙率作为衡量 MCFC 隔膜性能的指标,孔隙率一般可控制在 50%～70%。通常,制备出的 MCFC 隔膜应满足以下性能指标:厚度为 0.3～0.6 mm,孔隙率为 60%～70%,平

均孔径为 $0.25\sim0.8~\mu\mathrm{m}$。

图 9-9 给出了熔融碳酸盐在 MCFC 电极和隔膜中的分布[28]，根据此示意图，在 MCFC 工作过程中，首先要确保电解质板中充满熔融碳酸盐，所以它的平均孔半径 r_e 应最小。为减少电极极化，促进阴极内氧的传质，防止阴极被电解液"淹死"，阴极的孔半径应最大，而阳极的孔半径居中。

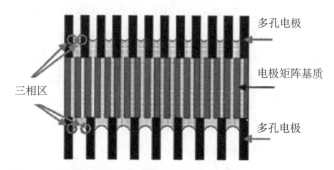

图 9-9　熔融碳酸盐在熔融碳酸盐燃料电池电极和隔膜中的分布

9.3.3　电极材料

MCFC 工作时，在阳极发生氢的氧化反应，阴极则发生氧的还原反应，由于工作温度高（650℃），反应时有电解质（CO_3^{2-}）的参与，故要求电极材料有很高的耐腐蚀性和较高的电导。同时，由于工作温度高，MCFC 的电极电催化活性也高，因此通常可以不用贵金属作为 MCFC 的电极材料。

1) MCFC 阳极材料

20 世纪 70 年代以来多孔镍被用做 MCFC 的阳极材料，其作用主要是促进电催化反应（$H_2{\rightarrow}H^+$）。目前认为有 3 种有关氢在 MCFC 阳极中氧化过程的机理，其中最重要的一种为

$$H_2 + 2M \longleftrightarrow 2M-H \tag{9-28}$$

$$2\{M-H+CO_3^{2-} \longrightarrow OH^-+CO_2+M+e^-\} \tag{9-29}$$

$$2OH^-+CO_2 \longleftrightarrow H_2O+CO_3^{2-} \tag{9-30}$$

其中，反应式（9-29）是速度控制步骤。研究表明，由于镍具有较强的吸氢能力，所以有较高的交换电流密度。但是在高温应力长期作用下，塑性的金属材料会发生蠕变，而 MCFC 的技术要求为工作 40 000 h 后阳极蠕变量小于 3%。由于 MCFC 工作温度为 650℃，并在法线方向上承受载荷，对于多孔镍而言，很容易造成多孔结构的破坏以及厚度的收缩、接触密封不良和高的阳极过电位等缺陷，严重影响了 MCFC 电堆的效率和寿命。

　　为了防止镍阳极的蠕变,通常可对其进行增强处理。例如,在电极制备过程中,将镍粉与 2～10 wt%的铬粉混合起来,制成片状材料,将其烧结成连续多孔的半成品,再将半成品直接安装到电池上,将电池升温到操作温度,将燃料气和氧气引入电池中。随后,阳极中的铬就被氧化成 Cr_2O_3 和 $LiCrO_2$(与熔融碳酸锂反应得到),氧化产物可以弥散增强镍阳极,从而减轻阳极的蠕变。同样,在镍粉中添加铝粉,也可起到类似的效果。但就目前的研究来看,上述的方法并不是很理想,这是因为 $LiCrO_2$ 或 $LiAlO_2$ 的生成降低了熔融碳酸盐对电极表面的浸润性,改变了电极表面的性质。因此,在制备电极时向镍粉中添加 $NiAl$ 或 Ni_3Al 合金或稀土元素,或在陶瓷粉体(如 $LiFeO_2$ 等)表面镀镍,将此种复合粉体制成素坯,再烧结成阳极板。这些处理可以在一定程度上增强镍电极,或阻止镍晶粒的长大,从而使MCFC 的阳极具有较好的抗蠕变性能。铜与 $Cu-Ni$ 合金也可作为 MCFC 的阳极材料,其交换电流密度与镍接近,电导率和抗氧化性能高于镍,但铜的熔点比镍低,抗蠕变性能不如镍。已有实验证明,将 Al_2O_3 分散到铜或 $Cu-Ni$ 合金中可改进其抗蠕变的性能,但是制造工艺比较复杂。

　　MCFC 的阳极也是气体的屏障和电解质的贮存场所。在阳极中,电解质的电解过程与电解质的充填量没有相关性,从而允许在 MCFC 工作过程中,可以通过阳极来补充电解质板的电解质损失。而在阳极表面生成的 $Ni-LiAlO_2$ 微孔薄膜则有效地避免熔融碳酸盐过快地从阳极流向电解质板,同时也避免了燃料气透过阳极而发生"串气"。

　　2) 阴极材料

　　一般来说,MCFC 的阴极材料必须具备高的电导率、机械强度和在熔盐中低的溶解度。最初,MCFC 的阴极由金属银或铜作为原料制成,但 20 世纪 70 年代以来,镍替代了其他金属而成为制备 MCFC 阴极的主要原料。在 MCFC 工作过程中,多孔的金属镍板与熔融的碳酸盐接触,在氧化气氛(空气/二氧化碳)中,逐渐成为氧化镍。氧化镍是一种内部存在缺陷的 P 型半导体,但导电性能很差,纯氧化镍在空气中烧成以后的电阻率约为 10^8 $\Omega \cdot cm$。在阴极环境中,熔融碳酸锂的锂离子容易进入 NiO 晶格中(锂化过程)[29],造成晶格的正电子缺陷(部分 Ni^{2+} 被 Ni^{3+}取代以达到电荷平衡),而 NiO 的导电性强烈依赖于晶格中的缺陷。大量的锂溶于氧化镍晶格中,结果形成与加入溶体中的锂的数量相等的 Ni^{3+} 含量。所以,"锂化"作用大大提高了 NiO 的导电性。具体的反应如下:

$$(1-x)NiO + 0.5xLi_xO + 0.5xO_2 \longrightarrow Li_x^+ Ni_x^{3+} Ni_{(1-2x)}^{2+} O \qquad (9-31)$$

　　在实现 MCFC 商业化的过程中,阴极的稳定性是制约这一目标实现的关键。NiO 在熔融碳酸盐中可以发生缓慢的溶解[30],即溶解在熔盐中的镍离子会迁移到电解质板的内部,与阳极的氢气发生还原反应,形成金属镍而沉积在电解质板内部,造成了阴极和阳极的短路,从而使电池失效。NiO 在熔盐中的腐蚀溶解以及转移和沉积过程非常复杂,主要受以下几种因素影响:温度、熔盐的组成和气氛。当熔盐的组成为 Li_2CO_3/K_2CO_3 时,NiO 的溶解度会随钾含量的增加而增大。由于 MCFC 阴极气体组成中含 CO_2,因此当 CO_2 的含量较高时,NiO 的溶解机理主要是酸性溶解,即

$$NiO + CO_2 \longrightarrow Ni^{2+} + CO_3^{2-} \tag{9-32}$$

在 CO_2 含量较低时,溶解机理为碱性溶解,即

$$NiO + CO_3^{2-} \longrightarrow NiO_2^{2-} + CO_2 \tag{9-33}$$

$$NiO + 0.5CO_3^{2-} + 0.25O_2 \longrightarrow NiO_2^{2-} + 0.5CO_2 \tag{9-34}$$

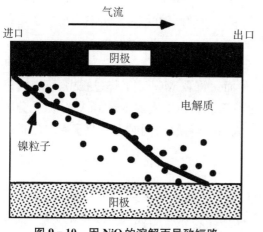

图 9-10 因 NiO 的溶解而导致短路

图 9-10 给出了由于 NiO 在熔融碳酸盐中溶解所导致的 MCFC 短路的示意图。可见,NiO 溶解是影响 MCFC 寿命的主要原因。为解决阴极溶解问题,国内外研究着重于对 NiO 进行改性或用其他材料来代替。添加稀土化合物 CeO_2、La_2O_3、Pr_2O_3、Nd_2O_3 和 Dy_2O_3 至 NiO 阴极进行掺杂改性是降低其溶解度的一种途径,其中发现 CeO_2 不仅有效地改善了 NiO 的微观结构,而且显著降低了它在熔融碳酸盐中的溶解度[31],更值得一提的是,这种稀土氧化物可以增大 NiO 在熔盐中的锂化程度,从而提高了电导率。在 NiO 的替代材料中重点研究的是 Li_2MnO_3、$LiFeO_2$ 和 $LiCoO_2$。

与 NiO 相比,Li_2MnO_3 和 $LiFeO_2$ 在熔融碳酸盐中的溶解度非常低,但其电导率仅为前者的 1/10 000,电极的电催化性能也较低。$LiCoO_2$ 在熔融碳酸盐中的溶解度为 NiO 的 1/3,在常压下的溶解速度小于 0.5 $\mu g/(cm^2 h)$,电导率和电催化性能均比 NiO 低,但高于其他两种阴极替代材料,因此被认为是取代 NiO 最有前途的 MCFC 阴极材料。但是,单纯以 $LiCoO_2$ 作为原料烧结而成的电极较脆而易于破碎,且成本要比氧化镍电极高得多,因此其应用受到了一定的限制。表 9-2 给出了 MCFC 的 NiO 阴极和其他替代材料的电导率与交换电流密度。

表 9‑2　阴极替代材料的电导率和交换电流密度

材料	电导率	交换电流密度 $(i_0)/(mA/cm^2)$
Li_2MnO_3	3.3×10^{-3}	——
$LiFeO_2$	1.4×10^{-3}	$5 \sim 9$
$La_{0.8}Sr_{0.2}CoO_3$	20	1.0×10^{-2}
$LiCoO_2$	4.5×10^{-1}	$6 \sim 11$
Lithiated NiO	33	$10 \sim 39$

9.4　固体氧化物燃料电池

固体氧化物燃料电池(solid oxide fuel cell，SOFC)是一种通过电化学反应将燃料中的化学能直接转变成电能的全固态发电器件,其基本的思想和材料由能斯特与他的同事在 19 世纪末提出。SOFC 不需经过从燃料化学能→热能→机械能→电能的转变过程,其能量转化效率高、操作方便、无腐蚀和燃料适用性广,可广泛地采用氢气、一氧化碳、天然气、液化气、煤气、生物质气、甲醇、乙醇、汽油和柴油等多种碳氢燃料,很容易与现有能源供应体系相兼容。同时,SOFC 不采用贵金属催化剂,而且不存在直接甲醇燃料电池(DMFC)的液体燃料渗透问题。另外,SOFC 具有环境友好、排放低和噪声低等优点,是公认的高效绿色能源转换技术。

9.4.1　固体氧化物燃料电池技术简介

SOFC 的工作原理如图 9‑11 所示,其单电池由阳极、阴极和电解质组成。阳

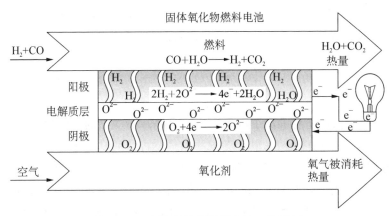

图 9‑11　固体氧化物燃料电池工作原理

极为燃料发生氧化的场所,在阳极一侧持续通入燃料气,例如氢气(H_2)、甲烷(CH_4)和其他碳氢燃料等,碳氢燃料可通过重整反应产生氢气和一氧化碳,具有催化作用的阳极表面吸附燃料气体,并通过阳极的多孔结构扩散到阳极与电解质的界面。阴极为氧化剂还原的场所,在阴极一侧持续通入氧气或空气,具有多孔结构的阴极表面吸附氧,由于阴极本身的催化作用,氧分子得到电子还原成氧离子,在化学势的作用下,氧离子进入起电解质作用的固体氧离子导体,由于浓度梯度引起扩散,最终到达固体电解质与阳极的界面,氢气和一氧化碳与氧离子结合被氧化成水和二氧化碳,失去的电子通过外电路回到阴极。SOFC 工作时相当于一直流电源,其阳极即电源负极,阴极为电源正极。

SOFC 中的电池反应如下。

阳极反应:

$$H_2 + O^{2-} \longrightarrow H_2O + 2e^- \tag{9-35}$$
$$CO + O^{2-} \longrightarrow CO_2 + 2e^- \tag{9-36}$$

阴极反应:

$$0.5O_2 + 2e^- \longrightarrow O^{2-} \tag{9-37}$$

总反应:

$$H_2 + 0.5O_2 \longrightarrow H_2O \tag{9-38}$$
$$CO + 0.5O_2 \longrightarrow CO_2 \tag{9-39}$$

在无电流的条件下,阴极和阳极之间的电压由能斯特方程确定。实际情况下所测得的开路电压值与由能斯特方程计算得到的数值会有偏差。当外部负载与 SOFC 相连时,电池的电压将低于开路电压,其原因在于电流产生时引起欧姆极化、活化极化和浓差极化。活化损耗是由电化学反应引起的损耗,对于 SOFC 而言,由于工作温度较高,因此其活化损耗相对较低。浓度损耗是由质量在多孔介质内传输而引起的损耗,造成在电解质/电极界面的燃料或氧化剂浓度低于其在电极内部的浓度。电池的电压降与通过电池的电流成正比,并与电池工作温度相关。

典型的 SOFC 单电池由钇稳定氧化锆(YSZ)电解质、Ni/YSZ 多孔陶瓷金属阳极和掺杂 $LaMnO_3$(LSM)多孔阴极组成。YSZ 需要工作在相对较高的温度,一般在 $700\,℃$ 以上以保持足够的离子电导率。YSZ 电解质支撑的单电池工作在 $1\,000\,℃$ 左右,以确保足够的功率输出,其中 YSZ 电解质支撑体的厚度在 $150\ \mu m$ 左右。当采用阳极支撑体结构时,YSZ 电解质薄膜的厚度可在 $10\ \mu m$ 左右,电池工作温度则可降至 $800\,℃$ 以下的中温区,并具有相同的功率输出。与高温 SOFC 相比,中温 SOFC 显现出多方面的优点,其中包括:①连接体可采用低成本的金属材料(例如铁基不锈钢);②系统的快速启动和停止步骤成为可能;③周边组件的设计和材料要求得到简化;④热腐蚀速率很大地降低,部件性能衰减得到缓减;⑤密封要求可降低。

SOFC 的高效率、无污染、全固态结构和对多种燃料气体广泛适应性等方面的突出优点,成为其广泛应用的基础,世界上许多研发机构正在开发多种用途的 SOFC 电池堆和发电系统。1~5 kW 级别的 SOFC 的一个主要应用就是为以天然气为燃料的用户提供热电联供(CHP)系统,能为一般家庭提供电力并满足其主要的热能需求(包括热水)。另外,这些小型的 SOFC 系统还可应用在偏远地区以实现分布式发电和军事用途。大型 SOFC 可以实现以煤或者其他碳氢化合物为燃料的数兆瓦级发电系统的发电,分析认为配备 SOFC/气体涡轮的联合系统在兆瓦级别系统上的发电效率可达到 70%。便携式设备所需要的电力在数毫瓦到数百瓦之间,基于 SOFC 的便携发电系统也已扩展至军工、休闲和紧急情况方面的应用,可延长军事任务的时间和为电子设备、无线电和电脑等提供非电网电力。SOFC 的另一应用是在交通运输领域,可将其用在辅助动力装置上。

9.4.2 电解质材料

在 SOFC 系统中,电解质的主要作用是传导离子和隔离气体。电解质材料按照导电离子的不同可以分为氧离子导电电解质和质子导电电解质,它将离子从一个电极尽可能高效率地传输到另一个电极,同时阻碍电子的传输,因为电子的传导会产生两极短路,降低电池效率。电解质两侧分别与阴极和阳极相接触,它阻止还原气体和氧化气体相互渗透。因此,电解质材料在其制备和实际工作条件下必须具备多种性能要求。电解质材料在氧化和还原环境中以及在工作温度范围内必须具有足够高的离子电导率,而电子电导率要低到可以忽略,从而实现高效的离子传输。在各种不同的电池结构中,电解质必须是致密的隔离层,以阻止还原气体和氧化气体的相互渗透,发生直接燃烧反应。电解质在高温制备和运行环境中必须具有高的化学稳定性,避免材料的分解。电解质必须在高温下制备和运行环境中与阴、阳极能有良好的化学相容性和热膨胀匹配性,避免电解质-电极界面反应物的产生以及电解质和电极相分离。电解质必须在高温下制备和运行环境中具有较高的机械强度和抗热震性能,以保持结构及尺寸形状稳定性。另外,电解质材料必须具有较低的价格,以降低整个系统的成本。目前,在 SOFC 研究领域常用的电解质材料以萤石型材料和钙钛矿型材料为主,若干其他结构型的电解质材料也逐渐得到重视。固体电解质是 SOFC 的核心部分,它决定着电池的整体性能,电解质材料的研制是 SOFC 研究开发的关键,在 SOFC 研究领域得到了广泛的关注。

萤石型结构属于面心立方晶格,在此晶体结构中,由于以阳离子形成的"紧密堆积"中全部八面体空隙都没有被填充,也就是说 8 个阴离子之间形成了一个"空洞"，因此结构比较开放，有利于形成阴离子填隙，也为阴离子扩散提供了条件。在萤石型结构中，往往存在阴离子扩散机制，并且是主要机制。SOFC中普遍采用的萤石结构型电解质包括氧化锆基、氧化铈基和氧化铋基材料，其中最著名的是1889年Nernst首先发现15 wt%氧化钇稳定氧化锆在高温下呈现离子导电现象。

ZrO₂有3种晶型，属于多晶相转化物，稳定的低温相为单斜相；高于1 170℃时，四方相逐渐形成；高于2 370℃时，转变为立方晶相，直至熔点2 680℃。ZrO₂晶型转变为可逆转变，冷却过程中晶型转化时伴有7%的体积膨胀，可导致制品开裂。掺杂二价或三价阳离子与ZrO₂生成立方晶系固溶体，可消除由上述晶型转化带来的体积膨胀，并使立方晶相和四方晶相稳定至室温。采用的掺杂材料包括Y₂O₃、Yb₂O₃、Sc₂O₃、Gd₂O₃、Dy₂O₃、Nd₂O₃、Sm₂O₃、CaO和MgO等，所形成晶相的稳定范围取决于掺杂材料的类型和数量，二价或三价低价离子取代晶体结构中的Zr^{4+}位置在氧亚晶格中产生空位，而氧离子通过这些空位进行传导。例如Y₂O₃掺杂ZrO₂产生高浓度的氧空位，这一过程可用Kröger-Vink符号来描述：

$$Y_2O_3(ZrO_2) \longrightarrow 2Y'_{Zr} + 3O_o^x + V_o^{··} \tag{9-40}$$

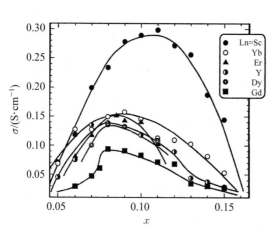

图9-12 $(ZrO_2)_{1-x}(Ln_2O_3)_x$ 体系组分与电导率（1 000℃）的关系

因此掺入一个Y₂O₃产生一个氧空位。图9-12是ZrO₂-Ln₂O₃体系组分与其在1 000℃时电导率的关系[32]，对于某种掺杂氧化物而言，掺杂达到某一数值时，离子电导率出现极大值，若掺杂量高于这一值时，其离子电导率反而下降，电导活化能增加，其原因在于高浓度掺杂引起了缺陷有序化、空位聚集和静电作用。对于除Sc₂O₃的其他组分，其最高电导率出现在8 mol%Ln₂O₃掺杂量附近。由于Sc^{3+}的离子半径与Zr^{4+}的半径很接近，离子相溶性好，并且掺杂对ZrO₂晶格的影响小，因此导致氧空位的结合能小、氧离子传导容易和电导率提高。表9-3是SOFC中所应用的Y₂O₃和Sc₂O₃稳定ZrO₂电解质若干重要性能的比较，其中8 mol%Y₂O₃稳定的ZrO₂（8YSZ）是目前SOFC中普遍采用的电解质材料，其突出的优点是在很宽的氧分压范围内相当稳定，8YSZ具有良好的相容性和力学强度，并且价格低廉和几乎可以忽略的电子电导，但8YSZ的缺点是电导率在中低温范围内较低。Sc₂O₃稳定ZrO₂材料的电导率高于 YSZ 材料,11 mol%Sc$_2$O$_3$ 稳定的 ZrO$_2$ 在 1 000℃ 时经过 6 000 h 退火后未显现老化现象,但在 600℃ 时发生从菱面体相(低温相)到立方相(高温相)的转变,并伴随有小的体积变化,添加少量的 CeO$_2$ 可稳定这一材料的立方相至室温[33],目前 10 mol%Sc$_2$O$_3$ - 1 mol%CeO$_2$ - 89 mol%ZrO$_2$(10Sc1CeSZ)逐渐在中温 SOFC 中得到应用[34],但 Sc$_2$O$_3$ 稳定 ZrO$_2$ 电解质的缺点是钪基原料价格偏高,制约了其在 SOFC 中的广泛应用。

表 9 - 3　Y$_2$O$_3$ 和 Sc$_2$O$_3$ 稳定 ZrO$_2$ 电解质若干重要性能的比较

掺杂物 (M$_2$O$_3$)	摩尔百分数 (M$_2$O$_3$)	离子半径/nm		电导率 /(S/cm) (1 000℃)	弯曲强度/MPa	TEC (×10^{-6}/K)
		Zr^{4+}	M^{3+}			
Y$_2$O$_3$	3	0.079	0.092	0.05	1 200	10.8
Y$_2$O$_3$	8	0.079	0.092	0.13	230	10.5
Sc$_2$O$_3$	11	0.079	0.081	0.30	255	10.0

针对 YSZ 在中温范围内电导率较低的缺点,人们不断寻找替代材料,相关研究发现掺杂 CeO$_2$ 基固体氧化物在中温范围内具有高的氧离子电导率。纯 CeO$_2$ 从室温至熔点具有与 YSZ 相同的立方萤石型结构,不需要进行稳定化,当对 CeO$_2$ 掺杂少量低价碱土或稀土金属氧化物(MO 或 RE$_2$O$_3$)后,能够生成具有一定浓度氧空位的萤石型固溶体,在高温下表现出较高的氧离子电导率和较低的电导活化能,即形成氧离子导体。图 9 - 13 是掺杂稀土金属氧化物 RE$_2$O$_3$ 中 RE 离子半径

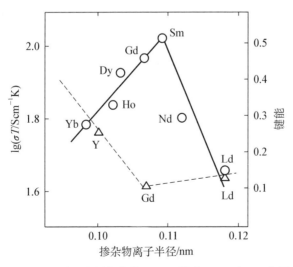

图 9 - 13　稀土金属氧化物 RE$_2$O$_3$ 掺杂 CeO$_2$ 中 RE 离子半径与电导率和键能的关系

与电导率的关系[35]，这表明在较低的掺杂浓度下，RE_2O_3 进入萤石型 CeO_2 晶格中形成固溶体，其电导率取决于掺杂阳离子的离子半径，由于 Sm^{3+} 和 Gd^{3+} 的离子半径与 Ce^{4+} 非常接近，故 Sm^{3+} 和 Gd^{3+} 掺杂的 CeO_2 材料表现出最高的氧离子电导率。这是由于掺杂阳离子半径与晶格主体阳离子半径越接近，在它替代晶格主体阳离子时，引起晶格点阵的变化越小，掺杂离子与氧空位之间的结合焓越低，对提高离子迁移率越有利，从而得到较高的电导率。表 9-4 是目前 SOFC 中普遍采用的掺杂 CeO_2 体系 CeO_2 - Ln_2O_3 在 500℃ 和 700℃ 时的电导率值，其中 10 mol% Sm_2O_3 掺杂 CeO_2 的电导率最高。

表 9-4　掺杂 CeO_2 体系 CeO_2 - Ln_2O_3 的电导率

Ln_2O_3	电导率/(S/cm)			活化能/(kJ/mol)
	Mol%	700℃	500℃	
Sm_2O_3	10	$3.5×10^{-2}$	$2.9×10^{-3}$	68
	10	$4.0×10^{-2}$	$5.0×10^{-3}$	75
Gd_2O_3	10	$3.6×10^{-2}$	$3.8×10^{-3}$	70
Y_2O_3	10	$1.0×10^{-2}$	$0.21×10^{-3}$	95
CaO	5	$2.0×10^{-2}$	$1.5×10^{-3}$	80

CeO_2 基电解质的主要缺点是在低的氧分压下具有明显的电子导电倾向，即当温度升高、氧分压降低时，离子迁移数随之降低，这是由于 Ce^{4+} 容易还原为 Ce^{3+}，从而导致电子电导对总电导的贡献增大：

$$O_o^x \longrightarrow V_o^{\cdot\cdot} + \frac{1}{2}O_2(g) + 2e^- \tag{9-41}$$

由于在 CeO_2 基电解质中出现电子电导，因此在 SOFC 电池开路条件下，电子流过电解质引起开路电压降低，低于理论值，这使其在 SOFC 中的应用受到了一定的限制。

钙钛矿结构型氧化物（ABO_3）属立方晶型，A 位一般是稀土或碱土金属元素离子，B 位为过渡金属元素离子，A 位和 B 位皆可被半径相近的其他金属离子部分取代而保持其晶体结构基本不变，晶体结构中 A 位阳离子居于八面体中央，周围有 6 个氧离子，B 位阳离子周围有 12 个氧离子。如果其中 1 个阳离子被较低价的阳离子代替，则为维持电中性，必须产生氧离子空位，同时结构中有较大的空隙，从而产生氧离子导电。目前在 SOFC 领域得到广泛应用的钙钛矿结构电解质是 $LaGaO_3$

基氧化物,二价离子取代晶体结构中的 La^{3+} 位置在氧亚晶格中产生空位以满足电中性要求,氧离子电导率随着氧空位的增加而提高,因此将碱土金属元素取代镧可提高材料的电导率。由于锶的离子半径与 $LaGaO_3$ 中的镧几乎相同,因此是最合适的掺杂元素。从理论上而言,随着锶含量的增加,材料中的氧空位即氧离子电导率也得到增加,但是锶在 $LaGaO_3$ 中镧位的固溶量是非常有限的,当锶含量大于 10 mol％时将产生 $SrGaO_3$ 或 La_4SrO_7 第二相,因此镧位的取代对氧空位浓度的增加效果不是很明显。氧空位同样可通过二价离子取代晶体结构中的 Ga^{3+} 位置来产生,镁取代镓可明显提高 $LaGaO_3$ 的电导率,氧离子电导率在镁的取代量达 20 mol％时达到最高值,镁的离子半径大于镓的离子半径,晶格参数随着镁的掺杂量增加而变大,锶在 $LaGaO_3$ 中镧位的固溶量为 10 mol％,而在镁取代镓的条件下可增加至 20 mol％,研究表明最高电导率 $LaGaO_3$ 基电解质的组分为 $La_{0.8}Sr_{0.2}Ga_{0.8}Mg_{0.2}O_3$(LSGM)。图 9 - 14 是掺杂 $LaGaO_3$ 与常规萤石结构氧离子导体的电导率比较[36], $La_{0.8}Sr_{0.2}Ga_{0.8}Mg_{0.2}O_3$ 的氧离子电导率高于 ZrO_2 或 CeO_2 基氧化物,但略微低于 Bi_2O_3 基氧化物。$La_{0.8}Sr_{0.2}Ga_{0.8}Mg_{0.2}O_3$ 在氧分压 $10^{-20} \sim 1$ atm 范围内呈现出完全的离子导电性。从图 9 - 14 也可了解到 $La_{0.8}Sr_{0.2}Ga_{0.8}Mg_{0.2}O_3$ 的 Arrhenius 图在 1 000 K 表现为稍微弯曲,这表明导电机理的变化。中子衍射结构分析结果表明,材料发生了从单斜相到赝立方相的转变,这一相变主要由 Mg^{2+} 与 Ga^{3+} 的离子半径不匹配造成的,因此采用与 Mg^{2+} 离子半径相近的三价离子进行掺杂可有效地稳定高温立方相。考虑到呈 6 配位并具有相近离子半径的三价离子,铁、钴和镍离子适合于掺杂,其中钴的掺杂有效地提高了 $La_{0.8}Sr_{0.2}Ga_{0.8}Mg_{0.2}O_3$ 的电导率。由于过渡金属离子掺入电解质会导致电子电导,因此当钴加入量超过 10％时,LSGM 空穴电导率将增大,随着氧分压的增大,LSGM 的总体电导率升高,氧离子迁移数降低。要保证 LSGM 既有较高的电导率又不使迁移数很低,必须严格控制钴的掺杂量,其最佳含量约为 8.5％(摩尔分数),从图 9 - 14 可了解到 $La_{0.8}Sr_{0.2}Ga_{0.8}Mg_{0.115}Co_{0.085}O_3$ 的电导率明显得到了提高。

　　LSGM 应用于 SOFC 的主要问题是镓的蒸发,在还原气氛下,镓的一价氧化物 Ga_2O 具有很高的饱和蒸汽压,很容易以 Ga_2O 形式蒸发,并会促进下列反应的进行:

$$Ga_2O_3(s) + 2H_2(g) \longrightarrow Ga_2O(g) + 2H_2O(g) \qquad (9 - 42)$$

　　由此导致表面镓含量呈梯度减少。研究发现[37],掺杂种类、氧分压和温度对镓蒸发具有重要影响。锶的掺杂显著促进了镓的蒸发,镁的掺杂不会减少镓的蒸发,但可以缓冲锶掺杂造成的不良影响。镓的蒸发与氧分压有关,随着氧分压减

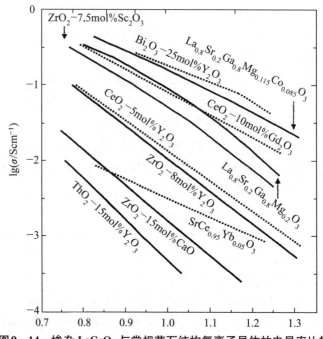

图9-14 掺杂 LaGaO₃ 与常规萤石结构氧离子导体的电导率比较

小，镓的蒸发速度加快，蒸发量与 $P_{O_2}^{-1/4}$ 成正比。工作温度对镓的蒸发也有影响，从 800℃提高到950℃时，镓的扩散系数 D 提高10倍。从800℃升高到900℃，蒸发常数 α 扩大10倍。因此，通过掺杂大量镁和少量锶，以及在700℃以下工作，镓的蒸发可基本上不发生。另外，由于 $LaNiO_3$ 是典型的钙钛矿结构型氧化物，SOFC 阳极材料中的镍很容易取代 $LaGaO_3$ 基电解质中的镓，因此在电池制备过程中，$LaGaO_3$ 基电解质将与常规的镍基阳极材料反应，在电解质和阳极界面形成高电阻相，从而造成电池性能下降。

SOFC 工作温度的降低可有效地降低系统的成本并提高其稳定性，因此低温化已成为近年来 SOFC 的主要研究方向之一。相对于氧离子而言，质子具有体积小和质量轻的优点，低温下质子导电氧化物具有较高的电导率，因此质子导电氧化物可应用于低温工作 SOFC 的电解质。钙钛矿型 $SrCe_{0.95}Yb_{0.05}O_{3-\delta}$ 陶瓷被发现在 600~1000℃温度下、水蒸气或含氢气气氛中具有良好的质子导电性[38]，然后掺杂钙钛矿型 $BaCeO_3$ 陶瓷在 600~1000℃温度下、水蒸气或含氢气气氛中也被发现是良好的质子导体[39]，电导率为 10^{-3}~10^{-2} S·cm⁻¹，与掺杂 $SrCeO_3$ 陶瓷相比，掺杂 $BaCeO_3$ 的质子迁移数稍低但质子电导率更高。但掺杂 $BaCeO_3$ 在含有 CO_2 和水蒸气的气氛中化学稳定性较差，原因在于掺杂 $BaCeO_3$ 具有较高的碱性，与

CO_2 和 H_2O 反应分别分解成 $BaCO_3$ 和 CeO_2 或 $Ba(OH)_2$。由于基于质子导体氧化物电解质的 SOFC 工作时在阴极产生水,并且空气中存在着 CO_2,因此掺杂 $BaCeO_3$ 的这一缺陷排除了其在 SOFC 中的应用。同时,掺杂 $BaCeO_3$ 在 CO_2 气氛中的低化学稳定性也排除了含碳燃料的应用,其中包括生物乙醇这一可持续生物燃料。与掺杂钙钛矿型 $BaCeO_3$ 陶瓷相比,掺杂钙钛矿型锆酸盐质子导体如掺杂 $CaZrO_3$、掺杂 $SrZrO_3$ 和掺杂 $BaZrO_3$ 陶瓷具有更高的化学稳定性及机械强度,尤其是它们难以与一般的酸溶液反应,在 CO_2 气氛中也很稳定,但是这些质子导体的电导率较低,图 9-15 给出了掺杂钙钛矿型铈酸盐和锆酸盐质子导体的电导率比较[40]。除了掺杂钙钛矿型质子导体以外,其他结构型的氧化物也具有质子导电性和化学稳定性,然而这些氧化物的电导率偏低,目前难以实际应用于 SOFC。

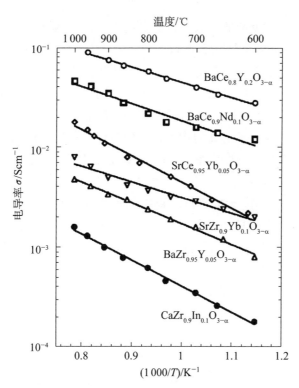

图 9-15　若干掺杂钙钛矿型铈酸盐和锆酸盐质子导体的电导率比较

9.4.3 电极材料

1) 阳极材料

SOFC 具有燃料广泛适用性的特点,在 SOFC 阳极上进行的反应主要是燃料的电催化氧化反应,其总的反应可表述如下:

$$2H_2 + 2O^{2-} \longrightarrow 2H_2O + 4e^- \qquad (9-43)$$

$$CH_4 + 4O^{2-} \longrightarrow 2H_2O + CO_2 + 8e^- \qquad (9-44)$$

$$CO + O^{2-} \longrightarrow CO_2 + 2e^- \qquad (9-45)$$

这些反应包括一系列的体和表面过程,其中的一个或数个过程是决定反应速度的控制步骤。SOFC 阳极的主要功能在于提供燃料电催化氧化反应的场所,以及实现对反应后的电子和产生的气体进行转移,因此在其制备和实际工作条件下必须具备多种性能要求。SOFC 阳极必须具有优良的电催化活性和足够的表面积,为燃料电化学氧化反应的高效进行提供场所;具有足够的孔隙率,使燃料能够快速地传输至反应位置并参与反应,同时将反应产生的气体和副产物及时带走;高的电子电导率,使电子能够顺利传到外回路而产生电流;与电解质和连接体具有好的化学相容性,以避免在阳极制备和工作中相互间发生反应而形成高电阻的反应产物;对燃料中的杂质如 H_2S 具有高的容忍性,避免引起硫中毒而使电池性能退化;在高温下还原气氛中具有高的物理化学稳定性,不发生分相和相变,外形尺寸稳定;与其他电池部件的热膨胀系数相匹配,以免出现开裂、变形和脱落现象;在燃料供应中断等情况下,空气将不可避免地进入阳极室,对此需对氧化-还原循环有高的容忍性。对于阳极支撑 SOFC 单电池而言,阳极也起着整个电池结构支撑体的作用,因此其力学性能也是非常重要的。SOFC 阳极材料的发展经历了贵金属、过渡金属、Ni/YSZ 陶瓷金属、铜基陶瓷金属、CeO_2 基的复合材料、钙钛矿结构的氧化物和其他氧化物等材料。

镍具有良好的化学稳定性、很高的电子电导率、极好的氢氧化和碳氢燃料重整催化活性,同时镍的价格也相对较低。然而,纯镍的热膨胀系数为 $16.9 \times 10^{-6}\ K^{-1}$,与电解质 YSZ 的热膨胀系数 $10.5 \times 10^{-6}\ K^{-1}$ 相差较大,与电解质 YSZ 结合也不好,在运行过程中镍颗粒显著长大。多孔 Ni/YSZ 陶瓷金属阳极的发展是 SOFC 技术的一个重大突破[41],多孔 Ni/YSZ 陶瓷金属满足 SOFC 阳极的大部分基本要求。在多孔 Ni/YSZ 陶瓷金属阳极中,镍金属相起着导电和催化的作用,而 YSZ 陶瓷相则起着降低阳极热膨胀系数、避免镍颗粒长大和提供氧离子传导路径的作用,并扩展了阳极反应的活化区域,图 9 - 16 显示了典型多孔 Ni/YSZ 陶瓷金属阳极的显微结构和元素分布[42]。

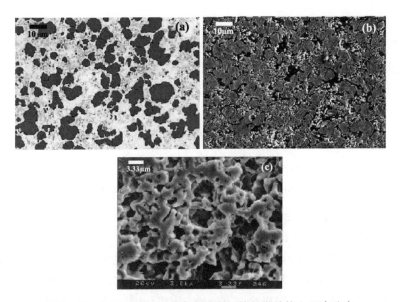

图 9-16　多孔 Ni/YSZ 陶瓷金属阳极的显微结构和元素分布
(a) 镍分布(暗色)的光学显微镜图像；(b) 陶瓷金属的扫描电镜图像；
(c) 浸蚀后 YSZ 结构框架的扫描电镜图像

在 SOFC 的工作条件下,镍的电导率高于 YSZ 的电导率 5 个数量级,因此多孔 Ni/YSZ 陶瓷金属阳极的电导率可从 ～0.1 S/cm 到 10^3 S/cm 范围内变化,这对应于镍与 YSZ 体积比在导电阈值上下的变化,而其导电阈值不仅取决于阳极的形貌,而且还取决于阳极中镍、YSZ 和孔隙的大小和分布。图 9-17 显示了多孔 Ni/YSZ 陶瓷金属阳极中镍占固相的体积百分数与阳极在 1 000℃总电导率的变化关系,对应于两种不同颗粒大小的 YSZ,当镍含量达到 30% 时阳极电导率突然陡增,表明阳极中的镍相已连通,此镍含量即为阳极的导电阈值。一般而言,小颗粒趋向于聚集在大颗粒周围而形成连续的通道,如果镍颗粒尺寸小于 YSZ 的颗粒尺寸,则阳极具有高的电导率；相反,如果 YSZ 的颗粒尺寸较小,则阳极的电导率就

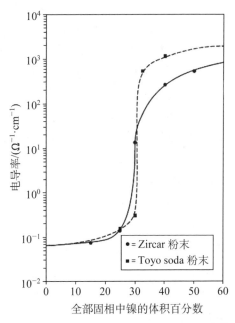

图 9-17　多孔 Ni/YSZ 陶瓷金属阳极中镍占固相的体积百分数与阳极在 1 000℃时总电导率的关系

较低,这是由于小颗粒 YSZ 趋向于聚集在大颗粒镍周围而形成连续的通道,从而阻止了镍颗粒形成连续的通道。镍在多孔 Ni/YSZ 陶瓷金属阳极中的连通非常重要,高的阳极电导率确保了燃料电化学氧化反应所产生的电子快速传导至外回路而产生电流。同样,在多孔 Ni/YSZ 陶瓷金属阳极中的孔隙也必须连通,从而确保燃料气快速地传输至反应位置并参与反应,同时将反应产生的气体和副产物带走。因此,多孔阳极的电导率还取决于孔隙率的大小,其相互间的关系用 Bruggeman 方程描述:

$$\sigma_e = \sigma_b(1 - f_p)^{3/2} \tag{9-46}$$

式中,σ_e 为多孔阳极的有效电导率,σ_b 则是致密阳极电导率,f_p 代表孔隙率。此方程表明,多孔阳极的有效电导率随着孔隙率的增加而降低。多孔 Ni/YSZ 陶瓷金属阳极的烧结温度和时间也影响其电导率,在 1 200～1 350℃烧结温度范围内,由于较高的烧结温度和较长的烧结时间导致阳极孔隙率的降低,因此根据 Bruggeman 方程可知这一制备条件有助于提高阳极的有效电导率。另外,研究发现多孔 Ni/YSZ 陶瓷金属阳极的还原温度对其高温电导率也有重要影响[43],在 1 000℃还原的阳极电导率要高于在 800℃还原的阳极电导率 2～4 倍,其原因在于阳极的显微结构存在着很大的差异,其中经 1 000℃还原后的阳极中 YSZ 周围存在着连续的镍相,而经 800℃还原后的阳极中则 YSZ 骨架围绕着镍颗粒团聚体。与多孔 Ni/YSZ 陶瓷金属阳极的电导率一样,其镍与 YSZ 体积比也对阳极极化产生影响,当镍与 YSZ 体积比约为 40∶60 时,通常阳极的极化电阻为最低。

Ni/YSZ 阳极在实际应用中还存在着诸多问题,其中包括碳沉积、硫中毒、低氧化-还原循环稳定性和颗粒长大等。SOFC 常用的燃料为碳氢化合物,而镍是很好的碳氢键裂解催化剂,直接以碳氢化合物为燃料,在 Ni/YSZ 阳极的镍表面会发生碳沉积而形成碳纤维[44]。碳纤维在镍表面形成的机理包括碳在镍表面的沉积、碳溶入镍颗粒内部和碳以纤维形态沉淀下来,随着碳沉积的不断发生,镍表面将由碳覆盖,阳极中的空隙也由碳堵塞,造成镍的电催化活性面积急剧下降,燃料气体难以扩散进入阳极,从而引起电池性能的衰退甚至电池停止工作。大多数碳氢燃料都含有一定量的硫,硫化物在 SOFC 的阳极室还原气氛中形成 H_2S。当含有 H_2S 的燃料气进入阳极室后,电池性能快速下降。电池的性能衰减速率与 H_2S 的浓度和工作温度有关,随着 H_2S 浓度的增加和工作温度的降低,阳极硫化氢中毒的结果更加严重。引起 Ni/YSZ 阳极的硫化氢中毒机理包括硫在镍表面的化学吸附和反应形成 NiS 和 Ni_3S_x[45, 46],在 700～800℃和 H_2S 浓度在 50 ppm 以下的条件下,硫在镍表面的化学吸附为主要的硫化氢毒化步骤,毒化了镍表面电催化氧化 H_2 的活化部位,但未改变阳极的显微结构和未形成绝缘层,因此仅引起极化电阻的提高,而欧姆电阻则保持不变。在停止含有 H_2S 的燃料气进入阳极室后,电池性能可以恢复到原来的状态，一般的趋势是温度越高、H_2S 的浓度越低、H_2S 的中毒时间越短，则 Ni/YSZ 阳极 H_2S 的中毒过程可以是一个可逆过程，电池性能可以完全恢复到原来的状态，相反则电池性能很难完全恢复到原来的状态。SOFC 在长期的运行过程中阳极不可避免地经历氧化-还原循环，在电池系统正常工作或燃料正常供应的条件下阳极呈还原态，镍是以金属镍的状态而存在，但如电池系统出现故障造成燃料供应中断，则空气将进入阳极室，镍被氧化成 NiO，在恢复正常后 NiO 又被还原成镍。根据镍和 NiO 的摩尔体积，镍被氧化成 NiO 后将发生近 70% 固相体积增加，这一固相体积增加难以由多孔阳极中的空隙来补偿，从而引起 Ni/YSZ 复合阳极的体积膨胀。研究发现在燃料供应恢复后，虽然 NiO 又被还原成镍，但由于镍容易烧结而造成镍颗粒长大，使得阳极的原始状态难以恢复。经过多次的氧化-还原循环，阳极尺寸变化的不断积累在内部造成应力，最终导致电解质薄膜开裂。

相对于使用重整器对碳氢化合物燃料进行重整的 SOFC 系统而言，碳氢化合物燃料直接利用的 SOFC 系统显现出很多优点。首先系统结构简单，省去了复杂的重整设备；由于没有使用大量的水蒸气，它的理论效率比使用重整燃料的更高；由于碳氢化合物燃料的能量密度比氢气燃料的高很多，加上省去了复杂的重整设施，发电系统的体积能量密度和重量能量密度会很高，在便携式电源、备用电源、辅助电源和分布式电站等应用方面具有很大的优越性。鉴于镍基阳极不适合于碳氢化合物燃料的直接利用，可采用其他金属来代替镍，对此铜基阳极显现出重要的优点。与其他过渡金属元素相比，铜是一种惰性金属，可以在很高的氧分压下稳定存在，铜对碳氢化合物的裂解反应有抑制作用，也就不会存在碳沉积的问题，同时铜是一种廉价的金属材料，因此铜可被用来代替镍形成陶瓷金属阳极。铜基陶瓷金属阳极材料的缺点在于铜和其氧化物低的熔点，其中铜、Cu_2O 和 CuO 的熔点分别是 1 356 K、1 508 K 和 1 600 K，使得镍基陶瓷金属阳极的高温制备方法难以采用，另外铜也不是一种良好的氧化催化剂。由于 CeO_2 具有高的碳氢氧化活性和高的离子电导率，因此其加入阳极中有助于提高催化活性。因此，离子液相浸渍法应用于铜和 CeO_2 在多孔 YSZ 中的沉积而形成 $Cu/CeO_2/YSZ$ 阳极系统。对于组成为 40%Cu/20%CeO_2/YSZ 的阳极[47]，电池在 700℃ 以正丁烷为燃料运行 48 h，电池最大功率稳定在 0.12 W/cm^2，电池在 800℃ 也稳定运行两天，在阳极表明未发现积碳。燃料的变化对电池的输出性能有重要的影响，在 700℃ 以正丁烷为燃料时，电池的功率密度为 0.12 W/cm^2（见图 9-18），当燃料转换为甲苯时，电池性能快速下降。然而，在燃料转换为原来的正丁烷后，经过一个小时后电池的功率密度才恢复到 0.12 W/cm^2。由于电池的功率密度恢复需经历一段时间，因此一方面表明在电池以甲苯为燃料的运行过程中有积碳，另一方面则表明所沉积的碳在阳极上已被电化学氧化。对于组成为 20%Cu/10%CeO_2/YSZ 的阳极[48]，碳氢化合

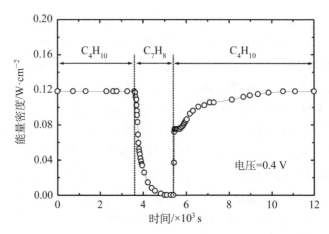

图 9-18　燃料类型变化对基于 Cu/CeO₂/YSZ 复合阳极的电池性能影响(工作温度：700℃)

物燃料中适度含量的硫不影响其性能,同时通过对阳极进行水汽处理,受硫毒化的电池的性能可以恢复。因此,对于一些低含量硫的燃料不必去硫,而对于一些高含量硫的燃料则仅需去除一部分硫即可,这将极大地简化燃料处理系统。

　　作为阳极材料钙钛矿型氧化物 ABO₃,其 B 位为过渡金属元素,这些元素具有多种价态,有利于电催化性能提高和获得高电子电导率。由于阳极材料在高温还原气氛中工作,因此用做阳极材料的钙钛矿型氧化物主要是基于若干在此气氛中具有高稳定性的氧化物。钛酸锶(SrTiO₃)在低氧分压下是一种优良的电子导体,其 A 位由钇或镧掺杂可极大地提高电导率而不影响此化合物的稳定性[49],这类化合物可应用于阳极的骨架[50]。La₁₋ₓMₓCrO₃(M = Ca, Sr) 是一种纯电子导体,已广泛地应用于 SOFC 的连接体,由于这系列氧化物在高温氧化还原气氛中都非常稳定[51],因此可应用于 SOFC 的阳极材料。从现有发展阶段来看,一些钙钛矿型氧化物能满足部分 SOFC 阳极的性能要求,呈现出良好的抗碳沉积和抗硫中毒的优点,是一类非常有发展前途的 SOFC 阳极材料,但是难以发现一种钙钛矿型氧化物能够满足全部 SOFC 阳极的性能要求,特别是目前所发现的材料在中低温下缺乏对燃料电化学氧化具有高的活性,这在一定程度上限制了钙钛矿型阳极材料的发展,需通过进一步的材料组分、微结构和性能优化,以实现对传统 SOFC 阳极 Ni/YSZ 的取代。

　　2)阴极材料

　　在 SOFC 阴极上的反应主要是氧的还原反应,其总的反应可用 Kröger-Vink 符号表述如下：

$$O_2 + 2V_O^{··} + 4e^- \longrightarrow 2O_O^{×} \qquad (9-47)$$

此反应包括一系列的体和表面过程,其中的一个或数个过程是决定反应速度的控制步骤。对于呈现低氧离子电导率的阴极材料而言,阴极反应包括氧气扩散进入阴极多孔结构、解离并扩散至气相-阴极-电解质三相界面,氧还原反应所产生的氧离子传输进入电解质。对于同时呈现高氧离子电导率和高电子电导率的混合导电阴极材料而言,阴极反应包括氧气扩散进入阴极多孔结构、解离并同时扩散至阴极表面和气相-阴极-电解质三相界面,在阴极表面氧还原反应所产生的氧离子通过阴极传输进入电解质,而在气相-阴极-电解质三相界面氧还原反应所产生的氧离子传输进入电解质,这样氧还原反应的面积得到了很大的增加,从而有效地降低了阴极的极化电阻。SOFC 阴极的主要功能在于提供氧电化学还原反应的场所,因此在其制备和实际工作条件下必须具备多种性能要求。SOFC 阴极材料必须具有较高的离子和电子电导率,对氧裂解和还原具有高的催化活性,以降低氧还原反应的极化;与电解质和连接体具有好的化学相容性,以避免相互间发生反应而形成高电阻的反应产物;在高温下氧化气氛中具有高的物理化学稳定性,不发生分相和相变,外形尺寸稳定;与其他电池部件的热膨胀系数相匹配,避免出现开裂、变形和脱落现象;能形成具有足够孔隙率的薄膜,使反应气体能够传输到反应位置。因为 SOFC 的工作温度比较高,能够满足上述性能要求的阴极材料只有贵金属、电子导电氧化物、混合电子-离子导电氧化物。在 SOFC 的发展初期,由于缺乏其他适合的材料用于阴极,因此铂金被选为阴极材料,但铂金非常昂贵,这对于 SOFC 的商业化发电而言是不现实的。因此,随着 SOFC 的进一步发展,氧化物材料逐渐取代了贵金属。

基于 ABO_3 钙钛矿结构的阴极材料中 A 位为稀土元素和碱土金属元素,B 位为铁、钴、镍、锰、铬和铜等过渡金属元素。钙钛矿结构具有良好的稳定性,通过在 A、B 位掺杂不变价的低价阳离子,晶体中产生大量的氧空位,形成氧离子传递路径,显著促进了材料体内氧离子传导。常规的高温 SOFC 阴极材料为掺杂 $LaMnO_3$,主要的掺杂元素是锶,当 $La_{1-x}Sr_xMnO_3$(LSM)中锶含量增加到 $x = 0.2$ 时[52],LSM 为赝正交系,随着锶含量进一步增加到 $x = 0.3$ 时,结构转化为正交系。$LaMnO_3$ 是本征 P 型导体,电子电导率通过由锶或钙离子取代镧离子得到提高,其中锶离子取代所形成的钙钛矿结构氧化物在 SOFC 阴极的氧化气氛中具有高的电导率和稳定性。图 9-19 给出

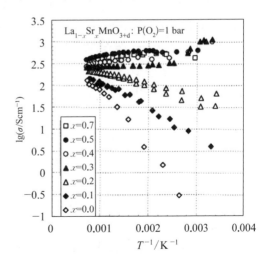

图 9-19 在纯氧气氛中 $La_{1-x}Sr_xMnO_{3+d}$ 电导率与温度的关系

了 $La_{1-x}Sr_xMnO_3$(LSM)电导率与温度的关系[53],高温下 LSM 的电子电导率随着锶掺杂量的增加而提高,其中 $x=0.5$ 组分的电导率最高。这是因为随着 Sr^{2+} 取代 La^{3+} 的增多,为维持电荷平衡,Mn^{4+} 的含量增大,形成小极化子的概率增大,巡游电子增多,使得电导率提高:

$$LaMnO_3 + xSrO \longrightarrow La_{1-x}^{3+}Sr_x^{2+}Mn_{1-x}^{3+}Mn_x^{4+}O_3 \qquad (9-48)$$

阴极材料中的氧扩散和传输性能对于氧在 SOFC 中阴极-电解质界面的还原反应起着非常重要的作用,氧表面交换系数(k)和氧化学扩散系数(D^*)表征了氧还原反应的两个步骤的性能,即阴极和气相间的氧表面交换反应和氧在阴极表面和体中的扩散。对于锶掺杂 $LaMnO_3$ 而言,锶的掺杂增加了氧空位的浓度,从而使氧化学扩散系数得到提高[54],$La_{0.5}Sr_{0.5}MnO_{3-\delta}$ 在 900℃ 时的 D^* 值为 $3 \times 10^{-12}\ cm^2\ s^{-1}$,高于 $La_{0.65}Sr_{0.35}MnO_{3-\delta}$ 的 D^* 值($4 \times 10^{-14}\ cm^2\ s^{-1}$)。LSM 低的氧化学扩散系数表明其在高温下具有低的离子电导率,因而氧在以 LSM 为阴极的电池上的电化学还原反应严格局限在电极-电解质-空气三相界面上。由于高的氧还原反应活化能和可忽略的离子电导率,LSM 阴极对氧的活化催化能力随着温度的降低急剧下降,LSM 在 800℃ 以下难以在 SOFC 中得到使用。

对镧位的掺杂也可以改变 $LaMnO_3$ 的热膨胀系数,未掺杂的 $LaMnO_3$ 在 $25 \sim 1100℃$ 温度范围内,其膨胀系数为 $11.2 \times 10^{-6}\ K^{-1}$,掺杂锶后材料的热膨胀系数得到了提高,而且随着锶掺杂量增加而提高,其膨胀系数范围为 $(11.2 \sim 13.2) \times 10^{-6}\ K^{-1}$,与电解质 YSZ 的热膨胀系数相接近,因此与 YSZ 具有良好的热匹配性。阴极材料 LSM 在高温制备条件下存在着与电解质 YSZ 化学稳定性的问题,LSM 与 YSZ 的相互作用和界面相形成取决于 LSM 的组成、钙钛矿结构 A 位的 La/Sr 比、温度及气氛。一般而言,在 1200℃ 以上锰易于扩散进入 YSZ 晶格,使得界面处 A 位的镧和锶过多,对于锶掺杂量 $x < 0.2$ 的 $La_{1-x}Sr_xMnO_{3-\delta}$ 组分,主要是多余的镧与 YSZ 反应生成 $La_2Zr_2O_7$,而对于锶掺杂量 $x > 0.5$ 的 $La_{1-x}Sr_xMnO_{3-\delta}$ 组分,主要是多余的锶与 YSZ 反应生成 $SrZrO_3$,而中间组分不产生反应产物[55]。由于 $La_2Zr_2O_7$ 和 $SrZrO_3$ 的氧离子电导率很低,因此在 LSM-YSZ 界面形成高电阻层,极大地增加了 LSM 的极化电阻。总之,在 SOFC 高温工作条件下,LSM 有较高的氧还原催化活性、较高的电子电导率和热稳定性、与 YSZ 具有良好的热匹配性和化学相容性,同时 LSM 阴极在高温下保持了极佳的微观结构和性能长期稳定性,从而使掺杂的 $LaMnO_3$ 成为高温 SOFC 首选的阴极材料。

当今 SOFC 的发展趋势是降低工作温度,使其在中低温($500 \sim 800℃$)下工作,SOFC 工作温度的降低不仅可极大地降低材料及制备成本,而且更重要的是可极大地提高其长期运行的稳定性。因此,提高阴极在中低温下的性能成为目前

SOFC 中低温化的关键所在,而采用混合氧离子-电子导体氧化物作为阴极材料,可成功地将电极反应区域从传统的三相界面扩展到整个电极的表面,进而极大地提高了电极在中低温下对氧还原的电催化性能,而开发混合导电型阴极材料是实现 SOFC 中低温化的有效途径。在此方面,同为 ABO_3 钙钛矿结构的锶掺杂 $LaCoO_3$ 具有高的离子-电子电导率。$La_{1-x}Sr_xCoO_{3-\delta}$ 在空气中是 P 型导电体[56],如图 9-20 显示,对于 $x = 0.0, 0.1$ 和 0.2 的组分,其电导率随着温度的升高而提高,达到最高值后则下降;而对于 $x \geqslant 0.3$ 的组分,其电导率随着温度的升高而降低,这对应于高温下材料晶格中的失氧。$La_{1-x}Sr_xCoO_{3-\delta}$ 也具有高的离子电导率,其中 $La_{0.6}Sr_{0.4}CoO_{3-\delta}$ 在 $900℃$ 时的离子电导率达 $1.20\ S \cdot cm^{-1}$,相应地 $La_{1-x}Sr_xCoO_{3-\delta}$ 中高的锶掺杂量促进氧还原反应,降低了电极的极化电阻。基于其他稀土的钴酸盐如 $Ln_{1-x}Sr_xCoO_{3-\delta}(Ln = Sm, Dy)$ 也呈现类似的电导率随温度的变化[57],在 $Sm_{1-x}Sr_xCoO_{3-\delta}$ 系列中,电极过电位随锶掺杂量的增加而降低,过低的锶掺杂量对电极过电位没有很大的影响,因此高锶掺杂量组分显示出较低的电极过电位,其中 $Sm_{0.5}Sr_{0.5}CoO_{3-\delta}$ 已广泛地应用于中低温 SOFC 的阴极。

$La_{1-x}Sr_xCo_{0.2}Fe_{0.8}O_{3-\delta}$ 系列的电导率随温度的变化曲线也呈抛物线状,$x = 0.4$ 组分在 $600℃$ 时的最高电子电导率达 $330\ S \cdot cm^{-1}$。与 $La_{0.6}Sr_{0.4}CoO_{3-\delta}$ 在 $900℃$ 时

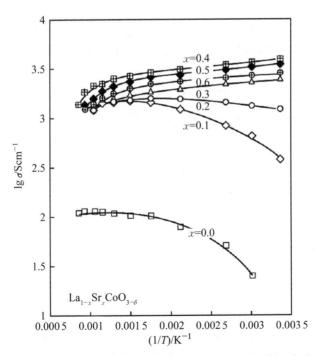

图 9-20　$La_{1-x}Sr_xCoO_{3-\delta}$ 在 $P_{O_2} = 0.21\ atm$ 下的电导率随温度的变化

的离子电导率相比，以铁取代钴得到的 $La_{0.6}Sr_{0.4}Co_{0.8}Fe_{0.2}O_{3-\delta}$（LSCF）在 900℃ 时的离子电导率下降至 $0.18\ S\cdot cm^{-1}$，这表明 Fe^{3+} 与 O^{2-} 的键合比 Co^{3+} 与 O^{2-} 的键合更强，因此铁取代钴使得材料中的氧空隙浓度和迁移率下降。经过 850℃ 烧结[58]，LSCF 的电极极化电阻在 801℃、650℃ 和 502℃ 时分别为 $0.03\ \Omega\cdot cm^2$、$0.23\ \Omega\cdot cm^2$ 和 $7.5\ \Omega\cdot cm^2$，这表明在 600℃ 以下 LSCF 因离子电导率下降导致氧还原活性下降很大，因此氧还原反应仅限于三相界面。

上述这些钴基的钙钛矿型氧化物阴极材料具有高的热膨胀系数（TEC）[59]，在 30～1 000℃ 的温度范围内平均热膨胀系数高达 $(20\sim24)\times10^{-6}\ K^{-1}$，远高于 SDC（$\sim11.0\times10^{-6}\ K^{-1}$）和 YSZ（$\sim10.5\times10^{-6}\ K^{-1}$），$La_{1-x}Sr_xFe_{1-y}Co_yO_{3-\delta}$ 系列具有最小的热膨胀系数，如 $La_{0.6}Sr_{0.4}Co_{0.2}Fe_{0.8}O_{3-\delta}$ 在 700℃ 时的热膨胀系数为 $13.8\times10^{-6}\ K^{-1}$，这个数值很接近一般电解质的热膨胀系数，这也是 $La_{1-x}Sr_xFe_{1-y}Co_yO_{3-\delta}$ 成为 SOFC 阴极材料研究热点的重要原因。但 $La_{1-x}Sr_xFe_{1-y}Co_yO_{3-\delta}$ 在高温下均与锆基电解质发生反应，生成低电导的 $SrZrO_3$ 相，而与铈基电解质具有高的化学相容性。例如，$La_{0.6}Sr_{0.4}Fe_{0.8}Co_{0.2}O_{3-\delta}$ 在 1 000℃ 与 YSZ 反应生成 $SrZrO_3$，$Ln_{1-x}Sr_xCoO_{3-\delta}$（Ln = Sm, Dy）在 900℃ 与 YSZ 反应生成 $SrZrO_3$，而在 800℃ 则未发生反应。由于 $Ln_{1-x}Sr_xCoO_{3-\delta}$、$La_{0.6}Sr_{0.4}Fe_{0.8}Co_{0.2}O_{3-\delta}$ 与锆基电解质之间在阴极制备条件下存在严重的相反应，因此这些阴极材料通常不能直接应用于 YSZ 或 ScSZ 电解质，往往采用 SDC 或 CGO 等铈基电解质阻挡层可以避免这些阴极材料与 YSZ 或 ScSZ 电解质的直接接触，从而显著提高电池的功率输出。

Ruddlesden-Popper 型类钙钛矿结构氧化物（R-P）的通式为 $A_2BO_{4+\delta}$，其中 A 为稀土或碱土金属元素，B 为过渡金属元素，其结构可以看作是 ABO_3 型钙钛矿结构和 AO 型岩盐结构在 c 轴方向上交替叠加构成的，其特征在于氧处于结构中的间隙位置，这种间隙氧带有负电荷，能够通过 B 位过渡金属离子的价态变化达到平衡，使整个材料显现电中性。由于高的间隙氧浓度，该类材料具有较高的氧扩散系数和表面交换系数，显著提高了阴极材料的活性。$Ln_2NiO_{4+\delta}$（Ln = La, Nd 或 Pr）属此结构类型，具有离子-电子混合导电性，$La_2NiO_{4+\delta}$ 的热膨胀系数为 $13.0\times10^{-6}\ K^{-1}$，与常用电解质材料 YSZ 和 CGO 的热膨胀系数非常接近，确保了与电解质的热膨胀匹配性。$Ln_2NiO_{4+\delta}$ 的极化面比电阻如图 9-21 所示，其中 $Pr_2NiO_{4+\delta}$ 的面比电阻最低，$La_2NiO_{4+\delta}$ 和 $Nd_2NiO_{4+\delta}$ 的面比电阻在 700℃ 以上也低于 LSM 的面比电阻，表明这些材料呈现出较高的氧还原活性，有望应用于 SOFC 的阴极材料。但是，$Ln_2NiO_{4+\delta}$ 材料显现出与常用电解质不同的化学相容性[60]，$La_2NiO_{4+\delta}$ 和 $Pr_2NiO_{4+\delta}$ 在高温下易与电解质发生反应，而 $Nd_2NiO_{4+\delta}$ 在高温下与电解质具有高的化学稳定性。例如在 900℃ 时，$La_2NiO_{4+\delta}$ 与电解质 YSZ 发生反应，形成

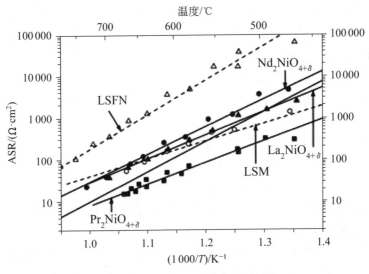

图 9-21　Ln₂NiO₄₊δ 的极化面比电阻

Ln＝Nd、Pr 和 La；LSM：La₀.₈Sr₀.₂MnO₃₋δ；LSFN：La₀.₆Sr₀.₂Fe₀.₈Ni₀.₂O₃₋δ

$La_2Zr_2O_7$ 和 $La_3Ni_2O_7$。同样在 900℃时，$La_2NiO_{4+\delta}$ 与电解质 CGO 虽然没有反应产物形成，但 $La_2NiO_{4+\delta}$ 分解为 $La_3Ni_2O_7$ 和 NiO。$La_2NiO_{4+\delta}$ 与电解质 YSZ 的反应引起电极极化电阻的持续增加，从而造成电池性能的退化。因此，尽管 $Ln_2NiO_{4+\delta}$ 显现出优良的阴极性能，但这些材料与电解质的反应性是其获得实际应用的主要障碍。

双钙钛矿结构氧化物的通式为 $AA'B_2O_{5+\delta}$，其中 A 为稀土金属元素，A′ 为钡或锶，B 为过渡金属元素。顾名思义，其最小结构单元为普通钙钛矿最小结构单元两倍的一类 A 位元素有序化的材料，其中稀土离子和钡或锶离子以有序化的形式占据着 A 位的晶格位置，这种特殊的离子排列方式降低了氧结合强度，提供有序的离子扩散通道，从而有效地提高了氧的体相扩散能力。其中被人们最为关注的分子式为 $LnBaCo_2O_{5+\delta}$ 的复合氧化物，而 Ln 为 Pr、La、Gd、Sm、Nd 和 Y 等。$LnBaCo_2O_{5+\delta}$（Ln＝Y、Pr、Nd、Sm 或 Gd）为纯相正交结构[61]，但 $LaBaCo_2O_{5+\delta}$ 形成多相，表明 La^{3+} 离子尺寸过大，难以与氧形成稳定的八配位结构。以 SDC 为电解质，$LnBaCo_2O_{5+\delta}$ 的阴极性能呈此顺序而降低：$Pr^{3+} > Gd^{3+} > Nd^{3+} > Sm^{3+} > La^{3+} > Y^{3+}$，其中 $PrBaCo_2O_{5+\delta}$ 的阴极性能最佳，极化面比电阻在 600℃时约为 $0.213\,\Omega\cdot cm^2$，相对应的 BSCF 极化面比电阻在 600℃时约为 $0.021\,\Omega\cdot cm^2$，表明 $PrBaCo_2O_{5+\delta}$ 是一类非常有希望的中低温 SOFC 阴极材料。尽管 $LnBaCo_2O_{5+\delta}$ 材料呈现出优良的电化学性能，但是目前的研究主要停留在对其组成离子的掺杂或替代上[62]，以及基于这些阴极材料的单电池电化学性能研究，但其化学稳定性和长期性能仍有待于进一步的探索,从而为其在 SOFC 电池中的实际应用奠定基础。

　　在以电子电导为主的阴极材料中加入具有离子电导的第二相电解质材料,使阴极材料成为具有电子电导和离子电导的复合材料。复合阴极材料内具有高的三相界面密度,比单一电子电导的材料具有更高的阴极效率,可改善阴极性能,在一定程度上解决了温度降低造成以电子电导为主的阴极极化电阻增加的问题。同时,阴极材料与电解质材料的复合,还可以降低阴极材料的热膨胀系数,改善阴极与电解质在界面的化学相容性和阴极对电解质的附着性。$La_{1-x}Sr_xCo_{1-y}Fe_yO_{3-\delta}$(LSCF)具有氧离子-电子混合导电性,氧还原反应可在其整个表面进行,从而其催化活性较高,然而 LSCF 的氧自扩散活化焓较大,其值达 $186 \pm 5 \text{ kJ/mol}^{-1}$,随着 SOFC 工作温度的降低,LSCF 的氧离子电导率急剧下降,因此将这种混合导体材料与电解质复合,可进一步改善较低温度下的阴极性能。由于 LSCF 与 $Ce_{0.9}Gd_{0.1}O_{2-\delta}$(CGO)具有较好的化学相容性,同时 CGO 具有较高的氧离子电导率,在 LSCF 中加入 CGO 形成 LSCF - CGO 复合阴极,从而降低了阴极在电解质 CGO 上的极化电阻[63]。图 9 - 22 显示了 LSCF - CGO 复合阴极的面比电阻随 CGO 体积分数的变化,从图中可了解到,随着 CGO 体积分数的增加,LSCF - CGO 复合阴极的面比电阻逐渐降低,当 CGO 在 LSCF - CGO 复合阴极中的体积分数约为 36% 时,LSCF - CGO 复合阴极的面比电阻最低。CGO 体积分数的进一步增加,LSCF - CGO 复合阴极的面比电阻则呈上升趋势。这一结果有助于对 LSCF - CGO 复合阴极进行显微结构设计,并指导电极制备工艺获得高性能的中低温阴极,目前 LSCF - CGO 复合阴极材料已广泛地应用于各种 SOFC 单电池、电池堆和系统中。

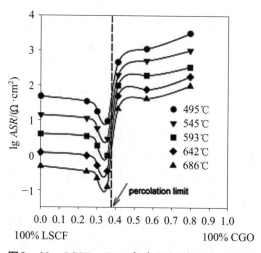

图 9 - 22　LSCF - CGO 复合阴极的面比电阻随 CGO 体积分数的变化

9.4.4　连接体材料

　　SOFC 单电池仅产生 1 V 左右的开路电压,为了产生足够的输出电压,需要将多个单电池连接起来形成电池堆。对此,连接体是 SOFC 电池堆的核心部件之一,在电池堆中起着单电池间的电连接和燃料/氧化气体分隔的双重作用,在工作条件下必须与其他部件相匹配,同时必须在氧化还原气氛下长期稳定,因此对连接体材料的要求非常苛刻。另外,价格和可加工性的要求造成连接体材料的选择非常有限。因此,作为 SOFC 连接体材料必须具有高的电子电导率、可忽略的离子电导率、高机械强度、高热导率、在氧化和还原气氛中具有高的化学稳定性、与电池堆其他部件的热膨胀系数相匹配及与电池堆其他部件具有高的化学稳定性[64]。基于特定的 SOFC 电池堆,附加的要求还包括材料容易加工成致密的连接板和与其他电池部件进行气密性结合,另外材料的价格也是非常重要的,因此上述要求排除了许多材料。

传统的高温 SOFC(~1 000℃)连接体材料是钙钛矿结构的 $LaCrO_3$ 陶瓷,这种陶瓷材料不仅在阴极和阳极环境中都具有良好的导电性,其电导率还可通过镁、锶或钙等碱土金属元素取代得到提高。图 9-23 显示了 $La_{1-x}Ca_xCrO_{3-\delta}$ 3 种组分的电导率等温线[65],$La_{1-x}Ca_xCrO_{3-\delta}$ 是 P 型半导体,其电导率的变化符合小极化子导电机制。在高氧分压条件下,Ca^{2+} 取代 La^{3+} 产生的负电荷通过 Cr^{3+} 氧化为 Cr^{4+} 来补偿,造成载流子浓度增加,因此增加钙的含量引起电导率的极大提高;而在还原气氛下,$La_{1-x}Ca_xCrO_{3-\delta}$ 结构中的氧损失造成氧空位,所产生的正电荷由 Cr^{4+} 还原为 Cr^{3+} 来补偿,造成载流子浓度下降,因此各组分的电导率均下降。掺杂的 $LaCrO_3$ 在 1 000℃和 10^{-16} bar 氧分压下保持单相而不分解,没有其他氧化物能够在还原气氛下稳定,并具有较高的电导率,因此掺杂的 $LaCrO_3$ 是用于连接体的主要陶瓷材料。$LaCrO_3$ 基陶瓷的热膨胀系数一般为 $9.5 \sim 13.1 \times 10^{-6}$ K^{-1},而电解质 YSZ 的热膨胀系数为 $9.4 \sim 11 \times 10^{-6}$ K^{-1},这表明两者的热膨胀系数相吻

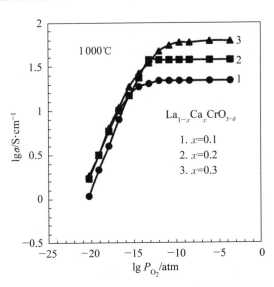

图 9-23　$La_{1-x}Ca_xCrO_{3-\delta}$ 3 种组分的电导率在 1 000℃时的等温线

合,具有一定程度的稳定性,但在还原气氛下 $LaCrO_3$ 基陶瓷失去氧而导致晶格膨胀,造成同种材料在还原气氛中的热膨胀系数大于在氧化气氛中的热膨胀系数。对此,适当的钒、铁、钛和镍掺杂能在一定程度上降低基体的热膨胀系数,但必须同时考虑这一掺杂所引起的电导率变化,因此选择 $LaCrO_3$ 基陶瓷作为连接体必须综合考虑电导率、热膨胀系数和双重气氛下的结构稳定性。$LaCrO_3$ 基陶瓷的机械强度低于 YSZ,并随着 $LaCrO_3$ 基陶瓷组分、晶粒尺寸和密度发生变化,存在着加工困难的问题,因此需通过改善加工工艺来解决这一问题。$LaCrO_3$ 基陶瓷作为连接体的最大缺陷是难以烧结致密,产生这一问题的主要原因在于铬的高温挥发。虽然在温度高于 1 700℃和氧分压为 $10^{-10} \sim 10^{-9}$ bar 条件下烧结使铬的高温挥发得到抑制,从而能够实现 $LaCrO_3$ 基陶瓷致密化,但是这一条件与其他 SOFC 部件的制备条件不匹配。为解决 $LaCrO_3$ 基陶瓷烧结致密化难题,目前国际上普遍采用添加烧结助剂进行液相烧结和采用超细粉体以提高烧结活性。美国阿贡实验室的一个研究小组最先实现了 $LaCrO_3$ 的液相烧结[66],通过添加硼、氟化锶和氟化镧可促进 $LaCrO_3$ 在空气中 1 300℃条件下致密化,虽然液相的挥发和与其他部件的反应难以控制,但这一过程表明液相烧结是实现 $LaCrO_3$ 基陶瓷致密化的可行途径。采用甘氨酸-硝酸盐法(GNP 法)可实现 30 nm 大小的 $La_{1-x}Sr_xCrO_3$ 粉体合成[67],这一粉体在空气中 1 550℃烧结 4 h 后,烧结样品的线性收缩率和相对密度都随着锶含量的增加而提高,其中 $La_{0.7}Sr_{0.3}CrO_3$ 的线性收缩率和相对密度分别为 27%和 91%,这一结果表明采用高活性超细粉体可实现 $La_{1-x}Sr_xCrO_3$ 在较低温度下的烧结致密。

随着目前 SOFC 向中低温(500～800℃)工作的发展趋势,以铁素体不锈钢为主的金属连接体材料以其高电导率、优异的力学性质、低成本和易加工性等突出优势,已成为中低温平板式 SOFC 电池堆连接体材料的主要选择。与上述的 $LaCrO_3$ 基陶瓷连接体相比,金属连接体显现出较大的优势,其中包括:①金属连接体具有高的机械强度,在电池堆中可起力学支撑作用;②金属连接体具有高的热导率,在电池堆中可消除横跨各部件的热梯度;③金属连接体具有高的电子电导率,降低了电池堆的电阻;④金属连接体容易加工成各种形状的气体流道、低价格和可选择现成材料。目前几乎所有的待选合金材料都含有铬或铝,或者两者都包括,以使合金表面分别生成 Cr_2O_3 或 Al_2O_3 薄膜以阻止合金的进一步氧化。合金连接体中必须包含足够的铬,以保证在 SOFC 工作条件下连接体表面形成连续的 Cr_2O_3 薄膜,从而达到抗氧化的能力。而合金连接体中的铝或硅含量必须控制在最小值,以避免在 SOFC 工作条件下合金表面形成连续的 Al_2O_3 或 SiO_2 绝缘薄膜,从而增加电池堆的电阻。表 9-5 列出了不同种类的合金结构和应用于连接体的性能[68—70]。

表 9-5　应用于 SOFC 连接体的不同类合金主要性能比较

合金	基体结构	热膨胀系数 $/\times 10^{-6}$ K^{-1}	抗氧化性	机械强度	加工难度	成本
铬基合金	bcc	11.0~12.5 (RT~800℃)	好	高	困难	非常贵
铁素体不锈钢	bcc	11.5~14.0 (RT~800℃)	好	低	非常容易	便宜
奥氏体不锈钢	fcc	18.0~20.0 (RT~800℃)	好	非常高	容易	便宜
Fe-Ni-Cr 基合金	fcc	15.0~20.0 (RT~800℃)	好	高	容易	一般
Ni(-Fe)-Cr 基合金	fcc	14.0~19.0 (RT~800℃)	好	高	容易	贵

注：RT 指 Room temperature(室温)。

　　SOFC 的连接体选择铬基合金作为候选材料主要是由于在高温下能形成稳定的 Cr_2O_3,其在空气中 800℃的电导率为 10^{-2} S·cm^{-1},并且热膨胀系数与 SOFC 其他部件的热膨胀系数相类似,高温下也具有高的机械稳定性。铁和铬为基的铁素体合金资源丰富,具有良好的延展性、易于加工和制造成本低等优点。这些合金具有体心立方结构,其热膨胀系数与 SOFC 其他部件的热膨胀系数相近,目前已成为中低温 SOFC 连接体的主要候选材料。这些铁素体合金中的铬含量大致在 20%~25%范围内,以确保在连接体表面形成连续的 Cr_2O_3 薄膜。铁素体合金中的杂质如硅和铝对连接体的性能具有重要影响,特别是硅能在连接体基体和表面氧化物薄膜间形成连续的绝缘 SiO_2 层,造成电池堆的电阻增大。Ni-Cr 基合金呈现出优良的抗氧化性和高氧化膜电导率,合金中仅需 15%铬就可在表面形成连续的氧化膜层以抵抗热腐蚀,最佳含量为 18%~19%,同时具有高的耐高温强度,大部分 Ni-Cr 基合金在湿氢中呈现优良的抗氧化性。Ni-Cr 基合金使用中最重要的问题在于与电池堆其他部件热膨胀系数不匹配,在电池堆中导致连接体/电极界面上产生裂缝,从而导致每次热循环后都出现明显的电压降。

　　虽然铁素体不锈钢已成为中低温 SOFC 连接体材料的主要选择,但其在工作温度下实际应用中仍然存在着氧化层快速生长和铬的毒化问题,使得电池堆性能大大降低。研究发现,在中温 SOFC 工作条件下运行几千小时后,铁素体不锈钢连接体表面的 Cr_2O_3 薄膜已生长成数微米甚至几十微米厚,这一氧化物薄膜的生长导致单位面电阻(ASR)的增大,并伴随着 SOFC 电池堆性能的衰减,当 Cr_2O_3 薄膜厚度生长到一定数值后,因膜层与基体的热应力增大造成膜层脱落。另外,铁素体不锈钢连接体表面所形成的 Cr_2O_3 薄膜在中温 SOFC 工作条件下易挥发,其与空气中氧的反应如下:

$$2Cr_2O_3(s) + 3O_2(g) \longrightarrow 4CrO_3(g) \tag{9-49}$$

因此在干空气中 $CrO_3(g)$ 是主要的挥发成分,空气中水蒸气的存在极大地提高了挥发成分的分压,其中挥发成分 $CrO_2(OH)_2(g)$ 的产生通过下述反应进行:

$$2Cr_2O_3(s) + 3O_2(g) + 4H_2O \longrightarrow 4CrO_2(OH)_2(g) \tag{9-50}$$

上述挥发成分迁移到与铁素体不锈钢连接体相接触的阴极,并在阴极表面和阴极/电解质界面沉积,阻塞了电化学反应活化位置,同时通过下述与阴极的反应毒化了阴极,导致电池性能的下降。

$$\begin{aligned}
&2La_{1-x}Sr_xMnO_3(s) + Cr_2O_3(s) \\
&\longrightarrow 2La_{1-x}Sr_xMn_{1-y}Cr_yO_3(s) + 2(Cr_{1-y}Mn_y)O_{1.5-\delta}(s) + \delta O_2(g)
\end{aligned} \tag{9-51}$$

为解决上述问题,较为有效的方法之一是在铁素体不锈钢连接体表面涂覆合适的涂层材料,以借助涂层来抑制不锈钢连接体的氧化,降低连接体与 SOFC 电极之间的界面电阻,并隔绝不锈钢中铬向 SOFC 阴极表面的挥发、沉积与毒化,保持 SOFC 性能的长期稳定。作为不锈钢连接体涂层材料应具备的条件是:①呈现低的或无铬溶解度,具有非常低的铬扩散系数,阻止金属中铬向 SOFC 阴极表面的挥发、沉积与毒化;②具有低的氧离子电导率,能够有效降低合金高温氧化速率,提高合金的抗氧化性能;③具有较高的电子电导,以降低接触电阻,提高合金的电性能;④涂层材料的热膨胀系数应与不锈钢基体相匹配;⑤涂层本身应该致密,与不锈钢基体结合牢固,并与不锈钢基体有良好的化学相容性;⑥在 SOFC 运行气氛下(空气、湿燃料气)具有较好的化学和结构稳定性;⑦与 SOFC 的阴极和阳极材料具有良好的化学相容性,不发生化学反应。基于这些不锈钢连接体涂层材料的苛刻条件,国际上广泛地对许多应用于涂层的材料系统进行了研究[71],其中主要采用的是尖晶石型氧化物。尖晶石型氧化物涂层是指在不锈钢连接体表面沉积的 AB_2O_4 氧化物薄膜,这一系列氧化物具有良好的导电性,同时具有与铁素体不锈钢连接体和其他电池部件相匹配的热膨胀系数[72]。尖晶石型氧化物涂层能够有效地吸收铬,从而阻止氧化层中的铬迁移至表面而避免阴极被毒化,并能有效地阻止氧扩散,具有长期的稳定性,作为保护涂层的有效性不受热循环影响,未发现涂层有剥离现象,同时也改善了接触电阻。基于一系列 AB_2O_4 氧化物的导电率和热膨胀系数研究,适合做不锈钢连接体涂层的尖晶石包括 Co_3O_4、$(Mn,Co)_3O_4$、$(Cu,$

Mn)$_3$O$_4$ 和 CuFe$_2$O$_4$。尖晶石 AB$_2$O$_4$ 近年来广泛地应用于铁素体不锈钢连接体表面的涂层材料，其中(Mn,Co)$_3$O$_4$ 已成为最有前途的候选材料[73]。

9.4.5 密封材料

密封材料是 SOFC 电池堆的关键部件，其主要功能是保证氧化气体和燃料气体安全隔离，并使电池堆内各单体电池绝缘。SOFC 从结构上主要分为管式、平板式两种，管式 SOFC 电池堆中的密封部位处于高温区外，可采用常规的密封材料容易地实现密封，而平板式 SOFC 电池堆中的密封材料需在高温氧化及还原气氛下长期工作，且需承受电池堆启动、停止过程的热应力，因此 SOFC 电池堆中的密封问题主要是涉及平板式发展的技术难点，也被认为是先进 SOFC 发展面临的最艰难技术挑战。

图 9-24 显示了平板式 SOFC 电池堆的常规封接方式，为实现有效的封接功能，密封材料需满足多种苛刻要求。SOFC 密封材料需能在被封接组件之间形成气密中间层，在工作温度下应能使燃料气气道与氧化气气道相互独立且与外界隔离，以确保氧化气体和燃料气体不泄漏；从室温到 SOFC 工作温度之间，除压缩封接外密封材料都应该与其他组元的热膨胀系数相匹配，以避免封接界面处应力过大而导致开裂、变形；在 SOFC 长期运行过程中，密封材料相变或与 SOFC 组元界面反应产生新相的热膨胀系数与原始密封材料不应有太大变化；平板式 SOFC 是以单体电池串联组成电堆的方式进行工作的，密封材料应使金属连接体间保持绝缘，避免电池堆内部发生短路而无法向外输出电流；密封材料从室温到工作温度范围内都需保持化学性质稳定，材料本身不被氧化或还原，并且不与电池堆部件材料

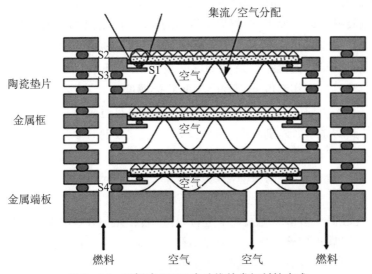

图 9-24 平板式 SOFC 电池堆的常规封接方式

发生元素扩散和化学反应；对于基于玻璃的密封材料而言，还需保持工作温度下的热稳定性，不发生结晶后密封材料热膨胀系数变化而导致与被封接部件的失配。另外，密封材料还必须价格低廉。

长期以来，国内外研究者对平板式 SOFC 电池堆的密封问题进行了广泛的研究，所研究的密封方式集中于硬密封、压密封和自适应密封 3 种，这 3 种密封方式呈现出不同的特点。

硬密封是指密封材料与部件间进行硬连接、封接后密封材料不能产生塑性变形的密封方式，是目前国内外广泛采用的封接方法。封接时先将密封材料做成所需的形状，然后置于所需密封位置，将温度缓慢升至一定温度并保温特定的时间，即可完成封接。这种密封方式能够非常有效地实现封接功能，但因密封材料在装配电池堆时与其他电池部件牢固地结合在一起，对于密封材料与其他部件的热膨胀系数相匹配性要求很高，且拆装时很容易破坏电池部件。

压密封是指使用机械力荷载压紧燃料电池部件及密封材料的方法实现封接。采用与单电池不直接刚性相连的方式接触，对材料热膨胀系数匹配的要求比较宽松，电池堆中的各个部件可在热循环过程中自由膨胀和收缩，因此可以减少热循环对电池结构的破坏。压密封虽然不需要把电池部件粘到一起，但是在电池工作过程中需要加压以保证气体不泄漏，因此对单电池的强度要求很高。

自适应密封是从硬密封延伸而来，但允许密封材料在使用温度下能产生一定的塑性变形，以消除因温度变化产生的热应力。由于密封材料与其他组件的热膨胀特性总是存在差异，热应力在所难免，产生的热应力可因密封材料的塑性变形而耗散掉，可大大提高电池堆运行的可靠性，但是自适应密封对密封材料提出了更高的要求，包括对密封材料黏度控制要求大大提高，因为如果黏度太低，密封材料有可能渗入电极材料的孔隙中，与其他材料间的反应与扩散也变得更加容易。

玻璃和玻璃-陶瓷材料是目前最常用的密封材料，其中的玻璃相在高于其软化温度下润湿 SOFC 电池堆中需封接部件的表面，并与部件紧密结合实现封接[74]。当 SOFC 电池堆的工作温度高于玻璃相的软化温度时，玻璃因具有较高的黏度可维持基本形态，并具有一定的塑性可以形变，属玻璃自适应封接。在此条件下玻璃与其他部件热膨胀系数差别而产生的应力可以通过玻璃的形变和封接界面处的相对位移来释放，玻璃在降温时变硬状态下产生的微裂纹可在重新升至高温时玻璃软化后自动修复。玻璃软封接对玻璃热膨胀系数要求较低，可以与 SOFC 部件材料热膨胀系数有一定范围的差别。而当 SOFC 电池堆的工作温度低于玻璃相的软化温度时，先在高于玻璃软化温度下进行封接，然后在 SOFC 电池堆工作温度下玻璃不发生软化，属玻璃硬封接。由于玻璃是一种亚稳态的结构，在 SOFC 电池堆的工作温度下会出现不同程度的晶化，因此形成玻璃-陶瓷材料。而玻璃-陶瓷材料可避免玻璃材料不可控累计性结晶的影响,可通过预先设计玻璃成分并控制结晶化来制备[75]。玻璃硬封接对玻璃-陶瓷与 SOFC 部件材料热膨胀系数匹配性的要求较高,一旦产生裂纹就会造成封接失败而无法修复。

云母是钾、铝、镁、铁、锂等金属的铝硅酸盐,具有层状结构,晶体呈假六方片状或板状,偶见柱状、层状解理非常完全,有玻璃光泽,薄片具有弹性。云母材料具有可压缩性,在密封时不需要与其他电池部件间具有很高的热膨胀系数匹配性,在电池工作过程中借助压力以实现密封功能[76]。

由于金属材料的脆性比陶瓷低,可以承受一定的塑性变形,因此可以满足 SOFC 对密封材料热应力以及机械应力的要求,近年来逐渐应用于平板式 SOFC 的密封材料。钎焊是其中的密封方法之一[77],是通过采用(或过程中自动生成)比母材熔化温度低的钎料、在低于母材固相线而高于钎料液相线的操作温度下实施的一种封接技术。钎焊时钎料熔化为液态而母材保持为固态,液态钎料在母材的间隙中或表面上润湿、毛细流动、填充、铺展、相互作用(溶解、扩散或产生金属间化合物)、冷却凝固而形成牢固的接头,从而将母材连接在一起。将具有延展性的金属材料进行压缩密封是另外一种密封方法,即将金属材料加工成密封垫,在 SOFC 工作条件下施加一定的压力,使密封垫产生变形而达到有效的密封,目前主要采用的金属材料是难以氧化的金或者银。

陶瓷材料具有良好的化学稳定性、热稳定性、耐密封介质腐蚀性和绝缘性,其机械性能在高温条件下基本保持不变,非常适合于平板式 SOFC 的密封材料。考虑到平板式 SOFC 密封对材料提出的苛刻要求,单一陶瓷材料难以很好地适用,因此将陶瓷材料和其他不同性能的材料(如金属、玻璃或陶瓷纤维等)组合起来,构成以陶瓷材料为主体的复合密封材料是实现平板式 SOFC 密封的有效途径。

问题思考

1. 燃料电池有哪些特点？与一般电池的本质区别是什么？
2. 燃料电池主要有哪几种类型？普遍接受的分类方法是什么？
3. 燃料电池电极极化的主要来源有哪些？
4. 如何解决质子交换膜燃料电池阳极中 CO 对铂的毒化问题？
5. 提高直接甲醇燃料电池 Pt/C 阴极电催化剂耐甲醇能力的途径有哪些？
6. 与低温燃料电池相比,高温燃料电池的突出优点是什么？
7. 如何提高熔融碳酸盐燃料电池 NiO 阴极的稳定性？
8. 固体氧化物燃料电池 Ni/YSZ 阳极在实际应用中存在哪些问题？
9. 为什么在中低温固体氧化物燃料电池中需采用电子-离子混合导电型阴极

材料？

10. 在应用于固体氧化物燃料电池的铁素体不锈钢连接体表面涂覆合适涂层材料的目的是什么？

参 考 文 献

［1］ 衣宝廉.燃料电池——原理·技术·应用［M］.北京：化学工业出版社,2004.

［2］ 章俊良,蒋峰景.燃料电池——原理·关键材料和技术［M］.上海：上海交通大学出版社,2014.

［3］ （美）奥海尔.燃料电池基础［M］.王晓红等,译.北京：电子工业出版社,2007.

［4］ 衣宝廉.燃料电池的原理、技术状态与展望［J］.电池工业,2003,8(1)：16－22.

［5］ WILLIAMS M C, MARU H C. Distributed generation-Molten carbonate fuel cells ［J］. J Power Sources, 2006,160(2)：863－867.

［6］ THOMAS C E. Fuel cell and battery electric vehicles compared［J］. Int. J. Hydrog. Energy, 2009,34(15)：6005－6020.

［7］ 张同林.日本新型氢燃料电池汽车及其产业发展前景［J］.上海节能,2016,2：86－91.

［8］ 张翔明.德国潜艇用燃料电池进展［J］.电源技术,2012,36(9)：1421－1422.

［9］ 刘建国,孙公权.燃料电池概述［J］.物理,2004,33(2)：79－84.

［10］ GOTTESFELD S. Fuel cell techno-personal milestones 1984－2006 ［J］. J Power Sources, 2007,171(1)：37－45.

［11］ 石建恒,于宏燕,曾心苗.燃料电池质子交换膜的研究现状［J］.膜科学与技术,2009,29(2)：94－98.

［12］ 王国芝,李明威,胡继文.燃料电池用质子交换膜的研究进展［J］.高分子通报,2006,6：24－31.

［13］ 冉洪波,李兰兰,李莉,等.质子交换膜燃料电池催化剂的研究进展［J］.重庆大学学报（自然科学版）,2005,28(4)：119－125.

［14］ NAGARAJAN M, PARUTHIMAL K G, PATHANJALI G A. High performance carbon supported Pt-WO$_3$ nanocomposite electrocatalysts for polymer electrolyte membrane fuel cell［J］. Materials Chemistry and Physics, 2012,133：924－931.

［15］ PIERRE-YVES O, TOMOHIRO O, YUSUKE A, et al. Insights into the enhanced tolerance to carbon monoxide on model tungsten trioxide-decorated polycrystalline platinum electrode［J］. Electrochemistry Communications, 2016,71：69－72.

［16］ 王新东,谢晓峰,王萌,等.直接甲醇燃料电池关键材料与技术［J］.化学进展,2011,23(2/3)：501－519.

［17］ 罗远来,梁振兴,廖世军.直接甲醇燃料电池阳极催化剂研究进展［J］.催化学报,2010,31(2)：141－149.

[18] HOGARTH M P, RALPH T R. Catalysis for low temperature fuel cells [J]. Platinum Metals Review, 2002,46(4): 146 - 164.

[19] 李旭光,邢巍,唐亚文,等. 直接甲醇燃料电池阴极电催化剂的研究进展[J]. 化学通报, 2003,8: 521 - 527.

[20] 郭盼盼,李伟善,黄幼菊. 直接甲醇燃料电池阴极催化剂的研究进展[J]. 电池工业, 2008,13(2): 141 - 144.

[21] SELMAN J R. Research, Development and Demonstration of Molten Carbonate Fuel Cell Systems. Bolmen J M J Leo, Muyerwa N Michael, eds. [M]. New York: Plenum Press, 1993.

[22] MCPHAIL S J, HSIEH P H, SELMAN J R. Chapter 9 Molten Carbonate Fuel Cells. In Materials for High-Temperature Fuel Cells [M]. 1st Edition. New Jersey: Wiley-VCH Verlag GmbH & Co., 2013.

[23] JOON K. Critical issues and future prospects for molten carbonate fuel cells [J]. J Power Sources, 1996,61(1 - 2): 129 - 133.

[24] BERGAGLIO E, SABATTINI A, CAPOBIANCO P. Research and development on porous components for MCFC applications [J]. J Power Sources, 2005,149: 63 - 65.

[25] HUANG H Y, LI J, HE Z H, et al. Performance analysis of a MCFC/MGT hybrid power system Bi-fueled by city gas and biogas [J]. Energies, 2015,8: 5661 - 5677.

[26] FINN P A. The effects of different environments on the thermal stability of powdered samples of $LiAlO_2$[J]. J Electrochem. Soc., 1980,127(1): 236 - 238.

[27] KINOSHITA K, SIM J W, ACKERMAN J P. Preparation and characterization of lithium aluminate [J]. Mater. Res. Bull., 1978,13(5): 445 - 455.

[28] TOMCZYK P. MCFC versus other fuel cells—Characteristics, technologies and prospects [J]. J Power Sources, 2006,160(2): 858 - 862.

[29] GOIRGI L, CAREWSKA M, PATRIARCA M, et al. Development and characterization of novel cathode materials for molten carbonate fuel cell [J]. J Power Sources, 1994,49: 227 - 233.

[30] DOYON J D, GILBERT T, DAVIES G, et al. NiO solubility in mixed alkali/alkaline earth carbonates [J]. J Electrochem. Soc., 1987,134(12): 3035 - 3042.

[31] DAZA L. Modified nickel oxides as cathode materials for MCFC [J]. J Power Sources, 2000,86: 329 - 335.

[32] ARACHI Y, SAKAI H, YAMAMOTO O, et al. Electrical conductivity of the ZrO_2 - Ln_2O_3(Ln=lanthanides) System [J]. Solid State Ionics, 1999,121: 133 - 139.

[33] ARACHI Y, ASAI T, YAMAMOTO O, et al. Electrical conductivity of ZrO_2 - Sc_2O_3 doped with HfO_2, CeO_2, and Ga_2O_3[J]. J Electrochem. Soc., 2001, 148(5): A520 - A523.

[34] TU H Y, LIU X, YU Q C. Synthesis and characterization of scandia ceria stabilized zirconia powders prepared by polymeric precursor method for integration into anode-supported solid oxide fuel cells [J]. J Power Sources, 2011,196: 3109 - 3113.

[35] YAHIRO H, EGUCHI K, ARAI H. Electrical properties and reducibilities of ceria-rare earth oxide systems and their application to solid oxide fuel cell [J]. Solid State Ionics, 1989,36: 71 - 75.

[36] TATSUMI I. Perovskite Oxide for Solid Oxide Fuel Cells [M]. Berlin: Springer, 2009: 65 - 93.

[37] YAMAJI K, HORITA T, ISHIKAWA M, et al. Vaporization process of Ga from doped LaGaO$_3$ electrolytes in reducing atmospheres [J]. Solid State Ionics, 2000,135: 389 - 396.

[38] IWAHARA H, ESAKA T, UCHIDA H, et al. Proton conduction in sintered oxides and its application to steam electrolysis for hydrogen production. [J]. Solid State Ionics, 1981,3 - 4: 359 - 363.

[39] IWAHARA H, UCHIDA H, ONO K, et al. Proton Conduction in Sintered Oxides Based on BaCeO$_3$[J]. J Electrochem. Soc. , 1988,135(2): 529 - 533.

[40] HIROYASU I. Perovskite Oxide for Solid Oxide Fuel Cells [M]. Berlin: Springer, 2009: 45 - 63.

[41] SPACIL H S. Electrical device including nickel-containing stabilized zirconia electrode, U. S. Patent 3,503,809 [P], filed October 30,1964.

[42] LEE J H, MOON H, LEE H W, et al. Quantitative analysis of microstructure and its related electrical property of SOFC anode, Ni-YSZ cermet [J]. Solid State Ionics, 2002,148: 15 - 26.

[43] GRAHL M L, LARSEN P H, BONANOS N, et al. Mechanical strength and electrical conductivity of Ni-YSZ cermets fabricated by viscous processing [J]. Journal of Materials Science, 2006,41: 1097 - 1107.

[44] STEVEN M, RAYMOND J G. Direct hydrocarbon solid oxide fuel cells [J]. Chemical Review, 2004,104: 4845 - 4865.

[45] GONG M Y, LIU X B, JASON T, et al. Sulfur-tolerant anode materials for solid oxide fuel cell application [J]. J Power Sources, 2007,168: 289 - 298.

[46] WANG J H, LIU M L. Computational study of sulfur-nickel interactions: A new S-Ni phase diagram [J]. Electrochemistry Communications, 2007,9: 2212 - 2217.

[47] SEUNGDOO P, JOHN M. Vohs & Raymond J. Gorte. Direct oxidation of hydrocarbons in a solid-oxide fuel cell [J]. Nature, 2000,404: 265 - 267.

[48] HYUK K, JOHN M. Vohs and Raymond J. Gorte. Direct oxidation of sulfur-containing fuels in a solid oxide fuel cell [J]. Chemical Communications, 2001,22:

2334 - 2335.

[49] CRISTIAN-DANIEL S, JOHN T S I. Reduction studies and evaluation of surface modified A-site deficient La-doped SrTiO₃ as anode material for IT-SOFCs [J]. Journal of Materials Chemistry, 2009,19: 8119 - 8128.

[50] SHEN X S, KAZUNZRI S. Robust SOFC anode materials with La-doped SrTiO₃ backbone structure [J]. Int. J. Hydrog. Energy, 2016,41: 17044 - 17052.

[51] YOKOKAWA H, SAKAI N, KAWADA T, et al. Thermodynamic stabilities of perovskite oxides for electrodes and other electrochemical materials [J]. Solid State Ionics, 1992,52: 43 - 56.

[52] ZHENG F, PEDERSON L R. Phase behavior of lanthanum strontium manganites [J]. J Electrochem. Soc. , 1999,146: 2810 - 2816.

[53] JUNICHIRO M, YUKI Y, HIROYUKI K, et al. Electronic conductivity, Seebeck coefficient, defect and electronic structure of nonstoichiometric LaSrMnO [J]. Solid State Ionics, 2000,132: 167 - 180.

[54] CARTER S, SELCUK A, CHATER R J, et al. Oxygen transport in selected nonstoichiometric perovskite-structure oxides [J]. Solid State Ionics, 1992,53 - 56: 597 - 605.

[55] VAN ROOSMALEN J A M, CORDFUNKE E H P. Chemical reactivity and interdiffusion of (La, Sr) MnO₃ and (Zr, Y) O₂, solid oxide fuel cell cathode and electrolyte materials [J]. Solid State Ionics, 1992,52(4): 303 - 312.

[56] PETROV A N, KONONCHUK O F, ANDREEV A V, et al. Crystal structure, electrical and magnetic properties of La$_{1-x}$Sr$_x$CoO$_{3-y}$[J]. Solid State Ionics, 1995,80: 189 - 199.

[57] TU H Y, TAKEDA Y, IMANISHI N, et al. Ln$_{1-x}$Sr$_x$CoO₃(Ln = Sm, Dy) for the electrode of solid oxide fuel Cells [J]. Solid State Ionics, 1997,100: 283 - 288.

[58] ESQUIROL A, BRANDON N P, KILNER J A, et al. Electrochemical Characterization of La$_{0.6}$Sr$_{0.4}$Co$_{0.2}$Fe$_{0.8}$O₃ Cathodes for Intermediate-Temperature SOFCs [J]. J Electrochem. Soc. , 2004,151: A1847 - A1855.

[59] STEVEN M, JAAP F V, WIM G H, et al. Oxygen stoichiometry and chemical expansion of Ba$_{0.5}$Sr$_{0.5}$Co$_{0.8}$Fe$_{0.2}$O$_{3-\delta}$ measured by in situ neutron diffraction [J]. Chemistry of Materials, 2006,18: 2187 - 2193.

[60] MAUVY F, LALANNE C, BASSAT J M, et al. Oxygen reduction on porous Ln₂NiO$_{4+\delta}$ electrodes [J]. Journal of the European Ceramic Society, 2005, 25: 2669 - 2672.

[61] ZHANG K, GE L, RAN R, et al. Synthesis, characterization and evaluation of cation-ordered LnBaCo₂O$_{5+\delta}$ as materials of oxygen permeation membranes and

cathodes of SOFCs [J]. Acta Materialia, 2008,56: 4876 – 4889.

[62] UZMA A, SAUMYE V, MANISH A, et al. Oxygen anion diffusion in double perovskite $GdBaCo_2O_{5+\delta}$ and $LnBa_{0.5}Sr_{0.5}Co_{2-x}Fe_xO_{5+\delta}$(Ln = Gd, Pr, Nd) electrodes [J]. Int. J. Hydrog. Energy, 2016,41: 7631 – 7640.

[63] DUSASTRE V, KILNER J A. Optimisation of composite cathodes for intermediate temperature SOFC applications [J]. Solid State Ionics, 1999,126: 163 – 174.

[64] ZHU W Z, DEEVI S C. Development of interconnect materials for solid oxide fuel cells [J]. Mater. Sci. Eng. A, 2003,A348: 227 – 243.

[65] YASUDA I, HIKITA T. Electrical conductivity and defect structure of calcium-doped lanthanum chromites [J]. J Electrochem. Soc. , 1993,140: 1699 – 1704.

[66] FLANDERMEYER B K, POEPPEL R B, DUSEK J T, et al. Anderson, US Patent 4749632,1988.

[67] 杨勇杰,杨建华,屠恒勇,等. 铬酸锶镧材料的制备和性能研究 [J]. 无机材料学报, 1999,14(5): 739 – 744.

[68] QUADAKKERS W J, PIRON-ABELLAN J, SHEMET V, et al. Metallic interconnectors for solid oxide fuel cells-a review [J]. Materials at High Temperatures, 2003,20: 115 – 127.

[69] YANG Z, WEIL K S, PAXTON D M, et al. Selection and evaluation of heat-resistant alloys for SOFC interconnect applications [J]. J Electrochem. Soc. , 2003,150(9): A1188 – A1201

[70] FERGUS J W. Metallic interconnects for solid oxide fuel cells [J]. Mater. Sci. Eng. A, 2005,A397: 271 – 283.

[71] NIMA S, WEI Q, DOUGLAS G I, et al. A review of recent progress in coatings, surface modifications and alloy developments for solid oxide fuel cell ferritic stainless steel interconnects [J]. J Power Sources, 2010,195: 1529 – 1542

[72] ANTHONY P, HANG L. Electrical conductivity and thermal expansion of spinels at elevated temperatures [J]. J. Am. Ceram. Soc. , 2007,90(5): 1515 – 1520.

[73] SU J H, ZDENEK P, SANJAY S. Plasma sprayed manganese-cobalt spinel coatings: Process sensitivity on phase, electrical and protective performance [J]. J Power Sources, 2016,304: 234 – 243.

[74] SMEACETTO F, SALVO M, FERRARIS M, et al. Characterization and performance of glass-ceramic sealant to join metallic interconnects to YSZ and anode-supported-electrolyte in planar SOFCs [J]. Journal of the European Ceramic Society, 2008,28: 2521 – 2527.

[75] SABATO A G, CEMPURA G, MONTINARO D, et al. Glass-ceramic sealant for solid oxide fuel cells application: Characterization and performance in dual atmosphere

[J]. J Power Sources，2016,328：262 – 270.

[76] STEVEN P S，JEFFRY W. Compressive mica seals for SOFC applications [J]. J Power Sources，2001,102：310 – 316.

[77] WORAWARIT K，SCOTT B. Ag-Cu-Ti Braze Materials for Sealing SOFCs [J]. Journal of Fuel Cell Science and Technology，2008,5：011002 – 1 – 7.

索　引